U0807092

21世纪高等院校教材
安徽省普通高等教育"十一五"规划教材

有 机 化 学

徐国财　张晓梅　主　编
倪惠琼　刘维新　副主编

科 学 出 版 社
北 京

内 容 简 介

本书是“安徽省普通高等教育‘十一五’规划教材”，同时也是安徽省精品课程“有机化学”的配套教材。全书共14章，以官能团为主线，简明、系统地介绍了基本有机化合物的结构、性质、制备方法及重要反应的反应机理，将结构或性质相似的化合物进行整合。章后增加了相关的阅读材料，编写了一定数量的习题。

本书可作为高等院校化学、化工、生物、环境及材料等专业的本科生教材，也可供理、工、农及师范院校相关人员参考。

图书在版编目(CIP)数据

有机化学/徐国财，张晓梅主编. —北京：科学出版社，2008
21世纪高等院校教材·安徽省普通高等教育“十一五”规划教材
ISBN 978-7-03-021836-0

Ⅰ.有…　Ⅱ.①徐…　②张…　Ⅲ.有机化学-高等学校-教材　Ⅳ.O62

中国版本图书馆CIP数据核字(2008)第062088号

责任编辑：赵晓霞　廖忠博 / 责任校对：包志虹
责任印制：张　伟 / 封面设计：耕者设计工作室

科学出版社 出版
北京东黄城根北街16号
邮政编码：100717
http://www.sciencep.com

天津市新科印刷有限公司 印刷

科学出版社发行　各地新华书店经销

*

2008年6月第　一　版　开本：B5(720×1000)
2022年1月第九次印刷　印张：27 3/4
字数：522 000

定价：68.00元

(如有印装质量问题，我社负责调换)

前　　言

有机化学是化学、化工、生物、环境、材料、医药、农学等专业的一门重要基础课，国内已出版了多种类型的配套教材。目前有机化学教材越来越厚，教学内容越来越多，而授课学时逐年缩减，因此编写取材适当、内容精简、重点突出的《有机化学》是很必要的，基于此我们编写了本书。本书的特色主要体现在以下方面：

(1) 在架构上，本书既保持传统体系又自有特点。将传统的部分章节合并，如将环烷烃纳入烷烃，将共轭二烯烃并入烯烃，将碳水化合物、氨基酸及蛋白质合并等，以供有兴趣的学生进一步学习；在教学上可以选讲，给教师留有筛选教学内容的余地。

(2) 在内容上，删繁就简，贯彻“三基”原则，以点带面，以理论为指导举一反三；减少有机反应实例的描述、繁杂的理论叙述、有机化合物制备与有机化合物性质方面的重复内容，力求做到对一部分学生而言，能够学到有机化学的基本内容，对另一部分学有余力的学生而言，可以在教材内容基础上进一步扩展，融会贯通。

(3) 章后增加了阅读材料，编写有机化学发展史上经典的故事及近年来实现的重要反应，以激发学生的学习热情。

(4) 对书中主要术语加注英文，突出基础英语与科技英语的结合，增强学生对普通英语与专业英语的学习兴趣，冀望学生能增加对学习有机化学的投入度，同时，对后续的专业英语课程学习奠定一定基础。

(5) 配备了对应教学课件光盘(多学时及少学时各一套)，方便教师备课，利于学生课前预习和课后复习。

本书对有些俗成的术语表达提出了自己的看法。关于醚的命名，目前普遍把两烃基相同的醚称为“单醚”，不同烃基的醚称为“混醚”。本书作者认为，尽管英文的词头为“mono-”，但将“单醚”改称为“均醚”，比用“混醚”更符合汉语表达的语意习惯。关于酮的命名亦做了“单酮”改称为“均酮”的调整。

本书由徐国财和张晓梅任主编，参加编写的有徐国财教授(绪论、第 2 章)，刘维新副教授(第 1 章)，陈超越讲师(第 3 章、第 5 章及第 12 章)，张晓梅副教授(第 4 章、第 6 章及第 14 章)，马祥梅副教授(第 7 章及第 8 章)，周桂娥讲师(第 9 章及第

13 章),倪惠琼副教授(第 10 章及第 11 章)。

本书得到了安徽省有机化学精品课程的资助。作为“安徽省普通高等教育‘十一五’规划教材”受到了安徽省教育厅、安徽理工大学和科学出版社的大力支持,在此深表谢意。

限于水平,书中难免有不妥之处,敬请使用本书的师生和读者批评指正。

编　者

2008 年 2 月

目　　录

绪　论

0.1　有机化合物的定义

化学产生于人类的长期生产实践中。寻求长生不老金丹的人虽说追求目的荒诞，但所使用的操作方法和积累的感性知识，却成为化学科学的前驱。1661 年，英国科学家波义耳(Robert Boyle，1627—1691 年)发表的《怀疑的化学家》中提出元素定义和化合物的概念，开始了化学分析的研究。1670 年，法国一位科学家首次提出区分植物化学和矿物化学，即后来的有机化学(organic chemistry)和无机化学(inorganic chemistry)，把从矿物中得到的化合物，叫做无机化合物(inorganic compound)，无机化学基于自然界的各种元素的发现及其性质的认识而成为一门学科。与“无机化学”对应的“有机化学”一词则是 1806 年由瑞典化学大师贝采利乌斯(J. J. Berzelius，1779—1848 年)首次提出的。19 世纪初，许多化学家认为在生物体内由于存在所谓的“生命力”才产生了有机化合物，而在实验室里是不能由无机化合物合成有机化合物的。所以，把从动植物中得到的化合物称为有机化合物(organic compound)。其实，有机化合物早在公元前 22 世纪的我国周朝时期已开始被制造和使用，例如，染料、酒、醋、植物胶、纸张等，它们是一类有机化合物的混合物，只是当时尚未了解和认识这些物质的具体化学结构。随着人们的生产实践和科学研究的不断发展，许多有机化合物都相继地被化学家用人工方法从无机化合物合成出来。1824 年，德国化学家维勒(F. Wöhler，1800—1882 年)通过氰水解制得乙二酸(HOOC—COOH)；1828 年，他无意中用加热的方法又使氰酸铵(NH_4OCN)转化为尿素(NH_2CONH_2)。氰和氰酸铵都是无机化合物，而乙二酸和尿素都是有机化合物。有机化合物与无机化合物之间似乎没有明显的绝对界限。维勒的实验结果强有力地动摇了“生命力”学说，由于合成方法的改进和发展，越来越多的有机化合物不断地在实验室中合成出来，而且是在与生物体内迥然不同的条件下合成出来的。其中，典型的突破是德国科学家库尔柏(A. W. H. Kolber，1818—1884 年)在 1840 年合成了乙酸(CH_3COOH)，法国科学家贝特洛(M. Berthelot，1827—1907 年)在 1845 年合成了油脂(grease)。“生命力”学说渐渐被抛弃，“有机化学”这一名词却沿用至今，但已失去它原有的含义。

有机化合物的特征是它们都含有碳原子，因此有机化合物就是碳的化合物。

当然,一些碳的小分子化合物,如一氧化碳、二氧化碳以及碳酸盐等,也是碳的化合物,但与无机化合物的关系密切,属于无机化合物的范畴,仍在无机化学中讨论。

有机化合物的组成元素以碳和氢为主,一些有机化合物还含有氧、氮、磷和硫等元素。从结构上看,可把碳氢化合物看作是有机化合物的母体,其他的有机化合物,看作是这个母体的氢原子被其他原子或基团取代而衍生得到的化合物。从组成上讲,有机化合物就是碳氢化合物及其衍生物。

有机化学就是研究有机化合物的组成、结构、性质、合成及其理论与应用的一门学科,是化学的一个分支,但已成为一门独立性很强的学科。

0.2 有机化合物的特性

"有机"和"无机"虽已没有明显的界限,但现代化学理论还是将化合物分为无机化合物和有机化合物,根本原因是有机化合物和无机化合物在化学结构、物理性质、化学性质以及化学反应性能等方面存在显著的差异。

0.2.1 有机化合物组成单元的特点

绝大多数有机化合物只是由碳、氢、氧、氮、卤素、硫、磷等少数元素组成,而且一个有机化合物分子只含有其中少数几种元素。但是有机化合物的种类繁多,数量庞大。目前,已知明确结构和性质的有机化合物有近两千万种,远远超出无机化合物的种类之和,而且每年还有数以万计的新有机化合物被发现和合成出来。

0.2.2 有机化合物结构上的特点

分子中的原子以一定的化合价按一定的顺序连接。物质的结构是指分子中原子的排列顺序和连接的方式。分子的性质,不仅取决于所组成的元素的性质和数量,而且也取决于分子的化学结构。碳原子处于周期表的第二周期,恰在电负性很强的卤素和电负性很弱的碱金属之间。这个特殊的位置决定了碳化合物具有一些特殊性质。一个化合物的性质,主要取决于构成该化合物的中心原子及其所形成的化学键。碳原子最外层的电子结构是 $2s^2 2p^2$,不容易得到或失去电子而形成离子。碳原子和其他元素的原子一般是以共价键相结合。碳原子具有很强的共价键结合力,可以互相结合成由数目不等的碳原子构成的碳链或碳环。一个有机化合物的分子中碳原子数目少则一两个,多则成千、成万甚至几十万个。此外,即使是碳原子数目相同的分子,由于碳原子间的连接方式多种多样,因此又可以组成结构不同的许多化合物,普遍存在着同分异构现象(isomerism),即分子式相同而结构相异的集合。分子式相同而结构相异因而其性质各异的化合物,称为同分异构体(isomer)。

例如，乙醇和二甲醚的组成和分子式都是 C_2H_6O，但它们的化学结构不同：

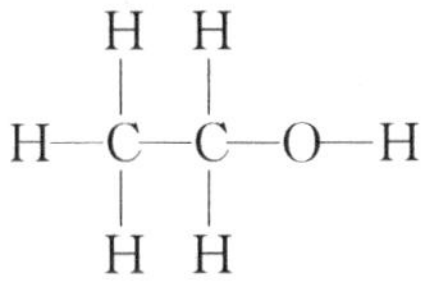

乙醇

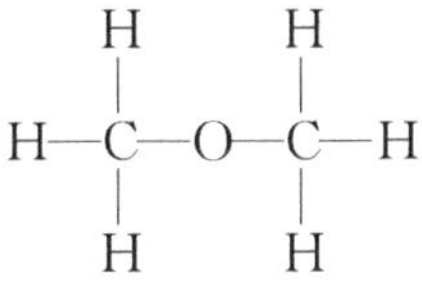

二甲醚

它们是两种性质不同的化合物。化合物的结构决定化合物的性质。反之，根据化合物的性质也可以推断化合物的结构。

显然，一个碳化合物含有的碳原子数和原子种类越多，分子中原子间的可能排列方式也越多，它的同分异构体也越多。例如，分子式为 $C_{10}H_{22}$ 的同分异构体数可达 75 个。这种普遍存在的同分异构现象在无机化学中并不多见。

0.2.3　有机化合物性质上的特点

由于碳原子特殊的核外电子结构，由其构成的化合物分子间只存在着较弱的范德华力（van der Waals forces），而不是正、负离子间的较强的静电引力。因此，有机化合物与无机化合物的物理、化学性质存在着明显的差异。有机化合物主要的特性如下：

（1）容易燃烧。有机化合物对热很不稳定，受热后往往容易分解炭化，达到着火点时就可燃烧（只有 CCl_4 等少数有机化合物例外），而大多数无机化合物都不能燃烧。

（2）熔点、沸点较低。有机化合物的熔点（melting point）一般低于 300℃。这是因为有机化合物一般是分子晶体，晶体中晶格结点上的分子是靠微弱的范德华力连接的，晶格容易破坏。另外，其沸点（boiling point）也较低。因为在液态时，它的单元仍是分子，在这种情况下，分子间作用力比离子化合物小，因此要破坏这种作用力所需要的能量也较小。例如，乙酸的熔点为 16.6℃，沸点为 118℃；而氯化钠的熔点为 800℃，沸点为 1440℃，它的熔点和沸点比乙酸高得多。

（3）难溶于水，易溶于有机溶剂。有机化合物的溶解性主要取决于它们的极性。水是一种极性强的液体，对极性物质易溶，而有机化合物的极性一般较弱，或者是非极性物质，因此，它们不易溶于水，而易溶于非极性或弱极性的溶剂。结构相似的分子可以相溶，“相似者相溶解”（相似相溶）是物质溶解的经验规律。例如，石蜡可溶于汽油；乙醇可溶于水。物质溶解是一个较复杂的过程，这里不作详细讨论。

（4）反应速率慢，常伴有副反应。无机盐类的离子反应非常迅速。例如，硝酸银与氯化钠作用，立即产生氯化银沉淀。有机化合物的反应一般是分子之间的反应，共价键不像离子那样容易离解，因此反应速率较慢，反应所需的时间较长，一般需要加热以加速分子的扩散碰撞，或加入催化剂以使分子活化。而且由于有机化合物的分子比较复杂，反应时并不限定在某一部位发生反应，因此常伴有副反应，以致产率较低。反应条件不同，产物也往往不同，所以有机化学反应一般需要严格控制适宜的反应条件。

0.3　有机化合物中的共价键

有机化合物分子是由几种原子组成，这些原子在分子内按一定的顺序排列，相互影响、相互作用结合成为一个整体。在有机化合物中，普遍存在的化学键是共价键(covalent bond)。碳原子的最外层电子结构特征是 $2s^2 2p^2$。碳原子不容易得到电子也不容易失去电子。它和其他元素的原子各提供一个电子而形成两个原子共有的电子对，即形成了把两个原子连接在一起的化学键，这就是共价键。有机化合物中共价键只有两种形式，即 σ 键和 π 键。共价键具有饱和性和方向性的成键特征。

按照量子化学中的价键理论(valence bond theory)，共价键是两个原子的未成对而又自旋相反的电子偶合配对的结果。共价键的形成使分子体系的能量降低，一个未成对电子一经配对成键，就不能再与其他未成对电子偶合。碳原子可以提供用于成键的四个未成对电子，碳原子间不仅可以单键结合，而且也可以用双键 $>C=C<$ 或叁键 $-C\equiv C-$ 相连接而形成碳链或碳环。当碳原子和氢原子形成分子时，碳原子最多可提供四个未成对的电子，和四个氢原子的未成对电子配对成键，这就是共价键的饱和性。

按照量子力学的价键理论，共价键是由成键原子轨道重叠形成的。重叠部分越大，所形成的共价键就越牢固。形成共价键的电子，必须在各自原子轨道电子云密度最大的方向上重叠成键，这就是共价键的方向性。

共价键具有极性的电性特征。各种元素的电负性(electronegativity)不同(表 0-1)。所谓电负性就是表示元素的原子在分子中吸引电子的能力。两个相同的元素的原子所形成的共价键，由于电子云在两个原子之间对称分布，正、负电荷中心相重合，所以没有极性。不同元素的原子电负性相差 0.6～1.7，它们所形成的共价键，由于共用电子对偏向于电负性较强的元素的原子，正、负电荷中心不能相重合，因而具有极性，有一定的偶极矩(moment of dipole)。所谓偶极矩就是正、负电荷中心的距离 d 和净电荷 q 的乘积，以 μ 表示，单位为 D(德拜)，是一个矢量，$1D=3.336\times10^{-30}C\cdot m$。当两种元素的电负性相差很大时(相差 1.7 以上)，即以带正、负电荷的离子形式，借静电引力而形成离子键。例如，卤代甲烷在气相中的偶极矩，其方向为 $\overrightarrow{CH_3-X}$，其大小为

	$CH_3—F$	$CH_3—Cl$	$CH_3—Br$	$CH_3—I$
$\mu/(10^{-30}C\cdot m)$	6.07	6.47	5.79	5.47

氟原子的电负性比氯的大,但其原子半径却小,正负电荷中心的距离 C—F 比 C—Cl 小,从而导致氟甲烷的偶极矩比氯甲烷的小。

表 0-1　部分元素的电负性

H	C	N	O	F
2.2	2.5	3.0	3.5	4.0
	Si	P	S	Cl
	1.9	2.2	2.5	3.0
				Br
				2.9
				I
				2.6

化学键的成键原子的属性不同,所构成的有机化合物的结构就有所不同。而这种结构上的差异,一般可从共价键结构参数诸如键长、键角、键能等物理数据反映出来(表 0-2)。

表 0-2　常见共价键的键长与键能

共价键	键长/nm	键能/($kJ\cdot mol^{-1}$)	共价键	键长/nm	键能/($kJ\cdot mol^{-1}$)
H—F	0.092	570	H—H	0.074	436
H—Cl	0.127	432	C—C	0.154	346
H—Br	0.141	366	C═C	0.134	602
H—I	0.161	298	C≡C	0.12	835
F—F	0.141	159	N—N	0.145	159
Cl—Cl	0.199	243	N≡N	0.110	946
Br—Br	0.228	193	C—H	0.109	415
I—I	0.267	151	O—H	0.096	464

(1) 键长(bond length)。形成共价键的两原子的原子核之间的距离称为键长。不同共价键具有不同的键长。一般地说,两原子之间所形成的键越短,就表示键越强、越牢固。一些常见的共价键键长如表 0-2 所示。相同的共价键在不同的分子结构中也不一定相同。

(2) 键能(bond energy)。在形成共价键的过程中,体系所放出的能量,或断裂共价键时所吸收的能量,称为键能。双原子分子的键能也就是键的离解能(bond dissociation energy),所谓键的离解能,即在 101.325kPa 和 25℃下,使 1mol 化合物(气)离解成原子(气)所需的能量。多原子分子的键能与键的离解能并不一致。

(3) 键角(bond angle)。一个二价以上的原子在与其他原子形成共价键时,键与键之间有一个夹角,这个夹角称为键角。相同的原子采取不同的方式成键时,其键角不同;相同方式构成的键角在不同分子结构中也不一定相同。

甲烷的结构(图 0-1)有助于理解共价键的三个结构参数。甲烷呈正四面体构型,其碳原子居于四面体的中心。有四个相同的共价键,即碳氢键,其键长为 0.112nm,四个价键对称地分布在它的周围。其键能以其四个碳氢键的离解能的平均值为参考值,每一个碳氢键的平均键能为 $415.3kJ \cdot mol^{-1}$,分解成四个氢原子和一个气态的碳原子所吸收的热为 $1661kJ \cdot mol^{-1}$。甲烷的各步离解能为

$$CH_4 \longrightarrow \cdot CH_3 + H\cdot \qquad 435.1kJ \cdot mol^{-1}$$

$$\cdot CH_3 \longrightarrow \cdot \dot{C}H_2 + H\cdot \qquad 443.5kJ \cdot mol^{-1}$$

$$\cdot \dot{C}H_2 \longrightarrow \cdot \underset{\cdot}{\dot{C}}H + H\cdot \qquad 443.5kJ \cdot mol^{-1}$$

$$\cdot \underset{\cdot}{\dot{C}}H \longrightarrow \cdot \underset{\cdot}{\dot{C}}\cdot + H\cdot \qquad 338.9kJ \cdot mol^{-1}$$

由此可见,键能与离解能是有差别的。因此,键能一般都是指平均离解能。

氢原子处在正四面体的四个顶点,两个价键之间所成的夹角为 109.5°,如图 0-1 所示。

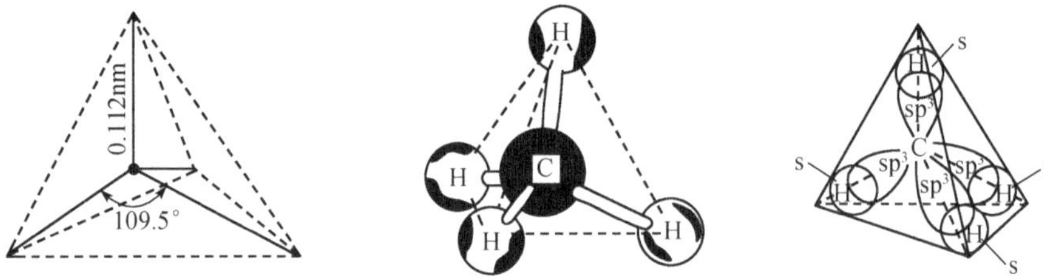

图 0-1　甲烷的结构示意图

(4) 共价键的断裂。在化学反应中,总是有一部分共价键要断裂的,断裂的方式有均裂(homolysis)和异裂(heterolysis)。所谓均裂就是共价键的两个电子平均分配到共价键的两个原子或原子团上,形成两个各带有一个未成对电子的原子或原子团,这种带有一个或几个未成对电子的基团叫做自由基(free radical),又叫游离基。自由基不稳定,会继续发生化学反应,凡是由自由基参与的化学反应都称为自由基反应(free radical reaction),如后面要讲的自由基加成反应(free radical addition reaction)、自由基取代反应(free radical substitution reaction)等。

$$X \vdots Y \longrightarrow X\cdot + Y\cdot$$

所谓异裂就是共价键的两个电子完全转移到成键中的一个原子或原子团上,形成一个带正电荷(Y^+)、一个带负电荷($X{:}^-$)的两个基团。通过共价键的异裂而进行的反应叫做离子反应(ion reaction),因为反应过程中一般有离子生成,或有离子参加反应。带负电荷基团又叫负离子或阴离子(anion),带正电荷基团又叫正离

子或阳离子(cation)。离子反应可以根据进攻试剂的性质进行分类，阴离子参与的化学反应叫做亲核反应(nucleophilic reaction)，如后面要讲到的亲核取代反应(nucleophilic substitution reaction)、亲核加成反应(nucleophilic addition reaction)等，发生亲核反应的试剂叫做亲核试剂(nucleophilic reagent)，如 $X:^-$。阳离子参与的化学反应叫做亲电反应(electrophilic reaction)，如后面要讲到的亲电取代反应(electrophilic substitution reaction)、亲电加成反应(electrophilic addition reaction)等。发生亲电反应的试剂叫做亲电试剂(electrophilic reagent)，如 Y^+。

$$X{:}\vdots Y \longrightarrow X{:}^- + Y^+$$

0.4　有机化合物的结构

0.4.1　分子结构

所谓分子结构(molecule structure)不仅是指分子中的原子组成、原子间的连接顺序和方式，也包括化学键的结合情况和分子中电子的分布状态等。有机化合物的结构和性质是密切相关的，性质是结构的反映，结构决定性质。要认识有机化合物的性质，必须要先了解有机化合物的结构。中国化学会根据国际纯粹与应用化学联合会(IUPAC)的建议，1979 年决定用结构(structure)描述分子的一般意义上的构成，包括构造(constitution)、构型(configuration)和构象(conformation)三种形式。

构造是指分子中原子的连接顺序和方式，前面介绍的乙醇与二甲醚的同分异构现象就是这两种分子的构造不同造成的。相同的元素组成，原子间连接顺序不同，构造是不同的。

构型是指分子中成键原子在空间的相对位置，涉及分子的立体状态。构型异构包括顺反异构和光学异构，这点在第 2 章、第 5 章中介绍。

构象是指分子中成键原子或原子团因 σ 键的旋转而造成的相对空间分布状态。由单键旋转产生的异构体叫做构象异构体(conformation isomer)或旋转异构体(rotamer)。这部分内容在第 1 章介绍。

如果分子的分子式不同，其结构就不同。如果分子式相同，则其结构下的构造、构型和构象可能相同也可能不相同，主要由分子形成过程和所处的条件决定。

0.4.2　分子间作用力

分子间作用力(intermolecular force)是决定分子物理性质的重要因素。从本质上讲，分子间的作用力都属于静电作用力，主要包括氢键、偶极-偶极作用力、范德华力。

氢键(hydrogen bond)是氢原子与原子半径相对较小且带有未共享电子对的

原子间通过空间发生相互作用而产生的。可产生相互作用的原子有 O、F、N 等，是裸露的氢原子核与这些富电子原子的孤对电子之间产生的静电吸引作用。氢键具有方向性和饱和性。

偶极-偶极作用力(dipole-dipole interaction)是指极性分子与极性分子间的静电引力，可简单理解为极性分子间正、负端的相互吸引。这种作用力的大小与分子的偶极矩直接相关。

范德华力是分子间的一种弱作用力，包括取向力、诱导力和色散力。就其本质而言，也是一种静电力。范德华力没有方向性和饱和性，作用能量比化学键能小 1～2 数量级，作用力程只在皮米(pm)范围内。

分子间作用力越大，分子的熔、沸点越高。

0.5　有机化合物的分类

有机化合物数目庞大，为了便于系统地学习和研究，有必要对有机化合物进行科学分类。建立在结构基础上的完整的分类系统，有助于阐明有机化合物的结构、性质以及它们彼此间的联系。有机化合物分类的方法很多，主要是依据分子碳架结构和特征官能团(function group)进行分类。

0.5.1　碳架分类

按碳原子相互结合的方式不同，一般可把有机化合物分为三类。

1. 开链化合物

分子中碳原子与碳原子相连接，成为开链的碳链，而无环状结构。此类化合物称为脂肪族化合物(aliphatic compound)。

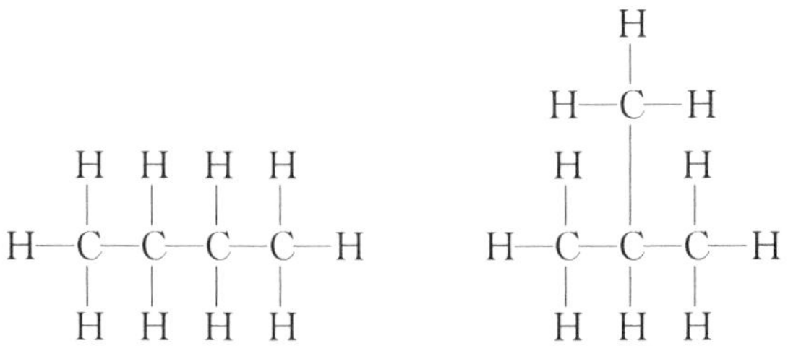

丁烷　　　　异丁烷

2. 碳环化合物

分子中具有由碳原子相连接而成的环状结构。根据碳环的特点，又可分为两类：

(1) 脂环化合物(alicyclic compound)。这类化合物可看作是由开链化合物以首尾两端的碳原子相连接而闭合成环。它们的性质与脂肪族化合物相似，故称为脂环化合物。

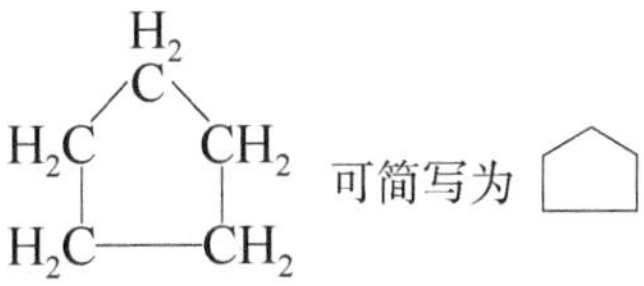

环戊烷

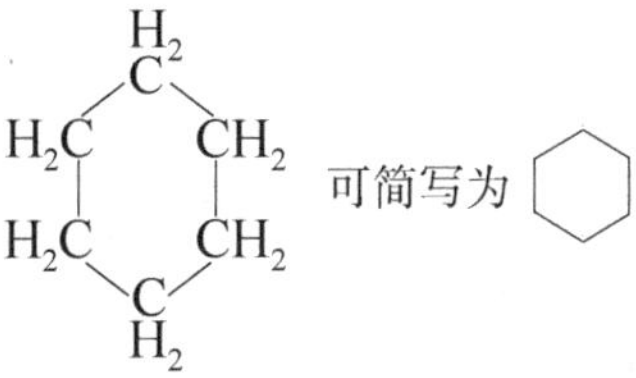

环己烷

(2) 芳香族化合物(aromatic compound)。这是由碳原子组成以苯环结构为特征的一类化合物，存在单苯环、双苯环、多苯环和稠苯环结构，它们具有某些特殊的性质。

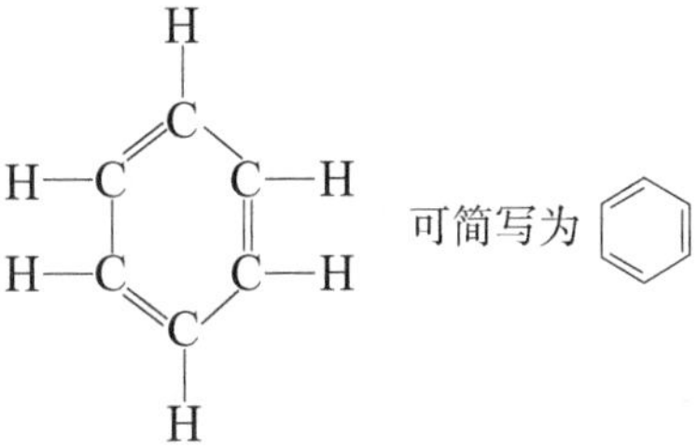

苯

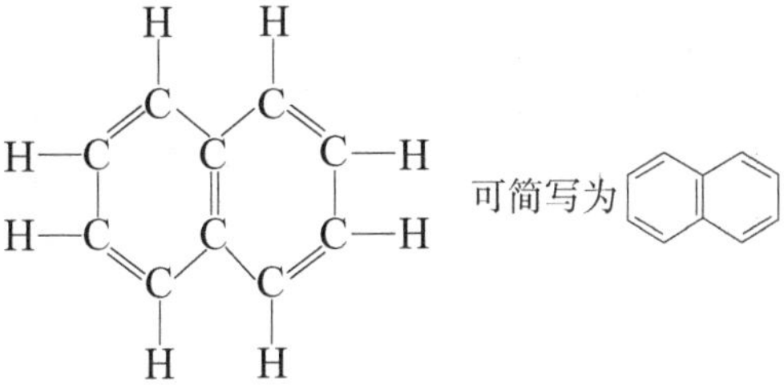

萘

3. 杂环化合物

杂环化合物(heterocy clic compound)是由碳原子和其他元素的原子组成的以环状结构为特征的一类化合物，其他元素是指氧、硫、氮等，环状结构有单环、双环、多环和稠环，环中原子有双元素原子、三元素原子和多元素原子。例如：

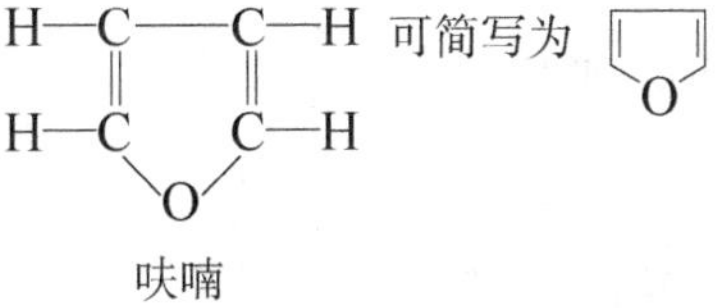

呋喃

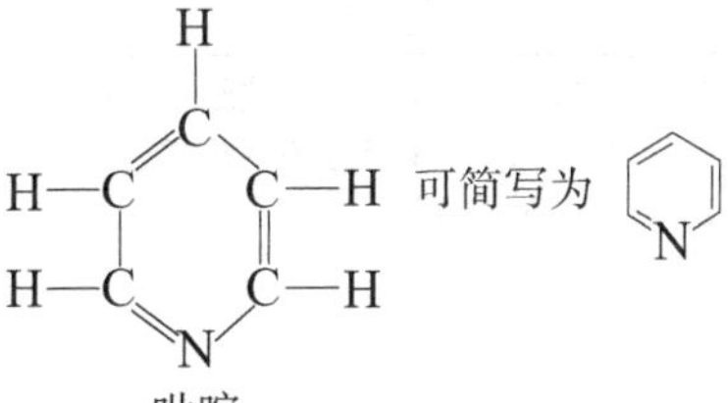

吡啶

0.5.2 官能团分类

有机化合物通常都含有一种官能团。所谓官能团，就是分子中比较活泼而易发生化学反应的原子或原子团或某些特征化学键结构。显然，含有相同官能团的有机化合物具有类似的性质。依据官能团分类，有机化合物可以分成如表 0-3 所示的各类化合物。官能团分类法既方便又系统，对认识数目庞大的有机化合物具有纲目的效果。

表 0-3　一些常见的化合物及其官能团

化合物类名	官能团结构	官能团名称	化合物类名	官能团结构	官能团名称
烯烃 alkene	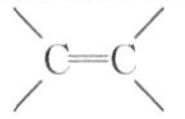	碳碳双键 double bond	醚 ether	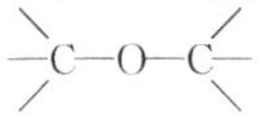	醚基 ether group
炔烃 alkyne	—C≡C—	碳碳叁键 triple bond	过氧化物 peroxide	—O—O—	过氧基 peroxy group
卤代烃 halohydrocabron	—X(F,Cl,Br,I)	卤原子 halogen atom	醛 aldehyde	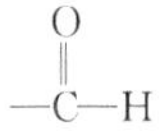	醛基 aldehyde group
醇 alcohol	—OH *1	羟基 hydroxy	酮 ketone		羰基 carbonyl
酚 phenol	—OH *2	羟基	磺酸 sulfonic acid	$—SO_3H$	磺(酸)基 sulfo
硫醇 thio-alcohol	—SH *1	巯基 mercapto	羧酸 carboxylic acid	—COOH	羧基 carboxy
硫酚 thio-phenol	—SH *2	巯基	酰卤 acyl halide	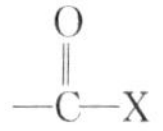	酰卤基 acyl halide group
酸酐 acid anhydride	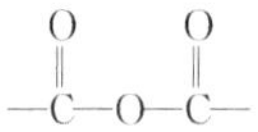	酸酐基 acid anhydride group	亚胺 imine	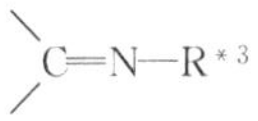	亚氨基 imino
酯 ester	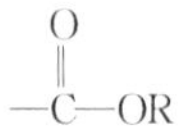	酯基 ester group	硝基化合物 nitro compound	$—NO_2$	硝基 nitro
酰胺 amide	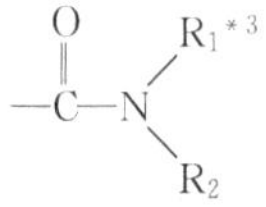	酰氨基 amide group	亚硝基化合物 nitroso compound	—NO	亚硝基 nitroso
胺 amine	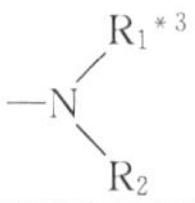	氨基 amino	腈 nitrile	—C≡N	氰基 cyano

*1　—OH 或—SH 与饱和碳原子直接相连。

*2　—OH 或—SH 与芳环直接相连。

*3　R、R_1、R_2 可以是氢也可以是烃基，R_1 与 R_2 可以相同也可以不同。

0.6　有机化学中的酸碱概念

在有机化学中，时常会使用到酸碱概念。例如，有很多物质是酸或是碱，有许多反应属于酸碱反应，有不少反应是在酸碱催化下进行的；有时候用酸碱概念说明有机化合物的性质与结构的关系、分析反应机理等。因此认识酸碱概念是很有必要的。常用的酸碱概念有电离理论、质子理论和电子理论。

0.6.1　酸碱的电离理论

阿伦尼乌斯(S. Arrhenius,1859—1927 年)在 1884 年提出了酸碱的电离理论(the ionization theory of acid-base),该理论的要点是“凡在水溶液中能电离并释放出的阳离子全部是 H^+ 的物质是酸,能电离并释放出的阴离子全部是 OH^- 的物质是碱”,即

$$H_2SO_4 = HSO_4^- + H^+$$
$$NaOH = Na^+ + OH^-$$

中和反应的实质是 H^+ 和 OH^- 的反应:

$$H^+ + OH^- = H_2O$$

电离理论把酸和碱局限在水溶液中,局限在 H^+ 和 OH^- 的生成上,绝对化了酸和碱的概念,忽视了酸和碱的整体性,适用范围受到很大限制,对非水体系的酸碱性和不含质子物质的酸碱性无能为力。

0.6.2　酸碱质子理论

针对电离理论存在的缺陷,丹麦化学家勃朗斯德(J. N. Bronsted,1879—1947 年)和英国化学家劳瑞(T. M. Lowry,1874—1936 年)在 1932 年提出酸碱质子理论(the proton theory of acid-base),该理论认为能给出质子(H^+)的物质就是酸(质子给予体,proton donor);能接受质子的物质就是碱(质子接受体,proton acceptor),有时把质子酸碱又称为 B 酸碱。

在酸碱质子理论中,酸和碱不再对立,而是统一在对质子的关系上:

$$\text{酸} \rightleftharpoons \text{碱} + \text{质子}(H^+)$$

酸和碱的这种相互依存、相互转化的关系称为共轭(conjugation)关系。酸失去质子后形成碱,称为该酸的共轭碱(conjugate base)(如 Ac^- 是 HAc 的共轭碱);碱和质子结合后形成酸,称为该碱的共轭酸(conjugate acid)(如 HAc 是 Ac^- 的共轭酸)。

$$K_a = \frac{[Ac^-][H_3^+O]}{[HAc]}$$

酸越强,其共轭碱越弱,反之亦然。一般把 HAc 和 Ac^- 这种在组成上仅相差一个质子的酸碱对称为共轭酸碱对。表示酸碱强弱的物理量是平衡常数 K,K_a 是酸的电离平衡常数,其值越大酸性越强($K_a > 1$ 为强酸);K_b 是碱的电离平衡常数,值越大碱性越强。酸碱强弱常用 pK_a 和 pK_b 表示,碱的强弱也常用其共轭酸的 K_a 或其负对数 pK_a 来表示,但特别注意这时 pK_a 越大碱性越强。例如,要判断

OH^-、RCH_2O^-、$RCOO^-$ 碱性相对强弱，可以通过它们的共轭酸的强弱判断，OH^- 的共轭酸是 H_2O，其 $pK_a = 15.7$；RCH_2O^- 的共轭酸是 RCH_2OH，其 $pK_a = 18$；$RCOO^-$ 的共轭酸是 RCOOH，其 $pK_a = 4 \sim 5$。所以碱性强弱是 $RCH_2O^- > OH^- > RCOO^-$。

与电离理论相比，质子理论扩大了酸碱的范围，应用十分方便。它的不足就是那些不交换 H^+ 而又具有酸性的物质不包含在内。

0.6.3 酸碱电子理论

美国科学家路易斯(G. N. Lewis，1875—1946 年)在 20 世纪 30 年代从电子对得失的角度提出了新的酸碱概念，又称为路易斯酸碱理论(the Lewis acid-base model)，也称为酸碱电子理论(the electron theory of acid-base)。

酸碱电子理论认为，路易斯酸(Lewis acid)是任何可以接受电子对的电子接受体(electron pair acceptor)；而路易斯碱(Lewis base)是任何可以提供电子对的电子给予体(electron pair donor)。简言之，能接受电子对者为酸；能给出电子对者为碱。中和反应演变为电子对接受体与电子对给予体之间形成配位共价键的过程。例如，三氟化硼的外层电子只有六个，可以作为受体接受电子对，所以三氟化硼是酸；氨上的氮有一对孤电子，可以作为供体，所以氨是碱。

$$H^+ + {:}OH \longrightarrow H{:}OH$$

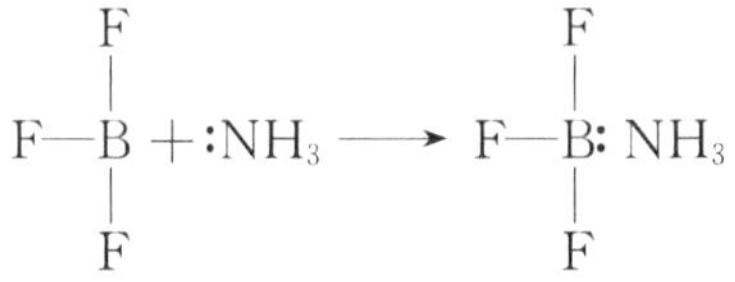

酸　　碱　　　　酸碱配合物

在有机化学反应中经常用到路易斯酸碱概念。一般具有缺电子的物质(如存在空的价轨道)，容易和电子云密度高的物质亲和，这种性质称为亲电性(electrophilicity)，这种具有缺电子结构的物质称为亲电试剂(electrophilic reagent)；而路易斯碱具有富电子的结构(如带有孤对电子等)，对正电中心有很强的亲和力，称为亲核性(nucleophilicity)，这种具有富电子结构的物质称为亲核试剂(nucleophilic reagent)。路易斯酸碱理论是目前应用最广的酸碱理论，它几乎涵盖了所有的有机和无机化合物。

酸碱电子理论中的路易斯碱与酸碱质子理论中的碱是一致的，路易斯酸则具有更大的适用范围。但酸碱电子理论的最大缺点是不易定量确定酸碱的强度等。

20 世纪 60 年代，又出现了软硬酸碱的概念(the hard-soft theory of acid-base)，软硬酸碱理论较成功地讨论了配合物的稳定性。

0.7　现代有机合成手段

基于对自然现象的认识和科学技术发展的需要，每年都有数以万计的有机化合物被合成出来，合成手段是发现新有机化合物的关键。有机化合物的特点之一是反应速率缓慢。若要加快有机化学反应速率，通常采用一些催化的手段，如加热、加催化剂、高能辐射等。结合目前有机化学合成技术的发展，下面简单介绍几种常见的有机化合物合成反应手段。

0.7.1　有机热反应

以化学反应碰撞理论的观点，化学反应是具有足够能量的反应物分子以适当取向发生有效碰撞的结果。加热反应体系，可以提高反应物分子的能量，增加可发生化学反应的反应物分子的比率，促进化学反应快速进行。加热的方式有直接加热法，如电热板、电热套、酒精灯等；间接加热法，如水浴、油浴、沙浴等。一般来说，反应体系的温度每升高 10℃，可使反应速率加快一倍至两倍。以叔丁基氯的水解为例，当反应温度由 25℃升至 35℃，水解速率即可增加一倍。

0.7.2　有机光化学反应

所谓有机光化学反应（photochemical reaction）就是通过光照射使反应物分子受到激发而发生的化学反应，是有机合成的一个重要手段。一般能引起光化学反应的光为紫外光，其波长范围为 200～400nm，一般来源于如高压汞灯等产生大量紫外光的光源。光能必须与可发生化学变化价键的键能相匹配，方可发生化学反应。能发生光化学反应的物质通常是那些具有不饱和键的化合物，如烯烃、醛、酮等。

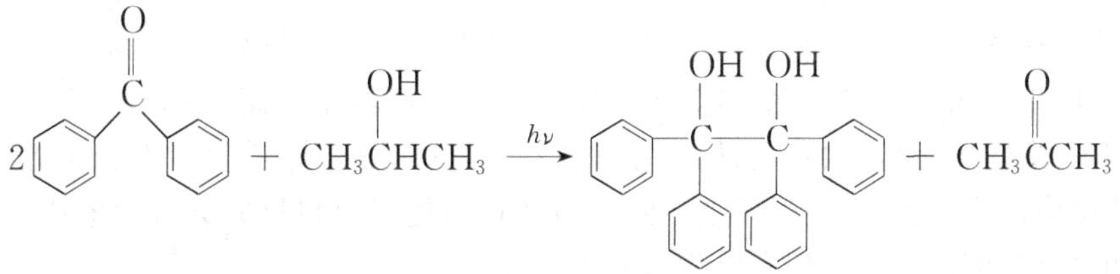

0.7.3　有机电合成

有机电化学合成（electro-organic synthesis）是利用电解反应（electrolytic reaction）来合成有机化合物。电解反应是在置于电解槽中的阴极和阳极之间进行的，通过调节电量和电位可以方便地控制有机电解反应。由于许多氧化剂或还原剂可以在电解槽中再生，因此，在电解反应中，只需催化剂量级的试剂，这不仅节约了资源，而且也避免了对环境的污染。有机电合成技术以其无污染、节能、转化率高、产物分离简单等优点，在有机化合领域中日益显示出重要的应用价值。例如，作为消毒剂的碘仿就可以用丙酮作原料，经电化学方法合成得到。

$$\mathrm{CH_3\overset{\overset{\displaystyle O}{\|}}{C}CH_3} + \mathrm{IO^-} \xrightarrow{\text{电解}} \mathrm{CH_3COO^-} + \mathrm{CHI_3}\downarrow$$

0.7.4　有机声化学反应

声化学(sound chemistry)是从化学学科中发展起来的，是化学的一个分支。它通过超声波来加速化学反应或产生新的化学反应。超声波(ultrasonic wave)是指振动频率在 16kHz 以上的声波。超声波之所以能加速有机化学反应，主要是由于它的“空穴作用”。当超声波通过溶液时，在微秒量级的时间内，分子之间被拉开距离从而产生“空穴”，“空穴”会在瞬间迅速淬灭。理论计算表明，这一过程相当于产生近 2000K 左右的高温和 50MPa 左右的压力，以致诱发产生高能离子或自由基从而引发化学反应。

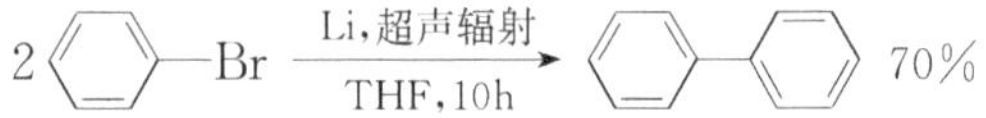

溴苯　　　　　　　　联苯

如果没有超声波照射，卤代物在这样的体系中一般不会发生偶合反应。

0.7.5　有机微波化学反应

微波(microwave)是频率为 $3\times10^2\sim3\times10^5$MHz 的电磁波，属于无线电中波长最短的波段，也称超高频。微波应用于有机合成在 20 世纪 80 年代。微波最常用的频率是 2450MHz，该频率与化学基团的旋转振动频率接近。它利用微波辐射能使极性分子发生高速旋转而产生热效应，从而促使有机化学反应。这种热效应与传统加热方式相比，具有加热速率快、升温均匀等特点。例如，以氰基酚钠盐与苄氯反应来制备 4-氰基苯基苄基醚，传统方法是在甲醇中回流 12h，产率为 65%；而在 560W 的家用微波炉中加热反应仅 35min 就可达到同样产率。与传统方法相比，其反应速率要快 1000 倍以上。由于微波辐射促进有机反应具有速率快、操作方便的特点，因此日益受到有机化学家的重视。

0.8　有机化合物的结构测定

有机化学发展初期，有机化合物的结构测定常通过化学方法来完成。这样做不仅操作繁琐，而且效率低。自从以光谱技术为代表的物理方法问世以来，物理方法在测定有机物结构方面的应用得到了飞速地发展。物理方法试样用量少，分析数据可靠，通过谱图解析图，人们可以清晰地分辨出对应化合物的分子结构。在物理方法中有紫外吸收光谱（ultraviolet spectra-scopy，UV）、红外吸收光谱（infrared spectroscopy，IR）、核磁共振谱（nuclear magnetic resonance，NMR）、质谱（mass spectrum，MS）及X射线衍射谱（X ray diffraction spectrum）等，各种化合物的光谱数据广泛出现在研究论文和教科书中。本节简单介绍红外、核磁共振氢谱（^{1}H NMR）及质谱的有关概念。

0.8.1　红外光谱

红外光谱是分子中的原子在平衡位置附近的振动和分子绕其重心的转动，吸收红外区域内特定波长的辐射能而形成的吸收光谱。根据红外吸收光谱，可定性地推断分子结构，鉴别分子中所含的基团。在有机化学理论研究上，红外光谱可用于推断分子中化学键的强度，测定键长和键角，也可推导反应机理等，它具有迅速准确，样品用量少等优点，多用于定性分析。

1. 原理

红外光是一种电磁波。红外区介于可见区和微波区之间，其中应用最广泛的是从2.5～25μm的中红外光。波长小于2.5μm的红外辐射称为近红外区，大于25μm的称为远红外区。

当以一定频率的红外光照射分子时，若分子中某一基团的振动频率和照射光的频率相同，则两者发生共振，光的能量通过分子偶极矩的变化传给分子，物质分子吸收能量后，振动能增加，由基态振动能级跃迁到较高的振动能级。由于分子中有若干个基团，同一基团又有若干不同的振动形式，当用连续的红外光照射时，在不同的波长位置就会出现一些吸收峰，记录其透光度随波长变化的曲线即为红外光谱。图0-2为苯乙酮的红外光谱图。

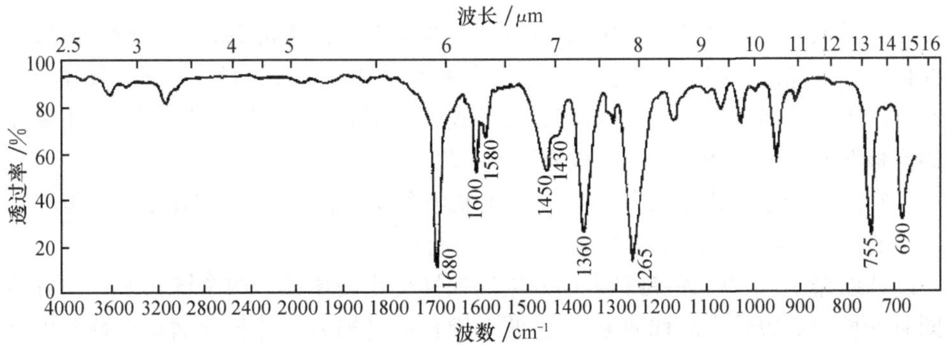

图0-2　苯乙酮的红外光谱（液膜法）

在红外光谱图中，横坐标表示吸收峰的位置，用波长（λ，μm）或用波数（$\bar{\nu}$，cm^{-1}）表示，两者之间关系为倒数关系$\left(\bar{\nu}=\frac{1}{\lambda}\times 10^4\right)$；纵坐标表示吸收强度，用透过率（$T$ %）表示，它是透射光强 I 与入射光强 I_0 之比。透过率越低，表明吸收得越好，故曲线低谷表示是一个好的吸收带。

2. 分子振动和红外吸收频率

（1）分子振动的基本形式。分子内部的原子有伸缩振动和变形振动两种基本形式。在双原子分子的振动中，双原子分子中的化学键的振动可看作一根弹簧连接的两个刚性小球的简谐振动：

振动频率近似用下式计算：

$$\bar{\nu}=\frac{1}{2\pi c}\sqrt{\frac{K}{m}}$$

式中，K 为化学键的力常数，与化学键强度有关；m 称为折合质量，$m=\frac{m_1\times m_2}{m_1+m_2}$。

因此，化学键的振动频率取决于该键的力常数和成键原子的质量，键的力常数越大，原子质量越小，振动频率越大。一些常见化学键的力常数如表 0-4 所示：

表 0-4　常见化学键的力常数 K（$\times 10^2$ N/nm）

共价键	K	共价键	K
C—C	4.5～5.6	O—H	7.8(H_2O)，7.12(游离)
C═C	9.5～9.9	N—H	6.5(NH_3)
C≡C	15～17	C—O	5.0～5.8
C—H	4.7～5.0(—C—H)，5.1(═CH)，5.9(≡CH)	C═O	12～13

分子振动的能量是量子化的，具有一定的能级，从较低能级跃迁到较高能级需要提供红外光能量（$E_{h\nu}$）。当 $E_{h\nu}$ 等于两个振动能级之差 ΔE（$E_{h\nu}=\Delta E$），且分子振动可产生分子偶极矩的变化时，就有红外吸收。例如，HCl 有红外吸收，而非极性的同核双原子分子 N_2、O_2 等就没有红外吸收。

在多原子分子的振动中，对多原子有机物分子而言，分子中的化学键的振动是多样的，下面以亚甲基（CH_2）的振动为例进行说明。

伸缩振动：指键长沿键轴方向发生周期性变化的振动。两个键长沿键轴方向同时伸长或缩短时为对称伸缩振动；两个键长沿键轴方向伸长和缩短交替发生时为非对称伸缩振动，如图 0-3 所示。

图 0-3　亚甲基的伸缩振动

变形振动：指键角发生周期性变化、而键长不变的振动。变形振动又分为面内变形振动和面外变形振动，如图 0-4 所示。变形振动不改变键长，振动能量较小，红外吸收在低频区，一般在 $1200cm^{-1}$ 以下。

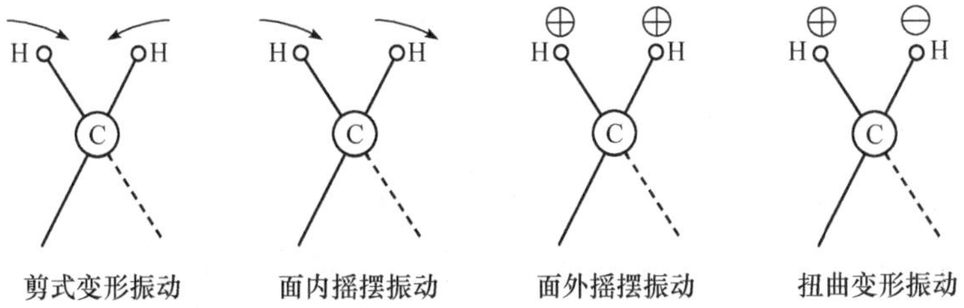

图 0-4　亚甲基的变形振动

(2) 化学键的红外特征吸收峰。研究大量物质红外光谱后发现，具有同一类型化学键或官能团的不同化合物，其红外吸收频率总是出现在一定的波数范围内，把这种能代表某官能团，并有较高强度的吸收峰，称为该官能团的特征吸收峰。一般有机化合物的红外光谱都比较复杂，不可能对每一个吸收峰都作解析，所以只要找出它们各自官能团中最典型的吸收峰就可以了。表 0-5 是一些常见化学键的特征红外吸收频率。

表 0-5　常见化学键的特征红外吸收频率

化学键	化合物类型	吸收峰位置/cm^{-1}	吸收强度
C—H	烷烃	2960～2850	强
=C—H	烯烃	3100～3010	中
$>$C=C$<$	烯烃	1680～1620	不定
≡C—H	炔烃	3300	强
—C≡C—	炔烃	2200～2100	不定
$>$C=O	羰基化合物	1850～1600	强

化学键或官能团的特征吸收峰对推测未知化合物的结构是十分重要的。如图 0-5，图谱中 $3300cm^{-1}$、$1610cm^{-1}$ 有明显吸收峰，而在 1850～$1600cm^{-1}$ 无吸收，

可以初步确定化合物中含有炔氢及双键，不含有羰基。

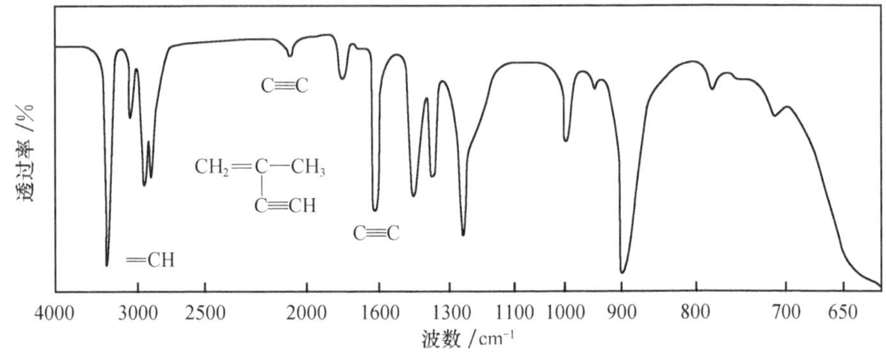

图 0-5　2-乙炔基-1-丙烯的红外光谱(液膜)图

3. 红外光谱的官能团区和指纹区

整个红外光谱图可分为两个区域：官能团区（$4000\sim1500cm^{-1}$）和指纹区（$1500\sim650cm^{-1}$）。分布在官能团区的吸收峰主要是由有机分子的伸缩振动产生，光谱比较简单，吸收强度也较大，可以据此判断有机分子中所含的各种不同官能团的种类。指纹区的吸收峰比较复杂，不仅含有单键的伸缩振动吸收峰，还有弯曲振动的吸收峰，有许多吸收峰不易解释。不同的有机分子在这段区域里都有自己特定的吸收峰，如同指纹一样。因此，如果要用红外光谱确定两个化合物是否相同时，不仅要看两个图谱在官能团区的吸收峰是否完全吻合，还要看在指纹区范围内是否完全一致。

0.8.2　核磁共振谱

用波长为 0.5～5m(频率相当于 MHz 数量级)的电磁波照射样品，因电磁波波长较长，能量较低，不能引起分子中价电子的跃迁及原子或基团的振动跃迁，但该电磁波能与置于磁场中一定分子的原子核相互作用，发生核磁共振跃迁，记录其共振跃迁信号位置和强度，就是核磁共振波谱。

核磁共振谱已广泛应用于分子生物学、天然有机化学、合成有机化学、石油化工、医药等各个领域。尤其在有机化学方面，NMR 可提供有关分子结构、分子构型、分子运动等多种信息，NMR 波谱已成为研究分子微观结构不可缺少的工具。

1. 基本原理

核磁共振研究的对象是具有磁矩的原子核。质子与中子数其中之一为奇数的原子核因其自旋量子数 $m_s\neq0$，具有自旋现象，如氢核(^1H)，具有量子数 m_s分别为

＋1/2 和－1/2 的两个自旋状态，如图 0-6 所示。因此，在外加磁场中氢核自旋磁矩就有两种取向，一种是自旋磁矩与磁场方向一致，能量较低，称低能态，另一种是自旋磁矩与外加磁场方向相反，称高能态，如图 0-7 所示。两者能量之差 ΔE 与外加磁场强度成正比：

$$\Delta E=\gamma\frac{h}{2\pi}H_0$$

式中，γ 为氢核的特征常数（磁旋比）；h 为普朗克常量；H_0 为外加磁场强度。

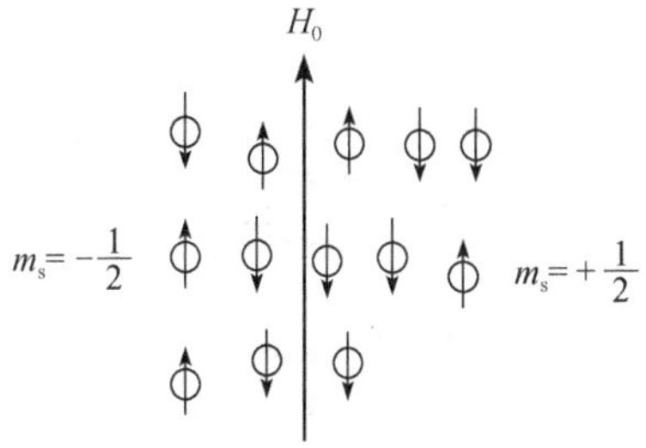

图 0-6　氢核在外加磁场中的两种自旋状态

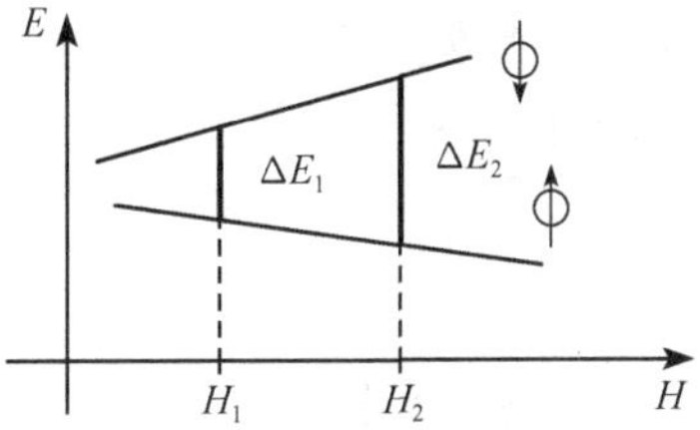

图 0-7　不同磁场强度时氢核两种自旋状态的能量差

若在与 H_0 垂直的方向上加一个射频场，辐射在一定磁场中的氢核。当辐射能恰好等于氢核两种自旋状态的能量差时，氢核就吸收该辐射能（$h\nu$），从低能态跃迁到高能态，氢核的自旋反转，这种现象称为核磁共振吸收。

$$\Delta E = h\nu$$

则

$$\nu = \frac{\gamma}{2\pi}H_0$$

产生的共振信号用核磁共振仪记录下来，就是核磁共振谱图。氢原子核的核磁共振简写为 ^{1}H NMR。从公式可看出，氢核吸收的辐射能频率 ν 与外加磁场强度有关。外加磁场大，ν 越大，ΔE 也越大，此时，仪器的分辨率提高。

2. 屏蔽效应与化学位移

若质子的共振磁场强度只与 γ（磁旋比）、电磁波照射频率 ν 有关，试样中符合共振条件的 ^{1}H 都发生共振，只产生一个单峰，这对测定化合物的结构是毫无意义的。实验证明，在相同的频率照射下，化学环境不同的质子将在不同的磁场强度处出现吸收峰，这是核外电子对氢核产生的屏蔽效应造成的。

实际上，氢核在分子中不是完全裸露的，而是被价电子所包围。因此，在外加磁场作用下，由于核外电子在垂直于外加磁场的平面绕核运动，从而产生与外加磁场方向相反的感应磁场。感应磁场方向与外加磁场相反，如图 0-8 所示，使氢核实际感应到的磁场强度要比外加磁场的强度弱。为了发生核磁共振,必须提高外加磁场强度,以抵消电子运动产生的对抗磁场的作用。核外电子对 H 核产生的这种对抗外加磁场的作用,称为屏蔽效应(shielding effect)。显然,核外电子云密度越大,屏蔽效应越强,要发生共振吸收就势必增加外加磁场强度,共振信号将移向高磁场区,反之,共振信号将移向低磁场区。若感应磁场增强外加磁场,如图0-9所示,π 电子诱导的环流对醛上氢的作用,使其感受到的磁场强度增强,这种作用称为去屏蔽(deshielding)效应。

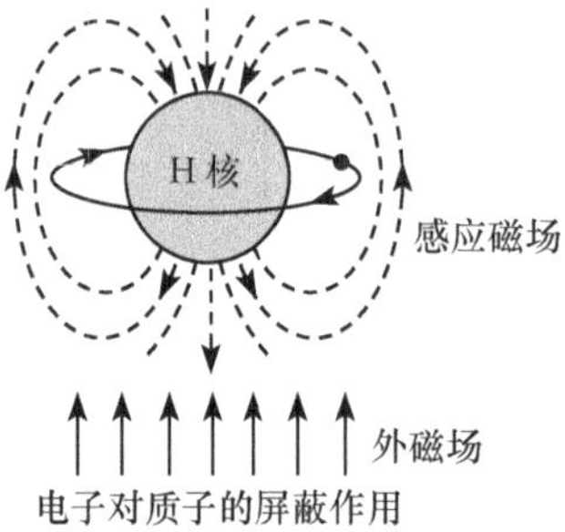

图 0-8　核外电子产生的感应磁场(屏蔽效应)

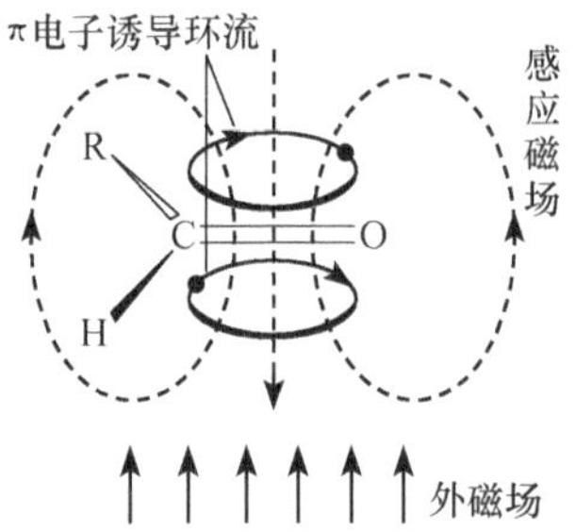

图 0-9　核外电子产生的感应磁场(去屏蔽效应)

在照射频率确定时,氢核因在分子中的化学环境不同而在不同共振磁场强度下显示吸收峰的现象称为化学位移 δ(chemical shift)。显然,一个质子的化学位移取决于其周围的电子环境。在同一个分子中,处于不同电子环境(也称不等性质子)的质子会有不同的化学位移;在不同分子中,处于相同电子环境的质子(也称等性质子)有大致相同的化学位移。对于一个有机化合物的核磁共振氢谱,通过辨析各类质子的吸收峰并根据它们各自的化学位移,就可初步推断出其分子结构。例如,乙醇的 ^{1}H NMR 图谱中(图 0-10),H_a 与吸电子的羟基距离较 H_b 远,H_a 核周

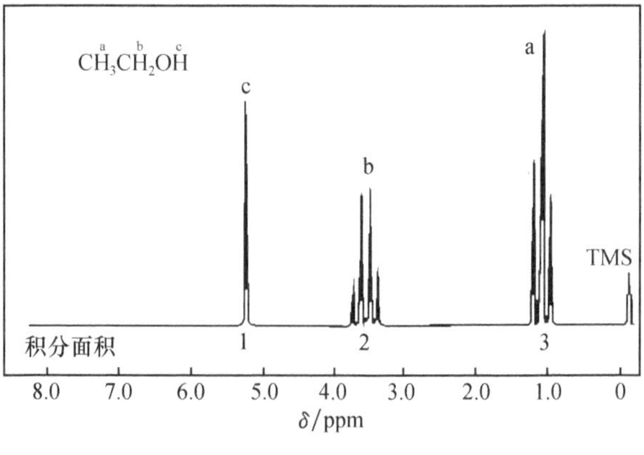

图 0-10　乙醇的 ^{1}H NMR 图谱

围的电子云密度高于 H_b，即屏蔽效应比 H_b 大，处于高场。相应地，H_b 处于低场。H_c 与氧相连，处于最低场。

有机分子中各类质子的化学位移的差别约为百万分之十，精确测量十分困难，现采用相对数值。以四甲基硅(tetramethylsilicon，TMS)为标准物质，规定它的化学位移为零。然后，根据各类质子的吸收峰与零点的相对距离来确定它们的化学位移值。

化学位移是一个很重要的物理常数，它是分析分子中各类氢原子所处化学环境的重要依据。δ 值越大，表示屏蔽效应越小。多数质子的化学位移 δ 值位于 0～10ppm。

在^{1}H NMR 图谱中，各组峰覆盖的面积与引起该吸收峰的氢核数成正比。图 0-10 中乙醇的三组峰面积 $H_a:H_b:H_c=3:2:1$，与分子中的三组质子的比例相同。因此，从^{1}H NMR 图谱中各组峰的面积比可以提示各组质子的比例。

3. 自旋偶合和自旋裂分

在^{1}H NMR 图谱中，有些氢核的吸收峰不是单峰，而是多重峰，如图 0-10 中乙醇中各类氢的吸收峰。乙醇在图谱中有三组吸收峰，是由于该化合物中有三种化学环境不同的氢核，CH_3、CH_2 及 OH，化学位移(δ 值)分别为 1.19ppm、3.66ppm、5.27ppm。在三组峰中只有 H_c 为单峰，而 H_a 是三重峰，H_b 是四重峰。H_a 和 H_b 的共振吸收峰被分裂是由于它们受到邻近氢核的干扰引起的，这种干扰称自旋偶合(spin-spin coupling)，自旋偶合产生的谱线增多的现象称自旋裂分(spin-spin splitting)。

以 1,1,2-三氯乙烷为例讨论其分子中 CH_2 及 CH 的互相作用。对于 CH_2 质子来说，它在核磁共振谱中的信号要受到相邻 CH 质子的自旋影响。一个 CH 质子的自旋有两种方式：与外加磁场同向或与外加磁场反向。如果是前一种状态，CH_2 质子感受到的磁场就有所增强；如果是后一种状态，CH_2 质子感受到的磁场就有所减弱。事实上，这两种状态同时存在，因而导致 CH_2 质子的吸收峰被分裂为双重峰。对于 CH 质子来说，其吸收峰同样会受到 CH_2 质子的自旋影响。CH_2 质子有两个，其自旋有四种组合方式，其中两组是相同的，因而使 CH 质子的信号裂分为三重峰。总之，CH_2 质子信号经一个 CH 质子偶合作用裂分成双重峰，其峰面积比为 $1:1$；CH 质子信号经两个 CH_2 质子偶合作用裂分成三重峰，其峰面积比为 $1:2:1$。

裂分后的峰间距称为偶合常数(coupling constant)，用 J 表示，单位为赫兹(Hz)。邻碳不等性质子相互偶合所得到的峰组，一般其偶合常数是相同的。因此，在复杂的核磁共振谱中，通过比较不同峰组的偶合常数，可以推断这些产生信号的质子是否在相邻的碳原子上。

一般来说，当氢核相邻碳上有 n 个质子时，吸收峰被分裂为 $(n+1)$ 个，即 $(n+1)$ 规则。乙醇中 CH_3 上氢被裂分成三重峰，CH_2 氢被裂分成四重峰；1,1,2-三氯乙烷（$CH_2ClCHCl_2$）分子中，CH 质子信号可裂分为三重峰；CH_2 质子分为二重峰。

在核磁共振中，只有邻碳上的不等性质子间才会产生自旋偶合和自旋裂分。四甲基硅烷分子中的 12 个质子都是等性的，因而不会发生自旋偶合及自旋裂分，在其核磁共振谱中只出现单峰。

粗略地看图 0-11，谱图似乎是对称的，其实不然。仔细观察不难看出，两组相互偶合所产生的多重峰，其内侧比外侧高。利用这一特点，可以方便的在谱图中找出相互偶合的多重峰。

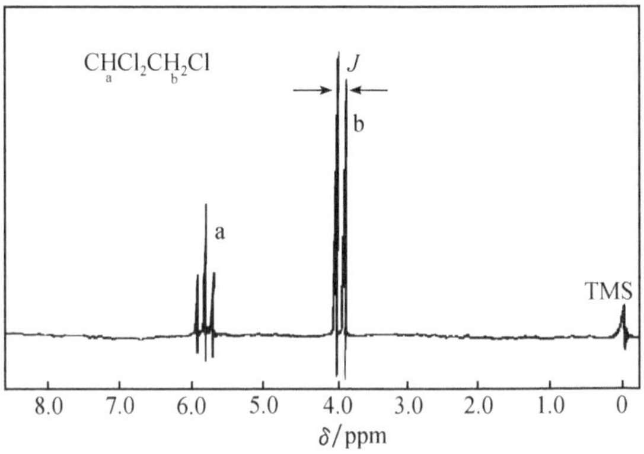

图 0-11　1,1,2-三氯乙烷核磁共振谱图

从 ^{1}H NMR 谱中可得到化合物以下几个方面的结构信息。首先，从吸收峰的组数可知该化合物中有几种化学环境不同的质子；其次，从各组峰的化学位移值可推测该质子所处的屏蔽效应的大小；再次，从各组峰的面积比获得各组氢的比例，从各组氢的裂分数获得相邻质子的数目；最后，利用偶合常数可获得更有用的结构信息。

0.8.3　质谱

有机化合物分子在高真空下，经高能（50～100eV）电子束轰击，化合物失去一个电子变成分子离子（molecular ions）。分子离子实际上是正离子自由基，一般用 M^+ 表示。分子离子还可能断裂成各种碎片离子，包括正离子、游离基离子或中性分子等。所有的正离子在电场和磁场的综合作用下按质荷比（m/z）大小依次排列而得到谱图。如图 0-12 为正丁苯的质谱图。

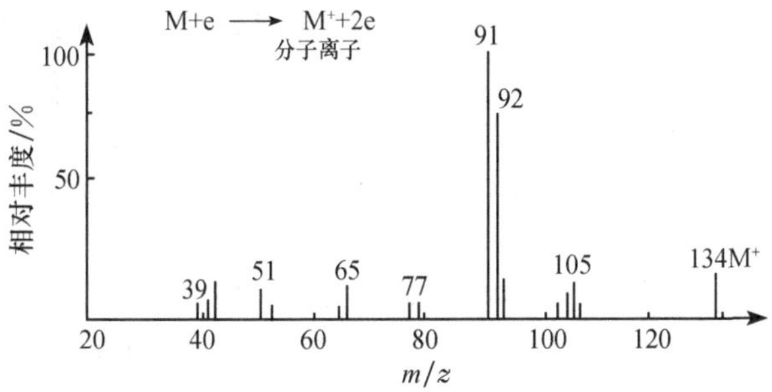

图 0-12　正丁苯的质谱图

质谱学上将正离子的质量与电荷之间的比率称做质荷比(m/z)。当电荷为 1 时,m/z 值就是相应正离子碎片的质量。因此,分子离子的质荷比就是该化合物的相对分子质量。不同质荷比的信号的强度表示相应离子的相对丰度(relative abundance)。质谱图中最大的峰称为基峰(base peak),其强度定义为 100;其他峰的强度由此基峰的相对比值来表示。

在图 0-12 中,质荷比为 134 和 91 分别是正丁苯的分子离子峰和基峰,还有质荷比为 39、51、65、77、92 及 105 的碎片峰。因此,借助有机化合物的质谱图可以提供其相对分子质量的信息,而分子离子还会裂解成碎片,为确定结构提供非常有用的数据。例如,正戊醇和 2-戊醇的质谱是不同的,如图 0-13 和图 0-14 所示。

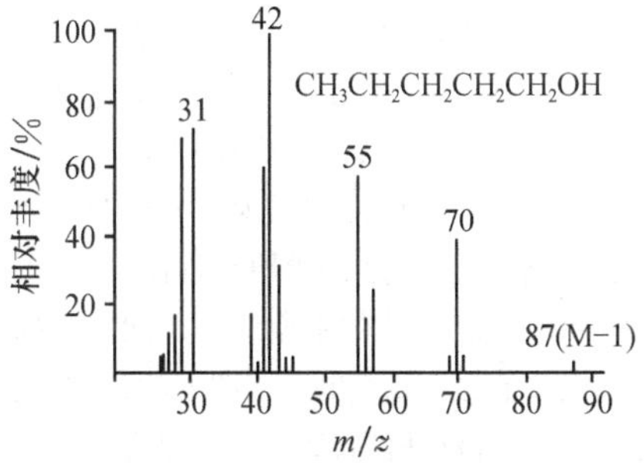

图 0-13　正戊醇质谱图

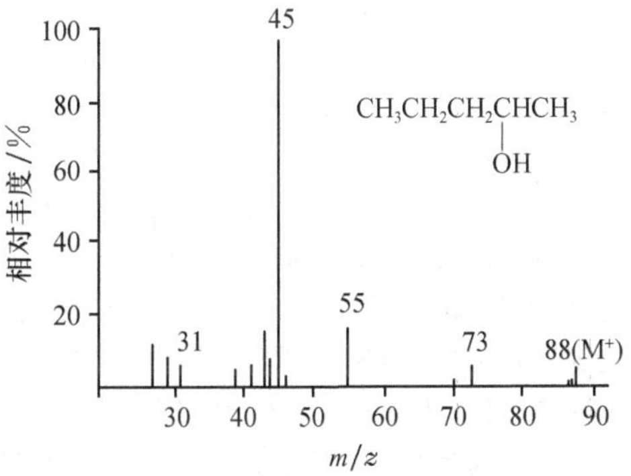

图 0-14　2-戊醇质谱图

在质谱图中,分子离子峰的右边还有质荷比大于分子离子但丰度较小(除 Cl,Br 外)的(M+1)、(M+2)峰等,这是由于同位素的存在引起的,因此称为同位素峰。一些常见同位素的天然丰度见表 0-6。

表 0-6　常见同位素的天然丰度

同位素	^{2}H	^{13}C	^{15}N	^{17}O	^{18}O	^{33}S	^{34}S	^{37}Cl	^{81}Br
丰度/%	0.016	1.12	0.38	0.04	0.20	0.76	4.22	32.0	97.3

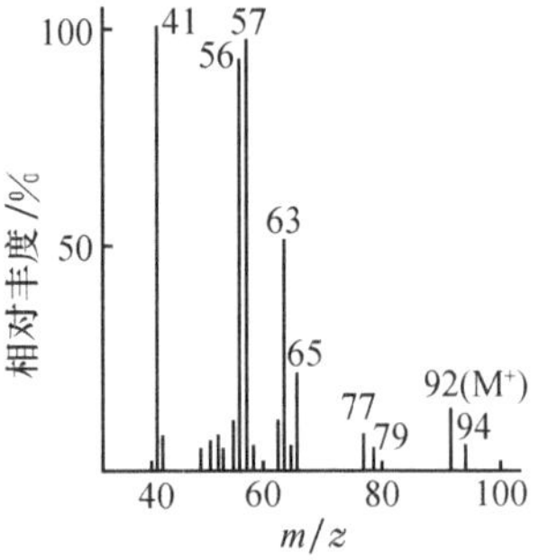

图 0-15 2-氯丁烷质谱图

(M+1)峰可以是分子中分别由一个^{13}C、^{2}H、^{15}N、^{17}O或^{33}S形成的;(M+2)峰可由分子中含有一个^{18}O或同时含有上述两个同位素的原子形成的。除了^{37}Cl和^{81}Br外,其他同位素的含量一般较低,所形成的(M+1)或(M+2)峰的强度比一般分子离子峰弱得多。如图 0-15 的 2-氯丁烷质谱,92 和 94 分别为分子离子峰和(M+2)峰,92 与 94 两峰的丰度比近似为 3∶1,与^{35}Cl和^{37}Cl的天然丰度比类似。

【阅读材料】

有机化学学习参考与文献

要学好有机化学一定要阅读许多相关的参考文献。可供参考的文献随着现代社会的发展越来越多,主要表现形式有图书、期刊、专利、网站等。

文献按内容区分有一次文献、二次文献和三次文献。一次文献即原始文献,如期刊、杂志、专利等作者直接报道的科研论文;二次文献指检索一次文献的工具书,如中国化工文摘、美国化学文摘等;三次文献为将原始论文数据归纳整理形成的综合资料,如综述、图书、词典、百科全书和手册等。

图书是对已有科研成果与知识体系的全面概括和论述,主要分为三类,一类是教科书、参考书、科普读物和一般生产技术图书,教科书是某一学科学习的基本资料,参考书是依附于教科书的总结性很强的读物,科普读物是用通俗语言表述某一门科学基本知识的读物;第二类是辞典、手册和百科全书等工具性图书,辞典是阐述词义和习语的工具书,手册是汇集某一方面经常需要查阅的基本知识和数据资料的工具书,百科全书是系统概述人类各个专门知识门类或某一知识门类的基本知识,以辞典形式编排的工具书;第三类是含有创造性内容的专著、期刊等原始性图书,专著是某一特定知识领域最新研究成果的集成,期刊是指名称固定、开本一致的定期或不定期出版的报道多位作者科研论文的连续性出版物。期刊刊载的内容大多数是原始性的。与图书相比,期刊具有出版周期短、报道速度快、内容新颖、信息量大等优点,是传递科技信息、交流学术思想最基本的文献形式。目前,大多数期刊都有纸质和电子版两种形式,有的期刊本身就是电子版。

一、图书

经典的有机化学图书和期刊对学好有机化学具有辅助并提高学习效率的作用。可参考的有机化学图书和期刊有很多,推荐以下图书仅供选择。

1. 邢其毅,裴伟伟,徐瑞秋. 2005. 基础有机化学. 第 3 版. 北京:高等教育出版社

2. 高占先. 2007. 有机化学. 第 2 版. 北京:高等教育出版社

3. 胡宏纹. 2006. 有机化学. 第 3 版. 北京:高等教育出版社

4. 高鸿宾. 2006. 有机化学. 第 4 版. 北京:高等教育出版社

5. Graham Solomons T W, Fryhle Craig B. 2004. Organic Chemistry. 8th ed. 北京:化学工业出版社

6. Wade L G Jr. 2004. Organic Chemistry. 5th ed. 北京:高等教育出版社

7. Jie Hack Li. 荣国斌译. 2003. 有机人名反应及机理. 上海:华东理工大学出版社

8. 高鸿宾. 1997. 实用有机化学辞典. 北京:高等教育出版社

《实用有机化学辞典》共选收有机化学方面的词条1400余条。分为三大部分:第一部分为名词解释,包括大学本科有机化学和少部分高等有机化学教材中涉及的概念、理论、反应和性能的名词和术语;第二部分论述了常见重要有机反应的含义、机理及适用范围,附有参考文献;第三部分介绍较常见化合物的物态、物理性质、制法和用途,附有参考文献和CA登录号。该书密切结合教学和科研,选材较新,资料丰富,叙述简洁通顺,内容准确可靠,书中所用单位和符号符合国家标准,是一本较全面的小型工具书。

9. 张维凡. 1998. 常用化学危险物品安全手册. 北京:中国石化出版社

该书涵盖了约1000种使用、生产、运输中最常见的化学药品的安全资料。内容有:化合物的理化性质,毒性,包装运输方法,防护措施,泄漏处置,急救方法(如皮肤接触溴,用水冲洗10min后再用2%碳酸氢钠溶液冲洗;食入溴立即漱口,饮用牛奶及蛋清)。本书按照中文笔画排序,卷末有英文索引以及中英对照,英中对照索引。

10. 王宝瑄. 1992. 化合物命名词典. 上海:上海辞书出版社

该书介绍化合物的命名规则,有7000多个例子,依序介绍了无机化合物(一元、二元、多元化合物,无机酸和盐,配位化合物),有机化合物(脂肪族、碳环、杂环、天然产物以及含各种官能基化合物)的命名。每个化合物给结构式及同义词的中英文名字。例如,$C_6H_5OCH_3$ 词条下,有Anisole,茴香醚;methoxybenzene,甲氧基苯;methyl benzyl ether,苯甲醚等。本词典索引齐全,有分子式索引,名字索引等。其中,名字索引按照中文笔画排序,或按照中文拼音排序。

11. 与有机化学密切关联的中文期刊有:

有机化学、化学通报(纸质、网络版)、化学学报(中、英版)、高等学校化学学报(中、英版)、应用化学、有机合成等。

有机化学(*Organic Chemistry*):1980年创刊,专门报道有机化学领域的论文,包括有机合成、生物有机、物理有机、天然有机、金属有机和元素有机等方面。

高等学校化学学报(*Chemical Journal of Chinese University*):教育部主办,吉林大学承办。1980年创刊,月刊。栏目有研究论文、研究快报、研究简报。每篇文章后面附有英文摘要。

化学通报:中国科学院化学研究所和中国化学会主办。1934年创刊,月刊,发表化学领域的论文,栏目有科研与探索、科研与进展、实验与教学、研究快报、进展评述、知识介绍。期刊网址为hppt://China.chemistrymag.org。

大学化学(*University Chemistry*):栏目有今日化学、教学研究与改革、知识介绍、计算机与化学、化学实验、师生笔谈、自学之友、化学史、书评等。

合成化学:中国科学院成都有机化学研究所和四川省化工学会主办,双月刊,报道有机化学领域论文。栏目有研究快报、综述、研究论文、研究简报。

12. 有机化学密切关联的英文期刊有:

The Journal of Organic Chemistry(有机化学会志):简写为 *J. Org. Chem.* 双周刊,总部在

俄亥俄州立大学(Ohio State University),主要报道有机化学和生物有机化学方面的论文,有长篇的文章(articles)以及较短篇快讯(notes)和通讯(communications)。文献题目有图文摘要(graphic abstract),方便了解文章内容。

The Journal of the American Chemical Society(美国化学会志):简写为 *J. Am. Chem. Soc.* 主要报道综合化学(有机化学、无机化学、分析化学和物理化学等),参考文献出现在每页文章下面,但目前却没有图文摘要(graphic abstract)。

Journal of the Chemical Society(英国化学会志):简称 *J. Chem. Soc.* 英国皇家化学学会主办,1848 年创刊,是最老的化学期刊。1976 年起分成下面 5 个部分,其中 *Perkin Transactions* Ⅰ、Ⅱ报道有机和生物有机化学领域的合成反应、反应机理、动力学、光谱及结构分析等文章。

Synthesis(合成):德国出版的化学期刊以英文书写,着重报道反应合成,十分详细,不乏数十页的文章,但刊印出来的比较简洁,只有主要内容大意。而完整的部分需从微缩胶片调阅,不另出书。这是本期刊的特点。

Angewandte Chemie(*International Edition in English*):1965 年出版,栏目有评论述(reviews),热点文章(highlight)以及通讯(communications)。其网址为 www. wiley. vch. de/home/angewandte。

二、网络文献

专利资源。世界上每年科技出版物约有 1/4 为专利文献。专利信息只能从专利资料中获取。与有机化学有关的专利网络资源主要有:

中国专利数据库　http://www. sipo. gov. cn/sipo/zljs/default. htm

欧洲专利数据库　http://ep. espacenet. com

美国专利数据库　http://www. uspto. gov/pat-ft

日本专利数据库　http://www. ipdl. inpit. go. jp/homepg_e. ipdl

有机化学数据库文献。Beilstein Handbuch der Organischen Chemie(贝尔斯坦有机化学大全),简称 Beilstein,为德国化学家 Beilstein 编写,1882 年第一版,之后由德国化学会编辑,以德文书写,是报道有机化合物数据和资料十分权威的巨著。有机化学数据库最大集成者是 Beilstein 有机化学大全,它是当前国际上最系统、最全面、最权威的有机化合物巨型手册,共计 566 册,是从事有机化学、化工、制药、农药、染料、香料等教学和科研必不可少的工具书。介绍化合物的结构、理化性质、衍生物的性质、鉴定分析方法、提取纯化或制备方法以及原始参考文献。Beilstein 所报道化合物的制备有许多比原始文献还详尽,并且更正了原作者的错误,虽然德文不如英文普遍,但是许多早期的化学资料仍需借助 Beilstein 查询,加上目前 Beilstein Onlin 网络的流行(价格比 CA 便宜广用),因此学习和了解 Beilstein 的编辑和使用方法仍是不可避免的。

该数据库较系统全面地介绍了该手册出版情况、编排特点、使用方法及注意事项。同时书中还结合读者实际情况列举了大量实例,并专章介绍了 Beilstein 数据库的使用方法和 Beilstein 手册的补充及勘误。

三、有机化学教学网站

目前国内各大学基本上都有自己的有机化学教学网站,特别是国内知名学校在精品课程建设中积累了丰富的教学经验,其有机化学教学网站内容丰富特色鲜明,值得一览。

第 1 章　烷烃和环烷烃

分子中只含有碳和氢两种元素的有机化合物称为碳氢化合物，简称烃(hydrocarbon)。它是一切有机化合物的母体。烷烃(alkane)是有机化合物中最简单的一种。

烃根据碳原子的连接方式可分为开链烃和闭链烃。开链烃分子中碳原子连接成链状，简称链烃或脂肪烃。脂肪烃又分为烷烃、烯烃、炔烃等。闭链烃分子中碳原子连接成闭合碳环，称为环烃。环烃可分为脂环烃和芳香烃两大类。本章主要讨论烷烃和环烷烃(cycloalkane)。

碳原子之间都以单键相互结合成链状结构，碳原子的其余价键全部被氢原子饱和的碳氢化合物称为烷烃。碳原子之间以单键连接成环，碳原子的其余价键全部被氢原子饱和的碳氢化合物称为环烷烃。

1.1　烷烃和环烷烃的通式和构造异构

1.1.1　烷烃和环烷烃的通式

最简单的烷烃为甲烷，含一个碳原子和四个氢原子。其他烷烃随着碳原子数的增加，氢原子数也相应有规律地增加。例如，甲烷分子式为 CH_4，乙烷分子式为 C_2H_6，戊烷分子式为 C_5H_{12}。从它们的分子式可以看出分子中碳原子数如果是 n，则氢原子数必为 $2n+2$，即烷烃的通式为 C_nH_{2n+2}。环烷烃的分子中，碳原子彼此以单链连接成闭合的环，由于链的始端和终端相连，减少两个氢原子，单环烷烃的分子通式为 C_nH_{2n}。分子中也可以含有两个或更多的环，每增加一个环，分子通式减少两个氢原子。

凡组成上可由一个通式表示，结构和性质相似的一系列化合物称为同系列(homologous series)。同系列中的各个化合物互称同系物(homolog)。同系列中相邻的两个化合物在组成上的差别称为系差。

1.1.2　烷烃和环烷烃的构造异构

含四个或四个以上碳原子的烷烃和环烷烃则不止一种。例如，分子式为 C_4H_{10} 的烷烃存在构造异构体：

$$CH_3—CH_2—CH_2—CH_3$$

正丁烷

$$CH_3—\underset{}{\overset{\displaystyle CH_3\atop|}{CH}}—CH_3$$

异丁烷

它们是不同的化合物(沸点分别为－0.5℃和－11.73℃)。这种分子式相同的不同化合物称为同分异构体,这种现象称为同分异构现象。分子式相同,分子内原子间连接顺序(构造)不同的化合物称为构造异构体(constitutional isomerism)。由碳骨架不同引起的异构,称为碳链异构(carbon skeleton isomerism),烷烃的构造异构属碳链异构。随着碳原子数的增加,构造异构体的数目显著增多,如表 1-1 所示。

表 1-1　烷烃构造异构体的数目

碳原子数	异构体数	碳原子数	异构体数
1～3	1	8	18
4	2	9	35
5	3	10	75
6	5	15	4347
7	9	20	366319

一个分子究竟有多少个同分异构体,简单的烷烃可利用碳架的不同来推导它们的构造式。其基本步骤如下:

(1) 写出这个烷烃的最长直链式,如己烷 C_6H_{14}:

C—C—C—C—C—C

(a)

(2) 写出少了一个碳原子的直链式,把这一个碳原子(甲基)依次取代碳链上各个碳原子的氢原子,就可得到可能的同分异构体的构造式。

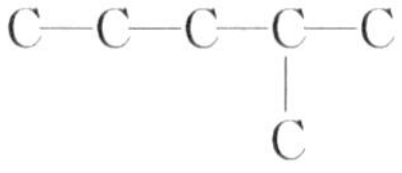

(b)

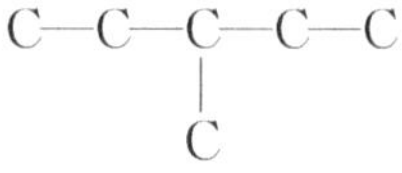

(c)

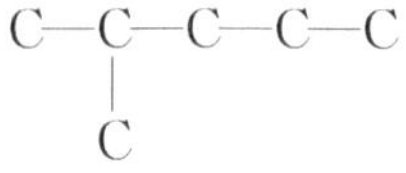

(d)

显然(b)和(d)是相同的,故甲基戊烷实际上只有两种。

(3) 再写出少两个碳原子的直链式,把这两个碳原子当作两个支链(两个甲基)或作为一个支链(乙基)分别取代氢原子。依次类推,除去相同的,即得己烷的同分异构体,共有五个。随着碳原子数目的增多,构造异构体的数目也越多,但无一定的规律可循。

1.1.3　分子式、构造式和构造简式

分子是由其组成的原子按照一定的排列顺序,相互影响和相互作用而结合在一起的整体,这种排列顺序和相互关系称为分子结构。表示分子中每种原子的确定数目的式子称为分子式(molecular formula)。以一个"—"代表一个共价键,以元素符号代表不同的原子,按照一定的次序和方式,将分子中的原子连接在一起,表示分子空间构型的化学式称为构造式(structural formula)。因同分异构现象的存在,为了更清楚地反映有机反应的真实情况,有机反应方程式很少用分子式表

示，一般都使用构造式。构造式又常用缩简式或称构造简式来表示，构造简式是不将氢原子一一排开，省略共价键的短线，用简单的原子来表示的式子。化合物的几种常用的构造式如表 1-2 所示。

表 1-2　几种常用的构造式

化合物	构造式	构造简式	键线式
正戊烷	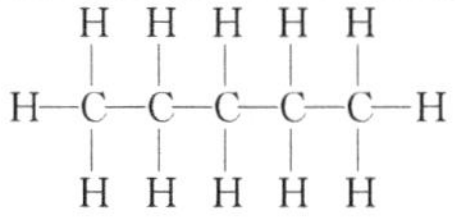	$CH_3CH_2CH_2CH_2CH_3$	
1-丁烯	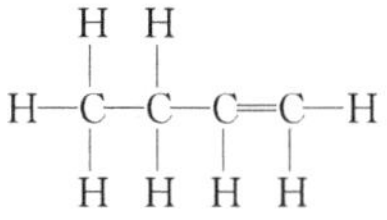	$CH_3CH_2CH{=}CH_2$	
乙醇	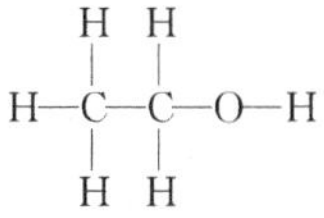	CH_3CH_2OH	
丙酮	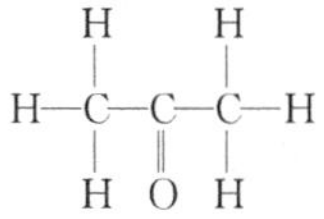	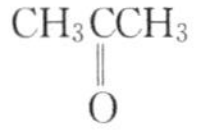	
丁酸	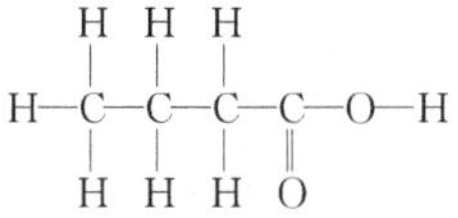	$CH_3CH_2CH_2COOH$	
环戊烷	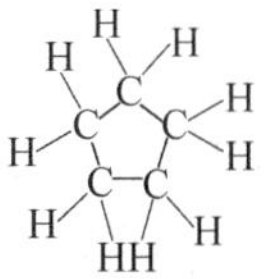	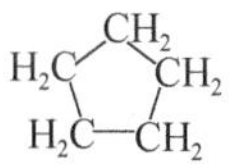	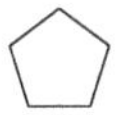
苯	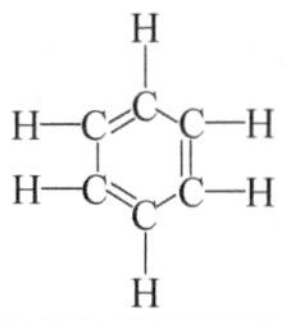	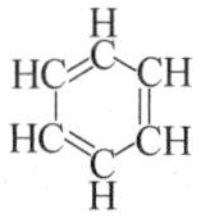	

按照 IUPAC 的建议，对某一个具体的分子结构、结构式称为构造、构造式，现在一律称做结构、结构式。总称一类物质时仍用结构，但结构与构造没有严格的区别。

1.2　烷烃和环烷烃的命名

1.2.1　伯、仲、叔、季碳原子与伯、仲、叔氢原子

通常将有机分子中的不同碳原子给予不同的称谓。把分子中的某一个和一

个、二个、三个或四个碳原子直接相结合的碳原子分别称为伯(一级)、仲(二级)、叔(三级)或季(四级)碳原子，常分别用 1°、2°、3°或 4°表示。伯、仲、叔碳原子上所连接的氢原子，分别称为伯氢原子(1°H)、仲氢原子(2°H)、叔氢原子(3°H)，它们的活性不完全相同。相同的官能团取代不同的氢原子后，其活性也有所差别。例如：

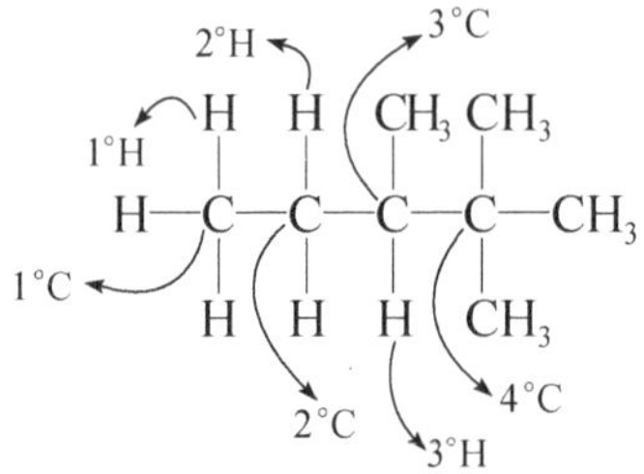

1.2.2　烷基的概念

烷烃和环烷烃分子中去掉一个氢原子后剩余的基团分别称为烷基(alkyl group)和环烷基(alicyclic group)。烷基的通式为 C_nH_{2n+1}，常用“R—”表示。环烷基的通式为 C_nH_{2n-1}。当烷烃和环烷烃分子中的氢原子不同时，一个烷烃和环烷烃可以分别形成几个不同的烷基和环烷基。最常见的烷基和环烷基如表 1-3 所示。

表 1-3　常见烷基和环烷基

烷基/环烷基构造简式	名　称	缩　写	烷基/环烷基构造简式	名　称	缩　写
$—CH_3$	甲基(methyl)	Me—	$—C(CH_3)_3$	叔丁基(*t*-butyl)	*t*-Bu
$—CH_2CH_3$	乙基(ethyl)	Et—	$CH_3CH_2\overset{CH_3}{\underset{CH_3}{C}}—$	叔戊基(*t*-pentyl)	
$—CH_2CH_2CH_3$	丙基(propyl)	*n*-Pr—	$CH_3\overset{CH_3}{\underset{CH_3}{C}}CH_2—$	新戊基(neopentyl)	
$—CH(CH_3)_2$	异丙基(Isopropyl)	*i*-Pr—	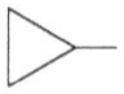	环丙基	
$—CH_2CH_2CH_2CH_3$	丁基(*n*-butyl)	*n*-Bu—		环丁基	
$—CH_2CH(CH_3)_2$	异丁基(*iso*-butyl)	*i*-Bu—	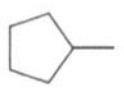	环戊基	
$CH_3\overset{|}{C}HCH_2CH_3$	仲丁基(*sec*-butyl)	*sec*-Bu—	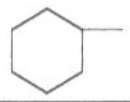	环己基	

1.2.3　烷烃的命名

1. 普通命名法

普通命名法又称习惯命名法，按烷烃碳原子数目将它称为某烷。对于含有十个以内碳原子的烷烃，习惯上采用天干表示碳原子的数目，如甲烷、乙烷、……、癸烷。含有十个以上碳原子的烷烃，则用汉字数字表示碳原子数目，如十一烷等。对于含碳原子数相同的异构体，其直链的烷烃以含碳原子数的多少命名为某烷前加一个“正”字。

将链端有 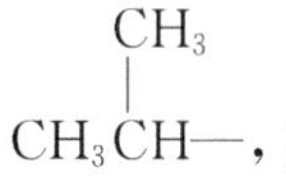，其余碳架为直链结构的称为异某烷；将链端有 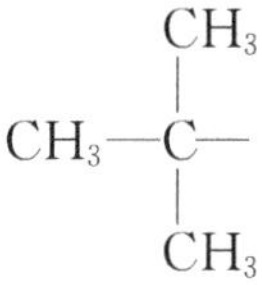，其余碳架为直链结构的含五或六个碳原子的烷烃称为新某烷。例如：

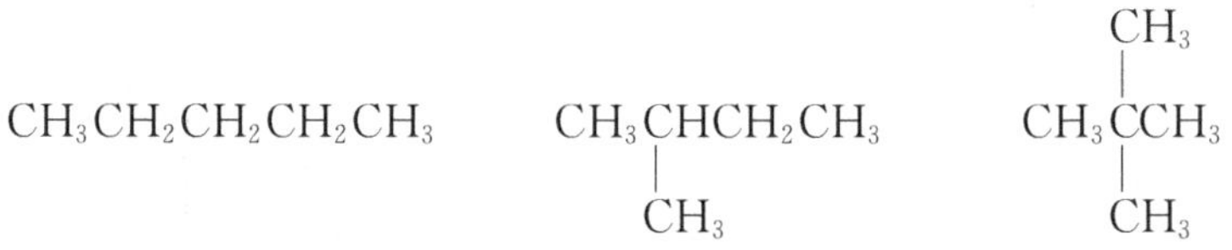

正戊烷　　异戊烷　　新戊烷

普通命名法简单、方便，但一般只适用于比较简单的烷烃。

2. *衍生物命名法*

以甲烷作母体，其他烷烃都看作是甲烷的烷基取代衍生物。命名时把烷烃中含氢原子最少的碳原子看作为母体甲烷的碳原子。书写名称时，简单烷基在前，复杂烷基在后。例如：

$(CH_3)_3CH$　　　$(CH_3)_2CHCH_2CH_3$

三甲基甲烷　　　二甲基乙基甲烷

衍生物命名法仍不适用于构造复杂的烷烃。

3. *系统命名法*

系统命名法是采用 IUPAC 命名法规定的有机化合物的命名法则，结合我国文字的特点制定的。1980 年修订出版《有机化学命名原则》是目前我国使用的命名法的依据。它是一种普遍通用的命名方法。

系统命名法的原则如下：

(1) 在分子中选择一个最长碳链作为主链，按主链所含的碳原子数目，称为某烷，作为该烷烃的母体名称。主链以外的烃基都看成是主链上的取代基。命名时将取代基放在母体名称的前面，称为某基某烷。如果结构式中较长的碳链不只一条，则选择有最多取代基的一条作为主链。例如：

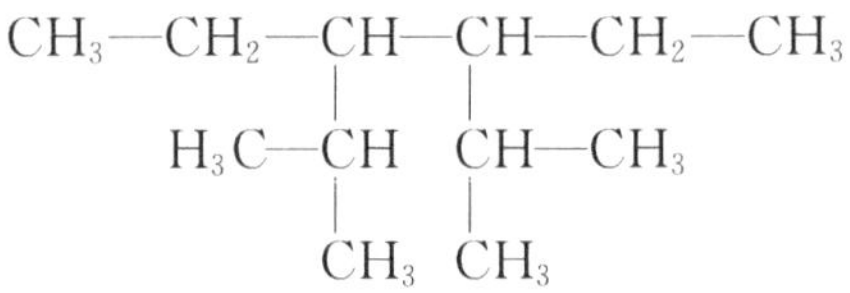

2,5-二甲基-3,4-二乙基己烷

(2) 给主链碳原子编号。从靠近取代基的一端开始,将主链中各个碳原子依次用阿拉伯数字编号。当主链编号有几种可能时,应选择支链具有“最低系列”的编号。将取代基所连碳原子的编号,取代基的数目和名称放在母体名称之前。“最低系列”是指碳链以不同方向编号时,若有不止一种可能的系列,则依次逐项比较各系列的不同取代基位次,具有取代基位次最小者定为最低系列。例如:

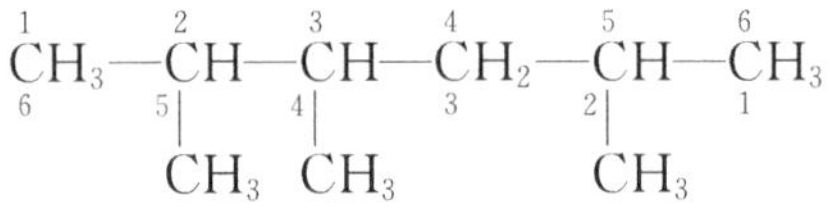

2,3,5-三甲基己烷

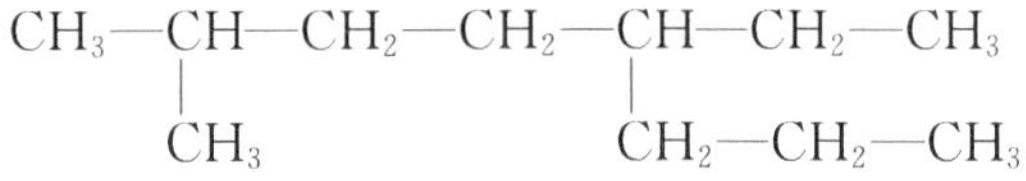

2-甲基-5-乙基辛烷

(3) 如果主链上有多个取代基,且在同一个碳原子上连有二个取代基时,用阿拉伯数字标明取代基的位置。有几个取代基就用几个数字表示。当含有几个相同的取代基时,相同基团合并,用二、三、四等表示其数目,并逐个标明其所在位次,位次号之间用逗号“,”分开。当几个取代基不同时,取代基的排列顺序,按次序规则所规定的“较优”基团后列出。例如:

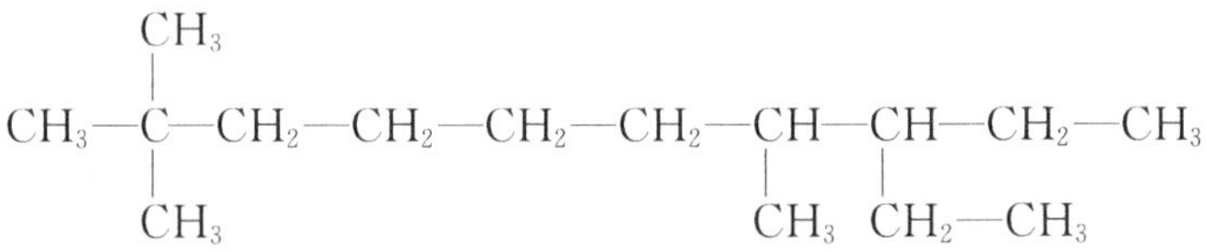

2,2,7-三甲基-8-乙基癸烷

如果第一个取代基的位次相等,则比较第二取代基的位次,依此类推。例如:

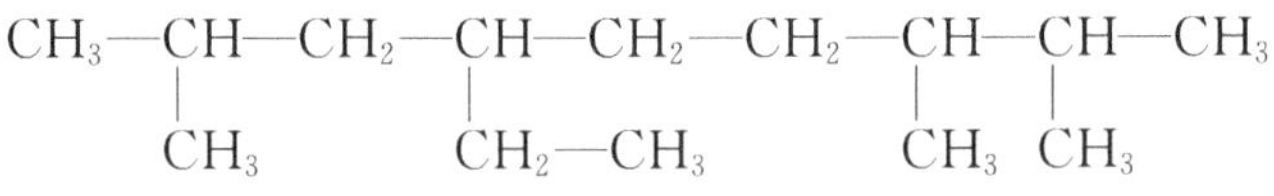

2,3,8-三甲基-6-乙基壬烷

如果逐项比较的结果都相同,则从靠近连有较小基团的一端开始编号,即小基团小序号。例如:

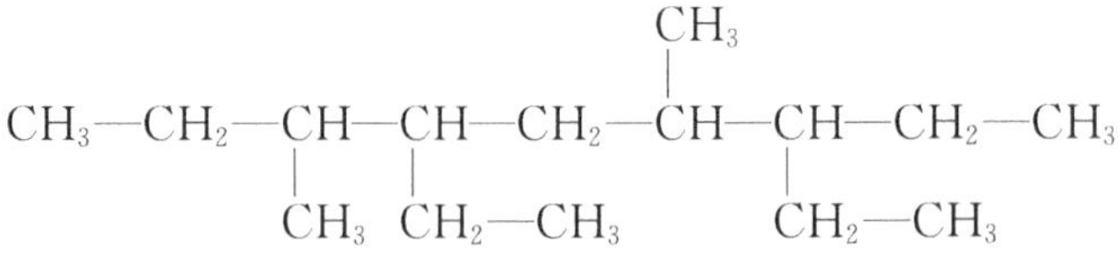

3,6-二甲基-4,7-二乙基壬烷

(4) 如果支链中又带有支链时，则可将此支链放在括号内，或者用带撇号的数字表示支链中的支链位置。例如：

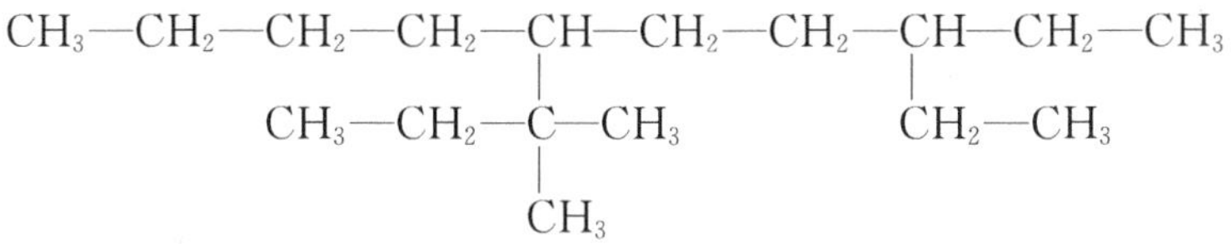

3-乙基-6-(1,1-二甲基丙基)癸烷或3-乙基-6-1′,1′-二甲基丙基癸烷

(5) 当烷烃中只有一个不带支链的主链时，则系统命名法和习惯命名法相似，但在系统命名法中不加“正”字。

1.2.4　环烷烃的分类与命名

脂环烃的分类如下：

1. 根据分子中是否含有不饱和键分类

(1) 饱和脂环烃：碳原子彼此以单键连接组成碳环的碳氢化合物。分子中只含有一个碳环的环烷烃的通式为 C_nH_{2n}。它和单烯烃互为同分异构体。

(2) 不饱和脂环烃：碳环内含有碳碳双键或叁键。

2. 根据分子中所含碳环数目分类

(1) 单环脂环烃：分子中只含有一个碳环的脂环烃。根据单环脂环烃分子中成环的碳原子数目，将碳环分别称为三元环、四元环、……有时又根据成环碳原子数目，又分为小环脂环烃(3～4)，普通环脂环烃(5～7)，中环脂环烃(8～11)和大环脂环烃(12 以上)。

(2) 二环脂环烃：分子中含有两个碳环的脂环烃。例如：

十氢化萘　　双环[3.2.1]辛烷　　螺[2.4]庚烷

(3) 多环脂环烃：分子中含有两个以上碳环的脂环烃。如立方烷、棱烷、篮烷和金刚烷等。

环烷烃的异构体比烷烃要多。

脂环烃中，成环的碳原子数目不同，取代基的构造可以不同，取代基在环上的位置也可以不同；除此之外由于环存在单键的旋转障碍，还有顺反异构体。例如，五个碳原子的环戊烷就有 6 种异构体。

环戊烷

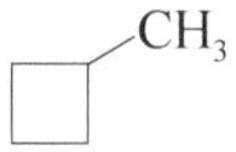

甲基环丁烷

乙基环丙烷

1,1-二甲基环丙烷

顺-1,2-二甲基环丙烷

反-1,2-二甲基环丙烷

所谓顺反异构体(cis-trans isomer)是指分子中两个相同的取代基在分子环平面同一面或不同面而造成的异构体。相同取代基在环平面的同一面的称为“顺”(*cis*),在两面的称为“反”(*trans*)。

(1) 单环环烷烃。与烷烃的命名类似,根据环烷烃分子中组成碳环的碳原子数目,叫环某烷。可以用简单的几何图形来表示脂环烃的构造式。为了表示出环上碳原子的构型,可以把碳环表示为与纸面垂直,将朝向前面的键用粗线表示,把碳取代基排布在环平面的上边和下边。

当有取代基时,应把取代基的名称写在环烷烃的名称的前面。如果环上有一个以上的取代基,应按照“最低系列”和“次序规则”,将母体环上碳原子顺次编号,把较小的位次给予“次序规则”中原子序数较小的基团,且使所有取代基的编号尽可能小。并根据“次序规则”中较优基团在名称中后列出的原则,将取代基的位次、个数、名称写在环烷烃名称的前面。

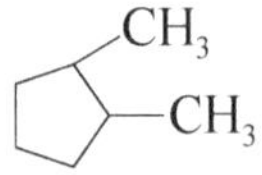

1,2-二甲基环戊烷

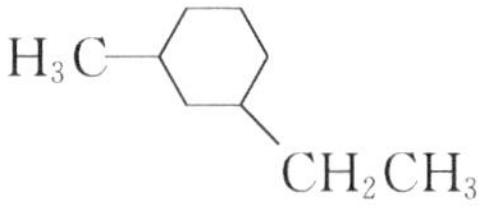

1-甲基-3-乙基环己烷

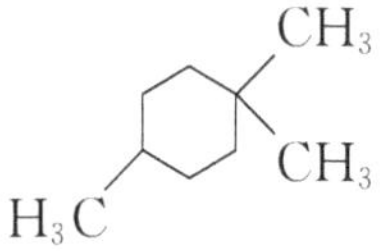

1,1,4-三甲基环己烷

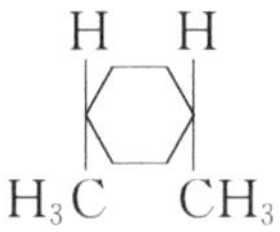

顺-1,4-二甲基环己烷

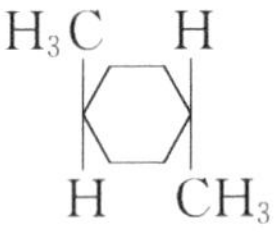

反-1,4-二甲基环己烷

(2) 二环环烷烃。分子中含有两个碳环的是二环化合物,因连接方式不同,又分为联环(bicycloakane)、螺环(spiro cycloalkane)和桥环(bridged cycloalkane)三种类型。两个环彼此以单键相连的称为联环化合物;两个环共用一个碳原子的称为螺环化合物;共用两个或更多个碳原子的称为桥环化合物。

桥环化合物的命名

相互连接两个碳环的碳原子称为“桥头”碳原子,其他碳原子组成三条共用两个桥头的“桥”。

① 根据组成桥环化合物碳原子的总数称“某烷”，加上词头“二环”。

② 把组成各“桥”的碳原子的个数按由大到小的顺序写在“二环”与“某烷”之间的方括号内，并用“.”隔开。

③ 当环上有取代基或不饱和键时，需要把他们的位置标记出来，桥环化合物的编号顺序是从一个桥头碳原子开始，先编最长的桥至第二桥头碳原子；再编较长的桥，回到第一个桥头碳原子，最后编最短的桥。例如：

二环[3.2.1]辛烷

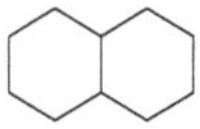

二环[4.4.0]癸烷（十氢化萘）

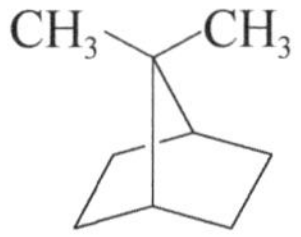

7,7-二甲基二环[2.2.1]庚烷

螺环化合物的命名

① 根据成环碳原子的总数称为“某烷”加上词头“螺”。

② 把除螺原子外的两个环的碳原子个数按由小到大的顺序写在“螺”与“某烷”间的方括号内，并用“.”隔开。

③ 环上有取代基或不饱和键时，需要标出它们的位置，螺环化合物的编号顺序是从邻近螺原子的一个碳原子开始，先编小环，然后经过螺原子再编第二个环。在该原则下要尽量使不饱和键或取代基的位次最小。例如：

螺[2.4]庚烷

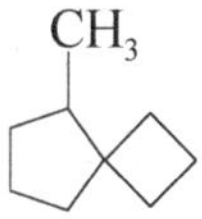

5-甲基螺[3.4]辛烷

螺[5.5]十一烷

1.3　烷烃和环烷烃的结构

1.3.1　烷烃的结构

甲烷是最简单的烷烃，甲烷分子碳原子为 sp^3 杂化，C—H σ 键是由碳原子的 sp^3 杂化轨道与氢原子的 1s 轨道在对称轴的方向交盖而成，如图 1-1 所示。由两个和两个以上碳原子组成的烷烃与此相似，不同的是，C—C σ 键是由两个碳原子各以一个 sp^3 杂化轨道在对称轴的方向交盖而成，如图 1-2 所示乙烷的分子结构。

图 1-1　甲烷的分子结构

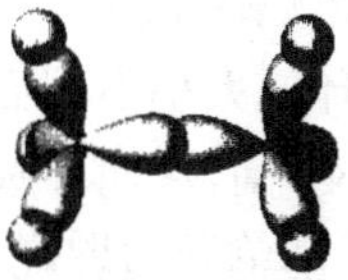

图 1-2　乙烷的分子结构

甲烷分子中,有四个 C—H σ 键;乙烷分子中,有六个 C—H σ 键和一个C—C σ 键。随着碳原子数的增多,C—H 和 C—C σ 键增多。由于 sp^3 杂化轨道的夹角为 109.5°,在碳链中 C—C—C 的键角也必然是 109.5°,因此,碳链的立体形象不是直线形,而是曲折的。为了形象地表示分子的立体形状,常用立体模型表示。常用的模型有两种:棒球模型(kekulè 模型)和比例模型(stuart 模型),它与真实分子的原子半径和键长的比例为 2×10^8 ∶1。如图 1-3 和图 1-4 用模型表示的甲烷和正丁烷的分子形状。

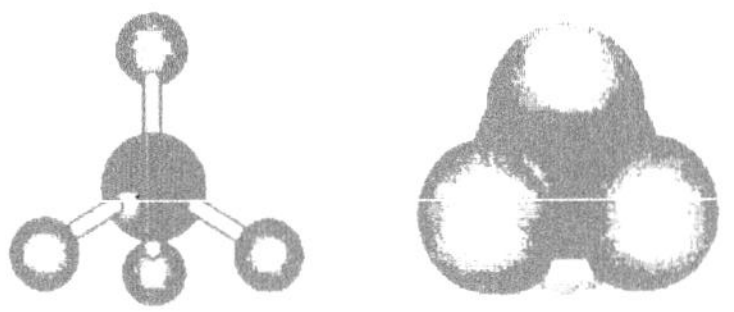

(a)　(b)

图 1-3　甲烷的棒球模型(a)和比例模型(b)

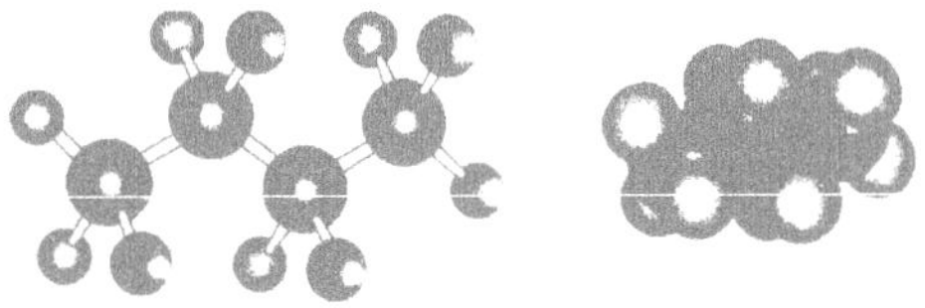

(a)　(b)

图 1-4　丁烷的棒球模型(a)和比例模型(b)

1.3.2　环烷烃的结构与环的稳定性

环烷烃的碳原子也是 sp^3 杂化,C—H 和 C—C σ 的构成亦与烷烃相同,不同的是,环烷烃比相应的烷烃少两个 C—H σ 键,而多一个 C—C σ 键。

环的稳定性与环的大小有密切关系,环越小,稳定性越差。环丙烷性质最活泼,环丁烷比环丙烷的化学活性差一些,它们都较易发生加成反应而开环。从不同环烷烃的燃烧热(heat of combustion)数据中可以看出。

燃烧热是指特定条件下 1mol 化合物完全燃烧生成 CO_2 和 H_2O 所放出的热量。它的大小反映分子能量的高低,通常作为有机化合物相对稳定性的依据。开链烷烃的燃烧热与所含碳原子数有关,一般碳链每增加一个亚甲基($—CH_2—$),燃烧热增加 $659kJ\cdot mol^{-1}$。环烷烃可以看作数量不等的亚甲基单元连接起来的化合物,其燃烧热与分子中所含亚甲基的数量有关。环烷烃中亚甲基的燃烧热,由于断裂的旧键和生成的新键都一样,大致也应该相近。可以用亚甲基的平均燃烧热来衡量环烷烃的稳定性。

$$—CH_2— + \frac{3}{2}O_2 \longrightarrow CO_2 + H_2O + \text{燃烧热}$$

一些环烷烃的燃烧热如表 1-4 所示。从表 1-4 中可以看出,不同环烷烃中的亚甲基的燃烧热因环的大小不同而有明显的差异,这只能归因于不同环烷烃的结构不同,即环的大小不同,从而导致化合物的能量不同。由环丙烷到环戊烷,随着环的增大,每个亚甲基单元的燃烧热依次降低,环越小则每个亚甲基单元的燃烧热越大。这说明在小环化合物中,环越小能量越高,环烷烃越不稳定。由环己烷开始,与烷烃相似，亚甲基单元的燃烧热趋于恒定。这表明环烷烃的稳定性是由环的大小不同决定的。说明小环(三、四元环)与普通环(五～七元环)、中环(八～十一元环)、大环(十二元环以上)环烷烃在结构上是存在差别的。

表 1-4　一些环烷烃的燃烧热

名　称	成环碳数	分子燃烧热/(kJ · mol^{-1})	亚甲基的平均燃烧热/(kJ · mol^{-1})	名　称	成环碳数	分子燃烧热/(kJ · mol^{-1})	亚甲基的平均燃烧热/(kJ · mol^{-1})
环丙烷	3	2091	697	环辛烷	8	5310	664
环丁烷	4	2744	686	环壬烷	9	5981	665
环戊烷	5	3320	664	环癸烷	10	6636	664
环己烷	6	3951	659	环十五烷	15	9885	660
环庚烷	7	4637	662	开链烷烃			659

环丙烷和环丁烷不稳定，其中环丁烷比环丙烷还稳定些；环戊烷和环己烷则较稳定，其中尤以环己烷稳定。近代结构理论认为，环丙烷环不稳定的原因，是由于成环碳原子 sp^3(或含有更多的 p)杂化轨道未能形成最大程度交盖所致。在丙烷分子中，C—C σ 键是由碳原子的 sp^3 杂化轨道，以两个成键碳原子核的联线为对称轴相互交盖而成的，键角为 109.5°。而在环丙烷分子中，三个碳原子在同一平面上形成正三角形，碳原子之间的夹角为 60°。因此，两个相邻碳原子以 sp^3 杂化轨道交盖形成 C—C σ 键时，其对称轴不能在一条直线上交盖，而只能以弯曲的方式交盖，则交盖程度较少而不稳定，容易断裂。这样形成的是弯曲的 σ 键，称为弯曲键(bent bond)，如图 1-5 所示。

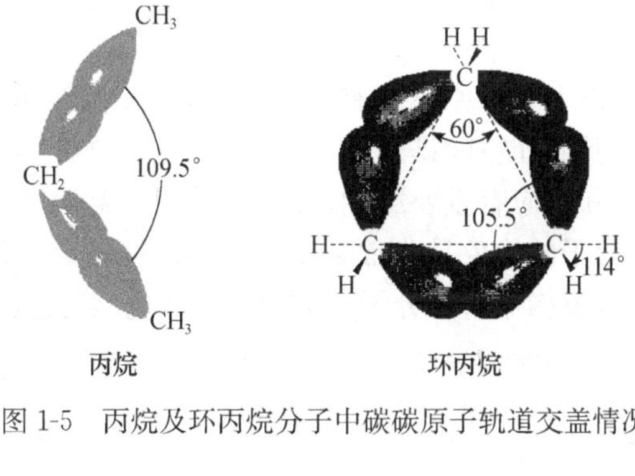

图 1-5　丙烷及环丙烷分子中碳碳原子轨道交盖情况

量子化学的计算和近代物理测试技术表明，环丙烷分子中的 C—C 是弯曲键。在环丙烷分子中，C—C—C 键角为 105.5°(比烷烃中的 C—C—C 键角 109.5°要小)，H—C—H 键角为 114°，C—C 键长为 0.152nm(比烷烃中的 C—C 键长 0.154nm 短)。与丙烷相比，环丙烷的 C—C 键容易断裂而发生开环反应，其稳定性比丙烷差得多，通常称环丙烷分子中存在着张力。这种张力是由于键角偏差引起的，称为角张力(angle strain)。角张力是影响环烷烃稳定性的因素之一，尤其对环丙院和环丁烷等小环更为重要。

从环丁烷开始，组成环的碳原子均不在同一平面上。例如，环丁烷是蝴蝶型结构；环戊烷存在两种不同结构——信封型和扭曲型。

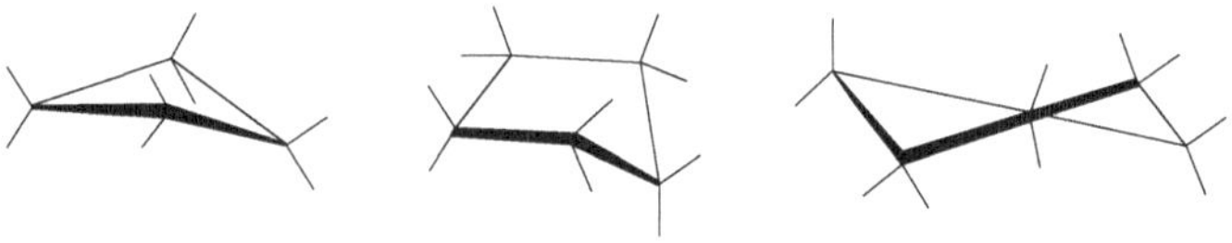

蝴蝶型　　信封型　　扭曲型

由于受几何形状的限制，环丁烷和环戊烷仍具有一定的角张力，但比环丙烷的张力小。环己烷分子中的 C—C—C 键角是 109.5°，而没有张力。由七至十二个碳原子组成的环烷烃，虽然保持正常的键角，但由于环内氢原子之间比较拥挤而存在着扭转张力（torsional strain），因此也不如环己烷稳定。只有相当大的环才与环己烷一样稳定。例如，环二十二烷经测定是呈皱折型存在，成环的碳原子不在同一平面上，C—C—C 键角为 109.5°，是无张力环，如图 1-6 所示。但这些环比较难生成，在自然界存在较少，而在自然界存在最广泛的脂环化合物是环己烷及其衍生物。目前已能合成出三十个碳原子以上的环烷烃。

图 1-6　环二十二烷立体图

1.4　烷烃和环烷烃的构象

分子的构象是指具有一定构造和构型的分子中各原子通过单键旋转而形成的空间分布方式。

含有两个或两个以上多价原子的有机化合物，由于围绕单键（σ 键）旋转而导致分子中其他原子或基团在空间排列不同，分子的这种立体形象称为构象。构象对有机化合物的性质和反应有重要影响，在某些情况下甚至起着重要的作用。因此，熟悉有机化合物分子的构象是非常必要的。而研究构象平衡中异构体的含量与能量之间的关系，以及构象对于分子的物理性质和化学行为的影响等，称为构象分析（conformational analysis）。

1.4.1　乙烷的构象

在乙烷分子中，如果使一个甲基固定，而使另一个甲基沿着 C—C σ 键绕键轴旋转，则两个甲基中氢原子的相对位置将不断改变，产生许多不同的空间排列方式，一种排列方式相当于一种构象，由于转动的角度是随机的，因此乙烷分子可以有无穷多的构象。其中存在一些特征构象，两个碳原子上的氢原子彼此相距最近的构象，即两个甲基相互重叠的构象，称为重叠式构象（eclipsed conformation）；两个碳原子上的氢原子相距最远的构象，即一个甲基上的氢原子处于另一个甲基上两个氢原子正中间的构象，称为交叉式构象(staggered conformation)。重叠式构象和交叉式构象是乙烷分子中两个典型的极限构象，如图 1-7 所示。

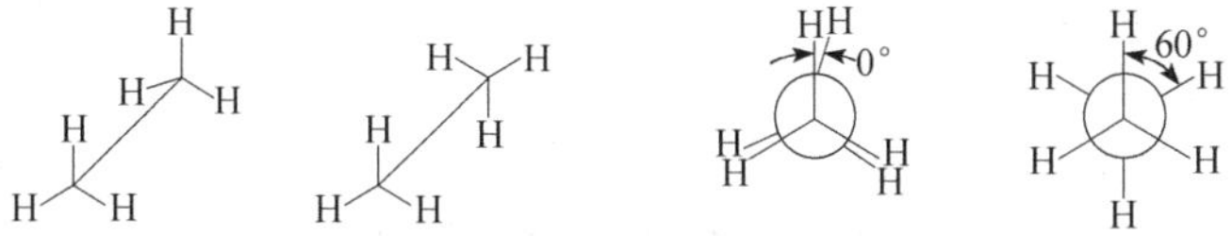

重叠式构象　交叉式构象　　重叠式构象　交叉式构象

(Ⅰ)　　(Ⅱ)

图 1-7　乙烷分子的构象

分子的构象表达式称为构象式，图 1-7(Ⅰ)是乙烷分子构象式的透视式表示法，(Ⅱ)是 Newman 投影式表示法。

Newman 投影式是从 C—C σ 键的延长线上观察，两个碳原子在投影式中处于重叠位置，用  表示距离观察者较近的碳原子及其三个键。用 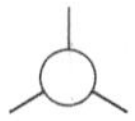 表示距离观察者较远的碳原子及其三个键，在投影式中每个碳原子上的三个键互呈 120°。

在重叠式构象中，两个碳原子上的 C—H σ 键两两相对，氢原子之间距离最近，相互之间的作用力扭转张力最大，能量最高，最不稳定。而在交叉式构象中两个碳原子上的 C—H σ 键两两交错，氢原子之间相距最远，相互之间的扭转张力最小，能量最低，是最稳定的构象。在一个分子的所有构象中，能量最低即最稳定的构象，称为优势构象。优势构象在各种构象的相互转化中，出现的概率最大。

重叠式构象和交叉式构象之间的能量差约为 12.6kJ · mol^{-1}，此能量差称为能垒。其他构象的能量介于此两者之间，如图 1-8 所示。

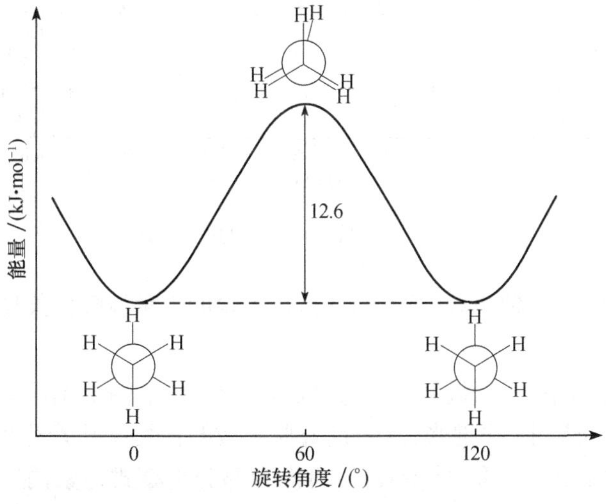

图 1-8　乙烷不同构象的能量曲线

交叉式构象绕 C—C σ 键旋转 60°可以转变成重叠式，进一步绕 C—C σ 键旋转，又可转变成交叉式，但必须给予 12.6kJ · mol^{-1}的能量克服能垒才能实现。由此可见，通常所说的单键可以自由旋转，也并非完全自由。只是由于在室温时，分子所具有的动能已足够使 σ 键自由旋转，因此乙烷分子处于无穷构象迅速转化的动态之中，其中以能量较低较稳定的交叉式构象为主，但此时要想将其分离出来是不可能的，只有在相当低的温度时，才能得到较稳定的单一交叉式构象的乙烷。

1.4.2　丁烷的构象

正丁烷可以看作是乙烷分子中每个碳原子上各有一个氢原子被甲基取代的化合物，其构象更为复杂，现主要讨论绕 C_2 和 C_3 之间的 σ 键轴旋转所形成的六种极限构象(图 1-9)，下面给出四个构象的名称。

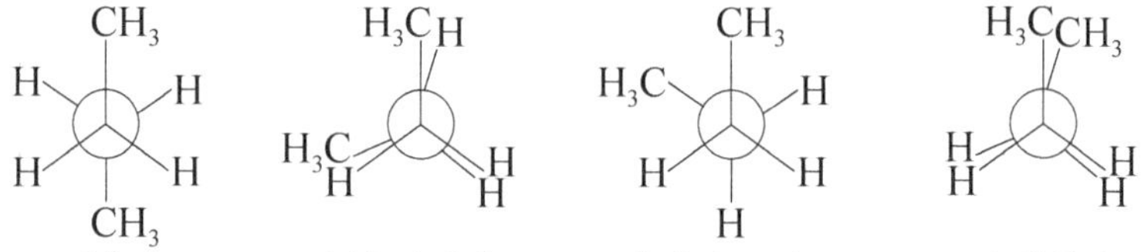

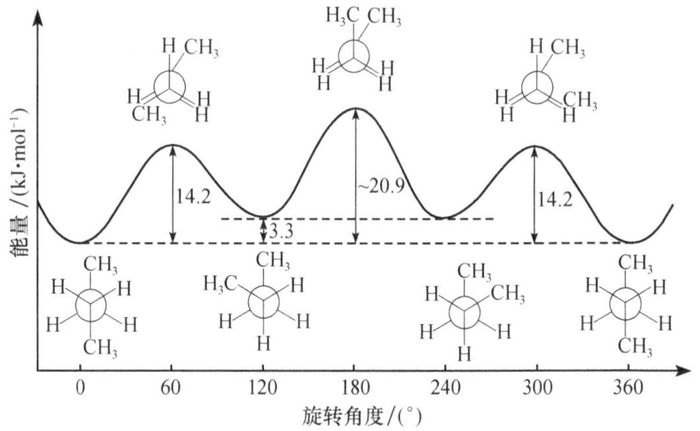

图 1-9　正丁烷不同构象的能量曲线

当绕 C_2—C_3 σ 键轴相对旋转 360°时，正丁烷的六种极限构象与能量的关系如图 1-9 所示。

在图 1-9 中，能量最低最稳定的构象是对位交叉式，两个体积最大的甲基相距最远，其扭转张力最小，非键张力(非键合原子或基团之间所产生的排斥力)也最小；其次是邻位交叉式构象，能量较低；再次为部分重叠式构象，能量较高；全重叠式构象则是能量最高最不稳定的构象，因为在全重叠式构象中，不仅存在扭转张力，而且两个最大的甲基相距最近，非键张力最大。但这几个构象之间的能量差并不很大，它们在室温下即可以通过绕 σ 键旋转而相互转化，达到动态平衡，此时大多数以稳定的对位交叉式构象存在，其次是较稳定的邻位交叉式构象，而较不稳定的部分重叠式和最不稳定的全重叠式构象在平衡中的含量则极其微少，通常可忽略不计。

1.4.3　环己烷的构象

环己烷的六个成环碳原子不共平面，C—C—C 键角为 109.5°，是无张力环。如果用棒球模型连接成环己烷的碳环保持键角 109.5°，通过绕 σ 键的旋转和键角的扭动可以得到椅型(chair conformation)和船型(boat conformation)两种不同排列方式的极限构象。如图 1-10 和图 1-11 所示。

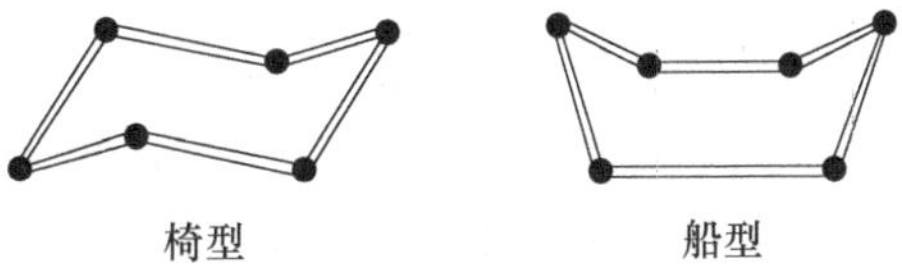

图 1-10　环己烷的椅型和船型排列

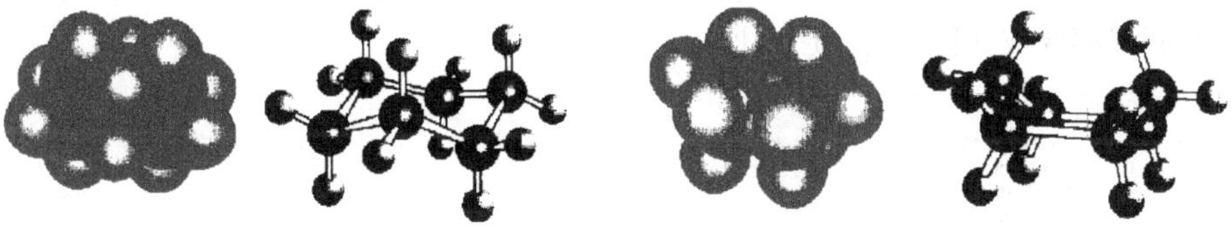

图 1-11　环己烷的椅型和船型模型

椅型构象和船型构象可以相互转变，常温下处于相互转变的动态平衡体系中，常温下主要以能量低的最稳定的椅型构象存在，如图 1-12 所示。

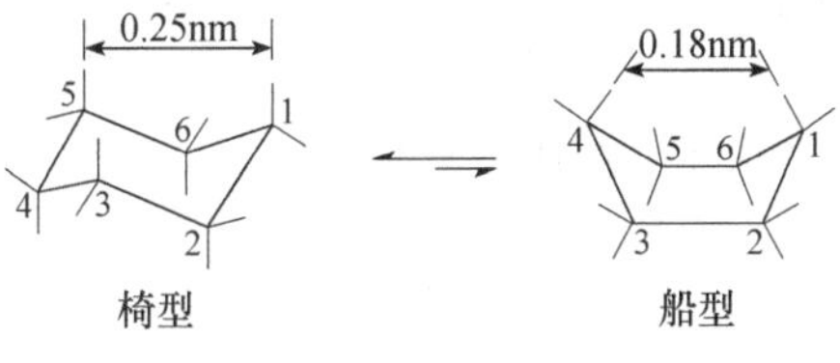

图 1-12　环己烷的椅型和船型构象

椅型构象和船型构象虽然都保持正常键角，不存在角张力，但从 Newman 投影式(图 1-13)中可以看出，椅型构象中所有相邻两个碳原子的碳氢键均处于交

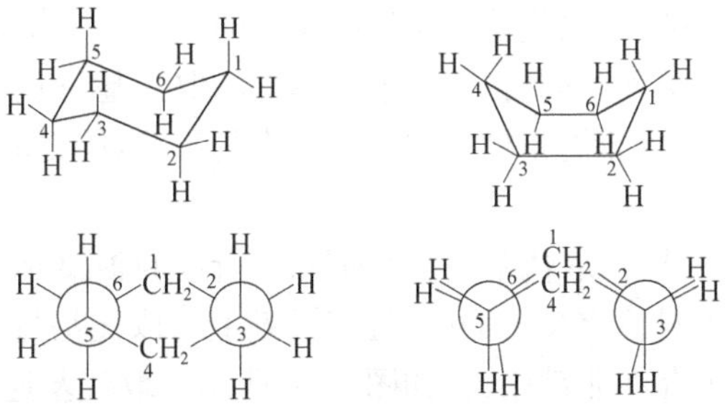

图 1-13　环己烷的椅型和船型投影式

叉式位置。在船型中，C_2与C_3之间和C_5与C_6之间（船底）的碳氢键则处于全重叠式位置，从而存在扭转张力（由于构象是重叠式而引起的张力）。另外，在船型中C_1和C_4两个向上向内侧伸展的碳氢键相距较近（0.18nm，图1-12），两个氢原子的相互距离小于该两个氢原子的范德华半径之和（0.24nm），因此产生非键张力。由于这两种张力的存在，船型的能量比椅型的能量高约30kJ·mol^{-1}，平衡体系中主要以椅型构象存在。

进一步考察环己烷椅型构象，可以把环上的六个碳原子看作C_1、C_3、C_5和C_2、C_4、C_6两个相互平行平面，这样环己烷中的十二个碳氢键可以分为两种类型。其中六个是垂直于平面而与两个平行平面的对称轴平行的，称为直立键或称a键（axial bonds），三个向上另三个向下交替排列。另外的六个碳氢键则向外伸出，称为平伏键或称e键（equatorial bonds），也是三个向上斜伸，三个向下斜伸，与平面呈19°。每个碳原子上具有一个a键一个e键，如a键向上则e健向下，在环中上下交替排列，如图1-14所示。

环己烷由一种椅型构象翻转为另一种椅构象时，原来的a键都转变为e键，原来的e键都变成a键，如图1-15所示。

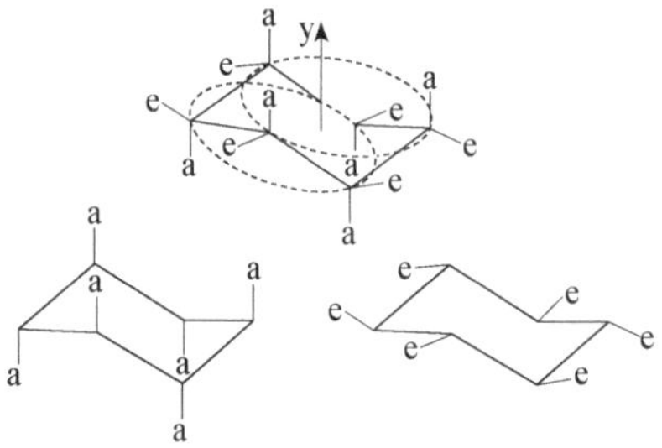

图1-14　椅型构象的直立键及平伏键

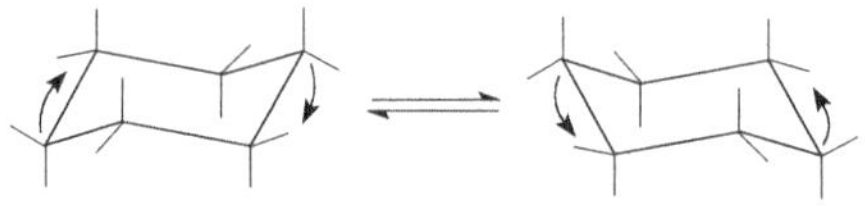

图1-15　两种椅型构象的相互转变

1.4.4　取代环己烷的构象

环己烷的一取代物，取代基可以连在e键，也可以连在a键，有两种可能的构象。当取代基连在a键时，取代基与相邻碳原子的碳架处于邻位交叉式位置，即两个较大基团处于邻位交叉。同时，处于该a键上的取代基与C_3和C_5位a键上的氢原子相距较近，因此产生非键张力。这两种因素的影响，使得取代基在a键上的构象能量较高而较不稳定。

当取代基连在e键时，取代基与相邻碳原子所连的碳架处于对位交叉式位置，即两个较大基团处于对位交叉。同时，处于e键上的取代基与C_3和C_5位a键和e键上的氢原子之间不存在非键张力，如图1-16所示。取代基连在e键上的构象是比较稳定的构象。

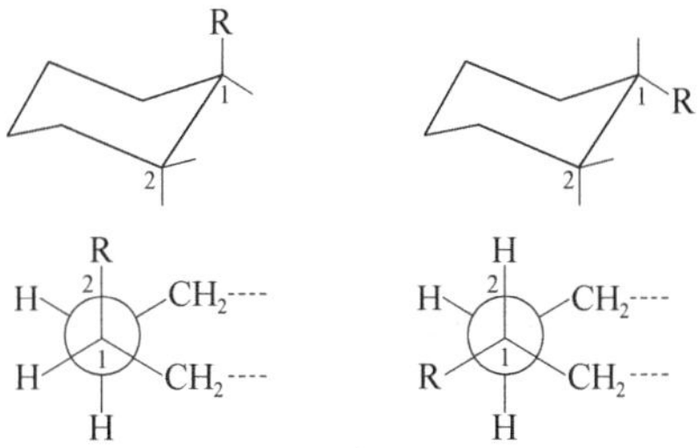

图 1-16　R 在 a 键或 e 键的不同构象

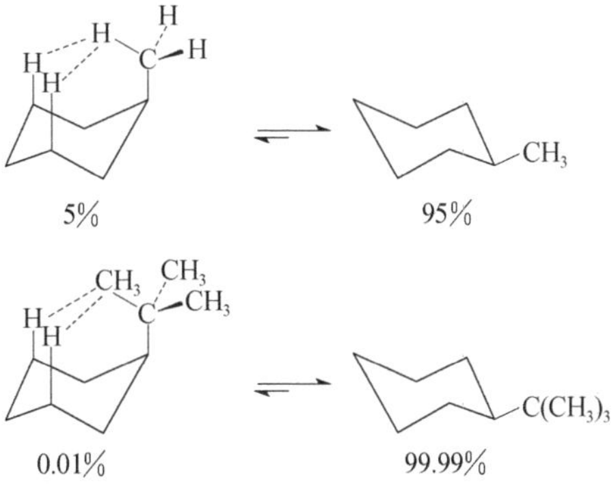

图 1-17　取代环己烷中的非键张力

环己烷的一元取代物，一般倾向于取代基连在碳环的 e 键上。如图 1-17 所示，甲基环己烷 95%是甲基处于 e 键的构象。而且取代基越大，取代基处于 e 键上的构象概率越大。叔丁基环己烷 99.99%是叔丁基处于 e 键的构象。如果环上连有两个不同的取代基时，一般规律是大的取代基优先处于 e 键。多取代的环己烷，则是取代基处于 e 键最多的一般是最稳定的构象。

1.5　烷烃和环烷烃的主要来源和制法

1.5.1　烷烃和环烷烃的来源——石油和天然气

烷烃和环烷烃的天然来源主要是石油。石油是古代的动植物体经细菌、地热、压力及其他无机物的催化作用而生成的物质。虽然因产地不同而成分各异，但其主要成分是各种烃类(开链烷烃、环烷烃和芳香烃等)的复杂混合物。由油田得到的原油通常是深褐色的黏稠液体，根据需要经分馏而得到各种不同的馏分。石油中所含的烷烃是甲烷以上的直链和支链的烷烃；环烷烃则是含五元环和六元环的环烷烃，如环己烷、甲基环戊烷、甲基环戊烷和 1,2-二甲基环戊烷等。

天然气也广泛存在于自然界，其主要成分为低级烷烃的混合物。通常含 75% 甲烷、15%乙烷、5%丙烷，其余则为较高级的烷烃。天然气可用作化工原料，也可直接作为燃料。

从石油中获得的烷烃和环烷烃均为混合物，分离成纯净的单一物质十分困难。为获得纯净的烷烃或环烷烃需要采用合成方法来制备。

1.5.2　烷烃和环烷烃的制法

1. 烯烃和芳烃加氢

$$CH_3CH{=}CHCH_3 + H_2 \xrightarrow[25℃,5MPa]{Ni,乙醇} CH_3CH_2CH_2CH_3$$

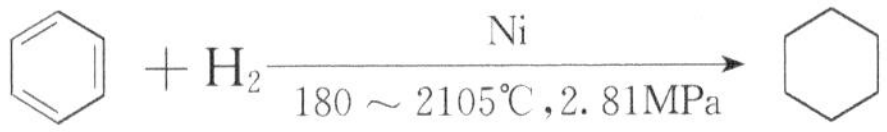

2. 由卤代烷制备

用 Zn 或 Na 与二卤代烃反应，则发生分子内偶联，生成环烷烃，可用来合成小环的环烷烃（大环产率很低）。例如：

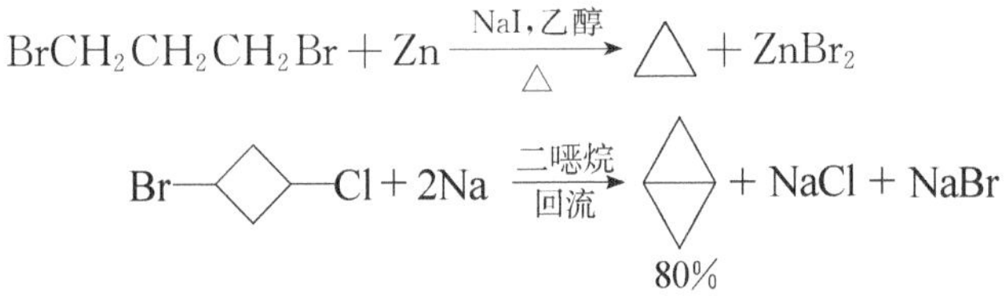

这是制备环丙烷衍生物的重要方法之一。

1.6　烷烃和环烷烃的物理性质

有机化合物的物理性质一般是指它们的状态(state)、熔点、沸点、相对密度(relative density)、折射率(refractive index)和溶解度(solubility)等。

通常单一纯净的有机化合物，其物理性质在一定条件下是固定不变的，测定得到的这些固定数值称为物理常数(physical constant)，它们是特定的化合物在一定条件下所固有的标志。通过物理常数的测定，常常可以鉴定有机化合物及其纯度。利用不同化合物物理性质，可以分离有机化合物。

烷烃和环烷烃是无色具有一定气味的物质。它们具有相似的物理性质，例如，直链烷烃和无取代基的环烷烃，其熔点、沸点和相对密度随着碳原子数的增加而有规律地变化，其中环烷烃的熔点、沸点和相对密度比碳原子数相同的烷烃高，这主要是因为环烷烃具有较大的刚性和对称性，使得分子之间的作用力较强之故。一些直链烷烃和环烷烃的物理常数分别列于表 1-5 和表 1-6 中。

表 1-5　一些直链烷烃的物理常数

名　称	熔点/℃	沸点/℃	相对密度 d_4^{20}	折射率 n_D^{20}
甲烷	−183	−161.5	0.424	
乙烷	−172	−88.6	0.546	
丙烷	−188	−42.1	0.501	1.3397
丁烷	−135	−0.5	0.579	1.3562
戊烷	−130	36.1	0.626	1.3577
己烷	−95	68.7	0.659	1.3750
庚烷	−91	98.4	0.684	1.3877
辛烷	−57	125.7	0.703	1.3976

续表

名　称	熔点/℃	沸点/℃	相对密度 d_4^{20}	折射率 n_D^{20}
壬烷	−54	150.8	0.718	1.4056
癸烷	−30	174.1	0.730	1.4120
十一烷	−26	195.9	0.740	1.4173
十二烷	−10	216.3	0.749	1.4216
十六烷	18	280	0.775	
十七烷	22	292	0.777	
十八烷	28	308	0.777	
二十烷	37	342.7	0.786	
三十烷	66	446.4	0.810	

表 1-6　一些环烷烃的物理常数

名　称	熔点/℃	沸点/℃	相对密度 d_4^{20}	折射率 n_D^{20}
环丙烷	−127.6	−32.9	0.617(25℃)	
环丁烷	−80	12	0.7030(0℃)	1.4260
环戊烷	−93	49.3	0.745	1.4064
环己烷	6.5	80.8	0.779	1.4266
环庚烷	−12	118	0.810	1.4449
环辛烷	14	148	0.836	

一般说来，在有机化合物中，同系列化合物的物理常数是随相对分子质量的增减而有规律变化的。现以烷烃为例说明如下。

1.6.1　沸点

直链烷烃的沸点一般随相对分子质量的增加而升高，如表 1-5 所示。因为沸点是与分子间的作用力有关的，烷烃是非极性分子，范德华力主要产生于色散力。色散力的大小与分子中原子的数目和大小有关，烷烃分子中碳原子数增多，色散力增大，因此分子间的范德华力增大，沸点随之而升高。一般在常温常压下，四个碳以下的直链烷烃是气体，从戊烷开始是液体，大于十七个碳的烷烃是固体。

在同系列中，虽然相邻两个烷烃的组成都相差一个 CH_2，但其沸点差值并不相等，低级烷烃的差值较大，随着相对分子质量的增加相邻两个烷烃的沸点差值逐渐减小。例如，甲烷与乙烷的沸点相差 72.9℃，而十一烷与十二烷只相差 20.4℃。从相对分子质量分析，乙烷的相对分子质量是 30，甲烷的相对分子质量是 16，虽然只相差一个 CH_2，但乙烷的相对分子质量比甲烷大 87%。而十二烷的相对分子质量(170)仅比十一烷的(156)大 9%。可见虽然同样是相差一个 CH_2，但对整个分子的影响却不一样，这种影响当然也反映在它们的物理性质变化上。

直链烷烃的沸点与相对分子质量的关系如图 1-18 所示。

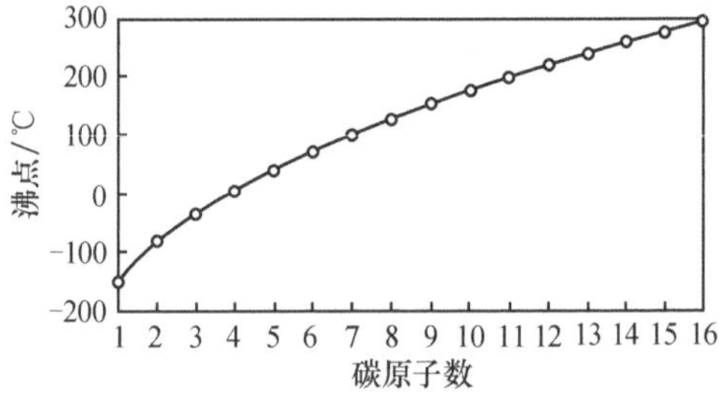

图 1-18　直链烷烃的沸点与分子中所含碳原子数的关系图

此外，在碳原子数相同的烷烃异构体中，含支链越多的烷烃，相应的沸点越低。例如，在戊烷的三个异构体中，其沸点分别是

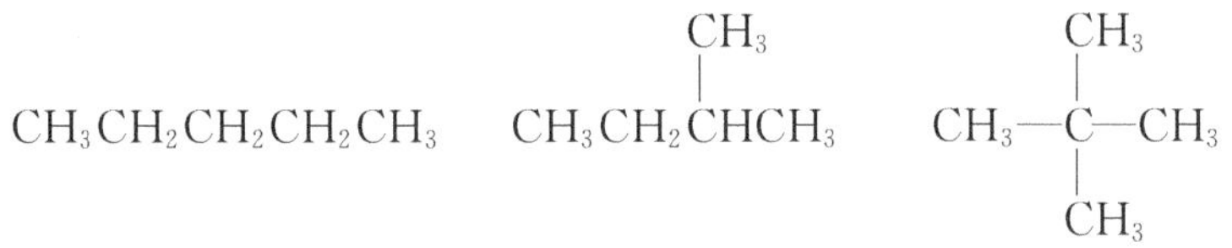

沸点/℃　　36.1　　27.9　　9.5

这是因为烷烃的支链增多时，分子之间彼此靠近的空间阻碍增大，使得分子之间相距较远，而色散力只有在很近的距离内才能有效地作用，随着距离的增加而很快地减弱，从而分子间范德华力减小，沸点必然相应降低。

1.6.2　熔点

烷烃熔点的变化基本上与沸点的变化相似，直链烷烃的熔点变化也是随着相对分子质量的增减而相应增减（表 1-5）。但在晶体中，分子间的作用力不仅取决于分子的大小，而且与晶体中晶格排列的对称性有关，对称性大的烷烃晶格排列比较紧密，熔点相对要高些。一般偶数碳链具有较高的对称性，因此，含偶数碳原子烷烃的熔点通常比含奇数碳原子烷烃的熔点升高得多，构成相应的两条熔点曲线，偶数居上，奇数在下，如图 1-19 所示。

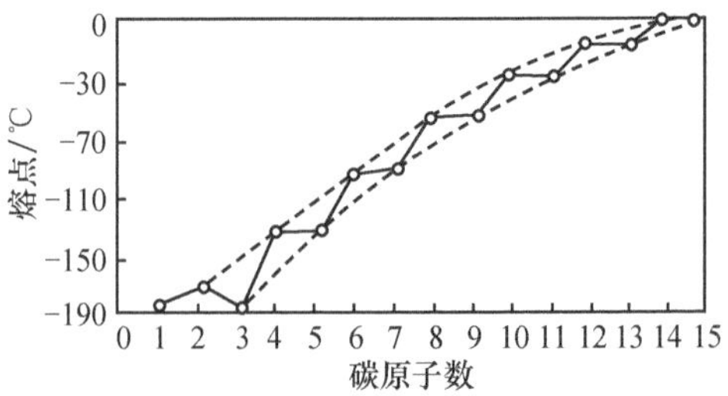

图 1-19　直链烷烃的熔点与分子中所含碳原子数的关系图

对于碳原子数相同烷烃的不同异构体，对称性较好的异构体具有较高的熔点。例如：

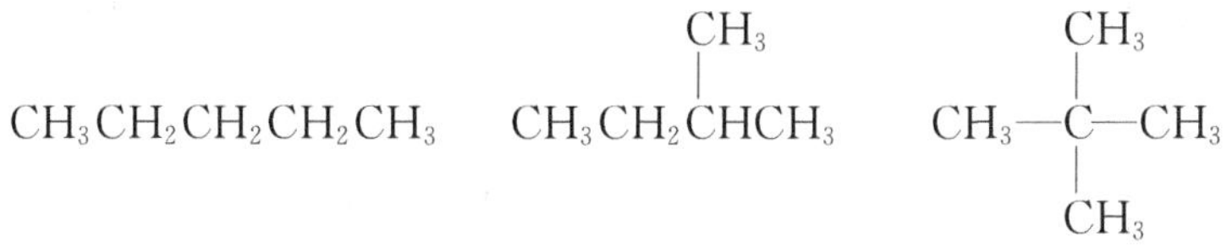

熔点/℃　　−130　　−160　　−17

1.6.3　相对密度

烷烃比水轻，其相对密度都小于 1。相对密度变化的规律也是随着相对分子质量的增加逐渐增大（表 1-5）。这也与分子间范德华力有关，分子间的作用力增大，则分子间的距离相应减小，所以相对密度必然增大。

1.6.4　溶解度

溶解度也是有机化合物重要的物理常数之一。烷烃在水中的溶解度很小，几乎不溶于水，而易溶于有机溶剂，符合"相似相溶"规则。非极性的烷烃则易溶于非极性溶剂如汽油中，而不溶于强极性溶剂如水中。

1.6.5　折射率

折射率的大小与有机化合物的结构有关，是化合物所固有的特性。某化合物的折射率在一定波长和一定的温度条件下是一常数。一些直链烷烃的折射率见表 1-5。

1.7　烷烃和环烷烃的化学性质

有机化合物的化学性质取决于化合物分子的结构。烷烃和环烷都是以 σ 键相连，σ 键比较牢固，而且 C—H σ 键的极性又很小，因此烷烃和环烷烃（环丙烷和环丁烷除外）是比较稳定的化合物，一般在常温下与强酸、强碱、强氧化剂、强还原剂都不起作用。由于它们的相对稳定性，许多烷烃和环烷烃等常被用作溶剂使用。但反应的活性是相对的，在一定条件下，烷烃和环烷烃也显示一定的反应性能。

1.7.1　自由基取代反应

烷烃和环烷烃分子中的氢原子被其他原子或基团所取代的反应称为取代反应（substitution reaction）。通过自由基取代分子中氢原子的反应，称为自由基取代反应。

1. 卤化反应

在光、热或催化剂的作用下，烷烃和环烷径（小环的环烷烃除外）分子中的氢原子被卤原子取代，生成烃的卤素衍生物和卤化氢。例如：

$$CH_3—CH_3 + Cl_2 \xrightarrow{420℃} \underset{78\%}{CH_3—CH_2Cl} + HCl$$

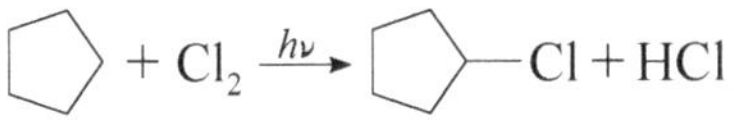

92.7%

分子中的氢原子被卤原子取代的反应就称为卤代反应（halogenation reaction）或卤化反应。

在烷烃和环烷烃中，只有甲烷、乙烷等少数烷烃和无取代基的环烷烃分子中的氢原子是等同的，经卤化反应可以得到单一的一取代衍生物。在实验室中一卤代烷几乎不用烷烃直接卤化来制备，而在工业上只有少数烷烃的一卤化反应具有实用价值。例如，工业上生产合成洗涤剂的主要成分十二烷基苯磺酸钠的原料之一是一氯代十二烷，它由主要含十二个碳原子的直链烷烃直接卤化制备。

$$C_{12}H_{26} + Cl_2 \xrightarrow{120℃} C_{12}H_{25}Cl + HCl$$

2. 卤化的反应机理

反应机理（reaction mechanism）是化学反应所经历的途径或过程，也称反应历程。有机化合物的反应比较复杂，由反应物到产物常常不只是简单的一步反应，也不只有一种途径，因此只有了解了反应机理，才能认清反应的本质，掌握反应的规律，从而达到控制和利用反应的目的。反应机理的研究是有机化学理论的重要组成部分。但反应机理是根据大量的实验事实作出的理论推导，是一种假说，有些是肯定的、可靠的，有些则尚欠成熟、尚未获得充分论据、尚需根据新的实验结果改进和补充，而且并不是所有反应现在都能提出明确的反应机理。

烷烃氯化的反应机理是比较清楚的。例如，甲烷的氯化，首先是在光照或高温下，氯分子吸收能量，共价键均裂而分解为两个氯自由基：

$$Cl:Cl \xrightarrow[或\triangle]{h\nu} 2Cl\cdot \qquad ①$$

生成的氯自由基带有未成对的电子，非常活泼，遇到甲烷可以夺取其中的氢原子而生成氯化氢和另一个带有未成对电子的 $\cdot CH_3$。$Cl\cdot$ 和 $\cdot CH_3$ 都带有未成对的电子，称为自由基或叫游离基（free radical）。甲基自由基也非常活泼，可以再与氯分子作用生成一氯甲烷，同时又生成一个新的氯自由基，这样新生的氯自由基又可以重复上述反应。

$$Cl\cdot + H:CH_3 \longrightarrow HCl + \cdot CH_3 \quad ②$$

$$\cdot CH_3 + Cl:Cl \longrightarrow CH_3Cl + Cl\cdot \quad ③$$

上述反应的开始，是在一定能量的引发下首先产生自由基，这是一步慢反应，是反应速率的控制步骤。而反应一经引发产生出自由基，就可以连续不断地进行下去，这样的反应一般称为连锁反应或链反应(chain reaction)。①为链反应的引发阶段(chain initiate)，②和③为链反应的增长阶段(chain propagating)。然而链反应并不可以无限连续，反应发展到一定阶段时，自由基之间也可以彼此发生反应，这样就消耗了自由基。例如：

$$Cl\cdot + Cl\cdot \longrightarrow Cl—Cl \quad ④$$

$$\cdot CH_3 + \cdot CH_3 \longrightarrow CH_3—CH_3 \quad ⑤$$

$$\cdot CH_3 + Cl\cdot \longrightarrow CH_3—Cl \quad ⑥$$

当自由基之间的反应逐渐增加而占了优势时，反应将逐渐停止，这个阶段称为链反应的终止阶段，④～⑥为链终止(chain terminating)的反应。

一般来说，链反应分为链引发、链增长和链终止三个阶段。但反应过程比较复杂，例如，在链的增长阶段，新生的氯自由基也可以和刚生成的一氯甲烷作用而逐步生成二氯甲烷、三氯甲烷和四氯化碳等。生成什么化合物主要决定于反应物与试剂的比例、反应的条件和能量的供给等诸多因素。

$$Cl\cdot + H:CH_2Cl \longrightarrow HCl + \cdot CH_2Cl$$

$$\cdot CH_2Cl + Cl:Cl \longrightarrow CH_2Cl_2 + Cl\cdot$$

$$Cl\cdot + H:CHCl_2 \longrightarrow HCl + \cdot CHCl_2$$

$$\cdot CHCl_2 + Cl:Cl \longrightarrow CHCl_3 + Cl\cdot$$

$$Cl\cdot + H:CCl_3 \longrightarrow HCl + \cdot CCl_3$$

$$\cdot CCl_3 + Cl:Cl \longrightarrow CCl_4 + Cl\cdot$$

因此，甲烷的氯化反应所得产物为四种氯甲烷的混合物，工业上常利用这种混合物作为溶剂使用。但可以控制条件使其中一种产物为主，例如，工业上在 400～450℃采用热氯化的方法，调节甲烷与氯的物质的量比为 10∶1，此时主要产物为一氯甲烷；甲烷与氯的物质的量比为 0.263∶1 时，主要生成四氯化碳。

与甲烷相似，其他烷烃和环烷烃卤化的反应机理也是自由基取代反应机理，反应亦分三个阶段；链引发、链增长、链终止。

自由基反应的特点是：①在光或热或自由基引发剂(容易产生自由基的物质)引发下开始反应，常用的引发剂有过氧化物(如过氧化苯甲酰)和偶氮化合物(如偶氮二异丁腈等)；②反应可在气相或液相中进行，在液相进行时溶剂的极性变化对反应影响较小;③反应一般不被酸、碱所催化;④反应一旦开始,将以很快的速率进行连锁反应,但当有自由基抑制剂(能够抑制或缓和化学反应的物质,也称自由基终止剂),如酚类、分子氧等存在时,能使反应速率降低甚至反应完全被抑制。

3. 卤化反应的取向与自由基的稳定性

除甲烷、乙烷等少数烷烃和无取代基的环烷烃外,其他烷烃和环烷烃因结构不同,氢原子所处的位置不同,因此反应取代的位置各异,即取向不同,同时卤化反应进行的难易程度也不相同。现以丙烷的卤化反应为例来说明。由于丙烷分子中有两种不同的氢原子,其一卤代产物可能有两种:

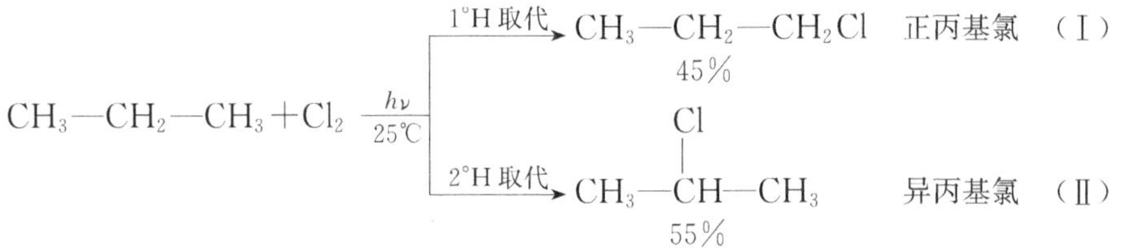

实验证明(Ⅰ)与(Ⅱ)得到产率之比为 45∶55。如果考察氢原子被取代的概率,(Ⅰ)式中被取代的是伯氢,丙烷中伯氢有六个;而(Ⅱ)式中被取代的是仲氢,仲氢只有两个。伯氢与仲氢被取代的概率应为 6∶2(3∶1),实际却是 45∶55,这表明仲氢比伯氢活泼,容易被取代。仲氢与伯氢活性之比为

$$\frac{\text{仲氢}}{\text{伯氢}}=\frac{55/2}{45/6}\approx\frac{4}{1}$$

又如,异丁烷的一元氯化反应的实验结果为

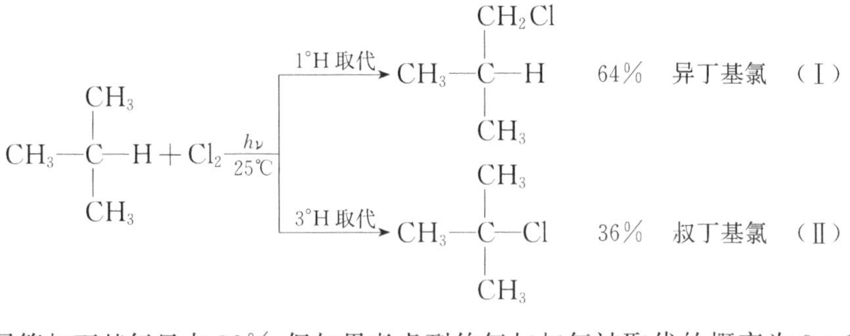

尽管叔丁基氯只占 36%,但如果考虑到伯氢与叔氢被取代的概率为 9∶1,可以明显地看出叔氢比伯氢被取代要容易得多。

在室温下光引发的氯化反应,叔氢、仲氢、伯氢的活性之比大致为 5∶4∶1。由此可知,氢原子被卤代的次序(由易到难)为:叔氢>仲氢>伯氢。

烷烃分子中不同氢原子的活性不同,与 C—H 的解离能有关。键的解离能越

小,键均裂时吸收的能越少,因此也就容易被取代。伯氢、仲氢、叔氢的 C—H 键的解离能分别为

	伯氢 —CH_2—H	仲氢 >CH—H	叔氢 —C—H
键解离能/(kJ · mol^{-1})	405.8	393.3	376.6

由于烷烃的卤化反应是按自由基机理进行的,即对烷烃而言,首先 C—H 键发生均裂产生烷基自由基,这一步骤与后续步骤相比是困难的一步,是控制反应速率的慢步骤,因此不同氢原子的活性与自由基的稳定性有关。反应过程中生成的自由基中间体越稳定,则相应的过渡态能量越低,所需的活化能越小,反应越容易进行。

过渡态(transition state)是由反应物到产物的中间状态,这时旧键逐渐断裂但未完全断裂,新键逐渐形成但未完全形成,在势能图上是反应过程中能量最高的状态,即其内能相当于势能图中能垒的顶部。反应物与过渡态之间的内能差称为活化能($E_{活化}$),即使是放热反应,也必须提供这样的最低限度的能量——活化能,反应才能进行。活化能的高低决定于过渡态的能量,由于过渡态是不稳定的,因此不能分离出来进行活化能的测定。对于多步骤反应,其活化能的高低主要决定于相应的、与过渡态的稳定性一致的活性中间体的稳定性。图 1-20 为丙烷氯化形成两个不同自由基的比较。

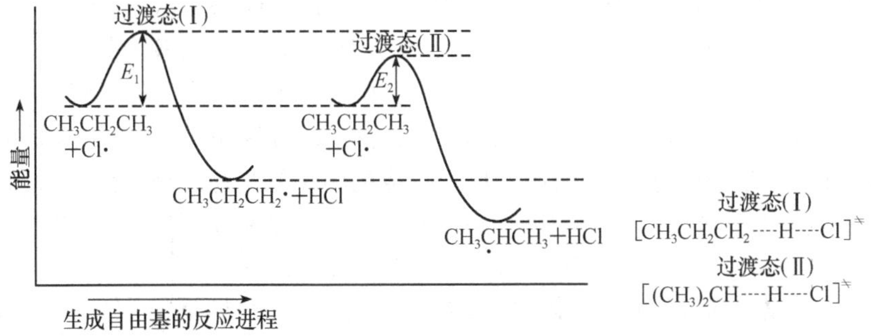

图 1-20　丙烷生成两个不同自由基的反应进程能量曲线图

由图 1-20 可以看出,异丙基自由基比丙基自由基能量低,较稳定。过渡态(Ⅱ)比过渡态(Ⅰ)能量低,所需活化能也相应地低,所以异丙基自由基也就容易生成,故丙烷中的仲氢比伯氢容易被氯取代。同理,考察异丁烷的氯化,可以得出,叔丁基自由基比异丁基自由基稳定,所以叔氢比伯氢更容易被取代。

由以上可知,烷基自由基的稳定性顺序为:叔烷基自由基>仲烷基自由基>伯烷基自由基。这与卤化反应中叔氢、仲氢、伯氢被取代的活性次序是一致的。

值得注意,甲烷分子中的氢原子虽然也是伯氢,但比乙烷、丙烷等分子中的伯氢难卤化,这可以从它们的伯氢 C—H 键的解离能找到答案。

	$CH_3—H$	$CH_3CH_2—H$	$CH_3CH_2CH_2—H$
键解离能/(kJ · mol^{-1})	435	410	410

	$(CH_3)_2CHCH_2—H$	$(CH_3)_3CCH_2—H$
键解离能/(kJ · mol^{-1})	395	415

由以上数据可知，甲基自由基的稳定性比其他烷基自由基均差。总之，自由基的稳定性次序为

$$(CH_3)_3C\cdot > (CH_3)_2CH\cdot > CH_3CH_2\cdot > CH_3\cdot$$

关于自由基的稳定性，也可以利用电子效应来判断。

4. 反应活性与选择性

在烷烃和环烷烃的卤化反应中，不同卤素的活性是不同的。它们在活性上的差异可以用甲烷卤化所得到的数据来说明，如表 1-7 所示。

表 1-7 甲烷卤化的反应热 ΔH(kJ · mol^{-1})

反　应	F_2	Cl_2	Br_2	I_2
① $X—X \longrightarrow 2X\cdot$	+159	+243	+192	+151
② $CH_3—H + X\cdot \longrightarrow \cdot CH_3 + HX$	−130	+4	+67	+140
③ $CH_3\cdot + X—X \longrightarrow CH_3X + X\cdot$	−293	−105	−101	−83
$\Delta H_{总}$	−423	−104	−34	+55

反应②是 C—H 键断裂，H—X 键生成的反应，而反应③是 X—X 键断裂，C—X 键生成的反应。从总 ΔH 看出，氟化、氯化、溴化都是放热反应、较容易进行，且氯化比溴化要容易得多。然而，直接氟化反应过于剧烈生成大量热，将破坏产物降低产率，也难以控制，因此氟代烷不宜直接通过氟化制取。直接碘化由于反应是吸热过程，不利于碘化反应的进行，同时由于反应生成的碘化氢是还原剂，可使碘代烷再还原为原来的烷烃。要使反应顺利进行必须加入氧化剂，以破坏反应中生成的碘化氢。

$$CH_4 + I_2 \rightleftharpoons CH_3I + HI$$

总之，卤素对烷烃进行卤化反应的相对活性通常是如下的顺序：$F_2 > Cl_2 > Br_2 > I_2$。

虽然溴的反应活性比氯小，但其反应选择性却较大。例如，丙烷在相同条件下，分别进行氯化和溴化反应。其结果如下：

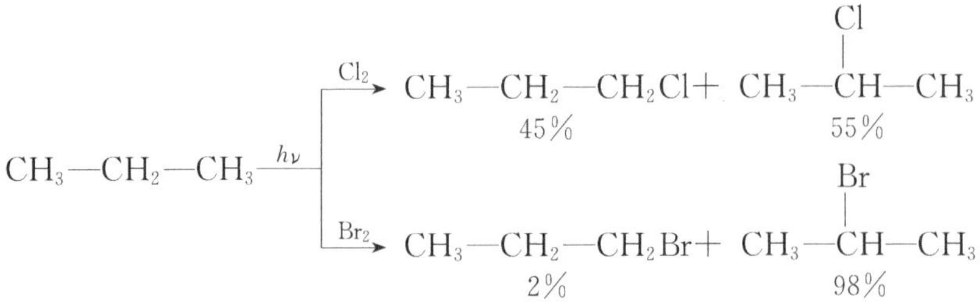

上述实验表明，溴的取代反应活性比氯小，取代反应的速率相对要慢，因此溴自由基取代烷烃分子中活性较大的氢原子，具有较高的选择性。其他烷烃和环烷烃的卤化反应也是如此，这是普遍规律。

反应活性与选择性的关系，还可从烷烃卤化反应时的相对速率看出。因为反应的相对速率差别越大，说明选择性越大，试剂的相对活性越低。烷烃卤化时，卤原子的选择性是 I>Br>Cl>F。

1.7.2　氧化反应

在常温下，烷烃和环烷烃一般不与氧化剂（如 $KMnO_4$ 水溶液、O_3 等）反应，与空气中的氧气也不起反应。但在空气（氧化）中可以燃烧，燃烧时如果氧气充分则完全氧化而生成二氧化碳和水，同时放出大量热。例如：

$$CH_4 + 2O_2 \xrightarrow{燃烧} CO_2 + 2H_2O + 891kJ \cdot mol^{-1}$$

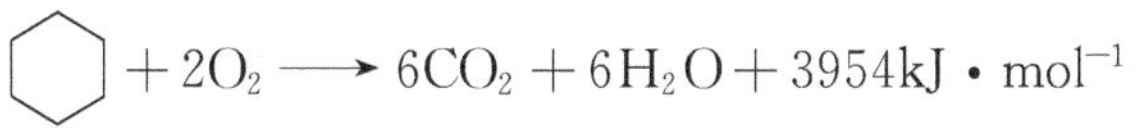

这是天然气作为能源，汽油和柴油（主要成分为不同碳链的烷烃混合物）等可以作为内燃机燃料燃烧的基本原理。如控制适当条件在催化剂的作用下，也可以使其部分氧化得到醇、醛、酮、羧酸等一系列含氧化合物。但由于氧化过程复杂，氧化的位置各异，产物往往是复杂的混合物，很难得到纯净的单一产物，作为实验室制法意义不大。然而，在工业生产中，可以控制条件使某些产物为主，但氧化反应后的混合物可以作为工业原料直接使用。

$$R—CH_2—CH_2—R' + O_2 \xrightarrow[107 \sim 110℃]{MnO_2} RCOOH + R'COOH + 其他羧酸$$

第一个反应是工业上以石蜡等高级烷烃为原料，生产高级脂肪酸（制备肥皂的原料）的方法；第二个反应是工业上生产环己醇（制备己二酸的原料）的方法。

1.7.3　异构化反应

化合物从一种异构体转变成另一种异构体的反应，称为异构化反应（isomerization reaction）。在适当条件下，如在催化剂的作用下或加热等条件下，烷烃和环烷烃均可发生异构化反应。例如：

$$CH_3—CH_2—CH_2—CH_3 \underset{95 \sim 150℃, 1 \sim 2MPa}{\overset{AlCl_3\text{-}HCl}{\rightleftharpoons}} CH_3—\underset{}{\overset{CH_3}{\overset{|}{C}H}}—CH_3$$

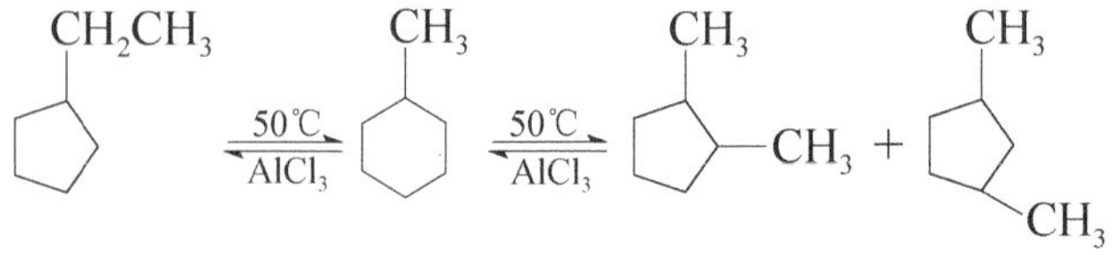

异构化反应是可逆的，反应受热力学平衡控制。

直链烷烃异构化成为带支链的烷烃，可以提高汽油的辛烷值（辛烷值是汽油抗爆性的指标），汽油的辛烷值越大，抗爆性越好。规定异辛烷（2，2，4-三甲基戊烷）的辛烷值为100，正庚烷的辛烷值为0。将汽油试样与异辛烷和正庚烷的混合物进行对比，抗爆性与油品相等的混合物中所含异辛烷的百分数，即为该油品的辛烷值。同时，因异构化产生叔碳原子而增加化学的反应性。环烷烃的异构化包括侧键异构、烷基位置异构和环的异构（环的扩大或缩小）。环烷烃经异构化和脱氢可以转变为芳烃，这是以石油为原料生产芳烃时所发生的一些反应。因此，烷烃和环烷烃的异构化反应，在石油工业中占有重要地位。

1.7.4 裂化反应

烷烃和环烷烃在没有氧气存在下进行的热分解反应叫裂化反应（cracking reaction）。裂化反应是个复杂的过程，其产物为许多化合物的混合物。而且烷烃和环烷烃分子中所含碳原子数越多，产物也越复杂。反应条件不同，产物也相应不同。但从主要反应的实质上看，无非是C—C键和C—H键断裂分解的反应。由于C—C键的键能（347kJ·mol^{-1}）小于C—H键的键能（415kJ·mol^{-1}），一般C—C键较C—H键更容易断裂。

$$CH_3CH_2CH_2CH_3 \xrightarrow{500℃} \begin{cases} CH_4 + C_3H_6 \\ CH_3CH_3 + C_2H_4 \\ C_4H_8 + H_2 \end{cases}$$

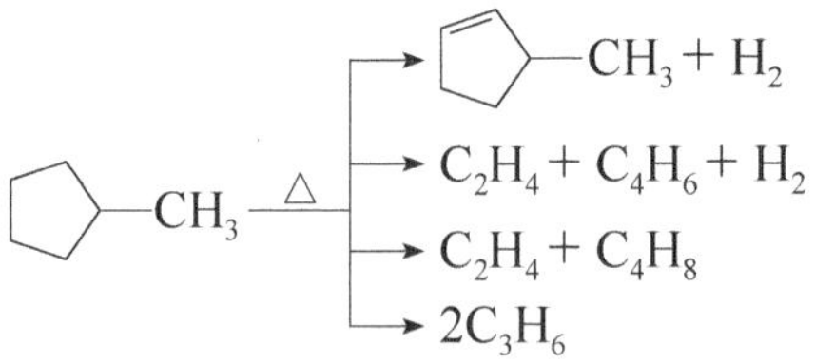

烷烃的裂化主要是由较长碳链的烷烃分解为较短碳链的烷烃、烯烃和氢，但同时也有异构化、环化（转变为脂环烃）、芳构化（转变为芳香烃）、缩合和聚合（由小分子转变为较大分子的烃）等反应，因此产物就更为复杂。裂化反应是石油加工过程中的一个重要反应，通过把高沸点馏分裂化为相对分子质量小的低沸点馏分的办法，以提高汽油、柴油等的产量和质量。并可从石油裂化气中得到大量相对分子质量小的烯烃等化工原料。

环烷烃的裂化主要是发生开环分解生成小分子的不饱和烃，以及脱氢生成环烯烃和芳烃等反应。

裂化反应可以在不加催化剂的条件下加热裂化，称为热裂化（thermal cracking），一般要求较高裂化温度（500～700℃），而且要求一定压力；也可在催化剂（如硅酸铝）的作用下进行裂化，称为催化裂化（catalytic cracking）。催化裂化要求裂化温度较低（450～500℃），而且在常压下即可进行。在炼油生产中，催化裂化生产的汽油，在质量和产率方面优于热裂化。

工业上为了得到更多的乙烯、丙烯、丁二烯、乙炔等基本化工原料，通常把石油在更高的温度下（高于 700℃）进行深度裂化，这样的深度裂化在石油化学工业中称为裂解（deep cracking）。裂解和裂化从有机化学上讲是同一种反应，但在石油化学工业是有特殊意义的，裂解的主要目的是为了获得低级烯烃等化工原料，而不是简单地只为了提高油品的质量和产量，这是其不同之处。

1.7.5　小环环烷烃的开环加成反应

环丙烷和环丁烷等小环环烷烃，由于环存在角张力，容易开环进行加成反应。这是小环环烷烃的特殊反应。

1. 加氢

在催化剂的作用下，环丙烷、环丁烷与氢气反应，开环并一边加上一个氢原子，生成开链的烷烃：

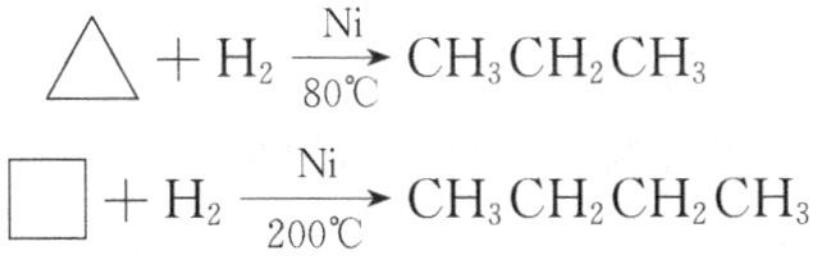

环丁烷比环丙烷开环加氢要求较高的反应条件，说明环丁烷比环丙烷稳定。环戊烷更稳定，需要更强烈的反应条件才能开环加氢。

环己烷及更高级的环烷烃开环加氢则更为困难。

2. 加溴

环丙烷及其烷基衍生物不仅容易加氢，而且容易开环与溴加成。环丙烷与溴在常温即可开环进行加成反应，生成 1,3-二溴丙烷。

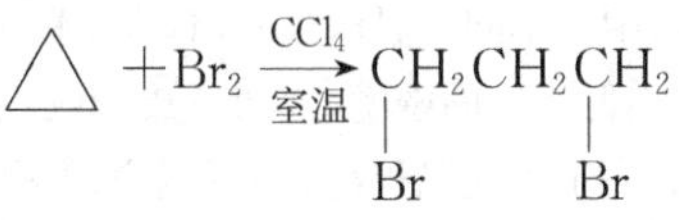

环丁烷与溴在常温不反应，必须加热才能开环加成。

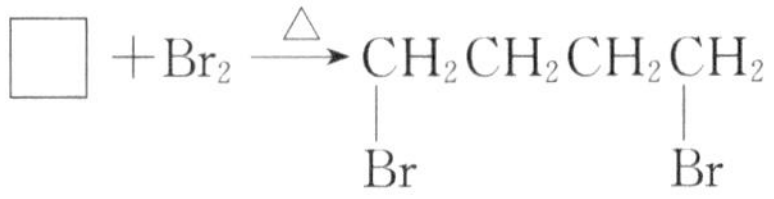

环戊烷以上的环烷烃难于与溴进行开环加成反应，当温度升高时则发生自由基取代反应。

3. 加溴化氢

环丙烷及其烷基衍生物也容易与溴化氢进行开环加成反应。

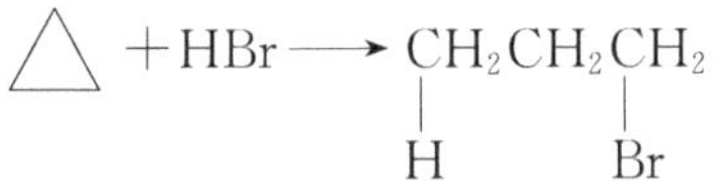

当烷基取代的环丙烷与溴化氢进行开环加成反应时，环的断裂发生在连接氢原子最多与连接氢原子最少的两个成环碳原子之间。氢原子加到含氢较多的成环碳原子上，而溴原子加到含氢较少的成环碳原子上。例如：

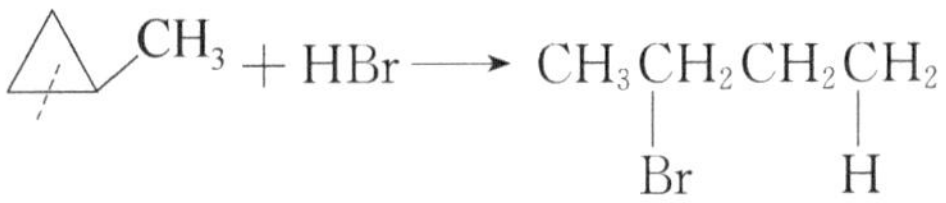

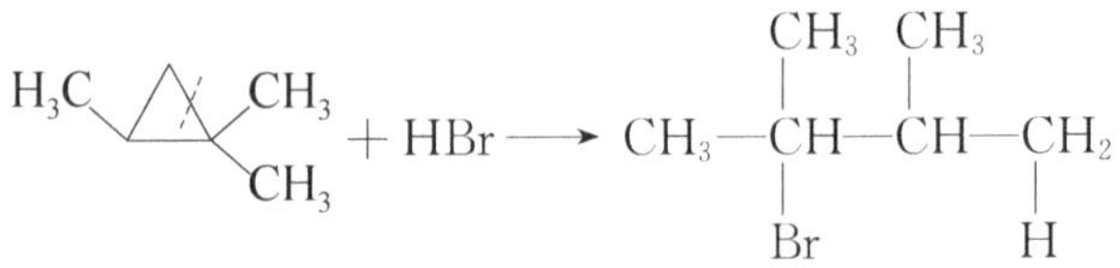

氢碘酸也能与环丙烷进行加成反应。

环丁烷以上的环烷烃在常温下则难于与溴化氢进行开环加成反应。

【阅读材料】

未来的新能源——可燃冰

“可燃冰”是在低温高压下由水与小客体气体分子组成的类似冰的非化学计量、笼形固体化合物(clathrate)，又叫天然气水合物(gas hydrate)或固体气。组成天然气的成分有 CH_4、C_2H_6、C_3H_8、C_4H_{10} 等同系物以及 CO_2、N_2、H_2S 等。形成天然气水合物的主要气体为甲烷，对甲烷分子含量超过 99%的天然气水合物通常称为甲烷水合物(methane hydrate)。充填甲烷的 $1m^3$ 可燃冰可产出 $164m^3$ 气和 $0.8m^3$ 水，其能量密度是煤和黑色页岩的 10 倍左右，是一种能量密度高的能源。从化学结构来看，天然气水合物是由水分子搭成像笼子一样的多面体格架，以甲烷为主的气体分子被包含在笼子格架中。不同的温压条件，具有不同的多面体格架。从物理性质来看，天然气水合物的密度接近并稍低于冰的密度，剪切系数、电解常数和热传导率均低于冰。天然气水合物的声波传播速率明显高于含气沉积物和饱和水沉积物，中子孔隙度低于饱和水沉积物，这些差别是物探方法识别天然气水合物的理论基础。此外，天然气水合物的毛细管孔隙压力较高。

形成可燃冰必须同时具备三个条件：一是低温（0～10℃）；二是高压（大于 10MPa 或水深 300m 及更深）；三是充足的气源。由于形成条件的制约，可燃冰以陆上可燃冰气藏与海洋可燃冰气藏存在，海洋中发现的可燃冰数量与规模比陆地上的大。一般来说，除在高纬度地区出现的与永久冻土带相关的天然气水合物之外，在海底发现的天然气水合物通常存在水深 300～500m 以下（由温度决定），主要附存于陆坡、岛屿和盆地的表层沉积物或沉积岩中，也可以散布于洋底以颗粒状出现。这些地点的压力和温度条件使天然气水合物的结构保持稳定。

可燃冰的发现，让陷入能源危机的人类看到新希望。可燃冰可直接点燃，燃烧后几乎不产生任何残渣，污染比煤、石油都要小得多。西方学者称其为“21 世纪能源”或“未来能源”。据科学家估计，全球可燃冰总储量高达 2.5 万亿立方米，是石油、天然气和煤总储量的 2 倍，假如能够安全开采，至少可供人类使用数百年。

习　　题

1. 命名下列各化合物或基，并指出其中的伯、仲、叔、季碳原子。

(1) 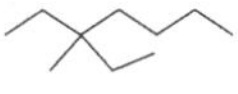　(2) 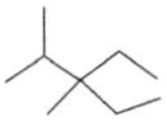　(3) 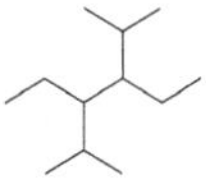

(4) 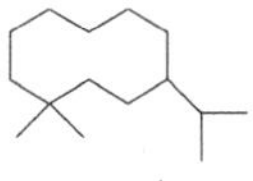　(5) 　(6) 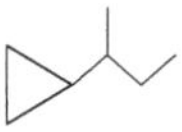

(7) 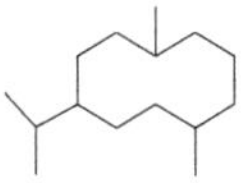　(8) 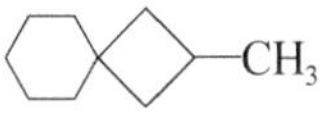

(9) 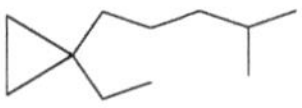

(10) $(CH_3)_3CCH_2—$　(11) 

(12) $CH_3CH_2CH_2CH_2\underset{\substack{|\\CH_3}}{C}HCH_3$

2. 写出相当于下列名称的各化合物的构造式，如其名称与系统命名原则不符，予以改正。

(1) 2,3-二甲基-2-乙基丁烷　(2) 1,5,5-三甲基-3-乙基己烷

(3) 2-叔丁基-4,5-二甲基己烷　(4) 甲基乙基异丙基甲烷

(5) 丁基环丙烷　(6) 1-丁基-3-甲基环己烷

(7) 1,7-二甲基-4-异丙基二环[4.4.0]癸烷　(8) 5-异丁基-螺[2.4]庚烷

3. 将下列的投影式改为透视式，透视式改为投影式。

(1) 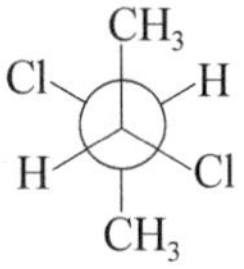

(2) 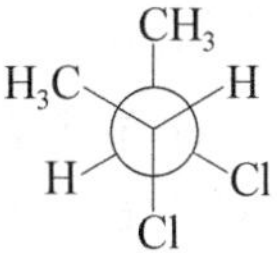

(3) 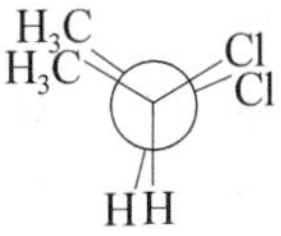

(4) 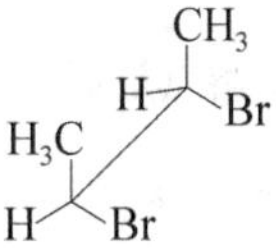

(5) 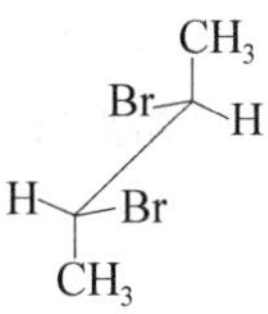

4. 试指出下列化合物中,哪些所代表的是相同的化合物而只是构象表示式不同,哪些是不同的化合物。

(1) 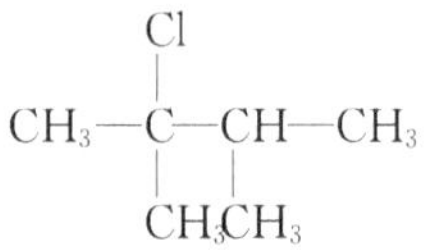　(2) 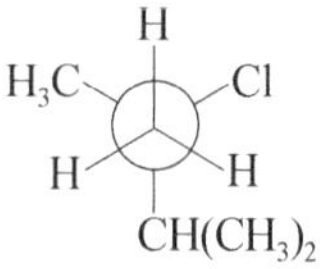　(3) 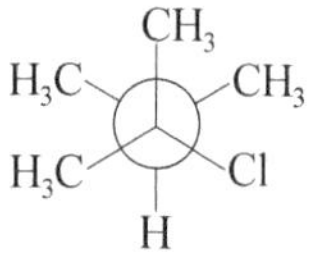

(4) 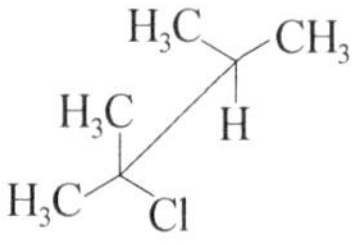　(5) 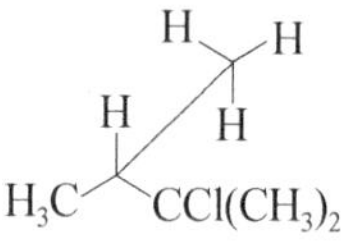　(6) 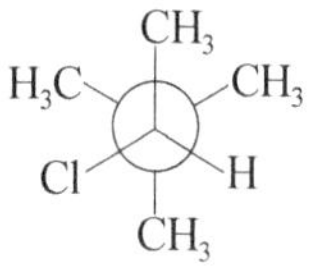

5. 如果将船型和椅型构象考虑在环己烷的构象中,甲基环己烷有几个构象异构体?其中哪一个最稳定?哪一个最不稳定?为什么?

6. 构造和构象有何不同?判断下列各对化合物是构造异构、构象异构还是完全相同的化合物。

(1) 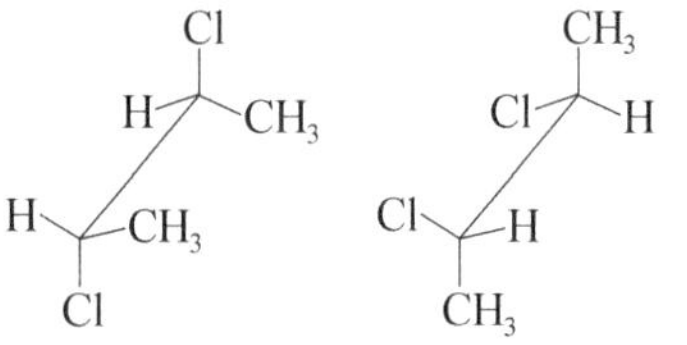　(2) 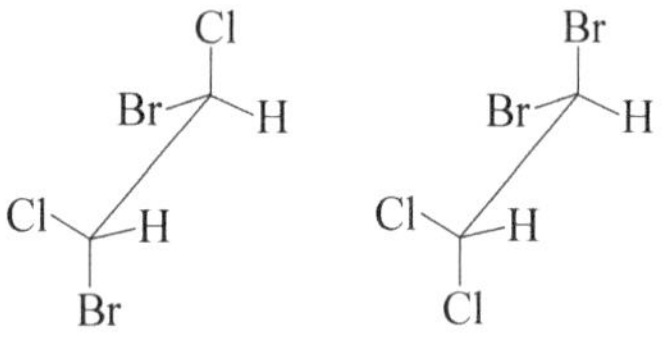

(3) 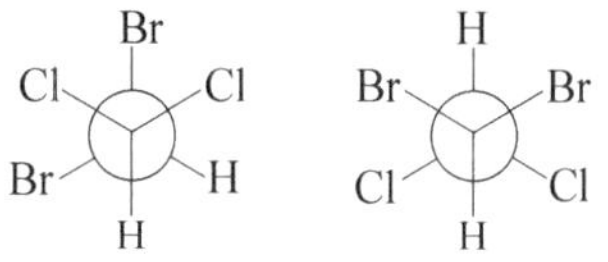　(4) 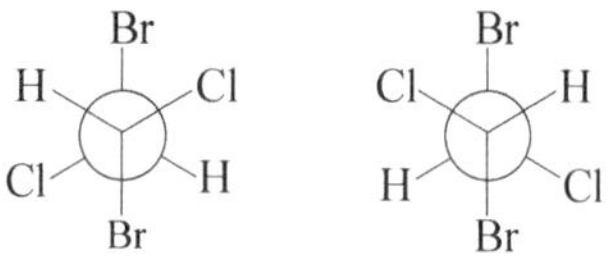

7. 写出下列每一个构象式所对应的烷烃的构造。

(1) 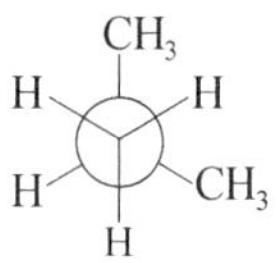　(2) 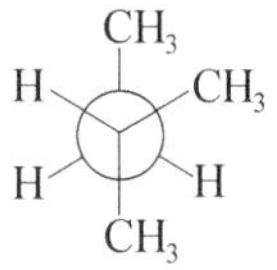　(3) 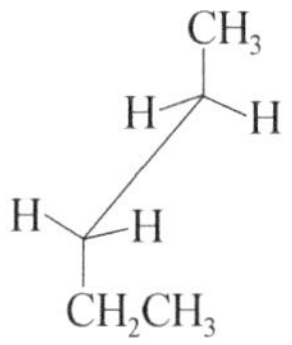　(4) 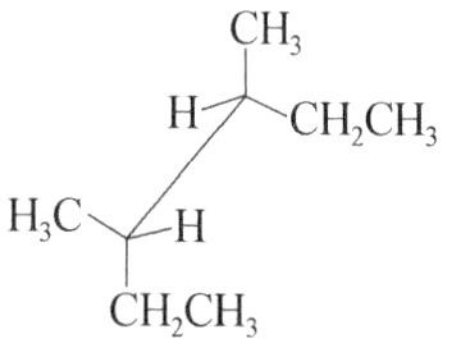

8. 不参阅物理常数表,试推测下列各组化合物的沸点,并按由高到低排列成序。

(1) A. 正庚烷　B. 正己烷　C. 2-甲基戊烷
　D. 2,2-二甲基丁烷　E. 正癸烷

(2) A. 丙烷　B. 环丙烷　C. 正丁烷　D. 环丁烷
　E. 环戊烷　F. 环己烷　G. 正己烷　H. 正戊烷

(3) A. 甲基环戊烷　B. 甲基环己烷　C. 环己烷　D. 环庚烷

(4) A. 正丁烷和异丁烷　B. 正辛烷和 2,2,3,3-四甲基丁烷
　C. 庚烷、2-甲基己烷和 3,3-二甲基戊烷

9. 在己烷(C_6H_{14})的五个异构体中,试推测哪一个熔点最高?哪一个熔点最低?哪一个沸点最高?哪一个沸点最低?

10. 将下列的自由基按稳定性大小排列成序。

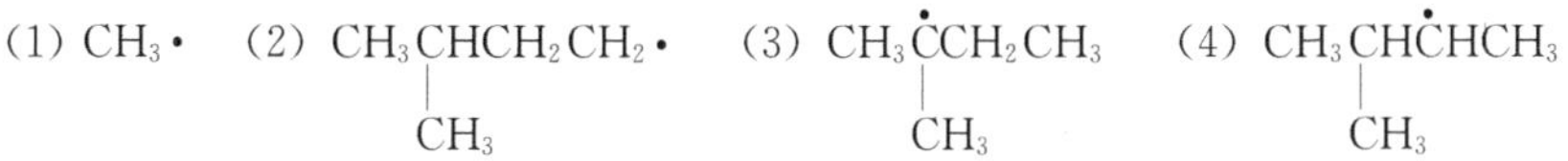

11. 完成下列各反应式。

(1) 

(2) 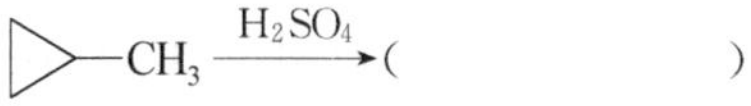

(3) 

(4) 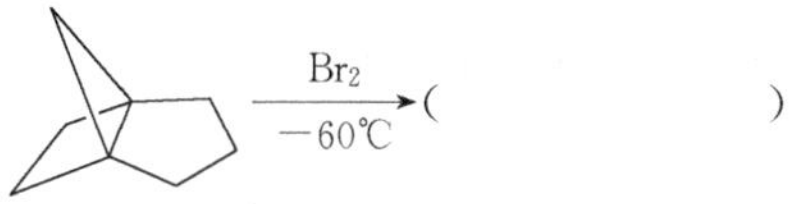

12. 已知烷烃的分子式为 C_5H_{12}，根据氯化反应产物的不同，试推测各烷烃的构造式。

(1) 一元氯代产物只能有一种　　(2) 一元氯代产物可以有三种

(3) 一元氯代产物可以有四种　　(4) 二元氯代产物可以有两种

13. 等物质的量的乙烷和新戊烷混合物与少量的氯反应，得到的乙基氯和新戊基氯的物质的量之比为 1∶2.3。试比较乙烷和新戊烷中伯氢的相对活性。

14. 在光照下，2,2,4-三甲基戊烷分别与氯和溴进行一取代反应，其最多的一取代物分别是哪一种？通过这一结果说明了什么？并根据这一结果预测异丁烷一氟代的主要产物。

15. 在光照下，甲基环戊烷与溴发生一溴化反应，写出一溴代的主要产物及其反应机理。

第 2 章　烯烃和二烯烃

烯烃(alkene)是指含有碳碳双键的不饱和烃(unsaturated hydrocarbon)。碳碳双键称为烯键,是烯烃的官能团。烯键上的碳原子称为烯碳原子。

2.1　烯烃的分类　异构和命名

2.1.1　烯烃的分类

烯烃可分为三类:单烯烃,即含有一个碳碳双键的烯烃,链状的单烯烃通式 C_nH_{2n}。二烯烃,含有两个碳碳双键的烯烃,根据两个碳碳双键的位置关系,又可细分为累积二烯烃(cumulative diene),这类化合物虽不多,但其立体化学很有意义;共轭二烯烃(conjugated diene),两个双键被一个单键隔开的烯烃,其物理、化学性质比较特殊,将在 2.5 节专门讲解;孤立二烯烃(isolated diene),两个双键被两个或两个以上单键隔开的烯烃,其化学性质与一般烯烃相似。多烯烃,含有两个以上碳碳双键的烯烃,其中共轭烯烃最为重要。

2.1.2　烯烃的结构

烯烃中,烯碳原子为 sp^2 杂化,三个 sp^2 杂化轨道处于同一平面。未参与杂化的 p 轨道与该平面垂直。两个烯碳原子各用一个杂化轨道通过轴向重叠形成 σ 键,各用一个 p 轨道通过侧面重叠形成 π 键,由此构成一个碳碳双键。对乙烯而言,其结构参数如图 2-1 所示。显然,其键角与碳原子的 sp^2 杂化轨道理论预测的键角并不完全相等,其键长比乙烷的相应键长要短。

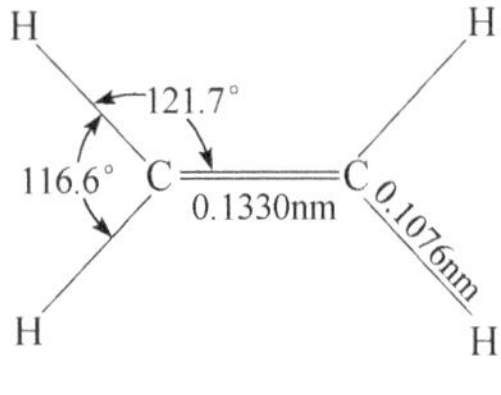

图 2-1　乙烯的结构

烯烃的异构现象包括构造异构(constitutional isomerism)和立体异构(stero isomerism)。烯烃的构造异构比烷烃复杂,含相同碳原子数的烯烃,他们的碳架可能不同。

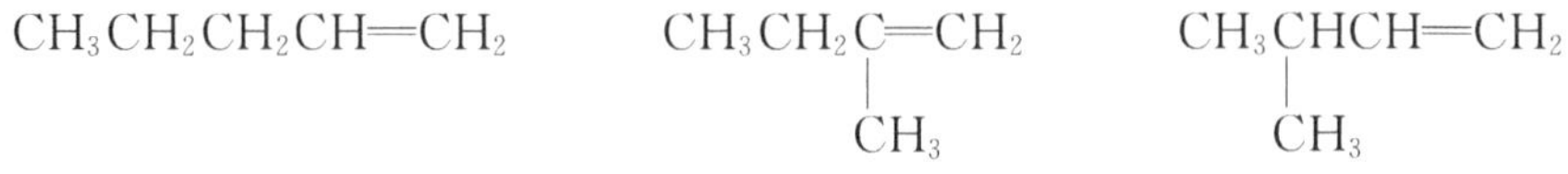

1-戊烯　　2-甲基-1-丁烯　　3-甲基-1-丁烯

含相同碳架的烯烃，双键的位置可能不同。例如：

$CH_3CH_2CH{=}CH_2$　　　$CH_3CH{=}CHCH_3$

1-丁烯　　　2-丁烯

这些异构体具有不同的构造，这种异构现象叫做构造异构。烯烃的构造异构体可以从相应的烷烃出发，通过改变双键的位置而导出。例如，戊烯有五种构造异构体。两种可以从戊烷导出：

$CH_3CH_2CH_2CH{=}CH_2$　　　$CH_3CH_2CH{=}CHCH_3$

1-戊烯　　　2-戊烯

三种可以从甲基丁烷导出：

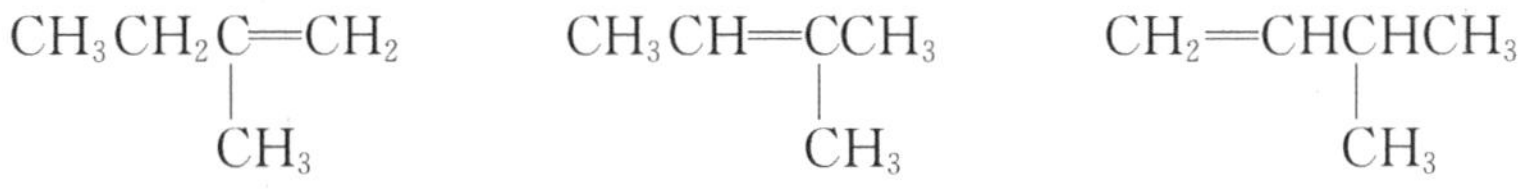

2-甲基-1-丁烯　　　2-甲基-2-丁烯　　　3-甲基-1-丁烯

烯烃的立体异构主要表现在碳碳双键的平面结构上。以上述 2-丁烯分子而言，分子中烯碳原子在同一平面上时，两个碳原子上 p 轨道的对称轴互相平行，可以最大限度地重叠而生成 π 键。若使一个烯碳基不动，另一个烯碳基围绕着碳碳键旋转，则 p 轨道不再平行，也不能最大限度的重叠，使 π 键破裂。使 π 键完全破裂需要 263.6kJ · mol^{-1} 的能量（C ═C 键的键能减去 C—C 键的键能），在常温下分子热运动的能量没有这样大。因此，烯碳基团不能围绕双键而自由旋转。2-丁烯就存在两种异构体，即顺反异构体，如图 2-2 所示。

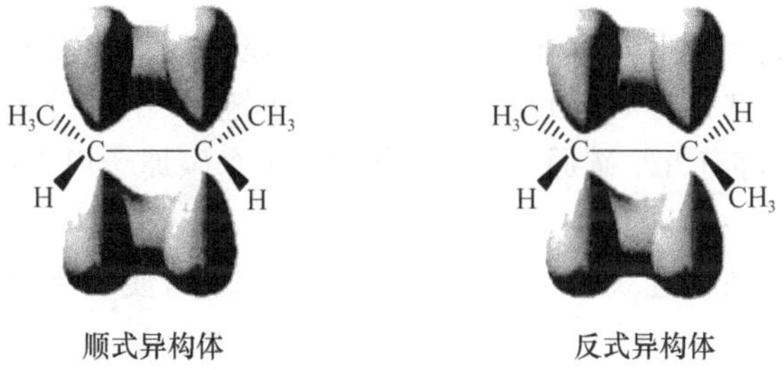

图 2-2　2-丁烯的顺反异构体

用实线联结的原子或原子团在纸平面上，用楔形线联结的原子或原子团在纸平面的前面，用虚线联结的原子或原子团在纸平面的后面。两个烯碳上的甲基在纸平面的同一边称之为顺（图 2-2 左），两个烯碳上的甲基在纸平面的两边称之为反（图 2-2 右）。这是两个不同的化合物。这种异构现象称为顺反异构。顺反异构体的构造相同，而分子在空间的排列方式即构型不同。由于分子在空间排列的方式不同而引起的异构现象都叫做立体异构。顺反异构是立体异构的一种（顺反异构以前叫做几何异构，根据 IUPAC 建议，几何异构一词今后不再使用）。

含碳碳双键的化合物，当两个烯碳原子上连有不同的原子或原子团时，都有顺反异构现象。两个烯碳原子中任何一个碳原子上连有两个相同的取代基时，分子在空间的排列方式就只有一种，即没有顺反异构体，如 2-甲基-1-丁烯就没有顺反异构体。

2.1.3 烯烃的命名

烯基的命名：烯烃去掉烯碳原子上一个氢原子剩余的部分，称为烯基（enyl）。例如，乙烯基、丙烯基等。

$CH_2{=}CH—$ 乙烯基　　$CH_3CH{=}CH—$ 丙烯基

$\overset{4}{C}H_3\overset{3}{C}H_2\overset{2}{C}H{=}\overset{1}{C}H—$ 1-丁烯-1-基

当从烯烃的非烯碳原子上去掉一个氢原子剩余的部分称为烯某基。例如，烯丙基（$CH_2{=}CHCH_2—$）。注意烯丙基 $CH_2{=}CHCH_2—$、丙烯基 $CH_3CH{=}CH—$ 与异丙烯基 $CH_2{=}\underset{}{\overset{|}{C}}—CH_3$ 的区别。

亚基：含有两个自由价键的取代基。存在同位亚基（ylidene）和异位亚基（ylene）两种。烯烃 π 均裂的部分就是同位亚基，如亚甲基 $H_2C{=}$、亚乙基$CH_3CH{=}$、亚异丙基$(CH_3)_2C{=}$。

不同碳原子上各有一个自由价键的取代基，称之为异位亚基，如 1，2-亚乙基$—CH_2CH_2—$、1，3-亚丙基$—CH_2CH_2CH_2—$、1，2-亚丙基$—CH_2\underset{|}{C}HCH_3$。

烯烃的系统命名法与烷烃相似。单烯烃的系统命名可按下列步骤进行：

（1）选主链。选择含双键的最长碳链作为主链，根据主链中的碳原子数称之为某烯。例如，主链有五个碳原子，则为戊烯。十个碳原子以上时，用汉字数字表示，后缀碳字，如十六碳烯。

（2）编序号。从靠近双键的一端开始对主链编号，使双键位置的碳原子数字较小。

（3）编写名称。取代基所在碳原子的编号写在取代基之前，取代基写在某烯前面，烯碳原子的较小序号则直接写在某烯前面。

（4）数字与汉字之间用短线连接。

例如：

$\overset{4}{C}H_3\overset{3}{C}H_2\overset{2}{C}H{=}\overset{1}{C}H_2$　　$\overset{4}{C}H_3\overset{3}{C}H{=}\overset{2}{C}H\overset{1}{C}H_3$

1-丁烯　　2-丁烯

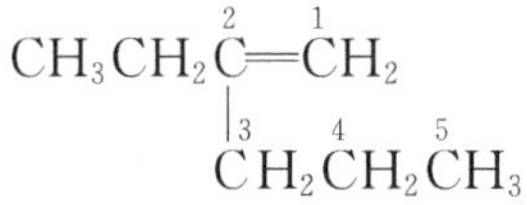

2-乙基-1-戊烯

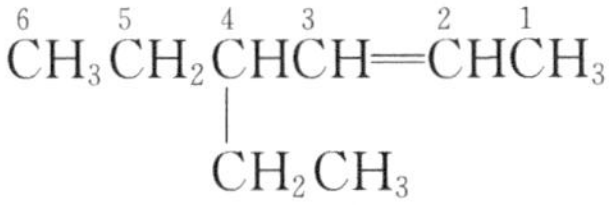

4-乙基-2-己烯

对顺反异构而言，顺反异构体的构型用顺-(*cis*-)和反-(*trans*-)表示。例如：

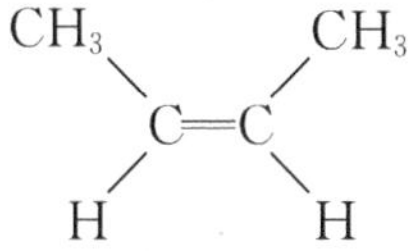

顺-2-丁烯

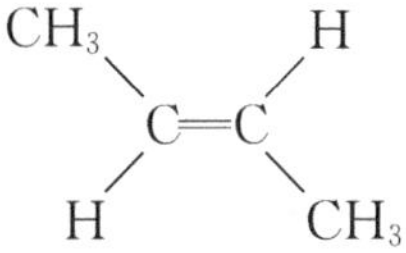

反-2-丁烯

如果顺反异构体的两个双键碳原子上没有两个相同的取代基，用顺反这种命名法就有困难。例如：

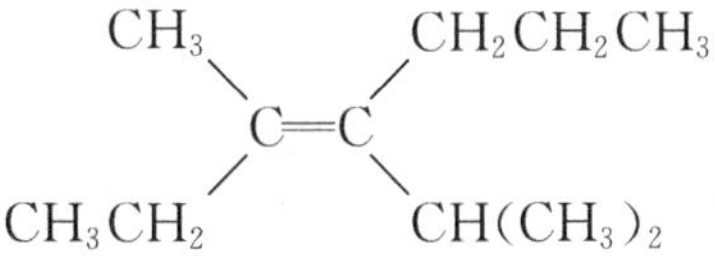

根据 IUPAC 命名法，顺反异构体的构型是用字母 *Z*(同，zusammen)和 *E*(对，enttgegen)来表示。构型是 *Z* 或 *E* 要依据“次序规则”(sequence rule)来决定。

所谓次序规则就是把各种取代基按先后次序排列的规则。取代基游离价所在的原子，原子序数大的在前，小的在后：I—，Br—，Cl—，S—，P—，O—，N—，C—，H—(同位素原子按相对原子质量大小次序排列：D—，H—)。

不同烃基的先后次序为：$(CH_3)_3C$—，$(CH_3)_2CH$—，$CH_3CH_2CH_2CH_2$—$CH_3CH_2CH_2$—，CH_3CH_2—，CH_3—，H。

要判断两个异构体哪个是 *Z* 或 *E* 构型，先将双键碳原子的取代基按次序规则排列，如果 a>b 且 c>d，则

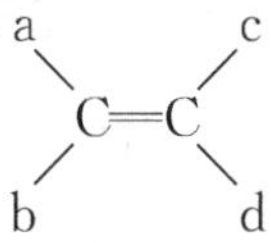

Z

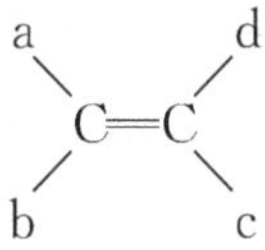

E

两个烯碳原子上“次序”在前的取代基在参考平面的同一边时，构型为 *Z*，在参考平面两边时构型为 *E*。

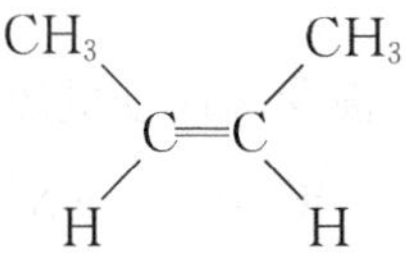

(*Z*)-2-丁烯

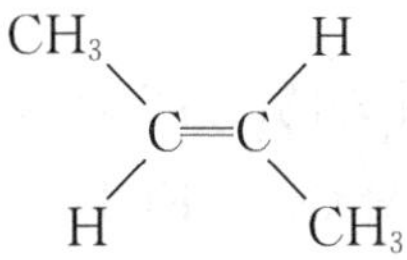

(*E*)-2-丁烯

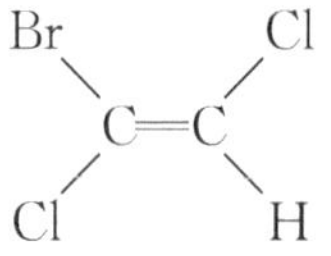

(*Z*)-1,2-二氯-1-溴乙烯

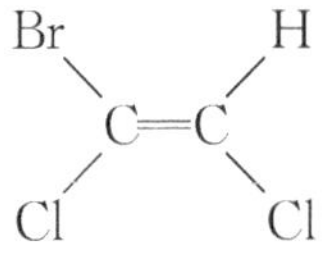

(*E*)-1,2-二氯-1-溴乙烯

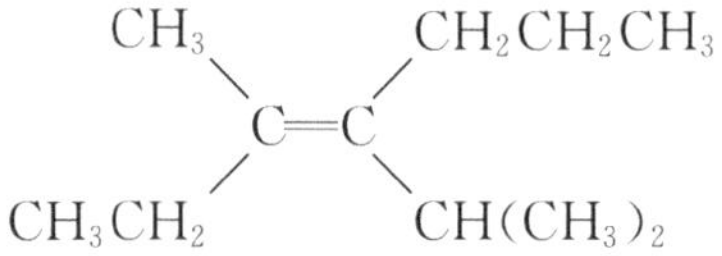

(*Z*)-3-甲基-4-异丙基-3-庚烯

2.2　烯烃的来源和制法

2.2.1　烯烃的来源

乙烯、丙烯和丁二烯俗称三烯，是石油化工的重要生产指标。过去主要是从石油炼制过程中的炼厂气和热裂气中分离得到，现在主要是通过石油的各个馏分裂解或原油直接裂解获得。

$$\underset{}{C_6H_{14}} \xrightarrow{700\sim900℃} \underset{15\%}{CH_4} + \underset{40\%}{CH_2{=}CH_2} + \underset{20\%}{CH_3{-}CH{=}CH_2} + \underset{25\%}{\text{其他}}$$

2.2.2　烯烃的制法

常用的制备烯烃的方法是醇脱水和卤代烃脱卤化氢。这也是在分子中导入双键的方法。

1. 醇脱水

醇是烃的含氧衍生物，醇脱水是实验室制备烯烃最有用的方法。

$$CH_3CH_2OH \xrightarrow{H_2SO_4,170℃} CH_2=CH_2$$

$$(CH_3)_2\underset{\displaystyle |\atop OH}{C}CH_3 \xrightarrow[84\%]{20\%H_2SO_4,85℃} (CH_3)_2C=CH_2$$

2. 卤代烷脱卤化氢

卤代烷与氢氧化钾的乙醇溶液共热，失去卤化氢而变成烯烃：

$$RCH_2CHXR + KOH \longrightarrow RCH=CHR + KX + H_2O$$

用乙醇作溶剂使卤代烷溶解，以便在均相中进行反应。使用氢氧化钾是因为它在乙醇中的溶解度比氢氧化钠在乙醇中的溶解度大。醇钠、氨基钠等强碱也可用来使卤代烷脱卤化氢。

2.3　烯烃的物理性质

一些烯烃的物理常数可在相关参考书中查阅。

在室温下含 2～4 个碳原子的烯烃为气体，含 5～15 个碳原子的烯烃为液体，含 19 个碳原子以上的烯烃为固体。

烯烃因杂化轨道 s 的成分较烷烃的大而成为极性分子，其沸点与烷烃一样，也随着相对分子质量的增加而升高。双键在碳链一端的烯烃，其沸点比相当的烷烃略低。

含相同碳原子数的直链烯烃的沸点比带支链的高。碳架相同的烯烃双键向碳链中间移动时，沸点和熔点都升高。顺式异构体的沸点比反式的高，顺式异构体的熔点比反式的低。烯烃的相对密度小于 1，但比相应的烷烃大。

烯烃在水里的溶解度很小，但比烷烃大。烯烃在某些重金属盐（如亚铜盐和银盐）的水溶液中的溶解度很大。

2.4　烯烃的化学性质

碳碳双键是烯烃化合物的反应中心。π 键的键能比 σ 键的小，它容易通过在双键碳原子上加两个原子或原子团而转变为 σ 键。因此烯烃的典型反应是加成反应。所谓加成反应就是两个分子间相互作用，生成一个加成产物的反应。加成反应的影响因素主要有加成试剂、双键上取代基以及加成反应机理。烯烃的加成反应机理可以是离子型、自由基型和协同型。烯烃的结构决定了其还具有可氧化性、可取代性、可聚合性等一些化学性质。

2.4.1　烯烃的催化加氢

烯烃与氢的加成反应具有很高的活化能，一般借助催化剂可以顺利实现加成反应。在催化剂作用下，烯烃与氢加成生成烷烃的反应称为催化加氢（catalytic hydrogenation）。常用的催化剂主要是铂、钯、铑、钌和镍等，属异相催化加氢。实验室常用的催化剂有氧化铂、氧化钯、雷尼（Raney）镍等异相催化剂。一般以活性炭、硫酸钡、碳酸钙或氧化铝等为载体。催化剂存在下烯烃与氢容易起加成反应生成烷烃。

$$RCH{=}CHR' + H_2 \xrightarrow{\text{催化剂}} RCH_2CH_2R'$$

在加氢过程中烯烃和氢气先吸附在催化剂表面上，起反应变成烷烃后再从催化剂表面解吸（图 2-3）。双键上取代基的数目越多，体积越大，烯烃越不容易吸附在催化剂上,越不容易加氢。催化剂的活性,溶剂的 pH、温度、压力等对反应都有影响。

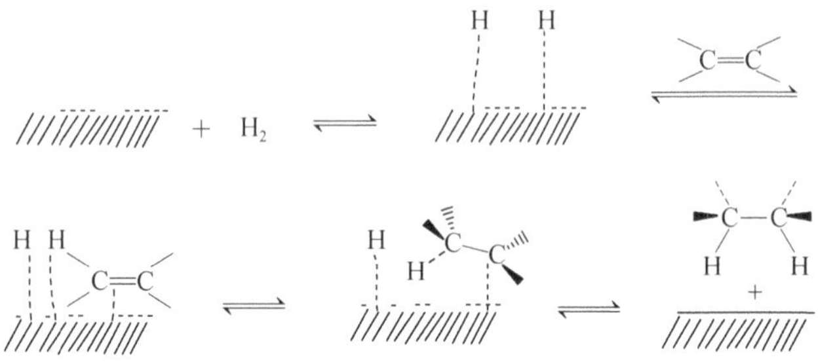

图 2-3 烯烃催化加氢示意图

加氢反应是可逆的,在较高温度下烷烃可以脱氢变成烯烃。

由于纯粹的烯烃容易合成,催化加氢反应又能定量地进行,因此常常用烯烃催化加氢的方法来合成高纯的烷烃。

催化加氢既可用于对烯烃的合成也可用于对烯烃的分析,根据吸收氢气的体积,可以计算混合物中结构已知的不饱和化合物的含量,或相对分子质量已知的不饱和化合物中双键的数目。

烯烃催化加氢时放出的热量叫做氢化热(heat of hydrogenation)。例如:

$$CH_3CH_2CH{=}CH_2+H_2 \longrightarrow CH_3CH_2CH_2CH_3 \quad \Delta H=-126.6\text{kJ}\cdot\text{mol}^{-1}$$

顺反异构体的氢化热不同。烯烃顺式异构体的氢化热都比相应的反式大,并且双键碳原子上烃基的体积越大,两种异构体氢化热之差也越大。从分子模型可以看出,在顺位的两个取代基紧靠在一起,如果取代基的体积较大,有限的空间容纳不下,双键又不能自由旋转,这样它们会挤在一起,由于正常键角的改变,因此会产生张力,两个取代基如在反位就没有这种情况。因此,反式异构体比顺式稳定。

2.4.2 烯烃的亲电加成

亲电加成反应就是亲电试剂进攻不饱和键而发生的加成反应。

1. 与卤素加成

烯烃容易与卤素发生加成反应:

$$CH_2{=}CH_2+Br_2 \longrightarrow CH_2BrCH_2Br$$

氟与烯烃的反应太猛烈,往往使碳链断裂生成碳原子数较少的产物。碘与烯烃一般不起反应。氯、溴可在室温下与烯烃顺利进行亲电加成反应。氯与烯烃的反应在工业上用来合成氯代烃。

$$CH_2{=}CH_2+Cl_2 \longrightarrow CH_2ClCH_2Cl$$

溴与烯烃的加成反应可用于实验室对烯烃的定性和定量分析。例如，用含5%溴的四氯化碳溶液和烯烃反应，在烯烃滴入溴溶液后，溴溶液的红棕色马上消失，表明发生了加成反应。据此可用来鉴别烯烃。

在没有光照和自由基引发剂存在的情况下，烯烃与卤素的加成反应是一种分步进行的离子反应。溴和乙烯发生反应时，溴分子从乙烯分子所在平面的上方(或下方)接近，在 π 电子的影响下溴分子发生极化，一个溴原子带部分负电荷(δ^-)，另一个溴原子带部分正电荷(δ^+)。带部分正电荷的溴原子继续接近乙烯分子形成碳溴键的同时，这个溴原子可能与另一个变成正离子的烯碳原子产生相互作用，构成一个环状的溴鎓离子(cyclic bromonium ion)，溴负离子则从环溴鎓离子的反面进攻碳而发生乙烯的反式加成反应，最后生成二溴乙烷。

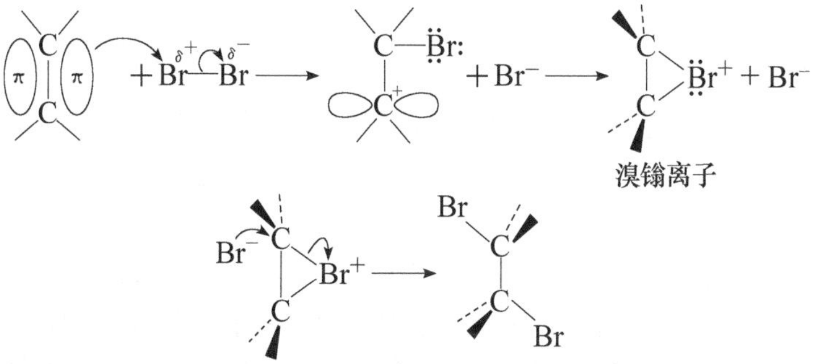

在多步离子反应中，反应中速率最慢的一步是决定整个反应速率的步骤。在烯烃的加溴反应中，第一步是 π 键和 Br—Br 键的分别断裂，是反应速率最慢的一步，即整个反应速度的决定步骤。

溴与烯烃的加成反应属于反式加成反应，这从环己烯的溴加成反应结果得到进一步明确的证实。

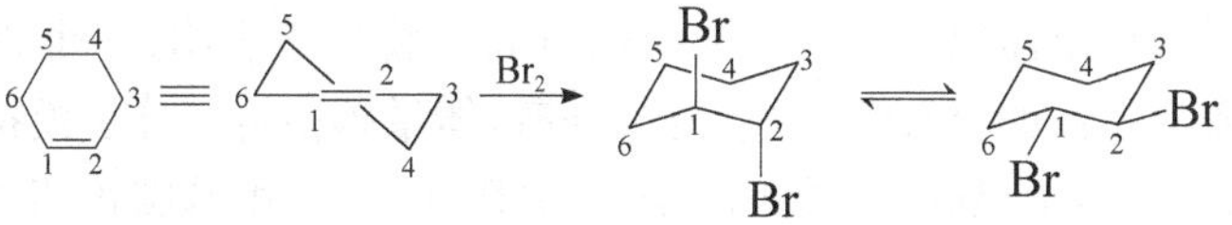

2. 与卤化氢加成

烯烃与卤化氢起加成反应生成卤代烷，碘化氢最容易发生加成反应，溴化氢次之，氯化氢最难，即难易顺序为 HI>HBr>HCl。氯化氢能起加成反应，但同时也能使烯烃聚合。

$$CH_2{=}CH_2 + HI \longrightarrow CH_3CH_2I$$

碘乙烷

极性催化剂的存在能使加成反应的速率加快。例如，氯化氢气体与烯烃气体发生反应的速率非常慢,而在无水氯化铝存在下迅速发生加成反应。在无水氯化铝存在下,乙烯在氯乙烷溶液中,即使在$-80℃$,也迅速与氯化氢发生加成反应。因此工业上由乙烯合成氯乙烷时,用无水氯化铝作催化剂。

卤化氢与不对称烯烃发生加成反应,理论上可以生成两种加成产物。

$$RCH{=}CH_2 + HBr \longrightarrow R\underset{\substack{|\\ Br}}{C}HCH_3 + RCH_2CH_2Br$$

但实际上得到的主要产物是卤原子加在含氢较少的双键碳原子上所生成的化合物,在许多情况下这是唯一的产物。例如:

$$CH_3CH_2CH{-}CH_2 + HBr \xrightarrow{\text{乙酸}} CH_3CH_2\underset{\substack{|\\ Br\\ 80\%}}{C}HCH_3$$

$$(CH_3)_2C{=}CH_2 + HCl \longrightarrow (CH_3)_2\underset{\substack{|\\ Cl\\ 100\%}}{C}CH_3$$

通过不对称烯烃的加成反应,马尔科夫尼科夫(Markovnikov,1838—1904 年)总结了一条规律:卤化氢等极性试剂与不对称烯烃发生亲电加成反应时,卤化氢中的氢原子加成到烯烃含氢较多的烯碳原子上,卤原子或其他原子或基团加在烯烃含氢较少的烯碳原子上,简称马氏规则(Markovnikov's rule)。这是一条经验规律。

烯烃加卤化氢的反应历程与加卤素相似:氯化氢分子中的质子与双键上的π电子结合生成碳正离子(carbocation),碳正离子再与卤离子结合生成卤代烃。其中第一步是决定整个反应速率的步骤,在这一步中生成的正碳离子越稳定,反应越容易进行。

碳正离子的稳定性取决于其正电荷的分布。物理学表明,一个带电体系的稳定性决定于所带电荷的分布情况,电荷越分散,体系越稳定。分子模拟计算结果也表明:叔丁基碳正离子、异丙基碳正离子、乙基碳正离子、甲基碳正离子的正电荷分布密度依次降低,即碳正离子的稳定性为

$$(CH_3)_3C^+ > (CH_3)_2HC^+ > CH_3H_2C^+ > H_3C^+$$

碳正离子的稳定性与烷基的给电子诱导效应(effect of induction,用 I 表示)有关。烷基的碳以 sp^3 杂化轨道与带正电荷碳的 sp^2 杂化轨道部分重叠成键,sp^2 杂化轨道 s 成分较多,sp^2 杂化轨道比较靠近原子核,与 sp^3 杂化轨道重叠成键时,一对成键电子靠近带正电荷的碳,因此烷基实际起到了给电子的作用,具有给电子的诱导效应,如图 2-4 所示。与正电荷原子或原子团连接时,烷基的给电子效应越明显;烷基越多,体系的给电子效应越明显。

碳正离子的稳定性与 σ-p 的超共轭效应也有关。所谓 σ-p 的超共轭效应就是 σ 轨道与 p 轨道平行部分重叠，σ 轨道电子云离域而产生的相互作用，这种作用比较弱。烷基越多，产生的 σ-p 的超共轭效应越明显，如图 2-4 所示。

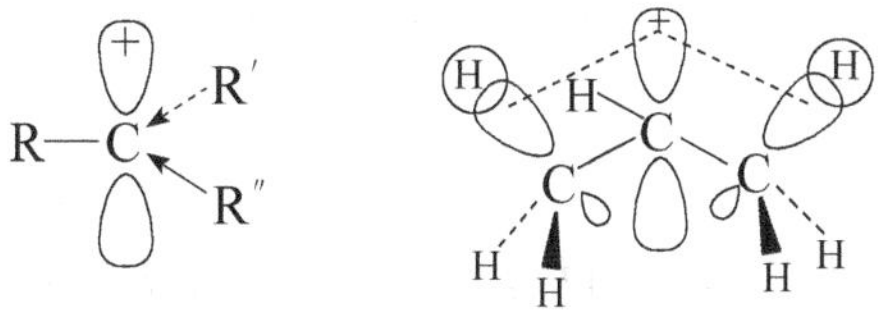

图 2-4　碳正离子的稳定性的诱导效应(左)和 σ-p 的超共轭效应(右)

不对称烯烃与卤化氢起加成反应时，可能生成两种正碳离子。例如：

$$CH_3CH{=}CH_2 \xrightarrow{HI} CH_3\overset{+}{C}HCH_3 + CH_3CH_2\overset{+}{C}H_2$$

(1)　　　　(2)

在碳正离子(1)中，带正电荷的碳原子上有两个甲基，在碳正离子(2)中，带正电荷的碳原子上只有一个乙基，乙基供电子的能力与甲基相近，因此碳正离子(1)的稳定性大于碳正离子(2)。生成碳正离子(1)的速率比生成碳正离子(2)的速率大得多，反应的产物即为 CH_3CHICH_3。像碳正离子(1)这样一类具有相对稳定性并可以存在于反应过程中的离子，称之为反应中间体。

不对称烯烃的亲电加成反应中，中间体碳正离子可能发生重排，产生更稳定的碳正离子，结果生成加成反应的重排产物。

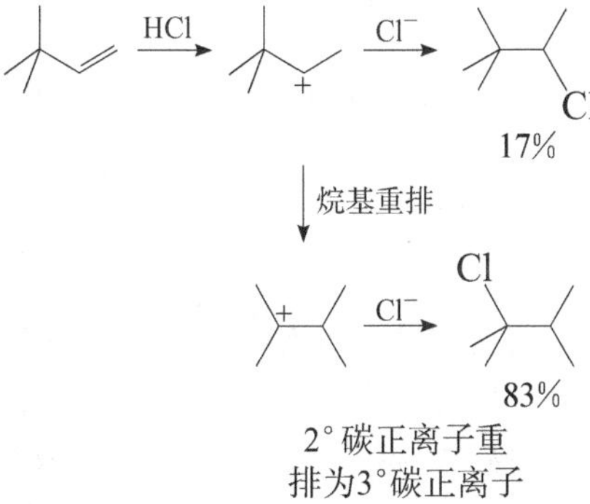

3. 与硫酸等加成

烯烃与硫酸、水、有机酸、醇和酚发生亲电加成反应，都是通过碳正离子机理进行的。烯烃与硫酸的加成在 0℃时就能发生，加成产物硫酸氢酯在热水中很容易水解得到醇，不同结构烯烃，经烯烃间接水合法可制备伯醇、仲醇和叔醇。烯碳上烷基越多，越容易被硫酸吸收。异丁烯可以用 65%的硫酸吸收，丙烯和丁烯要用

80%的硫酸吸收，乙烯要用100%的硫酸吸收。

$$CH_2{=}CH_2 + H_2SO_4 \longrightarrow \underset{\text{硫酸氢乙酯}}{CH_3CH_2OSO_3H}$$

$$(CH_3)_2C{=}CH_2 + H{-}OSO_3H \longrightarrow \underset{\text{硫酸氢叔丁酯}}{(CH_3)_2C(OSO_3H)CH_3}$$

在催化剂存在下烯烃也可以直接加水变成醇，反应产物符合马氏规则。

$$CH_2{=}CH_2 + H_2O \xrightarrow[300℃,70\text{ 大气压}]{H_3PO_4/\text{硅藻土}} CH_3CH_2OH$$

用这种方法生产乙醇要求用高浓度(97%)的乙烯，而用硫酸间接加水可以用低浓度的乙烯。

$$H_2C{=}CH_2 \xrightarrow{98\%\ H_2SO_4} \underset{\text{硫酸氢乙酯}}{CH_3CH_2OSO_2OH} \xrightarrow[90℃]{H_2O} CH_3CH_2OH + H_2SO_4$$

$$CH_3CH{=}CH_2 \xrightarrow{80\%\ H_2SO_4} \underset{\text{硫酸氢异丙酯}}{CH_3CH(OSO_2OH)CH_3} \xrightarrow[\triangle]{H_2O} \underset{\text{异丙醇}}{CH_3CH(OH)CH_3} + H_2SO_4$$

$$(CH_3)_2C{=}CH_2 \xrightarrow{63\%\ H_2SO_4} \underset{\text{硫酸氢叔丁酯}}{(CH_3)_2COSO_2OH} \longrightarrow \underset{\text{叔丁醇}}{(CH_3)_3COH} + H_2SO_4$$

工业上利用这个反应从烯烃生产乙醇、异丙醇、异丁醇和叔丁醇。

烯烃与有机酸加成得酯，与醇或酚加成得醚。

$$H_2C{=}CH_2 + \underset{\text{乙酸(弱酸)}}{CH_3COOH} \xrightarrow{H^+} \underset{\text{乙酸乙酯}}{CH_3CH_2OCOCH_3}$$

$$(CH_3)_2C{=}CH_2 + CH_3OH \xrightarrow[100℃]{HBF_4(3\%BF_3+3\%HF)} \underset{80\%\quad\text{甲基叔丁基醚}}{(CH_3)_3COCH_3}$$

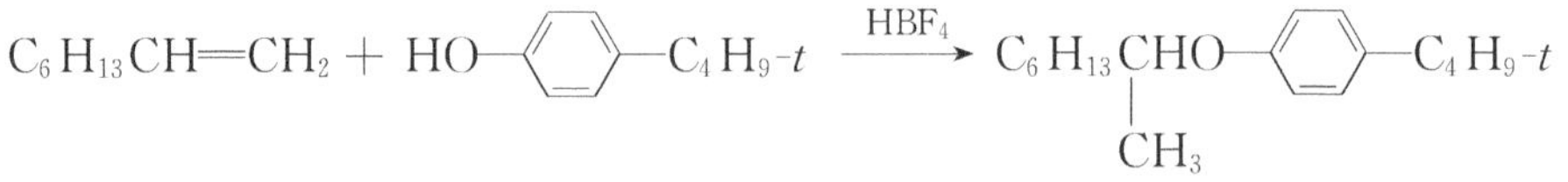

1-辛烯　　对叔丁基苯酚　　对叔丁苯基(1-甲基)庚基醚

4. 与次卤酸的加成

次氯酸钠和次溴酸钠的水溶液酸化后，生成的次卤酸可以与烯烃发生加成反应变成卤代醇：

$$CH_2{=}CH_2 + HOBr \longrightarrow \underset{\text{溴乙醇}}{HOCH_2CH_2Br}$$

不对称烯烃与次卤酸发生加成反应，主要产物是羟基加在含氢最少的碳原子上的化合物。

$$CH_3—CH═CH_2 + Br—OH \longrightarrow \underset{\displaystyle OH}{CH_3\underset{|}{C}HCH_2Br}$$

1-溴-2-丙醇

由于氧的电负性(3.5)大于氯(3.0)和溴(2.8)，因此，溴与双键上的 π 电子结合生成相应的溴鎓离子，后者再与 OH^- 离子结合生成溴代醇。

烯烃与卤素在水溶液中起反应生成卤代醇和二卤代烃的混合物。

$$CH_2═CH_2 + Cl_2 + H_2O \longrightarrow HOCH_2CH_2Cl + ClCH_2CH_2Cl$$

反应的历程与加卤素相似：

$$CH_2═CH_2 + Cl—Cl \longrightarrow \overset{+}{C}H_2CH_2Cl + Cl^-$$

$$ClCH_2\overset{+}{C}H_2 + H_2O \longrightarrow ClCH_2CH_2\overset{+}{O}H_2$$

$$ClCH_2CH_2\overset{+}{O}H_2 \longrightarrow ClCH_2CH_2OH + H^+$$

$$ClCH_2\overset{+}{C}H_2 + Cl^- \longrightarrow ClCH_2CH_2Cl$$

作为中间产物的碳正离子可以与溶剂结合生成卤代醇，也可以与卤离子结合生成二卤化物。

2.4.3　烯烃的自由基加成反应

烯烃在光照或过氧化物作用下，可以与溴化氢发生自由基加成反应，生成溴代烷。

$$CH_3CH═CH_2 \xrightarrow[\text{过氧化物}]{HBr} CH_3CH_2CH_2Br$$

产物与马氏规则所预测的结果恰好相反，这是一个反马氏加成(anti-Markovnikov's rule)产物。目前只有溴化氢与烯烃发生反马氏规则的加成反应，氯化氢和碘化氢都不能发生该反应。加成反应是以产生稳定的中间体仲碳自由基为特征，其加成机理如下：

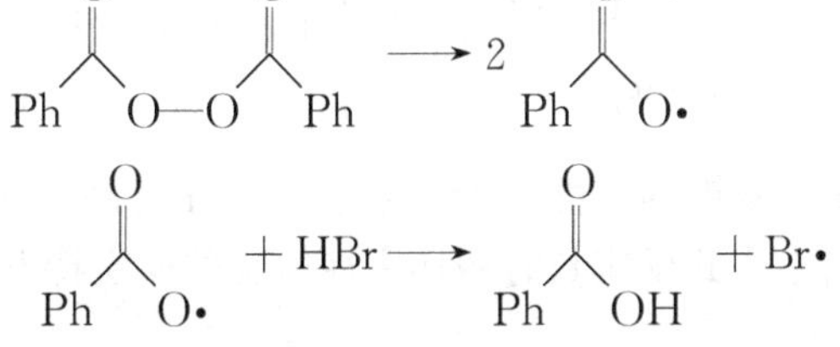

$$CH_3CH═CH_2 + Br\cdot \longrightarrow CH_3\dot{C}HCH_2Br$$

$$CH_3\dot{C}HCH_2Br + HBr \longrightarrow CH_3CH_2CH_2Br + Br\cdot$$

如此反应，将不断产生反马氏加成产物，得到 1-溴丙烷。自由基加成反应机理见 1.7.1 节。

2.4.4 烯烃的氧化反应

空气中的氧和各种氧化剂都能使烯烃氧化，氧化产物决定于氧化剂的种类和反应条件。

1. 催化氧化

在催化剂作用下，烯烃双键在空气氧化下可形成环醚。例如，乙烯在银催化剂存在下用空气氧化，生成环氧乙烷：

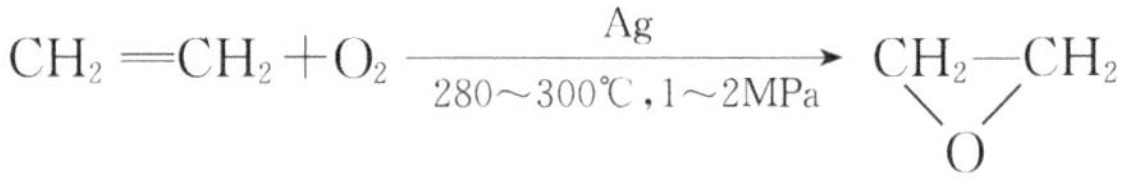

环氧乙烷

烯烃的 α-氢也可被空气氧化。例如，丙烯在氧化铜催化剂存在下用空气氧化生成丙烯醛：

$$CH_2=CHCH_3 + O_2 \xrightarrow[350\sim400℃]{CuO/Al_2O_3} \underset{\text{丙烯醛}}{CH_2=CHCHO}$$

在含铋、钼、磷的催化剂作用下，用空气和氨直接氧化丙稀可得到丙烯腈，这是工业上制备丙烯腈的重要方法，称为氨氧化(ammoxidation)法。

$$CH_2=CH-CH_3 + \frac{3}{2}O_2 + NH_3 \xrightarrow[470℃]{\text{催化剂}} CH_2=CH-CN + 3H_2O$$

2. 高锰酸钾氧化

烯烃与碱性高锰酸钾的稀溶液在较低温度下作用，在烯碳原子上加两个羟基，生成 1,2-乙二醇：

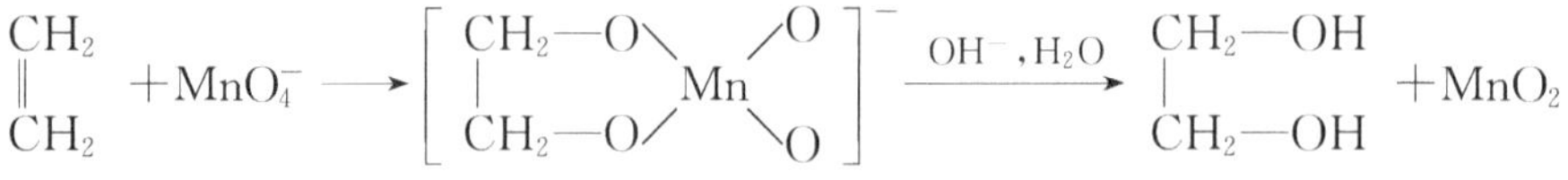

这个反应可用于双键的定性检验。有双键存在时高锰酸钾溶液褪色，或有褐色二氧化锰沉淀出来。此反应具有用作定性检验的反应特点，反应速率快，现象明显而易于观察。

烯烃与氧化剂($KMnO_4$、CrO_3等)的浓溶液作用，碳链在双链处断裂生成酸和酮。例如：

$$CH_3CH{=}\underset{\large CH_3}{\underset{|}{C}}CH_3 \xrightarrow{CrO_3} CH_3\overset{\large O}{\overset{\|}{C}}CH_3 + CH_3COOH$$

丙酮　　　　乙酸

3. 臭氧氧化

将含有臭氧(6%～8%)的氧气通入液体烯烃或烯烃的溶液，在非水溶剂中时，臭氧迅速而定量地与烯烃作用，生成臭氧化物(ozonide)：

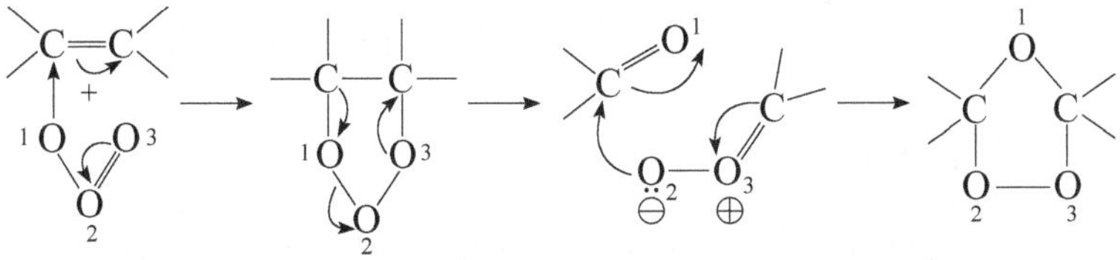

以上反应叫做臭氧化反应(ozonization reaction)。臭氧分子中氧原子 1 和 3 与烯键碳原子结合生成分子臭氧化物，后者立即重排成臭氧化物。臭氧化物易爆炸，但一般不需要把它从溶液中分离出来，可以直接在溶液中加水分解，生成的水解产物为醛或酮，此外，还有过氧化氢生成。

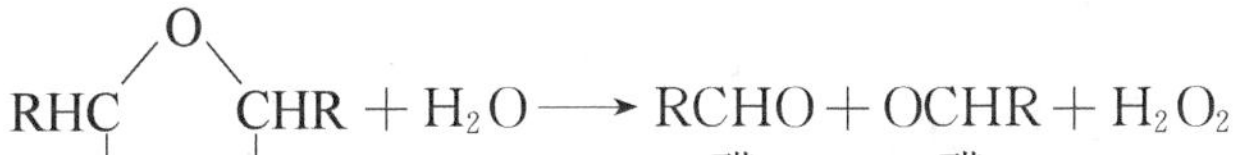

醛　　醛

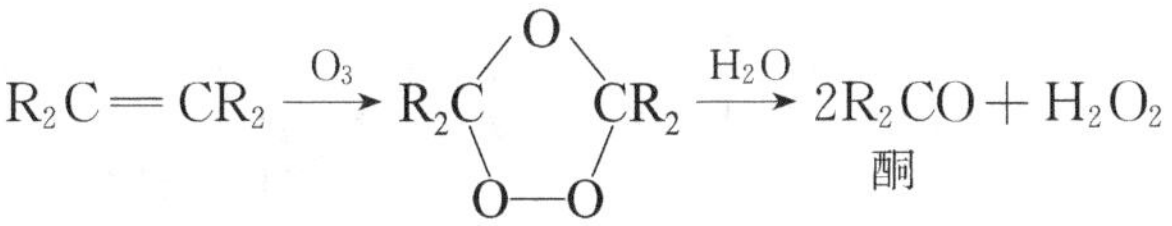

酮

臭氧化物可以在还原剂存在下进行分解，如锌粉，或用氢气及铂催化剂还原。通过臭氧化和臭氧化物的还原水解，原来烯烃中的 $CH_2=$ 变成甲醛 $CH_2=O$，$RCH=$ 变成其他醛 $RCH=O$；$\begin{matrix}R' \\ \ \ \ \ \diagdown \\ \ \ \ \ \ \ C= \\ \ \ \ \ \diagup \\ R\end{matrix}$ 变成酮 $\begin{matrix}R' \\ \ \ \ \ \diagdown \\ \ \ \ \ \ \ C=O \\ \ \ \ \ \diagup \\ R'\end{matrix}$。因此，根据臭氧化物的水解产物，就可以确定烯烃中双键的位置和碳架的构造，例如，丁烯的三种异构体臭氧化时，分别生成下列产物：

$$CH_3CH_2CH{=}CH_2 \xrightarrow[\text{②}Zn+H_2O]{\text{①}O_3} \underset{\text{丙醛}}{CH_3CH_2CH{=}O} + \underset{\text{甲醛}}{O{=}CH_2} \qquad ①$$

$$CH_3CH{=}CHCH_3 \xrightarrow[\text{②}Zn+H_2O]{\text{①}O_3} \underset{\text{乙醛}}{CH_3CH{=}O} + O{=}CHCH_3 \qquad ②$$

$$(CH_3)_2C{=}CH_2 \xrightarrow[②Zn+H_2O]{①O_3} \underset{丙酮}{(CH_3)_2C{=}O} + O{=}CH_2 \qquad ③$$

在反应①中生成两种醛，这说明双链两端都没有支链，产物中有甲醛，说明双键是在碳链的一端。在反应②中只生成一种醛，这说明原来的烯烃是对称的，双键在碳链正中。在反应③中生成一个醛和一个酮，说明双键的一端有一个支链。

臭氧化物也可以在甲酸溶液中加过氧化氢氧化，这时产物为酮和酸，或用氢化锂铝（$LiAlH_4$）或硼氢化钠（$NaBH_4$）还原，这时产物为醇：

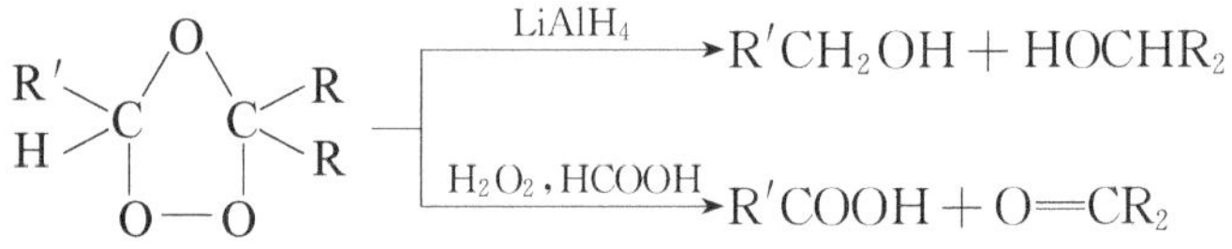

4. 有机过氧酸氧化

烯烃在有机过氧酸存在下，反应形成环氧化合物。通常把形成环氧化合物的反应称为环氧化反应（epoxidation）。有机过酸包括过氧乙酸（CH_3CO_3H）、过氧苯甲酸（$C_6H_5CO_3H$）、三氟过氧乙酸（CF_3CO_3H）等。工业上使用的塑料添加剂之一——环氧化大豆油就是利用此原理制备的。

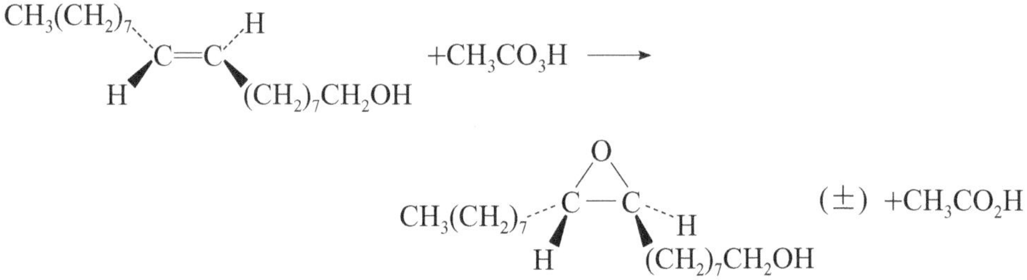

双键上的电子云密度越高，环氧化反应就越快；有机酸含有吸电子基，环氧化反应就越快。在反应体系添加不溶解的弱碱，中和产物之一的酸，可直接得到环氧化合物。

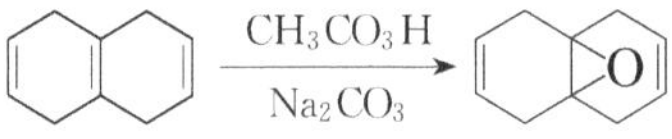

2.4.5 烯烃的硼氢化反应

烯烃的硼氢化（hydroboration）反应就是烯烃与硼烷作用生成烷基硼的反应。由于甲硼烷不稳定，实际上使用的是乙硼烷的醚溶液。硼烷是路易斯酸，很容易与烯烃发生加成反应。此反应速率较快，一般最终产物只能得到三烷基硼烷，如果烯烃的取代基空间位阻很大，只能得到一烷基硼烷、二烷基硼烷。

$$2RCH{=}CH_2 \xrightarrow{B_2H_6} \underset{\text{一烷基硼烷}}{2RCH_2CH_2BH_2} \xrightarrow{2RCH=CH_2} \underset{\text{二烷基硼烷}}{2(RCH_2CH_2)_2BH}$$

$$\xrightarrow{2RCH=CH_2} \underset{\text{三烷基硼烷}}{2(RCH_2CH_2)_3B}$$

从立体化学看，硼原子直接加成到位阻较小的烯碳原子上。

烷基硼可进一步发生氧化反应，即烷基硼在碱性条件下与过氧化氢作用生成醇的反应，与烯烃的硼氢化反应合在一起，称之为烯烃硼氢化-氧化（hydroboration-oxidation）反应，是利用末端烯烃制备伯醇的好方法。这与烯烃的水合法制备醇明显不同。

$$6CH_3CH{=}CH_2 \xrightarrow[\text{硼氢化}]{B_2H_6} 2(CH_3CH_2CH_2)_3B \xrightarrow[\text{氧化}]{6H_2O_2,OH^-,25\sim30℃}$$

$$6CH_3CH_2CH_2OH + 2B(OH)_3$$

烷基硼可进一步发生还原反应，即烷基硼在羧酸作用下生成烷烃的反应，与烯烃的硼氢化反应合在一起，称之为烯烃硼氢化-还原（hydroboration-reduction）反应，是将烯烃还原为烷烃的一种方法。

$$(CH_3CH_2CH_2)_3B + 3RCOOH \longrightarrow 3CH_3CH_2CH_3 + B(OCOR)_3$$

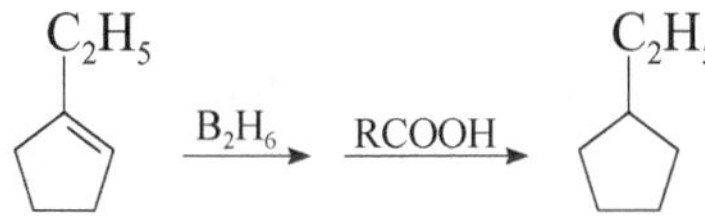

2.4.6 烯烃 α-氢取代反应

在室温下烯烃与卤素作用发生亲电加成反应，但在高温（500～600℃）下则在 α-位碳原子发生取代反应。例如：

$$CH_3{-}CH{=}CH_2 + Cl_2 \xrightarrow{500\sim510℃} CH_2Cl{-}CH{=}CH_2 + HCl$$

80%　3-氯丙烯

以 *N*-溴代丁二酰亚胺（*N*-bromosuccinimide，NBS）为溴化试剂的取代反应，很适合实验室条件下进行的 α-氢取代反应。

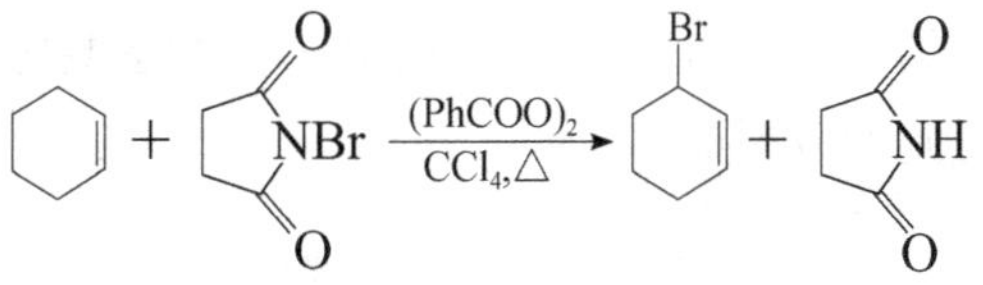

NBS

这是一个自由基取代反应机理。反应中间体碳自由基可能因稳定性而发生重排，存在两种取代反应产物。例如：

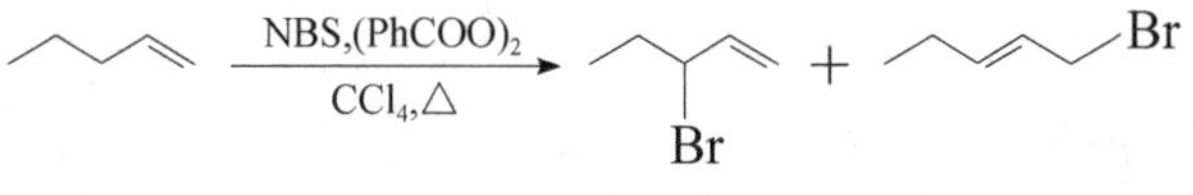

就是由于中间体 $CH_3CH_2\dot{C}HCH=CH_2$ 的重排,出现了两种取代反应产物。

2.4.7 烯烃的聚合反应

含有双键或叁键的化合物在适当的条件下可发生连续加成反应,形成高相对分子质量化合物的反应称为聚合反应(polymerization)。参与聚合反应的烯烃分子称为单体(monomer),聚合后生成的产物称为聚合物(polymer)。烯烃的聚合反应机理可分为自由基、阴离子和阳离子以及配位聚合机理等。乙烯在自由基引发剂作用下聚合生成聚乙烯(polyethylene)。例如:

$$CH_2=CH_2 \xrightarrow[180℃, 1500atm^{①}]{O_2(0.05\%)} \left[CH_2CH_2 \right]_n$$

这是自由基聚合机理(radical polymerization mechanism)。聚合物的相对分子质量决定于压力、温度和加入氧的量。氧的作用可能是与乙烯作用生成作为引发剂的过氧化物。也可以不用氧,直接用过氧化物或其他自由基引发剂。

用过渡金属氯化物和烷基铝作催化剂(Ziegler-Natta 催化剂),可以使乙烯在低压下在溶液中聚合,生成聚乙烯。例如:

$$CH_2=CH_2 \xrightarrow[1\sim10atm, 60\sim75℃]{TiCl_4/Al(C_2H_5)_3} \left[CH_2CH_2 \right]_n$$

这是配位聚合机理(coordination polymerization mechanism)。丙烯用 Ziegler-Natta 催化剂聚合,生成密度小的聚丙烯(polypropylene)。所得的聚乙烯和聚丙烯都是塑料原材料。

两种或两种以上烯烃单体进行的聚合称为共聚合。例如,乙烯和丙烯用 Ziegler-Natta 催化剂(VCl_3/R_2AlCl)在己烷中共聚可以得到乙烯和丙烯共聚物弹性体,俗称乙丙橡胶。

2.5 共轭二烯烃

2.5.1 共轭二烯烃的结构

最简单的共轭二烯烃是 1,3-丁二烯。用电子衍射法测定 1,3-丁二烯分子中价键的键长和键角得到的数据如下:

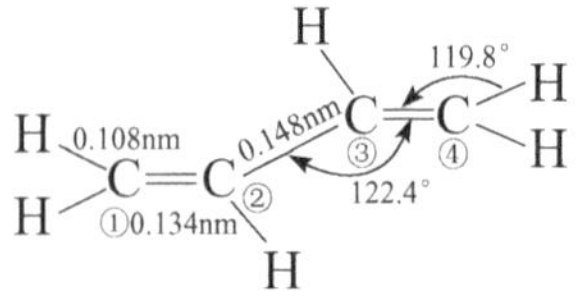

---

① 1atm=101.325kPa,余同。

C_1—C_2、C_3—C_4之间的键长(0.134nm)与乙烯双键的键长(0.1339nm)差不多,C_2—C_3之间的键长(0.148nm)显然比一般的碳碳单键(0.154nm)短。对于1,3-丁二烯分子中C_2—C_3之间的键长比一般的碳碳单键短有两种解释。一种认为这是由于C_2—C_3在一定程度上具有双键的性质。另一种解释是C_2—C_3两个碳原子以sp^2杂化轨道成键,而在烷烃中碳原子都以sp^3杂化轨道成键。原子轨道的杂化状态不同,生成的键其键长自然不同。

在1,3-丁二烯分子中,每一个碳原子都用sp^2杂化轨道相互重叠或与氢原子的1s轨道重叠,生成9个σ键。此外,每个碳原子上还剩下一个p轨道。当分子中所有的原子都在同一平面上时,这些p轨道的对称轴互相平行,相邻的p轨道可以在侧面互相重叠,最可能的成键轨道是①、②碳原子间和③、④碳原子间的π轨道,如图2-5左图所示。当然,1、3-丁二烯分子中π电子的分布不是局限于两个碳原子之间,而是分布在包括4个碳原子的分子轨道中。这种两个π轨道中的p轨道可以相互平行且存在重叠而使电子离域的现象,称为π-π共轭效应(conjugate effect,用C表示),由π-π共轭产生的分子轨道称为离域轨道,如图2-5右图所示。

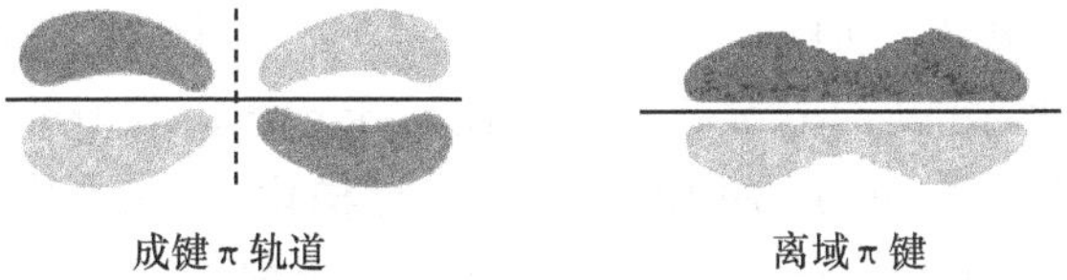

图2-5　1,3-丁二烯分子轨道示意图

1-丁烯与氢加成生成丁烷的氢化热为126.6kJ·mol^{-1}。反应如下:

$$CH_3CH_2CH=CH_2+H_2 \longrightarrow CH_3CH_2CH_2CH_3 \quad \Delta H=126.6kJ\cdot mol^{-1}$$

1,3-丁二烯的氢化热为239kJ·mol^{-1},比1-丁烯的氢化热126.6kJ·mol^{-1}的两倍低14.2kJ·mol^{-1},说明1,3-丁二烯的能量较低;1,3-戊二烯的氢化热为226kJ·mol^{-1},比1,4-戊二烯的氢化热254kJ·mol^{-1}低28kJ·mol^{-1},共轭二烯烃的能量比相应的孤立二烯烃低。由于离域键的形成,π-π共轭体系具有的明显的低于正常非共轭体系的能量称为共轭能(conjugation energy)。

2.5.2　共轭二烯烃的反应

共轭二烯烃同烯烃一样,容易与卤素、卤化氢等发生加成反应。它的特点是比烯烃更容易发生加成反应,并且能发生1,4-加成反应(1,4-conjugate addition reactions)。

1. 加卤素和卤化氢

孤立二烯烃,如1,4-戊二烯,与溴作用时,先加一分子溴,生成4,5-二溴-1-戊烯，再继续加溴，生成 1,2,4,5-四溴戊烷：

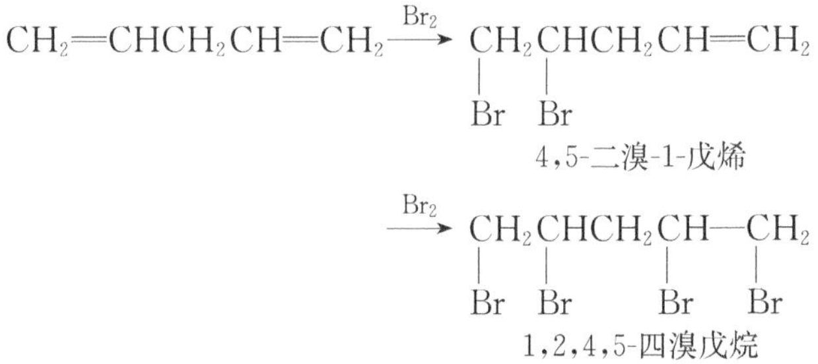

在加成反应中两个双键分别与溴作用，彼此之间没有影响。

共轭二烯烃，如 1,3-丁二烯与氯作用，很容易得到 1,2-二氯加成产物，同时还有 1,4-二氯-2-丁烯。

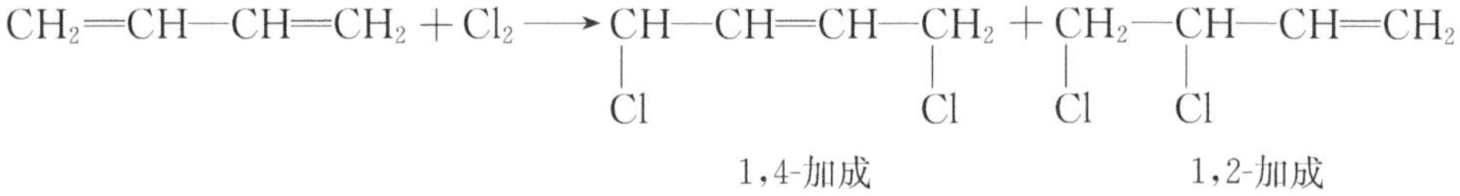

1,2-加成产物和 1,4-加成产物的比例决定于反应条件。在低温下，1,2-加成产物生成的速率快，产物多，这属于动力学控制(kinetics control)反应产物。当温度升高或有催化剂存在时，1,2-加成产物容易异构化，变成更稳定的 1,4-加成产物，这属于热力学控制(thermodynamics control)产物。例如，丁二烯与氯的加成反应在 0℃以下时，1,2-加成产物和 1,4-加成产物的比约为 2∶1，且两种产物不能互变。但加热到 200℃或在较低温度下用氯化锌处理时，两种产物就变成平衡混合物，其中 1,4-加成产物占 70%。动力学控制产物和热力学控制产物都经过一个中间体碳正离子，当碳正离子与氯负离子作用时，经过一个低能量过渡态得到的产物就是动力学控制产物；经过一个高能量过渡态得到的产物就是热力学控制产物，如图 2-6 所示。

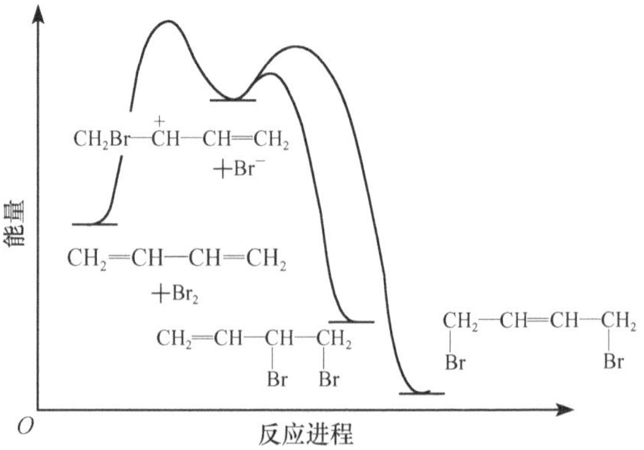

图 2-6　丁二烯与溴反应的能量曲线图

丁二烯与卤化氢作用也生成 1,2-加成产物和 1,4-加成产物的混合物：

$$CH_2{=}CH{-}CH{=}CH_2 + HCl \xrightarrow{25℃} \underset{H}{\underset{|}{CH_2}}{-}CH{=}CH{-}\underset{Cl}{\underset{|}{CH_2}} + \underset{H}{\underset{|}{CH_2}}{-}\underset{Cl}{\underset{|}{CH}}{-}CH{=}CH_2$$

1,4-加成　　　　　　1,2-加成

丁二烯与氯化氢在室温下的冰醋酸溶液中作用，1,2-加成产物占 78%。在 $FeCl_3$ + HCl、CuCl + HCl、HCl 等催化剂存在下，1,2-加成产物或 1,4-加成产物就变成两者的平衡混合物，其中 1,4-加成产物占 70%～75%。丁二烯与溴化氢在 −78℃下没有氧或过氧化物存在时发生加成反应主要生成 1,2-加成产物。在较高温度和过量 HBr 的影响下，生成平衡混合物，其中 1,4-加成产物占 80%。在空气和过氧化物存在下主要生成 1,4-加成产物。

2. 催化加氢

共轭二烯烃在液氨中用金属钠还原，生成 1,4-加成产物：

$$CH_2{=}CH{-}CH{=}CH_2 \xrightarrow{Na + NH_3(l)} \underset{H}{\underset{|}{CH_2}}{-}\underset{H}{\underset{|}{CH}}{-}CH{=}CH_2 + \underset{H}{\underset{|}{CH_2}}{-}CH{=}CH{-}\underset{H}{\underset{|}{CH_2}}$$

催化加氢生成 1,2-和 1,4-加成产物的混合物，1,4-加成产物容易继续加氢变成烷烃。

3. 第尔斯-阿尔德(Diels-Alder)环加成反应

共轭二烯烃与含碳碳双键或叁键的化合物在受热条件下，可发生 1,4-环加成反应，生成六元环烯烃。

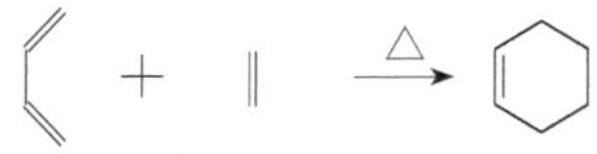

双烯体　亲双烯体

这种类型的反应叫做第尔斯-阿尔德反应，又称为双烯合成反应，这是共轭二烯烃所特有的反应。通常共轭二烯烃称为双烯体，与共轭二烯烃反应的不饱和化合物，称为双烯亲和物或亲双烯体。这是合成六元环化合物的一种重要方法。

当双烯亲和物含有吸电子原子团时，如—CHO、—COR、CO_2R、—CN、—NO_2等，更容易发生环化反应，环烯烃产物的产率几乎是 100%。

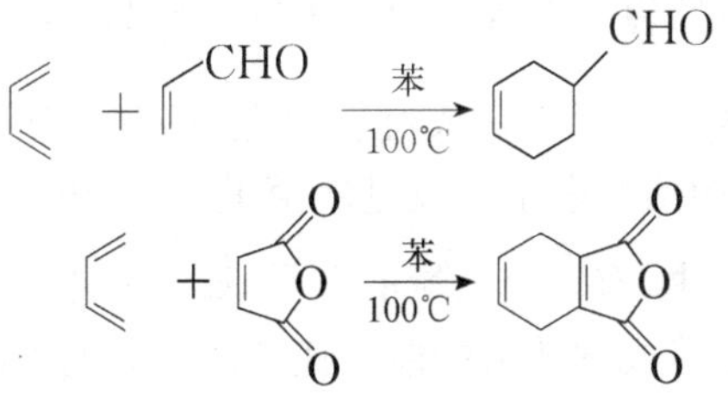

第尔斯-阿尔德反应具有很强的反应选择性，如下式所示。

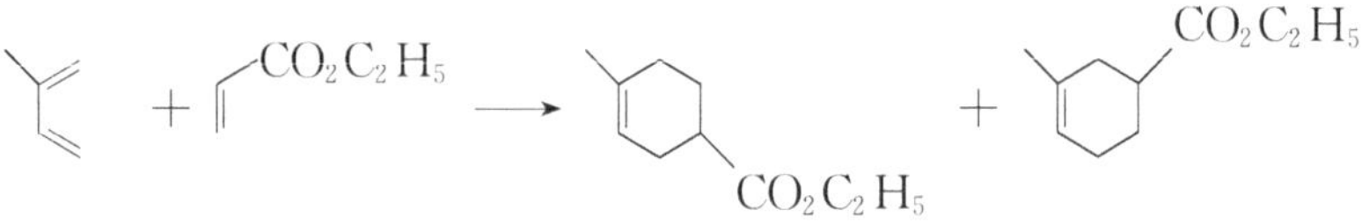

84%　　16%

第尔斯-阿尔德反应还具有可逆性，加成产物在加热到较高温度时又可以分解为二烯烃和二烯亲和物。

4. 聚合

共轭二烯烃容易起聚合反应，在催化剂存在下聚合成高分子化合物。丁二烯在金属钠等催化剂作用下均聚合得到顺-丁橡胶(*cis*-polybutadiene rubber)。异戊二烯聚合可得到近似天然橡胶结构的高分子化合物。

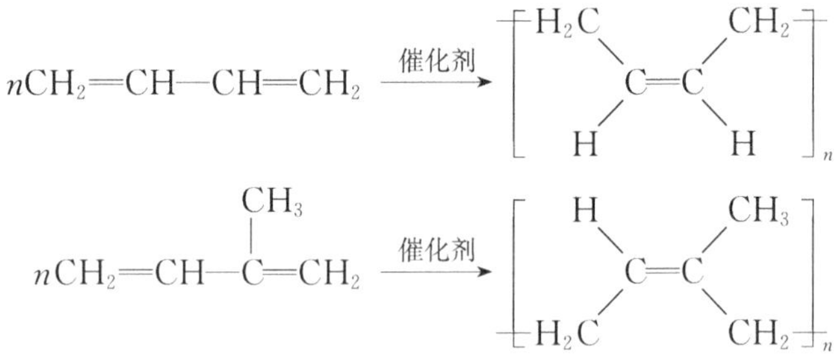

2.5.3 共轭体系与共轭二烯烃加成反应历程

1. p-π 共轭体系

所谓 p-π 共轭就是原子中的 p 轨道与 π 轨道中的 p 轨道相互平行且交盖而产生的电子离域效应。含有 α-碳的烯烃在一定条件下可以产生 p-π 共轭。

碳正离子 $CH_2=CH-\overset{+}{C}H_2$、自由基 $CH_2=CH-\dot{C}H_2$ 和碳负离子 $CH_2=CH-\overset{-}{C}H_2$ 都含有由三个碳原子所组成的 p-π 共轭体系，如图 2-7 所示。三个碳原子上各有一个 p 轨道，其中一个是成键轨道，一个是非键轨道(能级相当于原子轨道)，一个是反键轨道。在碳正离子 $CH_2=CH-\overset{+}{C}H_2$ 中，有两个离域的电子，属于缺电子体系，两个电子都在成键轨道上；在自由基 $CH_2=CH-\dot{C}H_2$ 中，有三个离域的电子，其中两个电子在成键轨道上，一个电子在非键轨道上；在碳负离子 $CH_2=CH-\overset{-}{C}H_2$ 中，有四个离域的电子，属于富电子体系，成键轨道和不成键轨道上各有两个电子。成键轨道的能级比烯烃中 π 电子的能级低，因此，共轭体系的形成使碳正离子 $CH_2=CH-\overset{+}{C}H_2$、自由基 $CH_2=CH-\dot{C}H_2$ 和碳负离子 $CH_2=CH-\overset{-}{C}H_2$，分别比不含共轭体系的 $R\overset{+}{C}H_2$、$R\dot{C}H_2$ 和 $R\overset{-}{C}H_2$ 更加稳定。

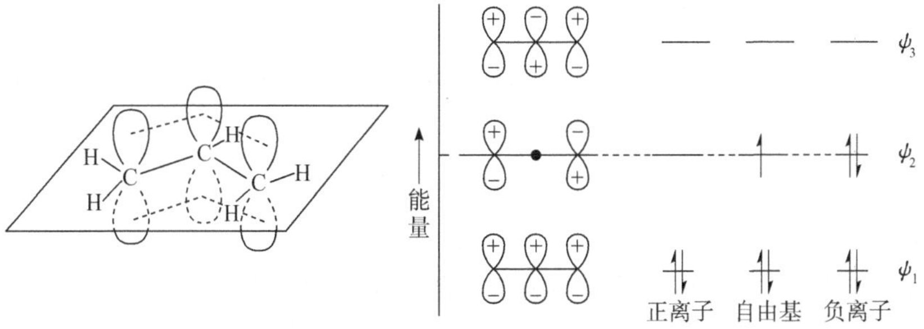

三个碳原子组成的共轭体系　　　三个碳原子的共轭体系的π分子轨道

图 2-7　三个碳原子的共轭体系及其分子轨道

对于 p-π 共轭体系，离域电子分布在三个碳原子周围，一般用符号 $\overbrace{CH_2\text{┄}CH_2\text{┄}CH_2}^{+}$ 或 $\overbrace{CH_2\text{┄}CH_2\text{┄}CH_2}^{-}$ 或 $\overbrace{CH_2\text{┄}CH_2\text{┄}CH_2}^{\bullet}$ 表示。

2. 共轭二烯烃与卤素或卤化氢发生加成反应的历程

1，3-丁二烯与卤素或卤化氢的加成反应同简单的烯烃相似，也是分步进行的，带正电的卤离子首先参与反应。以溴为例，溴离子可能加在碳原子 1 或 2 位上，生成相应的碳正离子(1)或(2)：

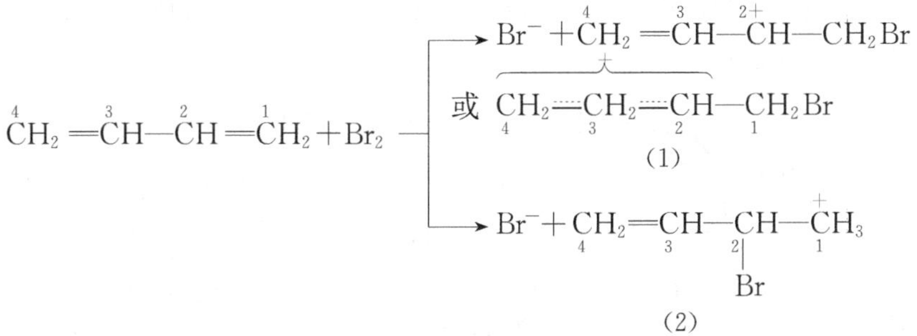

碳正离子(1)中含有由三个碳原子组成的缺电子共轭体系，两个 π 电子是在包括三个碳原子的离域轨道中。碳正离子(2)中没有共轭体系，两个 π 电子是在定域轨道中。因此，碳正离子(1)比(2)更稳定。1，3-丁二烯的加溴反应是通过生成碳正离子(1)进行的。

在碳正离子(1)中，正电荷不是平均地分布在组成共轭体系的三个碳原子上，而主要集中在碳原子 2 或 4 位上。这种极性交替是缺电子或富电子共轭体系的特点。因此，在反应的第二步中溴负离子可以加在碳原子 2 位或 4 位上，分别生成 1,2-及 1,4-加成产物：

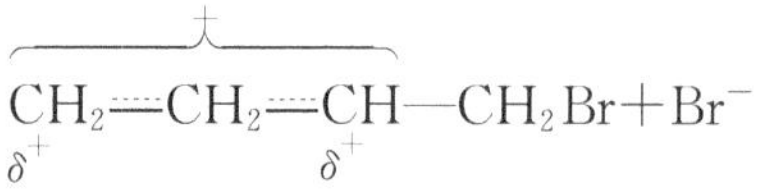

$$\longrightarrow CH_2{=}CHCHBrCH_2Br + BrCH_2CH{=}CHCH_2Br$$

2.6　异戊二烯和橡胶

异戊二烯(isoprene)最重要的用途是合成橡胶的原料。橡胶在国民经济和国防上起着很重要的作用，是重要的战略物资。从植物中得到的橡胶叫做天然橡胶。目前工业上使用的天然橡胶都是从巴西三叶橡胶树得到的。

橡胶树只有在炎热潮湿的气候下才能生长，由于地域和产量的限制，天然橡胶的生产远远不能满足工农业发展的要求。要克服自然条件对橡胶生产的限制，就必须研究天然橡胶的结构，再根据它的特点找出人工合成的方法。

天然橡胶热解时生成异戊二烯，异戊二烯在一定的条件下聚合生成与天然橡胶性能相似的产物，因此天然橡胶是异戊二烯的聚合物。

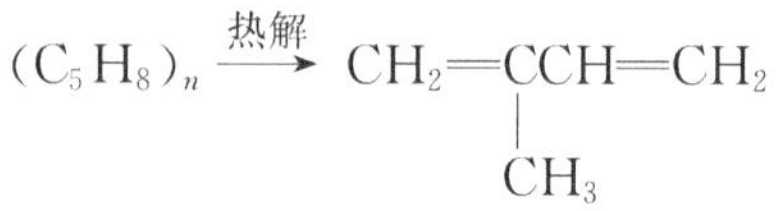

$n=19\,000\sim44\,000$

异戊二烯

橡胶可以与氢和氯化氢起加成反应，说明它含有双键。橡胶经臭氧化及还原水解后，得到乙酰丙醛：

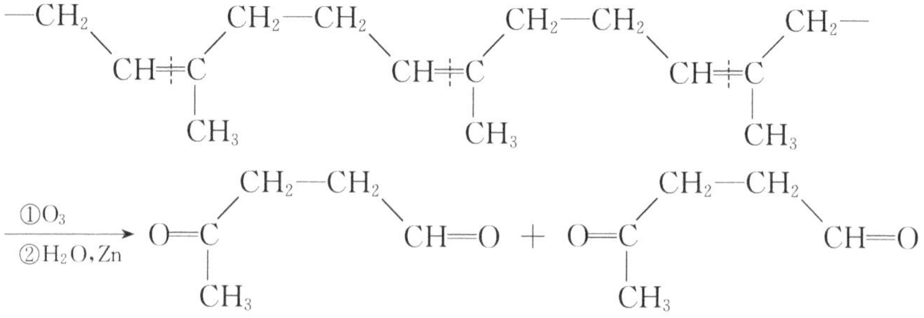

乙酰丙醛

这说明它是由异戊二烯以 1,4 碳原子首尾相连而成的聚合物。X 射线分析证明在橡胶分子中双键上两个大的取代基在同一边，即为全顺式。另一种天然产物——杜仲胶，构造与橡胶相同，但为全反式：

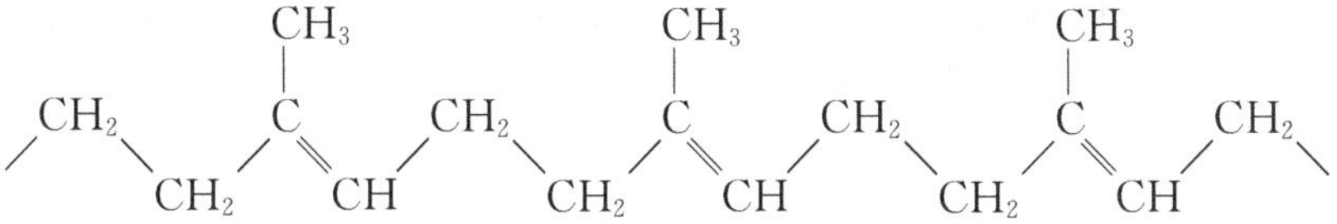

杜仲胶

杜仲胶硬度大，弹性小，是一种热塑性材料。由此可见，分子的构型对它的性能有决定性作用。

天然橡胶的基础化学研究工作为合成橡胶的试制提供了线索。完全模仿天然橡胶，最初用异戊二烯作原料，在催化剂存在下聚合，但所得聚异戊二烯聚合物性能也不够好，同时异戊二烯本身生产量不大，因此没有取得显著的进展。后来发现 1,3-丁二烯可以聚合得到橡胶状的产物，聚合成为主要的橡胶品种。现在开发的聚异戊二烯橡胶与天然橡胶结构和性能差不多，是一类性能良好的橡胶品种。

人工生产的合成橡胶品种逐渐增多，现在工业上已经能够根据实际需求，生产特种橡胶，它们的性能在某些方面比天然橡胶更好。合成橡胶的成本也能够做到低于天然橡胶，目前世界上使用的橡胶有一半以上是用合成方法得到的。

【阅读材料】

烯烃的复分解反应

复分解反应(double decomposition reaction)就是两种化合物互相交换成分而生成另外两种化合物的反应。烯烃复分解反应是指在过渡金属卡宾催化剂作用下，两个烯烃的各自双键的断裂和彼此交换，形成两个新的烯烃的反应。最简单的实例是丙烯经过复分解反应可以得到乙烯和 2-丁烯。

$$\begin{matrix} R_1CH=CH_2 \\ + \\ R_2CH=CH_2 \end{matrix} \xrightarrow{[M]=CHR} \begin{matrix} R_1CH \\ \| \\ R_2CH \end{matrix} + \begin{matrix} CH_2 \\ \| \\ CH_2 \end{matrix}$$

关于烯烃复分解反应的机理，目前被广泛接受的是所谓的沙文(Chauvin)机理。根据这一理论，烯烃与金属卡宾配合物反应首先生成一个 π 配合物。然后发生插入迁移，使烯烃配体进攻金属卡宾键，生成四元环。接着旧键断裂，进而生成新的烯烃 π 配合物。最后 π 配合物分解生成新的烯烃。

关于金属催化的烯烃分子的切断与重组，即烯烃复分解反应的研究，可以追溯到 20 世纪 50 年代中期。由于催化剂体系认识不足，研究进展不大，直到 20 世纪 70 年代初期，才研制出结构确定的单组分的过渡金属卡宾配合物催化剂。1970 年，法国科学家沙文(Y. Chauvin)开发了钨金属卡宾化合物作为催化剂并清楚认识到烯烃复分解反应过程。1990 年，美国科学家施洛克(R. R. Schrock)开发出第一个实用的钼卡宾化合物催化剂，其主要优点是反应活性高、应用面广。不足之处是对某些官能团不宜用，并且对空气和湿度甚至溶液中的微量杂质特别敏感，储存稳定性差，制备价格昂贵。1992 年，美国科学家格鲁布斯(R. H. Grubbs)开发了钌卡宾化合物催化剂，该催化剂不仅在温和条件下有较高反应活性，而且能耐许多不同的有机官能团，空气、湿度和溶液中的杂质存在下催化剂活性没有明显减弱，甚至在空气环境可储存几周。也正是由于这些新催化剂的发现，才使金属复分解反应在有机合成中的应用突飞猛进，日趋深入广泛。上述三人由于杰出的贡献而荣获 2005 年诺贝尔化学奖。

经过近半个世纪的努力，金属卡宾催化的烯烃复分解反应已经发展成为标准的合成方法并得到广泛应用。新的合成过程更简单快捷，生产效率更高，副产品更少，产生的有害废物也更少，有利于保护环境，是“绿色化学”的典范，在材料化学、有机合成化学等方面具有重要意义。例如，采用烯烃复分解反应制备人造黄油，从原料到产品对环境的污染很少。原料使用的是可循环的资源。产品则是油类和脂肪类，很容易为生物分解。烯烃复分解反应还可以制备大环化合物，像香猫酮(麝香鹿香水的成分)、正三十烷醇(植物生长调节素)等。由于传统方法生产的外激素价格非常贵，烯烃复分解反应可用于生产外激素，目前有些医药公司设计开发了各种不同的外激素的合成路径。

尽管烯烃复分解反应的研究已经取得了很大突破，但仍然存在不少挑战。首先，目前的催化体系还需要进一步深入研究，在催化动力学、催化机理、催化效率、选择性等方面还需要有突破性认识。另外，烯烃复分解反应的工业应用还很少。所有这些都是需要解决的问题，其关键是在基础研究方面能否有进一步突破。

习　　题

1. 写出下列基的构造。

(1) 丙烯基　(2) 烯丙基　(3) 异丙烯基　(4) 亚甲基

(5) 亚乙基　(6) 亚乙烯基　(7) 异亚丙基　(8) 1,2-亚乙基

2. 用系统命名法命名下列化合物。

(1) 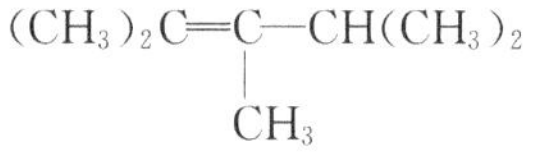

(2) 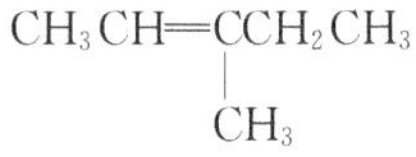

(3) 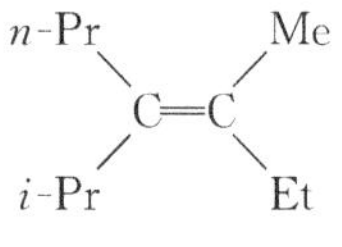

(4) 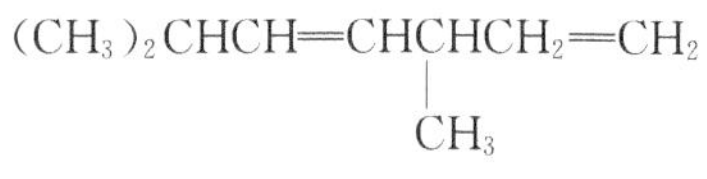

(5) $CH_2{=}CHCH_2CH_2CH{=}CHCH_3$

(6) 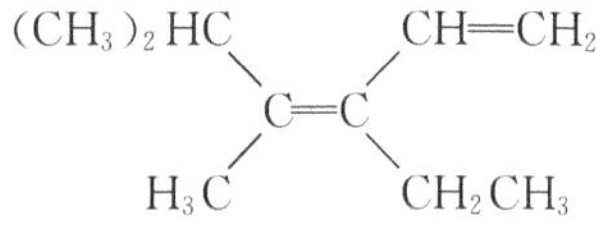

(7) 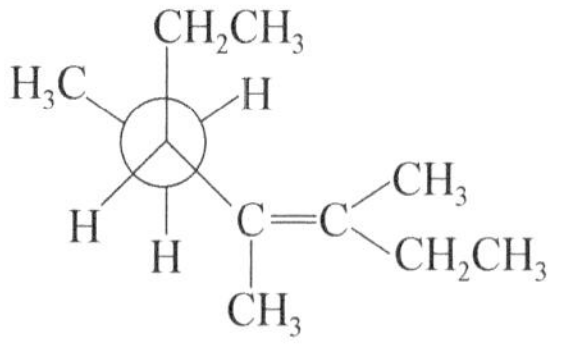

(8) 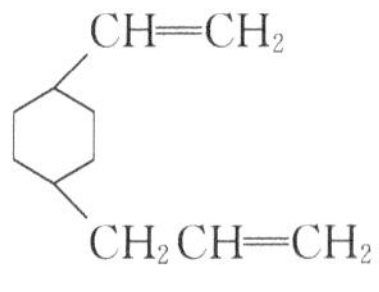

(9) 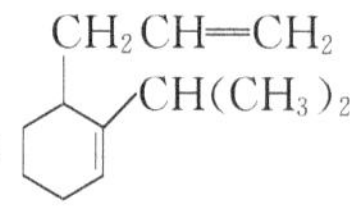

(10) 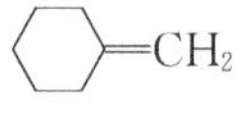

(11) 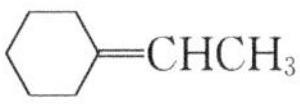

(12) 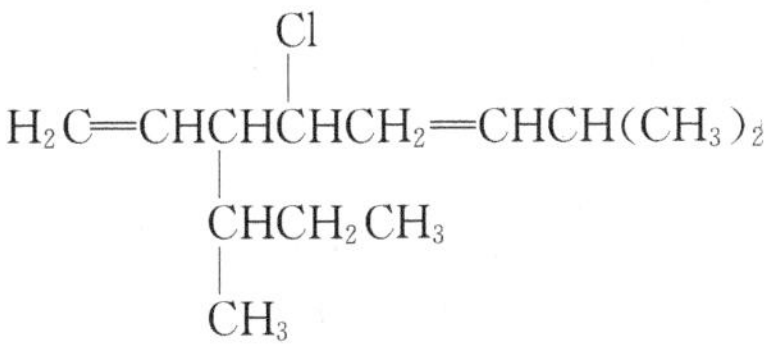

3. 写出下列化合物的结构式。

(1) 3-甲基环戊烯

(2) 4-烯丙基-3-丙烯基环己烯

(3) 7,7-二甲基二环[2.2.1]-2,5-庚二烯

(4) (*Z*)-1-氟-2-氯-2-溴-1-碘乙烯

(5) 2-乙烯基二环[4.4.0]-1,5,8-癸三烯

(6) 3,5-二甲基环己烯

(7) 3-氯-1-丁烯

(8) (*Z*,*Z*)-2-溴-2,4-庚二烯

(9) (*E*)-2,7-二甲基-5-溴-4-壬烯

(10) 1,5-二甲基环戊烯

4. 完成下列反应方程式。

(1) 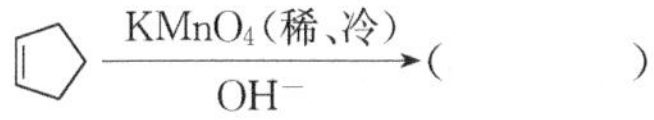

(2) 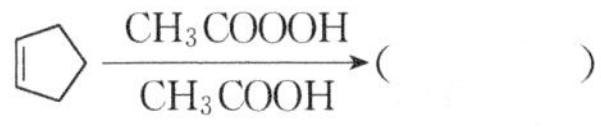

(3) 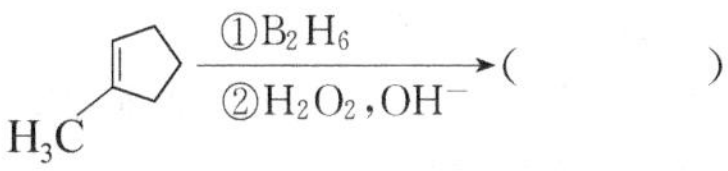

(4) 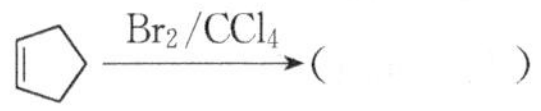

(5) 

(6) 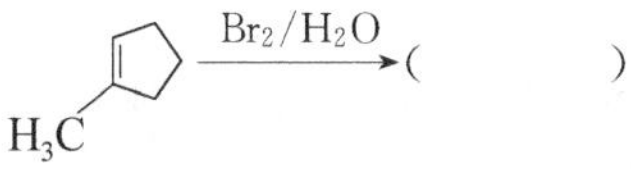

(7) $CH_3CH_2CH{=}CH_2 \xrightarrow{NBS/ROOR}$ (　　　　)

(8) $(CH_3)_2C{=}CH_2 \xrightarrow[二聚]{H^+}$ (　　　　)

(9) $CH_3CH_2CH_2CH{=}CH_2 \xrightarrow[\triangle]{0.1mol \cdot dm^{-3}\,HI}$ (　　　　)

(10) $CH_3CH{=}CHCH_2CH{=}CHCl \xrightarrow{1mol\ Br_2}$ (　　　　)

(11) $CH_2{=}CH{-}CH{=}CH_2 + H_2C{=}CHCN \xrightarrow{150℃}$ (　　　　)

(12)  $+O_3 \longrightarrow$ (　　　　) $\xrightarrow{Zn/HAc}$ (　　　　)

5. 推测下列反应的机理。

(1) 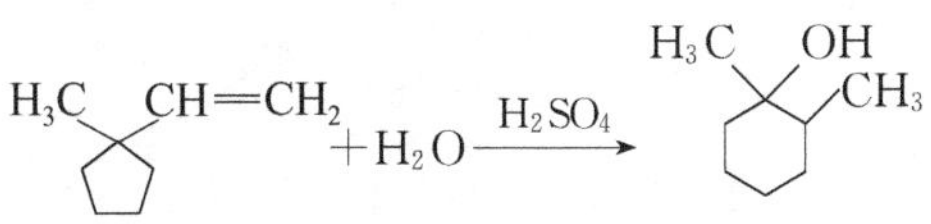

(2) $(CH_3)_3CCH{=}CH_2 + H_2O \xrightarrow[\text{加热/加压}]{H^+} (CH_3)_3C\underset{\underset{OH}{|}}{C}HCH_3 + (CH_3)_2\underset{\underset{OH}{|}}{C}CH(CH_3)_2$

6. 试给出经臭氧化、锌粉水解后生成下列产物的烯烃的结构。

(1) CH_3CH_2CHO 和 HCHO　　(2) $CH_3CH_2COCH_3$ 和 CH_3CHO

(3) CH_3CHO, CH_3COCH_3 和 $\begin{array}{l} \quad CHO \\ \diagup \\ CH_2 \\ \diagdown \\ \quad CHO \end{array}$

7. 试以反应式表示以丙烯为原料,并选用必要的无机试剂制备下列化合物。

(1) 1-溴丙烷　　(2) 异丙醇　　(3) 环氧氯丙烷

8. 某化合物 A,分子式为 $C_{10}H_{18}$,经催化加氢得到化合物 B,B 的分子式为 $C_{10}H_{22}$。化合物 A 和过量高锰酸钾溶液作用,得到下列三个化合物:

$$CH_3\overset{\overset{O}{\|}}{C}CH_3 \qquad CH_3\overset{\overset{O}{\|}}{C}CH_2CH_2\overset{\overset{O}{\|}}{C}OH \qquad CH_3\overset{\overset{O}{\|}}{C}{-}OH$$

写出化合物 A 的构造式。

9. 比较下列烯烃的稳定性及其与卤化氢发生加成反应的活性。

(1) $H_2C{=}CH_2$　　(2) $(CH_3)_2C{=}CHCH_3$　　(3) $CH_3CH{=}CHCH_3$

10. A 的分子式为 $C_{10}H_{18}O$,酸性条件下加热脱水生成 B 和 C,它们催化加氢后生成同一化合物,B 经臭氧化及水解后只得到环戊酮。试推测此化合物的结构。

11. 3-甲基-2-戊烯分别在下列条件下发生反应,试写出各反应的主要产物。

(1) H_2/Pd-C　　(2) HOBr($Br_2 + H_2O$)　　(3) Cl_2(低温)

(4) 稀、冷 $KMnO_4$　　(5) B_2H_6/NaOH-H_2O_2

(6) O_3,锌粉-乙酸溶液　　(7) HBr/过氧化物

12. 某烯烃经催化加氢得到 2-甲基丁烷。加 HCl 可得 2-甲基-2-氯丁烷。如果经臭氧化并在锌粉存在下水解,可得丙酮和乙醛。写出该烯烃的构造式。

13. 某化合物分子式为 C_8H_{16}。它可以使溴水褪色,也可溶于浓硫酸。经臭氧化反应并在锌粉存在下水解,只得到一种产物丁酮。写出该烯烃可能的构造式。

14. 某化合物催化加氢,能吸收一分子氢,与过量酸性高锰酸钾溶液作用则生成丙酸。写出该化合物可能的构造式。

第 3 章　炔　　烃

分子中含有碳碳叁键(—C≡C—)的不饱和烃称为炔烃(alkyne),其通式是 C_nH_{2n-2}。

3.1　炔烃的结构

最简单的炔烃是乙炔,现代物理方法证明,乙炔分子是一个线形分子,分子中四个原子排在一条直线上,各键的键长与键角如下式所示:

$$\underset{0.106\text{nm}}{\text{H—}}\overset{0.120\text{nm}}{\text{C≡C}}\text{—H}$$

杂化轨道理论认为乙炔分子中碳原子成键时采取了 sp 杂化方式,杂化后形成两个 sp 杂化轨道,剩下两个未杂化的 p 轨道。两个 sp 杂化轨道呈 180°分布,两个未杂化的 p 轨道互相垂直,且都垂直于 sp 杂化轨道轴。这样,在成键的过程中,两个碳原子各用一个 sp 杂化轨道以"头碰头"方式重叠形成 C—C σ 键;每个碳原子余下的一个 sp 杂化轨道分别与其他原子或基团结合形成一个 σ 单键。这样形成的三个 σ 键键轴处在同一直线上,两个碳原子各剩余两个未参与杂化的 p 轨道,垂直于该直线,且互相平行,从而侧面重叠以"肩并肩"方式形成两个 π 键。所以,碳碳叁键是由一个 C—C σ 键和两个 C—C π 键组成,π 电子云呈圆筒形分布。

乙炔分子是由三个 σ 键和两个 π 键组成(图 3-1)。由于 sp 杂化轨道含 s 轨道的成分最多,电负性最大,所以乙炔两个碳原子之间的电子云密度比 C—C 和 C═C 都高,而 C≡C 的键长(0.120nm)比 C—C(0.154nm)和 C═C(0.134nm)的键长都短,键能($835kJ \cdot mol^{-1}$)比 C—C 和 C═C 的键能都大。

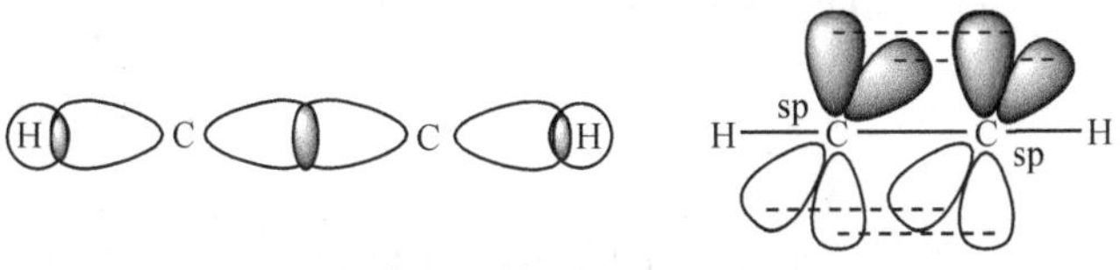

图 3-1　乙炔分子的成键情况

3.2 炔烃的异构和命名

乙炔($CH\equiv CH$)和丙炔($CH_3-C\equiv CH$)都没有异构体。含四个碳原子以上的炔烃有碳链异构和官能团位置异构两种异构现象。炔烃的异构体比相同碳原子的烯烃少。例如,丁烯有三个构造异构体,而丁炔只有两个:

$$CH_3-CH_2-C\equiv CH \qquad CH_3-C\equiv C-CH_3$$

1-丁炔　　2-丁炔

叁键碳原子上只可能连有一个取代基,炔烃不存在顺反异构现象。戊烯有五个构造异构体,而戊炔只有三个:

$$CH_3CH_2CH_2C\equiv CH \qquad CH_3CH_2C\equiv CCH_3$$

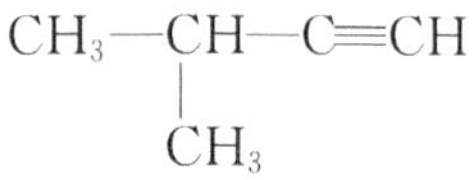

1-戊炔　　2-戊炔　　3-甲基-1-丁炔

简单的炔烃常采用衍生物命名法。衍生物命名法中把所有炔烃都看成是乙炔的衍生物。例如:

$$(CH_3)_3CC\equiv CH \qquad (CH_3)_3CC\equiv CC(CH_3)_3 \qquad CF_3C\equiv CH$$

叔丁基乙炔　　二叔丁基乙炔　　三氟甲基乙炔

复杂的炔烃必须采用系统命名法。炔烃的系统命名法与烯烃一样,即以包含叁键在内的最长的碳链为主链,按主链的碳原子数目命名为某炔,代表叁键位置的阿拉伯数字以最小为原则置于主链名称之前,侧链作为主链的取代基来命名。例如:

$$CH\equiv C-C\equiv C-C\equiv CH$$

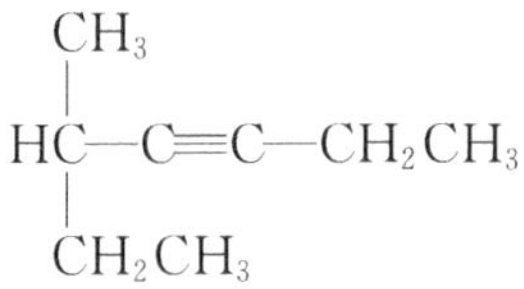

1,3,5-己三炔　　5-甲基-3-庚炔

含有双键的炔烃命名时,先命名烯,再命名炔。碳链编号以表示双键和叁键位置的编号尽可能小为原则。例如:

$$CH_3CH=CHC\equiv CH \qquad CH_2=CH-CH_2-C\equiv CH$$

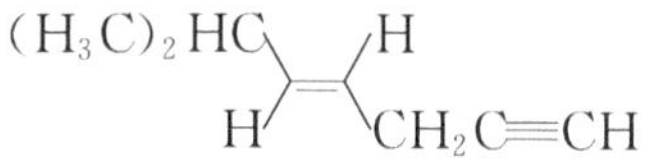

3-戊烯-1-炔　　1-戊烯-4-炔　　(*E*)-6-甲基-4-庚烯-1-炔

3.3 炔烃的物理性质

炔烃的物理性质和烷烃、烯烃相似,随相对分子质量的增加而有规律地变化。

它们的熔点、沸点同碳原子数相当的烷烃、烯烃相比，稍高一些，相对密度稍大一些。少数炔烃为气体，大多数为液体和固体。叁键位于碳链末端的炔烃（又称末端炔烃）比位于中间的异构体的沸点更低。炔烃不溶于水，但易溶于极性小的有机溶剂，如石油醚（石油中的低沸点馏分）、苯、乙醚、四氯化碳等。常见炔烃的物理常数见表3-1。

表3-1 常见炔烃的物理常数

名 称	熔点/℃	沸点/℃	相对密度 d_4^{20}
乙炔	—	−84.0(升华)	0.618(−32℃)
丙炔	−101.5	−23.2	0.706(−50℃)
1-丁炔	−122.7	8.1	0.678
2-丁炔	−32.3	27.0	0.691
1-戊炔	−90.0	40.2	0.690
2-戊炔	−101.0	56.1	0.710
3-甲基-1-丁炔	−89.7	29.3	0.666
1-己炔	−132.0	71.3	0.716
2-己炔	−89.5	84.0	0.732
3-己炔	103.0	81.5	0.723
1-庚炔	−81.0	99.7	0.733
1-辛炔	−79.3	125.2	0.747
1-壬炔	−50.0	150.8	0.760
1-癸炔	−36.0	174.0	0.765

3.4 炔烃的化学性质

炔烃的化学性质主要表现在官能团碳碳叁键上。重要的反应有加成、氧化和叁键碳上氢原子的活泼性。

3.4.1 叁键碳上氢原子的活泼性（弱酸性）

炔烃分子中，因sp杂化的碳原子表现出较大的电负性，与叁键碳原子直接相连的氢原子（≡C—H）较之一般的碳氢键呈极性，活泼性较大，显示出微弱酸性（$pK_a \approx 25$），可与强碱、碱金属或某些重金属离子反应生成金属炔化物。

乙炔通过熔融的金属钠时，就可以得到乙炔钠和乙炔二钠。

$$H—C\equiv C—H \xrightarrow{Na} \underset{\text{乙炔钠}}{H—C\equiv CNa} \xrightarrow{Na} \underset{\text{乙炔二钠}}{NaC\equiv CNa}$$

炔氢具有酸性，其酸性比水还弱。乙炔、乙烯、甲烷失去一个质子后的负离子（共轭碱）的性质比较如下：

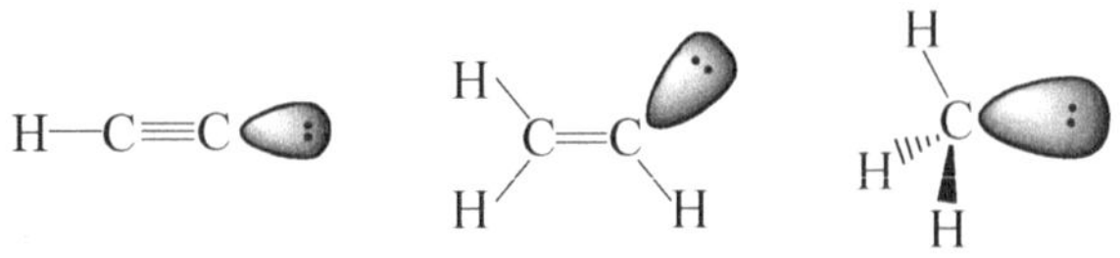

	$HC\equiv C^-$	$H_2C=CH^-$	CH_3^-
杂化状态	sp	sp^2	sp^3
稳定性	强 ——————→ 弱		
碱性	弱 ←—————— 强		

乙炔的共轭碱最稳定，碱性最弱，因此乙炔的酸性最强。

乙炔和末端炔烃（$RC\equiv C-H$）在液态氨中与氨基钠作用生成炔化钠。

$$H-C\equiv C-H + NaNH_2 \xrightarrow{NH_3(l)} H-C\equiv CNa + NH_3$$

$$R-C\equiv C-H + NaNH_2 \xrightarrow{NH_3(l)} R-C\equiv CNa + NH_3$$

末端炔烃还可以与丁基锂（$n\text{-}C_4H_9Li$）或格氏试剂（RMgX）作用生成炔化物。

$$RC\equiv C-H + n\text{-}C_4H_9Li \longrightarrow RC\equiv CLi + n\text{-}C_4H_{10}$$

$$RC\equiv C-H + RMgX \longrightarrow RC\equiv CMgX + RH$$

炔化钠和伯卤烷反应可以得到更高级的炔烃，称为炔化物的烷基化反应。

$$H-C\equiv CNa + C_2H_5Br \xrightarrow{NH_3(l)} H-C\equiv C-C_2H_5 + NaBr$$

炔化钠是重要的有机合成中间体，可用来合成炔烃的同系物。

具有活泼氢原子的炔烃容易和硝酸银的氨溶液或氯化亚铜的氨溶液发生反应，迅速生成炔化银的白色沉淀或炔化亚铜的棕红色沉淀。

$$H-C\equiv C-H \xrightarrow{2Ag(NH_3)_2NO_3} Ag-C\equiv C-Ag\downarrow + 2NH_4NO_3 + 2H_2O$$

乙炔银（白色）

$$H-C\equiv C-H \xrightarrow{2Cu_2(NH_3)_2Cl_2} Cu-C\equiv C-Cu\downarrow + 2NH_4Cl + 2H_2O$$

乙炔亚铜（棕红色）

$$R-C\equiv C-H \xrightarrow{Ag(NH_3)_2NO_3} R-C\equiv C-Ag\downarrow$$

炔银（白色）

$$R-C\equiv C-H \xrightarrow{Cu_2(NH_3)_2Cl_2} R-C\equiv C-Cu\downarrow$$

炔化亚铜（棕红色）

此反应灵敏、现象明显。非末端炔烃不能发生这类反应，因此，此反应常用于鉴定炔烃中是否存在炔氢。

乙炔银和乙炔亚铜等金属炔化物，在干燥状态下受热或受撞击时，易发生爆炸。因此实验完毕应立即加硝酸或盐酸将炔化物分解，以免存在隐患。

3.4.2　加成反应

1. 催化加氢

炔烃比烯烃更容易加氢，炔烃的催化加氢分两步进行，第一步加氢生成烯烃；进一步加氢生成烷烃。例如：

$$H_3C—C≡C—H + H_2 \xrightarrow{\text{催化剂}} CH_3—CH═CH_2 \xrightarrow[\text{催化剂}]{H_2} CH_3—CH_2—CH_3$$

催化剂为 Ni、Pt、Pd 时，炔烃加氢很难停留在烯烃阶段，一般是加两分子氢直接生成烷烃。为了使炔烃的加氢停留在烯烃阶段，应选择适当的催化剂。常用活性较低的林德拉(Lindlar)催化剂，这种催化剂是将金属 Pd 沉淀在 $BaSO_4$ 上用喹啉处理或将金属 Pd 沉淀在 $CaCO_3$ 上用乙酸铅处理而得到的。该催化剂可使炔烃只加一分子氢，加成反应停留在烯烃阶段，且得顺式加成产物。

$$H_3C—C≡C—H + H_2 \xrightarrow{\text{Pd-BaSO}_4\text{/喹啉}} CH_3—CH═CH_2$$

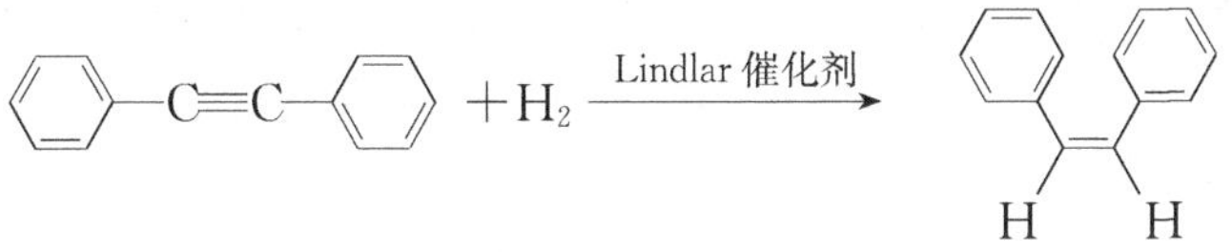

顺-二苯基乙烯(87%)

若分子中同时含有双键和叁键时，加氢首先发生在叁键上。例如：

工业上，利用这个反应可以除去乙烯中含有的少量乙炔，提高乙烯的纯度。

在液氨中用钠或锂还原炔烃，主要得到反式烯烃，产物的立体化学与催化加氢不同。

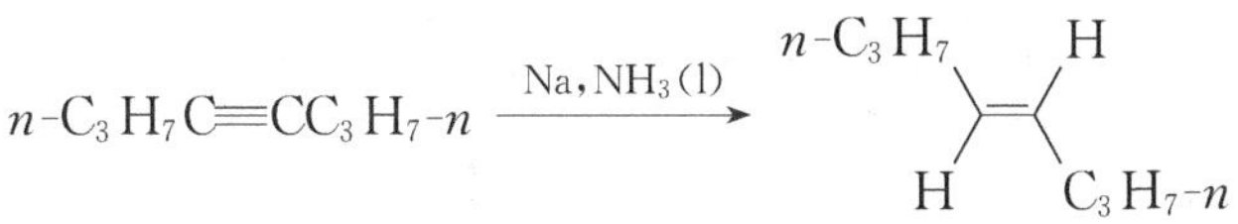

4-辛炔　　(E)-4-辛烯(97%)

2. 亲电加成

(1) 与卤素加成。炔烃与卤素的加成也是分两步进行的。先加一分子氯或溴，生成反式二卤代烯，在过量的氯或溴的存在下，再进一步与一分子卤素加成，生成四卤代烷。

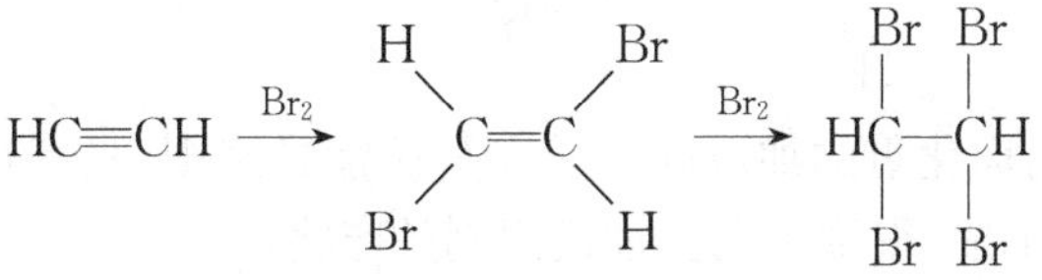

炔烃与溴加成后，溴的红棕色消失，因此可通过溴的四氯化碳溶液颜色的褪去来检验炔烃。

如用等物质的量的卤素，也可以得到二卤代烯烃。

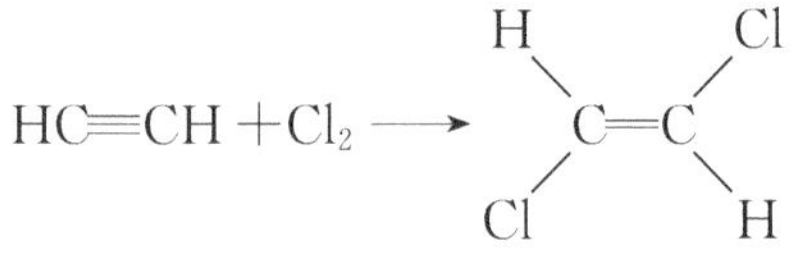

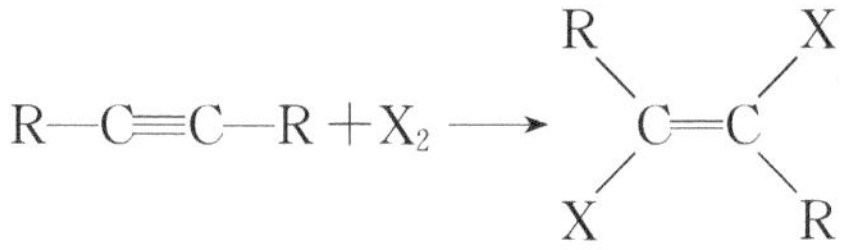

和烯烃相比，炔烃的亲电加成较烯烃难，原因有两个方面：其一，炔烃的叁键碳原子（sp 杂化）的电负性比双键碳原子（sp^2 杂化）强，π 电子云结合比较紧密，不易受外界亲电试剂的接近所影响。其二，从乙烯和乙炔的电离能的大小可知，乙炔具有比乙烯更大的电离势能。烯烃可使溴的四氯化碳溶液很快褪色，而炔烃则需要一两分钟才能使之褪色。故当分子中同时存在双键和叁键时，与溴的加成首先发生在双键上。

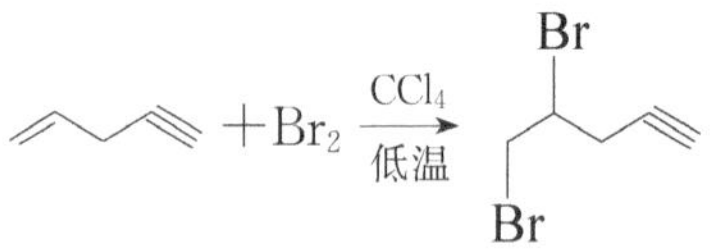

4,5-二溴-1-戊炔

（2）与氢卤酸加成。炔烃与氢卤酸 HX 的加成也不如烯烃那样容易进行。在催化剂 $HgCl_2$ 或 $HgSO_4$ 的作用下，炔烃与卤化氢加成生成卤代烯烃。例如：

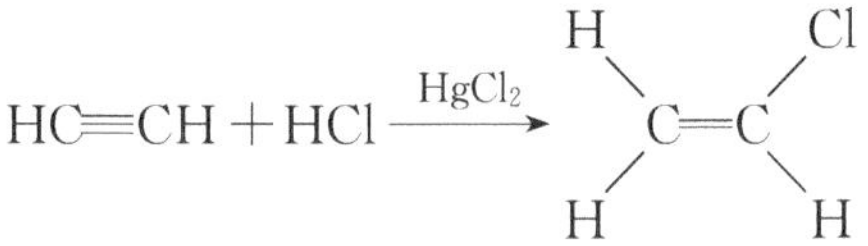

这是工业上生产氯乙烯（vinyl chloride）的一种方法。氯乙烯（沸点 −13.9℃）难溶于水，溶于乙醇、乙醚、丙酮和二氯乙烷，易聚合，也能与丁二烯、乙烯、丙烯、丙烯腈、乙酸乙烯酯、丙烯酸酯等共聚，得到各种共聚物。

氯乙烯可以进一步与氯化氢反应，主要生成 1,1-二氯乙烷。

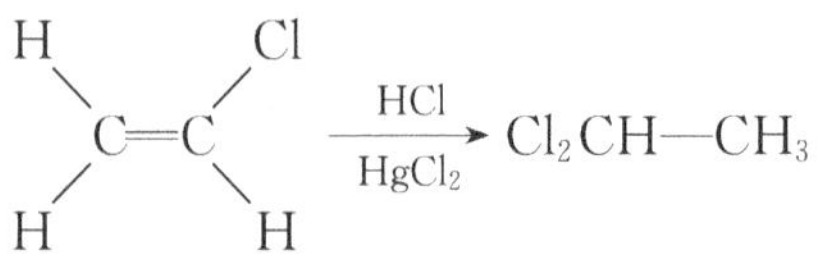

不对称炔烃与卤化氢的加成同样遵守马氏加成规则，只有在过氧化物存在或光照下才与 HBr 加成，得到反马氏加成规则的产物。

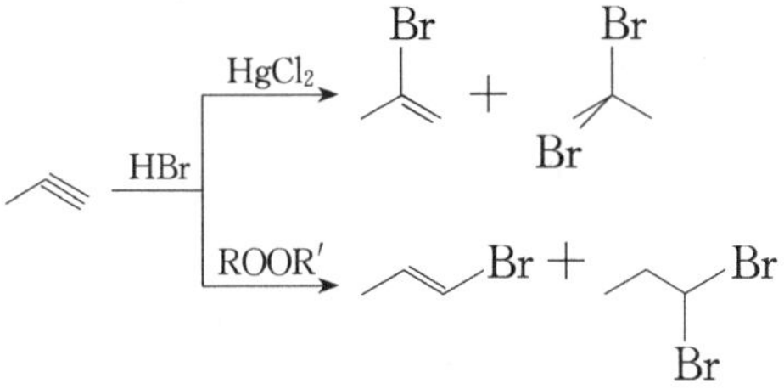

卤化氢与叁键加成的速率顺序为：HI>HBr>HCl>HF。

若叁键在中间，则生成反式加成产物。

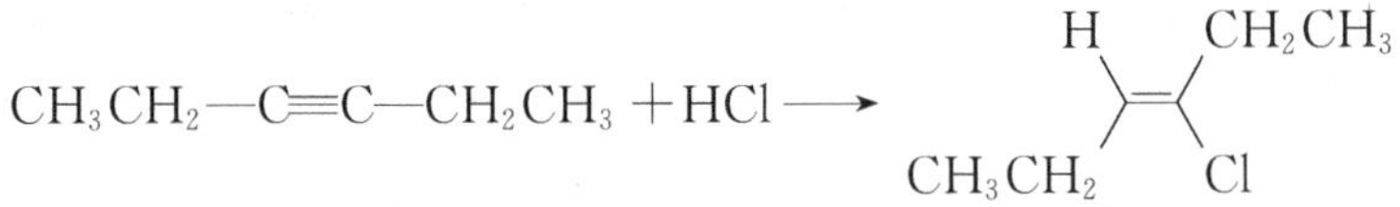

(3) 与水加成。一般情况下，炔烃直接水合是困难的，但在硫酸汞的稀硫酸溶液的催化作用下，炔烃可以和水进行加成反应，首先生成在双键碳原子上连有羟基的烯醇式化合物。烯醇式化合物一般不稳定，羟基上的氢原子转移到另一个双键碳原子上。与此同时，电子也发生转移，使碳碳双键变成单键，而碳氧单键则变成双键，最后得到羰基化合物，这种现象称为互变异构(tautomerism)。

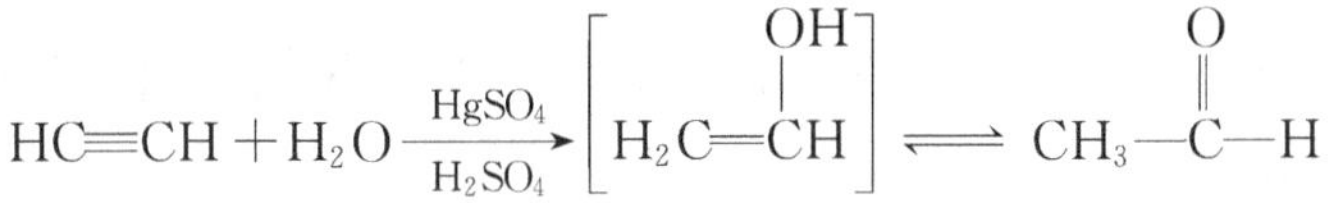

烯醇式 乙醛(酮式)

这种现象发生在乙烯醇分子内，故又称分子内重排(intramolecular rearrangement)现象。之所以发生互变异构现象，是与重排前后物质的能量大小有关。乙醛的总键能(2741kJ · mol^{-1})比乙烯醇总键能(2678kJ · mol^{-1})大约低 63kJ · mol^{-1}，即乙醛比乙烯醇稳定。尽管能量差别并不大，但在酸存在下，它们之间相互转变的活化能很小，酮式和烯醇式可以很快地相互转变。由于乙醛比乙烯醇更稳定，因此乙炔水合得到乙醛，这也是工业制备乙醛的方法之一。

不对称炔烃与水的反应也遵循马氏加成规则。例如：

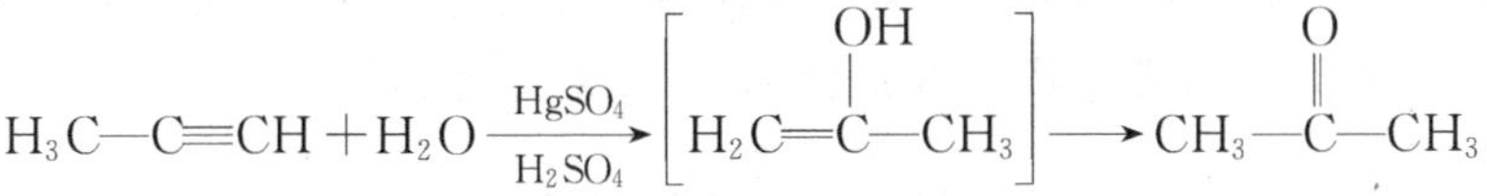

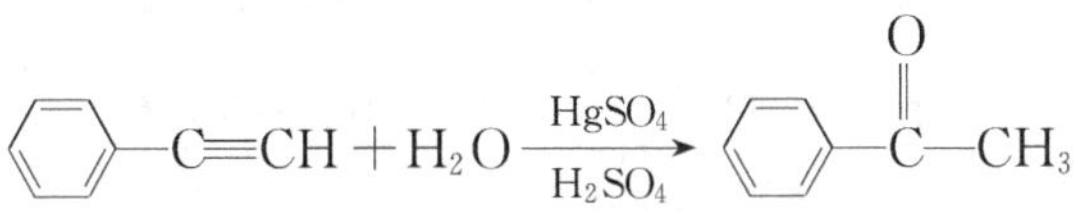

(4) 硼氢化-氧化反应。炔烃与乙硼烷加成生成烯基硼，然后在过氧化氢存在下，进行碱性氧化水解生成烯醇式中间体，最后重排成醛或酮。该加成反应是按反马氏规则进行的，所以末端炔烃经硼氢化-氧化水解生成醛。

$$RC\equiv CH \xrightarrow{B_2H_6} [RCH=CH]_3B \xrightarrow[OH^-, H_2O]{H_2O_2} [RCH=CH-OH] \rightleftharpoons RCH_2-CHO$$

非末端炔烃经硼氢化-氧化水解则生成酮。

$$CH_3CH_2C\equiv CCH_3 \xrightarrow[②H_2O_2/OH^-]{①B_2H_6} CH_3CH_2CH_2-\overset{\overset{\displaystyle O}{\|}}{C}-CH_3$$

3. 亲核加成——与醇的加成

在碱存在下，炔烃可以和醇发生反应。乙炔与甲醇反应生成的产物为甲基乙烯基醚(methyl vinyl ether)。

$$HC\equiv CH + CH_3OH \xrightarrow{20\%\ NaOH} \underset{\text{甲基乙烯基醚}}{H_2C=CH-O-CH_3}$$

反应中甲氧基负离子 CH_3O^- 首先与炔烃作用，生成碳负离子(carboanion)中间体，再和一分子醇作用，获得一个质子而生成甲基乙烯基醚。

$$CH_3O^- + HC\equiv CH \longrightarrow CH_3O-CH=CH^- \xrightarrow{H-OCH_3} CH_3O-CH=CH_2 + CH_3O^-$$

甲基乙烯基醚是一个重要的单体，聚合后生成高分子化合物，可作为涂料、黏合剂、增塑剂的原料。

炔烃和醇的加成是带负电基团进攻引起的，属于亲核加成反应，而不同于前面的亲电加成反应。此外，HCN 是一个典型的亲核试剂，在一定条件下可与炔烃进行加成反应生成烯腈。

$$HC\equiv CH + HCN \xrightarrow[NH_4Cl]{Cu_2Cl_2} CH_2=CH-CN$$

3.4.3 氧化反应

与烯烃的 C═C 双键相似，炔烃的 C≡C 叁键也很容易被氧化。炔烃和氧化剂如高锰酸钾反应，叁键完全断裂，最后得到完全氧化的产物——羧酸或二氧化碳，同时高锰酸钾溶液的紫色褪去，生成棕褐色的二氧化锰沉淀。

$$HC\equiv CH \xrightarrow{KMnO_4} CO_2\uparrow + MnO_2\downarrow$$

$$RC\equiv CH \xrightarrow[H^+]{KMnO_4} RCOOH + CO_2\uparrow$$

$$RC\equiv CR' \xrightarrow{KMnO_4} RCOOH + R'COOH$$

反应现象十分明显，可用作碳碳叁键的检验。炔烃的结构不同，其氧化产物也不同，因此通过鉴定氧化产物，可以确定炔烃中的碳碳叁键的位置，进而确定炔烃的结构。

在比较温和的条件下，非末端炔烃的氧化可以停留在二酮阶段。例如：

$$CH_3(CH_2)_7C\equiv C(CH_2)_7COOH \xrightarrow[H_2O]{KMnO_4} CH_3(CH_2)_6CH_2-\overset{\overset{O}{\|}}{C}-\overset{\overset{O}{\|}}{C}-CH_2(CH_2)_6COOH$$

3.4.4 聚合反应

炔烃一般不易聚合成高分子化合物，只生成低聚物。在不同条件下乙炔可生成链状或环状的二聚物、三聚物或四聚物。

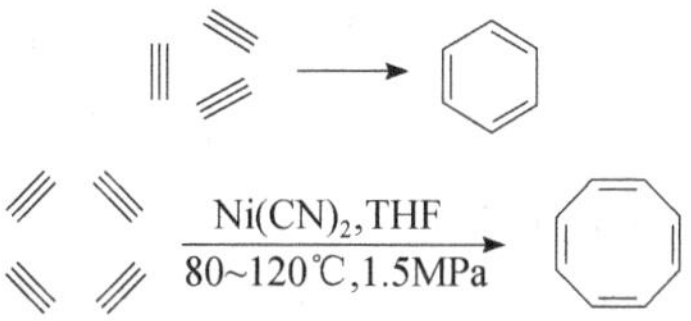

乙炔在 Cu_2Cl_2 和 NH_4Cl 作用下形成二聚体，然后与氯化氢加成可得到 2-氯-1,3-丁二烯，是合成氯丁橡胶的单体。

$$HC\equiv CH + HC\equiv CH \xrightarrow[NH_4Cl]{Cu_2Cl_2} \underset{\text{乙烯基乙炔}}{CH_2=CH-C\equiv CH}$$

$$CH_2=CH-C\equiv CH \xrightarrow[Cu_2Cl_2,NH_4Cl]{HCl} \underset{\text{2-氯-1,3-丁二烯}}{CH_2=CH-\underset{\underset{Cl}{|}}{C}=CH}$$

在 Ziegler-Natta 催化剂作用下，乙炔也可直接聚合成聚乙炔(polyacetylene)。它有顺和反两种异构体(见本章阅读材料)：

$$n\ HC\equiv CH \longrightarrow \text{-}[CH=CH]_n\text{-}$$

聚乙炔分子具有单、双键交替结构，呈现大 π 键，电子可以流动，有较好的导电性。若在聚乙炔中掺杂 I_2、Br_2 或 BF_3 等路易斯酸，其导电率可提高到金属水平，因此称为“合成金属”。主要用作太阳能电池、电极和半导体材料。

3.5　重要的炔烃——乙炔

乙炔(ethyne)是最重要的炔烃，它不仅是一种有机合成的重要原料，而且还被大量地用作高温氧炔焰的燃料。工业上可用煤、石油或天然气作为原料生产乙炔。

(1) 碳化钙法生产乙炔。焦炭和石灰在高温电炉中反应，得到碳化钙(电石)。需要时，使电石与水反应，即得到乙炔。

$$3C + CaO \xrightarrow{2500℃} CaC_2 + CO$$

$$CaC_2 + H_2O \longrightarrow HC\equiv CH + Ca(OH)_2$$

纯粹的乙炔是无色无臭的气体，但由碳化钙法制得的乙炔往往因混有磷化氢、硫化氢等杂质使气体具有臭味。此方法生产工艺比较简单，但耗电量大。

(2) 由天然气或石油生产乙炔。甲烷是天然气的主要成分，在 1500℃ 的高温下，甲烷能通过一系列的反应生成乙炔。这是一个强烈的吸热反应，因此工业上将一部分甲烷被氧化产生的热量作为甲烷合成乙炔所需要的大量热量，所以此法又叫做甲烷的部分氧化法。

$$2CH_4 \xrightarrow[0.01\sim0.1s]{1500℃} HC\equiv CH + H_2$$

$$4CH_4 + O_2 \longrightarrow HC\equiv CH + 2CO + 7H_2$$

反应的产物包括乙炔、一氧化碳和氢气。分离乙炔后得到的一氧化碳和氢气的混合物又叫“合成气”，用作合成原料。

此方法的成本较适宜大规模生产。目前采用石油低沸点馏分裂解制备乙炔，此方法已逐步取代电石法制备乙炔。

乙炔微溶于水，易溶于有机溶剂。乙炔是一种不稳定的化合物，加热时可分解为碳和氢，同时放出大量的热。

$$HC\equiv CH \longrightarrow 2C + H_2 \quad \Delta H = -227kJ \cdot mol^{-1}$$

乙炔在氧气中燃烧放出大量的热，所形成的氧炔焰的最高温度可达 3000℃，因此被广泛用于熔接或切割金属。

乙炔的主要用途如下所示：

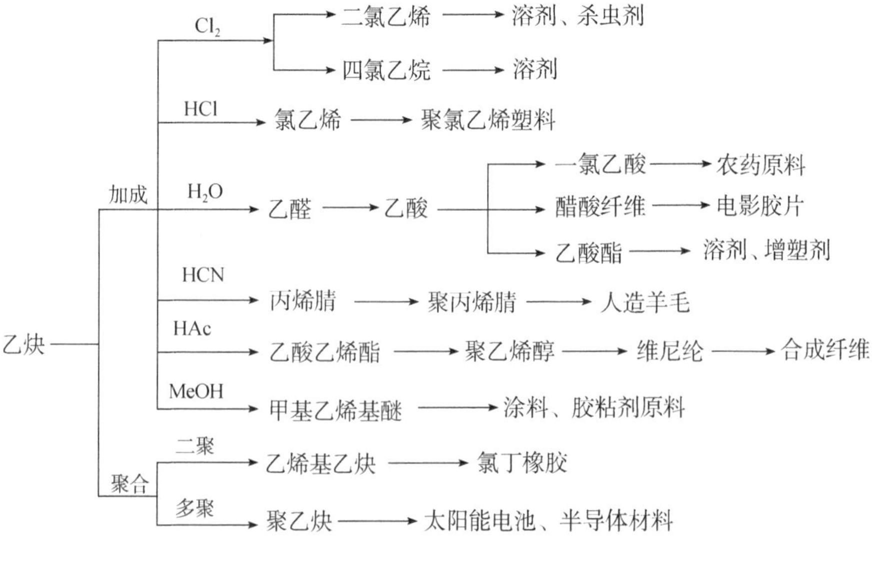

【阅读材料】

导电聚合物——聚乙炔

众所周知，塑料是一种良好的缘绝材料，在电缆中，塑料常被用作铜线外面的绝缘层。然而，2000 年三位诺贝尔化学奖得主对塑料研究的结果，向人们习以为常的“观念”提出了挑战。他们研究发现：特殊改造后的塑料能够像金属一样表现优良的导电性能。2000 年 10 月 10 日，瑞典皇家科学院将化学最高荣誉授予美国加利福尼亚大学物理学家 Alan J. Heeger、宾夕法尼亚大学化学家 Alan G. MacDiarmid 和日本筑波大学化学家 Hideki Shirakawa，以表彰他们研究导电有机高分子材料的杰出成就。

有机共轭高分子的典型代表是聚乙炔，也是典型的低维(一维和二维)有机导体。1958 年，G. Natta 及其合作者首次合成聚乙炔，但当时并没有得到广泛应用。1974 年，H. Shirakawa 及其合作者在合成聚乙炔的实验中，偶然地投入过量的催化剂合成出令人兴奋的有银白色光泽的聚乙炔薄膜。进一步改进的合成方法得到了有铜色光泽的顺-或反-聚乙炔薄膜，后又通过掺杂 I_2、Br_2 或 BF_3 等路易斯酸发现其具有非常良好的导电性能。掺杂的聚合物类似一种盐，是一种有可移动电荷的载体。可在薄膜的垂直方向施加电场，调节掺杂反应，引导电荷进或出从而控制导体。

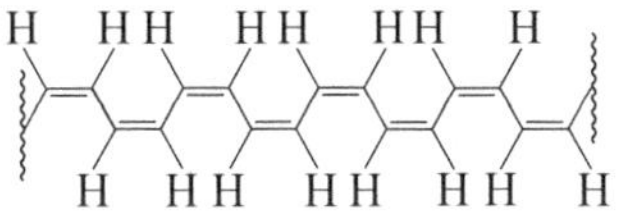

顺-聚乙炔

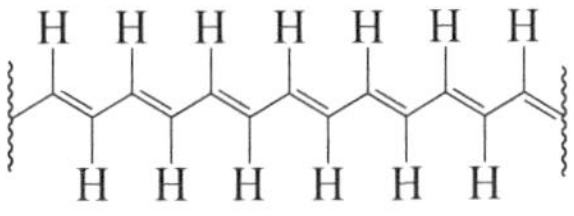

反-聚乙炔

聚乙炔导电聚合物既具有金属的高导电率，又具有聚合物的可塑性，质量又轻，是一类具有广阔应用前景的新材料。聚合物导电性的发现拓宽了人类对导体材料的认识及应用领域。

习　　题

1. 命名下列化合物或写出其结构简式。

(1) $CH_2{=}CH{-}CH_2{-}C{\equiv}CH$

(2) $(CH_3)_2CHC{\equiv}CC(CH_3)_3$

(3) 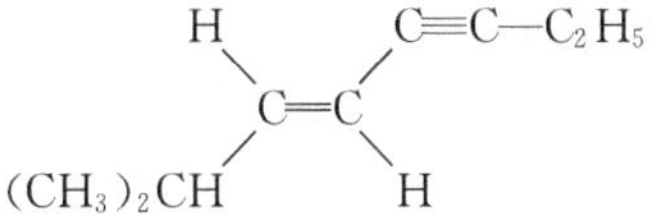

(4) 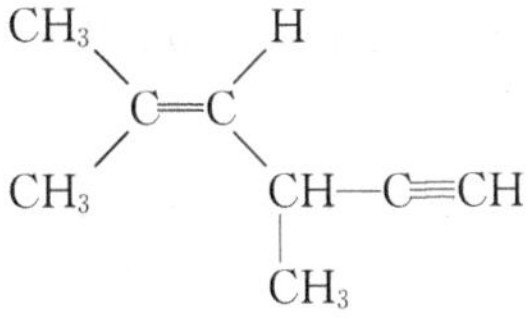

(5) 丙烯基乙炔

(6) 甲基异丙基乙炔

(7) (*E*)-2-庚烯-4-炔

(8) 3-戊烯-1-炔

2. 完成下列反应式。

(1) $CH_2{=}CHCH_2{-}C{\equiv}CH \xrightarrow{Cl_2} ($　　　　$)$

(2) $CH_3{-}CH{=}CH{-}C{\equiv}CCH_3 \xrightarrow[CCl_4]{Br_2} ($　　　　$)$

(3) $CH_3C\equiv CCH_3 \xrightarrow[\text{Lindlar 催化剂}]{H_2} ($　　　$)$

(4) 

(5) $CH_3CH=CHC\equiv CH + H_2O \xrightarrow[\text{稀 } H_2SO_4]{HgSO_4} ($　　　$)$

(6) $CH_3CH_2C\equiv CH \xrightarrow[KOH]{KMnO_4} ($　　　$)$

(7) 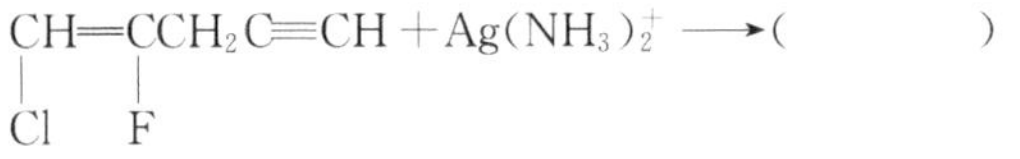

(8) $CH_3CH_2C\equiv CH \xrightarrow[H_2O_2/OH^-]{B_2H_6} ($　　　$)$

(9) $CH_3C\equiv CH \xrightarrow[NH_3(l)]{NaNH_2} ($　　　$) \xrightarrow{CH_3I} ($　　　$) \xrightarrow[Pb\text{-}BaSO_4]{H_2} ($　　　$)$

(10) $C_2H_5C\equiv CH + B_2H_6 \xrightarrow{CH_3COOH} ($　　　$) \xrightarrow[H_2O]{KMnO_4} ($　　　$)$

(11) $CH_2=CHCH_2C\equiv CH + HBr(1mol) \longrightarrow ($　　　$)$

(12) 

3. 用化学方法鉴别下列化合物。

(1) 　(2) 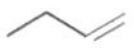　(3) 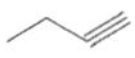　(4) 

4. 由指定原料合成下列化合物。

(1) 实现下列转变 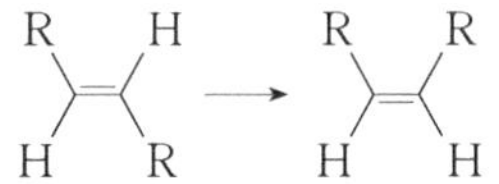

(2) 以乙烯及其他有机试剂为原料合成 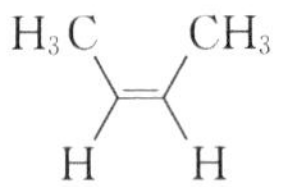

(3) 由乙炔和丙烯为原料合成正戊醛 $CH_3(CH_2)_3CHO$

(4) 由乙烯和乙炔为原料合成 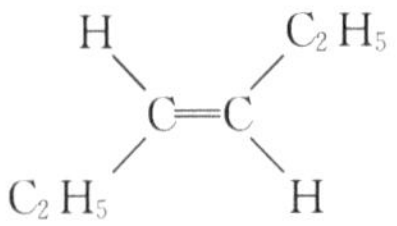

(5) 由 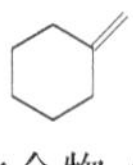 为原料合成 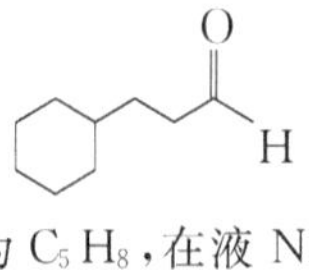

5. 某化合物 A 的分子式为 C_5H_8，在液 NH_3 中与 $NaNH_2$ 作用后再与 1-溴丙烷作用，生成分子式为 C_8H_{14} 的化合物 B，用 $KMnO_4$ 氧化 B 得分子式为 $C_4H_8O_2$ 的两种不同酸 C 和 D，A 在 $HgSO_4$ 存在下与稀 H_2SO_4 作用可得到酮 E($C_5H_{10}O$)，试写出 A～E 的构造式。

第 4 章　芳烃及非苯芳烃

芳香族碳氢化合物简称芳香烃(aromatic hydrocarbon)或芳烃(arene)。大多数芳烃含有苯的六碳环结构,少数为非苯芳烃(non-benzenoid hydrocarbon)。

苯的分子式是 C_6H_6,从碳氢比来看,它似乎应有高度的不饱和性,但实际上并非如此。苯很稳定,不易发生加成和氧化反应,却较容易发生亲电取代反应,这和脂肪族不饱和烃有明显的不同。这些特性总称为芳香性(aromaticity)。

根据芳环的数目和连接方式的不同,芳烃可分为以下三类:

(1) 单环芳烃(single-ring aromatic compounds):分子中只含有一个苯环的芳烃。

(2) 多环芳烃(polycyclic aromatic hydrocarbons):分子中含有两个或两个以上苯环通过 σ 键直接连接或彼此间以共有环边稠合而形成的化合物。

(3) 非苯芳烃:不具有苯环结构但具有芳香性的环状化合物。

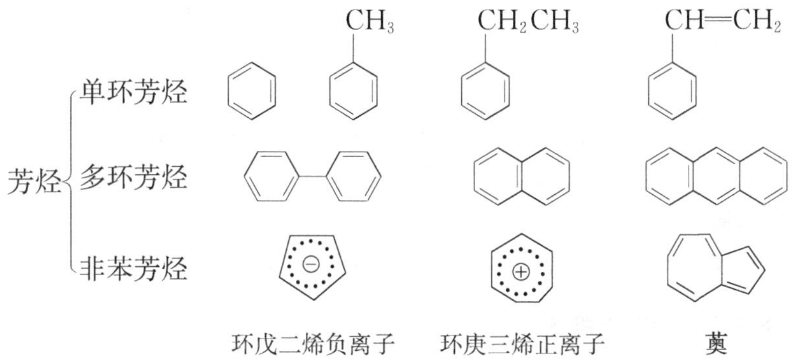

4.1　苯 的 结 构

4.1.1　苯的凯库勒式

1825 年法拉第(M. Faraday)发现了苯(benzene);1934 年,德国化学家测得苯的分子式为 C_6H_6。1865 年,凯库勒(Kekulè)根据"苯的一元取代物只有一种,六个氢原子是等同"的这个事实提出苯环结构,即单、双键交替的六元环结构:  。

从凯库勒式的结构来看,它有以下几个问题不能解决:

(1) 含有双键结构却不能与卤素发生加成反应,也不被 $KMnO_4$ 氧化。

(2) 在发生取代反应时应得到两种二元邻位取代物,但却只有一种。

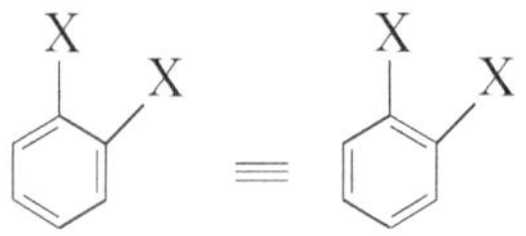

因此,凯库勒又假定双键不是固定在某两个碳原子之间,而是迅速变化以致无法分离。

(3) 苯的氢化热较低。苯有较低的氢化热,一个双键氢化时,放出 $120kJ \cdot mol^{-1}$ 热量。如果苯环中有三个双键,由苯加氢变为环己烷时,应放热 $360kJ \cdot mol^{-1}$。但实际上只有 $208kJ \cdot mol^{-1}$。这说明苯比凯库勒所假定的环己三烯式稳定了 $152kJ \cdot mol^{-1}$。

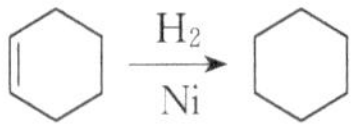

$+ 119.6kJ \cdot mol^{-1}$

氢化反应是放热反应,反之脱氢反应是吸热反应。脱去两个氢原子形成一个双键时一般需要供给约 $117 \sim 126kJ \cdot mol^{-1}$ 的热量。1,3-环己二烯脱去两个氢原子成苯时,不但不吸热,反而有少量的热释放,说明苯环结构远比环己三烯稳定。

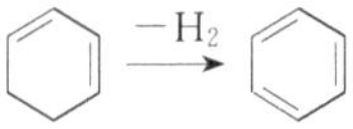

$+ 23.3kJ \cdot mol^{-1}$

(4) 在凯库勒式中,苯分子中是碳碳单键和双键交替的,而单键和双键的键长是不等的。但事实上经过测定苯分子中的碳碳键的长度完全等同,比一般碳碳单键要短、碳碳双键要长一些。

由此可见,凯库勒式并不能代表苯分子的真实结构。

4.1.2 苯分子结构的近代概念

现代物理实验方法(如 X 射线法、光谱法等)测定证明,苯环具有平面正六边形的结构(图 4-1),六个碳原子和六个氢原子处在同一平面上,C—C 键长都是 0.140nm,C—H 键长都是 0.108nm,所有键角为 120°。关于苯的结构,可由杂化轨道理论、分子轨道理论及共振论得到合理的解释。

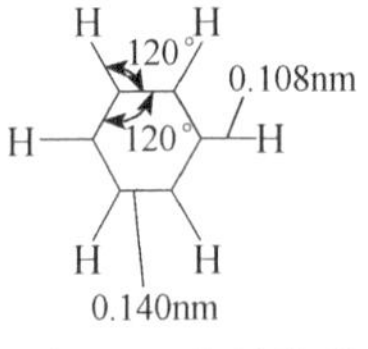

图 4-1 苯的结构

1. 杂化轨道理论

根据杂化轨道理论,苯环上的碳原子都是 sp^2 杂化的。苯环上的所有碳、氢原子都处在同一平面上,所有的键角都为 120°。相邻的碳原子用两个 sp^2 杂化轨道以“头碰头”的形式相互交盖构成六个等同的 σ 键，每个碳原子用另一个 sp^2 杂化轨道同氢原子的 1s 轨道交盖，构成六个等同的 C—H σ 键。此时，每个碳原子都保留着一个未参加杂化的带有一个电子的 p 轨道。这些 p 轨道的对称轴都垂直于苯环平面，p 轨道彼此间以“肩并肩”的方式相互交盖，构成一个闭合的共轭体系。p 轨道的交盖部分，对称地分布在苯环平面的上、下方，形成了六原子共用六电子的环状闭合大 π 键（π_6^6）。π 键中 π 电子云密度完全平均化（图 4-2）。

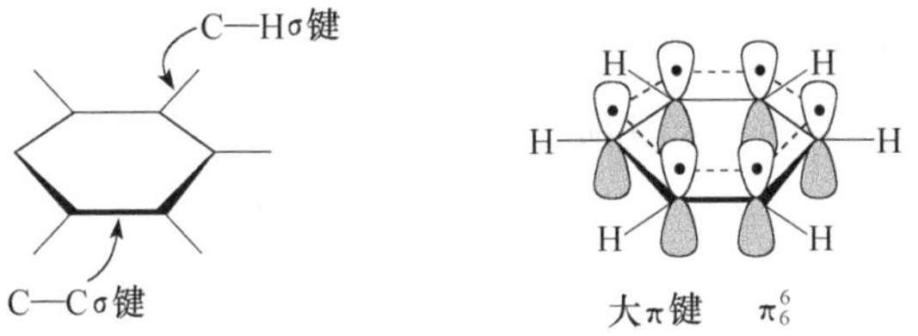

图 4-2　苯分子结构

2. 分子轨道理论

六个 p 原子轨道通过线性组合，可组成六个分子轨道。如图 4-3 中三个是成键轨道，三个是反键轨道。成键轨道中无节面或节面较少，能量较低，反键轨道中节面较多，能量较高。

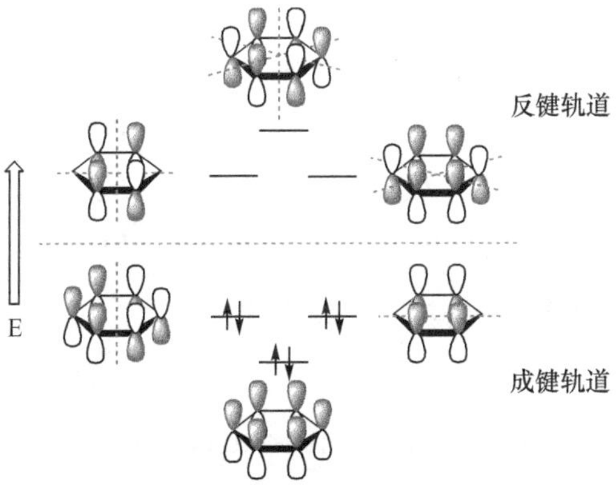

图 4-3　苯的分子轨道

基态时，苯分子的 6 个 p 电子成对地填入三个成键轨道，这时所有能量低的成键轨道，全部充满了电子，使得体系能量降低，比正常的环己三烯能量降低了 $152kJ \cdot mol^{-1}$，这个能量称为离域能。

3. 苯的共振结构式

共振论(resonance theory)是 20 世纪 30 年代鲍林(L. C. Pauling)提出的。当一个分子(或一种结构)能用不同的经典结构式表示,而这些经典价键结构式之间只有电子排列的不同,没有原子位置及未成对电子数的改变,则分子(结构)存在共振。参与结构组成的价键结构式叫共振结构式(极限式)。这些共振结构式(极限式)构成一个共振杂化体,共振杂化体接近实际分子。注意,任何一个共振结构式(极限式)都不足以反映该分子的真实结构。例如,苯的真正结构是由各种假设的结构共振或叠加而形成的一个共振杂化体。

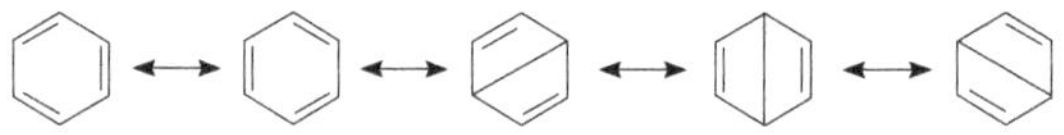

"$\longleftrightarrow$"为共振符号,与表示平衡的"$\rightleftharpoons$"不同。

共振结构式(极限式)的书写不是随意的,应遵循以下规则:

(1) 各极限式都必须符合路易斯结构的要求。

$$CH_2=CH-CH=CH_2 \not\longleftrightarrow CH_2=\overset{-}{C}H=CH-\overset{+}{C}H_2$$

(2) 各极限式中原子核的相互位置必须相同,不同的只是电子的排布。

共振结构式之间不可包括原子位置的任何变动,各式中成对或不成对的电子数也应相同,只是在电子的分布上可以有所变化。例如:

$$CH_2=CH-\dot{C}H_2 \longleftrightarrow \dot{C}H_2-CH=CH_2$$

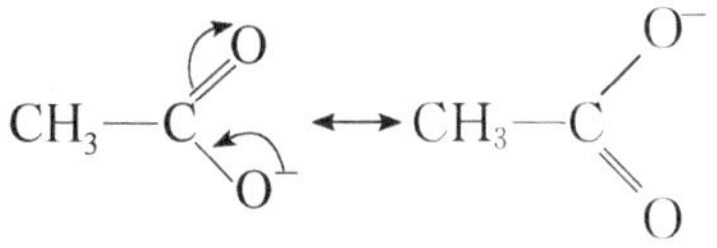

但乙烯醇与乙醛为互变异构,不是共振关系:

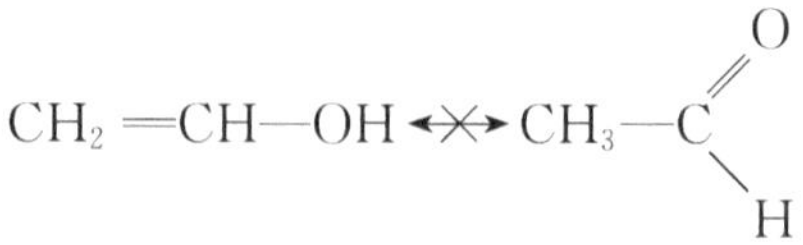

能量低的共振结构式在共振杂化体中参与最多或称贡献最大,因此,常用能量较低接近于真实结构的共振结构式来表示该化合物的结构。

各共振结构式的能量高低,有以下规律:

(1) 满足八隅体结构的共振结构式较稳定;

满足八隅体，较稳定，对真实分子贡献大　　不满足八隅体，不稳定，对真实分子贡献小

（2）没有电荷分离的共振结构式较稳定；

$$\mathrm{CH_2{=}CH{-}CH{=}CH_2 \longleftrightarrow \overset{-}{C}H_2{-}CH{=}CH{-}\overset{+}{C}H_2}$$

较稳定的共振式　　较不稳定的共振式

（3）两个电荷分离的共振结构式，电负性强的原子带负电荷的结构稳定；

$$\mathrm{\overset{-}{C}H_2{-}\overset{+}{N}{\equiv}N \longleftrightarrow CH_2{=}\overset{+}{N}{=}\overset{-}{N}}$$

稳定的共振式

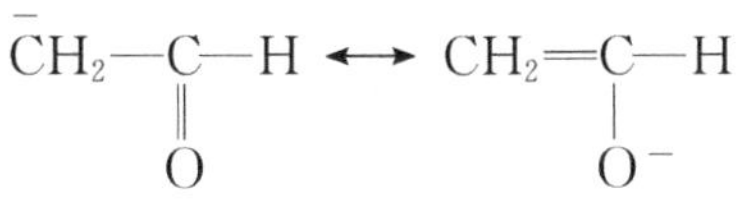

稳定的共振式

（4）具有能量完全相等的共振结构式时，该共振结构式特别稳定；

$$\mathrm{CH_2{=}CH{-}\dot{C}H_2 \longleftrightarrow \dot{C}H_2{-}CH{=}CH_2}$$

（5）参与共振的共振结构式越多，真实分子就越稳定，以苯为例：

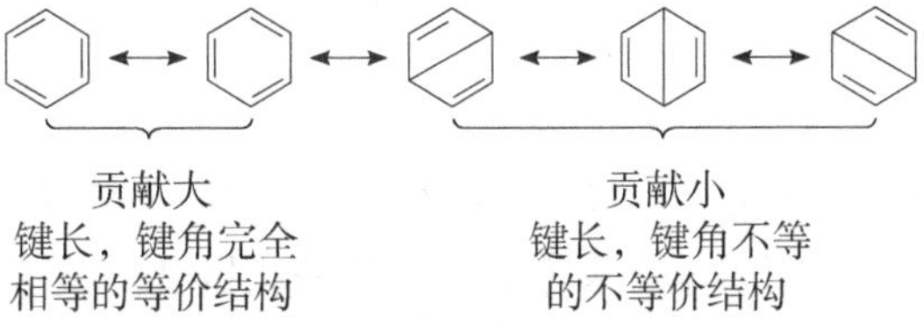

共振杂化体的能量比参与结构式的最低能量还要低。共振杂化体的能量和参与共振结构式最低能量间之差称为共振能(resonance energy)。

苯环的特殊稳定性是苯环不易加成和氧化的原因。取代反应因反应终产物不破坏闭合的共轭体系，同时苯环大 π 键的电子云又暴露在苯环平面上、下方，容易受亲电试剂的进攻，因此苯环上比较容易发生亲电取代反应。

4.1.3　苯结构的表示方法

苯的大 π 键同共轭二烯烃的大 π 键相似，但共轭二烯烃是不闭合共轭体系，而苯的共轭体系是闭合的环状体系；同时，苯分子的 π 电子云密度是完全平均化的。许多人采用“”表示苯的结构，圆圈表示大 π 键的特殊结构，但这种表示与有

机化学的价键结构的表达习惯不同。目前，常用  表示苯的结构。

4.2 苯的异构现象和命名

4.2.1 苯的异构现象

苯环上的六个碳原子和六个氢原子是完全等同的。取代烃基的结构确定后，苯的一元取代物就只有一种。含有两个以上碳原子的取代基，由于存在碳链异构现象，因此有不同的同分异构体。苯的二元取代物，由于取代基在环上有三种不同的相对位置，因此还存在位置异构现象。苯的多元取代则情况更复杂。

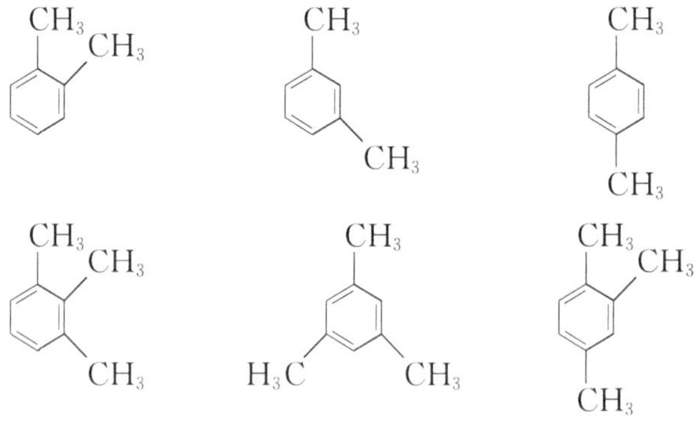

4.2.2 苯的命名

一元取代有两种命名法。当烃基的结构较简单时，一般以苯环为母体命名，并可省略某基的"基"字，如甲苯，乙苯等。当烃基的碳链比较复杂时，则把苯看作取代基来命名。例如：

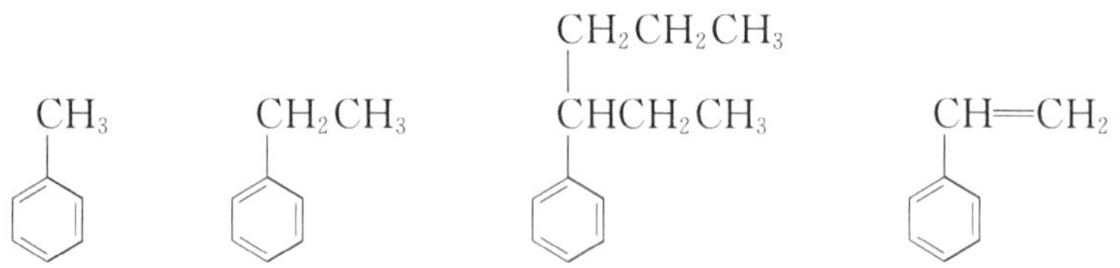

甲苯 toluene　　乙苯 ethylbenzene　　3-苯基己烷 3-phenylhexane　　苯乙烯 phenyl ethylene

二元取代苯相应有三种同分异构体，命名时常以邻、间、对作为字头来表明两个取代基的相对位置，有时也用拉丁语 ortho(邻)、meta(间)、para(对)的第一个字母来表示，还可用阿拉伯数字来表明取代基的相对位置。

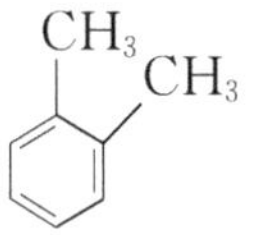

1,2-二甲苯
邻二甲苯
o-dimethylbenzene

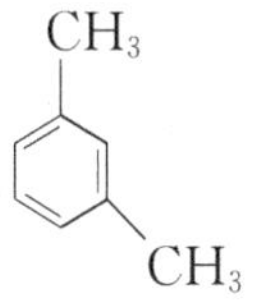

1,3-二甲苯
间二甲苯
m-dimethylbenzene

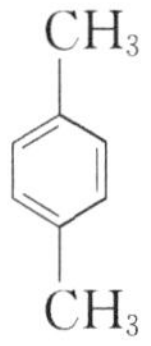

1,4-二甲苯
对二甲苯
p-dimethylbenzene

多元取代苯常用阿拉伯数字来表明取代基的相对位置。对于三个取代基相同的三取代苯，也可以用连、偏、均等字头来表示。

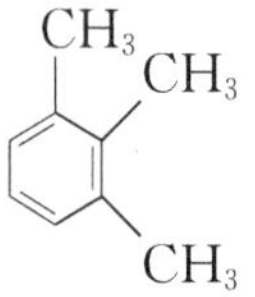

1,2,3-三甲苯
连三甲苯
vic-trimethylbenzene

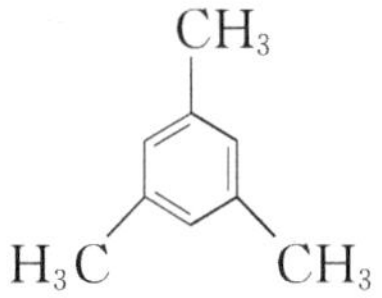

1,3,5-三甲苯
均三甲苯
sym-trimethylbenzene

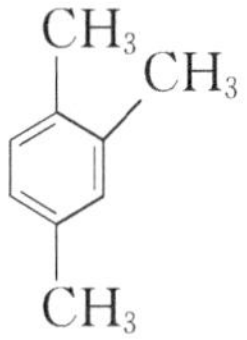

1,2,4-三甲苯
偏三甲苯
unsym-trimethylbenzene

芳烃分子的芳环上去掉一个氢原子所剩下的部分称为芳基(aryl)，用 Ar 表示；苯去掉一个氢原子所剩下的部分称为苯基(C_6H_5—)(phenyl)，常用 Ph 表示；甲苯的甲基上去掉一个氢原子所剩下的部分称为苄基或苯甲基($C_6H_5CH_2$—)；甲苯的苯环上去掉一个氢原子所剩下的部分称为甲苯基。

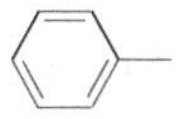

苯基

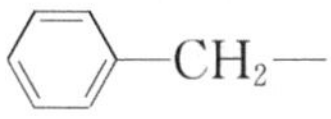

苯甲基(苄基)

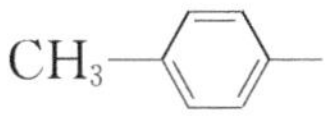

4-甲基苯基
(对甲基苯基)

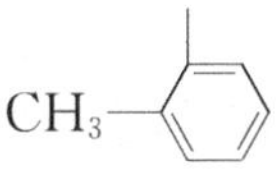

2-甲基苯基
(邻甲基苯基)

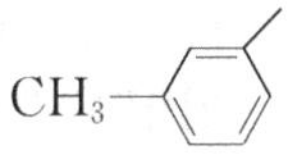

3-甲基苯基
(间甲基苯基)

苯环上有多个不同官能团取代基时，选择处于优先次序的官能团为母体，其他官能团作为取代基。官能团优先次序：

$$—COOH > —SO_3H > —COOR > —COX > —CONH_2 > —CHO >$$
$$—CN > —OH > —NH_2 > —R > —NO_2 > —X$$

苯甲酸

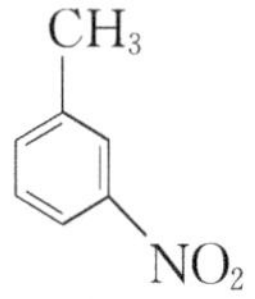

3-硝基甲苯
(间硝基甲苯)

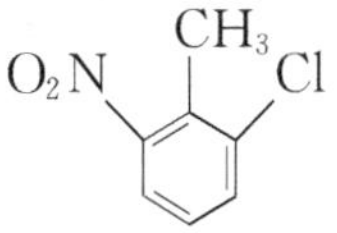

2-硝基-6-氯甲苯

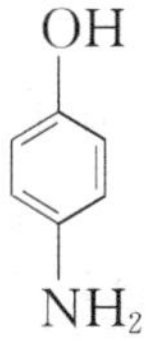

4-氨基苯酚
(对氨基苯酚)

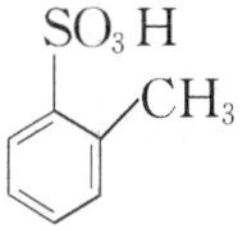

2-甲基苯磺酸
(邻甲基苯磺酸)

4.3 芳烃的来源和制法

1. 煤的干馏

煤在炼焦炉里隔绝空气加热至1000～1300℃，分解得固态、液态和气态的产物。固态产物是焦炭(coke)，液态产物中有氨水和煤焦油(coal tar)，气态产物为煤气(gas)。煤焦油中含有大量的芳香族化合物，通过分馏得不同馏分的芳香族化合物，苯及其同系物主要存在于低沸点馏分即轻油中(表4-1)。

表4-1 煤焦油的分馏产物

馏分	沸点/℃	收率/%	主要成分
轻油	<180	0.5～1.0	苯，甲苯，二甲苯
酚油	180～210	2～4	苯酚，甲苯酚，二甲酚
萘油	210～230	9～12	萘
洗油	230～300	6～9	萘，蒽，芴
蒽油	300～360	20～24	蒽，菲
沥青	>360	50～55	沥青，游离碳

2. 石油的芳构化

随着有机合成工业，特别是塑料、纤维和橡胶三大合成材料工业的发展，芳烃的需要量不断增加。从煤焦油中分离出来的芳烃已远不能满足需要，因此开发出了以石油为原料来制取芳烃的方法。将轻汽油馏分中含6～8个碳原子的烃类在催化剂铂或钯等存在下，于400～450℃进行脱氢、环化和异构化等一系列复杂的化学反应而转变为芳烃。工业上称这一过程为铂重整(platforming)。在铂重整中所发生的化学变化叫芳构化(aromatization)。芳构化的实现使石油成为芳烃的主要来源之一。芳构化主要有下列几种反应：

(1) 环烷烃催化脱氢：

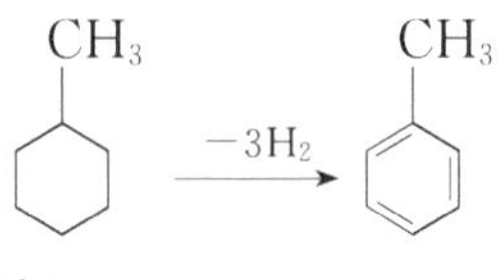

(2) 烷烃脱氢环化和再脱氢：

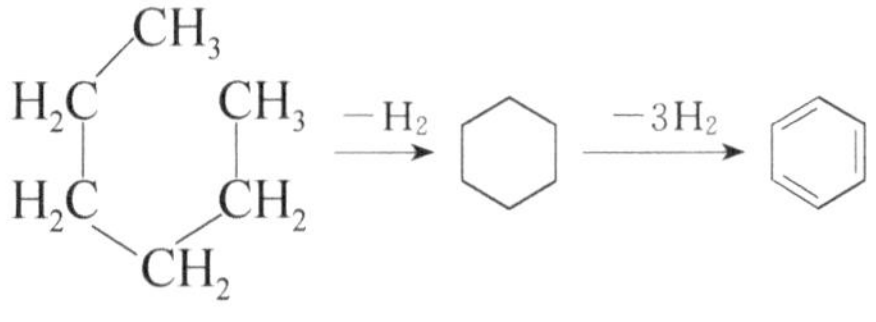

(3) 环烷烃异构化和脱氢：

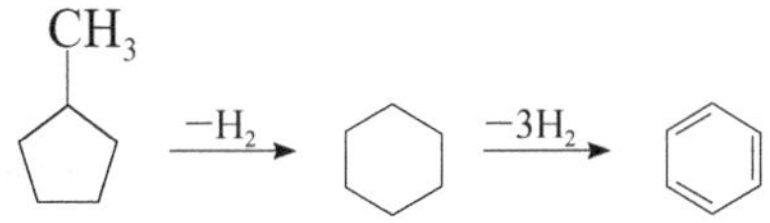

此外以生产乙烯为目的的石油裂解过程中也有一定含量的芳烃生成，可以从液态焦油中回收得到。

4.4　芳烃的物理性质

苯及其同系物具有与一般烃类基本相同的物理性质。苯及其低级同系物都是无色有芳香无味的液体，不溶于水，易溶于乙醚、四氯化碳、石油醚等有机溶剂。相对密度一般为 0.86～0.88，容易燃烧，冒黑烟。它们的蒸气有一定毒性。二元取代苯的异构体中，对位异构体的熔点因分子对称性高，使得结晶内分子间色散力较大而比邻位和间位异构体的高。例如，*p*-二甲苯的熔点是＋13℃，而 *o*-位是－25℃，*m*-位是－45℃，表 4-2 列出了苯及其衍生物的物理性质。

表 4-2　苯及其衍生物的基本物理性质

化合物	英文名称	熔点/℃	沸点/℃	相对密度 d_{20}^{4}
苯	benzene	5.5	80	0.879
甲苯	toluene	－95	111	0.866
乙苯	ethylbenzene	－95	136	0.867
丙苯	propylbenzene	199	159	0.862
异丙苯	iso-propylbenzene	－96	52	0.862
邻二甲苯	*o*-xylene	－25	144	0.880
间二甲苯	*m*-xylene	－48	139	0.864
对二甲苯	*p*-xylene	13	138	0.861
1,2,3-三甲苯	1,2,3-trimethylbenzene	－25.4	176.1	0.894
1,2,4-三甲苯	1,2,4-trimethylbenzene	－43.8	169.4	0.876
1,3,5-三甲苯	1,3,5-trimethylbenzene	－44.7	164.7	0.865
苯乙烯	styrene	－31	145	0.907
苯乙炔	phenylacetylene	－45	142	0.930

与脂肪烃不同的是，芳烃易溶于环丁砜，*N*,*N*-二甲酰胺等特殊溶剂。利用此性质，可从脂肪烃和芳烃的混合物中萃取芳烃。

4.5 芳烃的化学性质

芳烃容易发生取代反应，反应时芳烃体系不变。芳环只有在特殊的条件下才能发生加成、氧化反应。此外，苯环与侧链之间的相互作用，对它们的性质也有影响。

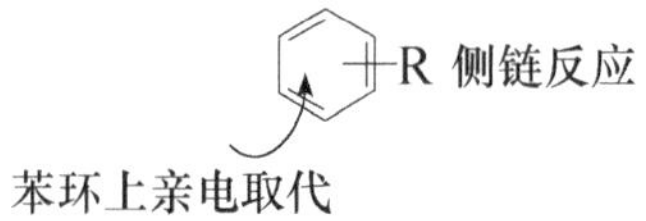

4.5.1 亲电取代反应

由亲电试剂进攻而引起的取代反应叫亲电取代反应（electrophilic substitution reaction），亲电试剂用 E^+ 来表示。单环芳烃重要的取代反应有卤化、硝化、磺化、烷基化和酰基化等。

卤化：

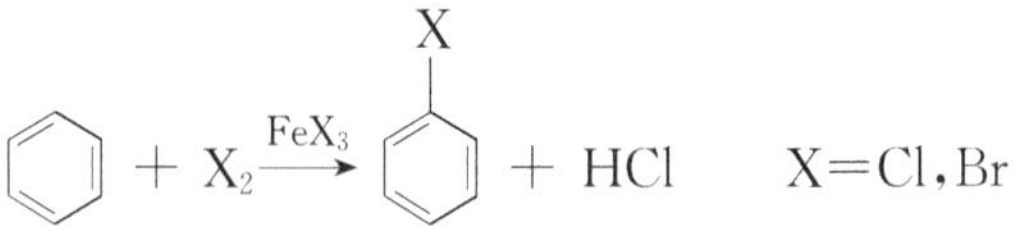

硝化：

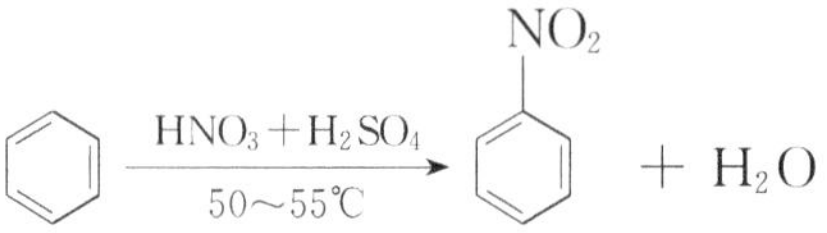

磺化：

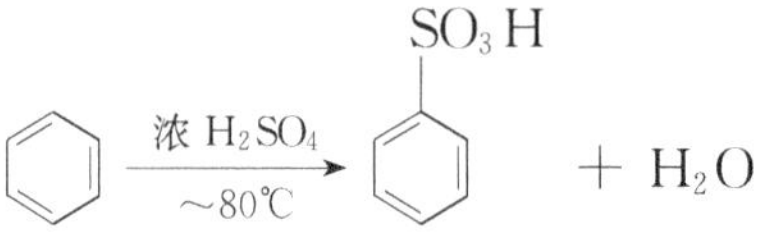

烷基化：

酰基化：

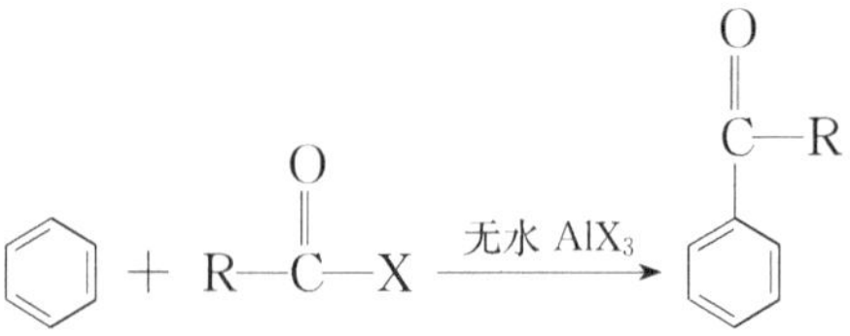

1. 亲电取代反应历程

苯环上的硝化、磺化、烷基化和酰基化反应都是离子型的亲电取代反应，它们具有相同的反应机理：

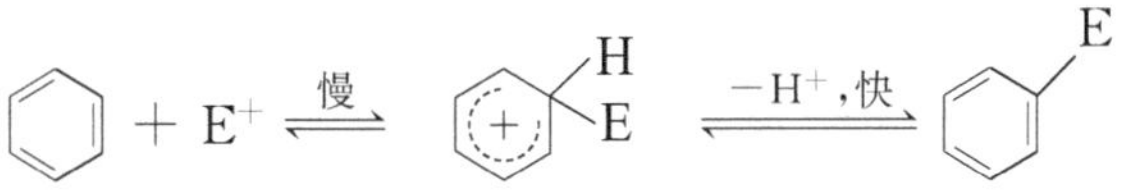

亲电试剂　碳正离子中间体　产物

第一步，苯环与带有正电荷（或部分正电荷）的亲电试剂（E^+）相遇时，先形成结构比较松散的 π 配合物，被进攻的碳原子的杂化状态由 sp^2 变为 sp^3，形成碳正离子中间体，类似于烯烃的亲电加成，这一步是决速步骤。

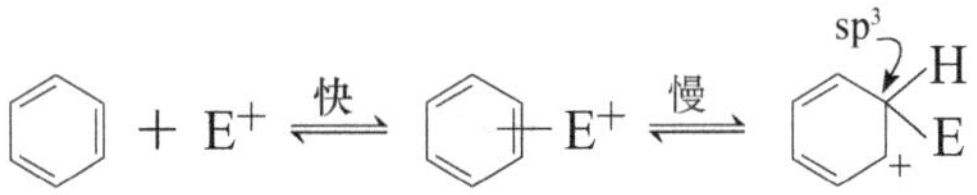

亲电试剂　π配合物　碳正离子中间体

碳正离子中间体的生成破坏了苯环闭合的共轭体系，但正电荷处于不饱和体系的 α-碳上，可形成五个碳原子共用四个 π 电子的共轭体系（π_5^4），其结构可用共振式表示：

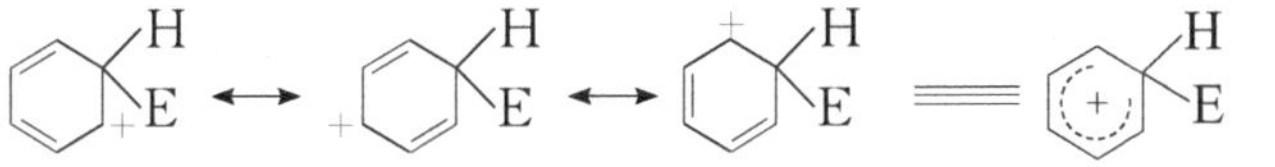

第二步，碳正离子中间体消除质子，形成产物。

碳正离子中间体有两种可能的变化趋向：

(1) 与负离子（Nu^-）结合，生成能量很高的环己二烯衍生物，即加成产物。

(2) 与亲电试剂成键的 sp^3 杂化的碳原子消除质子，恢复成稳定的苯环结构，即取代产物。

消除质子所需的活化能小，生成的产物也稳定，因此，碳正离子中间体生成后随即迅速脱去一个质子，重新获得稳定的苯环结构，得到取代产物。

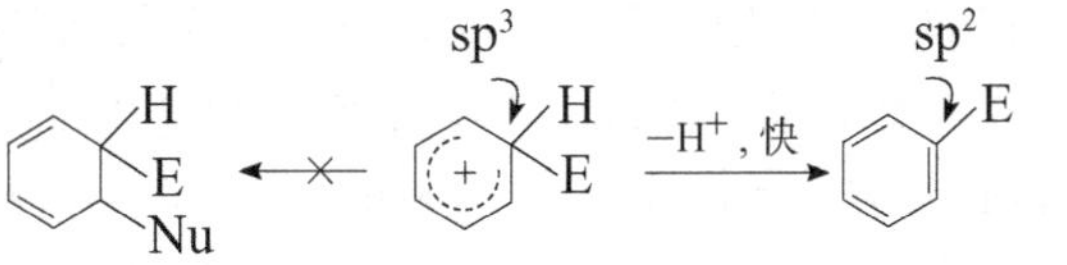

环己二烯衍生物　碳正离子中间体　亲电取代产物

图 4-4 表示苯的亲电取代反应过程的能量变化。一般来说，第一步反应较慢，是速率控制步骤，其活化能高于第二步，整个反应为不可逆的。但在某些芳烃的亲电取代如磺化反应中，出现第一和第二步活化能近似的情况，此时亲电取代反应为可逆反应。

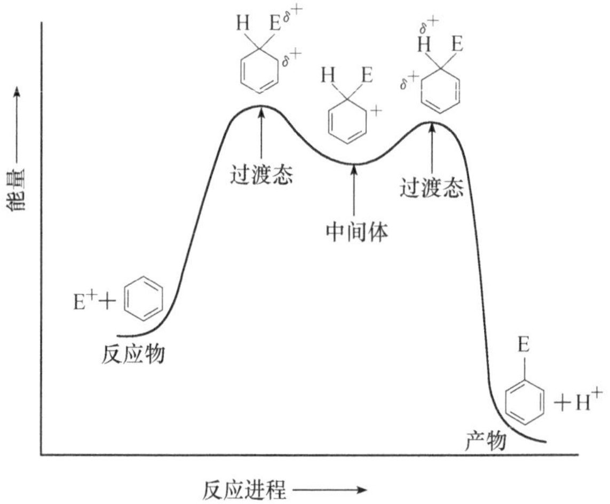

图 4-4　苯亲电取代反应的能量示意图

2. 苯的亲电取代反应

(1) 卤化反应。苯及其同系物分子中的氢原子被卤素原子取代生成卤化物的反应称为卤化(halogenation)反应。在路易斯酸催化下，苯及其同系物可以与氯气或溴发生卤化反应，在苯环上引入卤原子，生成卤代苯。

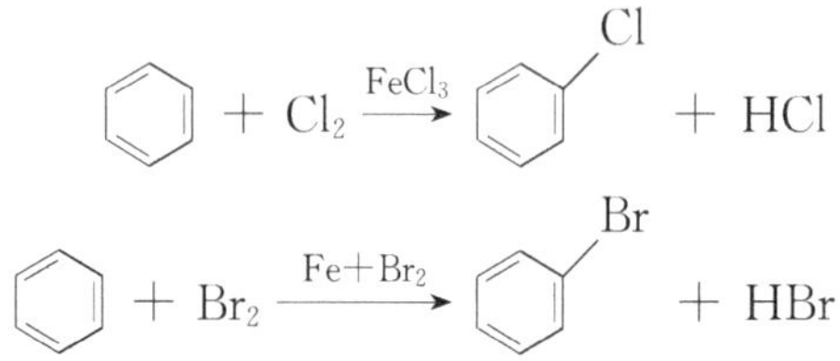

三卤化铁的作用是促进卤素分子极化、离解，使卤素转变为更强的亲电试剂 X^+，也可以用铁粉与卤素替代三卤化铁。

$$X_2 + FeX_3 \longrightarrow X^+ + FeX_4^-$$

氯代反应选用 $FeCl_3$，溴代用 $FeBr_3$，以防止生成卤代物产生杂质。该反应得到的氯苯或溴苯中，主要是邻、对位异构体。通常还存在少量的二卤代苯。甲苯为反应物时，主要得到邻、对位异构体产物。例如：

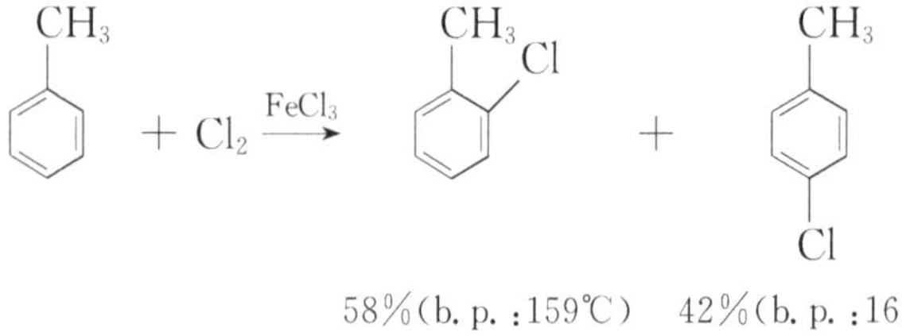

58%(b. p. :159℃)　42%(b. p. :162℃)

（2）硝化反应。苯及其同系物与浓硝酸和浓硫酸的混合物（称为混酸）在一定温度下可发生硝化（nitration）反应，苯环的氢原子被硝基取代，生成硝基化合物。

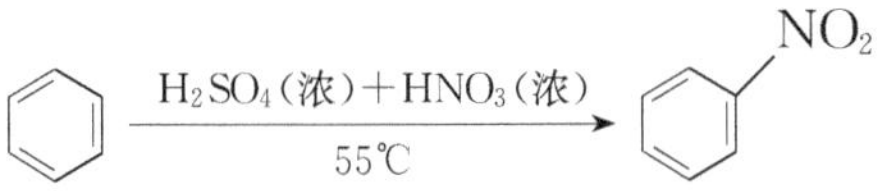

浓硫酸的作用是促进亲电试剂 NO_2^+（硝酰正离子）的形成：

$$HO—NO_2 + HO—SO_2OH \rightleftharpoons H_2\overset{+}{O}—NO_2 + HSO_4^-$$

$$H_2\overset{+}{O}—NO_2 + HO—SO_2OH \rightleftharpoons NO_2^+ + H_3O^+ + HSO_4^-$$

总反应：

$$HNO_3 + 2H_2SO_4 \rightleftharpoons 2HSO_4^- + H_3O^+ + \underset{\text{硝酰正离子}}{NO_2^+}$$

硝酰正离子进攻苯环，发生取代反应：

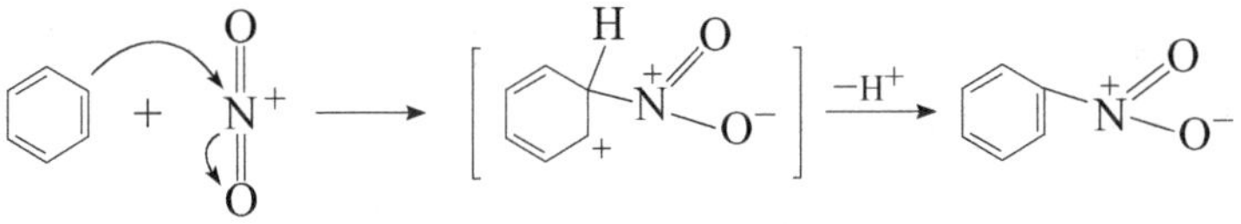

硝基苯不易继续硝化。在更高的温度下或发烟硫酸和发烟硝酸作硝化剂才能引入第二个硝基，且主要生成间二硝基苯。

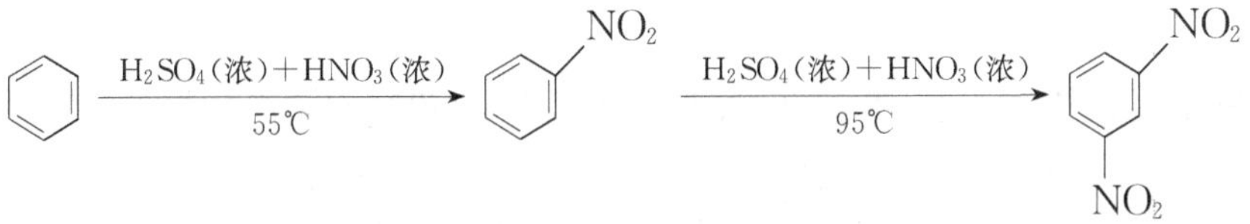

烷基苯在混酸作用下发生亲电取代反应时比苯容易，且主要产物是邻、对位的取代物。

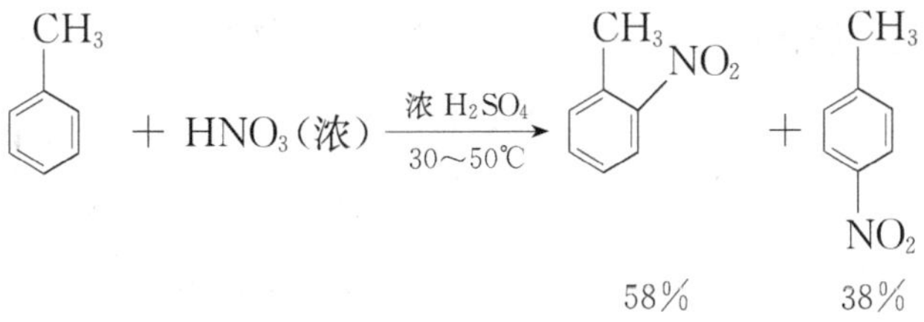

硝基甲苯继续硝化，可得到 2,4,6-三硝基甲苯，即炸药 TNT。

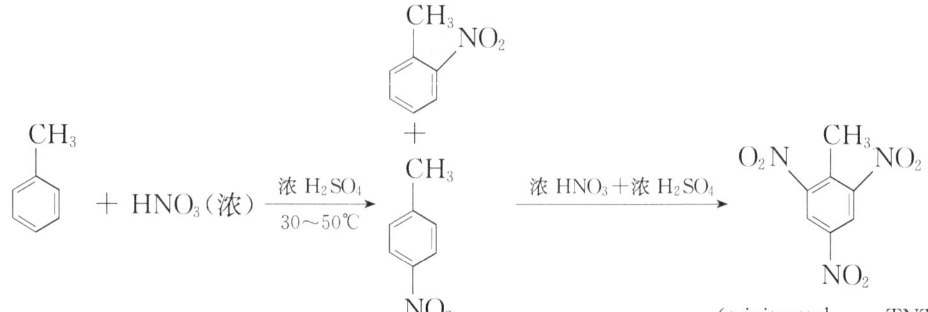

(trinitrottoluene,TNT)

(3) 磺化反应。苯及其同系物在加热下与浓硫酸发生磺化(sulfonation)反应,在苯环上引入磺基,生成苯磺酸。苯用浓 H_2SO_4 磺化,在室温下反应很慢;用发烟 H_2SO_4(含 10%的 SO_3)磺化,反应在室温下即可进行。

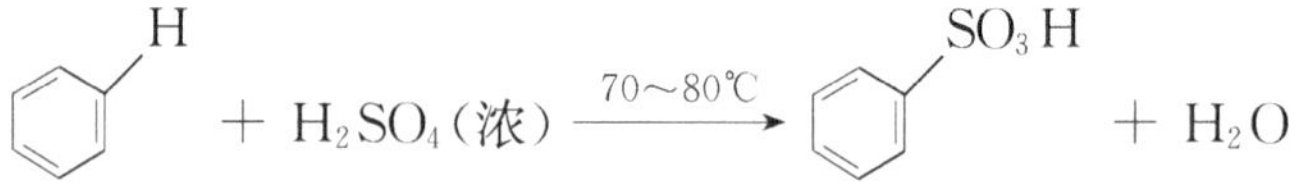

磺化反应的亲电试剂为 SO_3,SO_3 虽然不带电荷,但硫原子最外层只有六个电子,是缺电子的路易斯酸,作为亲电试剂与苯反应。

$$2\ H_2SO_4 \rightleftharpoons SO_3 + H_3O^+ + HSO_4^-$$

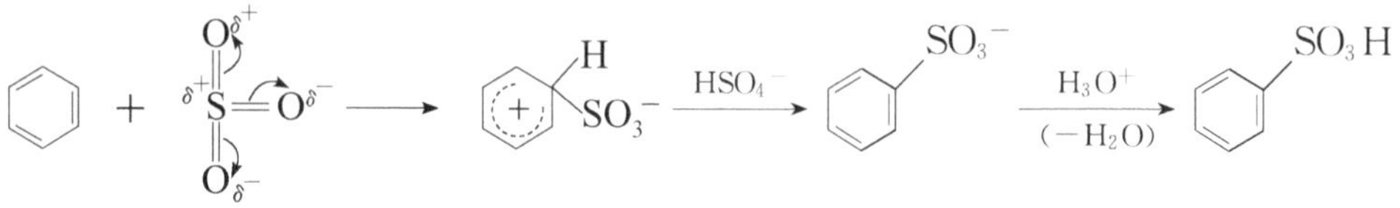

苯磺酸也不容易进一步磺化,在强烈条件下,可得到间位产物。

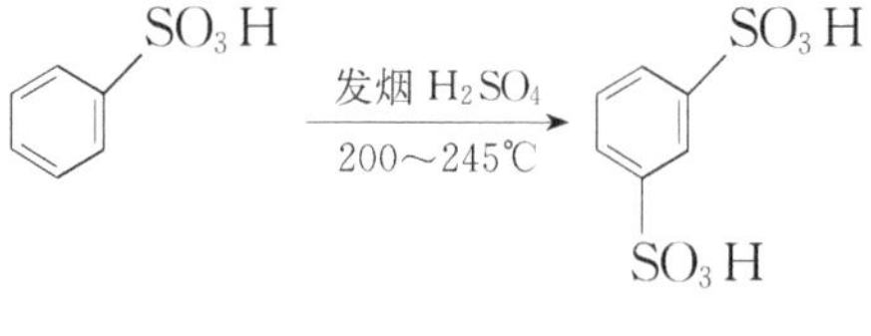

甲苯容易进行磺化反应,可得邻对位产物,且产物的比例与反应温度有关:

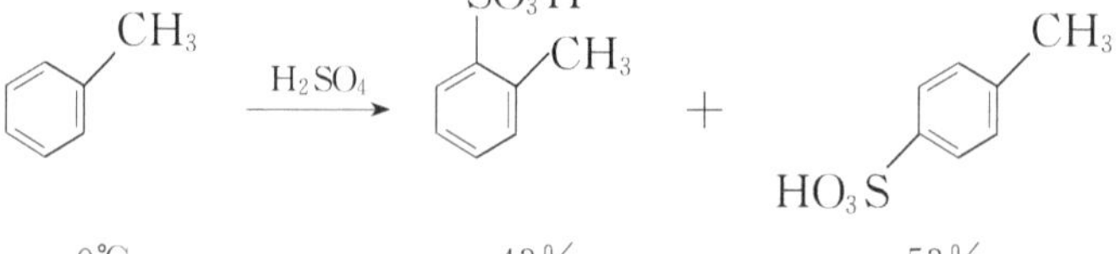

0℃	43%	53%
100℃	13%	79%

磺化反应是可逆反应,它的逆反应称为脱磺基反应或水解反应。苯磺酸与稀

酸一起加热，可返回苯和硫酸。

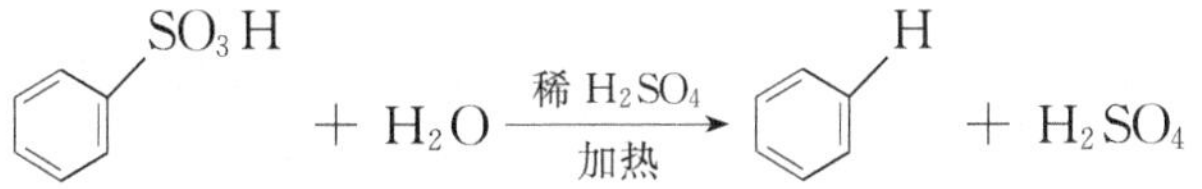

从能量的角度可以了解磺化反应的可逆性(图 4-5)。从图中可知，碳正离子中间体进行脱质子形成产物苯磺酸和脱 SO_3 回到原料苯这两步的活化能相差不大，反应可逆。硝化和卤化时，这两步的活化能相差较大，因此硝化和卤化反应不可逆。

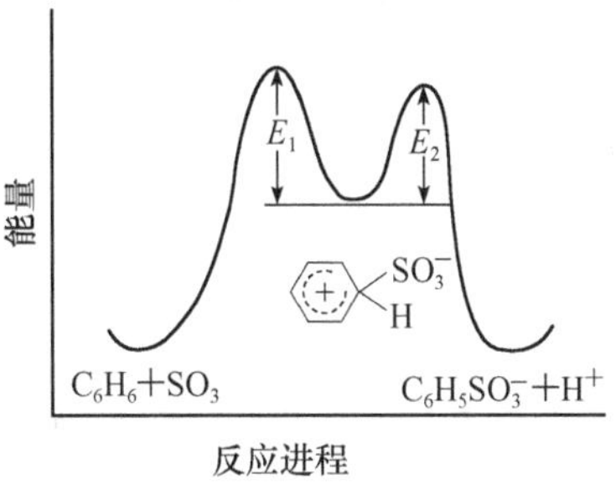

图 4-5　苯的磺化和苯磺酸的水解反应过程能量示意图

苯磺酸是强酸，其强度与硫酸相当；苯磺酸不易挥发，极易溶于水。这些性质常用于将其作为有机酸催化剂。在有机合成中利用磺化反应的可逆性，将有机化合物分离和提纯用磺基临时占位，以得到所需的产物。例如：

① 用于制备酚类化合物：

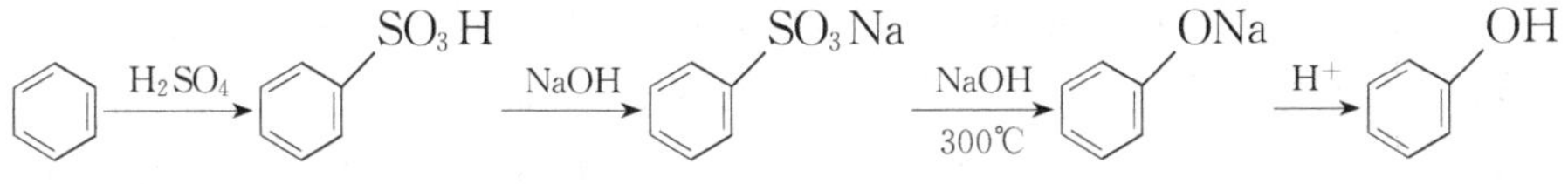

② 在某些反应中帮助定位：

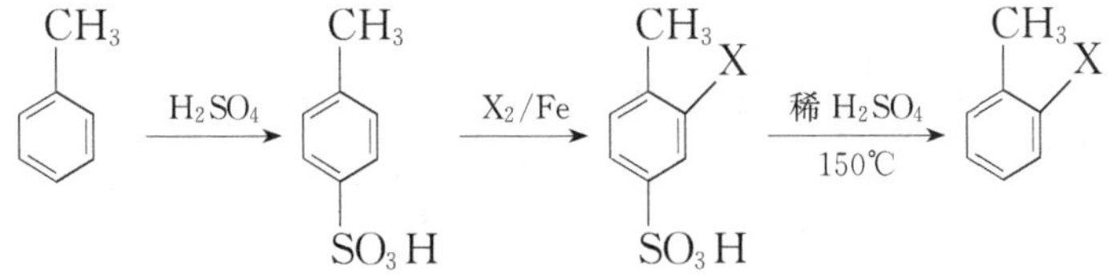

③ 合成洗涤剂十二烷基苯磺酸钠：

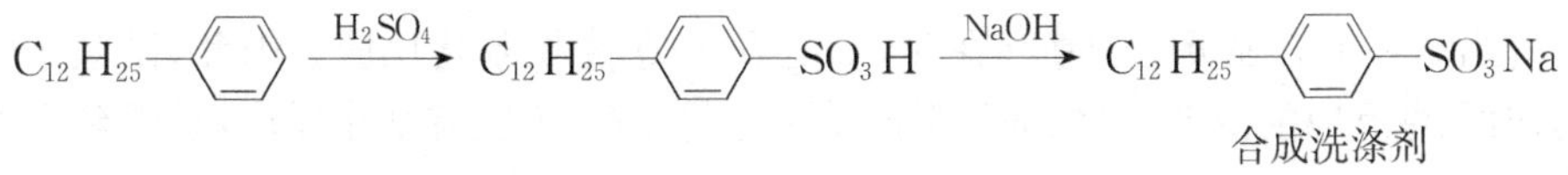

(4) 傅-克反应。

① 傅-克(Friedel-Crafts)烷基化反应:

卤代烷在无水 $AlCl_3$、$FeCl_3$、$SnCl_4$ 及 BF_3 等 Lewis 酸催化下与苯反应,可在苯环上引入烷基,生成烷基苯。催化剂的作用是使卤代烷转变为亲电试剂碳正离子:

$$R—X + AlX_3 \longrightarrow R^+ AlX_4^- \longrightarrow R^+ + AlX_4^-$$

除用卤代烷外,烯烃及醇在酸催化下与苯也可发生烷基化反应,醇和烯在酸催化下可形成亲电的碳正离子:

$$ROH + H^+ \rightleftharpoons R\overset{+}{O}H_2 \rightleftharpoons R^+ + H_2O$$

例如:

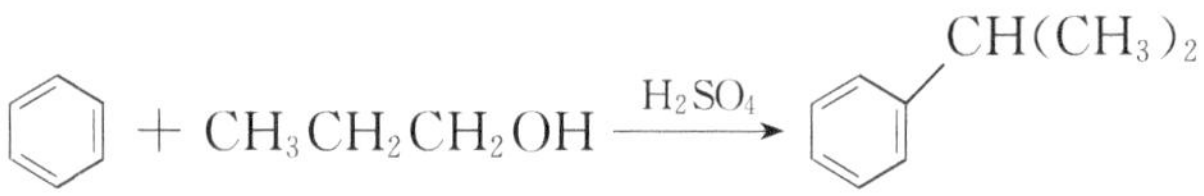

$$RCH{=}CH_2 + H^+ \longrightarrow R\overset{+}{C}HCH_3$$

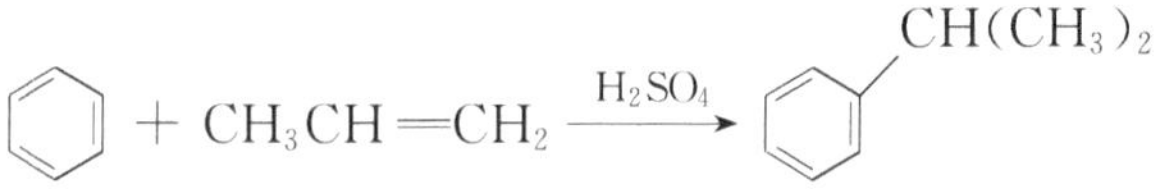

通常,将卤代烷、醇或烯等称为烷基化试剂。卤原子直接连在苯环或双键上的卤代苯及乙烯基卤代物,由于其活性低,不能作为烷基化反应的试剂。

傅-克反应的亲电试剂是碳正离子,因此,当烷基化试剂的碳数大于或等于 3 时,碳正离子可发生重排,主产物为带支链的烷基苯,如:

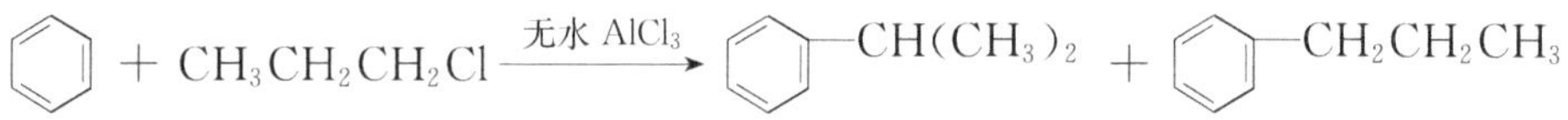

65%～69%　　30%～35%

$$CH_3CH_2CH_2Cl + AlCl_3 \longrightarrow CH_3CH_2\overset{+}{C}H_2 + AlCl_4^-$$

$$\Big\downarrow \text{重排}$$

$$CH_3\overset{+}{C}HCH_3$$

稳定

当苯环上有强吸电子基存在时,不能发生傅-克烷基化反应。因此,硝基苯常用作傅-克反应的溶剂;而烷基苯则比苯更容易发生傅-克烷基化反应,易得到多取代物:

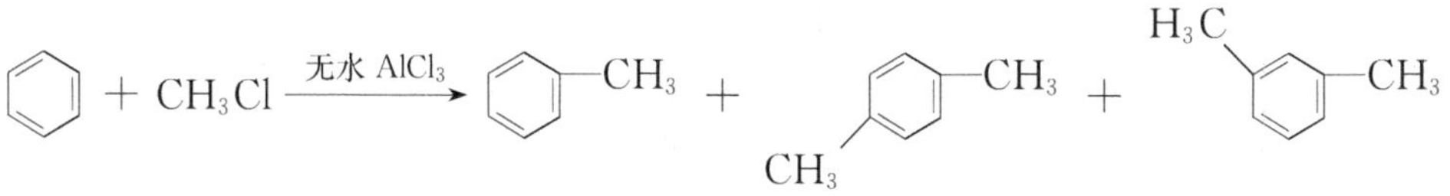

② 傅-克酰基化反应：

在无水 $AlCl_3$ 作用下，芳香烃与酰卤或酸酐（称为酰基化试剂）生成芳香酮的反应称为傅-克酰基化反应，这是制备芳香酮的重要方法。

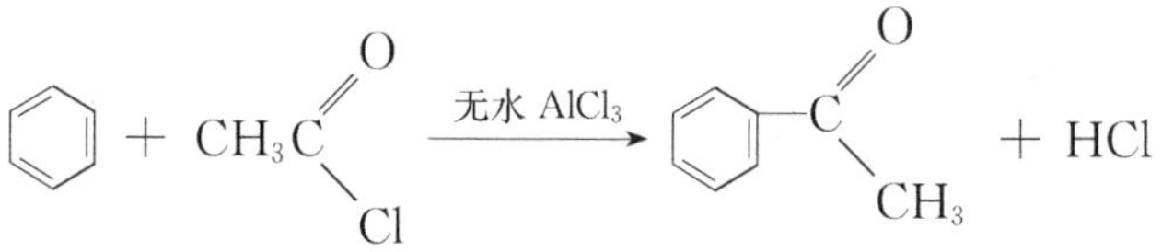

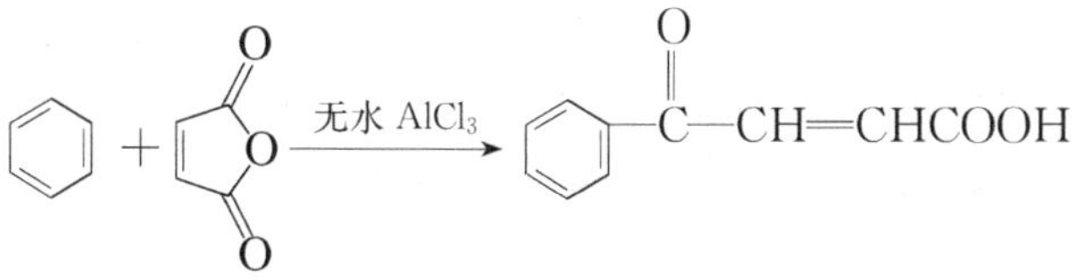

傅-克酰基化反应机理与傅-克烷基化类似。

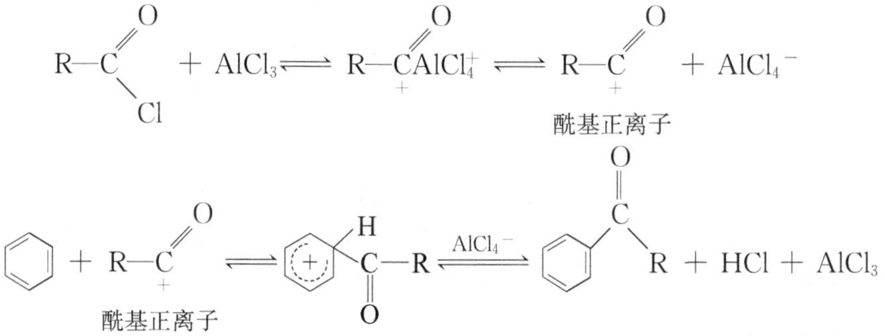

由于产物可与 $AlCl_3$ 形成配合物，用酰卤做酰基化试剂时，催化剂用量要大于酰卤，用酸酐时，催化剂用量要大于酸酐用量的 2 倍。产物芳酮需要水解后才能得到。

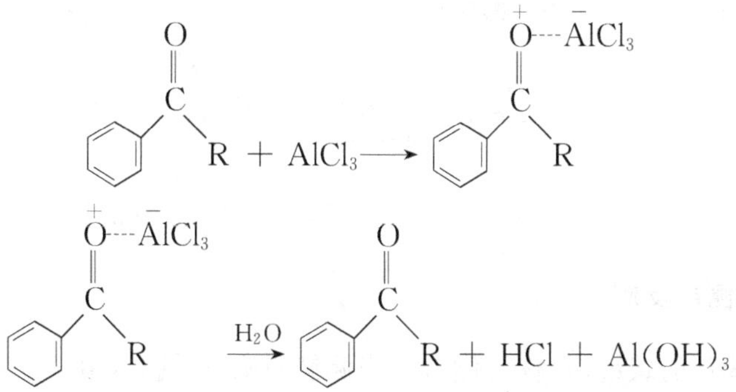

由于酰基正离子较稳定，不重排，产物芳酮的羰基是吸电子基，因此，酰基化反应得到的是单取代且无重排的产物，产率较高。生成的芳香酮还可以用锌汞齐加盐酸或用黄鸣龙法还原为亚甲基，得直链的烷基苯。

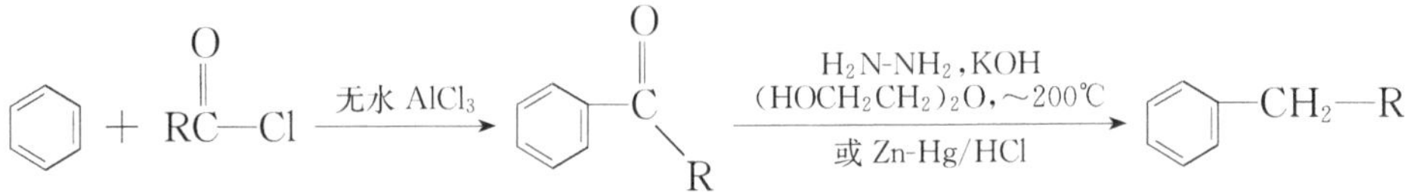

4.5.2　加成和氧化反应

1. 加成反应

苯环较稳定，一般不易发生加成反应，但在特殊条件下也能发生加成反应。在加热加压加催化剂存在下，苯与氢加成生成环己烷；在紫外线照射及一定温度下，苯与氯加成生成六氯化苯(benzene hexachloride)。

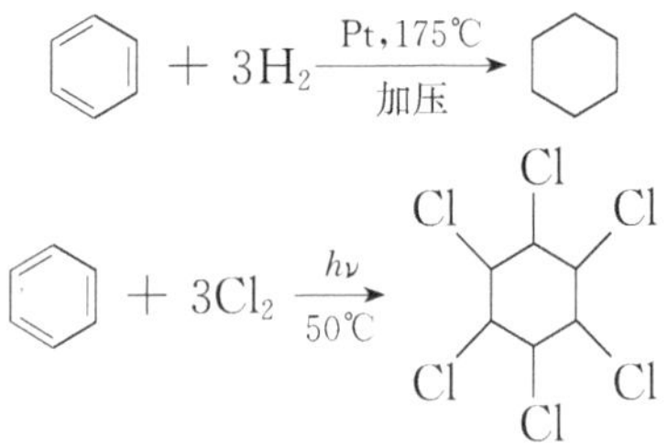

六氯化苯简称“六六六”。它的八种异构体中，只有 γ-异构体(占混合物的18%)具有杀虫活性，是一种有效的杀虫剂，但由于其化学性质稳定，在环境及生物体内难降解，残留毒性大，目前在国内外都被禁用。

2. 氧化反应

通常情况下，苯环很稳定，常见的氧化剂如高锰酸钾、重铬酸钾、稀硝酸等都不能使苯环氧化。但在高温和含钒氧化物催化下，会发生环破裂，生成顺-丁烯二酸酐，这是工业上合成顺-丁烯二酸酐的方法：

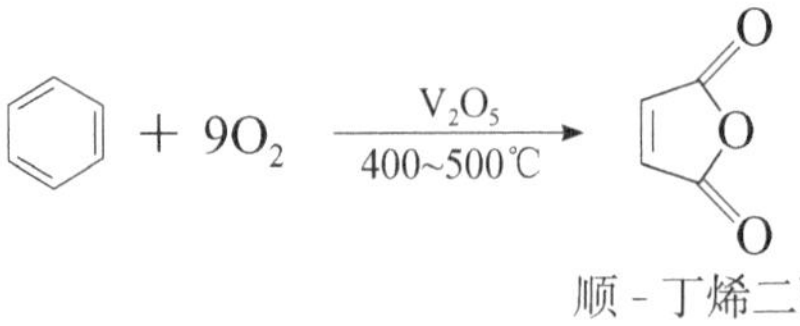

顺-丁烯二酸酐

4.5.3　芳烃侧链反应

连接于苯环的碳链，常称为侧链。当侧链具有 α-氢时，由于受苯环的影响而活化，在一定条件下可进行氧化及卤代反应。

1. 氧化反应

苯环的侧链上有 α-氢时，很易被氧化成羧基。在侧链 α-氢的氧化中，不论侧链长短，反应的最终产物都是芳甲酸。例如：

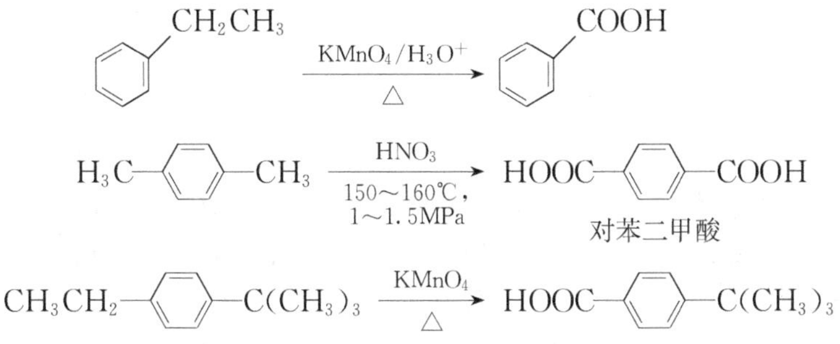

2. 侧链上的卤化

在高温或光照下，芳烃侧链上氢可被卤原子取代，卤代通常发生在 α-位：

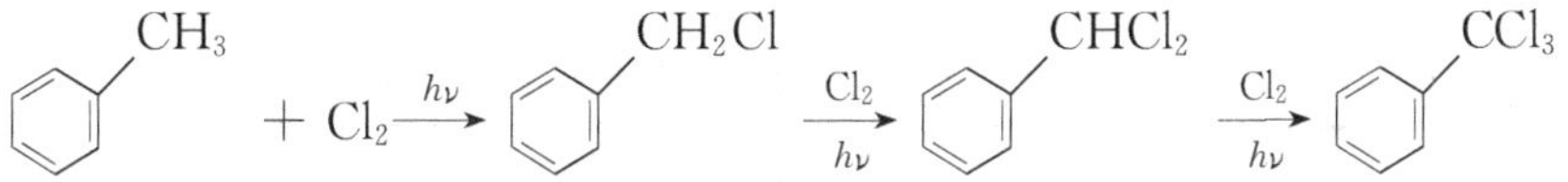

该反应为自由基机理，中间体为苄基自由基 $C_6H_5CH_2\cdot$。

苄基自由基中的亚甲基碳原子为 sp^2 杂化，它具有与苯环平面垂直的含一个未成对电子 p 轨道，该 p 轨道同苯环的 π 轨道相互交盖，发生 p-π 共轭，如图 4-6 所示。苄自由基比较稳定，在反应过程中也较易生成，从而使侧链上的 α-氢易发生自由基取代反应。

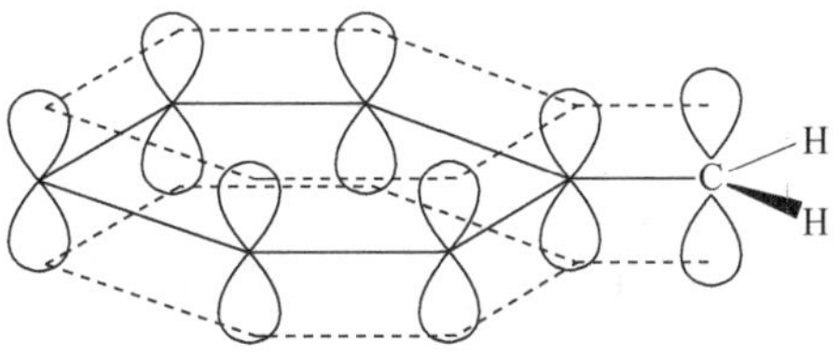

图 4-6　苄基自由基

4.6　苯环上亲电取代反应的规律

4.6.1　定位效应

苯容易发生亲电取代反应生成一元取代苯，当一元取代苯继续进行亲电取代反应，一元取代苯上的取代基对进一步的取代反应速率是否有影响，也将影响到新的取代基应该取代到苯环的哪个位置上。比较苯、硝基苯及甲苯的硝化反应：

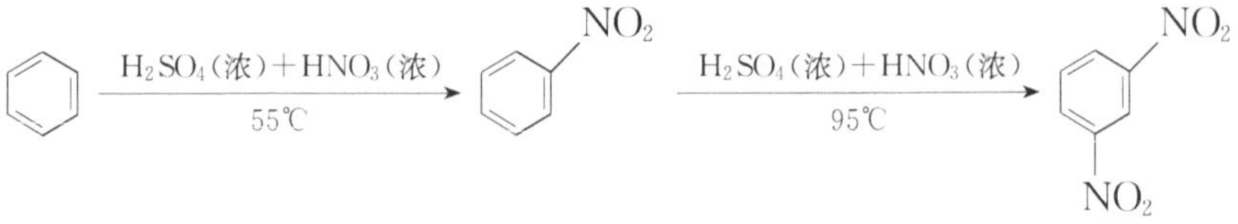

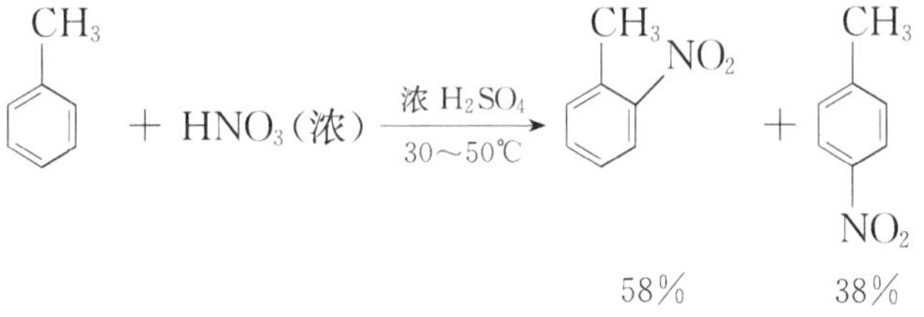

显然，硝基苯进一步硝化反应比甲苯进行硝化反应难度大，它的产物与甲苯硝化产物相比，新取代基硝基进入的位置对原取代基相对位置彼此不同。因此，苯环上原有取代基具有决定第二个取代基进入苯环位置的作用，也影响着取代反应的难易程度。原有取代基的这种作用称为定位效应(orientation effect)。

大量的实验表明，不同的一元取代苯在进行同一取代反应时，按所得产物比例的不同可分成两类(表 4-3)。一类是取代产物中邻位和对位异构体占优势，且反应速率一般都比苯快些，另一类是间位异构体为主，且反应速率比苯慢。

表 4-3　一元取代苯硝化反应产物比例

苯环上已有取代基	二元取代物各异构体所占的百分比例			
	间(*m*-)	邻(*o*-)	对(*p*-)	$(o+p)/m$
—OH	微量	55	45	100/0
$—NHCOCH_3$	1	19	80	99/1
$—CH_3$	4	58	38	96/4
$—CH_2CH_3$	<1	—	45	—
$—C(CH_3)_3$	8	12	80	92/8
—Cl	1	30	69	99/1
—Br	1	37	62	99/1
$—N^+(CH_3)_3$	89	0	11	11/89
$—NO_2$	93	6	1	7/93
$—SO_3H$	72	21	7	28/72
—COOH	80	19	1	20/80
$—COOCH_2CH_3$	68	28	4	32/68

因此，按所得取代产物来划分，可以把苯环上的取代基分为两大类：

(1) 邻、对位定位基(ortho/para directors)。例如，$—O^-$、$—NH_2$、—NHR、$—NR_2$、—OH、$—OCH_3$、$—NHCOCH_3$、—OCOR、$—C_6H_5$、$—CH_3$，—X 等。邻、

对位定位基又称为第一类定位基。这些取代基与苯环直接相连的原子一般只具有 σ 键或带负电荷。这类取代基使第二个取代基主要进入它们的邻位和对位，而且反应比苯容易进行（卤素除外），也就是它们能使苯环活化。

（2）间位定位基（meta directors）。例如，$—N^+(CH_3)_3$、$—NO_2$、—CN、—COOH、$—SO_3H$、—CHO、—COR 等。间位定位基又称为第二类定位基，这些取代基与苯环相连的原子一般具有重键或带正电荷。这类取代基使第二个取代基主要进入间位，且和苯相比，这些取代反应的进行都较困难些，也就是它们可使苯环钝化。

4.6.2　定位规律的理论解释

苯环取代基的定位效应也称为苯环的定位规律。原有取代基对苯环的定位规律，可以从反应机理加以解释。

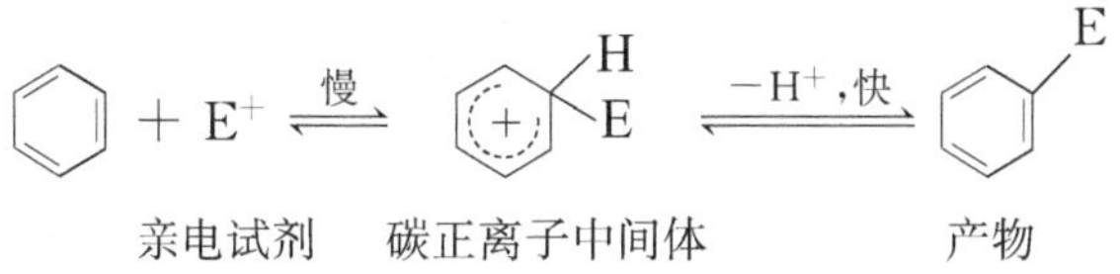

在苯环的亲电取代反应中，生成碳正离子中间体的一步是决定反应速率的一步，如果原取代基对生成的碳正离子中间体的稳定性贡献较大，那么反应所需的活化能就较小，反应就较容易进行。同理，如果它对苯环上某一位置生成碳正离子中间体的稳定性贡献较大，该位置也就较容易发生取代。

对于大多数亲电取代反应，碳正离子中间体的结构同生成它的过渡态的结构相类似，可以用原有取代基对碳正离子中间体稳定性的影响进行考察。下面以甲基、羟基、氯原子和硝基为例，对定位规律进行解释。

1. 邻、对位定位基的影响

1）甲基定位效应

甲苯环电子云密度分布：

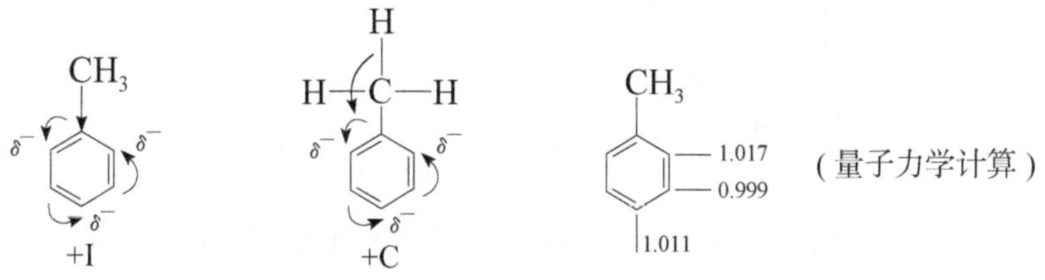

（1）电子效应。甲基的碳原子是 sp^3 杂化，它对相连的 sp^2 杂化的苯环碳原子有供电子的诱导效应。甲基碳氢 σ 键也可与苯环的大 π 键形成 σ-π 超共轭效应。

甲基的诱导和共轭效应指向一致，都使苯环上的电子云密度增加，特别是处于其邻、对位的碳原子上的电子云密度增加得更多。甲基使苯环活化，亲电取代反应比苯容易，并主要发生在它的邻、对位。

(2) 中间体碳正离子稳定性。当亲电试剂进攻甲苯时，受甲基供电子的影响，所生成的碳正离子中间体与进攻苯生成的碳正离子中间体相比，正电荷更分散些，它们的稳定性相对也高些。

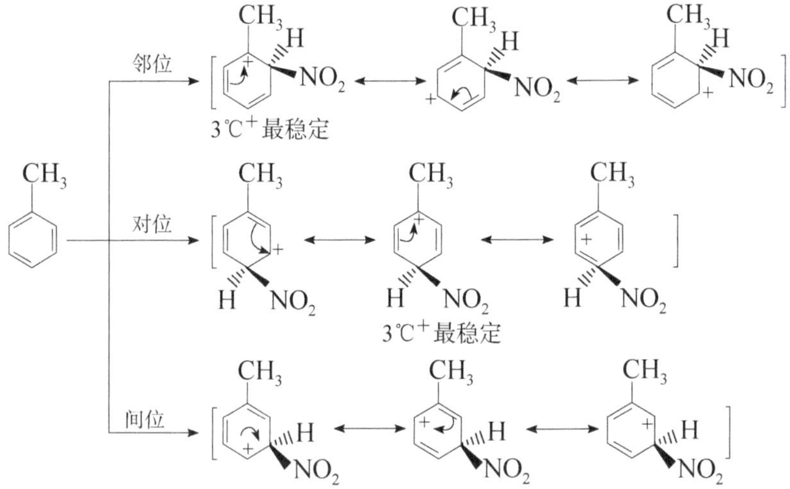

从共振论的观点来看，当第二取代基进入邻、对位时，能得到能量最低的共振结构式。

(3) 反应过程中活化能的大小。比较甲苯取代与苯取代的势能变化，如图 4-7 所示，生成邻、对位产物反应的活化能较小。

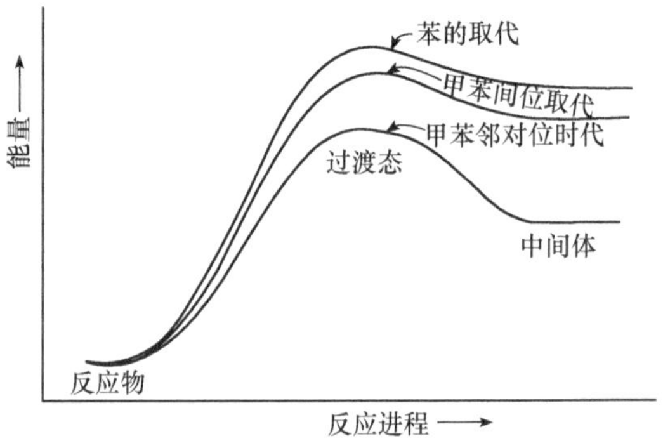

图 4-7　甲苯和苯亲电取代反应的能量变化比较

2) 羟基的定位效应

氧的电负性大于碳，羟基上氧的吸电子诱导效应使苯环上的电子云密度下降。

但羟基氧原子的一个 p 轨道(其中的未共用电子对)能与苯环上的 π 轨道交盖，发生 p-π 共轭，使羟基邻、对位上的碳原子电子云密度增加。羟基的共轭效应比诱导效应强，两种效应综合作用使羟基的邻、对位上碳原子的电子云密度增加得较多。因此，羟基使苯环活化，取代反应主要发生在它的邻、对位。

共轭效应与诱导效应方向相反，且共轭效应大于诱导效应：

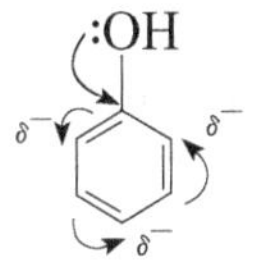

亲电试剂进攻苯酚时，可能产生以下三个取代位置不同的碳正离子中间体。

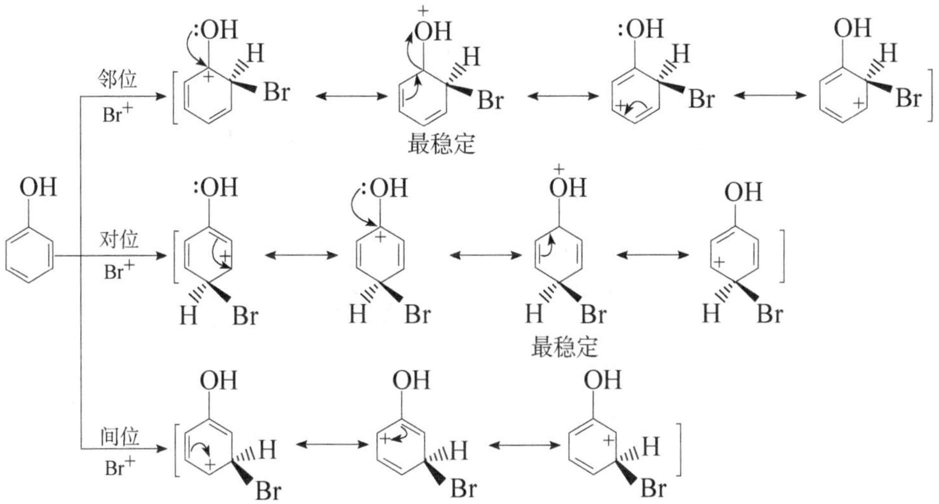

当进攻发生在羟基的邻、对位时，碳正离子中间体中羟基与带 δ^+ 的环碳原子直接相连。由于羟基的供电子作用，可以使这两个碳正离子中间体的正电荷分散到氧原子上。与没有羟基取代的苯的碳正离子中间体相比，邻、对位取代的碳正离子中间体更稳定些。进攻间位的碳正离子中间体不存在这种分散作用，所以羟基是邻、对位定位基。从苯酚和苯亲电取代反应的能量变化也可说明羟基是邻、对位基(图 4-8)。

2. 间位定位基的影响

对硝基苯而言，硝基上的氧、氮原子的电负性均大于碳，对苯环呈吸电子的诱导效应。硝基的氮氧 π 键与苯环大 π 键共轭，呈现吸电子的共轭效应。这两种效应指向一致，都使苯环的电子云密度下降，特别是硝基邻、对位的碳原子上电子云密度下降得更多些。电子云密度下降，反应活性降低，硝基钝化苯环。

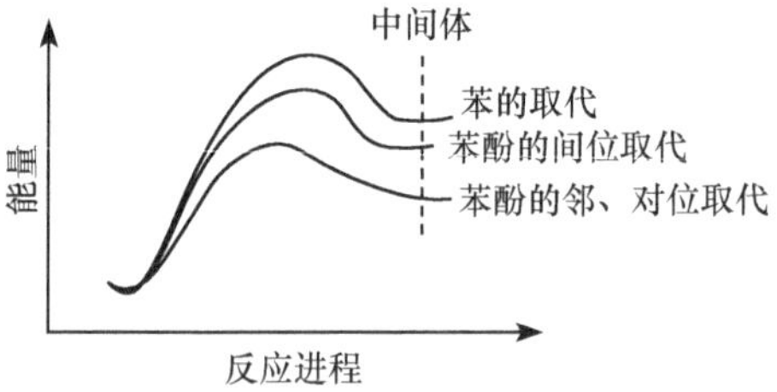

图 4-8 苯酚和苯亲电取代反应的能量变化比较

共轭效应与诱导效应方向相同：

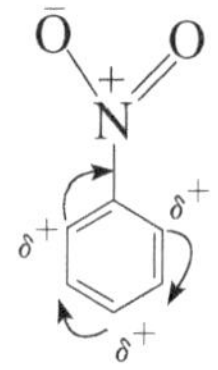

亲电试剂进攻硝基苯时，可能产生以下三个取代位置不同的碳正离子中间体。

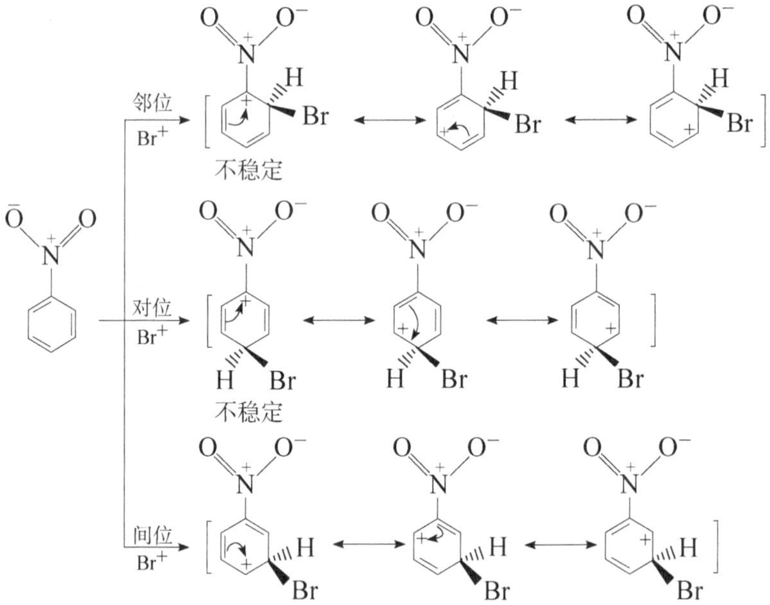

邻、对位取代的碳正离子中间体中，强吸电子作用的硝基与带正电的环碳原子相连，使正电荷更加集中，体系更不稳定；而间位取代时的碳正离子中间体则没有这种电荷更加集中的情况，相对而言，间位取代比邻、对位取代稳定，因此，硝基为间位定位基。此外，碳正离子中间体同苯取代的碳正离子中间体相比，正电荷更集中，更不稳定，硝基使苯环钝化。从硝基苯和苯亲电取代反应的能量变化也可说明硝基是间位定位基(图 4-9)。

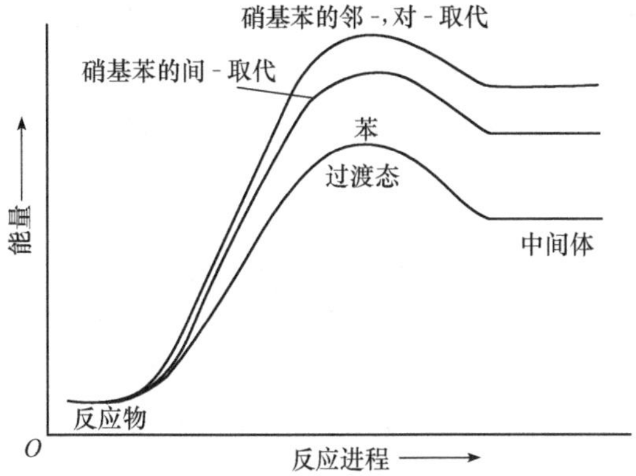

图 4-9　硝基苯和苯亲电取代反应的能量变化比

3. 氯原子的定位效应

同羟基相似，氯原子对苯环也有吸电子的诱导效应和供电子的共轭效应，但它的诱导效应比共轭效应强，综合作用的结果，氯原子是邻、对位定位基。

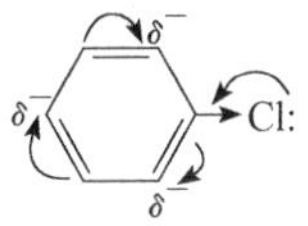

亲电试剂进攻氯苯时，可能产生的三个取代位置不同的碳正离子中间体：

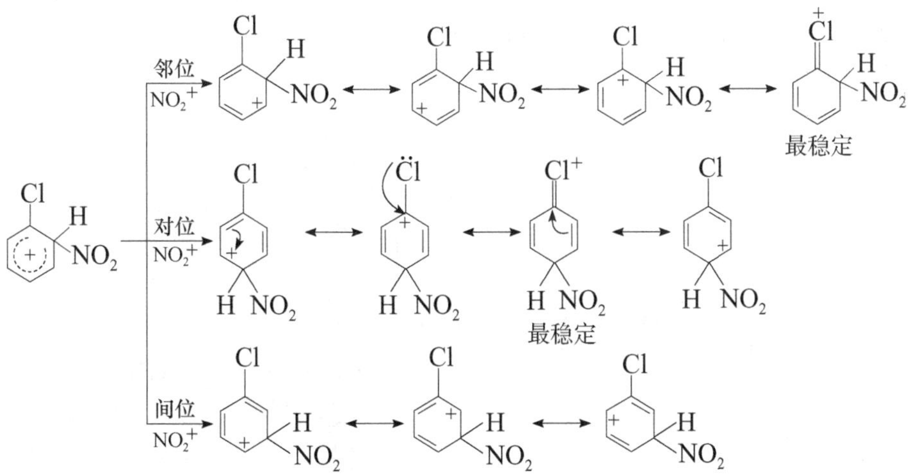

受氯原子吸电子作用的影响，三个碳正离子中间体正电荷更加集中，同没有氯取代的苯相比，碳正离子中间体的能量都较高，都更不稳定，氯使苯环钝化。

当氯原子的邻、对位发生取代时，碳正离子中间体均有一个带正电荷的碳原子与氯原子直接相连的共振结构，因氯的 p-π 共轭效应可使正电荷部分分散到氯原子上去，而间位取代则没有这种作用。邻、对位取代的氯苯的碳正离子中间体稳定性虽差，但比其间位的中间体的稳定性高，因此，尽管氯原子使苯环钝化，但它仍是邻、对位定位基。从氯苯和苯亲电取代反应的能量变化也可说明羟基是邻、对位基（图 4-10）。

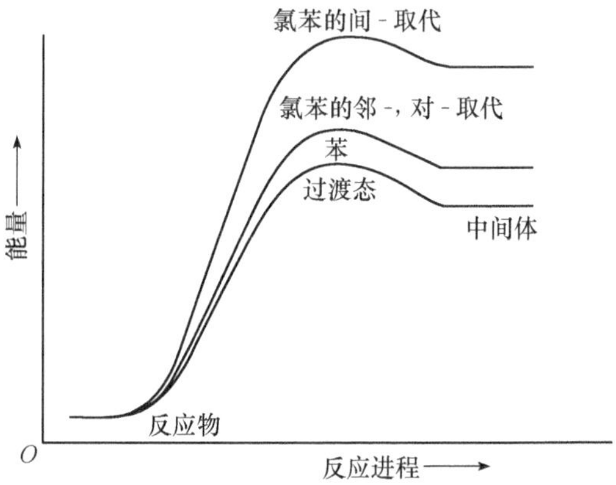

图 4-10　氯苯和苯亲电取代反应的能量变化比

4. 空间效应

苯环上有邻、对位定位基时，生成的邻位和对位产物之比与苯环上定位基和引入基团的体积都有关系。这两种基团体积越大，空间位阻就越大，邻位产物就越少。

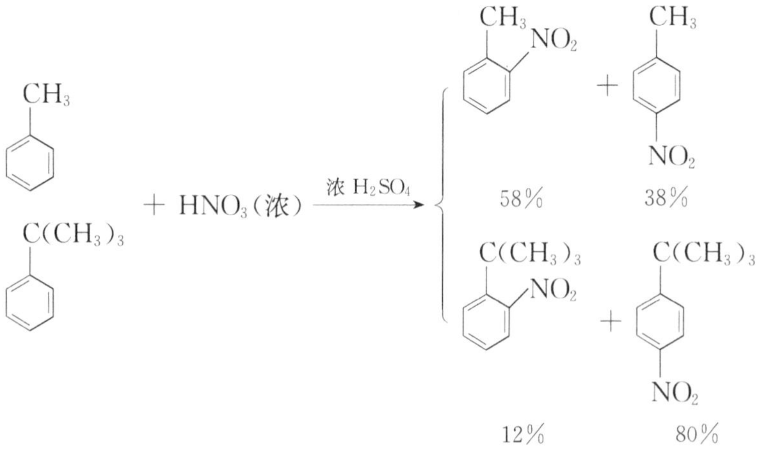

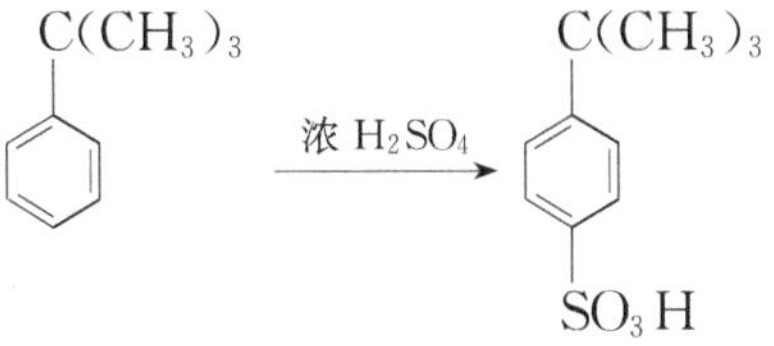

100%

叔丁基体积较甲基大，位阻大，邻位产物比例减少；叔丁苯磺化时，因磺酸基体积更大，空间位阻更大，几乎生成 100%的对位产物。

4.6.3　苯的二元取代产物的定位规律

苯环上已有两个取代基时，第三个取代基进入苯环的位置，主要取决于原来两个取代基的定位效应。

(1) 苯环上原有的两个定位基对引入第三个取代基的定位作用一致时，仍由上述定位规律来决定。下列化合物中再引入一个取代基时，取代基主要进入箭头所示的位置。

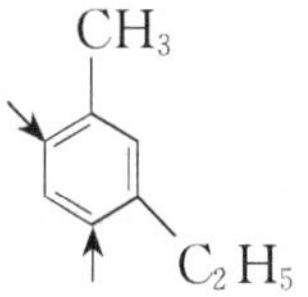
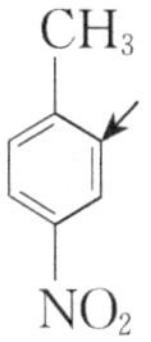
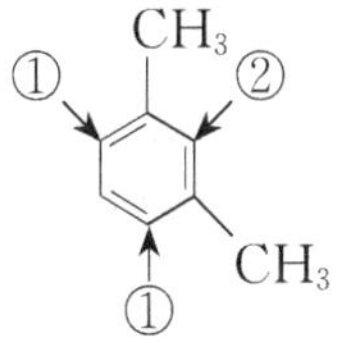
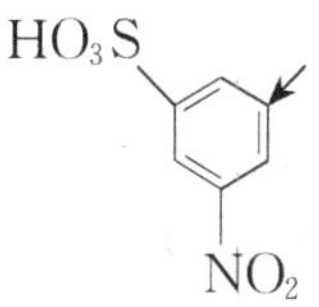

②空间位阻大

(2) 苯环上原有的两个定位基对引入第三个取代基的定位作用不一致，两个定位基属同一类，则第三个取代基进入苯环的位置，主要由强定位基决定；如果两个定位基的定位效应相近，得到混合物，一般无应用价值。

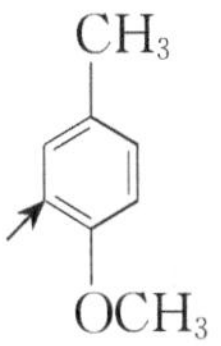
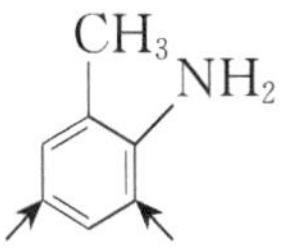
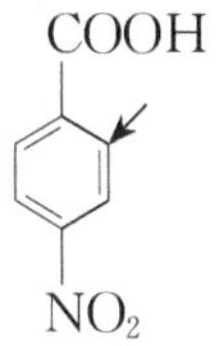
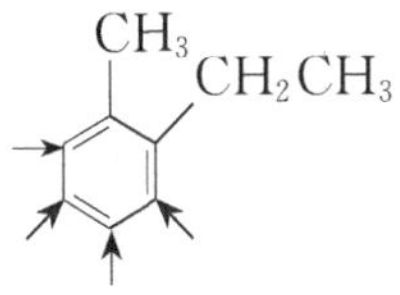

(3) 苯环上原有两个定位基对引入第三个取代基的定位作用不一致，两个定位基不属同一类时，第三个取代基进入苯环的位置主要由第一类定位基定位。

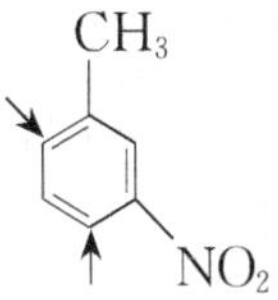
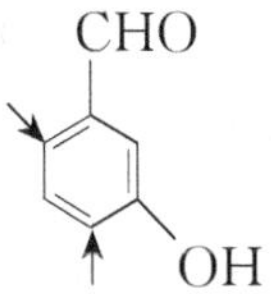
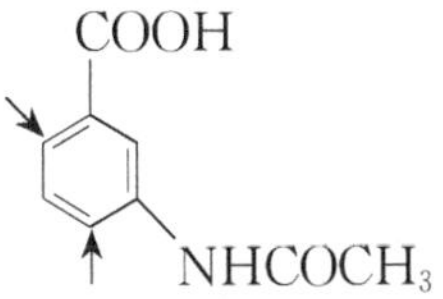

4.6.4　定位规律在合成中的应用

在合成具有两个或多个取代基的芳香衍生物时，需要根据定位效应，合理地设计合成路线。例如，以苯为原料，先硝化，再氯代，得到间硝基氯苯；若先氯代再硝化，得到的是邻硝基氯苯和对硝基氯苯。

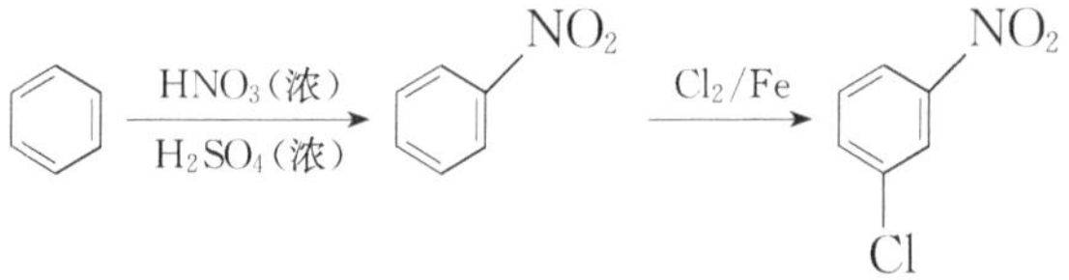

一般来说，邻、对位混合物根据其物理常数不同，分离可得到纯的邻位或对位产物。例如，由苯制备对硝基溴苯时，通过重结晶，可分离得到纯的对位硝基溴苯。

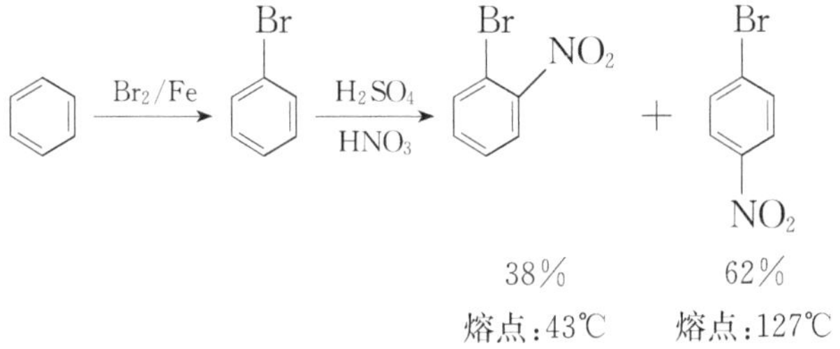

可逆的磺化反应及磺酸基的定位效应，在合成中应用也十分广泛。例如，乙酰苯胺硝化时，主产物为对位取代产物，要得到邻位取代产物，可通过先磺化，后硝化，再水解去掉磺酸基：

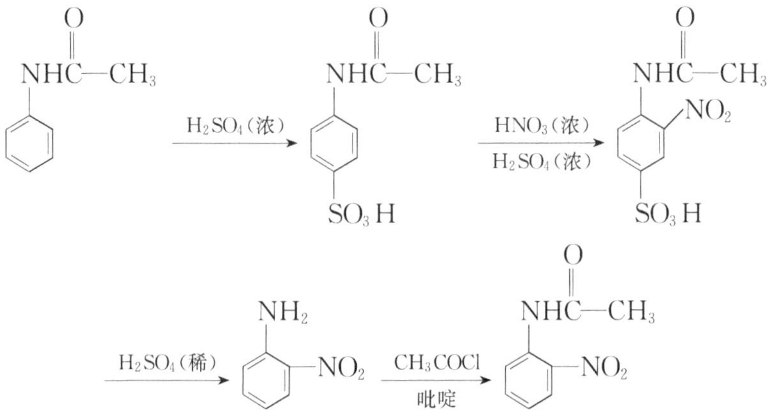

4.7　多环芳烃

按照苯环相互联结方式的不同多环芳烃可分为以下几类：

(1) 联苯和联多苯类：多环芳烃中有两个或两个以上的苯环直接以单键相连接。

(2) 多苯代脂烃类：脂肪烃中两个或两个以上氢原子被苯基取代的产物。

(3) 稠环芳烃：由两个或两个以上的苯环以共用两个相邻碳原子方式相互稠合。

多环芳烃

- 联苯和联多苯　例如：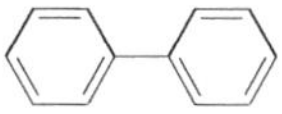
- 多苯代脂烃　例如：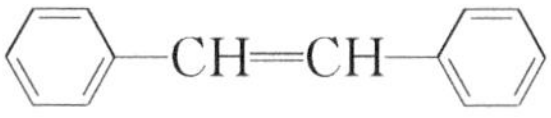　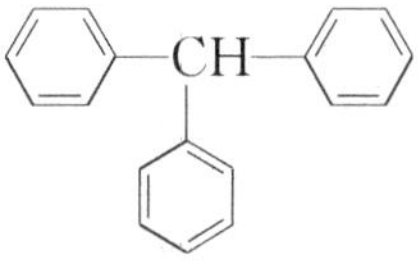
- 稠环芳烃　例如：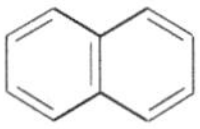　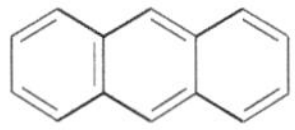

4.7.1　联苯

联苯为无色晶体，熔点 70℃，沸点 256℃，不溶于水而溶于有机溶剂。联苯对热很稳定，它和二苯醚的混合物，工业上称为联苯醚，用作高温传热液体。

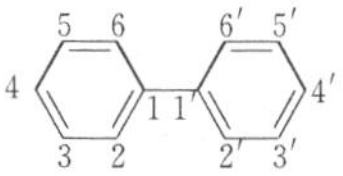

联苯

联苯的命名是以联苯为母体，分别从两个苯的相连处开始编号。

例如：

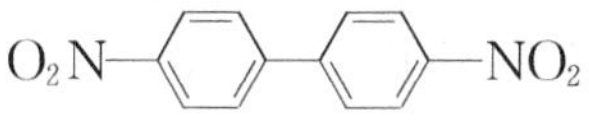

4,4′-二硝基联苯

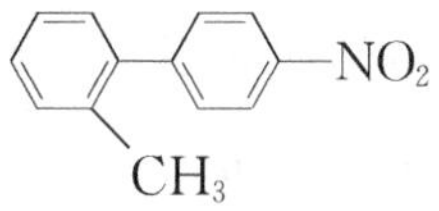

2-甲基-4′-硝基联苯

工业上用苯在高温下脱氢制联苯，实验室用碘苯与铜粉共热而制得。

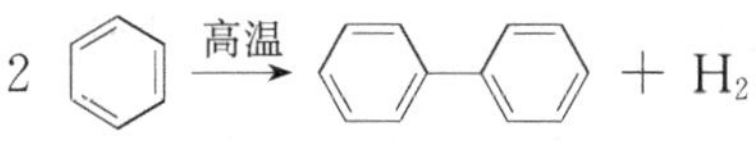

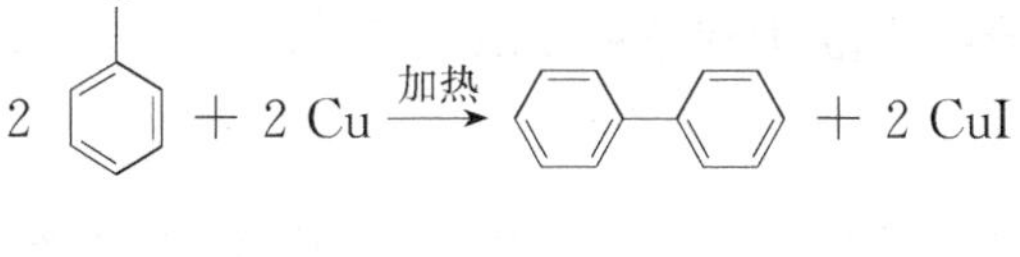

用碘苯与铜粉共热制联苯的反应称为伍尔曼倪(Ullmann)反应。氯苯和溴苯一般不发生 Ullmann 反应，但在氯或溴原子的邻或对位有强的间位定位基存在时，则可起此反应。Ullmann 反应可用来制备联苯的衍生物。

联苯的性质与苯相似，可发生磺化、硝化等取代反应；苯为给电子基，使另一环活化，一般在对位取代。

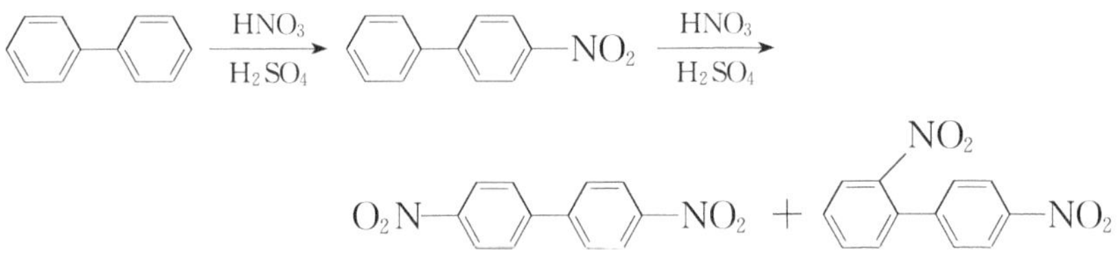

4,4′-二硝基联苯　　　2,4′-二硝基联苯

4.7.2　萘及其衍生物

1. 萘的结构、同分异构现象和命名

萘($C_{10}H_8$)是两个苯环共用一环边的稠环化合物。萘分子中十个碳原子和八个氢原子且均处于同一平面。碳原子都是 sp^2 杂化，每个碳原子都有垂直于萘环平面的 p 轨道，其中都有一个 p 电子。萘环上十个 p 轨道以“肩并肩”的形式相互交盖，电子在其中高度离域，形成两个封闭的环状大 π 键。因此，萘有芳香性。萘的 π 电子的这种离域，也可用共振结构式表示：

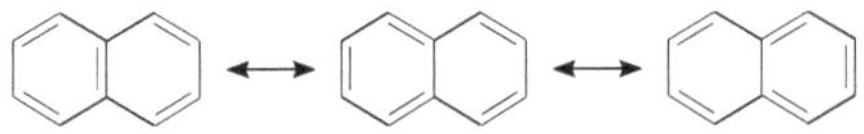

萘的共振能为 254.98kJ · mol^{-1}，比两个单独苯环离域能的总和(304kJ · mol^{-1})小，芳香性比苯差，比苯活泼。

X 射线衍射显示，萘中的 C—C 键长不完全相同，因此，萘的键长平均化程度不如苯，也使得萘分子中的碳原子并不完全等同。

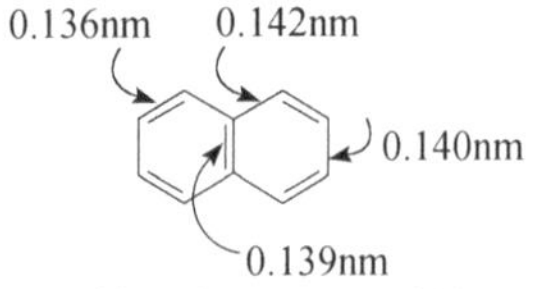

萘环中的 C—C 键长

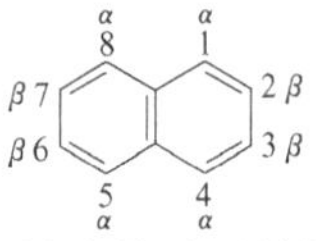

萘环的编号及两种位置

其中 1,4,5,8 位称 α 位，是等同的；2,3,6,7 位称 β 位，也是等同的。萘的一元取代物有两种不同的异构体，α-取代萘和 β-取代萘。例如：

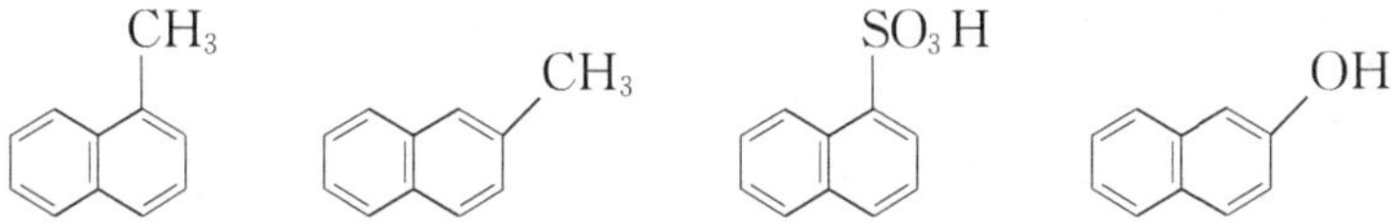

1-甲基萘　　2-甲基萘　　1-萘磺酸　　2-萘酚

α-甲基萘　　β-甲基萘　　α-萘磺酸　　β-萘酚

萘的二元取代物的异构体就更多。两个取代基相同的二元取代物有 10 种，两个取代基不同时则有 14 种。萘的二元取代物的命名可以参照以下例子：

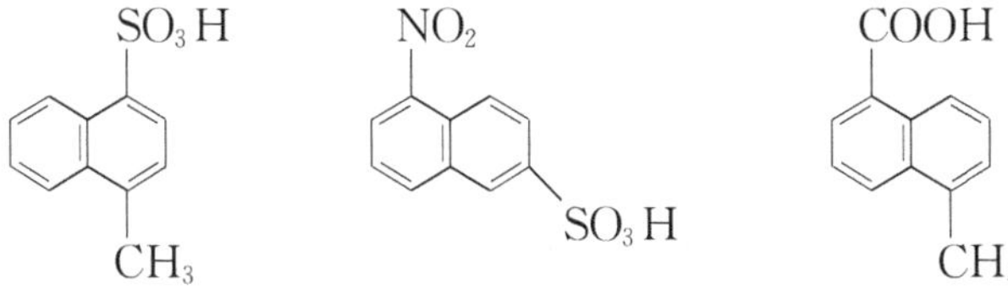

4-甲基-1-萘磺酸　　5-硝基-2-萘磺酸　　5-甲基-1-萘甲酸

2. 萘的性质

萘来自煤焦油，是煤焦油中含量最多的一种稠环芳烃。萘为无色晶体，熔点 80℃，沸点 218℃，萘有特殊气味，易升华，不溶于水，易溶于热的乙醇等有机溶剂，是化工及制药行业的重要原料。

(1) 萘的亲电取代反应。萘比苯容易发生亲电取代反应，α 位比 β 位更活泼，取代反应常发生在 α 位，这可用共振论解释：

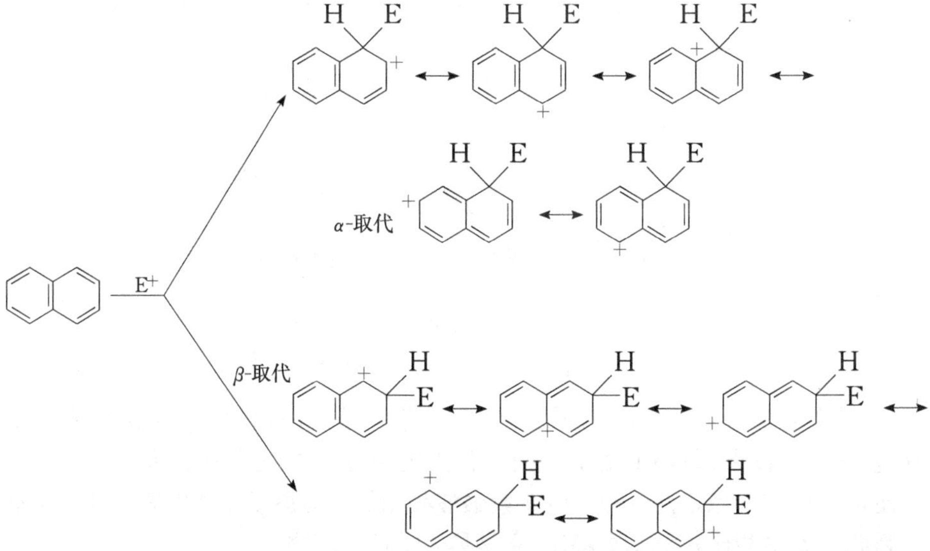

两种位置取代所产生的碳正离子中间体都是五个共振结构的共振杂化体。α-

取代时，可形成两个保留苯环的共振式，而 β-取代时，只有一个较稳定的共振式。因此，α-取代的过渡态能量较低，活化能较小，α-取代是动力学控制的产物。

① 卤化：萘与溴在四氯化碳溶液中加热回流，反应在不加催化剂的情况下可以进行，得到 α-溴萘。

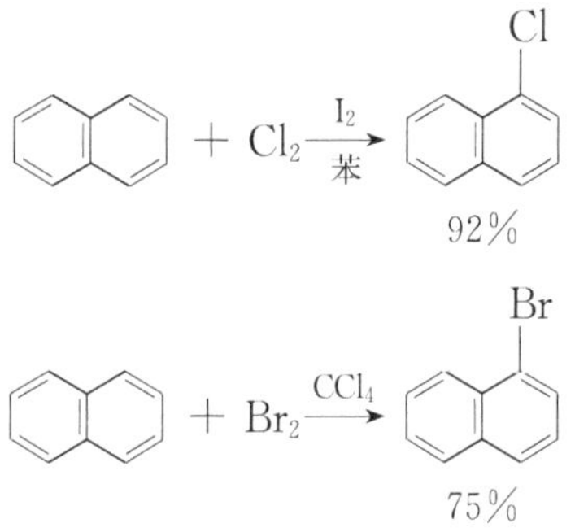

② 硝化：萘用混酸硝化，主要产物为 α-硝基萘。其反应速率比苯的硝化要快几百倍。

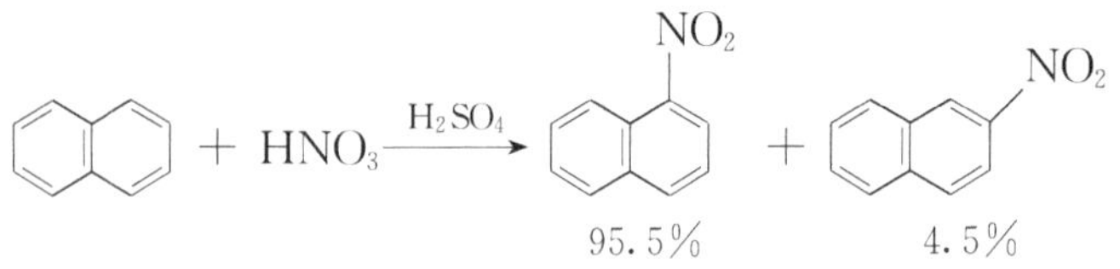

③ 磺化：萘的磺化反应也是可逆反应。磺酸基进入的位置和反应温度有关。萘在低温下(80℃以下)与浓硫酸发生磺化反应，主要生成 α-萘磺酸；当反应温度升高时，β-萘磺酸为主产物。

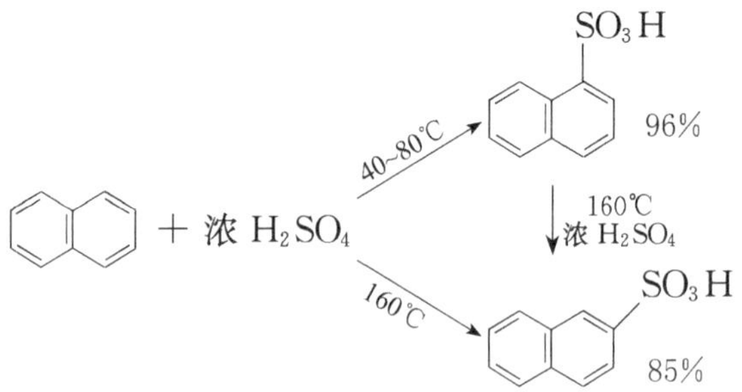

α-位亲电取代反应速率大，低温时，主要为 α-萘磺酸，它是动力学控制产物。但磺基的体积较大，萘环上的磺基同 8-位上的氢原子之间存在较大的相互作用力，使 α-萘磺酸的稳定性下降。而 β-萘磺酸与相邻的氢原子之间的相互作用力较小，因此 β-萘磺酸比 α-萘磺酸稳定，它是热力学控制产物。

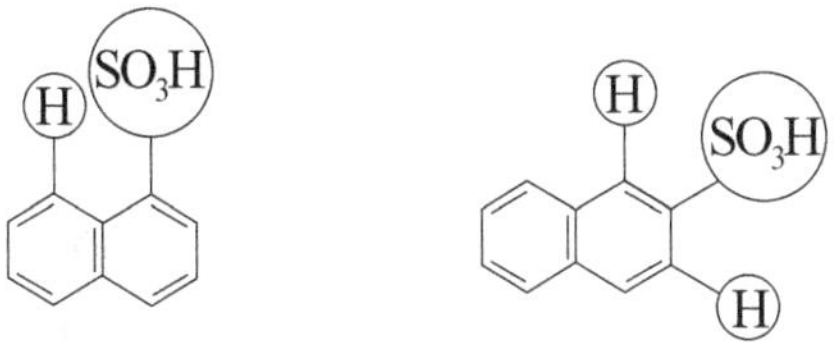

斥力较大,不稳定　　　　　斥力较小

由于磺化反应是可逆的,在高温下,逆反应的速率增大。随着磺化反应的进行,α-萘磺酸逐渐转化为稳定的β-萘磺酸。当在萘环β位需要引入其他取代基时,通过磺酸基,可将其转换成羟基、氨基等。

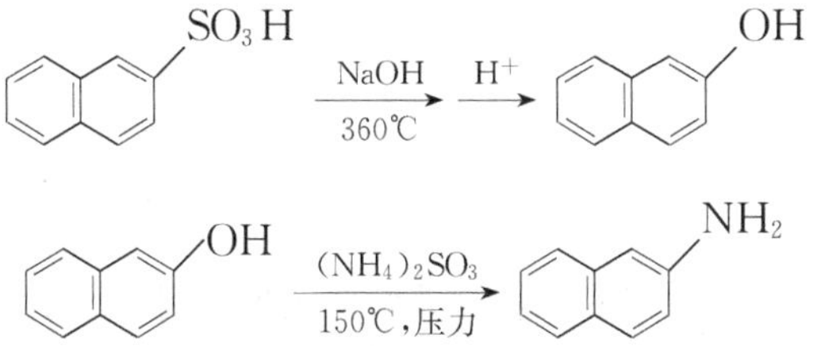

2-萘酚和 2-萘胺是重要的有机中间体。联萘酚是重要的不对称合成手性催化剂的原料。

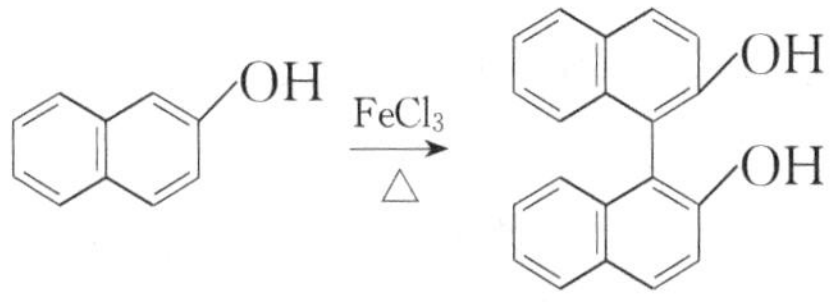

联萘酚,光活性化合物

(2) 萘的加成反应。萘比苯容易发生加成反应。不需光照,氯气就可以与萘发生部分加成反应;在催化剂存在下,萘与氢气反应,生成 1,2,3,4-四氢化萘。在更剧烈条件下,四氢化萘继续加氢,最终得到十氢化萘(也称萘满)。

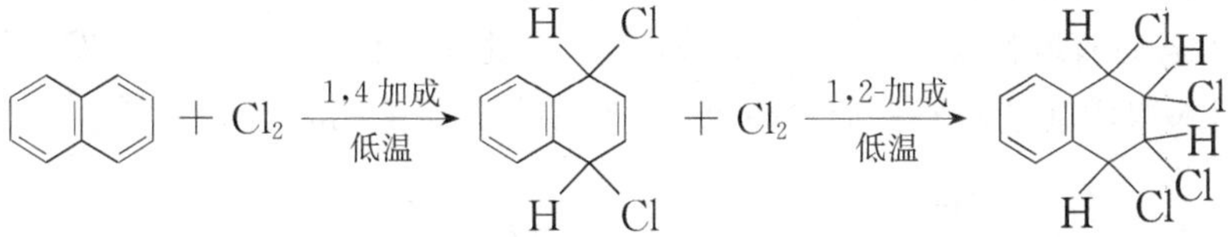

1,4-二氯化萘　　　　1,2,3,4-四氯化萘

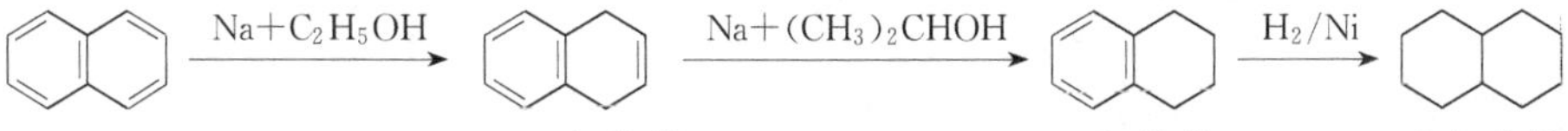

1,4-二氢化萘　　　　四氢化萘　　　　十氢化萘

(3) 萘的氧化反应。萘比苯容易氧化。在催化条件下,萘被空气氧化生成邻苯二甲酸酐(也称苯酐)。控制不同的条件,萘氧化也可得到不同的产物。

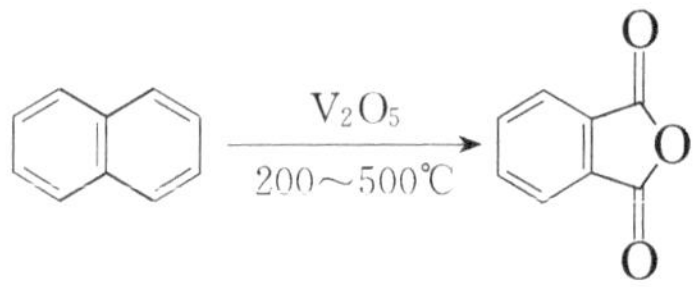

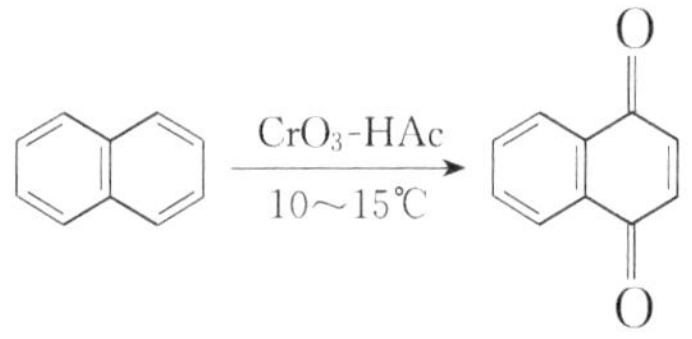

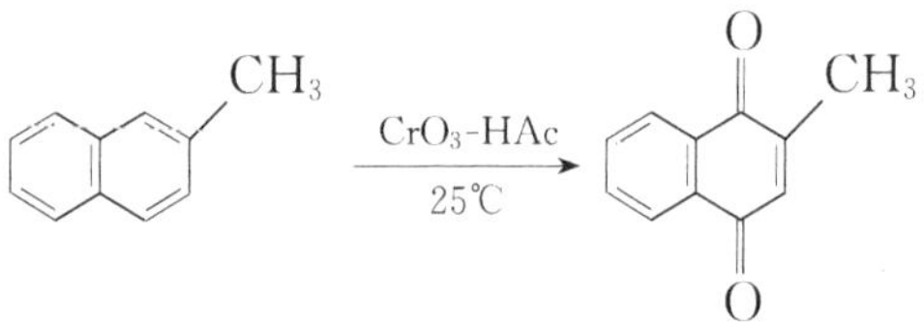

一元取代萘氧化时，原有取代基为邻对位定位基时，该取代基所在的苯环被氧化；原有取代基为间位定位基时，则异环被氧化。

3. 萘环的取代规律

一元取代萘进行亲电取代反应时，原有取代基在亲电取代反应中的定位效应，同苯环相似，但比一元取代苯复杂。由于 α-位的活性高，在一般情况下，第二个取代基容易进入 α-位。此外，环上原有取代基性质还决定第二取代基位置在同环或是异环。由于邻、对位取代基（除卤素外）使萘环活化；间位取代基使萘环钝化，因此，第二个取代基进入萘环时，有下列三种情况：

（1）若原有取代基是邻、对位定位基，且处于 α-位时，则发生同环取代，新引入的取代基进入同环的另一个 α-位；

（2）当原有邻、对位基处于 β-位时，新引入取代基主要进入同环相邻的 α-位；

（3）若原有取代基是间位定位基，不论它处在 α-位还是 β-位，均发生异环取代，新引入取代基进入另一个苯环两个 α-位中的任一个，得到两种产物。

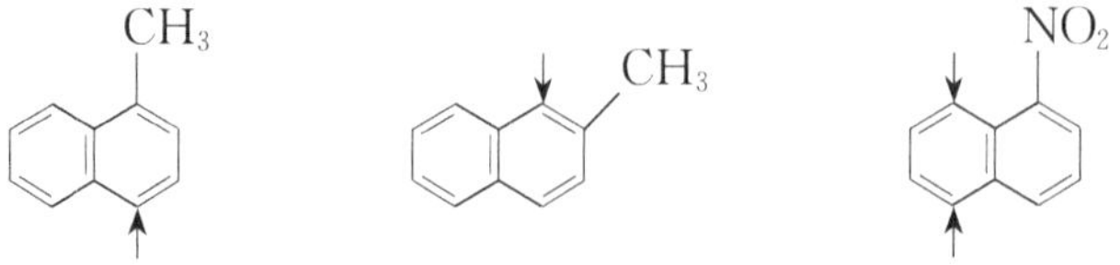

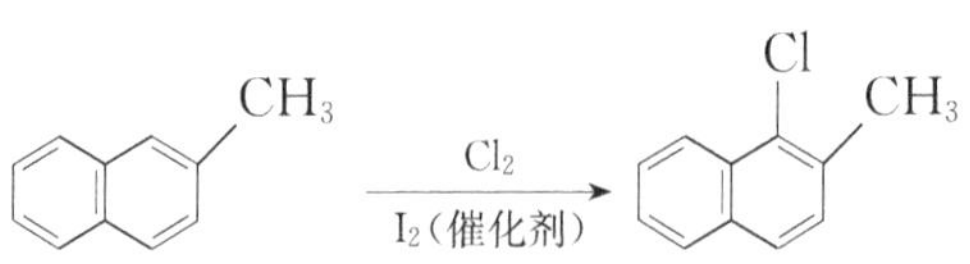

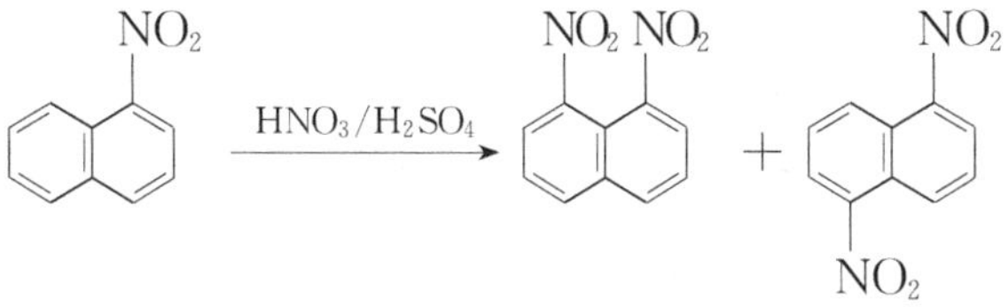

萘的亲电取代反应的定位规律有一些例外：

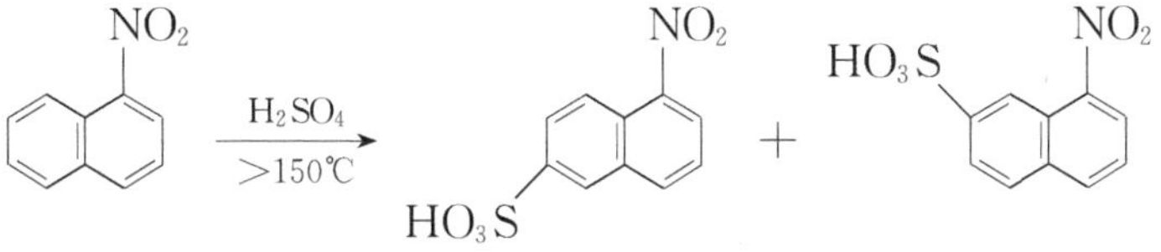

4.7.3　蒽和菲及其衍生物

1. 蒽和菲的来源和结构

蒽和菲是由三个苯环稠合的稠环化合物，蒽和菲是同分异构体。蒽和菲都存在于煤焦油中。蒽和菲环有特定的编号。

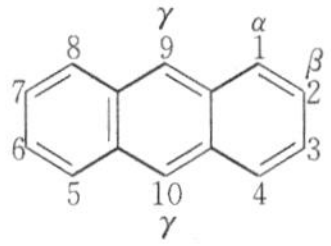

蒽

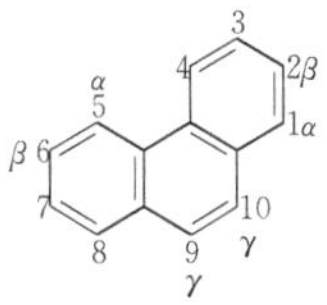

菲

2. 蒽和菲的性质

蒽和菲具有芳香性，它们比苯活泼，可发生取代、加成、氧化及还原等反应。试剂主要进攻 γ-位，以保持两个稳定的苯环。

(1) 加成反应。在 γ-位加成后的产物可保留两个苯环结构，稳定性较高。因此，加成一般发生在 9-、10-位。溴在没有路易斯酸催化剂存在下，同蒽发生加成，生成的产物在加热下，失去溴化氢，变成 9-位取代产物；溴与菲反应，可得取代产物及加成产物。

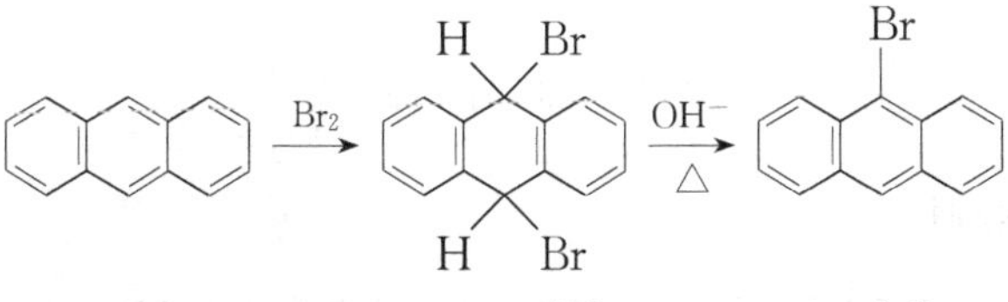

9,10-二溴蒽　　9-溴蒽

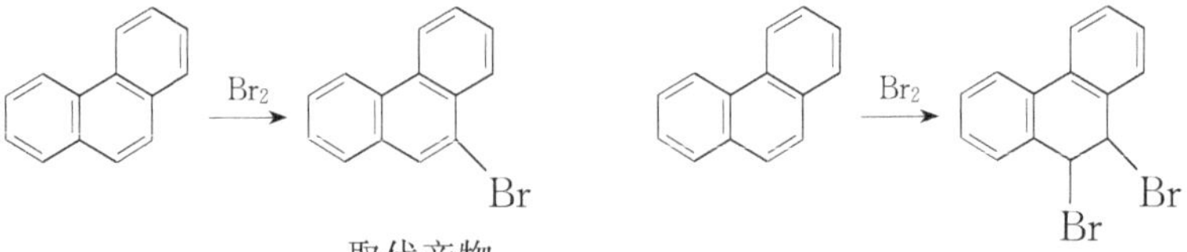

取代产物　　　　　　　　　　加成产物

(2) 氧化和还原。蒽和菲容易发生氧化和还原反应。

氧化：

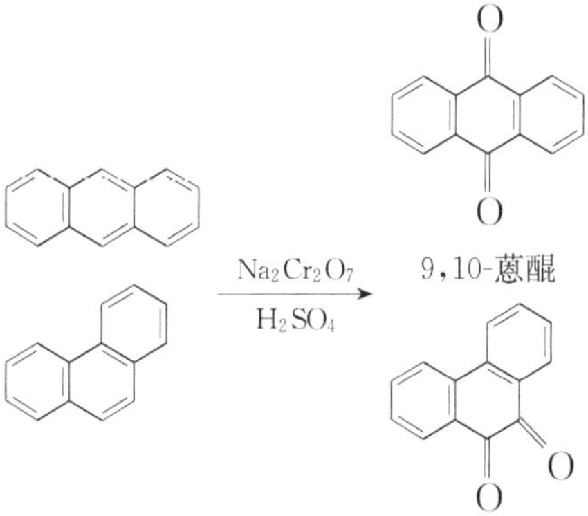

9,10-菲醌

还原：

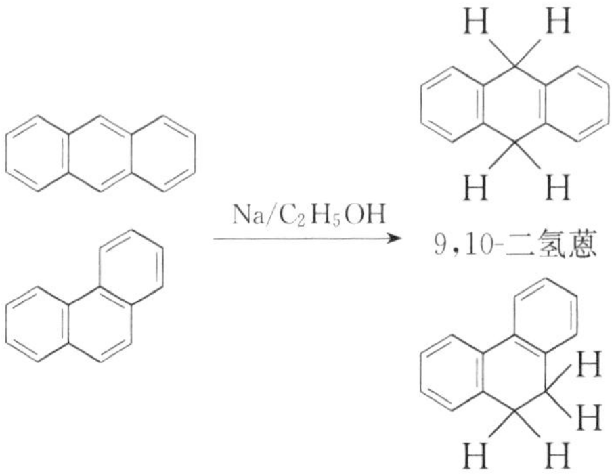

9,10-二氢菲

(3) 取代反应。在路易斯酸催化剂存在下，蒽卤化产生 9-卤代产物。除卤化外，蒽的其他亲电取代反应得到的产物是 9-位取代为主的组成复杂的混合物，合成价值不大。

4.8 非苯芳烃

4.8.1 休克尔规则

大多数芳香族化合物含有苯环，它们与苯具有类似的稳定性和化学性质，都具有芳香性。还有一些化合物不含苯环，但具有与苯类似的芳香性。休克尔(Hückel)在研究了大量的化合物后，提出了判断一个化合物是否具有芳香性的规则，称为休克尔规则(Hückel′s rule)。即一个具有同平面的、环状闭合共轭体系的单环烯，只有当它的 π 电子数为$(4n+2)$($n=0,1,2,\cdots$，整数)时，才具有芳香性。$(4n+2)$表示环状共轭体系中的 π 电子数。因此，只有当这种体系的 π 电子数为 2，6，10，…时，体系才具有芳香性。

有些环状多烯烃，虽然也具有环内的交替单键和双键，但它们不符合休克尔规则，因而没有芳香性。例如，环丁二烯和环辛四烯：

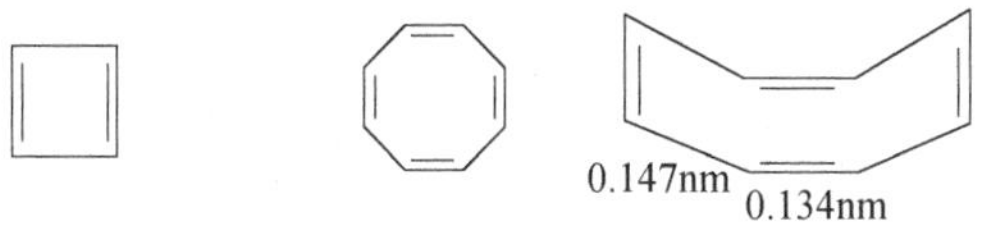

环丁二烯　　　　环丁四烯

4.8.2　非苯芳烃

凡符合休克尔规则，具有芳香性，但又不含苯环的烃类化合物称为非苯芳烃。常见的有环多烯的正、负离子。含奇数碳的环状化合物，如果是中性分子，如环丙烯、环戊二烯、环庚三烯等，分子结构中必定有一个 sp^3 杂化碳，不可能构成共轭体系。但它们转化为正离子或负离子后，就可构成共轭体系。例如：

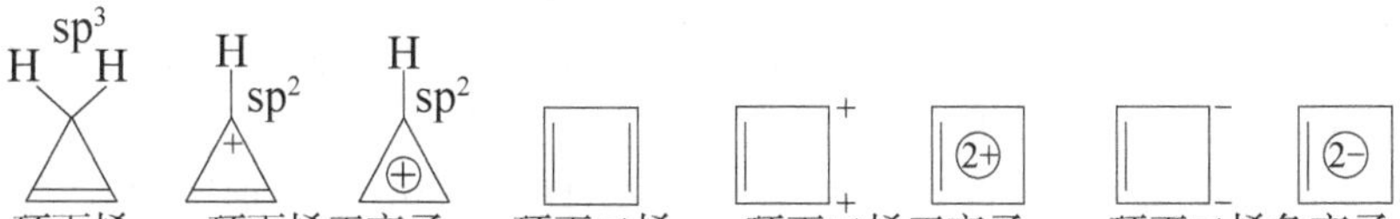

	环丙烯	环丙烯正离子	环丁二烯	环丁二烯正离子	环丁二烯负离子
π电子数	2	2	4	2	6
芳香性	无	有	无	有	有

环戊二烯 sp^3 杂化碳上的氢有明显的酸性，在碱作用下易转化为负离子；环庚三烯则需要转化为环庚三烯正离子才能满足休克尔规则。例如：

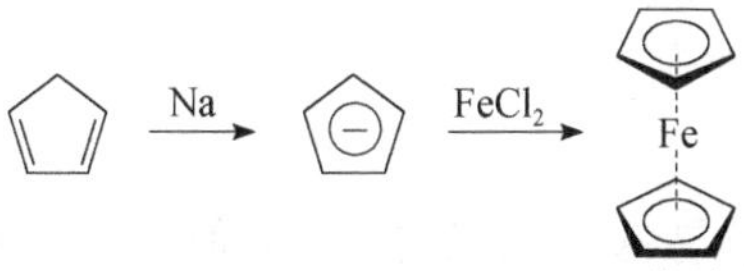

二茂铁

具有芳香性的环戊二烯负离子可以形成金属有机化合物，如二茂铁，它是一具有夹层结构的固体，仍具有芳香性，可在环上进行磺化和傅瑞德-克莱福特等反应。

环庚三烯与溴作用生成二溴化物，二溴化物受热失去溴化氢生成溴化䓬(环庚三烯正离子又称为䓬离子)。䓬离子有六个 π 电子，符合休克尔规则，具有芳香性。

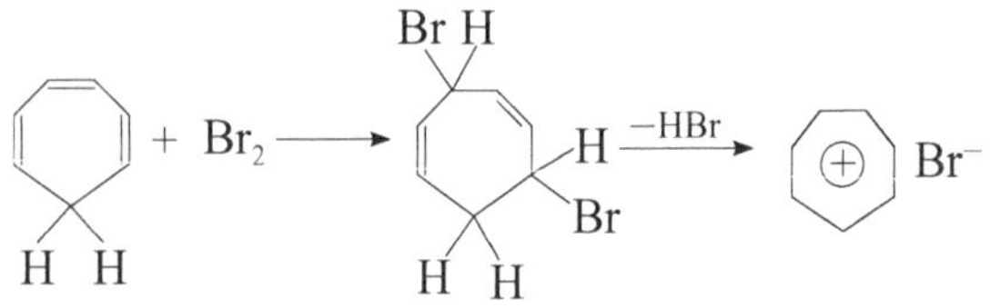

单环共轭多烯统称为轮烯。苯可称为[6]-轮烯。根据休克尔规则，[10]-轮烯，[14]-轮烯及[18]-轮烯都应具有芳香性，但由于[10]-轮烯环内的两个氢原子的空间位阻作用破坏了环的平面性，分子不具有芳香性。[18]-轮烯是个平面形分子，具有芳香性。

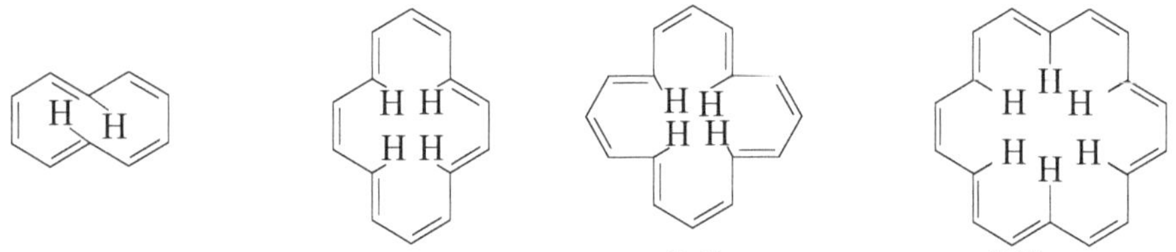

[10]-轮烯，$4n+2$，不共平面，无芳香性　[14]-轮烯，有芳香性　[16]-轮烯，$4n$，非平面，无芳香性　[18]-轮烯，$4n+2$，平面分子；有芳香性

4.9 重要的化合物

1. 苯

苯(benzene)在常温常压下是具有芳香气味的无色透明挥发性液体。熔点5.51℃、沸点80.1℃、相对密度(d_4^{20})0.879。苯难溶于水，但易溶于乙醇、乙醚、丙酮、氯仿、汽油、二硫化碳等有机溶剂。苯的蒸气能与空气形成爆炸性的混合物。液体苯的相对密度比水的小，但其蒸气的相对密度比空气的大。遇到高热或明火极容易引起燃烧和爆炸。苯蒸气很容易扩散，遇到火源就燃烧，并能把火焰沿气流引回。苯容易产生和积聚静电。苯不易分解，与其他化学物质发生反应时，其基本结构不变，仅是苯环中的氢原子被其他基团取代。它是最基本的化工原料及常用的溶剂。

2. 甲苯

甲苯(toluene)是无色易挥发的液体，气味似苯。熔点为−95～−94.5℃，沸点为110.4℃，闪点为4.44℃(闭环)，自燃点为480℃，相对密度(d_4^{20})为0.867，蒸气压为4.89kPa(30℃)，蒸气与空气混合物的爆炸极限为1.27%～7%(V)，几乎不溶于水，与乙醇、氯仿、乙醚、丙酮、冰醋酸、二硫化碳可混溶。甲苯遇热、明火或氧化剂易着火；遇明火或与硫酸+硝酸、四氧化二氮、高氯酸银、三氟化溴、六氟化铀反应可引起爆炸；流速过快(超过$3m \cdot s^{-1}$)有产生和积聚静电危险。它主要用于制造甲酚、苯甲酸、苯甲醛、混合二硝基甲苯、邻甲苯、磺酰胺等，这些中间体是合成纤维、药物、染料、农药、炸药等的原料；此外，甲苯可用作汽油添加剂和各种用途溶剂。

3. 二甲苯

1,2-二甲苯(1,2-dimethyl benzene 或 *o*-xylene)为无色透明液体，有类似甲苯的气味，熔点为－25.5℃，沸点为 144.4℃，相对密度(d_4^{20})为 0.880，不溶于水，可混溶于乙醇、乙醚、氯仿等多数有机溶剂。工业上采用超精馏的方法从混合二甲苯中分离出邻二甲苯。邻二甲苯主要用作化工原料和溶剂，可用于生产苯酐、染料、杀虫剂和药物等，如维生素等，也可用作航空汽油添加剂。

1,3-二甲苯(1,3-dimethyl benzene 或 *m*-xylene)为无色透明液体，有类似甲苯的气味，熔点为－47.9℃，沸点为 139℃，相对密度(d_4^{20})为 0.864，不溶于水，可混溶于乙醇、乙醚、氯仿等多数有机溶剂。间二甲苯主要用作溶剂、医药、染料中间体、香料。

1,4-二甲苯(1,4-dimethyl benzene 或 *p*-xylene)为无色透明液体，有类似甲苯的气味，熔点为 13.3℃，沸点为 138.4℃，相对密度(d_4^{20})为 0.861，不溶于水，可混溶于乙醇、乙醚、氯仿等多数有机溶剂。对二甲苯主要作为合成聚酯纤维、树脂、涂料、染料和农药等的原料。

4. 苯乙烯

苯乙烯(vinyl benzene)为无色透明油状液体，不溶于水，溶于醇、醚等多数有机溶剂，熔点为－30.6℃，沸点为 146℃，相对密度(d_4^{20})为 0.906，爆炸极限为 1.1%～6.1%(V)，当受热或暴露在阳光下，或在过氧化物存在下易聚合，同时释放能量，并能引起爆炸。苯乙烯能聚合也能与其他单体(如 1-丁烯等)共聚。工业上主要由乙烯和苯烷基化生成乙苯，再经乙苯催化脱氢制得。苯乙烯还可由乙苯与丙烯共氧化法生产，该法可同时得到苯乙烯和环氧丙烷两个产品。苯乙烯是重要单体，用于制造聚苯乙烯系树脂、丁苯橡胶、热塑性弹性体、ABS 工程塑料、不饱和聚酯和离子交换树脂等。

1) 苯乙烯制法

工业制法：

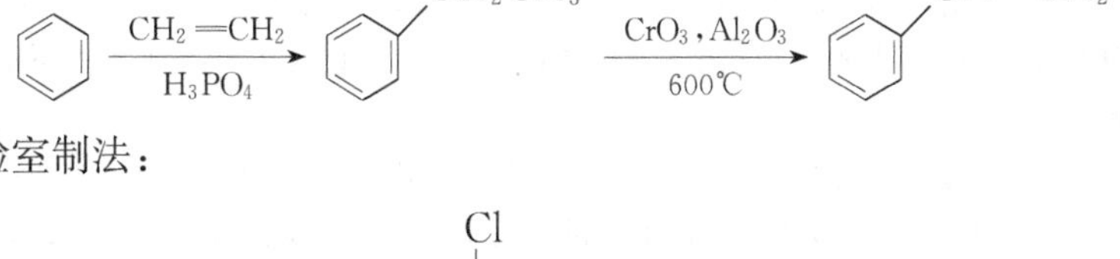

实验室制法：

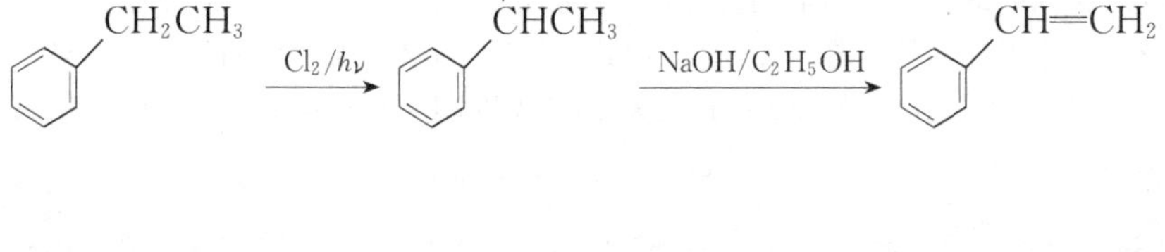

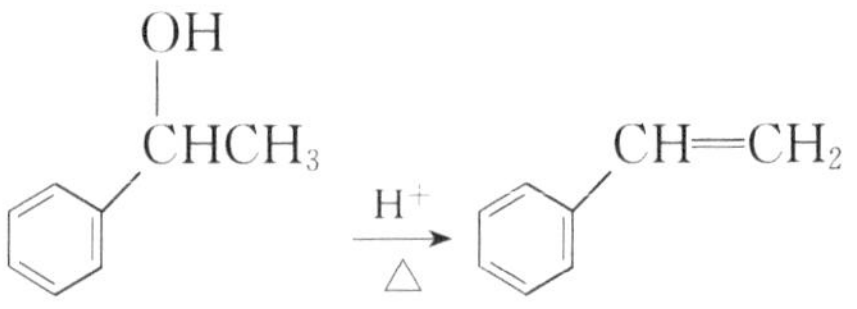

2）苯乙烯的聚合反应

均聚：

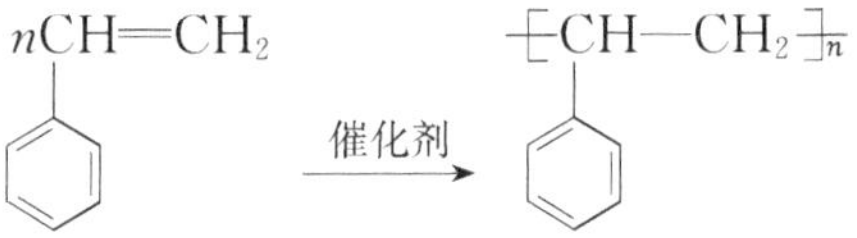

共聚：

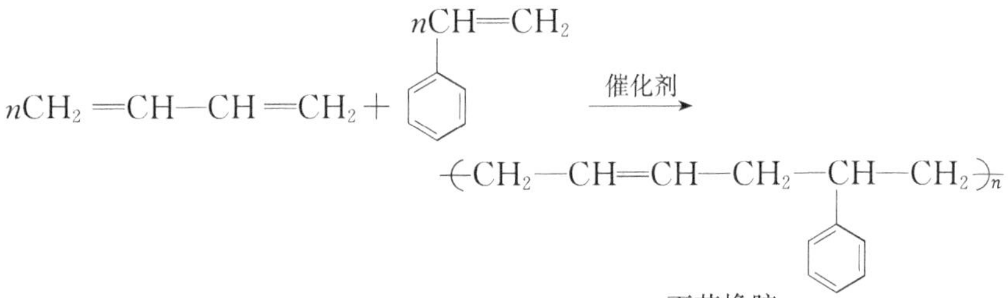

丁苯橡胶

【阅读材料】

苯的发现和苯分子结构学说

苯是在1825年由英国科学家法拉第(M. Faraday,1791—1867年)首先发现的。19世纪初，英国从生产煤气的原料中制备出煤气用于城市照明之后，剩下一种油状的液体却长期无人问津。法拉第是第一位对这种油状液体感兴趣的科学家。他用蒸馏的方法将这种油状液体进行分离，得到另一种液体，实际上就是苯。当时法拉第将这种液体称为"氢的重碳化合物"。

1834年，德国科学家米希尔里希(E. E. Mitscherlich,1794—1863年)通过蒸馏苯甲酸和石灰的混合物，得到了与法拉第所制液体相同的一种液体，并命名为苯。法国化学家日拉尔(C. F. Gerhardt,1815—1856年)等人确定了苯的相对分子质量为78，分子式为C_6H_6。苯分子中碳的相对含量如此之高，使化学家们感到惊讶。如何确定它的结构式呢？化学家们为难了：苯的碳、氢比值如此之大，表明它是高度不饱和的化合物。但它又不具有典型的不饱和化合物应具有的加成反应的性质。

德国化学家凯库勒是一位极富想象力的学者，他曾提出了碳四价和碳原子之间可以连接成链这一重要学说。对苯的结构，他在分析了大量的实验事实之后认为：这是一个很稳定的"核"，6个碳原子之间的结合非常牢固，而且排列十分紧凑。于是，凯库勒集中精力研究这6个碳原子的"核"。在提出了多种开链式结构但又因其与实验结果不符而一一否定之后，1865年他终于悟出闭合链的形式是解决苯分子结构的关键，他先以(Ⅰ)表示苯结构。1866年他又提出了

(Ⅱ)式,后简化为(Ⅲ)式,也就是我们现在所说的凯库勒式。

(Ⅰ)

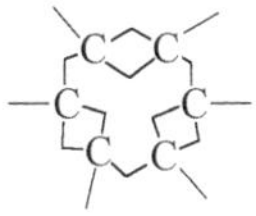

(Ⅱ)

(Ⅲ)

有人曾用 6 只小猴子形象地表示苯分子的结构:

关于凯库勒悟出苯分子环状结构的经过,一直是化学史上的趣闻。据说这源于一个梦。他在比利时的根特大学任教时,一天夜晚,他在书房中看书到深夜,打瞌睡进入了梦境,眼前出现了旋转的碳原子。碳原子的长链像蛇一样在眼前盘绕卷曲,忽见蛇头抓住了自己的尾巴,并快速旋转不停。他触电般猛醒过来,联想起朝思慕想的苯环结构问题,提出了苯环结构的假说。至此,苯环结构学说诞生了。对此,凯库勒说:"我们应该会做梦!……那么我们就可以发现真理,……但不要在清醒的理智检验之前,就宣布我们的梦。"

凯库勒能够从梦中得到启发,成功地提出重要的结构学说,并不是偶然的。正是由于他善于独立思考,平时总是冥思苦想有关的原子、分子、结构等问题,才会梦其所思;更重要的是,他懂得化合价的真正意义,善于捕捉直觉形象,加之以事实为依据,以严肃的科学态度进行多方面的分析和探讨,这一切都为他取得成功奠定了基础。

习　　题

1. 写出单环芳烃 C_9H_{12} 的同分异构体的构造式并命名之。

2. 命名下列化合物。

(1) 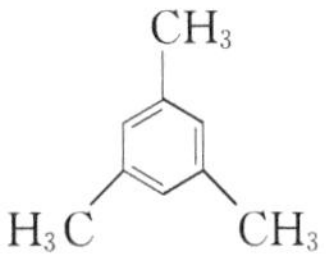

(2) 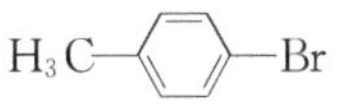

(3) 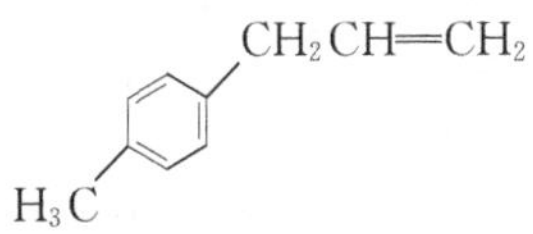

(4) 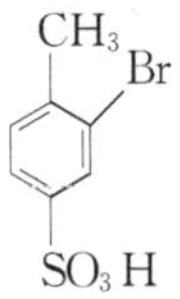

(5) 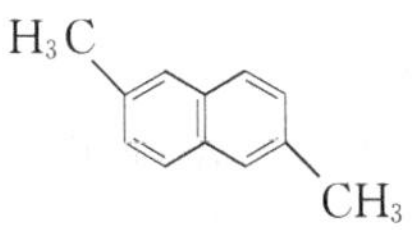

(6) 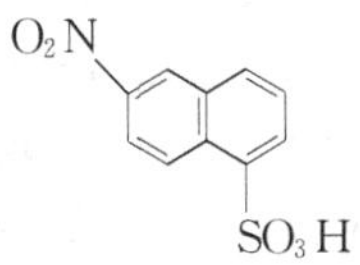

3. 写出下列化合物的结构式。

(1) 3,5-二溴-2-硝基甲苯　　　　(2) 2,6-二硝基-3-甲氧基甲苯

(3) 2-硝基对甲苯磺酸　　(4) 三苯甲烷

(5) 反-二苯基乙烯　　(6) 环己基苯

(7) 3-苯基戊烷　　(8) 间溴苯乙烯

(9) 对溴苯胺　　(10) 邻氨基苯甲酸

4. 将下列化合物进行一次硝化，试用箭头表示硝基进入的位置(指主要产物)。

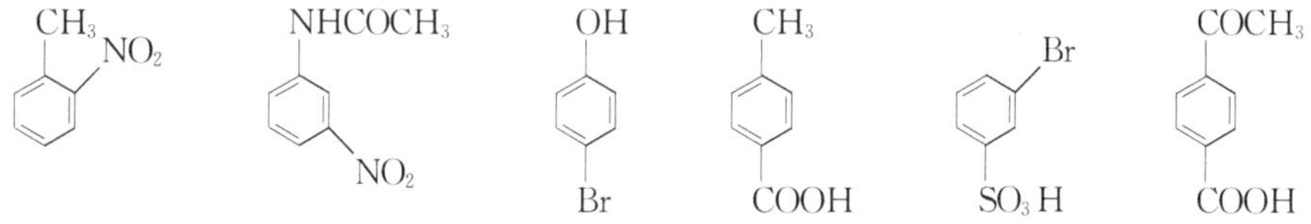

5. 试写出下列反应的主要产物。

(1) 

(2) 

(3) 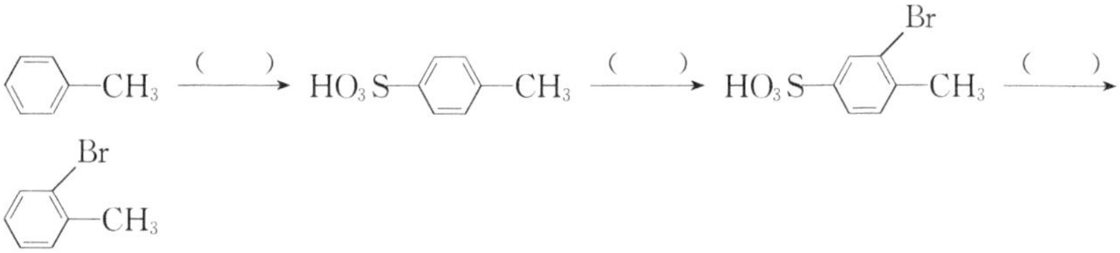

(4) 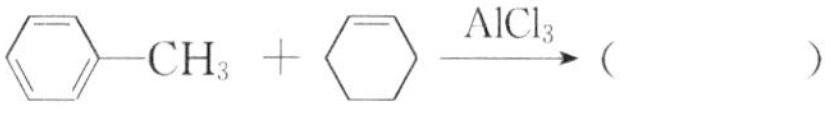

(5) 

(6) 

(7) 

(8) 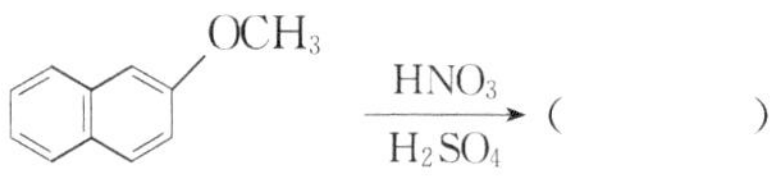

(9) 

(10) 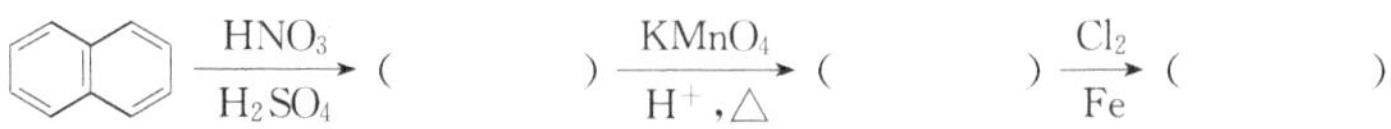

6. 怎样从苯和脂肪族化合物制取正丁苯? 用反应方程式表示。

7. 比较下列各组化合物进行硝化反应的活性顺序。

(1) A. 苯　B. 1,2,3-三甲苯　C. 甲苯　D. 间二甲苯

(2) A. 苯　B. 硝基苯　C. 甲苯

(3) A. 苯　B. $C_6H_5COCH_3$　C. $C_6H_5NHCOCH_3$

（4）A. 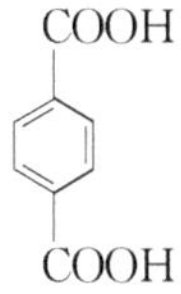　B. 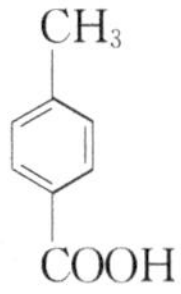　C. 　D. 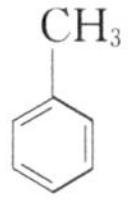

（5）A. 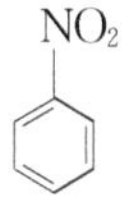　B. 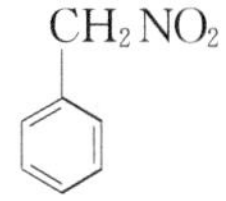　C. 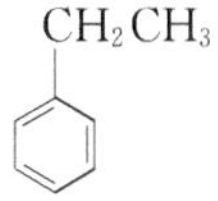

8. 以甲苯为起始原料，完成下列转化。

（1）　（2）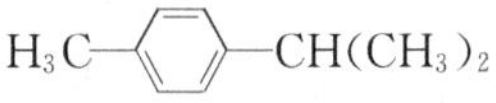

（3）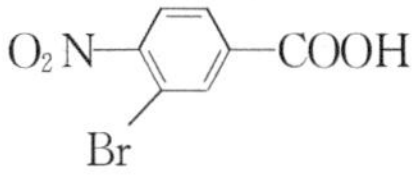　（4）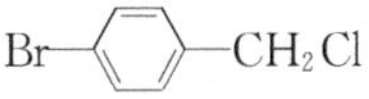

（5）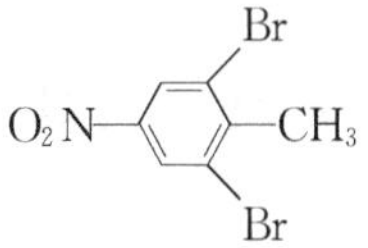　（6）间氯苯甲酸

9. 某芳烃其分子式为 C_9H_{12}，用 $K_2Cr_2O_7$ 硫酸溶液氧化后得一种二元酸，将原来芳烃进行硝化所得的一元硝基化合物主要有两种，问该芳烃的可能构造式是什么？并写出各步反应式。

10. 比较下列碳正离子的稳定性。

（1）R_3C^+　（2）$ArCH_2^+$　（3）Ar_3C^+　（4）Ar_2HC^+　（5）H_3C^+

11. 下列化合物有无芳香性，为什么？

（1）　（2）　（3）

12. 甲、乙、丙三种芳烃分子式同为 C_9H_{12}，氧化时甲得一元羧酸，乙得二元酸，丙得三元酸。但经硝化时甲和乙分别得到两种一硝基化合物，而丙只得一种一硝基化合物，推测甲、乙、丙三者的结构。

第 5 章　立体化学

立体化学(stereochemistry)是一种以三维空间来研究分子结构和性质的科学,有机分子是立体的,所以在研究有机化学时要有立体化学的观念。

有机化合物的结构分为构造、构型和构象三个层次,由此导致的同分异构现象在有机化合物中非常普遍,可分为两大类,即构造异构和立体异构。

构造异构是指分子式相同、构造不同,即分子中原子间的连接方式和次序不同的异构。主要包括碳架异构、位置异构、官能团异构等。

立体异构是指分子式相同,构造也相同,但由于分子中原子或基团在空间的排布位置不同而产生的异构。立体异构体包括构型异构和构象异构。构型异构又包括顺反异构和对映异构。

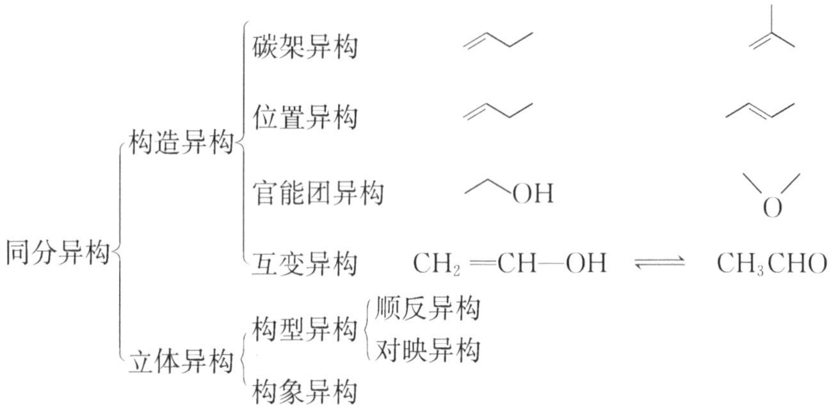

5.1　手性和对映体

人的双手看起来似乎完全相同,如果把左手放在镜子面前,在镜子中呈现的镜像恰好与右手相同,所以人的左、右手好比是实物和镜像的关系(图 5-1)。但是人的左、右手又不能重叠,如果将右手的手套戴到左手上就不合适。像左手和右手这样具有互为实物和镜像关系,又彼此不能完全重叠的特性,叫做手性(chirality)。

手性现象在分子结构中普遍存在。1848 年,巴斯德(Pasteur)在研究酒石酸钠铵的晶体时,发现无旋光性的酒石酸钠铵是两种互为不同镜像的晶体的混合物。他用一只放大镜和一把镊子,细心地把混合物分成两小堆:一堆是右旋的晶体,另

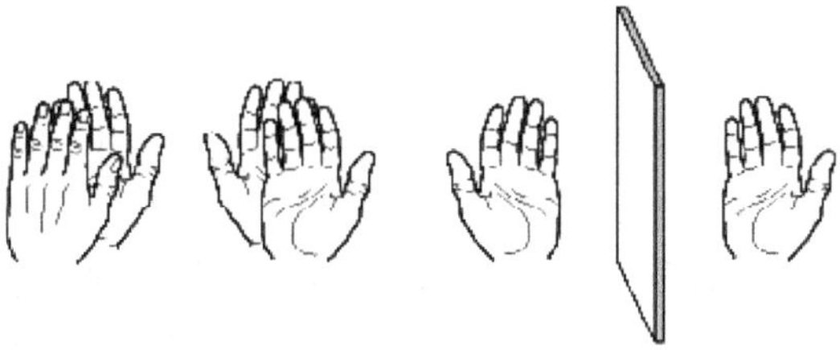

图 5-1 左手和右手互为实物和镜像关系

一堆是左旋的晶体。原先的混合物没有旋光性，现在各堆晶体的水溶液都具有旋光性，并且两个溶液的旋光度完全相等，旋光方向正好相反，即一个溶液使平面偏振光向右旋转，而另一个溶液以相同的度数使平面偏振光向左旋转。这两个物质的其他性质都相同。由于旋光度的差异是在溶液中观察到的，巴斯德推断这不是晶体的特性而是分子的特性。并指出，对映异构现象是由于分子中的原子在空间的不同排列而引起的。巴斯德的这些观点，为对映异构现象的研究奠定了理论基础。

再如乳酸(2-羟基丙酸)分子，由肌肉运动得到的乳酸分子和由乳糖经乳杆菌发酵产生的乳酸分子虽然分子式相同却不能完全重叠，但结构正好互为镜像关系，并且它们能使平面偏振光旋转的角度相同而旋转的方向相反(图 5-2)。

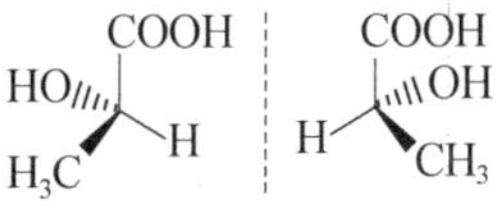

图 5-2 乳酸的对映异构

像酒石酸钠铵和乳酸分子这样不能与其镜像完全叠合的分子叫做手性分子(chiral molecule)。因分子中手性因素的存在，像这种结构式相同，构型不同且互呈镜像对映关系的立体异构体称为对映异构体(enantionmers)。由于它们的旋光性能不同，所以对映异构体又称为旋光异构体或光学异构体。

5.2 分子的对称因素

根据某化合物与其镜像能否完全重叠，来确定该化合物是否具有手性，这是判断手性的最根本的方法。还可以从化合物分子中有无对称因素来判断手性。需要考虑的对称因素主要有下列四种。

1. 对称轴

如果分子中有一条直线，以此直线为轴旋转 360°/n(n=2,3,4,…)后，得到的图形与原分子完全重合，此直线就是该分子的 n 重对称轴(axis of symmetry，符号 C_n)，如图 5-3 所示。图中这些分子分别具有 C_2、C_3和 C_4对称轴。对称轴不作为判别分子手性的依据。

2. 对称面

如果某分子能被一个平面分成互为实物和镜像的两部分，此平面就是该分子的对称面（plane of symmetry，符号 σ）。凡是有对称面的分子是非手性分子（achiral molecule）。例如，单烯烃C═C 所连的原子共平面，这个平面就是分子的对称面（图 5-4）。同一个碳上连有两个相同原子或基团的化合物，也有一个对称面（图 5-4），但无手性。

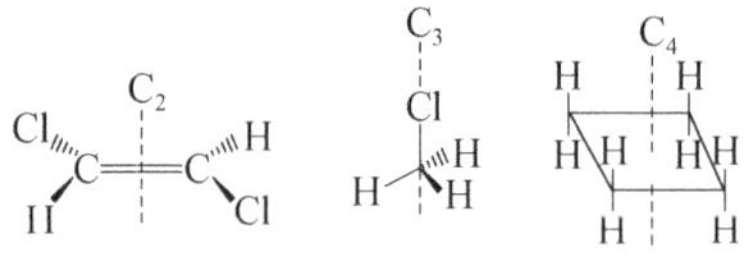

图 5-3　有对称轴的分子

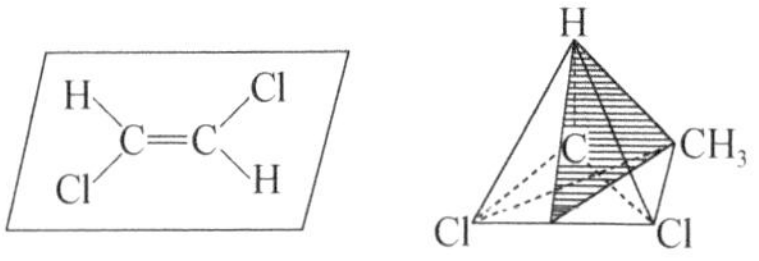

图 5-4　有对称面的分子

3. 对称中心

如果分子中有一个点 P，从任何一个原子或基团向 P 点引连线并延长，在等距离处都遇到相同的原子或基团，则 P 点称为该分子的对称中心。（center of symmetry，符号 i）凡是具有对称中心的分子，也是非手性分子，没有旋光性。如图 5-5 所示。

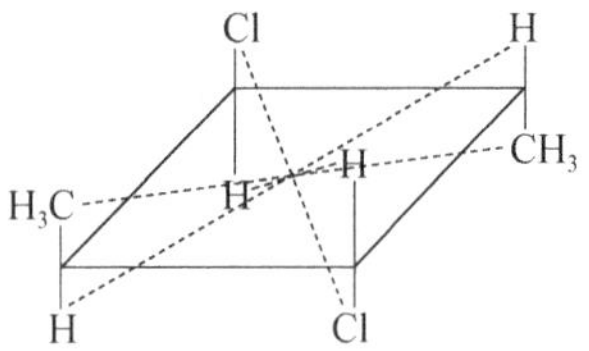

图 5-5　有对称中心(i)的分子

4. 交替对称轴

设想分子中有一条直线，当分子以此直线为轴旋转 360°/n（n＝正整数）后，再用一个与直线垂直的平面进行反映（以此平面为镜面做出镜像），如果得到的镜像与原来的分子完全相同，这条直线就是交替对称轴（alternating axis of symmetry，符号 S_n）。如图 5-6 所示。

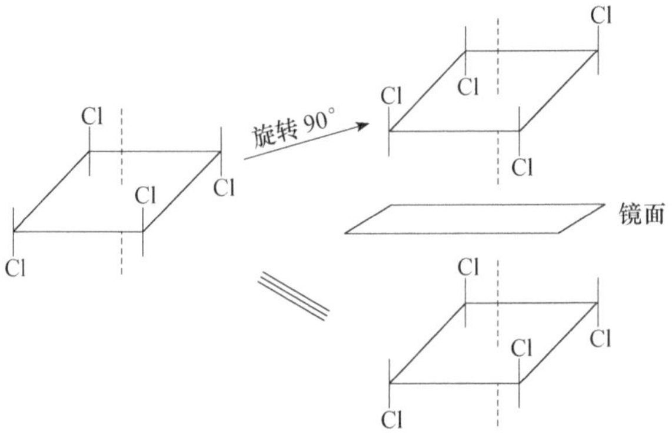

图 5-6　有交替对称轴的分子

具有四重交替对称轴的化合物和镜像能够重叠，因此不具有旋光性。在一般情况下，四重交替对称轴往往和对称面或对称中心同时存在。

凡是手性分子必有互为镜像的构型。分子的手性是存在对映体的必要和充分条件。绝大多数的非手性分子都具有对称面或对称中心，只有 4 重交替对称轴而没有对称面或对称中心的分子是个别的。因此，只要一个分子既没有对称面又没有对称中心，一般就可初步断定它是手性分子。

5.3　旋光性和比旋光度

5.3.1　旋光性

光是一种电磁波，其振动方向与传播方向垂直，即普通光在垂直于其传播方向的无数相互交错的平面内振动。具有单一波长的单色光（如钠光，$\lambda=589.6$nm），仍在无数相互交错的平面内振动。如果光通过尼柯尔（Nicol）棱镜后就变成只在一个平面内振动的光，称为平面偏振光（plane-polarzed light），简称偏振光（图 5-7）。

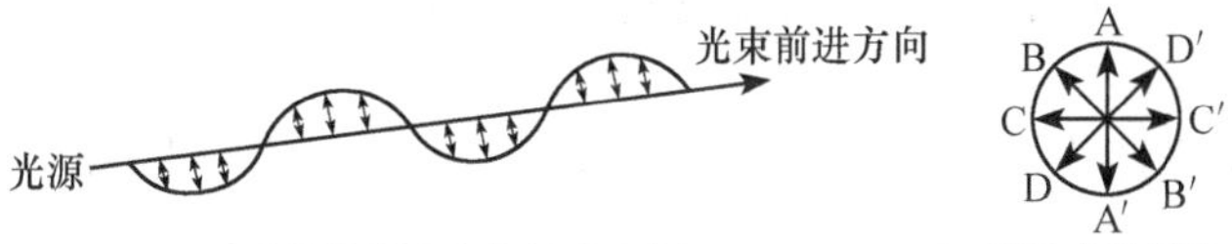

图 5-7　普通光与偏振光

若让平面偏振光通过一些物质，如水、乙醇等，它们对偏振光不发生影响。但有些物质，如乳酸、葡萄糖等能使偏振光的振动平面旋转一定的角度。这种能使偏振光振动平面偏转的性质称为物质的旋光性。具有旋光性的物质称为旋光物质或光学活性物质（optically active compounds）。能使偏振光振动平面向右偏转的物质叫右旋体（dextrotatory）。能使偏振光振动平面向左偏转的物质叫左旋体（levo-rotatory）。不同物质的旋光性如图 5-8 所示。

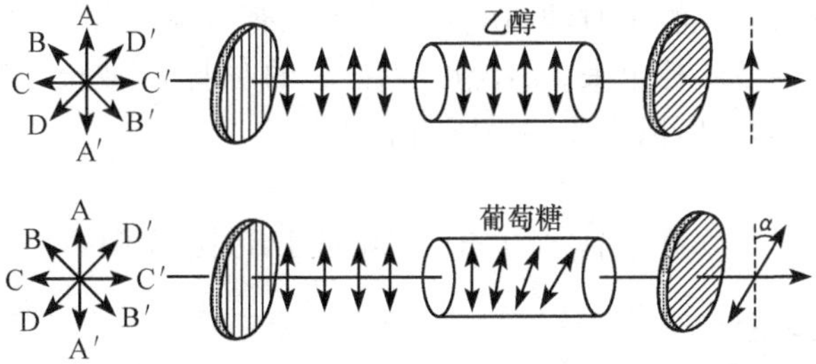

图 5-8　不同物质的旋光性

5.3.2 旋光仪与比旋光度

旋光仪(polarimeter)是一种测量化合物旋光性能的仪器(图 5-9),它主要由单色光源、两个 Nicol 棱镜、旋光管、回转刻度盘和目镜组成。单色光(常用钠灯的黄光)经起偏镜(固定的 Nicol 棱镜)产生平面偏振光;旋光管是盛样品溶液的管子;检偏镜是一个可以旋转的 Nicol 棱镜,用来测定偏振面的改变情况;回转刻度盘可以直接读出偏振面改变的角度。

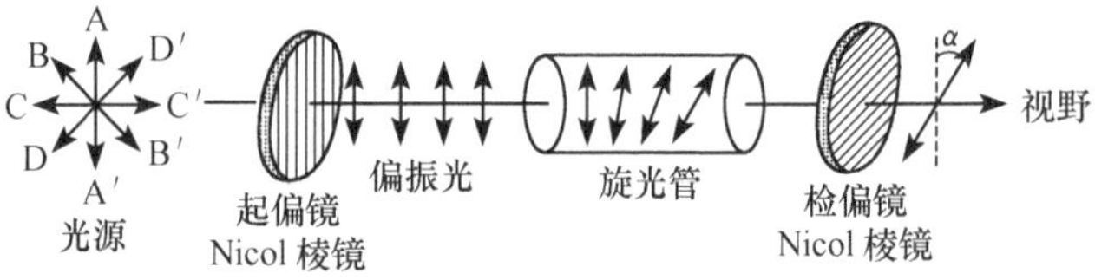

图 5-9　旋光仪的结构

若旋光管中为旋光性物质,当偏振光透过该物质时会使偏光向左或右旋转一定的角度,如要使旋转一定的角度后的偏振光能透过检偏镜光栅,则必须旋转一定的角度,目镜处视野才明亮,测得检偏镜旋转的角度即为该物质的旋光度(optical rotation)。

旋光度是旋光性物质使平面偏振光的偏振方向和程度,用 α 表示。面对光源右偏的叫右旋,记作"+"或 d(dextro-rotatory),左偏的叫左旋,记作"−"或 l(levo-rotatory),旋转角度用"°"表示。

物质旋光度的大小决定于该物质的分子结构,并与测定时溶液的浓度、旋光管的长度、测定温度、所用光源波长等因素有关。

$$\alpha = [\alpha]_D^t \times l \times c$$

式中,α 为旋光度测定值;c 为样品浓度($g \cdot mL^{-1}$)或密度($g \cdot cm^{3-1}$);l 为旋光管长度(dm);t 为测量时的温度(℃);D 为钠光($\lambda = 589.6nm$)。$[\alpha]_D^t$ 为比旋光度(specific rotation),当温度和光源波长一定时,$[\alpha]_D^t$ 是一个常数,因此通常用比旋光度描述一个旋光性化合物的旋光性,其定义为 1mL 含 1g 旋光性化合物的样品液,放在 1dm 长的旋光管中所测得的旋光度。

因偏振光的波长和测定时的温度对旋光度也有影响,故表示比旋光度时,通常还把温度和光源的波长标出来。将温度写在[α]的右上角,波长写在右下角。溶剂对比旋光度也有影响,所以也要注明所用溶剂。

5.4　含一个手性碳原子的化合物

5.4.1 手性碳原子

手性分子大都含有与四个互不相同的原子或基团相连的碳原子,这种碳原子没有任何对称因素，所以称为不对称碳原子或手性碳原子(chiral carbon atom)，用 C^* 表示。含有一个手性碳原子的化合物一定是手性分子，一定有互为实物和镜像关系的两种构型，即一对对映体。

对映体的物理性质相同，只是旋光方向相反。一般情况下，对映体的化学性质也相同，但在遇到具有旋光性的试剂、溶剂、催化剂时，也会表现出某些差异，特别是生理效应明显不同。如左旋氯霉素有抗菌作用，它的对映体——右旋氯霉素则无疗效。右旋葡萄糖在动物代谢中有独特作用，具有营养性，而左旋葡萄糖则不能被动物代谢。

5.4.2 外消旋体

当等量的左旋体和右旋体混在一起时，整个物质是无旋光性的，称为外消旋体(racemate)，用(±)或(*dl*)表示。外消旋体和纯对映体除旋光性不同外，其他物理性质如熔点、沸点、密度、在同种溶剂中的溶解度等也不同。例如，(+)-乳酸和(−)-乳酸和(±)-乳酸的物理性质如表5-1所示。

表5-1 (+)-乳酸和(−)-乳酸和(±)-乳酸的物理性质

物质	m.p./℃	$[\alpha]_D^{20}$	pK_a(25℃)
(*R*)-(−)-乳酸	53	−3.82°	3.83
(*S*)-(+)-乳酸	53	+3.82°	3.79
(±)-乳酸	18	0°	—

外消旋体在手性环境中，两个对映体表现不同的性质。例如，在外消旋酒石酸培养液中放入青霉菌，右旋酒石酸被青霉菌消耗掉，左旋酒石酸剩下来，溶液慢慢由不旋光性变成旋光性体。

5.5 构型的表示方法和构型的标记

5.5.1 构型的表示方法

透视式、楔形式和纽曼投影式都可以用来表示对映体的空间构型，另外一种常用的构型表示方法是费歇尔(Fischer)投影式。现以乳酸为例，用模型来说明费歇尔投影式的表示方法。

使乳酸分子中横键上的两个基团朝前，竖键上的两个基团朝后，将这样摆放的分子投影到平面上，用“+”字交叉线表示，中间的碳原子不写出，这样的投影式称为费歇尔投影式。因此，在乳酸的费歇尔投影式中，氢和羟基在纸面前，羧基和甲基在纸面后，如图5-10所示。

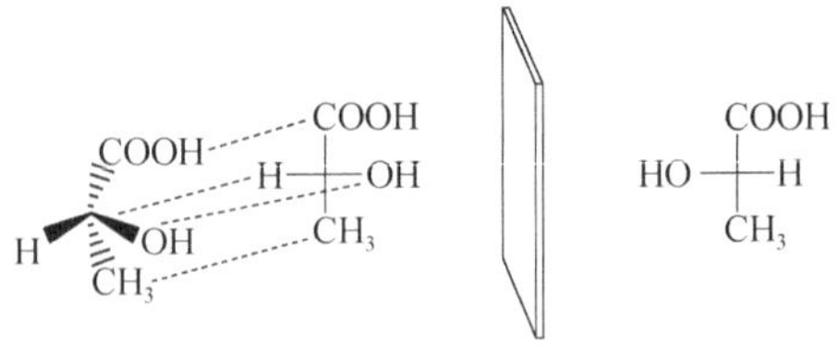

图 5-10　乳酸分子模型和费歇尔投影式

费歇尔投影式用平面图形表示分子的结构，规定横键的两个基团朝前，竖键的两个基团朝后，严格表示了各基团的空间关系。在使用费歇尔投影式时要注意以下几点：

(1) 投影式不能离开纸面翻转，在纸面上向左或向右旋转 180°，其构型保持不变。

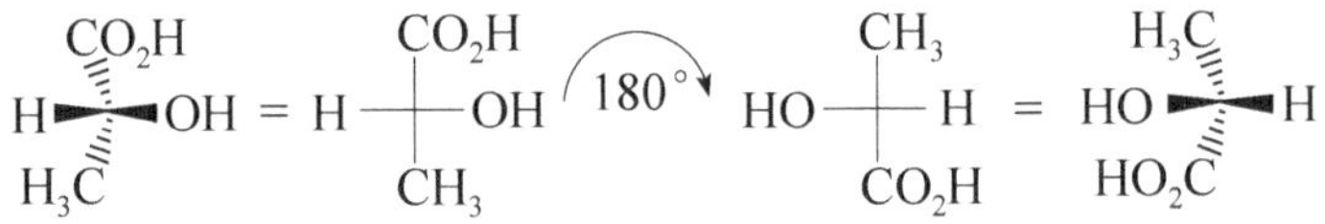

(2) 投影式在纸面上旋转 90°或 270°后变成它的对映体的投影式。

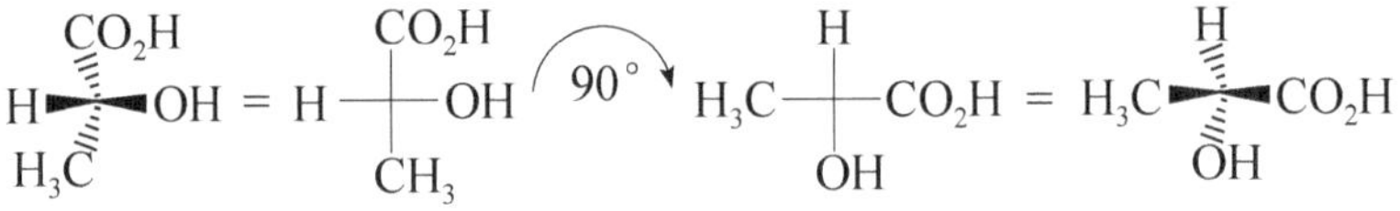

(3) 投影式中的四个基团，固定一个基团，其余三个基团顺时针或逆时针旋转，构型保持不变。

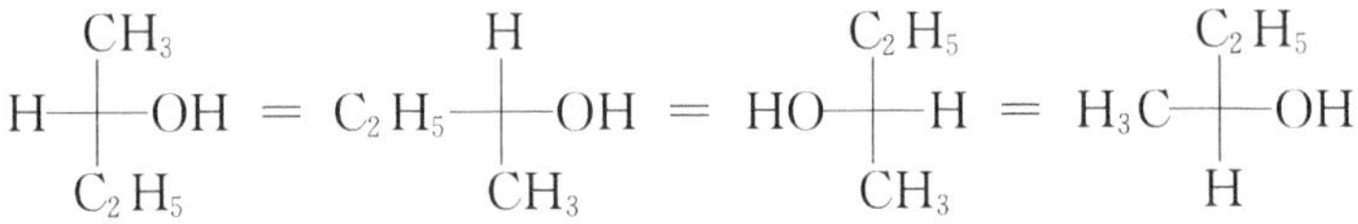

(4) 投影式中任意两个基团对调一次后变成它的对映体的投影式。

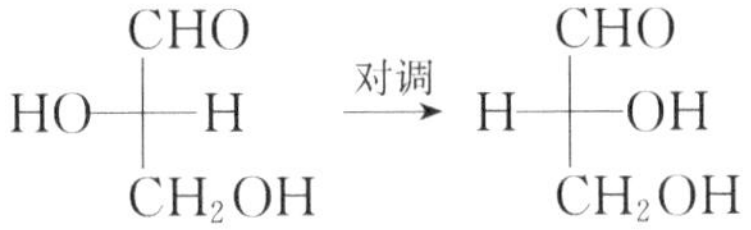

5.5.2　构型的标记

1. *R*/*S* 标记法

IUPAC 命名法建议，将与手性碳相连的四个原子或基团按次序规则排列出基团的大小 a>b>c>d，让最小的基团 d 离观察者最远，其他三个基团按 a→b→c 的顺序，如果是顺时针，称为 *R*(拉丁文 Rectus"右"字的字首)构型；逆时针，称为 *S*

(拉丁文 sinister 的字首)构型。

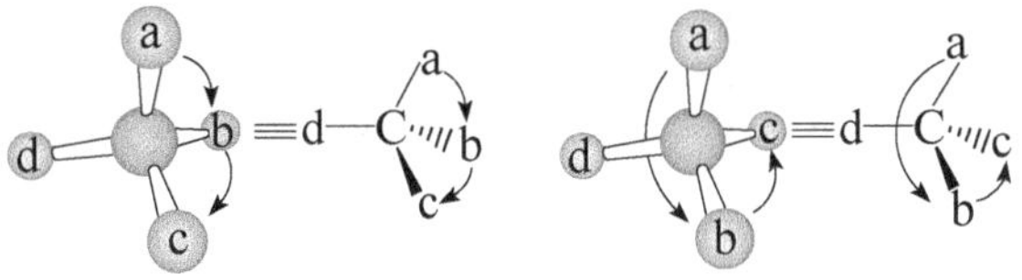

R 构型　　　　　*S* 构型

乳酸分子中,碳所连的四个基团的大小顺序为—OH>—COOH>—CH_3>—H,因此,(*R*)-乳酸和(*S*)-乳酸分别为

顺时针排列 (*R*)- 乳酸　　　　逆时针排列 (*S*)- 乳酸

—OH>—COOH>—CH_3>—H

天然存在的丙氨酸与其对映体(非天然存在)可按如下程序判断它们的 *R*/*S* 构型:

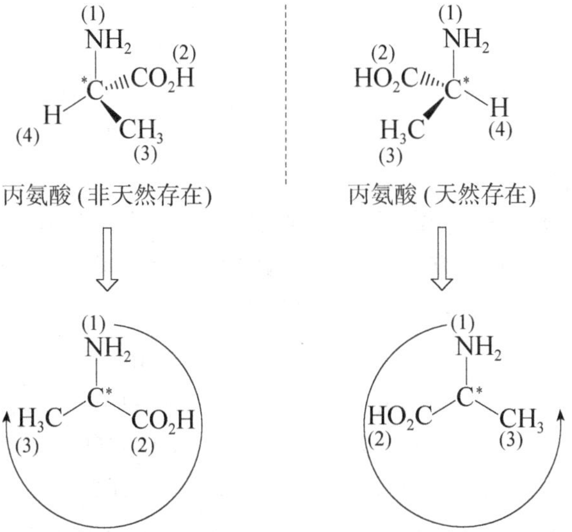

R 构型　　　　　*S* 构型

用费歇尔投影式表示分子构型时,可用下列简单的方法判断 *R*/*S* 构型:如果最小基团在竖键上,表示最小基团在纸面后,观察者从前面看,按 a→b→c 顺序,如果是顺时针方向转,即为 *R*,如果是逆时针方向转,即为 *S*。如果最小基团在横键上,表示最小基团在纸面前,观察者从前面看时,则最小基团离观察者最近,若从 a→b→c 顺时针方向转,则手性碳的真实构型为 *S*,若是逆时针方向转,则手性碳的

真实构型为 R。

*R*构型　　*S*构型　　*S*构型　　*R*构型

最小基团在竖键上　　最小基团在横键上

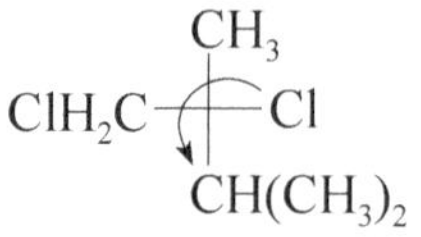

*S*构型

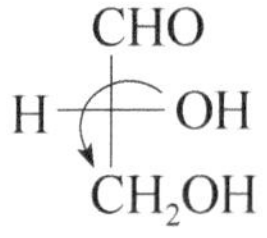

*R*构型

需要指出的是，R/S 标记法仅表示手性分子中四个基团在空间的相对位置。对于一对对映体来说，一个异构体的构型为 R，另一个则必然是 S，但它们的旋光方向（“＋”或“－”）是不能通过构型来推断，其旋光方向可能是左旋的，也可能是右旋的，与 R/S 标记无关，而只能通过旋光仪测定得到。只有测定出其中一个手性分子的旋光方向后，才能推测出其对映体的旋光方向。

2. D/L 标记法

由于分子的构型与其旋光方向无关，在过去很长一段时间，人们无法确定手性分子的真实构型（绝对构型）。为解决这一问题，费歇尔提出了以（＋）-甘油醛的构型为标准来标记其他与甘油醛相关联的手性化合物相对构型的一种方法，称为 D/L 标记法。费歇尔任意指定了（＋）-甘油醛的投影式是 CHO 在手性碳的上方，CH_2OH 在下方，OH 在右方，H 在左方，构型用 D 标记；而（－）-甘油醛的 CHO 和 CH_2OH 不变，OH 在左方，H 在右，构型用 L 标记。

D-（＋）-甘油醛　　L-（－）-甘油醛

其他手性化合物与甘油醛相关联，不涉及手性碳四个键断裂的化合物，其构型保持不变。由此分别得到 D-和 L-构型系列化合物。例如：

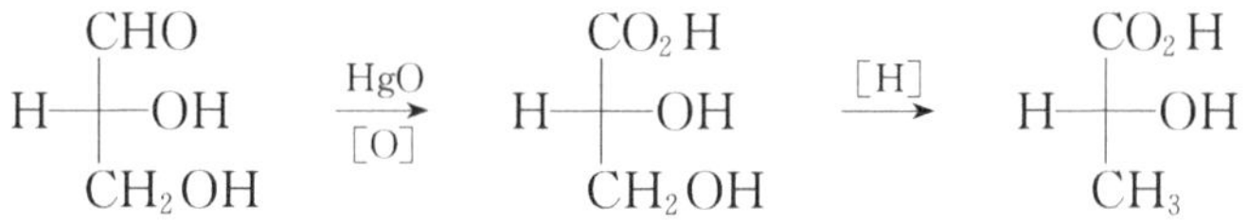

D-（＋）-甘油醛　　D-（＋）-甘油酸　　D-（－）-乳酸

1951 年，魏沃(J. M. Bijvoet)用 X 射线单晶衍射法成功地测定了右旋酒石酸铷钠的绝对构型，并由此推断出(+)-甘油醛的绝对构型。有趣的是，实验测得的(+)-甘油醛的绝对构型正好与费歇尔任意指定的相对构型相同。从此，与甘油醛相关联的其他化合物的 D/L 构型也都代表绝对构型了。D/L 标记法在糖和氨基酸等天然化合物中使用较为广泛。

D/L 标记法有一定的局限性，许多手性化合物不易通过化学反应与甘油醛发生直接和间接的联系，特别对分子中含有多个手性碳原子的化合物，无法将每个手性碳原子的构型都表示出来。因此，对于多个手性碳的化合物(除了糖和氨基酸等天然化合物以外)，一般选用 R/S 标记法。

5.6　含有多个手性碳原子化合物的立体异构

含两个构造不同的手性碳原子 C^* 的分子，有四个旋光异构体。如果用 A、B 代表两个构造不同的 C^*，用 R/S 代表构型，那么含两个不同构造 C^* 的化合物 AB，其四种旋光异构体表示如下：

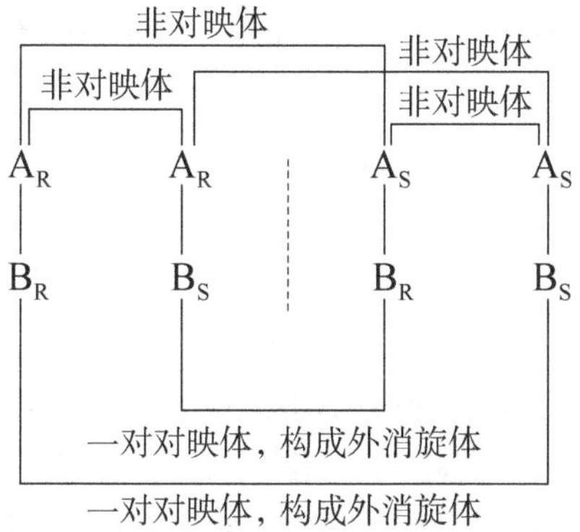

(1) 含有两个不同的手性碳原子的化合物的旋光异构。2,3,4-三羟基丁醛分子有四个旋光异构体。

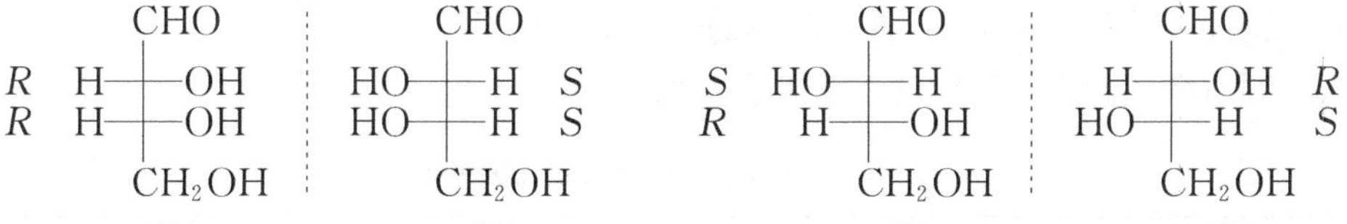

(Ⅰ)　(Ⅱ)　(Ⅲ)　(Ⅳ)

(2*R*,3*R*)　(2*S*,3*S*)　(2*S*,3*R*)　(2*R*,3*S*)

化合物Ⅰ和Ⅱ是一对对映体，化合物Ⅲ和Ⅳ也是一对对映体，两对对映体可组成两个外消旋体。化合物Ⅰ或Ⅱ与化合物Ⅲ或Ⅳ不是实物和镜像的关系，这种不为实物和镜像关系的异构体叫做非对映体(diastereoisomers)。

随着分子中手性碳原子数目的增加，旋光异构体的数目也会增多。其规律是：含 n 个不同手性碳原子的化合物有 2^n 个旋光异构体，可组成 2^{n-1} 个外消旋体。

（2）含两个相同手性碳原子化合物的旋光异构。酒石酸分子（$HOOC—\overset{*}{C}HOH\overset{*}{C}HOHCOOH$）中含有两个相同的手性碳原子，似乎有四个旋光异构体：

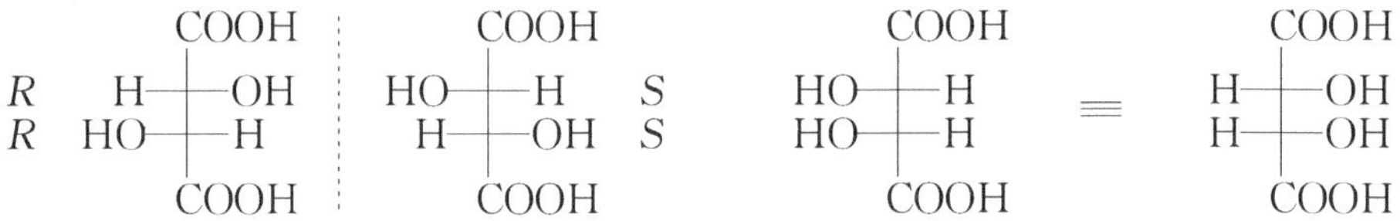

（2*R*,3*R*）　（2*S*,3*S*）　（2*S*,3*R*）　（2*R*,3*S*）

Ⅰ　Ⅱ　Ⅲ　Ⅳ

化合物Ⅰ和Ⅱ是一对对映体，可组成一个外消旋体。化合物Ⅲ和Ⅳ也互为实物和镜像的关系，似乎也是一对对映体，但将Ⅳ沿纸面旋转 180°即可与Ⅲ完全重叠，它们实际上是同一构型的分子。事实上，在化合物Ⅲ或Ⅳ的分子中存在一个对称面，可以将分子分成互为实物和镜像关系的两部分，这两部分的旋光能力相同，但旋光方向相反，旋光性在分子内被完全抵消，因此不具有旋光性。

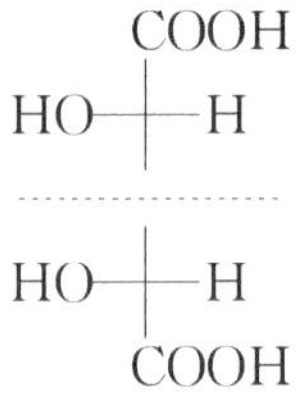

这种分子中虽然含有手性碳原子，但由于分子中存在对称因素，不显示旋光性的化合物叫做内消旋体（mesoisomer），常用 *meso*-标记。内消旋体的分子中存在对称面，两个手性碳原子互为实物与镜像的关系，即手性碳原子的构型是相反的。

由上可见，含两个相同手性碳原子的化合物有三个旋光异构体，一个为左旋体，一个为右旋体，一个为内消旋体。显然，含 n 个相同手性碳原子的化合物，其旋光异构体的数目要小于 2^n，外消旋体的数目也要小于 2^{n-1}。

酒石酸的旋光异构体的性质见表 5-2：

表 5-2　酒石酸的旋光异构体的性质

	m. p. /℃	$[\alpha]_D^{20}(H_2O)$	溶解度/(g · 100mL^{-1})	pK_{a_1}	pK_{a_2}
(2*R*,3*R*)-酒石酸	170	+12.0	139	2.98	4.23
(2*S*,3*S*)-酒石酸	170	−12.0	139	2.98	4.23
(±)-酒石酸(dl)	206	0	20.6	2.96	4.24
meso-酒石酸	146	0	125	3.11	—

5.7 含假不对称碳原子的分子

在2,3,4-三羟基戊二酸分子中，其C_3是否是不对称碳原子以及整个分子是否具有手性，要根据具体情况具体分析。

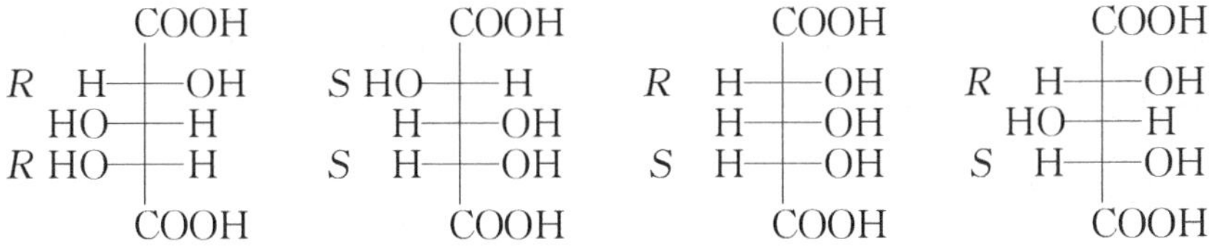

3号碳无手性 (2*R*,4*R*)　　3号碳无手性 (2*S*,4*S*)　　3号碳有手性 (2*R*,3*r*,4*S*)　　3号碳有手性 (2*R*,3*s*,4*S*)

C_3上连有带相同取代基的手性碳原子C_2和C_4，当C_2和C_4构型相同（如同为*R*或同为*S*）时，则C_3为非手性碳原子，但此时整个分子既无对称面也无对称中心，属于手性分子。当C_2和C_4构型不同（一个为*R*，另一个为*S*）时，则C_3为不对称碳原子，但此时整个分子有一个对称面，是非手性分子（内消旋体）。我们把这种情形中的C_3称为假不对称碳原子，2,3,4-三羟基戊二酸就属于含假不对称碳原子的分子。假不对称碳原子的构型用小*r*或小*s*表示，可根据次序规则中$R>S$的原则确定其构型。因此，像2,3,4-三羟基戊二酸这类含奇数碳原子的分子，有一对对映体和两个内消旋体，共有2^{n-1}个立体异构体。

5.8 外消旋体的拆分

外消旋体分离成旋光体的过程叫做拆分（resolution）。拆分的方法很多，一般有下列几种。

1. 机械拆分法

利用外消旋体中对映体的结晶形态上的差异，借肉眼直接辨认或通过放大镜进行辨认，把两种晶体挑捡分开。此法要求结晶形态有明显的不对称性，且结晶大小适宜。

2. 微生物拆分法

某些微生物或它们所产生的酶，对于对映体中的某种异构体有选择性的分解作用，在拆分过程中，外消旋体至少有一半被消耗掉。例如，青霉素菌在含有外消旋体的酒石酸培养液中生长时，将右旋酒石酸被消耗掉，只剩下左旋体。

3. 选择吸附拆分法

采用柱层析法，用某种旋光性物质作为吸附剂，使之选择性地吸附外消旋体中的一种异构体，左旋体和右旋体就会先后流出层析柱，实现拆分的目的。

4. 诱导结晶拆分法

在外消旋体的过饱和溶液中加入一定量的某一种旋光体的纯晶种，与晶种相同的旋光体先结晶出来，通过过滤而达到拆分的目的。此时滤液中另一旋光体的量相对较多。再加入一些消旋体制成过饱和溶液，于是另一种旋光体优先结晶出来，如此反复进行结晶，就可交替地把一对对映体完全分开。

5. 化学拆分法

其原理是将对映体转变成非对映体，然后分离。外消旋体与无旋光性的物质作用后，仍是外消旋体。若使外消旋体与旋光性物质作用，则原来的一对对映体变成了两种互不对映的衍生物。外消旋体变成了非对映体的混合物。

非对映体具有不同的物理性质，可以用一般的分离方法把它们分开。最后再把分离所得的两种衍生物分别还原到原来的旋光化合物，即达到拆分的目的。这种拆分法最适用于酸或碱的外消旋体的拆分。

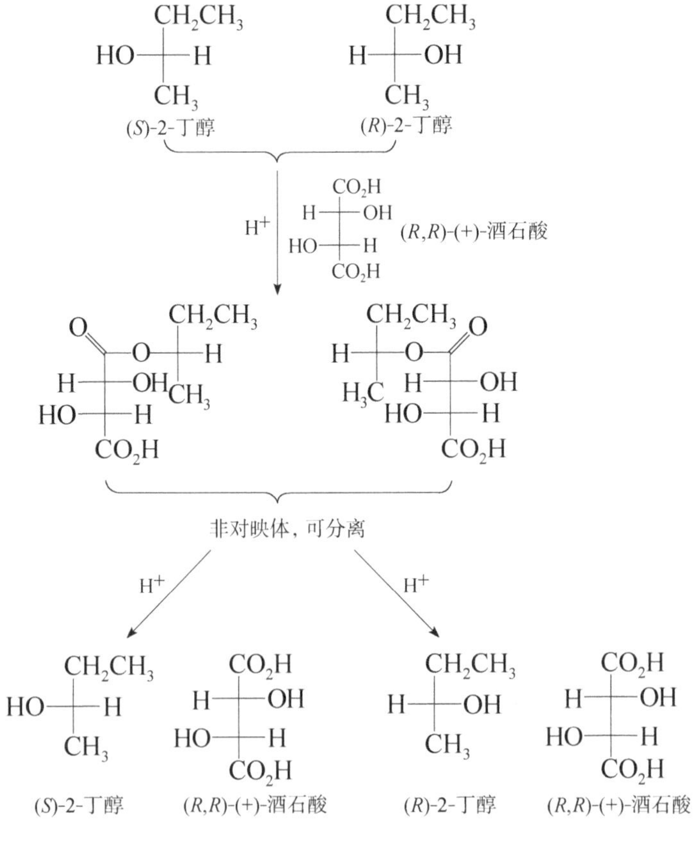

5.9 不含手性碳原子的化合物的对映异构

含有手性碳原子的分子不一定都具有手性，而具有手性的分子不一定都含有手性碳原子。判断一个化合物是否具有手性，关键是看分子能否与其镜像完全重叠。下面介绍几类不含手性碳原子的手性化合物。

1. 丙二烯型化合物

在丙二烯型分子中，中间的双键碳原子为 sp 杂化，两端的双键碳原子为 sp^2 杂化。中间的双键碳原子分别以两个相互垂直的 p 轨道与两端的双键碳原子的 p 轨道重叠，形成两个相互垂直的 π 键。两端的双键碳原子上各连接的两个原子或基团，分别处在相互垂直的平面上。当两端的双键碳原子上各连有不同的原子或基团时，则分子中既无对称面又无对称中心，分子具有手性，也就具有旋光性。例如，2,3-戊二烯分子就有一对对映体存在。

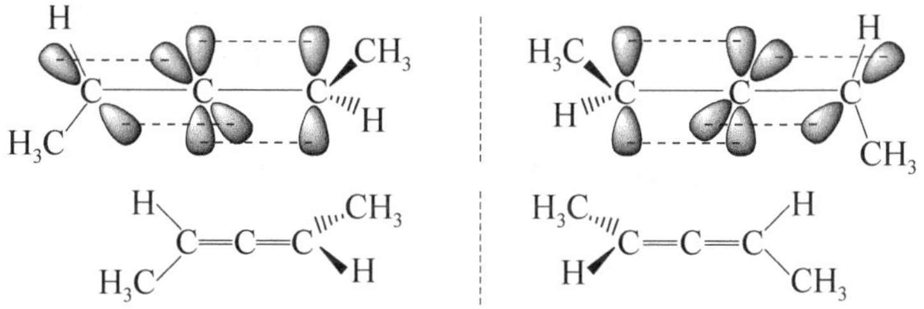

2. 联苯型化合物

在联苯型分子中，两个苯环通过碳碳单键相连。当两个苯环的邻位上都连有体积较大的基团时，将阻碍两个苯环绕碳碳单键的自由旋转，使得两个苯环不能在同一平面上。当每一苯环上各连有不同的基团时，则分子中既无对称面又无对称中心，分子具有手性，具有旋光性。例如，2,2′-二羧基-6,6′-二硝基联苯分子就有一对对映体。

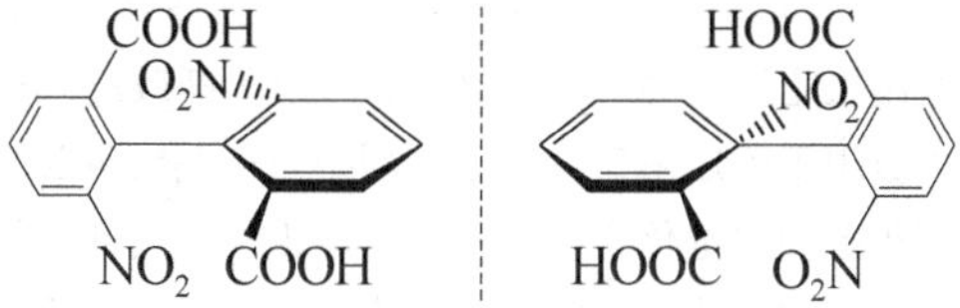

3. 含有其他手性中心的化合物

除碳原子以外，其他元素原子如 Si、N、S、P、As 等形成的化合物，也有可能是手性分子，存在一对对映体。例如：

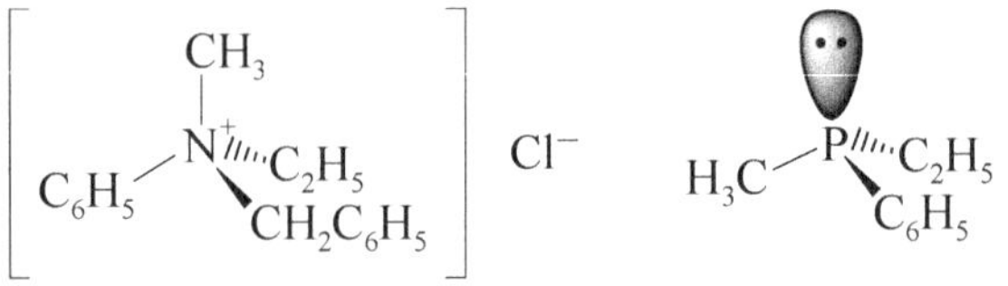

【阅读材料】

诺贝尔化学奖与手性化合物

自然界里有很多手性化合物，这些手性化合物的两个对映异构体在生命代谢中通常会表现出不同的生物活性。对于手性药物，一个异构体可能是有效的，而另一个异构体可能是无效甚至是有害的。以前由于对此缺少认识，人类曾经有过惨痛的教训。例如，德国一家制药公司在20世纪50年代开发的一种治疗孕妇早期不适的药物——反应停，药效很好，但很快发现服用了反应停的孕妇出生的婴儿很多是四肢残缺。虽然各国当即停止了反应停的销售，但已经造成了数以千计的畸形儿童的出生。后来发现反应停中(*S*)-构型有致畸作用。很明显，研究手性化合物对于科学研究以及人类健康有着重要意义。

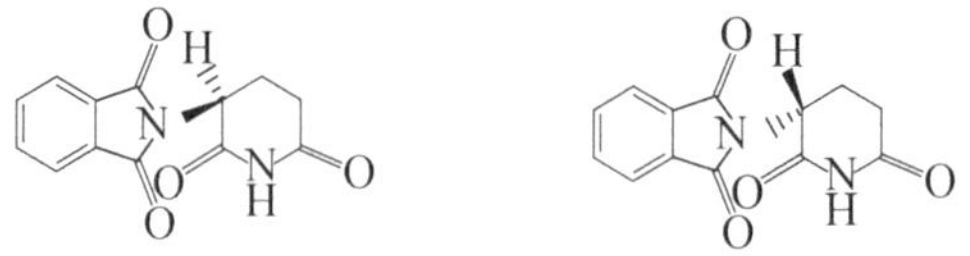

(*S*)-致畸剂　　(*R*)-镇静剂

反应停(thalidomide)的结构

2001年10月10日，瑞典皇家科学院宣布2001年诺贝尔化学奖授予曾在美国孟山都(Monsanto)公司工作的威廉·诺尔斯(William S. Knowles)以及日本名古屋大学野依良治(Yoji Noyorl)和美国加利福尼亚州斯克里普斯研究所的巴里·夏普莱斯(K. Barry Sharpless)，以表彰他们对"手性催化反应"的发展所做出的杰出贡献。研究手性化合物首先要将两个对映异构体分别合成出来。过去要想合成手性化合物的一个异构体是非常困难的。正是由于诺尔斯、野依良治和夏普莱斯三位有机化学家开创了不对称催化合成，使我们现在能够很方便地合成许多手性化合物的单个异构体。1968年诺尔斯首先应用手性催化剂催化烯烃的氢化反应，第一次实现了用少量手性催化剂控制氢化反应的对映选择性。经过不断改进，很快就将这一反应的选择性提高，这个反应1974年被用于治疗帕金森氏症的药物——左旋多巴的合成。1980年，野依良治等发现了一类能够适用于各种双键化合物氢化的有效手性催化剂，现在这类手性催化剂已经被广泛地应用于手性药物及其中间体的合成。1980年夏普莱斯发现用钛和酒石酸二乙酯形成的手性催化剂可以有效地催化烯丙醇化合物的环氧化反应，选择性非常高。后来，他又发现了催化不对称烯双烃基化反应。瑞典皇家科学院评价说，上述三位获奖者为合成具有新特性的分子和物质开创了一个全新的研究领域。无论是在学术研究领域，还是在医药产品的工业合成、新药的开发方面具有重要的意义，利用“手性”的原理与技术开发新药，已经成为国际医药界的新方向之一。

习　　题

1. 判断各对投影式之间的关系（同一物质、对映体或非对映体）。

(1) 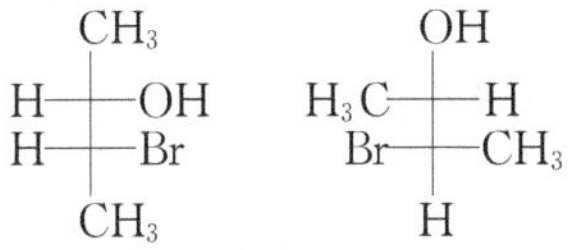

(2) 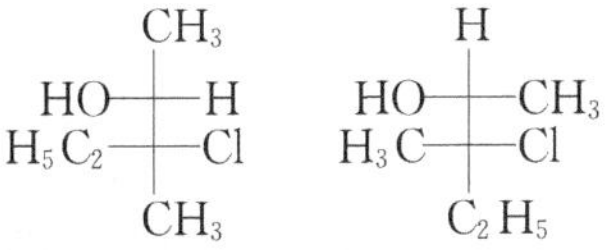

(3) 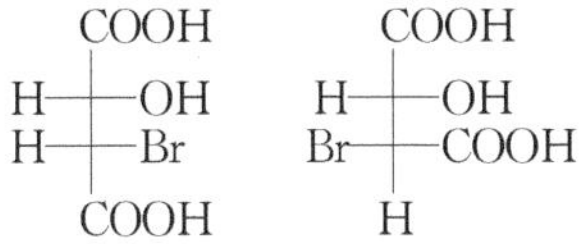

(4) 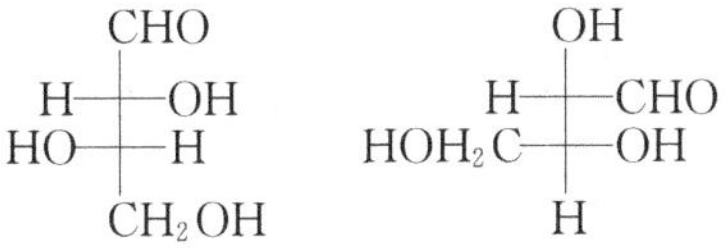

2. 用 R/S 法标记下列化合物中手性碳原子的构型。

(1) 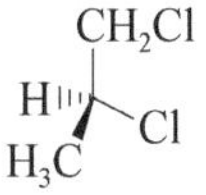

(2) 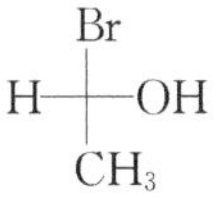

(3) 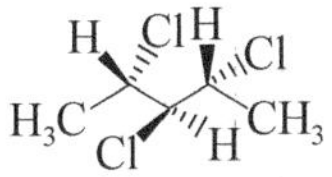

(4) 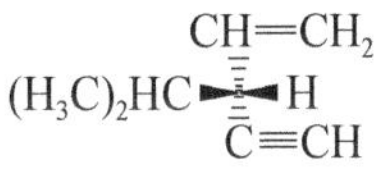

(5) 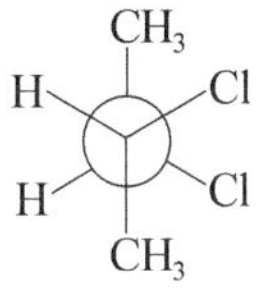

(6) 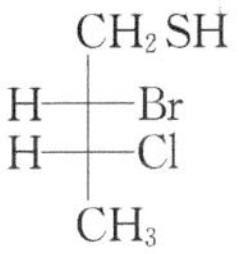

(7) 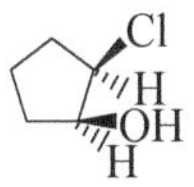

(8) 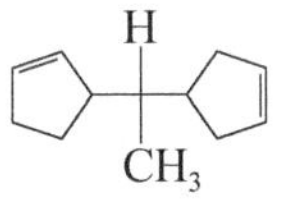

(9) 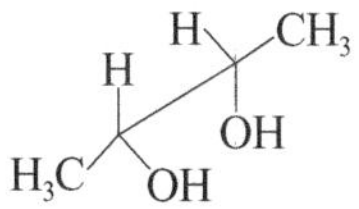

3. 指出投影式的 R/S 构型，判断各式与(1)之间的关系。

(1) 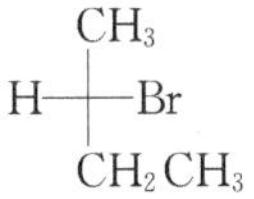

(2) 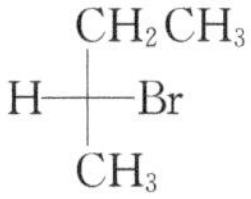

(3) 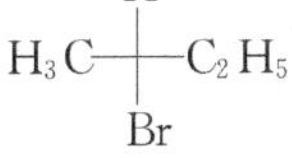

(4) 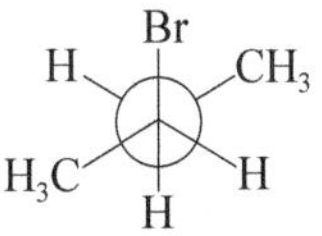

(5) 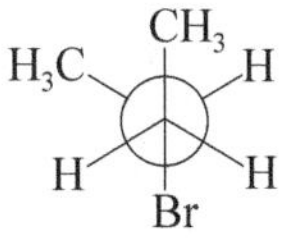

(6) 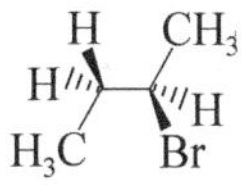

(7) 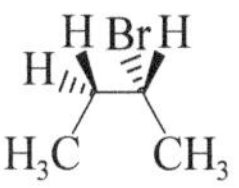

4. 写出下列化合物的费歇尔投影式，并对每个手性碳原子的构型以(R)或(S)标记。

(1) 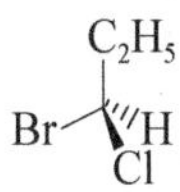

(2) 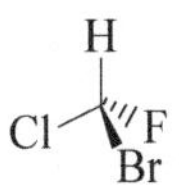

(3) 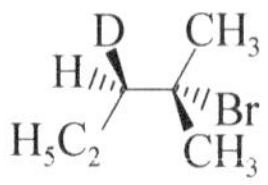

(4) 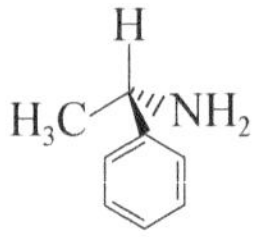

5. 写出下列化合物的立体结构式。

(1) (*R*)-2-氯戊烷　(2) (*S*)-CH_3CHDOH

(3) (1*S*,3*R*)-1-乙基-3-溴环戊烷　(4) (2*R*,3*S*)-2-氯-3-碘丁烷

6. 麻黄素的结构为：，写出它所有的光学活性异构体的构型。

7. 某醇 A($C_5H_{10}O$)具有旋光性，催化加氢后生成的醇 B($C_5H_{12}O$)没有旋光性，试写出 A 和 B 的结构式。

第 6 章　卤　代　烃

烃分子中的氢原子被卤原子取代后的化合物称为卤代烃(halohydrocarbon)，一般用 RX 表示，卤原子是卤代烃的官能团。由于氟代烃的性质和制备方法比较特殊，本章重点讨论氯代烃、溴代烃及碘代烃。

6.1　卤代烃的分类、命名

6.1.1　分类

根据分子的组成和结构特点，可从不同角度对卤代烃进行分类。

(1) 根据卤原子的不同，可分为氟代烃、氯代烃、溴代烃及碘代烃。

$CH_3CH_2CH_2Cl$　　$CH_3CH_2CH_2Br$　　$CH_3CH_2CH_2I$

氯丙烷　　溴丙烷　　碘丙烷

(2) 根据卤代烃的烃基不同，可分为饱和卤代烃、不饱和卤代烃及卤代芳烃。

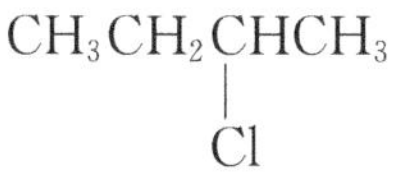

2-氯丁烷

$CH_2{=}CHCH_2Br$

3-溴丙烯

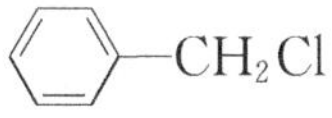

苄氯

$CH_3CH{=}CHBr$

1-溴丙烯

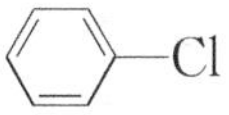

氯苯

其中，3-溴丙烯和苄氯的卤原子与饱和的 α-碳原子直接相连，常称为烯丙型卤代烃，1-溴丙烯和氯苯的卤原子与双键碳原子直接相连，常称为乙烯型卤代烃，二者在化学性质上有明显差别。

当与卤原子直接相连的碳原子的种类不同，还可将其分为伯、仲和叔卤代烃。

$CH_3CH_2CH_2CH_2Cl$

氯丁烷

1°(伯)卤代烃

2-氯丁烷

2°(仲)卤代烃

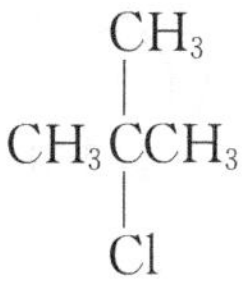

2-甲基-2-氯丙烷

3°(叔)卤代烃

(3) 根据卤代烃中所含卤原子数目多少，卤代烃可分为一(元)卤代烃及多

(元)卤代烃。

$CH_3C\equiv CBr$ 1-溴丙炔　　$ClCH_2CH_2Cl$ 二氯乙烷　　CI_3H 三碘甲烷　　CCl_4 四氯化碳

6.1.2 命名

(1) 普通命名法:对于简单的卤代烃,以烃基为取代基,卤素为母体来命名,也可以在烃基前加“卤代”,称为“卤代某烃”。

$CH_3CH_2CH_2CH_2Br$ 正溴丁烷

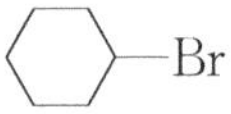
环己基溴

$CH_3CH=CHBr$ 1-溴丙烯(丙烯基溴)

$HCCl_3$ 三氯甲烷

有些卤代烃常有俗称,如 $CHCl_3$ 称为氯仿,CHI_3 称为碘仿。

(2) 系统命名法:复杂的卤代烃,以烃基为母体,卤原子为取代基来命名。命名时选择含有卤原子的最长碳链为主链,并遵循最低系列原则和次序规则(较优基团后列出)。

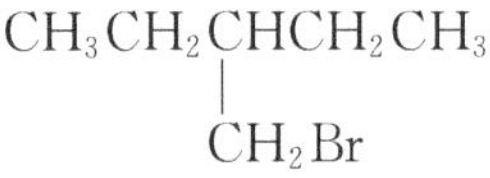
2-乙基-1-溴丁烷

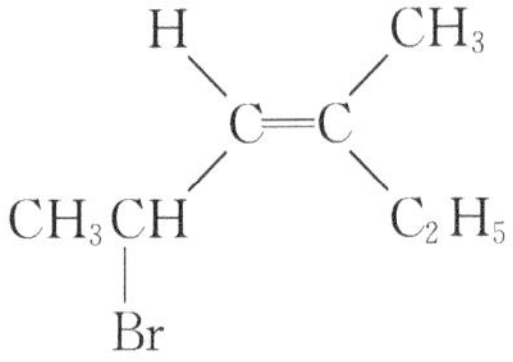
(Z)-4-甲基-2-溴-3-己烯

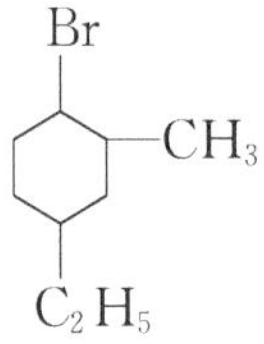
1-甲基-3-乙基-6-溴环己烷

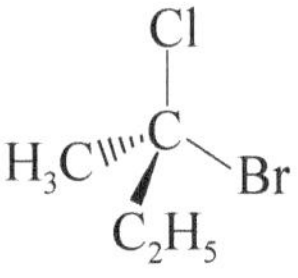
(S)-2-氯-2-溴丁烷

在芳卤代烃中,以苯环为母体。例如:

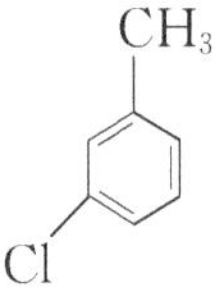
3-氯甲苯

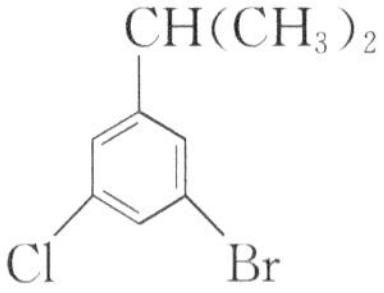
3-氯-5-溴异丙苯

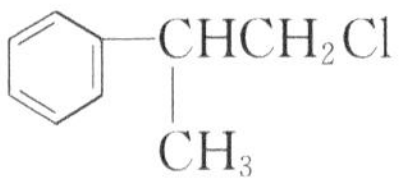
2-苯基-1-氯丙烷

6.2 卤代烃的制法

卤代烃在自然界很少存在,常用的卤代烃一般都是用合成的方法制备的。

6.2.1　烃的卤代

烷烃在光照或加热下直接卤代得到混合产物。由于溴代的选择性高于氯代，以适当烷烃为原料，可得到一种主要的溴代产物。

$$CH_3CH_2CH_3 + Cl_2 \xrightarrow{300^\circ C} CH_3\underset{\underset{\displaystyle Cl}{|}}{C}HCH_3 + CH_3CH_2CH_2Cl$$

52%　　　　48%

$$CH_3CH_2CH_3 + Br_2 \xrightarrow{330^\circ C} CH_3\underset{\underset{\displaystyle Br}{|}}{C}HCH_3 + CH_3CH_2CH_2Br$$

92%　　　　8%

烯烃和芳香烃的 α-位卤代通常用于制备烯丙型卤代烃。

$$CH_3CH{=}CH_2 + Cl_2 \xrightarrow{500^\circ C} \underset{\underset{\displaystyle Cl}{|}}{C}H_2CH{=}CH_2$$

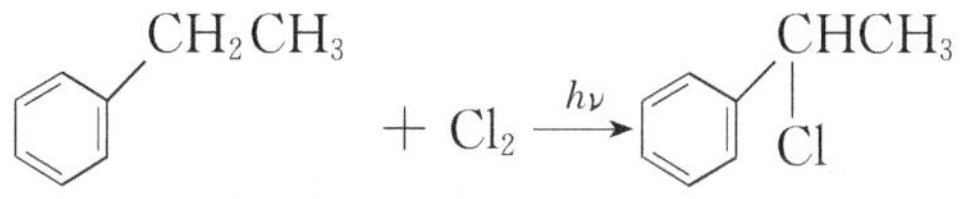

实验室中常用 *N*-溴代丁二酰亚胺(NBS)作溴化剂制备烯丙型溴代烃。

利用苯的亲电取代反应，可在苯环上引入卤素。

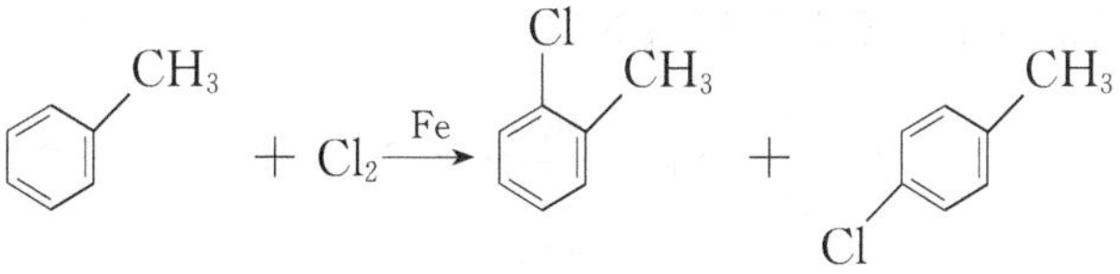

苯的氯甲基化反应，可制备苄氯。

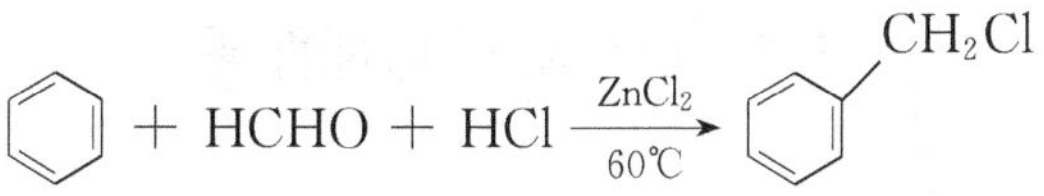

70%

当苯环上有给电子基，反应容易进行，反之，有吸电子基时，反应较难进行。

6.2.2　烯、炔的加成

不饱和烃与 HX 及 X_2 加成，可得到相应的卤代烃。

$$RCH{=}CH_2 + HX \longrightarrow \begin{array}{c} RCHCH_3 \\ | \\ X \end{array}$$

$$RCH{=}CH_2 + HBr \xrightarrow{\text{过氧化物}} RCH_2{-}CH_2Br$$

$$RC{\equiv}CH + HX \xrightarrow{Hg^{2+}} \begin{array}{l} RC{=}CH_2 \\ \;\;| \\ \;\;X \end{array}$$

$$RC{\equiv}CH + 2HX \xrightarrow{Hg^{2+}} \begin{array}{l} \;\;X \\ \;\;| \\ RC{-}CH_3 \\ \;\;| \\ \;\;X \end{array}$$

6.2.3　由醇制备

醇与卤化氢、三卤化磷和亚硫酰氯（$SOCl_2$）等试剂作用生成卤代烃，这是制备卤代烃最常用的方法。例如：

$$CH_3CH_2CH_2CH_2OH + HBr \xrightarrow{\triangle} CH_3CH_2CH_2CH_2Br$$

6.2.4　卤素置换反应

碘代烃的制备可用卤素置换反应获得。

$$RCl + NaI \xrightarrow{\text{丙酮}} RI + NaCl\downarrow$$

$$RBr + NaI \xrightarrow{\text{丙酮}} RI + NaBr\downarrow$$

6.3　卤代烃的物理性质

卤素的电负性比碳大，碳-卤键有一定极性，四种 C—X 键偶极矩数据见 0.3 节。

在室温下，除氯甲烷、氯乙烷和溴甲烷是气体外，其他常见的卤代烃大多为液体，高级卤代烃是固体。卤代烃的沸点随着相对分子质量的增加而升高。烃基相同而卤原子不同的卤代烃中，碘代烃的沸点最高，溴代烃、氯代烃、氟代烃依次降低。直链卤代烃的沸点高于含支链的异构体，支链越多，沸点越低。

卤代烃不溶于水，能溶于醇、醚、烃等有机溶剂，有些卤代烃本身就是有机溶剂。一氟代烃、一氯代烃相对密度小于1，多卤代烃相对密度大于1。卤代烃中卤原子增加，可燃性降低。例如，CCl_4曾用作灭火剂，但它在高温时遇水分解产生剧毒的光气，故现已不用。表6-1是一些一卤代烃的沸点和密度。

表6-1 一些一卤代烃的沸点和密度

烷 基	氯代物		溴代物		碘代物	
	沸点/℃	相对密度(20℃)	沸点/℃	相对密度(20℃)	沸点/℃	相对密度(20℃)
CH_3—	−24.2	0.916	3.56	1.676	42.4	2.279
CH_3CH_2—	12.27	0.898	38.40	1.440	72.3	1.933
$CH_3CH_2CH_2$—	46.60	0.890	71.0	1.335	102.45	1.747
$CH_3CH_2CH_2CH_2$—	78.44	0.884	101.6	1.276	130.53	1.617
$(CH_3)_2CH$—	35.74	0.862	59.38	1.223	89.45	1.705
$(CH_3)_2CHCH_2$—	68.90	0.875	91.5	1.310	120.4	1.605
$(CH_3CH_2)(CH_3)CH$—	68.25	0.873	91.2	1.258	120	1.595
$(CH_3)_3C$—	52	0.842	73.25	1.222	100	1.545
XCH_2CH_2X	83.5	1.356	131	2.180	分解	2.13
CHX_3	61.2	1.492	149.5	2.890	升华	4.008

纯净的卤代烃多数是无色的，溴代烷和碘代烷光照射下能缓慢分解，游离出卤素而分别带棕黄色和红棕色。卤代烃蒸气有毒，尽可能防止吸入。

6.4 卤代烃的化学性质

卤素的电负性比碳大，在卤代烷中，碳-卤键为极性共价键，成键电子对偏向卤原子，碳原子上带有部分正电荷，容易受负离子或带有电子对的试剂进攻，发生卤原子被取代的反应。它还可以从分子中消去卤化氢生成碳碳双键而发生消除反应。

6.4.1 亲核取代反应

由亲核试剂进攻分子中电子云密度较低的碳原子而发生的取代反应称为亲核取代反应(S_N)。用Nu^-和S_N分别表示亲核试剂和亲核取代反应，X^-表示离去基

(leaving group)。常见的 Nu^- 有：OH^-，OR^-，NC^-，NH_3，ONO_2^-，I^-，$RC\equiv C^-$ 等。

卤代烃分子中 C—X 键为极性共价键，碳带部分正电荷 $C^{\delta+}$，易受带负电荷或孤对电子的试剂的进攻而发生亲核取代反应。

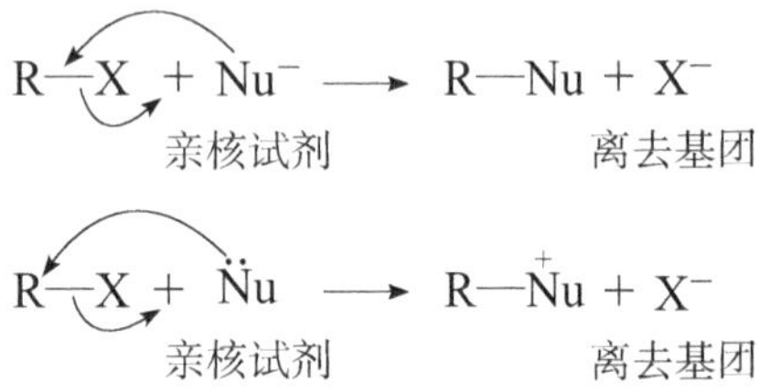

卤代烃的反应活性：RI＞RBr＞RCl＞RF。卤代烃的亲核取代反应如下：

(1) 水解(hydrolysis)：卤代烷与碱的水溶液发生取代反应生成醇的反应。例如：

$$n\text{-}C_5H_{11}Cl + NaOH \xrightarrow{H_2O} n\text{-}C_5H_{11}OH + NaCl$$

(2) 醇解(alcoholysis)：卤代烷与醇钠作用生成醚的反应，又称 Williamson 反应，这是制备混醚(R—O—R′)的方法。例如：

$$CH_3CH_2Br + (CH_3)_2CHONa \longrightarrow \underset{\text{乙基异丙基醚}}{CH_3CH_2OCH(CH_3)_2} + NaBr$$

与醇解类似，卤代烷可与硫醇钠反应成硫醚，与羧酸盐反应成酯：

$$n\text{-}C_4H_9Br + CH_3CH_2SNa \longrightarrow n\text{-}C_4H_9SCH_2CH_3$$

$$CH_2=CH-CH_2Br + n\text{-}C_4H_9COONa \longrightarrow n\text{-}C_4H_9COOCH_2-CH=CH_2$$

(3) 氰解(cyanolysis)：伯卤代烷与氰化钠发生取代反应生成腈的反应。例如：

$$n\text{-}C_4H_9Br + NaCN \xrightarrow[\text{回流}]{C_2H_5OH/H_2O} n\text{-}C_4H_9CN + NaBr$$

$$n\text{-}C_4H_9CN \xrightarrow[\text{加热}]{NaOH/H_2O} n\text{-}C_4H_9COONa \xrightarrow{H_3O^+} n\text{-}C_4H_9COOH$$

氰可进一步水解，生成酸，这是制备酸的一个重要方法。

(4) 氨解(aminolysis)：伯卤代烷与氨反应，卤原子可被氨基取代生成伯胺的反应。伯胺仍是一个亲核试剂，可继续与卤代烷反应，使氨基中的氢原子逐步被取代，生成仲胺、叔胺和季铵盐。

$$C_2H_5Br + NH_3 \longrightarrow \underset{\text{胺}}{C_2H_5NH_2} + HX(\text{或 } \underset{\text{季铵盐}}{C_2H_5\overset{+}{N}H_3X^-})$$

$$\xrightarrow{C_2H_5Br} (C_2H_5)_2NH + HX(\text{或}(C_2H_5)_2\overset{+}{N}H_2X^-)$$

$$\xrightarrow{C_2H_5Br} (C_2H_5)_3N + HX(\text{或}(C_2H_5)_3\overset{+}{N}HX^-)$$

仲卤代烷在发生水解、醇解、氰解和氨解时，反应的产率通常较低，而叔卤代烷则主要发生消除反应而得到烯烃。

(5) 与硝酸银的乙醇溶液反应：卤代烷与硝酸银的乙醇溶液反应，生成硝酸烷基酯和卤化银沉淀。

$$C_2H_5Br + AgNO_3 \longrightarrow C_2H_5ONO_2 + AgBr\downarrow$$

烯丙型、苄基型及叔卤代烃室温下即与硝酸银的醇溶液反应生成卤化银沉淀，伯、仲卤代烃加热才能与硝酸银的醇溶液反应生成卤化银的沉淀，而与不饱和键相连的卤素不与硝酸银的醇溶液反应生成卤化银的沉淀，因此可通过此反应鉴别这三种情况的卤代烃。

(6) 与碘化钠的丙酮溶液反应：氯代烷和溴代烷可以与碘化钠的丙酮溶液反应，生成碘代烷。

$$n\text{-}C_4H_9X + NaI \xrightarrow{\text{丙酮}} n\text{-}C_4H_9I + NaX\downarrow \quad (X=Cl, Br)$$

6.4.2　消除反应

卤代烷在碱性水溶液中进行水解，发生取代反应得到醇，如果在碱的醇溶液中加热，则发生消除反应(elimination reaction)，脱去 HX 得到烯烃。卤素 X 和β-氢同时消去，生成烯烃，称为β-消除反应，用 E 表示。例如：

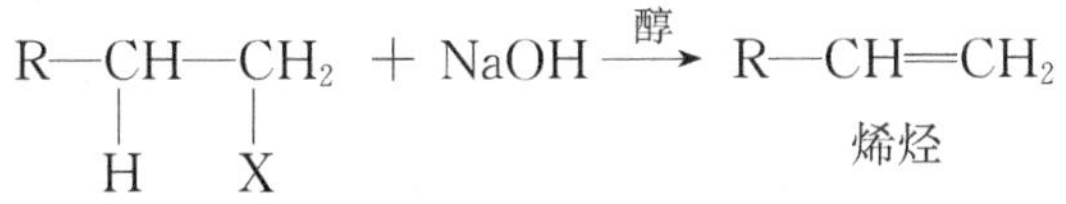

β-消除反应是制备烯烃的一种方法。

不同种类的卤代烷进行消除反应的难易程度不同，叔卤烷最易脱去卤化氢，仲卤烷次之，伯卤烷较难。当卤代烷有多种不同的β-氢原子可供消除，主要消除含氢较少的β-碳原子上的氢原子，生成双键碳原子上连接较多烃基的烯烃，该经验规律称为札依采夫(Saytzeff rule)规则。例如：

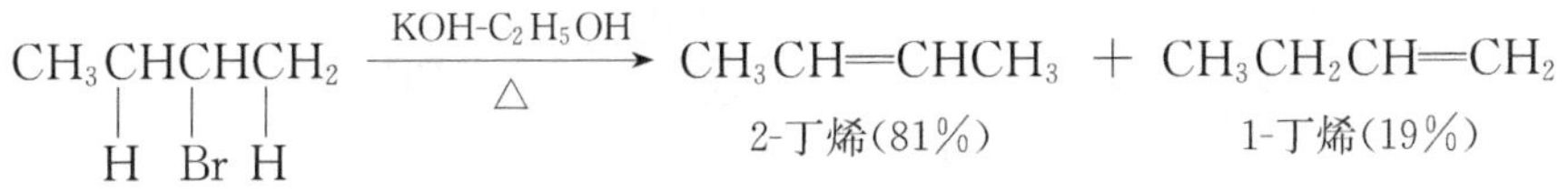

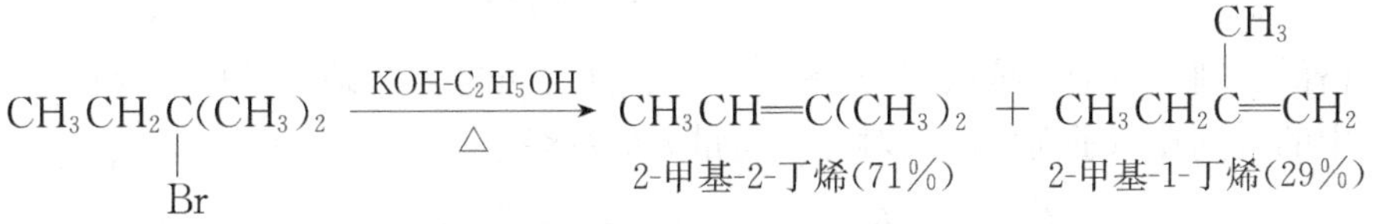

卤代烯烃脱卤化氢时，消除方向总是倾向于得到稳定的共轭二烯烃。例如：

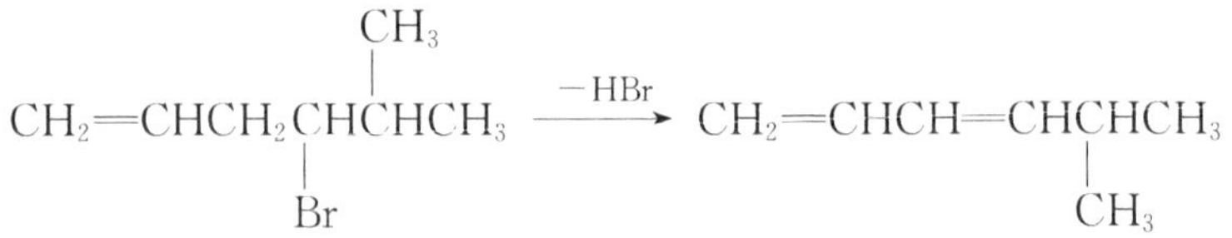

邻二卤代物在 Zn 粉作用下加热，脱除卤素可得烯烃：

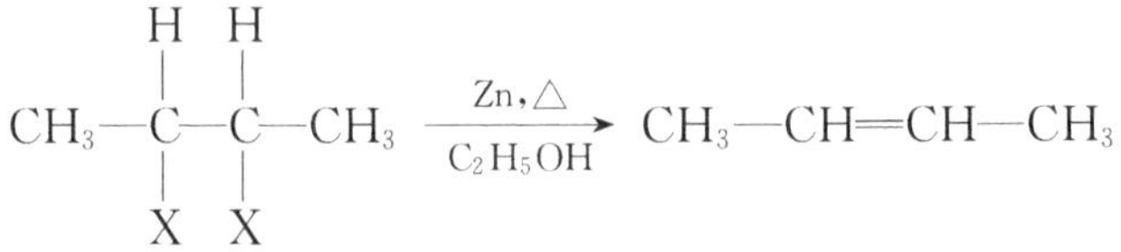

6.4.3　与金属作用

卤代烷与某些金属（如钠、镁等）反应，生成金属原子与碳原子直接相连的一类化合物，称为金属有机化合物（organometallic compound），其中最重要的是有机镁化合物（organomagnesium compound）。

1. 与金属钠的反应（Wurtz 反应）

$$RX + Na \longrightarrow RNa \xrightarrow{RX} R—R$$

该反应可用于制备偶数烃，但副反应多，产率低。

2. 与金属镁的反应

卤代烷在无水乙醚（也称干醚）中，与金属镁反应生成烷基卤化镁（RMgX）。

$$RX + Mg \xrightarrow[\text{回流}]{\text{干醚}} \underset{\text{烷基卤化镁}}{R—MgX}$$

烷基卤化镁称为格氏试剂（Grignard reagent），它具有一个极性非常大的 C—Mg 键，其碳原子带部分负电荷，金属镁带部分正电荷。无水乙醚可与格氏试剂形成配合物而使之稳定。

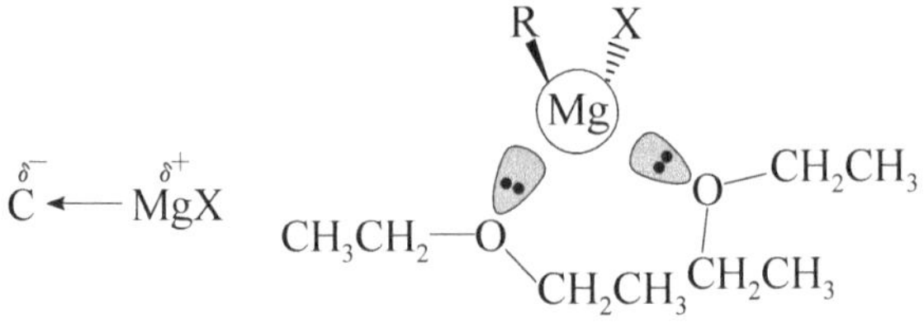

格氏试剂是一个亲核试剂，试剂分子中带部分负电荷的碳原子可进攻卤代烷分子中的烷基碳原子而生成相对分子质量大的烷烃。

$$\overset{\delta^+}{R'}—\overset{\delta^-}{X} + \overset{\delta^-}{R}—\overset{\delta^+}{MgX} \longrightarrow R'—R + MgX_2$$

在制备格氏试剂时，卤代烃的活性顺序是：碘代烷＞溴代烷＞氯代烷，一般用溴代烃。伯卤代烃最适宜，叔卤代烃在碱金属镁作用下，主要发生消除反应，难以制得格氏试剂。活泼卤如苄卤、烯丙卤需低温（约 0℃），否则容易发生副反应；惰性卤如芳卤、乙烯卤需在较高的温度下反应，使用四氢呋喃（缩写为 THF）为溶剂，可顺利得到产物。

格氏试剂非常活泼，可以与空气中的氧、二氧化碳及水汽反应。因此，在制备和使用格氏试剂时都必须用无水溶剂和干燥的容器。操作时要采取隔绝空气中湿气的措施。在利用 RMgX 进行合成过程中还必须注意避免使用含活泼氢的化合物。

$$\text{R—MgX} \xrightarrow{H_2O} \text{RH} + \text{Mg(OH)X}$$

$$\text{R—MgX} \xrightarrow{R'OH} \text{RH} + \text{Mg(OR)X}$$

$$\text{R—MgX} \xrightarrow{NH_3} \text{RH} + \text{Mg(NH}_2\text{)X}$$

$$\text{R—MgX} \xrightarrow{R'C\equiv CH} \text{RH} + \text{R'C}\equiv\text{CMgX} \xrightarrow{RX} \text{R'C}\equiv\text{CR}$$

格氏试剂在空气中易氧化，其氧化产物经水解生成醇。

$$\text{R—MgX} + 1/2\text{O}_2 \longrightarrow \text{R—O—MgX} \xrightarrow{H_2O} \text{ROH} + \text{Mg(OH)X}$$

格氏试剂与二氧化碳反应产物经水解，可得羧酸。

$$\text{R—MgX} + \text{CO}_2 \longrightarrow \text{R}\overset{\overset{\text{O}}{\|}}{\text{C}}\text{—OMgX} \xrightarrow{H_2O} \text{R}\overset{\overset{\text{O}}{\|}}{\text{C}}\text{—OH}$$

6.4.4　还原反应

卤代烷可被多种试剂还原，如(Zn+HCl)，HI，H_2/Pd，Na(液氨)等，生成烷烃。

$$i\text{-C}_4\text{H}_9\text{Br} \xrightarrow{Zn+HCl} i\text{-C}_4\text{H}_{10}$$

6.5　卤代烃的亲核取代反应机理

卤代烷的亲核取代反应是一类重要反应。亲核取代历程可以用一卤代烷的水解为例来说明。在研究水解速率与反应物浓度的关系时，发现有些卤代烷的水解仅与卤代烷的浓度有关。而另一些卤代烷的水解速率则与卤代烷和碱的浓度都有关系。例如，伯卤代烷的碱性水解：

$$OH^- + CH_3—Br \xrightarrow{H_2O} CH_3OH + Br^-$$

$$v=\kappa[CH_3Br][OH^-]$$

该反应的速率与$[CH_3Br]$和$[OH^-]$都成正比，这在动力学上称为二级反应。而叔卤代烷的水解反应：

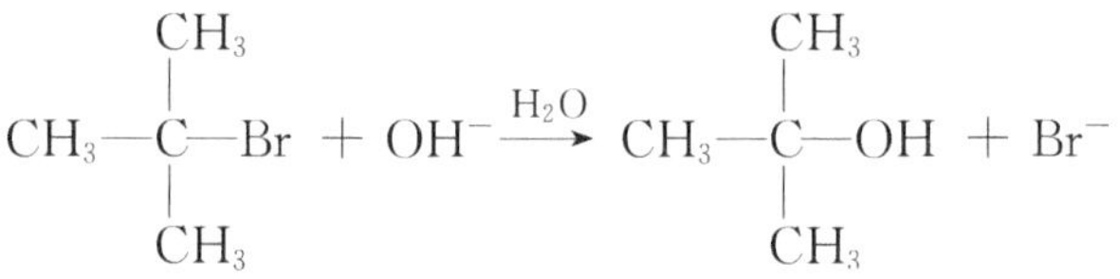

$$v=\kappa[(CH_3)_3CBr]$$

反应速率只与卤代烷的浓度成正比，而与碱的浓度无关，水解反应是一级反应。

实验表明，卤代烷的水解反应有两种反应机理：双分子亲核取代反应机理（S_N2）和单分子亲核取代反应机理（S_N1）。

6.5.1　双分子亲核取代反应机理（S_N2）

伯卤代烷的水解反应速率与RCH_2Br和OH^-的浓度都有关。以CH_3Br为例，表示如下：

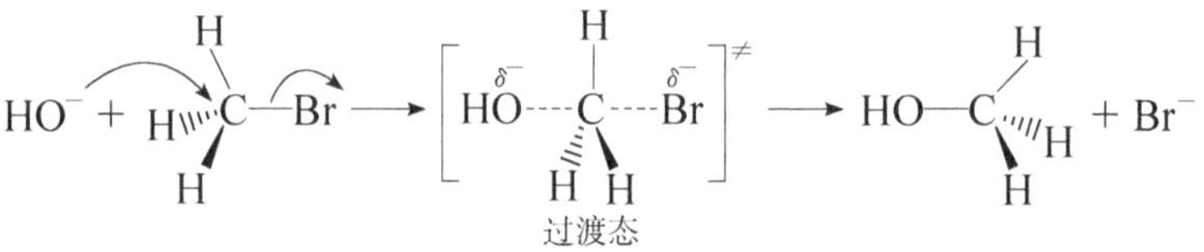

在反应过程中，亲核试剂OH^-从反应物离去基团（Br^-）的背面进攻与它连接的碳原子，同时溴原子携带电子对趋向离开。中心碳原子上的三个氢由于受OH^-进攻的影响而向溴偏转。当它们处于同一平面，且OH^-、溴和中心碳原子处于垂直该平面的一条直线上时，即达到过渡态。这时，O—C键部分形成，C—Br键部分断裂。接着，亲核试剂OH^-与中心碳原子的结合逐渐增强，而溴原子带着电子对逐渐远离，最后得到取代产物。反应过程中的能量变化如图6-1所示。

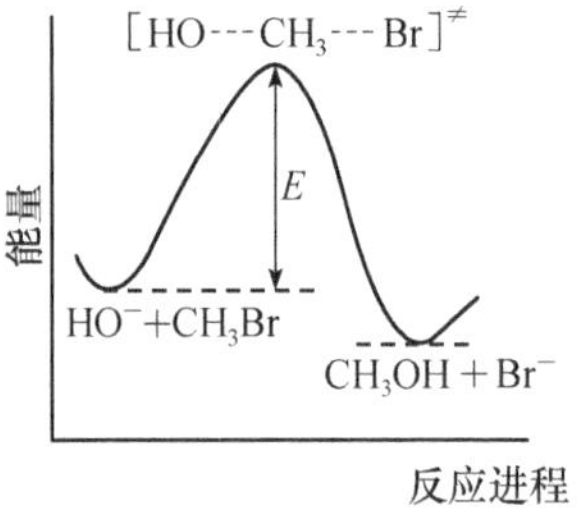

图6-1　S_N2反应能量变化图

在反应中，反应物是通过一个过渡态而转化为产物的，没有任何中间体的产生，属于一步反应。因有两种分子参与过渡态的形成，所以该反应称为“双分子亲核取代反应”，用S_N2表示，其中，“2”代表双分子。

在 S_N2 反应中，过渡态时亲核试剂与碳原子及离去基团处于一条直线上，碳原子上另外三个键逐渐由伞形转为平面。随着反应的旧键断裂和新键的形成，碳原子上三个键由平面向另一边偏转，这个过程就像雨伞被大风吹翻过去，产物醇与反应物卤代烃有相反的构型，这称为瓦尔登(Walden)转化或瓦尔登反转。例如：

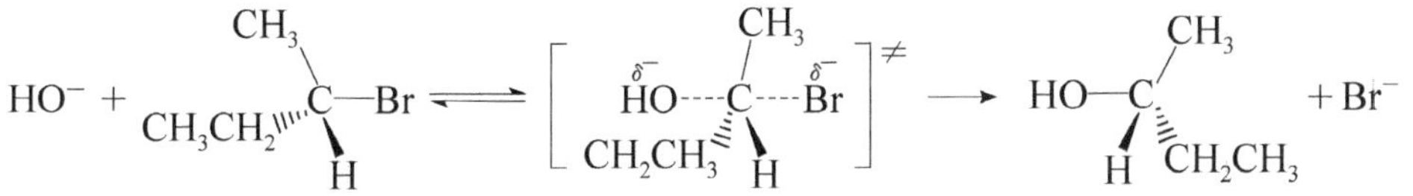

(*S*)-2-溴丁烷　　　　(*R*)-2-丁醇

6.5.2 单分子亲核取代反应机理(S_N1)

叔丁基溴在碱性溶液中水解速率，仅与叔丁基溴的浓度成正比，与碱的浓度无关。

$$(CH_3)_3C{-}Br + OH^- \longrightarrow (CH_3)_3C{-}OH + Br^-$$
$$v=\kappa[(CH_3)_3CBr]$$

这说明决定反应速率的一步与试剂无关，仅取决于叔丁基溴本身 C—Br 键断裂的难易和它的浓度。因此，叔丁基溴水解分两步进行。

第一步：

$$(CH_3)_3C{-}Br \xrightarrow{\text{慢}} \underset{\text{过渡态}T_1}{[(CH_3)_3\overset{\delta^+}{C}{\cdots}\overset{\delta^-}{Br}]^{\neq}} \longrightarrow (CH_3)_3C^+ + Br^-$$

第二步：

$$(CH_3)_3C^+ + OH^- \xrightarrow{\text{快}} \underset{\text{过渡态}T_2}{[(CH_3)_3\overset{\delta^+}{C}{\cdots}\overset{\delta^-}{OH}]^{\neq}} \longrightarrow (CH_3)_3C{-}OH$$

第一步叔丁基溴解离，溴原子带着电子对逐渐离开中心碳原子，C—Br 键部分断裂，经过过渡态 T_1，当 C—Br 键完全断裂时形成碳正离子中间体，这一步是决定反应速率的慢步骤；第二步是碳正离子与亲核试剂(OH^-)结合，经过过渡态 T_2，生成产物叔丁醇。第一步反应速率仅与反应物浓度成正比，与亲核试剂(OH^-)无关。在决定反应速率的慢步骤中，发生共价键变化的只有一种分子，所以称之为单分子亲核取代反应，用 S_N1 表示。S_N1 反应的能量变化见图 6-2 。

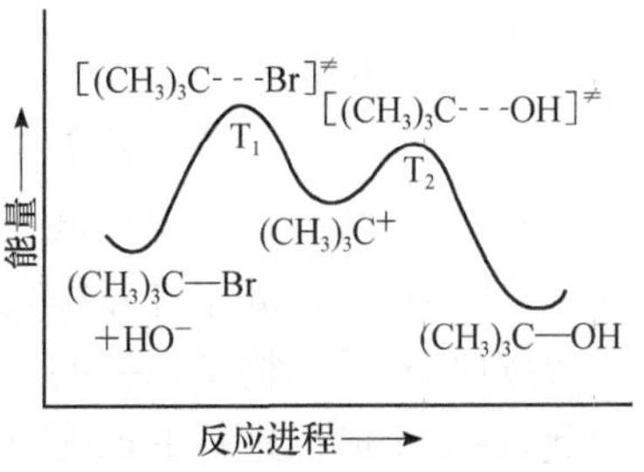

图 6-2　S_N1 反应能量变化图

S_N1 反应中由于生成了碳正离子中间体，

因此，重排是这种反应的重要特征。

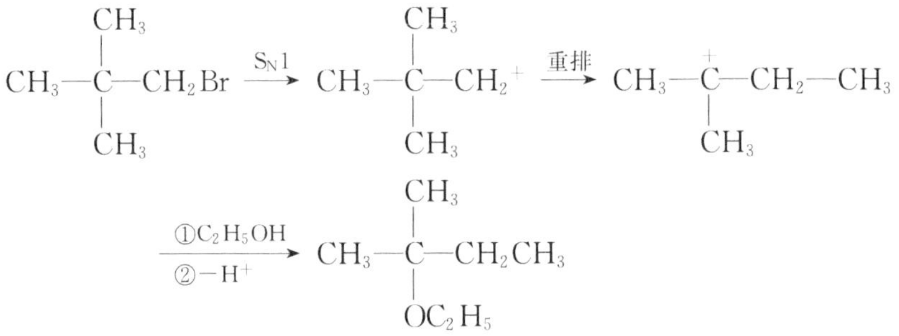

碳正离子中间体是一个 sp^2 杂化的平面构型，亲核试剂(OH^-)在第二步与碳正离子成键时，从平面两边进攻的机会是均等的，所以有 50%瓦尔登转化的构型：

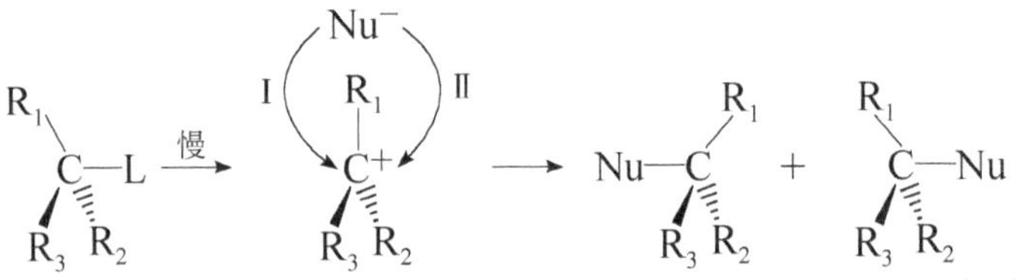

(Ⅰ)构型反转　(Ⅱ)构型保持

在有些 S_N1 反应情况下，反应产物是外消旋体；但在多数情况下，外消旋化并没有保证构型转化和构型保持比例相等，反应产物有不同程度的旋光性。例如，2-溴代辛烷水解后，生成 34%外消旋物质和 66%构型转化的旋光物质(构型保持占 17%，构型转化占 83%)。因此，从立体化学观点看，S_N1 机理通过生成碳正离子进行取代反应时，存在部分消旋化作用。温思坦(S. Winstein)离子对机理(ion-pair mechanism)对此进行了解释。

离子对机理认为，反应物在溶液中的离解是分阶段的。首先是分子离解生成碳正离子和负离子，但这两个带相反电荷的离子仍紧靠在一起形成离子对，称为紧密离子对；接着是少数溶剂分子掺入到离子对中间，由紧密离子对转变成溶剂分隔离子对；最后，溶剂分隔离子对被离解成正、负离子，每个离子被溶剂的分子所包围。

$$RX \rightleftharpoons \underset{\text{紧密离子对}}{[R^+X^-]} \rightleftharpoons \underset{\text{溶剂分隔离子对}}{[R^+ \| X^-]} \rightleftharpoons \underset{\text{正离子}}{[R^+]} + \underset{\text{负离子}}{[X^-]}$$

在紧密离子对中，亲核试剂只能从背面进攻，导致构型翻转。在溶剂分隔离子对中，R^+ 和 X^- 之间不像紧密离子对那么紧密，亲核试剂既可取代介入溶剂的位置进攻碳中心，得到构型保持的产物，也可从 R^+ 的背面进攻，得到构型翻转的产物。因此，在这个阶段进行的取代反应，随着亲核试剂的强弱，溶剂极性的大小和反应物结构的不同，除得到外消旋产物外，还会生成相当数量构型转化的旋光性物质

(从离去基团背后进攻的概率较大)。当反应物全部解离成离子后,由于生成碳正离子的平面构型,就只能得到外消旋产物,这就是典型的 S_N1 机理。

事实上,一个反应完全按 S_N1 或 S_N2 机理进行是比较少见的,对于一般卤代烃的亲核取代反应,这两种机理是并存的。

6.5.3　影响亲核取代反应的因素

饱和碳原子上的亲核取代反应可按两种不同机理进行。但就一种反应物而言,在一定条件下究竟按什么机理进行,反应活性如何,这与反应物的结构,亲核试剂和溶剂的性质等诸多因素有关。

1. 烃基结构

卤代烃分子中的烃基结构主要通过电子效应和空间效应影响亲核取代反应的活性,而这种效应在不同的反应机理中所起的作用往往不同,因此,烃基结构对反应活性的影响与反应机理密切相关。

(1) 烷基(R)结构对 S_N1 的影响。S_N1 反应中,决定反应速率步骤是 C—X 键断裂形成碳正离子:

$$R—X \xrightarrow{\text{慢}} \underset{\text{过渡态,决速步骤}}{[\overset{\delta^+}{R}\cdots\overset{\delta^-}{X}]^{\neq}} \longrightarrow \underset{\text{中间体}}{R^+} + X^-$$

在这一步中,不涉及亲核试剂的进攻,只与卤代烃的结构有关。碳正离子越稳定,也就越容易生成。由于碳正离子的稳定性的排序为

$$CH_2=CH\overset{+}{C}H_2 > R_3C^+ > R_2\overset{+}{C}H > R\overset{+}{C}H_2 > \overset{+}{C}H_3$$

S_N1 反应的速率的排序为

$$CH_2=CHCH_2X > R_3CX > R_2CHX > RCH_2X > CH_3X$$

几种溴代烷在甲酸水溶液中水解反应的 S_N1 相对速率的排序为

R	CH_3Br	CH_3CH_2Br	$(CH_3)_2CHBr$	$(CH_3)_3CBr$
$v_{相对}$	1.0	1.7	45	10^8

(2) 烷基(R)结构对 S_N2 反应的影响。烷基结构对 S_N2 反应的影响主要体现在空间效应上。在 S_N2 反应中,决定反应速率的关键是其过渡态是否容易形成。

$$Nu^- + R—X \longrightarrow \underset{\text{过渡态}}{[\overset{\delta^-}{Nu}\cdots R\cdots\overset{\delta^-}{X}]^{\neq}} \longrightarrow Nu—R + X^-$$

当反应中心碳原子(α-碳)上连接的烃基越多时,拥挤程度也越大,对反应所表现的立体障碍也加大,亲核试剂进攻必须克服空间位阻,才能接近中心碳原子而形

成过渡态。因此，随着 α-碳原子上烷基的增加，过渡态难于形成，S_N2 反应速率将依次下降。例如：

$$R—Br + I^- \longrightarrow RI + Br^-$$

R	CH_3	CH_3CH_2	$(CH_3)_2CH$	$(CH_3)_3C$
$v_{相对}$	150	1	0.01	0.001

当伯卤代烷的 β-碳上有侧链时，S_N2 反应速率会明显下降。例如，溴化物与 I^- 的相对反应速率：

R	$CH_3CH_2—$	$CH_3CH_2CH_2—$	$(CH_3)_2CHCH_2—$	$(CH_3)_3CCH_2—$
$v_{相对}$	1.0	0.82	0.036	0.000012

可见，除 α-碳上的支链影响反应速率外，β-碳上的支链也影响反应速率。β-碳上连有的支链越多，S_N2 反应越不易发生，如图 6-3 所示。

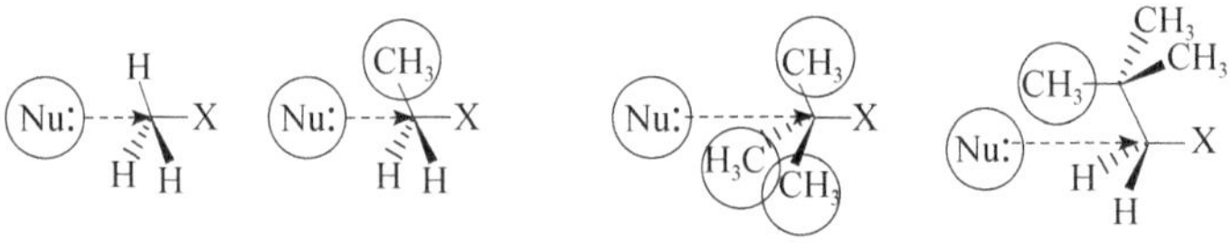

图 6-3　S_N2 反应中的空间位阻

综上所述，卤代烷的结构对亲核取代反应的影响可归纳如下：

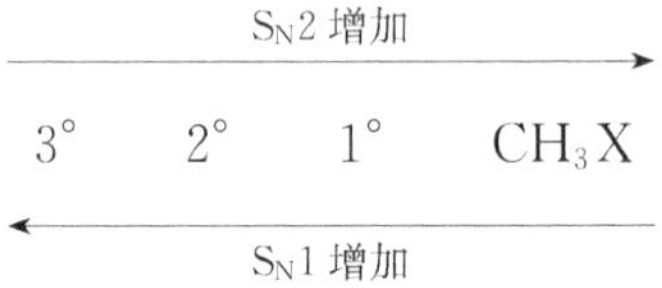

一般地，伯卤代烷的亲核取代反应几乎都以 S_N2 机理进行，而叔卤代烷则以 S_N1 机理进行。仲卤代烷则两种机理都有可能，主要取决于反应条件如亲核试剂及溶剂的性质。

值得注意的是，空间阻力较大，又不易形成碳正离子的卤代物不易发生 S_N1、S_N2 亲核取代反应。例如，桥环化合物的桥头卤代物，尽管是叔卤代物，当进行亲核取代反应时，不论是 S_N1 或 S_N2 机理都十分困难。

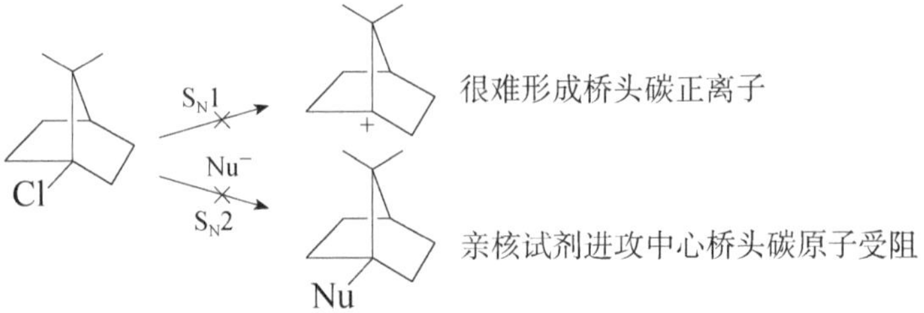

2. 离去基团的影响

亲核取代反应无论按哪种机理进行，离去基团总是带着电子对离开中心碳原子的。因此，无论是 S_N1 或 S_N2 反应，离去基团的碱性越弱，在决定速率步骤中越容易带着电子对离开中心碳原子，即反应物越容易被取代。若离去基团特别容易离去，那么，反应中碳正离子中间体容易生成，反应按 S_N1，若离去基团不容易离去，反应按 S_N2。例如：

碱性顺序 $I^- < Br^- < Cl^-$；离去倾向是：$I^- > Br^- > Cl^-$。

卤代烷的亲核取代反应活性是：$RI > RBr > RCl$。

碘代物的亲核取代活性较高，就是因为 I^- 是一个较好的离去基团。

除卤代烷外，醇类的磺酸酯 RSO_2OR' 也常发生亲核取代反应，并且很活泼。这是因为离去基团磺酸基根离子（RSO_2O^-）是一种很弱的碱，是一个很好的离去基团。而 HO^-、RO^-、R_2N^-、R_3C^- 等强碱性的基团不能作为离去基团。一些离去基团的离去的难易顺序为

例如：

$$NaBr + CH_3CH_2CH_2CH_2OH \nleftrightarrow CH_3CH_2CH_2CH_2Br + NaOH$$

$$HBr + CH_3CH_2CH_2CH_2OH \longrightarrow CH_3CH_2CH_2CH_2\overset{+}{O}H_2 + Br^-$$

$$\downarrow S_N2$$

$$CH_3CH_2CH_2CH_2Br + H_2O$$

在酸催化下，将难于离去的羟基质子化，形成易于离去的 H_2O，S_N2 反应可顺利进行。

3. 试剂的亲核性

试剂的亲核性是指试剂提供电子对，与带正电荷碳原子结合的能力。在亲核取代反应中，亲核试剂的作用是提供一对电子与 RX 的中心碳原子成键，试剂给电子的能力强，则成键快，亲核性就强。

在 S_N1 反应中，反应速率只决定于 RX 的解离，与亲核试剂无关，因此亲核试剂的性质对 S_N1 反应无明显影响。而在 S_N2 反应中，亲核试剂的亲核性越强，浓度越大，S_N2 机理的反应趋势就越大，反应速率越快。

试剂的亲核性一般与它的碱性、可极化度等因素有关。

(1) 试剂所带电荷。一个带负电荷的亲核试剂要比相应呈中性的试剂更为活

泼。例如：

$$OH^- > H_2O, \quad RO^- > ROH, \quad HS^- > H_2S, \quad H_2N^- > H_3N$$

（2）试剂碱性。试剂的碱性是指试剂与质子结合的能力。亲核试剂都是带有负电荷或未共用电子对的，所以它们都是路易斯碱。多数情况下，试剂的碱性越强，亲核能力也越强。亲核试剂的亲核能力大致与其碱性强弱次序相对应。例如：

当试剂的中心原子相同时，碱性与亲核性一致：

碱性大 ←———— 碱性小

$EtO^- \quad HO^- \quad PhO^- \quad CH_3COO^-$

亲核性大 ←———— 亲核性小

试剂中心原子不同，但处于同周期，碱性与亲核性一致：

碱性大 ←———— 碱性小

$R_3C^- \quad R_2N^- \quad RO^- \quad F^-$

亲核性大 ←———— 亲核性小

试剂中心原子不同但处于同族时，碱性与亲核性不一致：

碱性大 ←———— 碱性小

$RO^- \quad RS^-$

亲核性小 ←———— 亲核性大

碱性大 ←———— 碱性小

$R_3N \quad R_3P$

亲核性小 ←———— 亲核性大

碱性大 ←———— 碱性小

$F^- \quad Cl^- \quad Br^- \quad I^-$

亲核性小 ←———— 亲核性大

卤素离子碱性和亲核性不一致的原因之一是溶剂的作用。在卤素离子中，F^- 的体积最小，电荷集中，溶剂化程度大，负电荷较隐蔽，不利于进攻带正电荷的碳原子，亲核性弱；而体积大，电荷分散的 I^- 不易溶剂化，负电荷较暴露，亲核性强。但卤素离子在非质子性溶剂中，由于它们没有被溶剂化而处于“自由”状态，因此亲核性强弱顺序与碱性强弱顺序是一致的，即 $F^- > Cl^- > Br^- > I^-$。

亲核试剂的体积对其亲核性也有较大的影响。体积越大，空间阻碍越大，在反应中它较难进攻中心碳原子，如烷氧基负离子的碱性强弱顺序为

试剂碱性：$(CH_3)_3CO^- > (CH_3)_2CHO^- > CH_3CH_2O^- > CH_3O^-$。

但它们在 S_N2 反应中的亲核性强弱次序正好与上式相反。

试剂亲核性：$CH_3O^- > CH_3CH_2O^- > (CH_3)_2CHO^- > (CH_3)_3CO^-$。

（3）试剂的可极化性。亲核试剂的可极化性越大，它进攻中心碳原子时，其外层电子就越易变形而伸向中心碳原子，从而降低了形成过渡态时所需的活化能，因此其亲核性能也越强。例如：

$$HS^- > HO^-;\quad I^- > Br^- > Cl^- > F^-$$

对碘离子来说，因碘离子可极化性大，亲核性强，碱性弱，因此易离去，无论作为亲核试剂还是作为离去基团都表现出很高的活性。例如，伯氯代烷进行S_N2水解反应时，常可在溶液中加入少量I^-，使反应速率大为加快：

$$RCH_2Cl + H_2O \xrightarrow{KI} RCH_2OH + HCl$$

$$RCH_2Cl \xrightarrow{I^-} RCH_2I \xrightarrow{H_2O} RCH_2OH$$

(4) 溶剂化效应。溶剂和反应物分子或离子通过静电发生的作用称为溶剂化效应(solvent effect)。卤代烷不溶于水，亲核试剂往往是无机盐，溶于水而不溶或几乎不溶于非极性有机溶剂中。要使亲核取代反应在溶液中进行，常用醇或混合溶剂如丙酮中加水，可使两种反应物都溶解在溶剂中。常用的溶剂根据是否含有活泼氢，可分为质子性溶剂(protic solvent)和非质子性溶剂(aprotic solvent)两类。

质子性溶剂，指分子中含有可形成氢键的氢原子的溶剂，如水、醇及羧酸等。质子性溶剂一般都具有极性。它的偶极正端外露，如图6-4(a)所示，能使负离子(Nu^-)通过氢键作用强烈溶剂化。例如，水可在卤素离子周围形成很多离子-偶极键，从而分散了卤素离子的电荷，并稳定此离子。一般来说，带相同电荷的原子，体积小的亲核试剂如F^-，形成氢键的能力强，溶剂化作用大，如图6-4(b)所示，这就削弱了亲核试剂与中心碳原子之间的作用，其亲核性受到溶剂的抑制最为显著；而像I^-等这样体积较大的试剂，被溶剂化程度较小，故表现出强的亲核性。

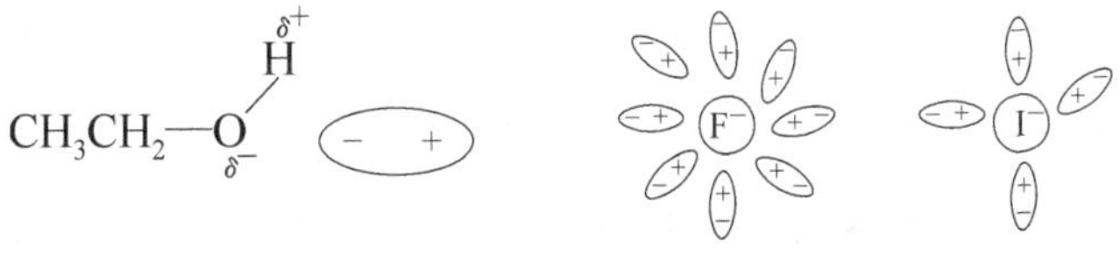

(a)　　　　　　(b)

图6-4　溶剂分子的极化及溶剂化效应

(a) 质子性溶剂；(b) 质子性溶剂对X^-的溶剂化效应

非质子性溶剂可分为极性和非极性的。如苯、乙醚、正己烷等为非极性非质子性溶剂，而氯仿、丙酮、二甲亚砜(DMSO)、*N*,*N*-二甲基甲酰胺(DMF)，四氢呋喃(THF)等为极性非质子性溶剂。非质子性溶剂无论极性大小，因其不含可形成氢键的氢原子，不能使负离子溶剂化。DMSO、DMF等由于其偶极正端埋在分子内部，妨碍了对离子的溶剂化(图6-5)，但它们可使正离子溶剂化。

因此，在非质子性溶剂(DMSO、DMF)中，由于溶剂负电荷裸露在外，正电荷被掩蔽，它易使正离子溶剂化，而不易使亲核试剂负离子溶剂化。

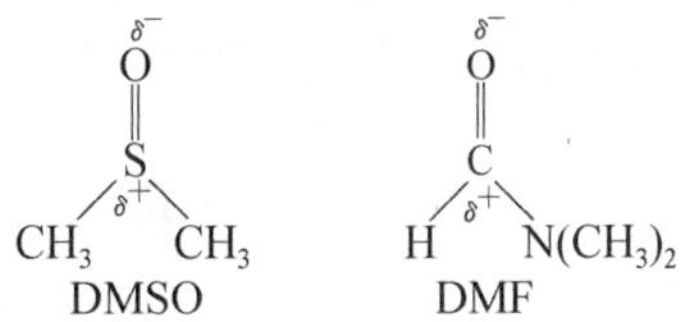

图6-5　非质子性极性溶剂电荷分布示意图

这时的负离子是“赤裸裸”的，有较大的亲核性。F 与 C 为同周期，轨道大小相近、重叠好，F—C 键能大，故在非质子溶剂中卤素负离子的亲核性为：$F^- > Cl^- > Br^- > I^-$。

在卤代烃的亲核取代反应中，用强的亲核试剂，反应倾向于 S_N2 机理；用弱的亲核试剂，则倾向于 S_N1 机理。新戊基溴与 $NaOC_2H_5$ 反应是 S_N2 机理；而与 HOC_2H_5 反应则是 S_N1 机理。

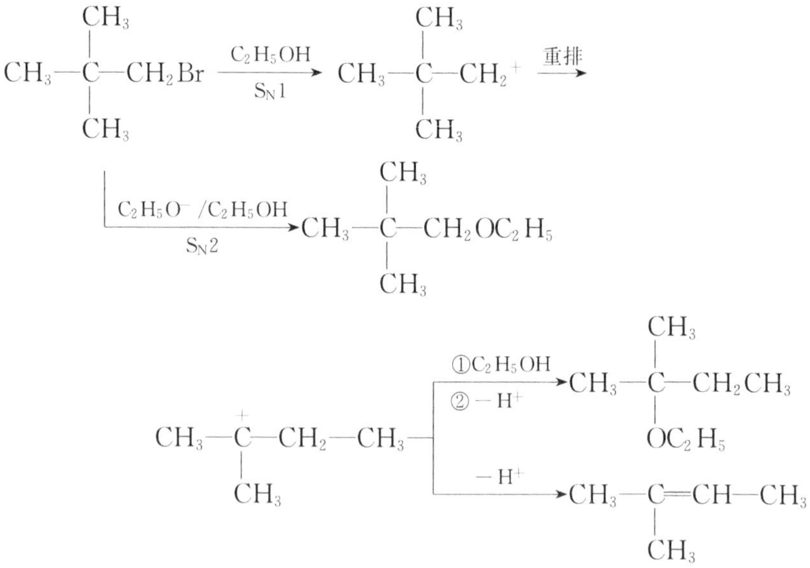

4. 溶剂的极性

在 S_N1 反应中，过渡态的极性大于反应物的，极性溶剂有利于稳定它们的过渡态，降低活化能，使反应加速。因此，增加溶剂的极性能够加速卤代烷的离解，对 S_N1 机理有利。

$$R—X \xrightarrow{慢} [\overset{\delta^+}{R}\cdots\overset{\delta^-}{X}]^{\neq} \longrightarrow R^+ + X^-$$

过渡态

在 S_N2 反应中，亲核试剂电荷比较集中，而过渡态的电荷比较分散，即过渡态的极性不及亲核试剂。增加溶剂的极性，反而会造成亲核试剂溶剂化，对 S_N2 过渡态的形成不利。因此，在 S_N2 反应中，增加溶剂的极性一般对反应不利。

$$Nu^- + R—X \longrightarrow [\overset{\delta^-}{Nu}\cdots R\cdots\overset{\delta^-}{X}]^{\neq} \longrightarrow Nu—R + X^-$$

过渡态

如 $C_6H_5CH_2Cl$ 水解的反应，在水中按 S_N1 机理进行，在极性较小的丙酮中则按 S_N2 机理进行。

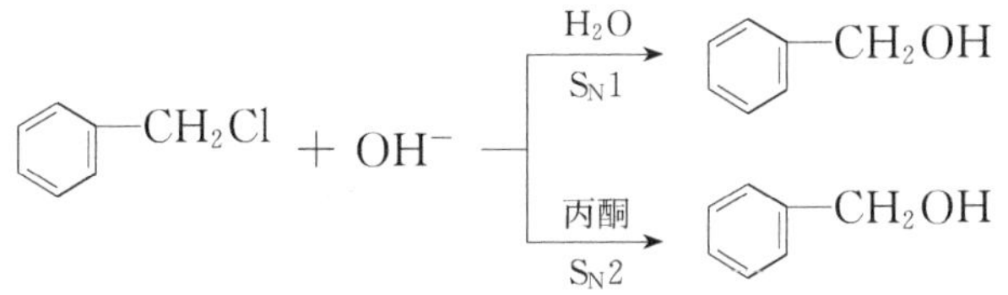

一般来说，在极性不太弱的溶剂(如含水乙醇)中，叔卤代烃的取代反应是按 S_N1 机理进行。在极性不太强的溶剂(如乙醇)中，伯卤代烃的取代反应是按 S_N2 机理进行的。仲卤代烃的取代反应则按两种机理进行，通常是以 S_N2 机理为主。改变溶剂的极性和溶剂化的程度，常可改变反应机理。在极性很大的溶剂(如甲酸)中，伯卤代烷也按 S_N1 机理进行。在极性小的非质子性溶剂(如无水丙酮)中，叔卤代烃也可按 S_N2 机理进行。

6.6　卤代烃的消除反应机理

卤代烃脱卤化氢发生 β-消除反应，这个反应是伴随亲核取代反应发生的，在一定条件下，消除反应可成为主要反应：

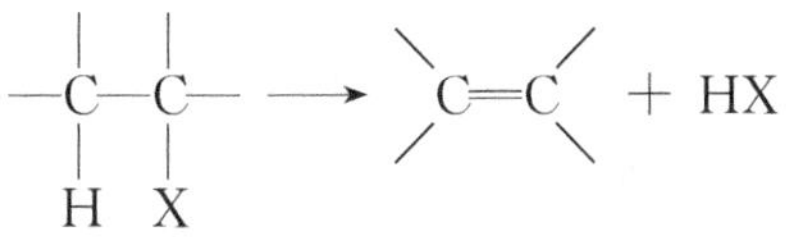

与亲核取代反应类似，消除反应也表现出两种不同的动力学过程，即单分子消除(E1)和双分子消除(E2)机理。

6.6.1　消除反应机理

1. 单分子消除反应(E1)

单分子消除反应机理和 S_N1 机理相似，也分两步进行。例如，叔丁基溴在碱性溶液中发生消除反应。

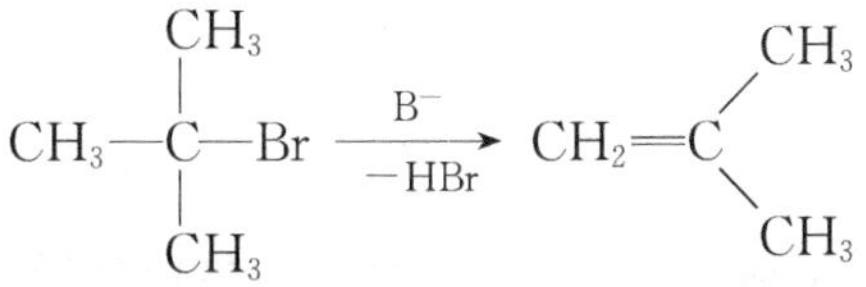

第一步，叔丁基溴分子在溶剂中经过过渡态 T_1 离解为碳正离子。

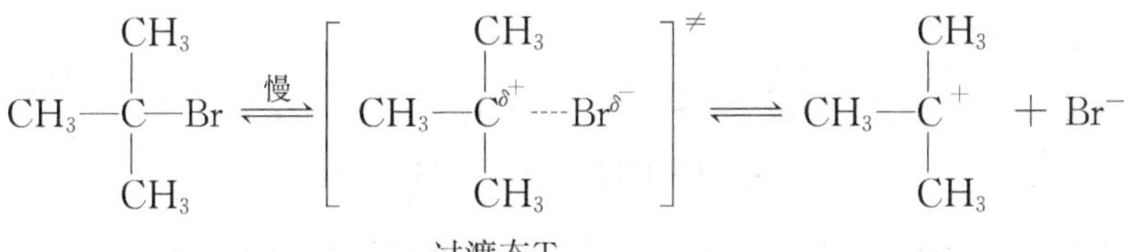

过渡态T_1

第二步，B^- 进攻 β-碳上氢原子，经过过渡态 T_2，在 β-碳原子上消除一个质子生成烯烃。

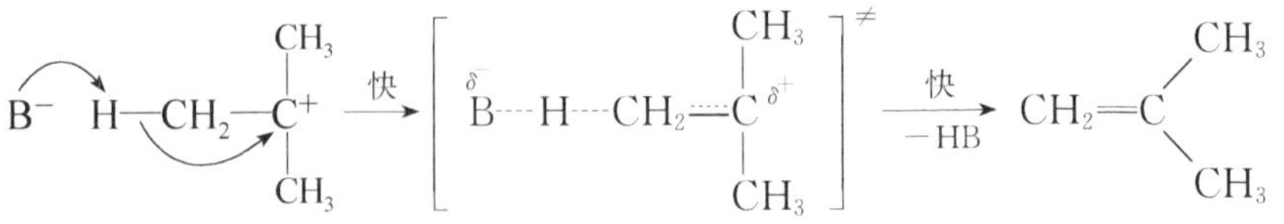

过渡态T_2

在决定反应速率的第一步，只涉及卤代烃一个分子，因此，称为单分子消除，用 E1 表示。E1 机理中第一步生成的碳正离子也可以重排为更稳定的碳正离子，然后再消除 β-氢原子。

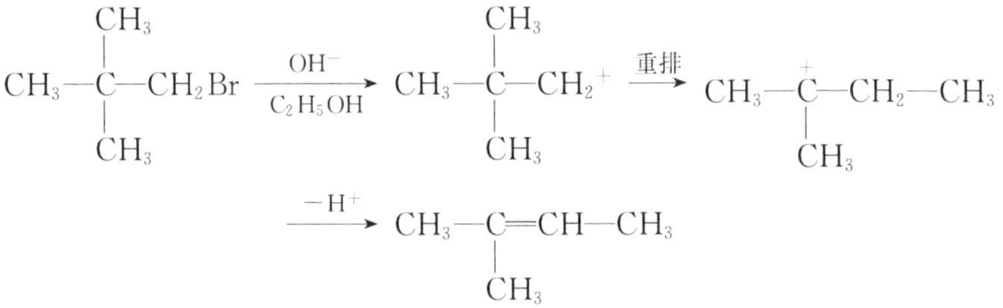

E1 和 S_N1 反应是一对竞争性反应：

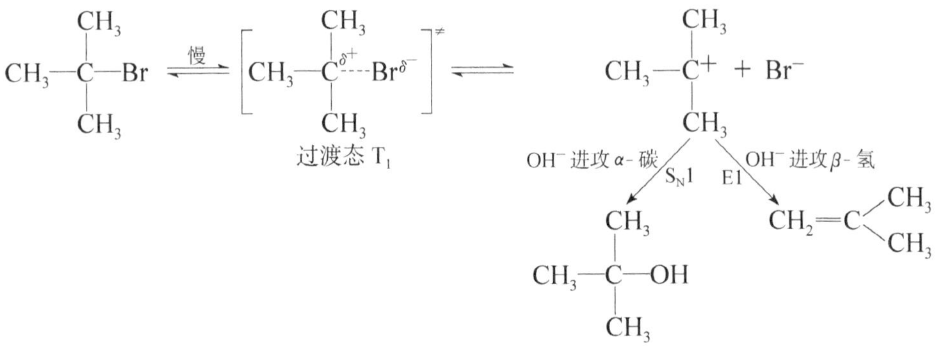

2. 双分子消除反应(E2)

正溴丙烷在强碱性溶液中，经过一个过渡态，生成烯烃。

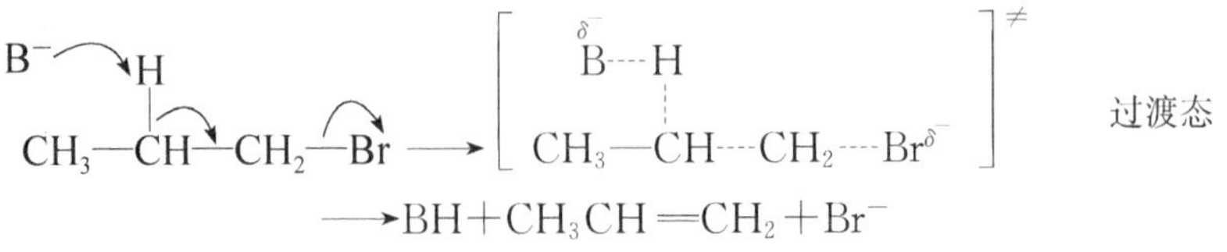

反应速率由卤代烷及亲核试剂两种分子的浓度决定，因此，称为双分子消除反

应，用 E2 表示。在 E2 机理中，反应是连续进行的，中间经过一个势能较高的过渡态，一步完成，即旧键断裂和新键形成同时进行。

E2 与 S_N2 反应是一对相互竞争反应。

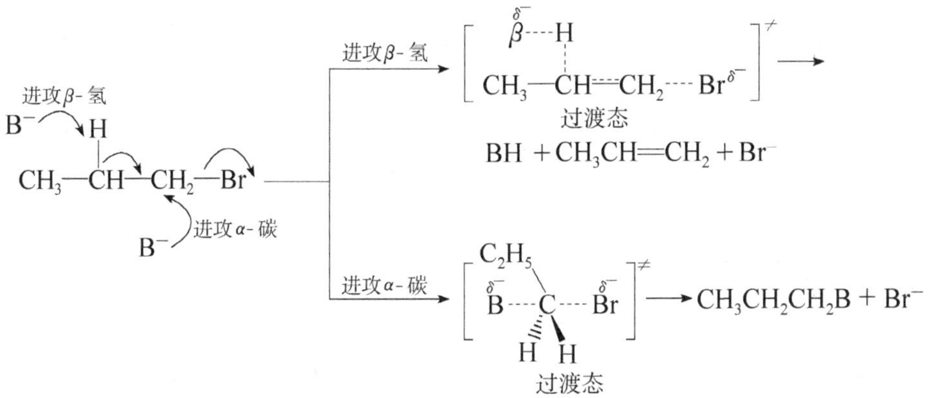

E2 反应与 S_N2 反应机理的区别是，在 E2 中试剂进攻 β-氢原子，S_N2 反应中进攻 α-碳原子。反应按何种方式进行，取决于反应物结构、溶剂性质等因素。

6.6.2 消除反应方向的选择性

当一个含有两种 β-碳原子的卤烷进行消除反应时，若每个 β-碳原子上都有 H 原子，则消除反应可以在不同的方向进行，生成产物可能不只一种。无论是 E1 还是 E2 反应，消除产物都是由产物烯烃的稳定性决定。双键上烷基多的烯烃稳定性大，能量低。因此，一般情况下，总是优先消除含 H 较少的 β-碳上的 H，这就是札依采夫规则(Saytzeff rule)，即生成取代基多的烯烃为主。

$$\underset{\displaystyle\quad\ \ |\atop\displaystyle\quad\ \ Br}{CH_3CH_2CHCH_3} + OH^- \xrightarrow[\triangle]{C_2H_5OH} \underset{\text{81\%}\atop\text{主产物}}{CH_3CH{=}CHCH_3} + \underset{\text{19\%}}{CH_3CH_2CH{=}CH_2}$$

当卤代烃分子中两个 β-碳上所含 H 数相同，优先生成较稳定的共轭烯烃。

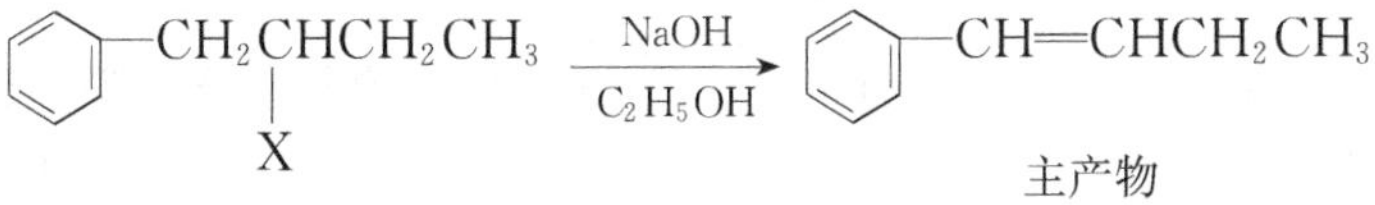

主产物

6.6.3 影响消除反应的因素

卤代烃消除反应也有多种影响因素。从烃基结构考虑，无论是 E1 还是 E2 机理，不同烃基的卤代烃消除反应活性为：叔卤＞仲卤＞伯卤。因此，常用叔卤烷制备烯烃。卤代烯烃若经过消除能形成共轭体系的，其消除反应活性特别高。当烃基相同时，无论是 E1 还是 E2 机理，不同卤素卤代烃消除反应活性为：RI>RBr>RCl>RF。

从试剂碱的强弱和浓度考虑，高浓度的强碱可提高 E2 反应速率，E1 反应则不受试剂的碱性和浓度的直接影响。

从溶剂的极性考虑，E1 反应中 C—X 键的解离受溶剂影响较明显，极性较大的溶剂可提高 E1 反应速率，而对 E2 反应则不利。

总之，从卤代烃结构看，叔卤倾向于 E1 机理，伯卤倾向于 E2 机理，仲卤居中，但较倾向于 E2。高浓度的强碱有利于 E2，低浓度的弱碱有利于 E1。高极性溶剂有利于 E1，低极性溶剂有利于 E2。

6.6.4 取代反应和消除反应的竞争

卤代烃既可以发生取代反应，又可以发生消除反应，而且这两种反应一般都是在碱性条件下进行的，即试剂进攻 α-碳引起取代，进攻 β-氢引起消除。因此，取代和消除是同时存在的竞争性反应。

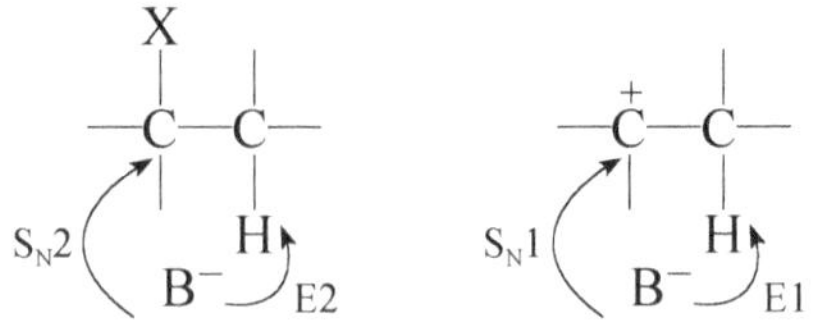

1. 反应物的结构

伯卤代烃易发生亲核取代反应，只有在强碱条件下才以消除为主。反应常按双分子机理进行。

$$CH_3CH_2CH_2CH_2Br \xrightarrow[H_2O]{NaOH} CH_3CH_2CH_2CH_2OH \quad \text{（取代为主）}$$

$$CH_3CH_2CH_2CH_2Br \xrightarrow[C_2H_5OH]{NaOH} CH_3CH_2CH{=}CH_2 \quad \text{（消除为主）}$$

α-碳或 β-碳上有支链的伯卤代烃，消除反应倾向增加。

$$R—Br + C_2H_5O^- \xrightarrow{C_2H_5OH} \text{取代产物} + \text{消除产物}$$

R—Br	取代产物	消除产物
C_2H_5Br	99%	1%
$CH_3CH_2CH_2Br$	91%	9%
$CH_3CH(CH_3)CH_2Br$	40%	60%

叔卤代烷一般倾向于发生消除反应，即使在弱碱条件下，如 Na_2CO_3 水溶液，也以消除为主。只有在纯水或乙醇中发生反应，才以取代产物为主。

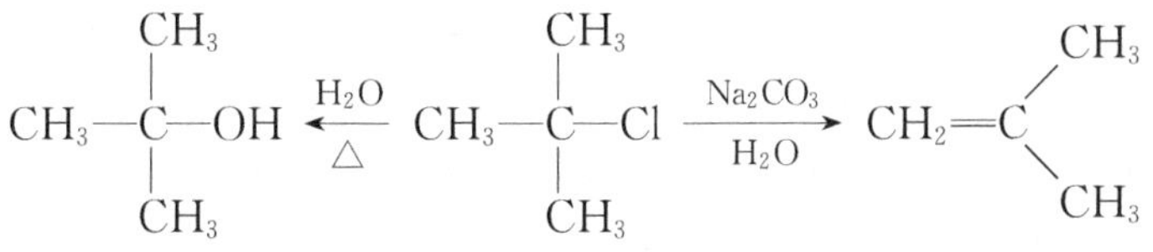

（取代为主）　　　　　　　　　　　　（消除为主）

仲卤代烃反应介于伯和叔卤代烃之间。在强碱存在下主要发生消除。β-碳上有支链时，仲卤代烃的消除倾向增大。

$$R—Br + CH_3COO^- \xrightarrow{丙酮} 取代产物 + 消除产物$$

R—Br	取代产物	消除产物
C_2H_5Br	100%	0%
CH_3CHBr $\vert$ CH_3	100%	0%
$(CH_3)_2CHCHCH_3$ $\vert$ Br	11%	89%
$(CH_3)_3CBr$	0%	100%

综上所述，对不同的卤代烃而言，其取代和消除的倾向为

——————————————→消除倾向增加

RX＝　CH_3X　伯卤代烃　仲卤代烃　叔卤代烃

取代倾向增加←——————————————

因此，常用叔卤烷制备烯烃，伯卤烷制备醇、醚等取代产物。

2. 试剂的影响

试剂的性质主要影响双分子反应。试剂的亲核性强有利于取代反应，试剂的碱性强、浓度高则有利于消除反应。

3. 溶剂的极性

增加溶剂极性有利于取代反应，不利于消除反应。因此，由卤代烃经取代反应制醇一般在 NaOH 水溶液中进行，经过消除反应制备烯烃则在 NaOH 的醇溶液中进行。

4. 反应温度

升温有利于消除反应，这是因为消除反应活化能比亲核取代大。

6.7　卤代烯烃和卤代芳烃

6.7.1　分类和命名

卤原子直接与双键碳原子相连的卤代烯烃称为乙烯型卤代烃，通式为

RCH ═CHX；卤原子与双键碳原子相隔一个饱和碳原子的卤代烯烃称为烯丙型卤代烃，通式为 X—CH_2—CH ═CH—R；卤原子与双键碳相隔两个或多个饱和碳原子的卤代烯烃称为孤立型卤代烯烃，通式为 X—CH_2—CH_2—CH ═CH—R。

命名卤代烯烃时，选择既含不饱和键又含有卤原子的最长碳链作为主链，从靠近不饱和键一端起始，将主链编号。例如：

$CH_3CH═CHCHBrCH_3$　　4-溴-2-戊烯

$CH_2═C(C_2H_5)CH_2CH_2Cl$　　2-乙基-4-氯-1-丁烯

卤原子直接与苯环相连的卤代烃称为卤代芳烃，卤原子与苯环碳原子相隔一个饱和碳原子的卤代烃称为苄型卤代烃。它们的命名，前者以芳烃为母体，卤素作为取代基，后者以烷烃为母体，卤素和芳基为取代基。例如：

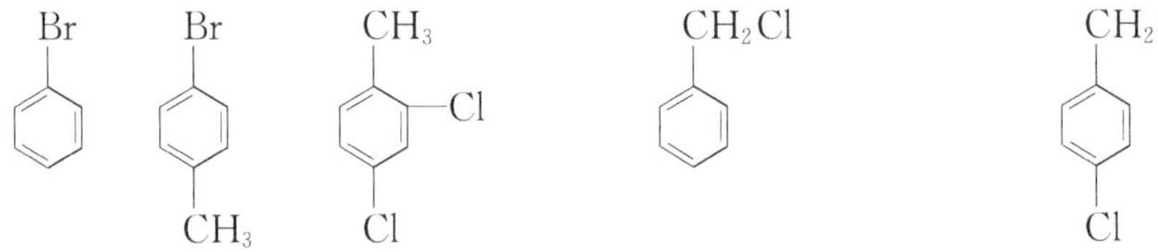

溴苯　　对溴甲苯　　2,4-二氯甲苯　　苯氯甲苯(氯化苄，苄氯)　　对氯苯氯甲烷(对氯苄氯)

6.7.2　卤原子的化学反应

卤代烯烃中含有两个官能团，即双键和卤素原子，它们之间相互影响，尤其对于乙烯型和烯丙型类卤代烃中卤原子的活泼性有很大影响。

乙烯型的卤代烯烃中卤原子不活泼，一般条件下，不发生亲核取代反应，可按马氏规则发生加成反应。这是因为卤原子的一对未共用电子对可与双键发生 p-π 共轭效应，电子离域使得电子云平均化，分子的偶极矩变小，键长变短，C—X 键结合得更加紧密，卤原子的活性减弱。

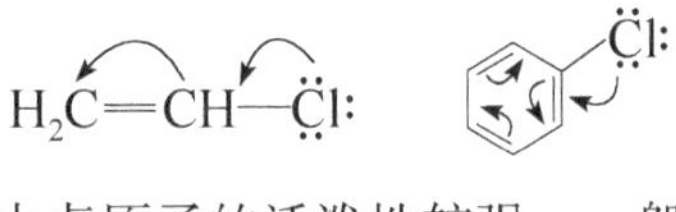

烯丙基型的卤代烯烃中卤原子的活泼性较强。一般认为烯丙基卤无论对 S_N1 或 S_N2 机理来说，都是活泼的。

对 S_N1 机理来说共轭体系能分散正电荷。对 S_N2 机理，在过渡态时，它已有初步的共轭体系结构，使过渡态的负电荷得到分散，过渡态较稳定。

S_N1：烯丙基卤代烃容易离解成稳定的烯丙基正离子，有利于 S_N1 反应进行。

$$CH_2═CH—CH_2Cl \rightleftharpoons CH_2═CH—CH_2^+ + Cl^-$$

$$\updownarrow$$

$$^+CH_2—CH═CH_2$$

S_N2：由于 α-碳相邻 π 键的存在，可以和过渡态电子云交盖，使过渡态能量降低，有利于 S_N2 反应进行。

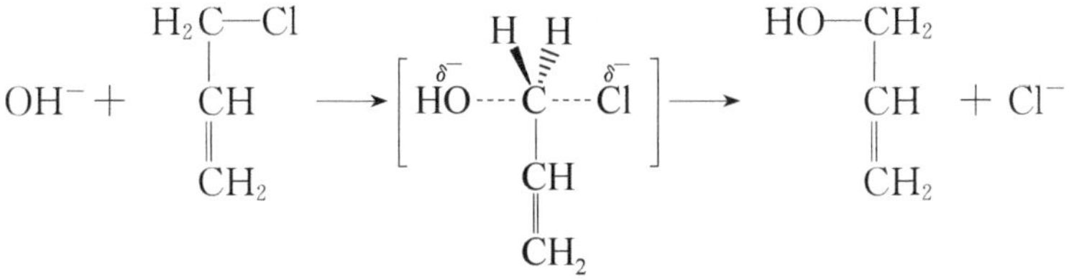

苄基型卤代烃中卤原子所处的位置与烯丙基卤代烃中相似，卤原子活性亦大。

孤立型的卤代烯烃中的卤原子的活泼性类似于卤代烷。

在上述三类卤代烯烃或卤代芳烃中，以烯丙基型和苄基型卤代烃最为活泼，乙烯型卤代烃和芳卤代烃最为稳定。

若用 $AgNO_3$ 的乙醇溶液分别和上述三类卤代烯烃反应，烯丙基型和苄基型、叔卤代烃反应速率最大，室温下，立即生成卤化银沉淀。

卤代芳烃在比较激烈条件下能起亲核取代反应，例如：

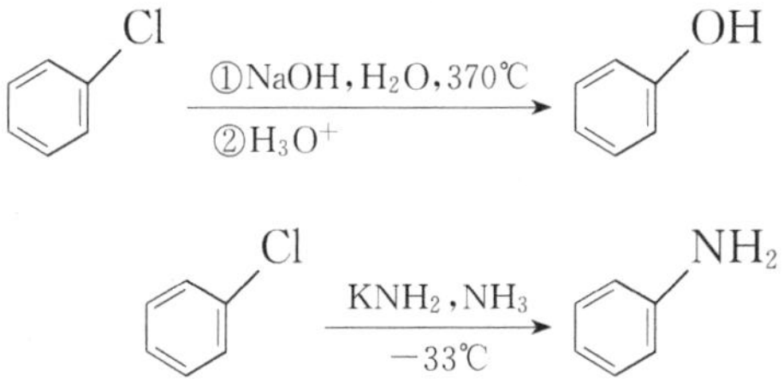

该反应的机理与不饱和碳原子上的亲核取代反应不同，通过消除-加成机理进行反应。

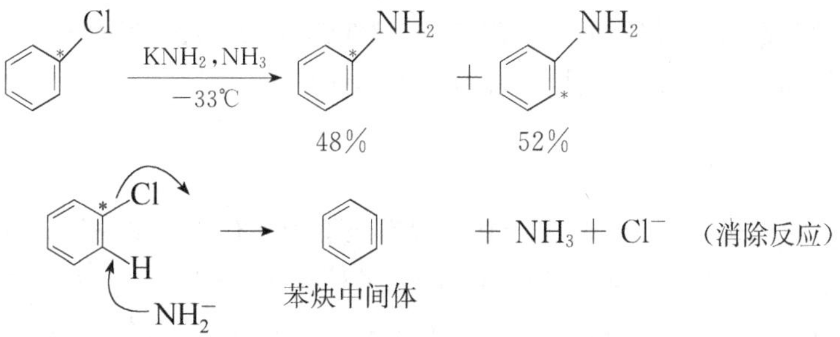

苯炔(benzyne)是两个碳原子之间通过轨道的侧面重叠形成了一个 π 键后形成的。由于这个新键轨道处于环的侧面，和位于环上下的 π 电子云几乎没关联，且轨道侧面重叠时重叠程度很小，所以这个 π 键很弱，苯炔的稳定性很小，反应性很强。

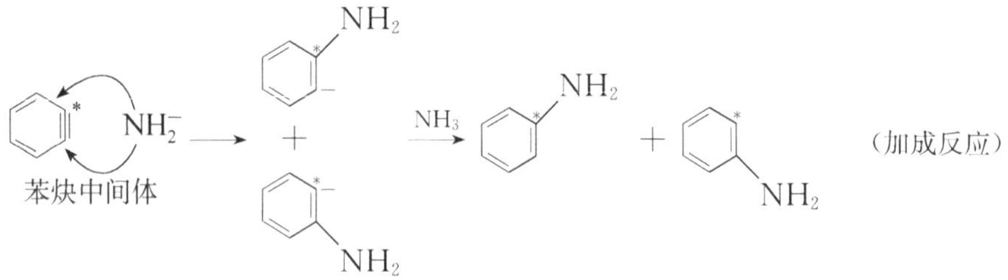

6.8　重要的卤代烃

1. 三氯甲烷

三氯甲烷(trichloromethane)的熔点为−63.5℃，沸点为61.3℃，液体相对密度(d_4^{20})为1.49，不溶于水，溶于醇、醚、苯等，爆炸极限(V)为13.0%～18.06%，饱和蒸气压(10.4℃)为13.33kPa。三氯甲烷主要用于生产CFC22，是优良的有机溶剂，常用于干洗和工业品的脱脂溶剂的配制。在染料、杀螨虫药、杀真菌剂和烟草籽苗生产中作中间体，在医药工业上用作萃取剂和溶剂，以及配制熏蒸清毒剂。

2. 四氯化碳

四氯化碳(carbon tetrachloride)在常温常压下为无色透明具有微甜气味的油状有毒液体，易挥发，在空气中不燃烧，熔点为−23.77℃，沸点为76.6℃，液体密度(0℃)为1595kg·m^{-3}、(15℃)为1470kg·m^{-3}，相对密度(气体，$\rho_{空气}=1.00$)5.35，微溶于水，0℃时在水中溶解度为0.08g·(100g水)$^{-1}$。易溶于氯仿、乙醇、乙醚、苯、三氯甲烷、石油醚、二硫化碳等，可溶解碘、脂肪和焦油等有机化合物，对酸或碱也很稳定。四氯化碳主要用作有机溶剂、致冷剂、杀虫剂、灭火剂、氟里昂气体的制造、机械仪器的清洗剂、不可燃性溶剂、去污剂、发烟剂等；也可用于芳香族萃取和干洗等(混合后使汽油具有不燃性)。

3. 氯乙烯

氯乙烯(vinyl chloride)在常温常压下为具有使人愉快气味的无色、有毒气体，熔点为−153.7℃、沸点为−13.8℃、液体密度(−13.7℃)为970.7kg·m^{-3}，气体密度(25℃，101.325kPa)为2.620kg·m^{-3}，相对密度(气体，$\rho_{空气}=1.00$)为2.21。微溶于水，在25℃、101.325kPa时的溶解度为1.07mL·(1.0mL水)$^{-1}$，溶于乙醇、乙醚和丙酮。氯乙烯极易燃烧，能与空气形成爆炸性的混合物。它比空气密度大，能扩散到很远，能被远处的火源燃着后把火焰沿气流相反方向引回。遇见光或催化剂时易聚合，也能与乙酸乙烯酯或丙烯腈共聚。主要用于制造聚氯乙烯、冷冻剂、合成纤维及用于合成有机中间体。

4. 氯丙烯

氯丙烯(chloropropylene)在常温常压下为具有刺激性臭味的有毒、易燃、无色液体,熔点为−134.5℃,沸点为45.0℃,液体密度(20℃)为938.2kg·m^{-3}。不溶于水,能与乙醇、氯仿、丙酮、乙醚、石油醚等混溶。氯丙烯性质活泼,能与氧化剂发生激烈反应,遇明火即可燃烧。能发生加成、聚合反应,水解能生成烯丙醇,受高热分解放出有毒的氯化物气体。它是有机合成中间体,用于合成杀虫剂、火药、合成香料、黏结剂等的原料,也用于分析化学试剂。

【阅读材料】

维克多·格利雅与格氏试剂

维克多·格利雅(Victor Grignard)的家庭很富有,但他不爱读书,成为"没出息的花花公子"。1892年,在一次宴会上,他邀请一位美丽优雅的姑娘跳舞被拒绝。受此羞辱,他悔恨交加,决心抛弃恶习,奋发上进。两年后,终于考取了里昂大学化学系。经过7年的刻苦学习,格利雅于1901年获得了博士学位,历任南希大学、里昂大学的教授。格利雅对有机化学的重要贡献之一是发明了含镁金属有机化合物——格利雅试剂,简称格氏试剂。

其实,早在19世纪中期,人们就开始研究有机金属化合物。当时,有机锌试剂与醛、酮反应是合成醇的通用方法。但有机锌试剂本身存在缺点,如反应产率不高、试剂活性不足等,限制了它的进一步应用。有人提出用镁代替锌。1888年,L. Meyer,P. Lohr和H. Fleck进行有机镁的研究工作。他们将镁和卤代烷在封闭的管子中加热,首次得到了二甲基镁、二乙基镁和二异丙基镁。这些化合物有很高的反应活性,在空气或二氧化碳中会立即燃烧;与发生水激烈反应得到相应的烷烃;与乙酰氯反应后再水解得到醇等。由于烷基镁化合物十分活泼,不易制备和保存,因此未能将其发展为一种合成通用方法。

几年后,格利雅的导师P. A. Barbier教授希望避免用繁琐的封管反应制备有机镁试剂。他尝试将镁屑与甲基庚烯酮的乙醚溶液混合,慢慢滴入碘甲烷,反应12h后用冰水和稀硫酸处理,成功得到了产物。但这类反应没有规律,产率不能令人满意。Barbier教授认为这些反应不可靠,不足以建立一个行之有效的合成通用方法,因此没有进行进一步的研究工作。

在Barbier建议下,格利雅继续研究这类反应。他把精力集中到分离活性中间产物——有机镁化合物上,希望能得到这些中间产物,再用它们和特定的反应物(醛、酮、酰氯等)进行反应。但这些中间产物所具有的性质令它们难以分离和保存。他在前人研究工作的基础上,尝试将烷基镁溶解与醚中,取得了成功。将镁直接置于无水乙醚中再滴加卤代烷,在室温下反应即可顺利进行。

格利雅发表了最初的成果后,与他人合作开始进行更深入的研究。经过努力,使利用有机镁化合物合成一元羧酸、醇类和烃类化合物在操作、适用范围和产率方面均优于有机锌试剂。

这样，格利雅反应就被建立起来了，有机镁试剂也被命名为格利雅试剂(格氏试剂)。

后来，人们探讨了格氏试剂的结构，将格利雅反应实现工业化。时至今日，格利雅反应在许多药物合成中仍在广泛应用。1912 年 11 月 13 日，格利雅因格氏反应对有机化学发展的巨大贡献而获得诺贝尔化学奖。

习　　题

1. 用系统命名法命名下列化合物或写出化合物的结构。

(1) 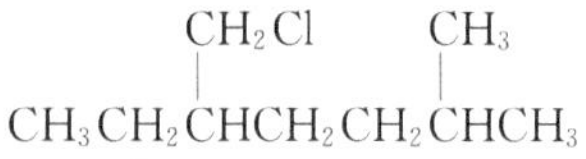

(2) 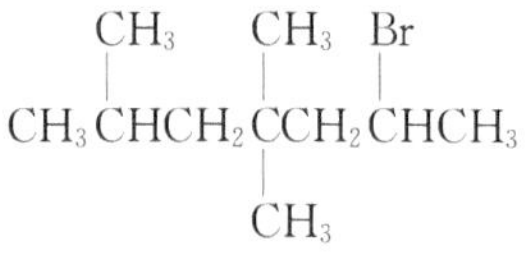

(3) 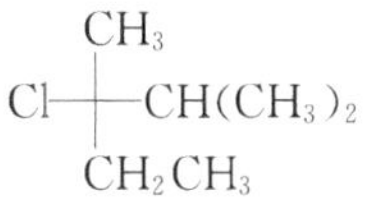

(4) 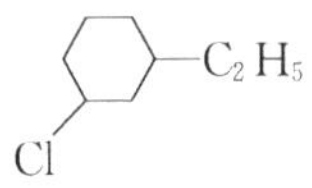

(5) 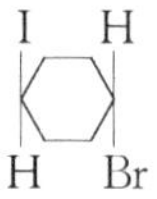

(6) 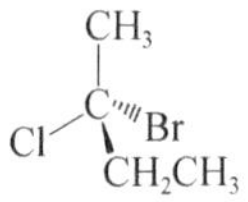

(7) 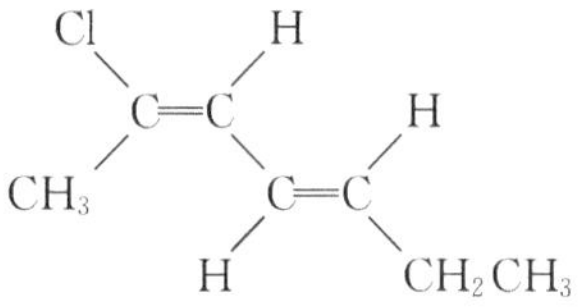

(8) (*R*)-2-甲基-4-氯辛烷

(9) (2*S*,3*S*)-2-氯-3-溴丁烷

(10) 5-氯-4-甲基-2-戊炔

(11) 2-苯基乙基溴

(12) 3-溴环戊烯

2. 写出溴代环戊烷与下列试剂反应的主要产物。

(1) KOH(水)

(2) KOH(醇)

(3) ①Mg(乙醚)②前步产物＋HC≡CH

(4) NaI(丙酮)

(5) NH_3

(6) NaCN

(7) $AgNO_3$(醇)

(8) $CH_3C{\equiv}CNa$

(9) Na

(10) $HN(CH_3)_2$

3. 给出下列化合物脱卤化氢后的主要产物。

(1) 4-甲基-2-溴己烷

(2) 2-溴-2-甲基戊烷

(3) 3-溴-2-甲基戊烷

(4) 3-溴-2,3-二甲基戊烷

(5) 1-溴-4-甲基戊烷

4. 下列化合物进行 S_N1 和 S_N2 反应最快是哪一种?

(1) 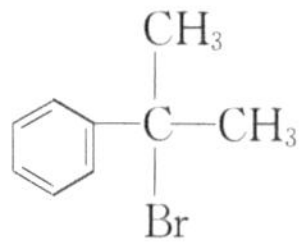

(2) 

(3) 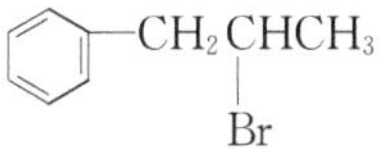　　(4) 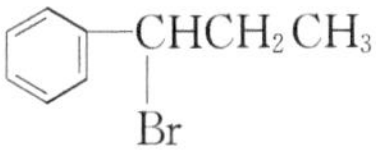

5. 完成下列反应。

(1) $CH_3CH{=}CH_2 + HBr \longrightarrow (\quad) \xrightarrow{NaCN} (\quad)$

(2) $CH_3CH{=}CH_2 + HBr \xrightarrow{ROOR} (\quad) \xrightarrow{H_2O(KOH)} (\quad)$

(3) $CH_3CH{=}CH_2 + Cl_2 \xrightarrow{500℃} (\quad) \xrightarrow{Cl_2+H_2O} (\quad) \xrightarrow[\triangle]{Ca(OH)_2} (\quad)$

(4) $CH_3CH{=}CH_2 + Cl_2 \longrightarrow (\quad) \xrightarrow{2KOH(C_2H_5OH)} (\quad)$

(5) 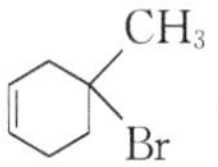 $+ KOH \xrightarrow{ROH} (\quad)$

(6) 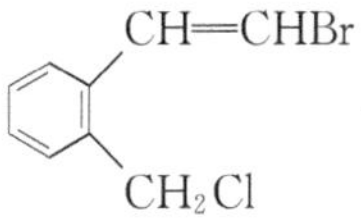 $+ KCN \xrightarrow{ROH} (\quad)$

(7) $CH_2{=}CH_2 + Cl_2 \longrightarrow (\quad) \xrightarrow{(\quad)} CH_2{=}CHCl \xrightarrow{聚合} (\quad)$

(8) $C_2H_5MgBr + CH_3CH_2C{\equiv}CH \longrightarrow (\quad)$

(9) 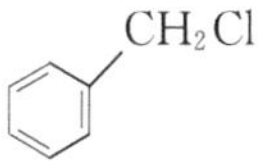 +

- $\xrightarrow{NaCN} (\quad)$
- $\xrightarrow{NH_3} (\quad)$
- $\xrightarrow{C_2H_5ONa} (\quad)$
- $\xrightarrow[丙酮]{NaI} (\quad)$
- $\xrightarrow[C_2H_5OH]{AgNO_3} (\quad)$

6. 请比较下列各组化合物进行 S_N2 反应时的反应速率。

(1) 　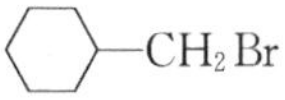　

(2) $CH_3(CH_2)_4Br$　$CH_3(CH_2)_2CH(CH_3)CH_2Br$　$CH_3(CH_2)_2C(CH_3)_2CH_2Br$　$CH_3CH_2CH(CH_3)CH_2CH_2Br$

(3) 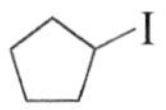　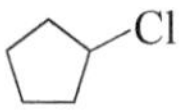　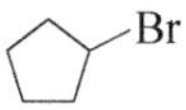

7. 卤代烷与 NaOH 在水与乙醇混合物中反应，指出哪些属于 S_N2 机理，哪些属于 S_N1 机理？

(1) 产物的构型完全转化　　(2) 有重排产物

(3) 碱浓度增加反应速率加快　　(4) 叔卤烷速率大于仲卤烷

(5) 增加溶剂的含水量，反应速率明显加快　　(6) 反应不分阶段，一步完成

（7）试剂亲核性越强反应速率越快

8. 用简单方法鉴别下列各组化合物。

（1）1-氯丁烯，3-氯丁烯，4-氯丁烯，正溴丁烷

（2）对甲基溴苯，苄溴，氯代环己烷，3-溴-1-环己烯

9. 用 KOH 的乙醇溶液处理 2-甲基-2-溴丁烷时，除得到主要产物 2-甲基-2-丁烯外，还得到 2-甲基-1-丁烯和 2-甲基-2-丁醇。试写出其反应机理。

10. 用 1-碘丙烷为原料制备下列化合物。

（1）异丙醇　　（2）α-溴丙烯

（3）二丙醚　　（4）1,3-二氯-2-丙醇

（5）2,3-二氯丙醇

11. 用五个碳以下的醇及氯苯合成下列化合物。

（1）$CH_2{=}CH{-}CH_2CH_2CH(CH_3)_2$

（2）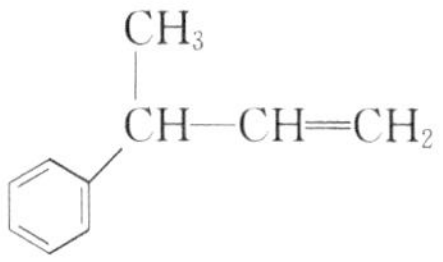

第 7 章　醇　和　醚

醇(alcohol)和醚(ether)是含氧有机化合物的重要部分之一。醇可看作是水中的氢原子被脂肪烃基取代的产物。

H—O—H	R—O—H	R—O—R
水	醇	醚

氧和硫是同周期元素,硫醇与醇、硫醚与醚具有某些相似的化学性质。因此本章把硫醇和硫醚也包含在内。

7.1　醇的结构、分类和命名

7.1.1　醇的结构

醇是烃分子中不直接与芳环相连的氢原子被羟基(—OH)取代后的生成物,也可看作是水中的氢原子被脂肪烃基取代的产物,通常用 ROH 表示,羟基是醇的官能团。醇的构造异构包括碳链异构和官能团位置异构。醇中 O—H 键的氧原子以一个 sp^3 杂化轨道与氢原子的 s 轨道相互交盖成键,C—O 键是碳原子的一个 sp^3 杂化轨道与氧原子的一个 sp^3 杂化轨道成键。经测定,甲醇的结构如图 7-1 所示,其键长和键角数据如表 7-1 所示。

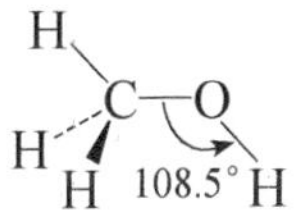

图 7-1　甲醇的结构

表 7-1　甲醇的键长和键角

共价键	键长/nm	共价键	键角
C—H	0.110	H—C—H	109°
O—H	0.096	H—C—O	110°
C—O	0.143	C—O—H	108.9°

7.1.2　醇的分类和命名

1. 醇的分类

根据醇分子中所含羟基的数目多少,分为一元、二元、三元醇等,含两个以上羟基的醇称为多元醇。

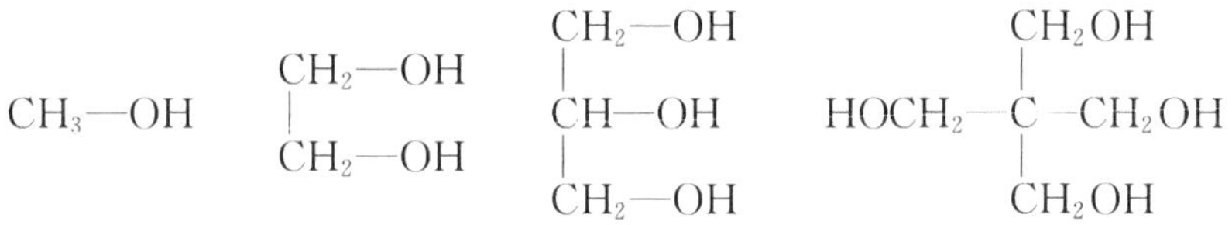

甲醇　　乙二醇　　丙三醇　　季戊四醇

根据醇羟基所连碳原子种类，分别称为伯醇（一级）、仲醇（二级）和叔醇（三级）。

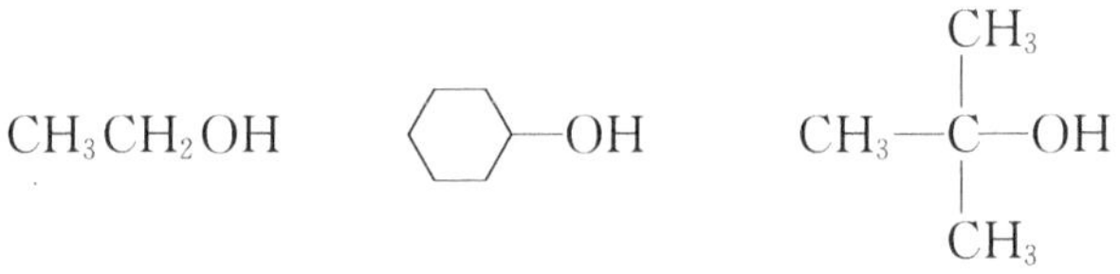

乙醇　　环己醇　　叔丁醇

根据分子中羟基所连接的烃基不同，分为饱和醇、不饱和醇和芳香醇。

丙醇　　2-丙烯醇　　苯甲醇

2. 醇的命名

（1）俗名。根据某些醇的来源和性质，如 CH_3OH 最初是从木材干馏得到，称为木精，CH_3CH_2OH 是酒的主要成分，俗名酒精。例如：

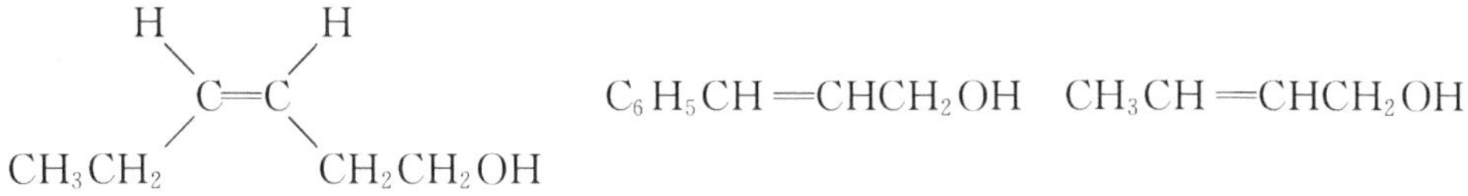

叶醇　　肉桂醇　　巴豆醇

（2）衍生命名法。结构不太复杂的醇，以甲醇为母体，把其他的醇看作甲醇的烃基衍生物。例如：

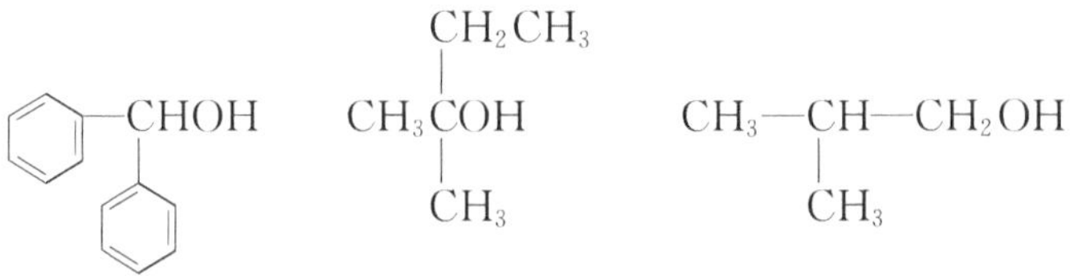

二苯甲醇　　二甲基乙基甲醇　　异丙基甲醇

（3）普通命名法。这是以烃基名称后缀“醇”而成，称为某醇。例如：

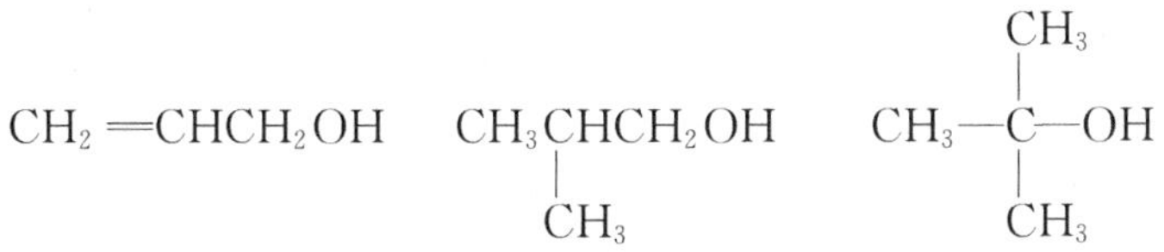

烯丙醇　　异丁醇　　叔丁醇

(4) 系统命名法。对于结构复杂的醇，首先选择连有羟基的最长碳链为主链，从距羟基最近的一端给主链编号，按主链所含碳原子的数目称为“某醇”，取代基的位次、数目、名称以及羟基的位次分别注于母体名称前，阿拉伯数字与汉字之间用短线连接。例如：

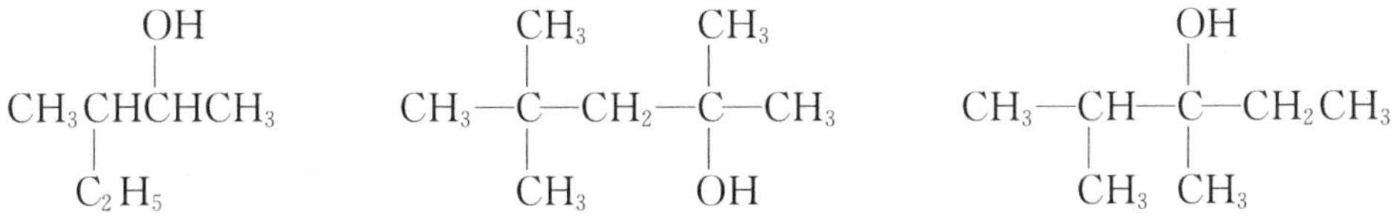

3-甲基-2-戊醇　　2,4,4-三甲基-2-戊醇　　2,3-二甲基-3-戊醇

对于不饱和醇，主链应包含羟基和不饱和键，从距羟基最近的一端给主链编号，按主链所含碳原子的数目称为“某烯醇”或“某炔醇”，羟基的位次注于“醇”字前，有顺反异构时，将 Z、E 写在前面。例如：

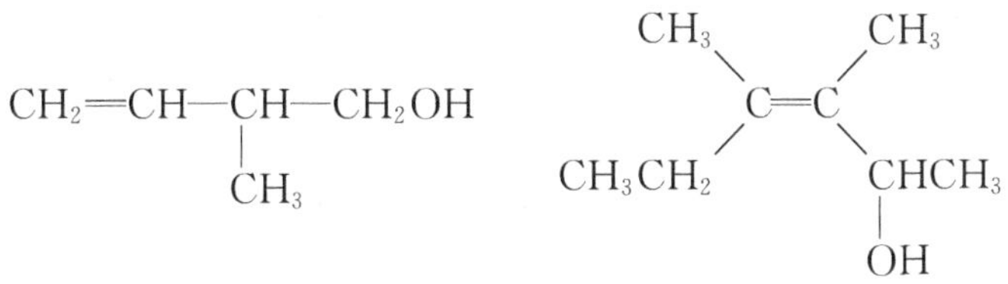

2-甲基-3-丁烯-1-醇　　(Z)-3,4-二甲基-3-己烯-2-醇

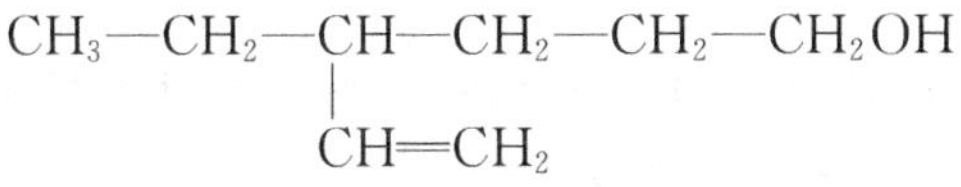

4-乙基-5-己烯-1-醇

命名芳香醇时，将芳环看作取代基，有时羟基的“-1-”位可省去。例如：

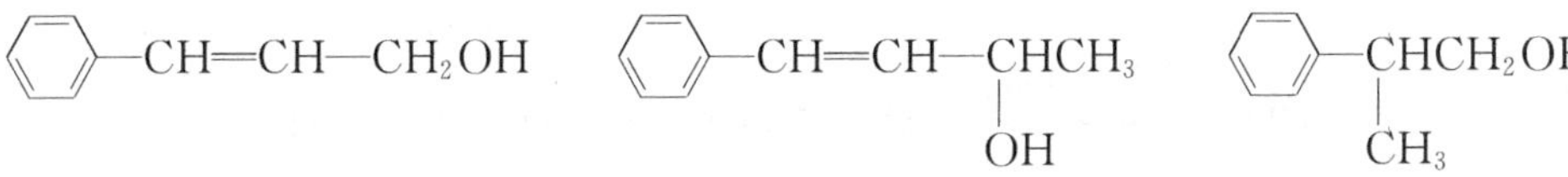

3-苯基-2-丙烯醇　　4-苯基-3-丁烯-2-醇　　2-苯基丙醇

对于多元醇，主链应包含尽可能多的羟基碳，按主链所含碳原子和羟基的数目称为“某二醇”、“某三醇”等。对双末端二醇而言，也可用 α、β、γ、δ 等希腊字母来标明两个羟基的相对位次，当两个羟基位于相邻两个碳原子时，叫做 α-二醇，两个羟基所连的两个碳原子中间相隔一个碳原子的，叫做 β-二醇，依次类推。

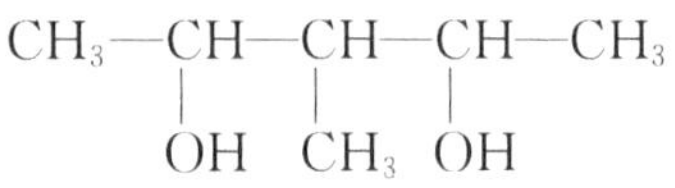

3-甲基-2,4-戊二醇

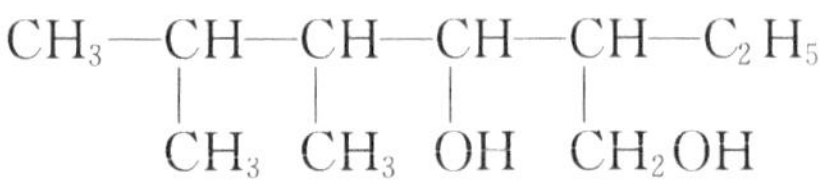

4,5-二甲基-2-乙基-1,3-己二醇

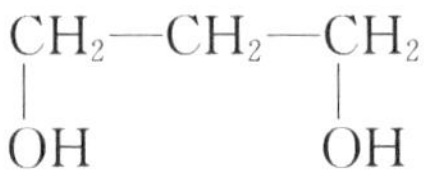

1,3-丙二醇(β-丙二醇)

7.2　醇的制法

7.2.1　醇的工业制法

1. 发酵法

此法是制备醇的较古老的工业方法,以农产品为原料,经过发酵而得到醇,其优点是方法成熟、设备简单、容易投产。

$$淀粉\xrightarrow{淀粉酶}麦芽糖\xrightarrow{麦芽糖酶}葡萄糖\xrightarrow{酒化酶}酒精$$

2. 由合成气合成

工业上甲醇几乎都来源于合成气(一氧化碳和氢气)

$$CO+H_2\xrightarrow[210\sim270℃,5\sim10MPa]{CuO/ZnO/Cr_2O_3}CH_3OH$$

7.2.2　由烯烃合成

烯烃直接水合和间接水合两种方式都可制取醇,在酸性水合过程中往往有重排产物,因此制备复杂的醇不太适用。

$$CH_3CH{=}CH_2+H_2O\xrightarrow[300℃,10MPa]{H_3PO_4}CH_3\underset{\underset{OH}{|}}{CH}CH_3$$

$$CH_2{=}CH_2\xrightarrow{H_2SO_4}CH_3CH_2OSO_3H\xrightarrow{H_2O}CH_3CH_2OH$$

烯烃的硼氢化-氧化法,反应条件温和,选择性好,产率高,是实验室制备醇的一种较好方法。

$$CH_3—CH{=}CH_2\xrightarrow[二甘醇]{B_2H_6}\xrightarrow{H_2O_2/OH^-}CH_3—CH_2—CH_2OH$$

烯烃与一氧化碳和氢气在催化剂作用下可生成多一个碳原子的醛,此法叫做羰基合成法。将醛还原即得到醇,这是工业上制备伯醇和醛的重要方法。利用这种方法,可用长直链 α-烯烃生产高级脂肪醇,它是合成洗涤剂的原料之一。

$$CH_3CH{=}CH_2+CO+H_2 \xrightarrow[130\sim175℃,20\sim30MPa]{\text{钴催化剂}} CH_3CH_2CH_2CHO+CH_3\underset{\underset{CH_3}{|}}{C}HCHO$$

$$\xrightarrow[130\sim160℃,3\sim5MPa]{H_2,Ni\text{或}Cu} CH_3CH_2CH_2CH_2OH+CH_3\underset{\underset{CH_3}{|}}{C}HCH_2OH$$

7.2.3　由醛、酮、羧酸和羧酸衍生物还原

醛、酮、羧酸、酯都可被催化加氢或金属氢化物还原成相应的醇,有些方法已工业化生产。高级脂肪醇通常由油脂加氢还原制取,由于油脂是不同脂肪酸的混合酯,水解后得到混合醇,经分馏可供工业上使用。

$LiAlH_4$、$NaBH_4$ 是实验室常用的还原剂,$LiAlH_4$ 具有很强的还原性,但易水解,需在绝对无水条件下进行;$NaBH_4$ 可还原醛、酮中的羰基,其还原能力比 $LiAlH_4$ 弱,不水解,具有较强的还原选择性,不受—COOH、—COOR、—CN、—NO_2 等基团干扰,可还原羰基为羟基。

$$CH_3CH_2CH_2CHO \xrightarrow[H_2O]{NaBH_4} \underset{85\%}{CH_3CH_2CH_2CH_2OH}$$

$$C_2H_5COCH_3 \xrightarrow[H_2O]{NaBH_4} \underset{87\%}{C_2H_5\overset{\overset{OH}{|}}{C}HCH_3}$$

$$C_6H_5CO_2C_2H_5 \xrightarrow[②H_2O]{①LiAlH_4} \underset{90\%}{C_6H_5CH_2OH}+C_2H_5OH$$

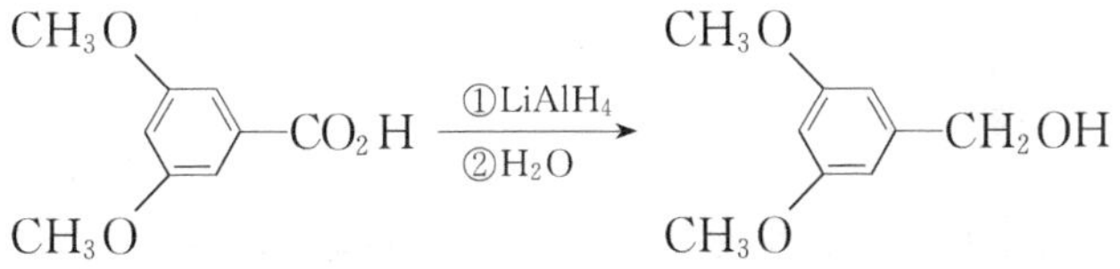

93%

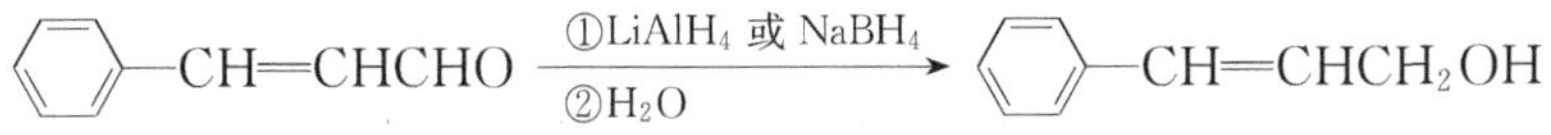

7.2.4　由卤代烃合成

卤代烃在碱性溶液中水解可以得到醇。由于卤代烷通常由相应的醇制取,所以此法只是在卤代烃容易得到时才用。主要是由苄基卤和烯丙型卤代烃为原料合

成相应的醇。

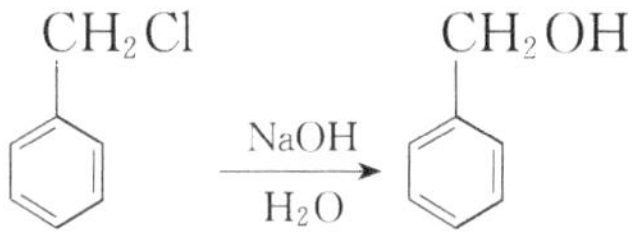

$$H_2C{=}CHCH_2Cl + H_2O \xrightarrow{Na_2CO_3} H_2C{=}CHCH_2OH + HCl$$

7.2.5 由格氏试剂合成

格氏试剂与羰基所得的加成产物经稀酸水解，可转变成相应的醇。由甲醛或环醚制伯醇，由乙醛等制仲醇，由酮制取叔醇，此法可用来制备不同类型的伯、仲、叔醇。需注意所用的试剂中不能含有活泼氢和不饱和的基团（如—NH_2、—OH、—NO_2、—CN 等）。

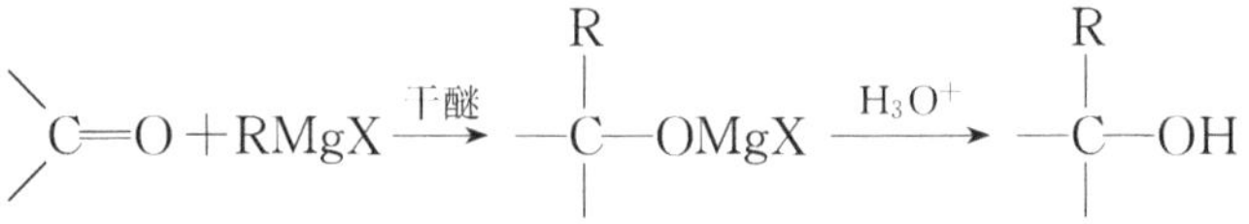

69%

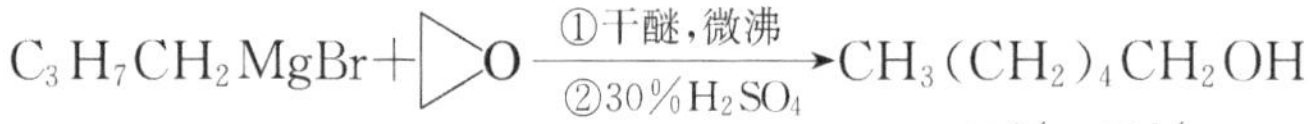

60%～62%

$$C_6H_5CHO + C_6H_5MgBr \xrightarrow{H_3O^+} (C_6H_5)_2CHOH$$

90%

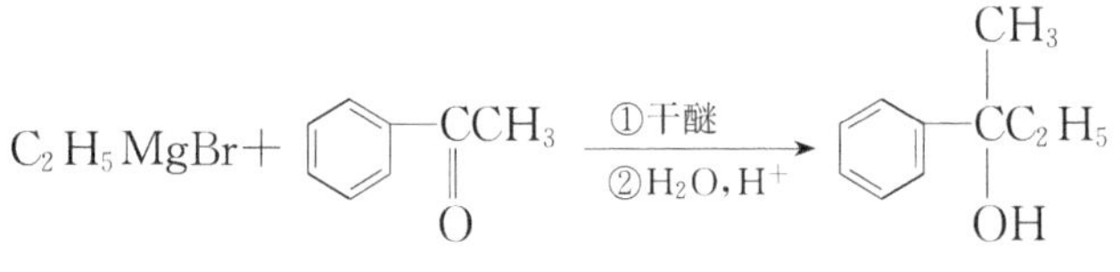

80%

7.2.6 二元醇的制备

烯烃在稀的碱性 $KMnO_4$ 溶液中氧化生成顺-1,2-乙二醇。环氧化合物容易开环水解生成二醇。例如，环氧乙烷水解是工业上制备 1,2-乙二醇的方法。

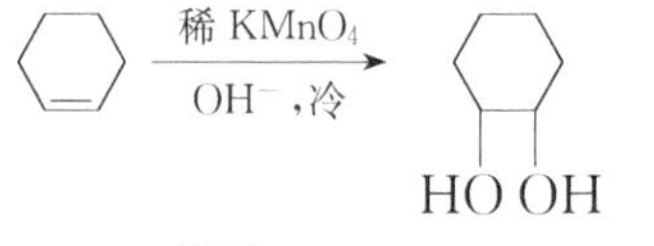

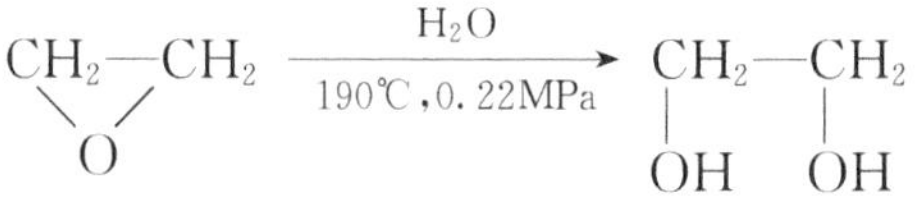

7.3 醇的物理性质

十二个碳原子以下的直链饱和一元醇是易挥发的液体，C_{12}以上的醇在室温下为蜡状固体。低级醇能与水混溶，这是由于低级醇分子与水分子之间形成氢键，使得低级醇与水无限混溶，同样随着醇分子碳链的增长，醇中羟基与水形成氢键的能力下降，故醇随着相对分子质量的增加，其溶解度下降。

饱和一元醇随着碳原子数目的增加而沸点上升，碳原子数目相同的醇，支链越多，沸点越低。低相对分子质量的醇，其沸点比相对分子质量相近的烷烃高得多，这是醇分子相互间形成氢键之故。随着碳链的增长，一方面碳链起屏蔽作用，阻碍氢键的形成，且羟基在分子中所占的比例降低，因而高级醇的沸点随着碳链的增长而与相对分子质量相近的烷烃的沸点越来越近。

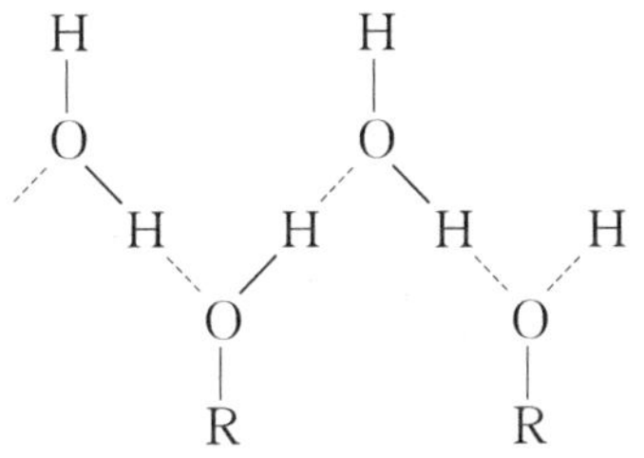

醇与水分子间形成的氢键

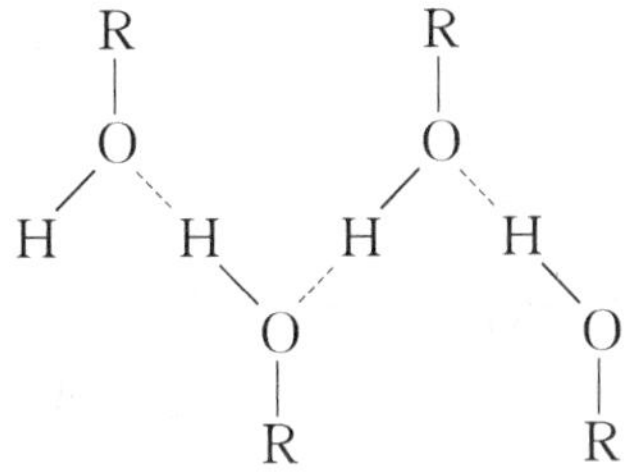

醇与醇分子间形成的氢键

多元醇分子间可形成更多的氢键，沸点较高，在水中的溶解度大。

直链饱和一元醇的熔点和密度，除甲醇、乙醇、丙醇外，均随相对分子质量的增加而增加。饱和一元脂肪醇的相对密度小于1，芳香醇的相对密度大于1。一些醇的物理常数见表7-2。

表7-2 一些醇的物理常数

名称	构造式	熔点/℃	沸点/℃	相对密度 d_4^{20}	溶解度/[g·(100g水)$^{-1}$]
甲醇	CH_3OH	−97.8	65.0	0.7914	∞
乙醇	CH_3CH_2OH	−114.7	78.5	0.7893	∞
正丙醇	$CH_3(CH_2)_2OH$	−126.5	97.4	0.8035	∞
异丙醇	$CH_3CH(OH)CH_3$	−88	82.4	0.7855	∞
正丁醇	$CH_3(CH_2)_3OH$	−89.5	117.3	0.8098	8.0
仲丁醇	$CH_3CH_2CH(OH)CH_3$	−114.7	99.5	0.8063	12.5
叔丁醇	$(CH_3)_3COH$	25.5	82.2	0.7887	∞
正戊醇	$CH_3(CH_2)_4OH$	−79	138	0.8144	2.2
新戊醇	$(CH_3)_3CCH_2OH$	53	114	0.812	∞

续表

名称	构造式	熔点/℃	沸点/℃	相对密度 d_4^{20}	溶解度/[g·(100g水)$^{-1}$]
正己醇	$CH_3(CH_2)_5OH$	−52	156.5	0.819	0.6
正庚醇	$CH_3(CH_2)_6OH$	−34	176	0.822	0.2
正辛醇	$CH_3(CH_2)_7OH$	−15	195	0.825	0.05
烯丙醇	$CH_2=CHCH_2OH$	−129	97	0.855	∞
苯甲醇	$PhCH_2OH$	−15	205	1.046	4
1,2-乙二醇	$HOCH_2CH_2OH$	−11.5	198	1.1132	∞
丙三醇	$HOCH_2CHOHCH_2OH$	18	290	1.2613	∞

低级醇可与氯化钙、氯化镁等形成结晶醇合物,因此醇类干燥不能用氯化钙等干燥剂。

7.4　醇的化学性质

羟基是醇的官能团,决定了醇的主要化学性质。极性的 O—H 键使醇具有一定的酸性,极性的 C—O 键使其容易断裂而发生亲核取代或消除反应,羟基氧上的未共用电子对使其具有一定的碱性和亲核性。

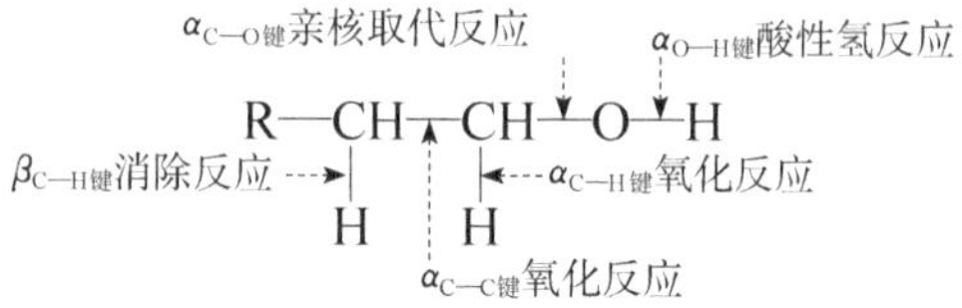

7.4.1　羟基中氢的反应

醇与水类似,可与钾、钠等活泼金属作用,生成醇钠或醇钾,同时放出氢气。

$$CH_3CH_2OH + Na \longrightarrow CH_3CH_2ONa + H_2$$

各种不同结构的醇与金属钠反应的速率为:甲醇>伯醇>仲醇>叔醇,表明它们的酸性强弱顺序为:甲醇>伯醇>仲醇>叔醇。醇的酸性比水要弱,所以醇钠极易水解。

$$CH_3CH_2ONa + H_2O \rightleftharpoons CH_3CH_2OH + NaOH$$

因此在使用醇钠时必须隔绝水分,生产上制备甲醇钠或乙醇钠时,利用固体氢氧化钠与甲醇或乙醇作用,加入苯进行共沸蒸馏不断除去水。这样可避免使用昂贵的金属钠,且生产更安全。

醇与其他活泼的金属,如镁、铝等,作用生成相应的醇镁和醇铝,异丙醇铝和叔丁醇铝在有机合成上有重要的应用。

7.4.2　醇的氧化与脱氢反应

醇分子中 α-氢较活泼，容易发生氧化或脱氢反应。叔醇没有 α-氢，难以被氧化，不同类型的醇得到不同的氧化产物。常用的氧化剂为酸性条件下的重铬酸钾或高锰酸钾等。

伯醇首先被氧化成醛，醛易被氧化成酸。如果采用较温和的氧化剂或特殊的氧化剂，可以使反应停留在醛这一步。例如，吡啶和 CrO_3 在盐酸溶液中的配合物是弱氧化剂，在 CH_2Cl_2 溶液中可把伯醇控制在生成醛的阶段。

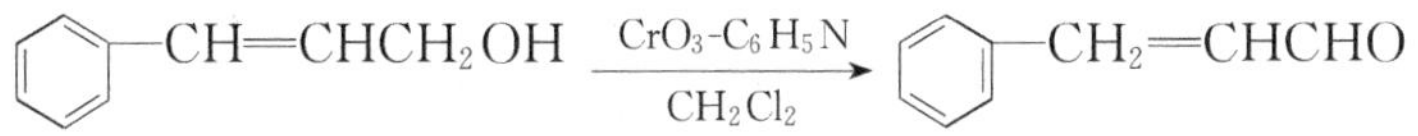

反应产物醛的收率高，且不影响分子中 C＝C、C＝O、C＝N 等不饱和键。MnO_2 作为氧化剂对烯丙型醇具有很好的选择性氧化作用，而不影响 C＝C 双键。

$$CH_3CH{=}CHCH{=}CH\underset{\displaystyle CH_3}{\underset{|}{C}}{=}CHCH_2OH \xrightarrow[CH_2Cl_2]{MnO_2} CH_3CH{=}CHCH{=}CH\underset{\displaystyle CH_3}{\underset{|}{C}}{=}CHCHO$$

仲醇氧化成含相同碳原子数的酮，由于酮较稳定，不易被氧化，可用于酮的合成。

$$CH_3(CH_2)_5\underset{\displaystyle OH}{\underset{|}{C}}HCH_3 \xrightarrow[\text{回流 2h}]{K_2Cr_2O_7,\text{稀 }H_2SO_4} CH_3(CH_2)_5\underset{\displaystyle O}{\underset{\|}{C}}CH_3$$

92%～96%

叔醇分子中无 α-氢，一般的氧化剂不能氧化，在强氧化剂的作用下，碳碳键断裂生成羧酸等小分子化合物。

伯醇和仲醇在一些金属催化剂作用下，通过脱氢反应得到相应的醛、酮等产物。

$$CH_3-\overset{\displaystyle H}{\overset{|}{\underset{\displaystyle H}{\underset{|}{C}}}}-OH \overset{Cu,325℃}{\rightleftharpoons} CH_3CHO+H_2$$

$$CH_3-\overset{\displaystyle H}{\overset{|}{\underset{\displaystyle CH_3}{\underset{|}{C}}}}-OH \overset{Cu,325℃}{\rightleftharpoons} CH_3-\overset{\displaystyle O}{\overset{\|}{C}}-CH_3\ +H_2$$

脂环醇氧化先生成环基酮，继续氧化则生成含同碳原子数的二元羧酸。这种氧化产物比较单一，可用于工业上制备二元羧酸。

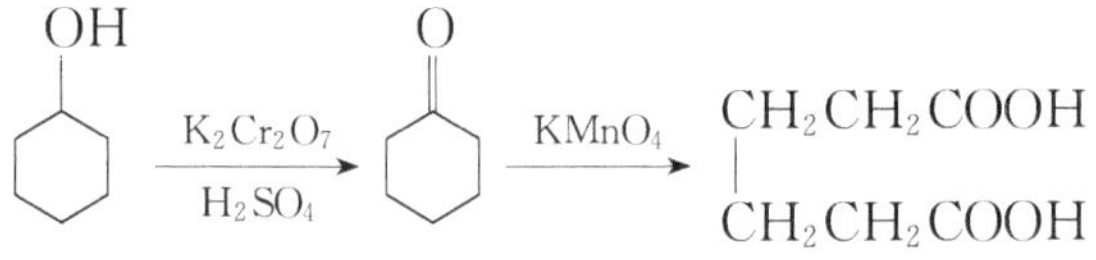

7.4.3　醇羟基的亲核取代反应

1. 与 HX 的反应

醇与氢卤酸作用生成卤代烃和水，这是制备卤代烃的主要方法。例如：

$$(CH_3)_3COH + HCl \xrightarrow{\text{室温}} (CH_3)_3CCl \quad 77\%\sim88\%$$

$$CH_3CH_2CH_2CH_2OH + NaBr \xrightarrow[\triangle]{H_2SO_4} CH_3CH_2CH_2CH_2Br \quad 95\%$$

伯醇按 S_N2 机理反应。OH^- 不是好的离去基团，所以一般醇的 C—O 键很难断裂。酸性条件下，质子化的醇 $R—OH_2^+$ 产生一个好的离去基团 H_2O，但伯碳正离子稳定性差，质子化的醇也难解离，需在 X^- 向中心碳进攻的推动下，H_2O 才慢慢离去。

$$ROH + H^+ \underset{}{\overset{\text{快}}{\rightleftharpoons}} R—\overset{+}{O}H_2$$

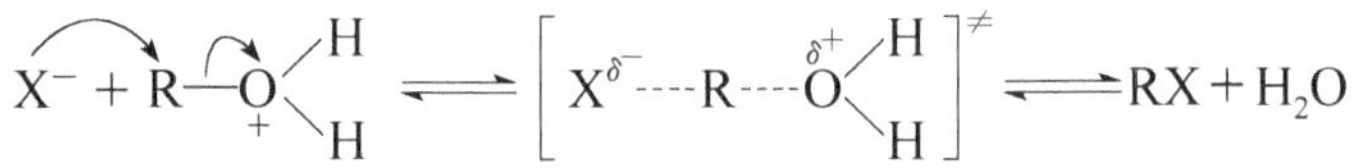

烯丙型醇、苄基型醇、叔醇、仲醇质子化的醇 $R—OH_2^+$ 键极性断裂变得容易，碳正离子的稳定性高，质子化的醇易解离，一般采取 S_N1 机理反应。

$$R_3COH + H^+ \overset{\text{快}}{\rightleftharpoons} R_3\overset{+}{C}OH_2 \overset{\text{慢}}{\rightleftharpoons} R_3\overset{+}{C} + H_2O$$

$$R_3\overset{+}{C} + X^- \xrightarrow{\text{快}} R_3CX$$

因为有碳正离子中间体生成，往往发生重排现象。

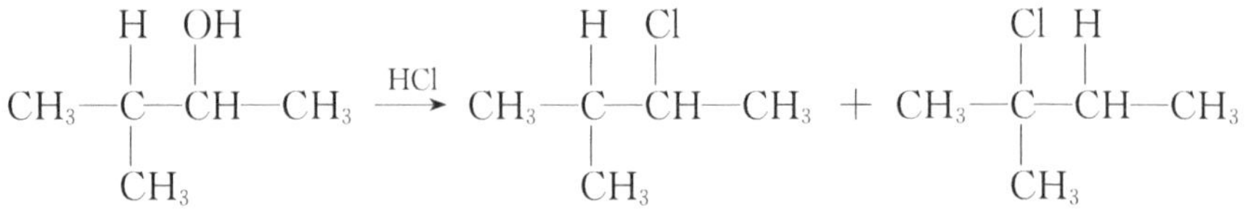

（极少）　　主要产物（重排产物）

醇与氢卤酸反应的快慢与氢卤酸的种类及醇的结构有关。不同种类的氢卤酸相对活性顺序为

$$HI > HBr > HCl。$$

不同结构的醇活性顺序为

烯丙型醇、苄基型醇≈叔醇＞仲醇＞伯醇。

区别不同结构的醇与氢卤酸反应速度可用无水氯化锌和浓盐酸配成的溶液，称为卢卡斯(Lucas)试剂。

$$\left.\begin{array}{l} RCH_2OH \\ R_2CHOH \\ R_3COH \end{array}\right\} \xrightarrow{\text{卢卡斯试剂}} \left\{\begin{array}{l} \text{常温下不反应，加热后反应} \\ \text{放置片刻浑浊} \\ \text{立即变浑浊} \end{array}\right.$$

因此卢卡斯试剂可用于 1°、2°、3° 醇的鉴别。6 个碳以上的醇因其本身不溶于卢卡斯试剂而无法鉴别。

2. 与卤化磷的反应

醇与卤化磷(PX_3、PX_5)反应生成卤代烷。例如：

$$CH_3CH_2CH_2CH_2—OH \xrightarrow{PBr_3, 165℃} CH_3CH_2CH_2CH_2—Br$$

$$CH_3(CH_2)_{14}CH_2—OH \xrightarrow[145\sim156℃]{PI_3(P+I_2)} CH_3(CH_2)_{14}CH_2—I$$

这是由醇制备溴代烃、碘代烃的方法之一，反应的特点是一般不发生重排，产率较高。制取氯代烷常用 PCl_5，但产率较低。该反应不适合制备氯代烃。

3. 与亚硫酰氯的反应

醇与 $SOCl_2$ 反应生成卤代烷。例如：

$$ROH + SOCl_2 \longrightarrow RCl + SO_2 + HCl$$

这是目前制备氯代烃最常用的方法，产物无重排现象，而且产率高；产物中除氯代烃外其他的都是气体，易于分离。

7.4.4　醇的脱水反应

醇在浓硫酸等催化剂作用下，可发生分子内或分子间脱水反应。低温有利于取代反应生成醚，高温有利于消除反应生成烯烃。

$$\underset{\displaystyle H}{\underset{|}{CH_2}}—\underset{\displaystyle OH}{\underset{|}{CH_2}} \xrightarrow[\text{或 } Al_2O_3, 360℃]{\text{浓 } H_2SO_4, 170℃} CH_2=CH_2 + H_2O$$

$$CH_3CH_2OH + CH_3CH_2OH \xrightarrow[\text{或 } Al_2O_3,240\sim260℃]{\text{浓 } H_2SO_4,140℃} CH_3CH_2OCH_2CH_3 + H_2O$$

在分子内脱水反应中，醇脱水生成烯烃的难易与醇的结构有关，叔醇最易，仲醇次之，伯醇最难。主要产物与卤代烷烃脱卤代氢一样服从札依采夫规则，生成烯碳原子上连有最多烷基的烯烃。

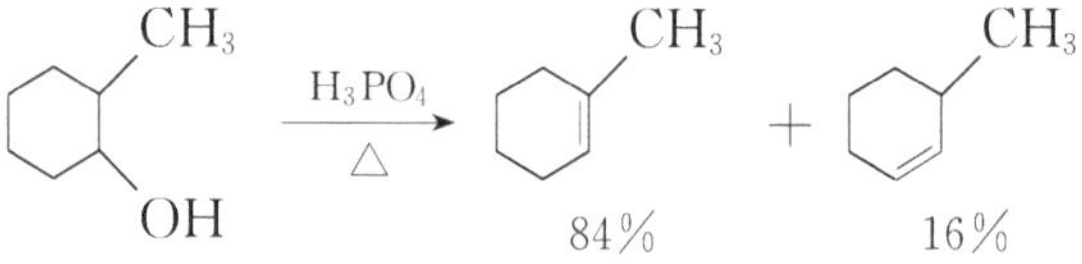

$$\underset{\displaystyle\overset{|}{OH}}{CH_3CH_2CHCH_3} \xrightarrow[100℃]{66\%\ H_2SO_4} \underset{80\%}{CH_3CH{=}CHCH_3} + H_2O$$

在质子酸的催化作用下，大多数醇特别是仲醇和叔醇，是按单分子消除(E1)机理反应的，存在碳正离子的重排现象。

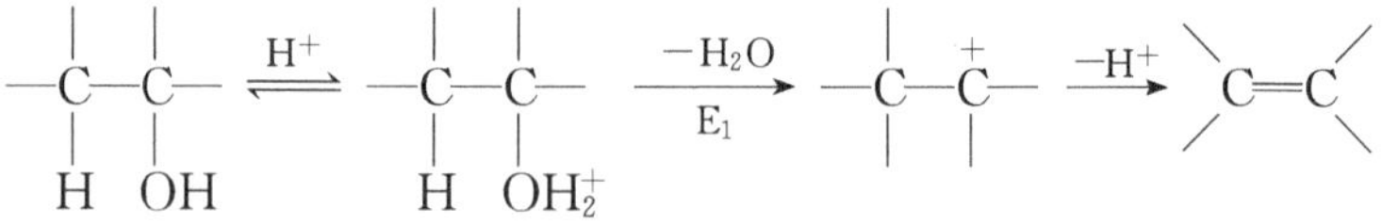

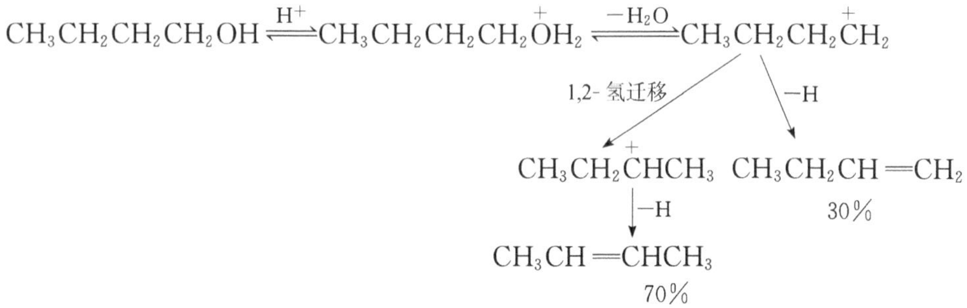

若采用氧化铝为催化剂，不发生重排反应，醇在高温气相条件下脱水，生成烯烃。

$$CH_3CH_2CH_2CH_2OH \xrightarrow[170℃]{75\%H_2SO_4} CH_3CH{=}CHCH_3\text{(主要产物)}$$

$$CH_3CH_2CH_2CH_2OH \xrightarrow[350\sim400℃]{Al_2O_3} CH_3CH_2CH{=}CH_2\text{(主要产物)}$$

分子间脱水反应是 S_N2 反应机理。一般低温下主要得到醚。叔醇、仲醇倾向于分子内脱水生成烯烃，难以得到醚。

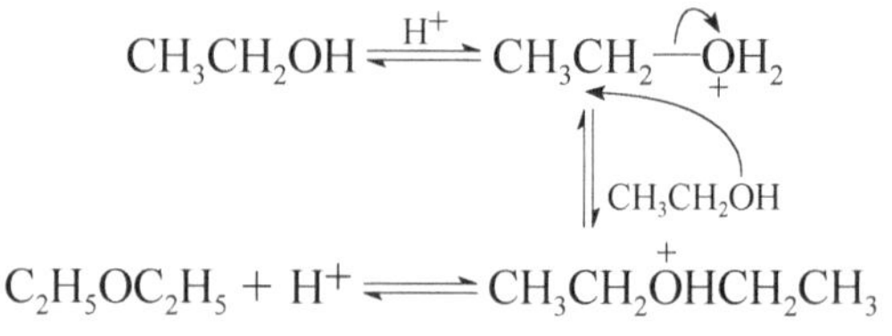

7.4.5 成酯反应

1. 醇与无机酸的反应

醇可与硫酸、硝酸、磷酸等无机酸反应生成无机酸酯。

醇与硫酸反应生成硫酸氢甲酯(酸性硫酸甲酯)和硫酸二甲酯(中性硫酸酯)。

$$CH_3OH + HOSO_2OH \xrightleftharpoons{<100℃} CH_3OSO_2OH + H_2O$$

$$CH_3OSO_2OH + CH_3OSO_2OH \xrightarrow{减压蒸馏} CH_3OSO_2OCH_3 + H_2SO_4$$

酸性硫酸酯是吸水性很强的黏稠状液体,具有强酸性,用碳酸钠中和即得到其钠盐。烷基硫酸钠($ROSO_3Na$)中当 R 为 $C_{12} \sim C_{16}$时,用作合成洗涤剂。

醇与硝酸的反应得到硝酸酯,该物质具有爆炸性能,多元醇的硝酸酯爆炸性更强。丙三醇的硝酸酯俗名硝化甘油,是一种烈性炸药。还有扩张冠状动脉的作用,在医药上用作治疗心绞痛的急救药。

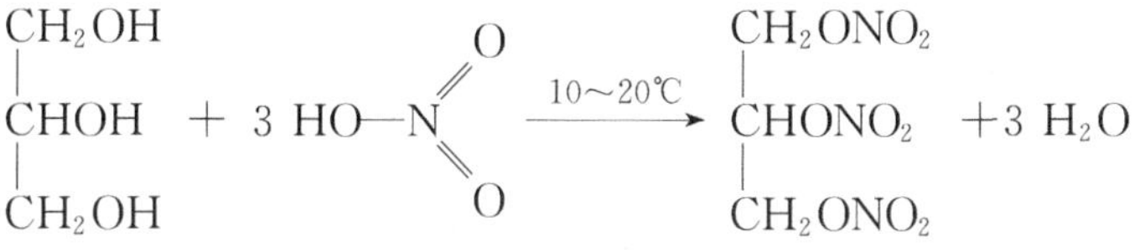

甘油三硝酸酯

磷酸是三元酸,不易与醇直接成酯,通常使用磷酰三氯。磷酸酯常用作萃取剂、增塑剂和杀虫剂。某些特殊的磷酸酯是有机体生长和代谢中的重要物质。

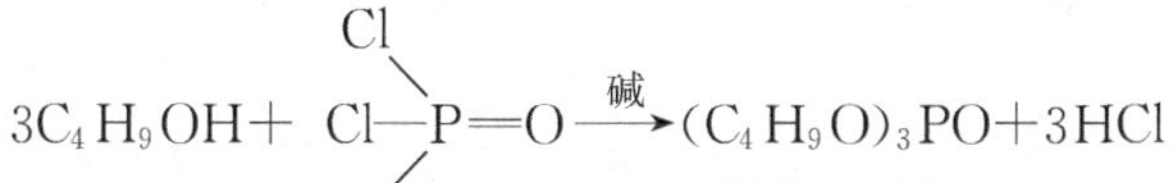

磷酸三丁酯

2. 醇与有机酸的反应

$$CH_3COOH + C_2H_5OH \xrightleftharpoons{H_2SO_4, 140℃} CH_3COOC_2H_5 + H_2O$$

67%

7.4.6 多元醇的特殊性质

1. 与 $Cu(OH)_2$ 的反应

多元醇能与金属氢氧化物反应,生成类似于盐的产物。例如,甘油在碱性条件下与氢氧化铜反应生成绛蓝色的甘油铜溶液。

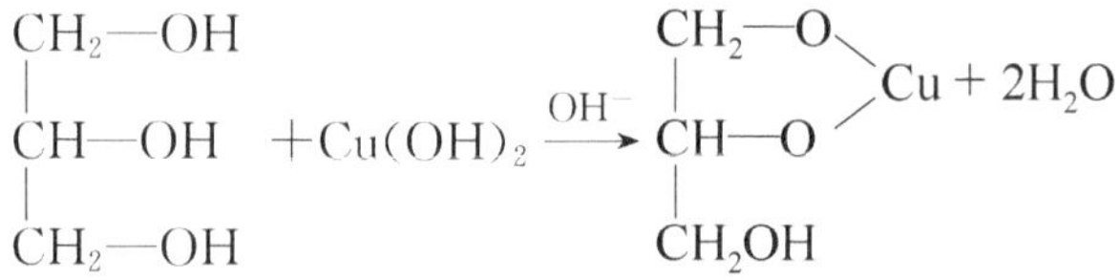

2. 与高碘酸或四乙酸铅反应

高碘酸或四乙酸铅在冰醋酸溶液中可将邻二醇氧化为醛或酮，两个羟基之间的碳碳单键断裂生成羰基化合物，该反应有一定的合成意义。由于反应是定量完成的，可用于邻二醇的结构测定。

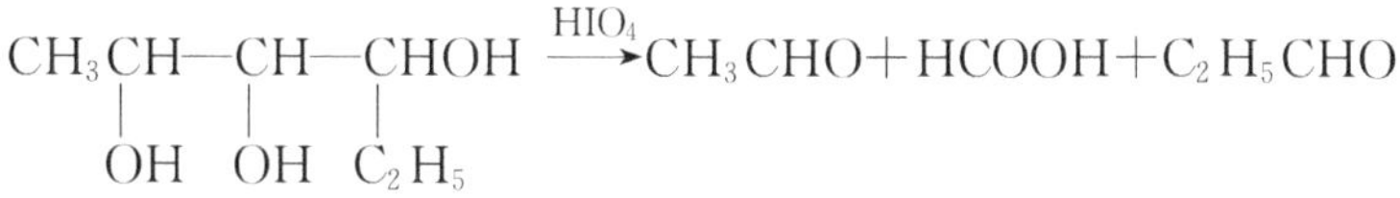

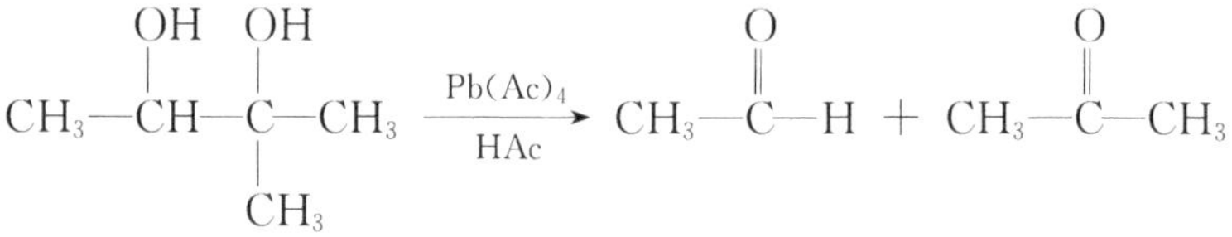

7.5 醚的结构、分类与命名

7.5.1 醚的结构、分类

醚可看作醇羟基的氢原子被烃基取代后的产物，分子中的 C—O—C 称为醚键，通式为 R—O—R 或 R—O—R′。包含在环中的醚叫环醚(cycloether)。三元环醚性质比较特殊，在有机化学中称为环氧化合物(epoxide)。醚分子中的氧原子为 sp^3 杂化，醚键的键角近似等于 110°。以甲醚为例，如图 7-2 所示。

图 7-2　甲醚的结构

按醚键所连接的烃基结构和方式不同，醚的分类如下：

醚：
- 饱和醚
  - 均醚　$CH_3—O—CH_3$
  - 混醚　$CH_3—O—C_2H_5$
- 不饱和醚　$CH_3—O—CH_2CH═CH_2$
- 芳醚　
- 环醚　
- 硫醚　$CH_3—S—CH_3$

7.5.2　醚的命名

对于简单醚的命名是以烃基名称后缀“醚”字而成。均醚，又称单醚，只有一种烃基；混合醚中两个烃基的名称要求把在次序规则中“较优”的烃基名称放在后面，若其中之一为芳基，则芳基放在脂肪烃基前面。例如：

$CH_3OC(CH_3)_3$　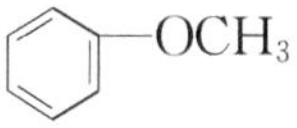　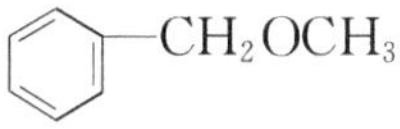　$CH_3CH_2OCH_2CH_3$

甲基叔丁醚　　苯甲醚　　甲基苄基醚　　二乙基醚（简称乙醚）

结构复杂的醚可当作烃的衍生物命名，较大烃基作为母体，剩下的 RO—作取代基。例如：

　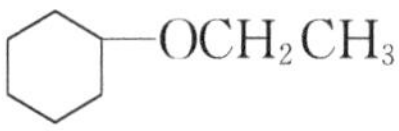　

2-乙氧基己烷　　乙氧基环己烷　　4-叔丁氧基-1-环己烯

环醚一般称为环氧某烃，或按杂环化合物命名。例如：

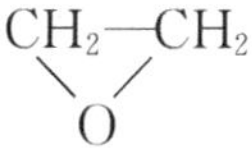　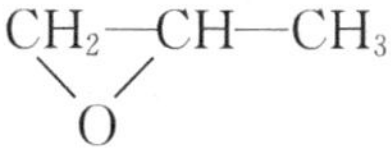　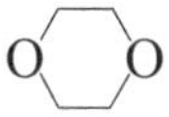　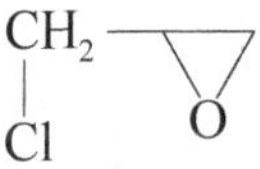

环氧乙烷　　环氧丙烷　　1,4-二氧六环　　3-氯-1,2-环氧丙烷

多元醚的命名，首先写出潜含多元醇的名称，再写出另一部分烃基的数目和名称，后缀“醚”字。

$CH_3OCH_2CH_2OCH_3$　　$CH_3CH_2OCH_2CH_2OH$　　$CH_3OCH_2CH_2OCH_2CH_2OCH_3$

乙二醇二甲醚　　乙二醇乙醚　　二乙二醇二甲醚

7.6　醚的制法

7.6.1　由醇脱水

在酸催化下，醇分子间脱水生成醚，是制备均醚的主要方法。工业上，乙醚主要由乙醇在浓硫酸催化下脱水而得。

$$2CH_3CH_2OH \xrightarrow{\text{浓 } H_2SO_4} CH_3CH_2—O—CH_2CH_3$$

一些二醇可脱水合成五元、六元环的醚。

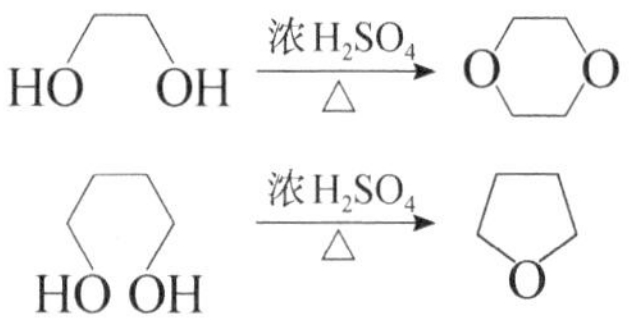

7.6.2　威廉森合成法

威廉森(Williamson)合成法采用卤代烃与醇钠或酚钠反应，既可制备均醚又可制备混醚，是适用范围广的制备醚的方法。

$$C_6H_5CH_2Cl + NaOCH_2\overset{\overset{CH_3}{|}}{C}HCH_3 \longrightarrow \underset{84\%}{C_6H_5CH_2OCH_2\overset{\overset{CH_3}{|}}{C}HCH_3}$$

由于芳香卤代烃不活泼，在制备脂芳混醚时一般都是用酚钠和脂肪卤代烃制得。茴香醚(anisole)只能用酚钠与卤甲烷制得。

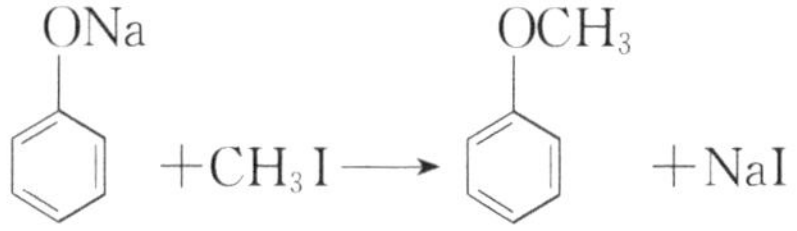

此合成反应是 S_N2 机理，为了减少烯烃副产物，选用伯卤代烷较好，把碳原子数较多的烃基做成相应的醇钠，如正丙基叔丁基醚的制取，选择合理的合成路线，收率高达 85%。

$$CH_3CH_2CH_2Cl + NaO-\underset{\underset{CH_3}{|}}{\overset{\overset{CH_3}{|}}{C}}-CH_3 \longrightarrow CH_3CH_2CH_2-O-\underset{\underset{CH_3}{|}}{\overset{\overset{CH_3}{|}}{C}}-CH_3$$

7.6.3　乙烯基醚的制取

由于乙烯醇不存在，乙烯基卤不活泼，所以威廉森合成法不能用来合成乙烯基醚，通常用乙炔和醇在碱性条件下发生亲核加成反应得到。

$$CH\equiv CH + HOC_2H_5 \xrightarrow[160\sim180^\circ C]{KOH} CH_2=CH-O-C_2H_5$$

7.7　醚的物理性质

醚的沸点比相同相对分子质量的醇的沸点低。这是由于醚分子中氧原子的两边均为烃基，醚分子之间不能产生氢键。常温下除甲醚、甲乙醚、甲基乙烯基醚为气体，其他的醚都为无色液体。醚与相同碳原子的醇在水中的溶解度相近，因为醚分子中氧原子仍能与水分子中的氢原子形成氢键。环醚因氧原子突出在外，更易与水分子中的氢原子生成氢键，环醚在水中溶解度较大。一般的高级醚难溶于水。常见醚的物理常数如表 7-3 所示。

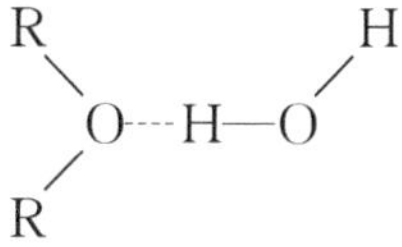

醚与水之间的氢键

表 7-3　一些常见醚的物理常数

化合物	熔点/℃	沸点/℃	密度/(10^3kg · m^{-3})(20℃)
甲醚	−138.5	−23	—
乙醚	−116.6	34.5	0.7137
正丙醚	−12.2	90.1	0.7360
异丙醚	−85.9	68	0.7241
正丁醚	−95.3	142	0.7689
苯甲醚	−37.5	155	0.9961
二苯醚	26.84	257.9	1.0748
四氢呋喃	−65	67	0.8892
1,4-二氧六环	11.8	101	0.033

醚是优良的有机溶剂。低级醚具有高挥发性，容易着火，使用时应注意安全。

7.8　醚的化学性质

醚的性质比较稳定，对碱、氧化剂、还原剂都很稳定，常用作有机溶剂。常温下，可用金属钠除去醚中的少量水。C—O—C 键在一般条件下难以断裂。但在特殊情况下，可发生下列反应。

7.8.1　形成鎓盐

醚的氧原子上有未共用电子对，能接受强酸中的 H^+ 而生成鎓盐。

$$CH_3CH_2OCH_2CH_3 + H_2SO_4(浓) \longrightarrow CH_3CH_2\underset{H}{\overset{+}{O}}CH_2CH_3 + HSO_4^-$$

鎓盐是一种弱碱强酸盐，仅在冷的浓酸中才稳定，遇水很快分解为原来的醚。利用此性质可以将醚从烷烃或卤代烃中分离出来。

$$ROR + H^+ \longrightarrow R\underset{H}{\overset{+}{O}}R \xrightarrow{H_2O} ROR + H_3O^+$$

此外，醚也能和三氟化硼、三氯化铝等路易斯酸生成配合物。

$$R—O—R_1 + BF_3 \longrightarrow \begin{matrix} R \\ \quad\diagdown \\ \quad\quad OBF_3 \\ \quad\diagup \\ R_1 \end{matrix}$$

三氟化硼是有机反应中常用的一种催化剂，但它是气体，所以一般把它配成乙醚溶液使用。

7.8.2　醚键的断裂

在较高温度下，强酸与醚生成𬭩盐后，能使醚键断裂，醚键的断裂是一种亲核取代反应，若使用的酸为卤化氢，则 X^- 为亲核试剂进攻𬭩盐底物的中心碳原子，而使醚键断裂。

X^- 亲核性的大小顺序为：$I^- > Br^- > Cl^-$。所以断裂醚键的氢卤酸活性顺序为：$HI > HBr > HCl$。

使醚链断裂最有效的试剂是浓的氢碘酸（HI）。也可用 KI 和 H_3PO_4 代替 HI。只要醚键连有甲基，总是在甲基那边优先断裂。

$$\underset{\substack{|\\ OCH_3}}{CH_3CHC_2H_5} \xrightarrow[\triangle]{HBr} \underset{\substack{|\\ OH \\ 81\%}}{CH_3CHC_2H_5} + CH_3Br$$

$$(CH_3)_2CHOCH(CH_3)_2 \xrightarrow[\triangle]{KI, H_3PO_4} \underset{90\%}{2(CH_3)_2CHI}$$

伯烷基醚按 S_N2 机理断裂，醚键断裂时往往是较小的烃基生成碘代烷；甲基烷基醚与 HI 反应时优先得到碘代甲烷，把反应混合物中的碘代甲烷蒸馏出来，通入硝酸银的醇溶液中，测定碘化银的量可推算出醚分子中 $CH_3O—$ 或甲基醚的含量，有机分析中称之为蔡塞尔(Zeisel)法，如果 HI 过量，可继续与反应中生成的醇作用，得到另一分子碘烷。

$$CH_3CH_2CH_2OCH_3 + HI \xrightarrow{\triangle} CH_3CH_2CH_2OH + CH_3I$$

叔烷基醚按 S_N1 机理断裂，但主要产物是烯烃。芳基烷基醚总是烷氧键断裂，生成酚和碘代烷。全芳基醚不发生该反应。

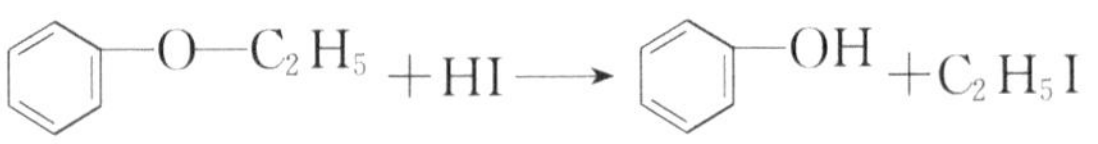

7.8.3　克莱森重排

苯基烯丙基醚在加热时，烯丙基从氧原子迁移到邻位碳原子，称为克莱森

(Claisen)重排，如果邻位已有取代基，则迁移到对位。

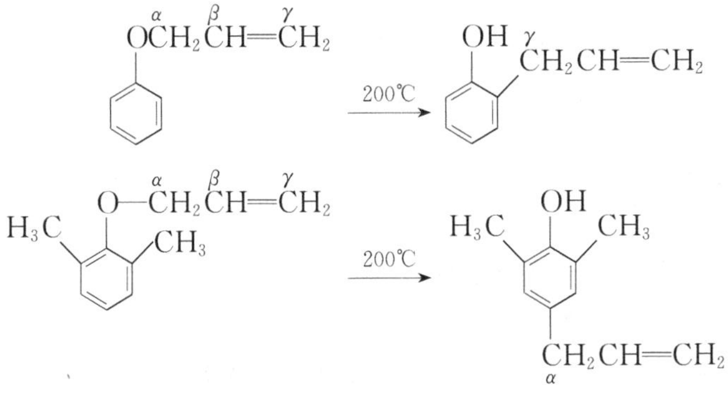

7.8.4　过氧化物的形成

醚长期与空气接触下，会慢慢生成不易挥发的过氧化物。

$$C_2H_5OC_2H_5 \longrightarrow CH_3\underset{\displaystyle O\!-\!OH}{\underset{|}{C}}H-OC_2H_5$$

过氧化物不稳定，加热时易分解而发生爆炸。因此，醚类应尽量避免暴露在空气中，一般应放在棕色玻璃瓶中，避光保存。蒸馏放置过久的乙醚时，一定不要蒸干。使用前要先检验是否有过氧化物存在。如果醚使湿润的淀粉-KI 试纸变蓝或使硫酸亚铁和硫氰化钾混合液显红色，则醚中含有过氧化物。

除去过氧化物的常用方法是加入还原剂 $FeSO_4$ 于醚中，或贮藏时在醚中加入少许金属钠。

7.9　重要的醇和醚

7.9.1　重要的醇

1. 甲醇

甲醇(methanol)又名木精，无色透明有酒精气味的易燃液体，和水不能形成恒沸混合物，有毒性，是优良的有机溶剂、燃料、化工合成的原料。最初由木材干馏得到，近代主要由合成气(一氧化碳和氢)或天然气(甲烷)在一定条件下反应制得。

$$CO+H_2 \xrightarrow[30\sim32MPa,380\sim410℃]{CuO/ZnO/Cr_2O_3} CH_3OH$$

$$CH_4+O_2 \xrightarrow[\text{通过铜管}]{10MPa,200℃} CH_3OH$$

2. 乙醇

乙醇(ethanol)俗称酒精,目前工业上用乙烯为原料生产乙醇,但用发酵方法仍然是工业上生产乙醇的方法之一。乙醇的用途极广,是各种有机合成工业的重要原料,也是常用的溶剂,70%～75%的乙醇杀菌能力最强,用作防腐、消毒剂。乙醇易燃,它的蒸气爆炸极限为 3.28%～18.95%(V),闪点为 14℃,使用时要注意安全。

95.6%乙醇溶液和 4.4%水形成沸点为 78.15℃的共沸混合物,所以分馏法不能除去剩余水分,实验室制备无水乙醇时将 95.6%乙醇溶液和生石灰共热、蒸馏得到 99.5%的乙醇,再用镁除去少量水分得到 99.95%的乙醇。工业上制取无水乙醇是先将 95.6%的乙醇加入一定量的苯,蒸馏得到苯、乙醇、水的三元共沸物,再蒸出苯和乙醇的二元共沸物,得到无水乙醇。检验乙醇中是否含有水分,可加入少量无水硫酸铜,如显蓝色就有水分存在。

乙醇能与 $CaCl_2$ 或 $MgCl_2$ 形成 $CaCl_2 \cdot 3C_2H_5OH$ 或 $MgCl_2 \cdot 6C_2H_5OH$ 结晶物,称为结晶醇,所以不能用无水氯化钙干燥乙醇。

3. 丙三醇

丙三醇(glycerol)俗名甘油,黏稠并带有甜味的高沸点无色液体,沸点为 290℃,与水混溶,不溶于乙醚、氯仿等有机溶剂。主要用途是制造硝酸甘油酯,或用作炸药和心脏病急救药物。甘油无毒且具有吸湿性,能吸收空气中水分,可用于食品、烟草、医药及化妆品工业中。同时甘油具有三个可以参加反应的羟基与其他多官能团化合物反应,形成高分子产品,用作制备合成树脂的原料。

目前工业上主要以石油裂化气丙烯为原料,经过丙烯氯化法和丙烯氧化法合成。

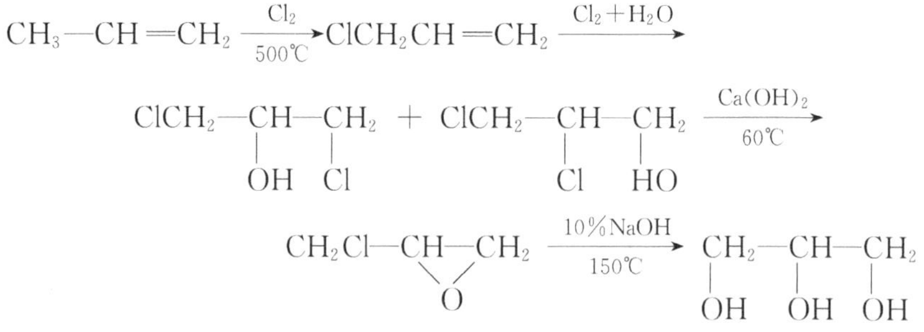

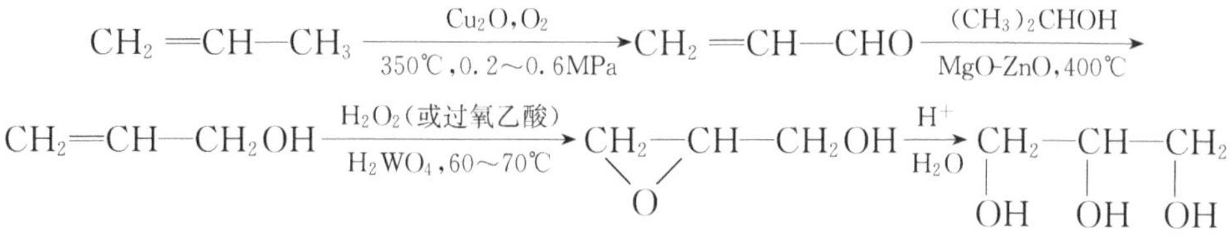

4. 乙二醇

乙二醇(glycol)俗名甘醇,是无色带有甜味的黏稠、有毒液体,沸点为197℃,可作为高沸点溶剂。熔点为−16℃,与水无限混溶,但不溶于乙醚,含60%(V)乙二醇的水溶液,冰点低,约为−40℃。因此常用于汽车的抗冻剂,主要用于制造树脂、增塑剂、合成纤维、化妆品等,也可用作溶剂。

工业上用乙烯为原料,通过环氧乙烷水合法生产乙二醇。

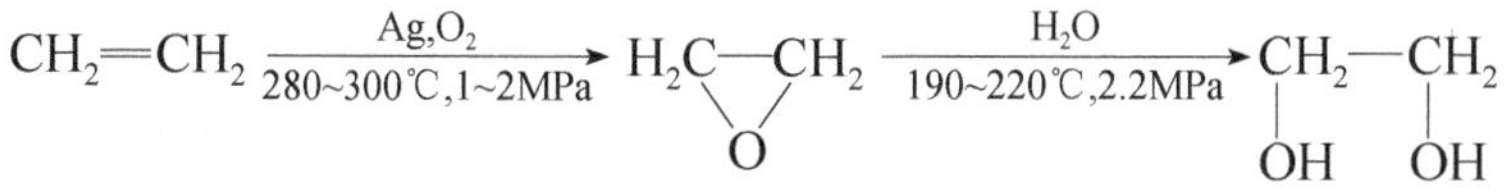

7.9.2 乙醚

乙醚(ether),无色液体,比水轻,易燃,爆炸极限为1.85%~36.5%(V),蒸气密度比空气大2.5倍。极性小,较稳定,可溶解许多有机化合物,是一种很好的有机溶剂和萃取剂,具有麻醉作用,在医药上可作麻醉剂。在有机合成上所用的无水乙醚,是普通乙醚用氯化钙处理后,再用金属钠处理,以除去所含的微量的水和醇。

7.9.3 环氧乙烷

环氧乙烷(ethylene oxide)是无色具有醚类气味的低沸点易燃液体,凝固点为−112.13℃,沸点为34.24℃,常温常压下是气体,与空气可形成爆炸极限为3.6%~78%(V)的爆炸性混合物。分子中两个碳氧键之间的夹角为61.5°,碳碳键的键长约为0.147nm,碳氧键的键长约为0.14nm。

1. 环氧乙烷的制法

乙烯在催化剂的作用下与空气中的氧气反应,是工业上制取环氧乙烷的主要方法。

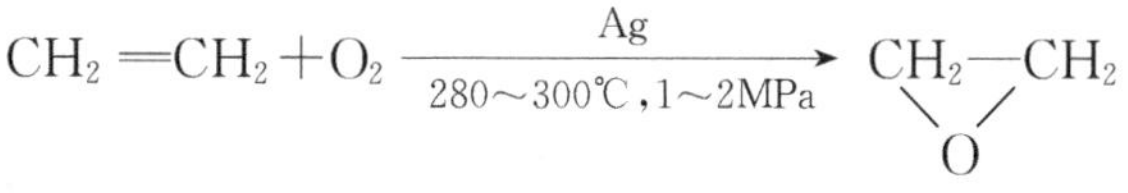

2. 环氧乙烷的性质——开环反应

环氧乙烷是三元环,有较大的环张力,不稳定,活性高,易开环。环氧乙烷可与很多含活泼氢化合物(如水、醇、氨、胺、氢卤酸等)发生开环反应(ring cleavage reaction),在酸或碱催化下,得到邻二醇、醇醚、醇胺、卤代醇等化合物。环氧乙烷是有机合成上重要的合成原料,在工业上具有重要用途。

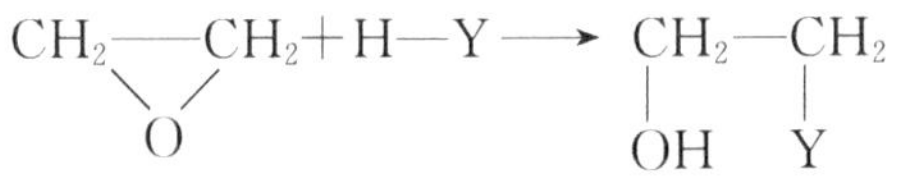

H—Y=H—OH,H—OR,H—OAr,H—NHR,H—X

(1) 与水反应：

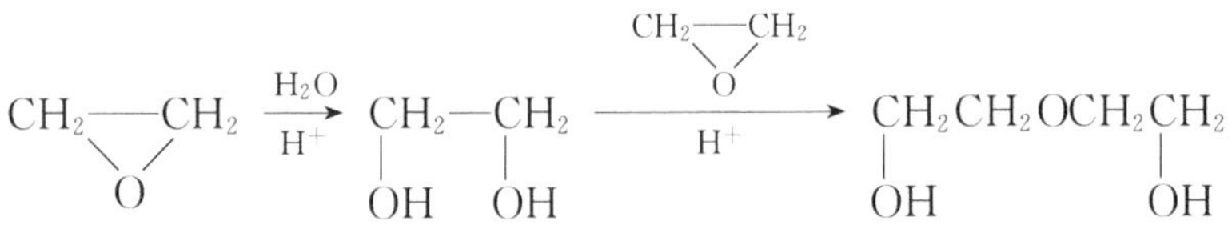

二甘醇

三甘醇

按反应条件的不同，所得的聚乙二醇的平均相对分子质量不同。可利用此类反应合成非离子型的乳化剂和洗涤剂以及气体净化剂等。

(2) 与醇反应：

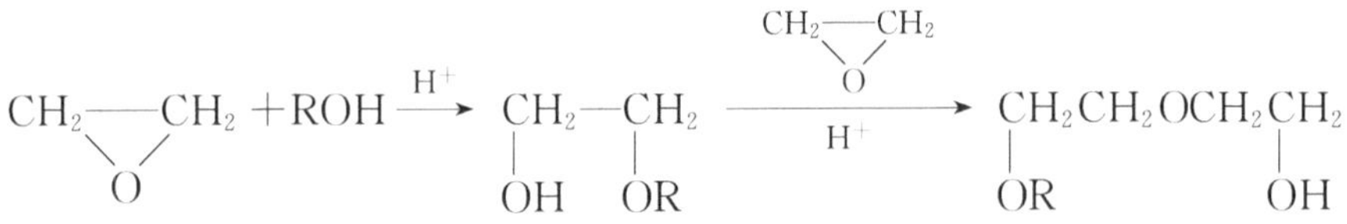

乙二醇单烷基醚　　二甘醇单烷基醚

乙二醇单烷基醚继续与醇反应，可生成乙二醇双烷基醚，过量的环氧乙烷参与反应，可生成二甘醇单烷基醚或聚乙二醇(单)烷基醚。

(3) 与氨反应：环氧乙烷与20%～30%的氨水反应，是工业上生产三种乙醇胺的方法。产物由反应物原料配比和反应条件决定。

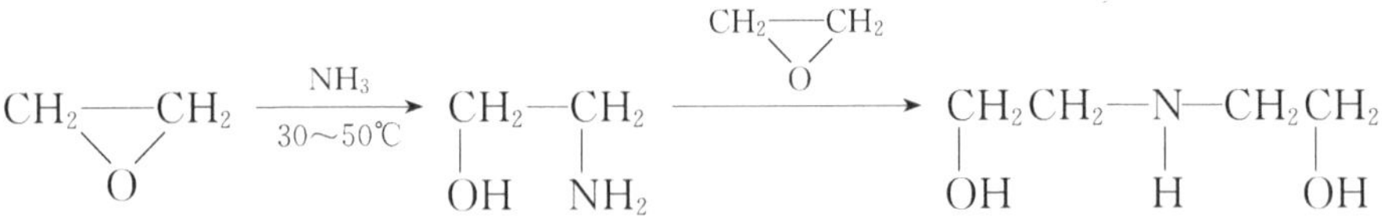

一乙醇胺　　二乙醇胺

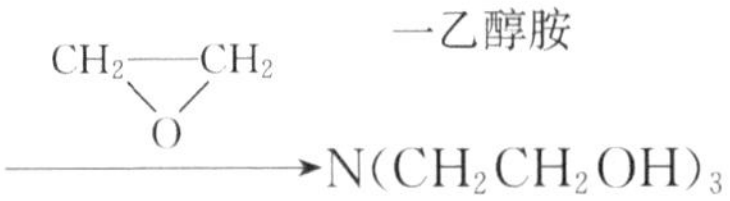

三乙醇胺

三种乙醇胺都是具有碱性的无色黏稠液体，可溶于水、乙醇等溶剂。一乙醇胺有氨气味，可用于除去天然气和石油气中的酸性气体，也用于制取非离子型洗涤剂和乳化剂等。

3. 开环反应的机理

不对称的环氧化物，在不同条件下进行亲核加成反应时，开环的方向不同，生成的产物不同。

(1) 酸催化开环。环氧乙烷首先质子化，开环方向主要决定于电子效应，亲核试剂优先接近取代基较多的环碳原子。

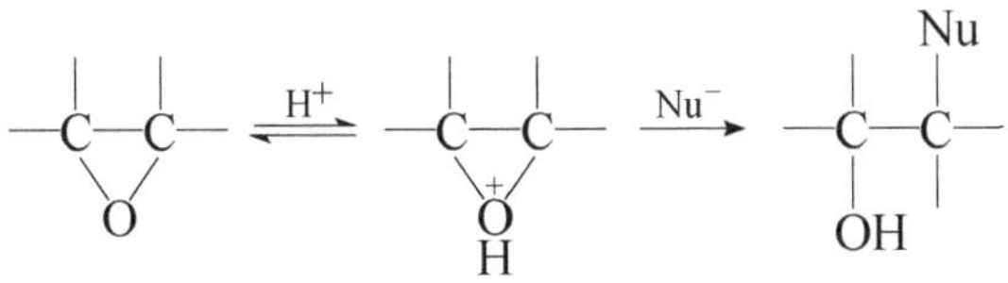

例如：

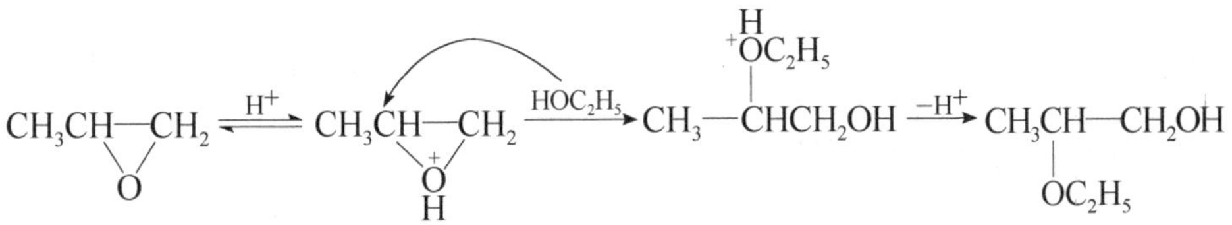

(2) 碱催化开环。以环氧乙烷与 $NaOC_2H_5$ 反应为例，在碱性条件下，开环方向主要决定于空间因素，与电子因素关系不大。亲核试剂优先接近取代基较少的环碳原子。

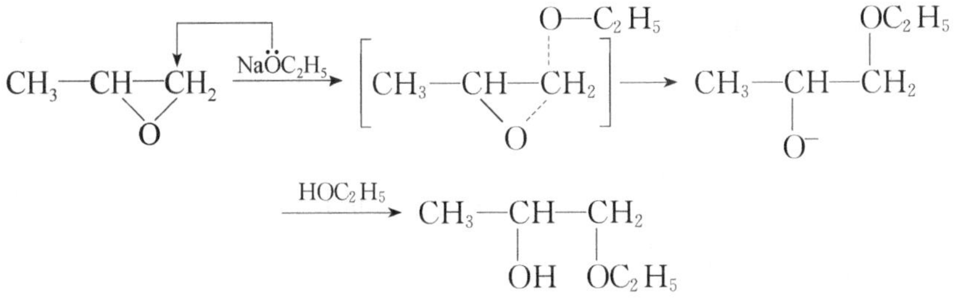

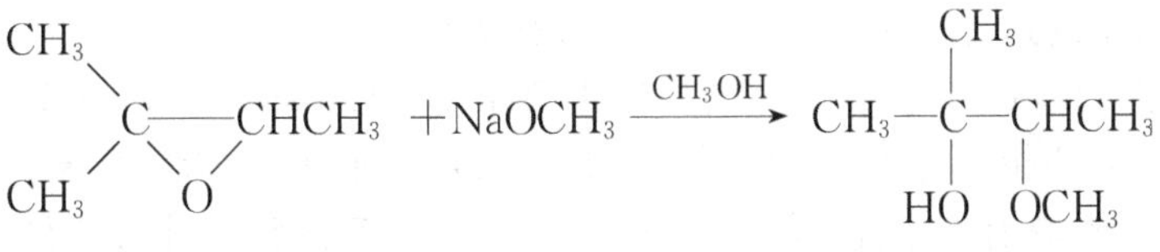

53%

7.9.4　冠醚

1. 结构、命名

冠醚(corwn ether)是分子中含有"—OCH_2CH_2—"这一重复单元的大环多元醚类化合物，具有特殊配合性能，由于其形状像西方的王冠，所以称为冠醚。

冠醚的系统命名较复杂，一般用简单方法命名。在“冠”字前后分别标出成环总原子数(X)和环中氧原子数(Y)，称为 X-冠-Y。某些冠醚分子中含有并联的环己基或苯基，命名时须在前面加上并联基团的名称。例如：

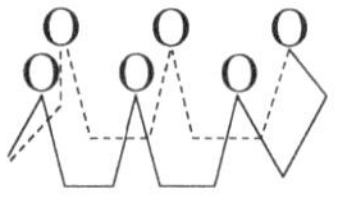
18-冠-6

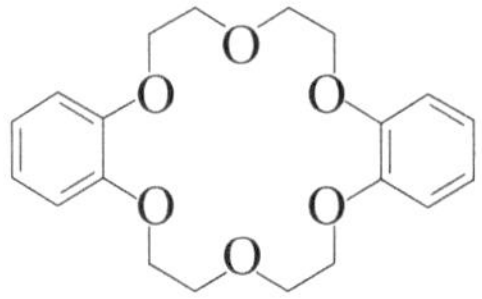
二苯并-18-冠-6

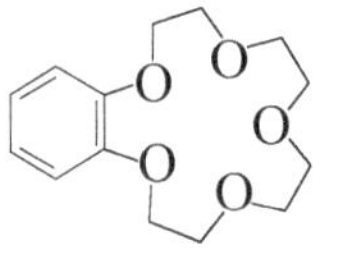
苯并-15-冠-5

2. 制备方法

冠醚主要用威廉森法合成制备。例如，二苯并-18-冠-6 由如下方法制备：

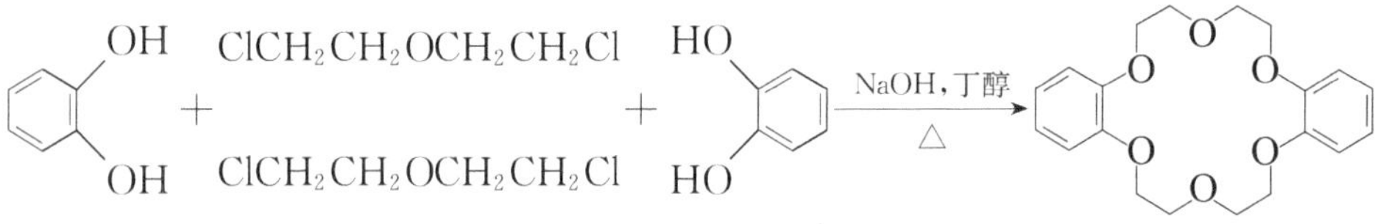

3. 用途

(1) 选择性配合金属离子。在冠醚的大环结构中有空穴，并且氧原子上含有未共用电子对，可和金属阳离子形成配合离子，各种冠醚的空穴大小不同，只有和空穴大小相当的金属阳离子才能进入空穴。例如，18-冠-6(空穴直径为 0.26～0.32nm)和 K^+ 的直径(0.266 nm)相当，所以可与 KX 形成配合物。

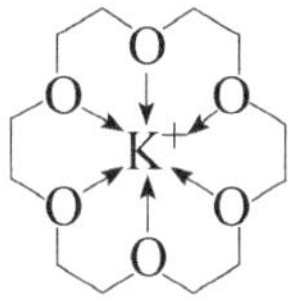
X^- (X^-=OH^-,CN^-,MnO_4^-,I^-,F^- 等)

利用冠醚的这种性质可用来分离金属阳离子。

(2) 作为相转移催化剂。相转移催化剂(phase-transfer catalyst，PTC)是指能使互不相溶的两相中的物质发生反应或加速反应的催化剂，冠醚分子内氧原子可与水形成氢键，具有亲水性，其外围是 CH_2 结构，具有亲油性，因此冠醚可将水相中的试剂包在环内，并带入有机相，加速该试剂与有机物之间的反应。卤代物与氰化钾水溶液不相溶，加入 18-冠-6 后，冠醚先进入水相，与 K^+ 配合，形成如下结构：

CN^-

(K⁺)CN⁻进入有机相，与有机相中的卤代物反应：

$$RX + (K^{+})CN^{-} \xrightarrow{\text{有机相}} RCN + (K^{+})X^{-}$$

相转移也可在固-液相之间进行，现已广泛应用于一些亲核取代反应和氧化还原反应中。例如：

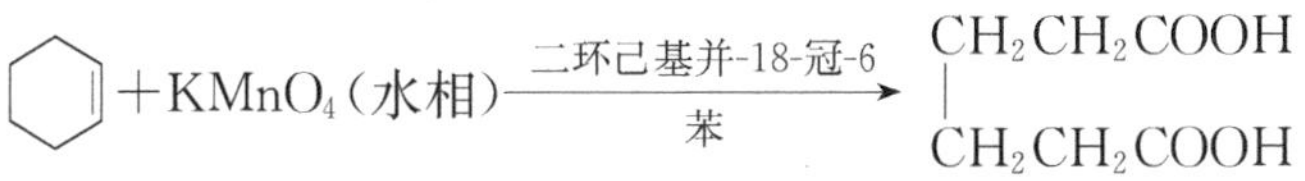

高锰酸钾与环己烯在两相中，冠醚加入后，进入水相配合 K^+，使 MnO_4^- 随其一起转移到有机相，和环己烯快速反应。

相转移催化反应与传统方法相比具有反应速率快、操作方便、产率高等优点。例如：

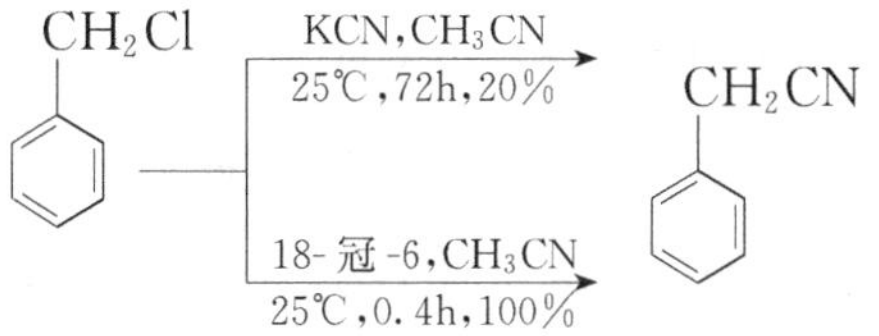

7.10 硫醇和硫醚

醇和醚分子中的氧原子被硫原子所取代的产物分别称为硫醇和硫醚，硫醇的官能团(—SH)称为氢硫基或称为巯基(thiol group)。硫醇和硫醚的命名与醇和醚类似，在醇或醚前加"硫"字即可。例如：

$CH_3CH_2CH_2SH$	$CH_3CH(CH_3)CH_2CH_2SH$	$CH_2{=}CHCH_2SH$
正丙硫醇	3-甲基-1-丁硫醇	烯丙硫醇
$CH_3—S—CH_3$	$CH_3—S—C_2H_5$	$CH_3CH_2—S—CH(CH_3)—CH_3$
甲硫醚	甲乙硫醚	乙基异丙基硫醚

7.10.1 硫醇和硫醚的制法

硫醇广泛存在于原油和石油产品中，溴代烷或碘代烷与硫化氢钾作用(或醇的蒸气与硫化氢混和后在400℃的条件下通过氧化钍)制取硫醇。

$$CH_3CH_2X + KSH \xrightarrow{\triangle} CH_3CH_2SH + KX$$

$$CH_3CH_2—OH + H—SH \xrightarrow[400℃]{ThO_2} CH_3CH_2SH + H_2O$$

实验室常用硫脲和卤代烷反应制取。

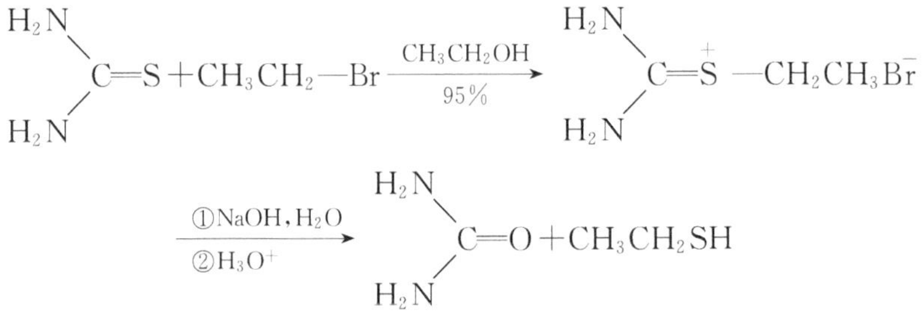

硫醚的制备和醚相似，均硫醚可用硫化钾与卤代烷或烷基硫酸酯制取。混硫醚可用硫醇钠与卤代烷在极性溶剂中制得。

$$2CH_3I + K_2S \xrightarrow{\triangle} CH_3SCH_3 + 2KI$$

$$2(CH_3)_2SO_4 + K_2S \xrightarrow{\triangle} CH_3SCH_3 + 2CH_3OSO_2OK$$

$$CH_3CH_2SNa + (CH_3)_2CHCH_2Br \xrightarrow{H_2O} (CH_3)_2CHCH_2SCH_2CH_3 + NaBr$$

7.10.2　硫醇和硫醚的性质

1. 硫醇的性质

低级硫醇是一类特别臭且有毒的无色液体，空气中若含有 $1\times10^{-8}g\cdot L^{-1}$ 的乙硫醇，可感觉到它的臭味，相对分子质量较大的硫醇臭味较淡，高级硫醇（大于 C_9）已没有不愉快的臭味。加少量的低级硫醇于没有气味而有毒的煤气中，可用作煤气泄漏提示剂。硫醇分子之间及其与水分子之间都可以形成氢键，但由于硫原子的电负性小于氧原子，硫醇形成氢键能力比醇弱，所以其在水中的溶解度以及沸点均低于相应的醇，但沸点比相应的醚高，甲硫醇和甲醇的沸点分别是 6℃ 和 65℃；乙醇可与水混溶，而乙硫醇在 100g 水中溶解度只有 1.5g。

(1) 硫醇的酸性。硫醇具有明显的酸性，它们的酸性比相应的醇、酚强，比碳酸弱。能溶于氢氧化钠的乙醇溶液生成较稳定的盐。通入二氧化碳又重新变成硫醇。例如：

$$CH_3CH_2SH + NaOH \longrightarrow \underset{\text{乙硫醇钠}}{CH_3CH_2SNa} + H_2O$$

$$CH_3CH_2SNa + CO_2 \longrightarrow RSH + NaHCO_3$$

利用此性质可从石油馏分或其他物质中除去硫醇，以及进行硫醇的鉴别。苯硫酚的酸性比碳酸强，可溶于碳酸氢钠溶液生成苯硫酚钠。例如：

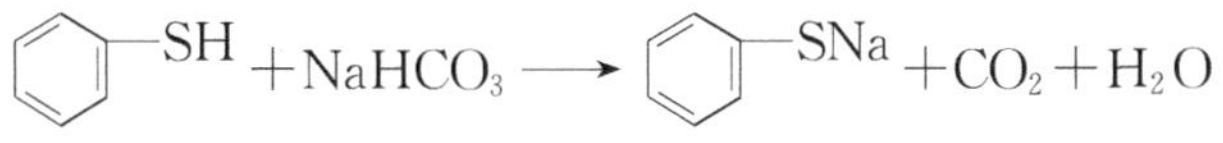

苯硫酚钠

硫醇还能与砷、汞、铅、铜等重金属离子形成难溶于水的硫醇盐。汞盐的生成是硫醇最显著的性质。例如：

$$2C_2H_5SH+(CH_3COO)_2Pb \longrightarrow (C_2H_5S)_2Pb\downarrow +2CH_3COOH$$

黄色

$$2C_2H_5SH+(CH_3COO)_2Hg \longrightarrow (C_2H_5S)_2Hg\downarrow +2CH_3COOH$$

白色

此性质可用来鉴定硫醇，医学上曾用 2,3-二巯基丙醇作为砷、汞等重金属的解毒剂。例如：

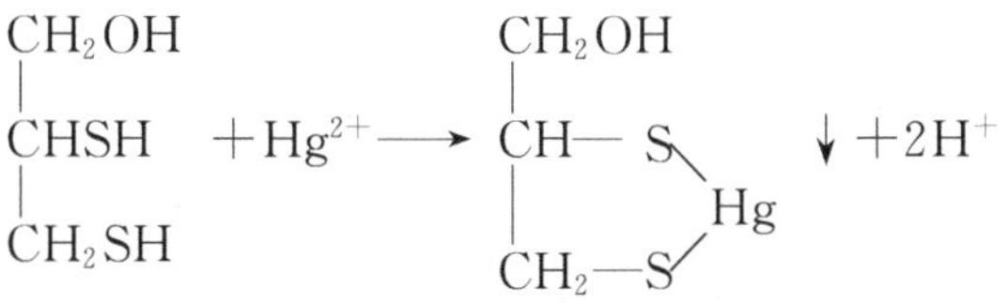

(2) 硫醇的氧化。硫醇容易被弱氧化剂或卤素等氧化成二硫化物。二硫化物在温和还原剂作用下，可还原为硫醇。

$$2\,CH_3CH_2SH+2\,NaOH+I_2 \longrightarrow CH_3CH_2{-}S{-}S{-}CH_2CH_3+2NaI+2H_2O$$

$$\xrightarrow{NaHSO_3} CH_3CH_2SH$$

石油产品中含有硫醇会腐蚀设备，并使油品有臭味，将硫醇氧化成二硫化物以达到减少腐蚀和脱臭的目的。硫醇与碘的的反应可用于定量测定硫醇。

强氧化剂(浓 HNO_3、$KMnO_4$ 等)可把硫醇氧化为烷基磺酸。例如：

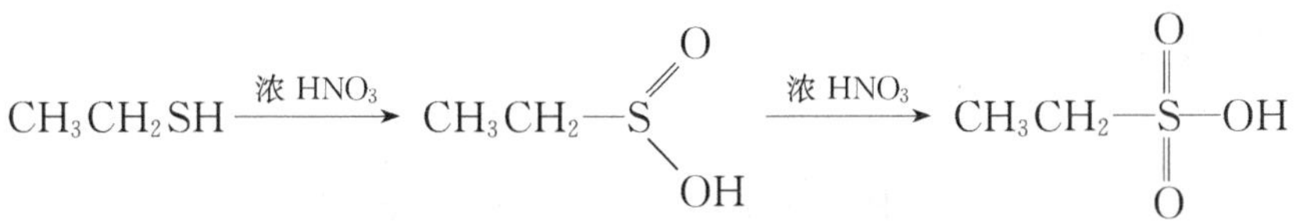

乙基亚磺酸　　　　乙基磺酸

(3) 酯化反应。硫醇可与羧酸脱水成硫酯。例如：

$$CH_3CH_2SH+CH_3COOH \rightleftharpoons CH_3\overset{\overset{\displaystyle O}{\|}}{C}{-}SCH_2CH_3+H_2O$$

(4) 加成反应。硫醇在碱的催化下，可与直接连有吸电子基团的碳碳双键进行亲核加成反应。例如：

$$(CH_3)_3CSH + CH_2{=}CH{-}CN \xrightarrow{CH_3ONa} (CH_3)_3CS{-}CH_2\bar{C}HCN$$

$$\xrightarrow[95\%]{CH_3OH} (CH_3)_3CSCH_2CH_2CN$$

(5) 分解反应。工业上利用硫醇的氢解和热解反应进行脱硫。例如：

$$RSH \xrightarrow[CoMnO_4,\ 340 \sim 400℃]{\text{氢解}} RH + H_2S$$

$$RSH \xrightarrow[150 \sim 250℃]{\text{热解}} \text{烯烃} + H_2S$$

2. 硫醚的性质

硫醚是无色液体或固体，臭味小于硫醇，不能与水形成氢键，不溶于水，溶于某些有机溶剂。沸点高于相应的醚。

1) 亲核性和弱碱性

硫醚与醚相似，可与强酸形成锍盐(sulfonium salt)。

$$R_2S + H_2SO_4 \rightleftharpoons R_2\overset{+}{S}H\overset{-}{S}O_4H$$

硫醚比醚亲核性强，在室温下即能与卤代烃发生亲核取代反应生成锍盐。锍盐比较稳定，具有一般盐类的性质，易溶于水。

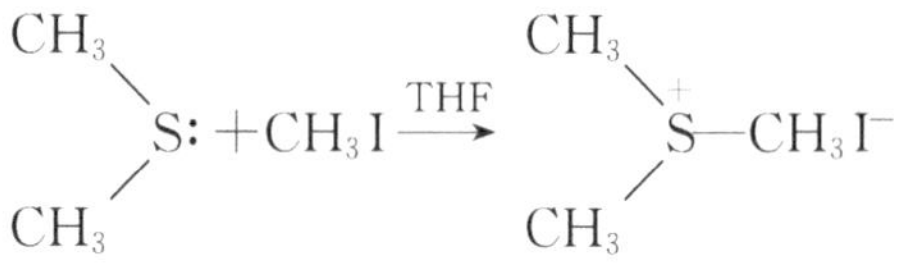

2) 氧化反应

硫醚先被氧化成亚砜(sulfoxide)，亚砜可继续氧化生成砜(sulfone)。氧化产物主要取决于硫醚的构造、氧化剂的性质和氧化条件。在室温用硝酸、三氧化铬、过氧化氢氧化，即生成亚砜。在强烈氧化条件下和较高温度下用发烟硝酸或高锰酸钾，即生成砜。

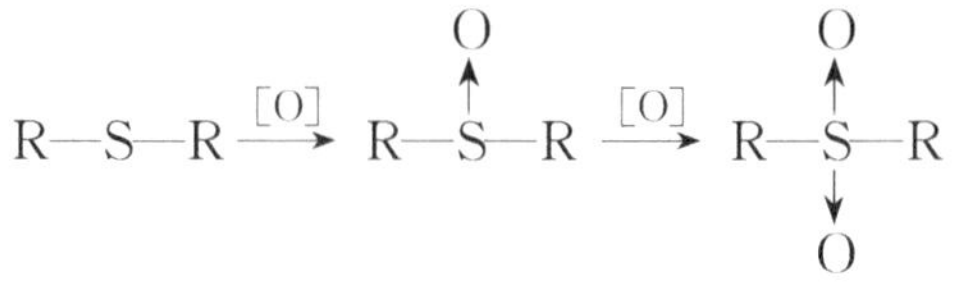

亚砜　　　　砜

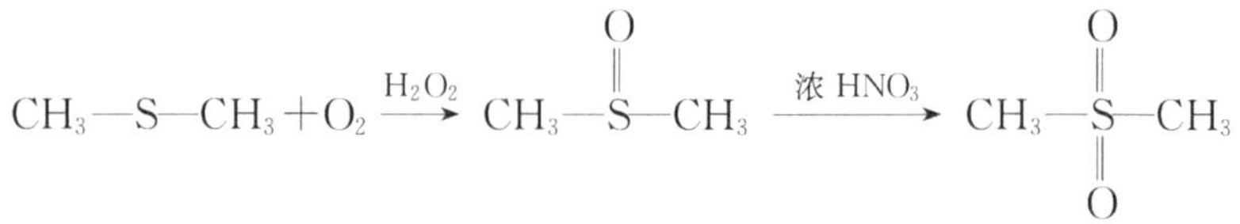

二甲亚砜　　　　二甲砜

工业上应用较多的砜和亚砜有二甲亚砜(dimethyl sulfoxide)和环丁砜(tetramethylene sulfone, 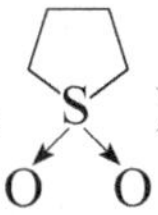)。二甲亚砜多用作有机溶剂。例如,从石油馏分中萃取芳烃,从高温裂解气中萃取乙炔。环丁砜除可用作液-气萃取的选择性溶剂外,还用于合成氨工艺中脱除原料气中的硫化氢、二氧化碳以及有机硫化物。

【阅读材料】

冠醚在手性分离中的应用

冠醚是具有大小空腔的大环醚类化合物,这类物质能作为主体分子(host molecule),与客体分子(guest molecule)、离子形成具有一定稳定性的主客体配合物。正是基于冠醚的这种配合作用而在手性分离(chiral separation)中使其作为色谱(chromatography)固定相(stationary phase)或流动相(mobile phase)。

对映体(又称异构体,旋光异构体)的存在是自然界的一种普遍现象,在有机化学、生物化学、药物化学等领域尤为突出。随着生命科学和药物化学的发展,对于光学纯的物质的需要越来越大,因此对映体的分离已引起了人们的普遍观注;另外在测定不对称合成中对映体的过剩量(ee值),了解手性催化剂的选择性,研究反应机理等有相当的作用。分离对映体的方法很多,主要可分为两大类:一类称为非色谱法,另一类为色谱法。一般来说,无论用哪种方法分离,其基本原理大多是把对映体的混合物转换成非对映异构体,然后利用它们在化学或物理化学性质上的差异使之分开。常用的非色谱法主要是结晶,也包括微生物或酶的消化,但是这些方法耗时较长,过程繁杂而且不易得到较纯的对映体,因此色谱已成为对映体分离中的一个重要工具。为了使对映体物质转化为化学或物理化学性质不同的非对映体,多提供一个手性源,使欲分离的对映体(样品)、手性作用物(如固定相)和手性源之间形成一个非对映异构分子配合物,因此手性固定相是色谱法分离手性化合物的关键。手性聚合物(CSP)的制备主要通过三种途径:①在手性条件下不对称聚合,如采用手性催化剂;②采用手性单体;③手性分子"压印"(imprinting)技术,即在聚合过程中加入一个适当的模板,留下一个"形状选择性"(shape Selectivity)空穴,形成适应于空穴立体选择的聚合物。该技术源于手性空穴硅胶制备技术手性单体制备的手性聚合物涂渍或键合到硅胶上形成另一类型CPS,这类聚合物CSP柱容量和柱效高,且可改变流动相改性剂,提高其手性选择性。手性冠醚是大醚环上含有或兼连手性中心的冠醚,由于手性中心的引入,使其对客体分子具有独特的结构选择性和手性选择性。早在1976年就合成了若干手性的、以联萘基为基础的冠醚,并发现由于18-冠-6衍生物可以作为很好的固定相,又提出了所谓的主客体络合色谱。手性识别主要基于CSP的"空穴"、主-客体络合的氢键作用,冠醚主体一般是取代联萘衍生物,它们可键合在硅胶或聚苯乙烯基质上,主要用来分离胺和氨基酸及其衍生物的对映体,由于手性中心的引入,使其对客体分子具有独特的结构选择性和手性选择性。为了形成这样一种分子配合物,要有一种同时存在的分子之间的作用力,以保持分子的空间定位。这种情况下,至少要有三个作用力,样品分子与手性冠醚分子间的氢键作用力,样品分子的苯环与手性冠环上苯环基团上的Π-Π作用力，以及样品分子与冠醚环上的"手性臂障"的空间排斥作用力是构成手性识别的三个作用力；而且提高手性固定相的热稳定性，除了将手性固定相在色谱内交联外，更可行的方法是在固定相中引入像手性冠醚环这类的高温难消旋的手性单体，以克服交联易引起的消旋。

综上所述，冠醚化合物在手性分离等方面有着广泛的应用。合成和制备各种高分离选择性的冠醚固定相，如高分子冠醚液晶固定相、冠醚-杯芳烃、冠醚-环糊精混合固定相以及聚合冠醚固定相，是今后一个活跃而有生命力的发展方向。

习　题

1. 命名下列化合物。

(1) $CH_3CH{=}C(CH_3)CH_2CH_2OH$

(2) $CH_3CH(OH)CH_2CH_2CH(OH)CH_2CH_3$

(3) $C_6H_5CH(CH_3)CH_2CH(OH)CH_3$

(4) $CH_2OC_2H_5$—$CH_2OC_2H_5$

(5) $CH_3CH_2-O-CH{=}CH_2$

(6) $C_2H_5SC_2H_5$

(7) 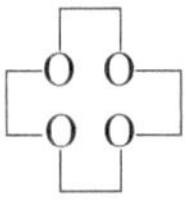

(8) 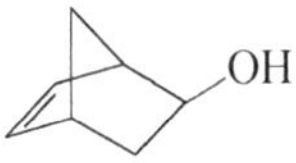

(9) 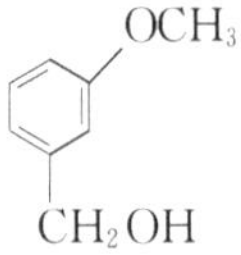

(10) 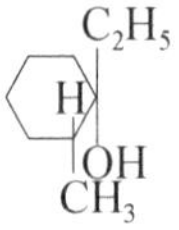

(11) $CH_3-CH(SH)CH_2CH_2(SH)$

(12) 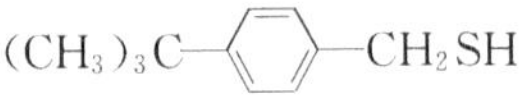

2. 完成下列反应式。

(1) $CH_3C(CH_3)_2-C(CH_3)(OH)-CH_3 \xrightarrow[\triangle]{浓\ H_2SO_4}$ (　　　)

(2) $CH_3CH_2CH_2CH(OH)(CH_2)_3CH_3 \xrightarrow{K_2Cr_2O_7,H_2SO_4}$ (　　　)

(3) 

(4) $(CH_3)_2CHCH_2CH_2CH_2OH \xrightarrow{K_2Cr_2O_7,H_2SO_4}$ (　　　)

(5) 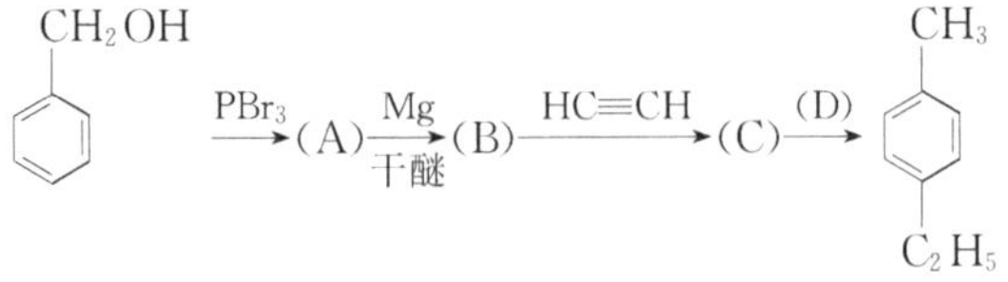

(6) 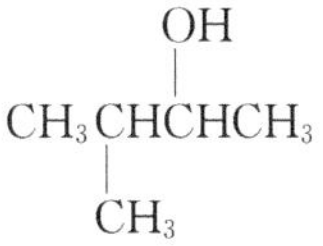 $\xrightarrow[\triangle]{H_2SO_4}$ (　　　　)

(7) 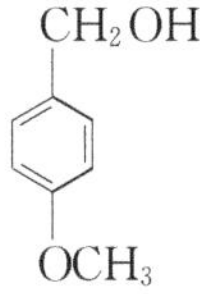 $+HI \xrightarrow{\triangle}$ (　　　　)

(8) $CH_3OCH=CH_2+HI \longrightarrow$ (　　　　)

(9) 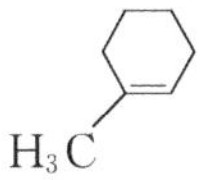 $\xrightarrow[OH^-]{KMnO_4,-5℃}$ (　　　　)

(10) 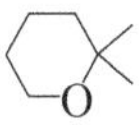 $+HI(1mol) \longrightarrow$ (　　　　)

(11) 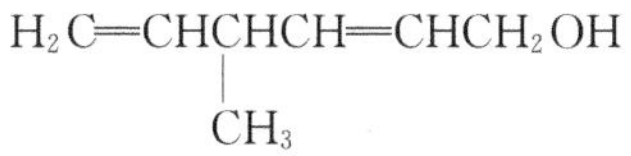 $\xrightarrow[\text{戊烷},25℃]{MnO_2}$ (　　　　)

(12) 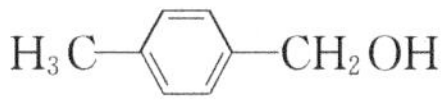 $\xrightarrow[CH_2Cl_2,25℃]{CrO_3,C_5H_5N}$ (　　　　)

(13) 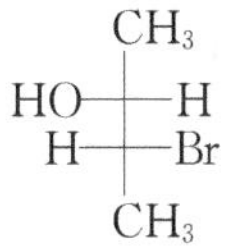 $+HBr \longrightarrow$ (　　　　)

(14) $(CH_3)_3CCH_2OH+HCl \xrightarrow[\triangle]{ZnCl_2}$ (　　　　)

(15) $CH_3CH_2OH \xrightarrow[170℃]{H_2SO_4}$ (C) $\xrightarrow[Ag,\triangle]{O_2}$ (D) $\xrightarrow[H^+]{HOCH_2CH_2OH}$ (　　　　)

(16) 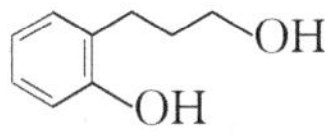 $\xrightarrow{HBr}$ (F) $\xrightarrow[\triangle]{OH^-}$ (G)

(17) $CH_2=CHCH_2Br \xrightarrow[\text{②}HCHO\ (3)H_3O^+]{\text{①}Mg/\text{干醚}}$ (A) $\xrightarrow{Br_2}$ (B) $\xrightarrow[25℃]{KOH}$ (C) $\xrightarrow[\triangle]{KOH}$ (D)

(18) (R)-2-己醇 $\xrightarrow[S_N2]{\text{浓 }HX}$ (　　　　)

(19) (R)-3-甲基-3-己醇 $\xrightarrow{\text{浓 }HX}$ (　　　　)

(20) (　　　　) $\xrightarrow{B_2H_6}$ $\xrightarrow[OH^-]{H_2O_2}$ 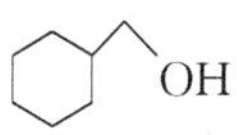

3. 指出下列合成过程的错误。

(1) $(CH_3)_3C-Br+CH_3ONa \longrightarrow (CH_3)_3COCH_3$

(2) 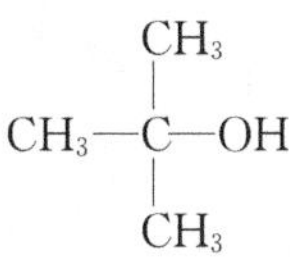 $\xrightarrow{H_2SO_4,150℃}$ 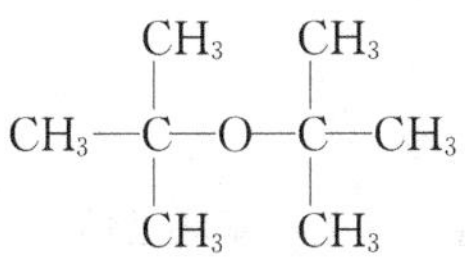

(3) $ClCH_2CH_2OH \xrightarrow{KOH,乙醇} CH_2=CH-OH \xrightarrow{H_2SO_4} CH_2=CHOCH=CH_2$

4. 用简单的化学方法鉴别下列化合物。

(1) A. 己烷　B. 1-丁醇　C. 丁醚　D. 1-溴丁烷

(2) A. 1,2-丁二醇　B. 1,3-丁二醇　C. *n*-辛烷

(3) A. 1,2-丙二醇　B. 异丙醇　C. 2-氯丙醇

(4) A. α-苯乙醇　B. β-苯乙醇

(5) A. 正丙醇　B. 2-甲基-2-丁醇　C. 甘油

5. 简答题。

(1) 将下列化合物按其酸性由大到小排序。

A. CH_3CH_2OH　B. $HC\equiv CH$　C. $CH_3C\equiv CCH_3$　D. H_2O

(2) 将下列化合物按其与钠反应的活性由大到小排序。

A. CH_3OH　B. $(CH_3)_2CHOH$　C. $(CH_3)_3COH$

(3) 将下列化合物按其与卢卡斯试剂反应的难易，由易到难排序。

A. $CH_3CH_2CH_2OH$　B. $CH_3CH_2CH_2C(CH_3)(OH)CH_3$　C. $CH_3CH_2CH(OH)CH_2CH_3$

(4) 按与 HBr 反应的活性顺序排列下列化合物。

A. $C_6H_5CH(OH)C_2H_5$　B. $C_6H_5(CH_2)_3OH$

C. $C_6H_5CH_2CH(OH)CH_3$　D. 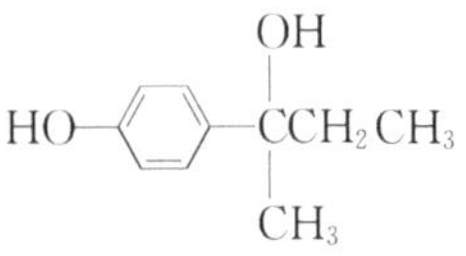

(5) 按下列醇在硫酸存在下脱水活性从大到小排序。

A. 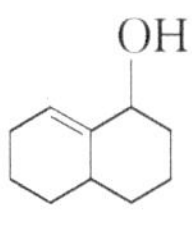　B. 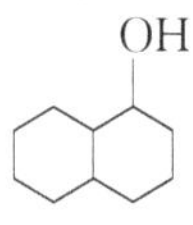　C. 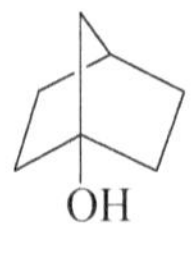

D. 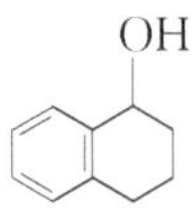　E. 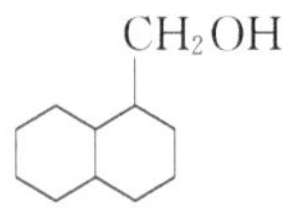

6. 写出下列反应可能的反应机理。

(1) 写出$(CH_3)_3COH+HCl \longrightarrow (CH_3)_3CCl+H_2O$的反应机理；

(2) 当 HBr 水溶液分别和 2-丁烯-1-醇及 3-丁烯-2-醇作用时，都生成相同的产物，请用反应机理加以解释。

7. 完成下列转变。

(1) 由乙烯为原料合成 2-丁醇

(2) 由乙醇和环己醇为原料合成 1-乙基环己烯

(3) 由甲苯合成2-苯基乙醇

(4) 由四个碳以下的简单化合物合成：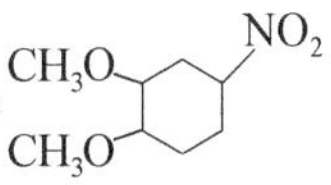

(5) $CH_3CH_2CH_2CH_2OH \longrightarrow CH_3CH_2\underset{\underset{OH}{|}}{C}HCH_3$

(6) $CH_3CH_2CH_2CH_2OH \longrightarrow HC \equiv CCH_2CH_3$

(7) 以 C_4 以下的醇为原料合成异丙基叔丁基醚

8. 某醇 $C_5H_{12}O$ 氧化后生成酮，脱水后生成一种不饱和烃，此烃氧化生成酮和羧酸两种产物的混合物，写出该醇的构造式。

9. 化合物A的相对分子质量为60，含有60%的C，13.3%H。A与氧化剂作用相继得到醛和酸，A与溴化钾和硫酸作用生成B；B和NaOH乙醇溶液作用生成C，C与HBr作用生成D。D含有65.0%Br，水解后生成E，E是A的同分异构体。试写出化合物A～E的构造式并写出相关的反应式。

10. 具有旋光性物质A(C_4H_7Cl)能使溴的四氯化碳溶液褪色，易与NaOH水溶液反应生成化合物B(C_4H_8O)，B也具有旋光活性。写出A和B的结构。

11. 某烃A(C_6H_{10})能使溴水褪色，并能吸收1mol H_2。A用冷、稀高锰酸钾溶液氧化时得B($C_6H_{12}O_2$)，B用浓硫酸加热脱水生成一分子烃C(C_6H_8)，C经臭氧分解还原水解后，得到两个产物 $OHCCH_2CHO$ 和 CH_3OCHO，试推测化合物A～C的构造式并写出相关的反应式。

第8章 酚 和 醌

8.1 酚的结构、分类和命名

8.1.1 酚的结构和分类

酚(Phenol)是羟基直接和芳环碳原子相连的化合物,通常用 Ar—OH 表示。苯酚是酚类中最简单、最重要的酚。苯酚中的羟基氧原子是以两个 sp^2 杂化轨道分别与苯环的一个碳原子的 sp^2 杂化轨道和一个氢原子的 1s 轨道成键,如图 8-1 所示。

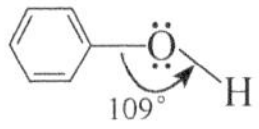

图 8-1 苯酚的结构

按酚类分子中芳环上所连接羟基数目的多少,酚可分为一元酚、二元酚和多元酚。

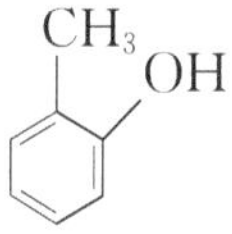

邻甲酚(一元酚)

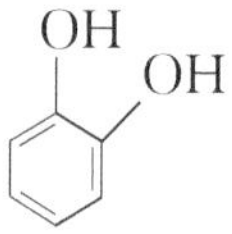

邻苯二酚(二元酚)

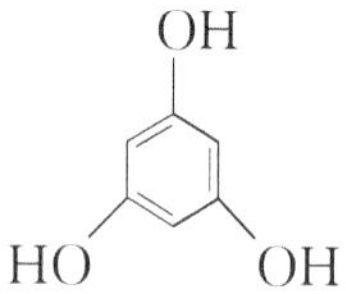

均苯三酚(三元酚)

8.1.2 酚的命名

(1) 俗名。根据酚的存在和来源不同来命名。例如:

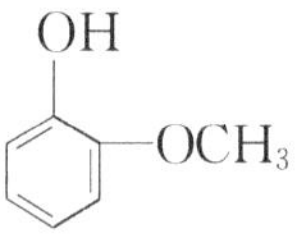

愈创木酚

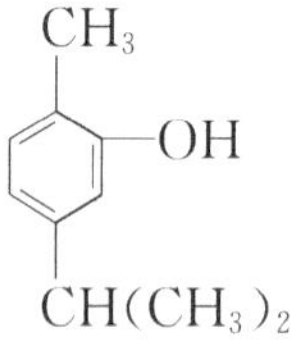

香芹酚

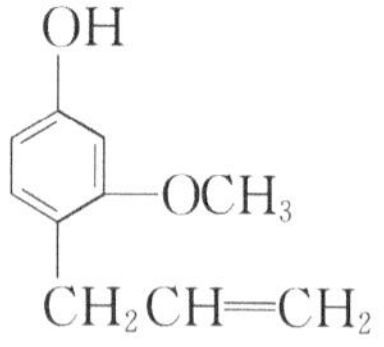

丁香酚

(2) 系统命名。当芳香环上连有多种取代基团时,则按取代基排列次序的先后选择。通常基团的先后排列顺序为:—COOH,—SO_3H,—COOR,—COCl,—$CONH_2$,—CN,—CHO,—CO—,—OH (醇),—OH (酚),—SH,—NH_2,—C≡C,—C═C,—OR,—SR。次序优先者作为母体,其余基团为取代基。取代基的排列顺序按照"次序规则"的规定,较优基团后列出。

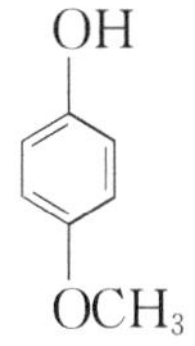

对甲氧基苯酚

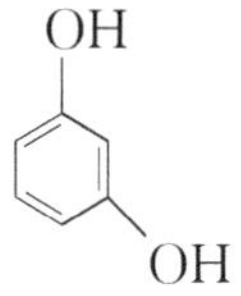

1,3-苯二酚

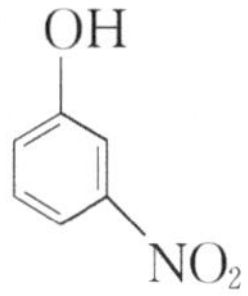

间硝基苯酚

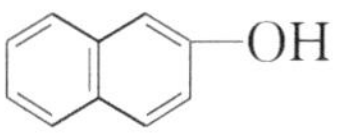

2-萘酚

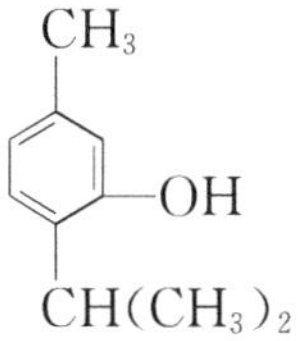

5-甲基-2-异丙基苯酚

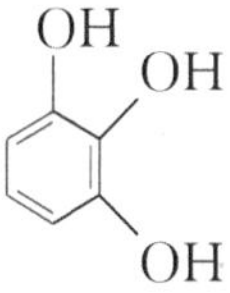

1,2,3-(或连)苯三酚

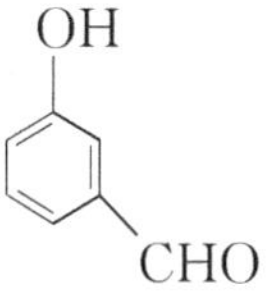

间羟基苯甲醛

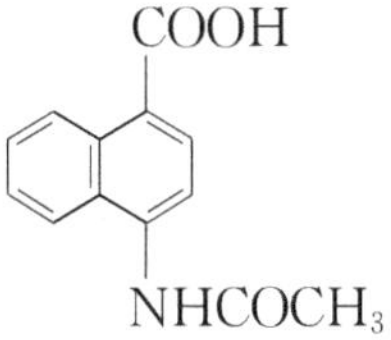

4-乙酰氨基-1-萘甲酸

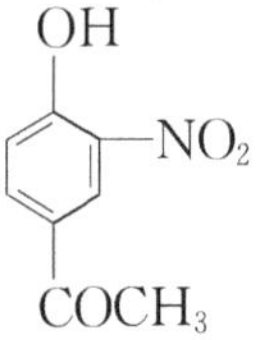

3-硝基-4-羟基苯乙酮

注意:多官能团化合物命名时所规定的官能团的优先顺序与立体化学中的“次序规则”的不同,官能团的优先次序是命名时为了确定母体,而“次序规则”是分子中作为取代基的原子或基团存在两个以上时,规定其在命名时列出的顺序。

8.2 酚的制法

8.2.1 酚的天然来源

酚可从植物的香精油中提取。

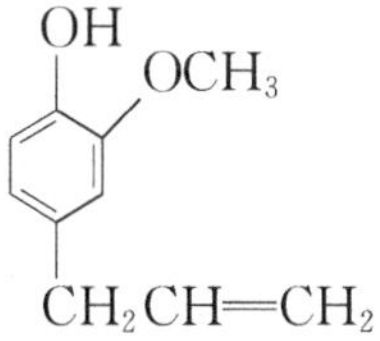

丁香酚

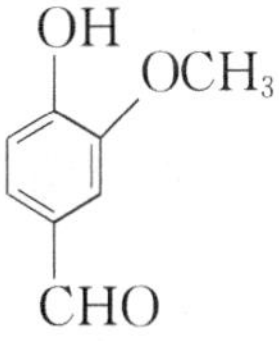

香草醛

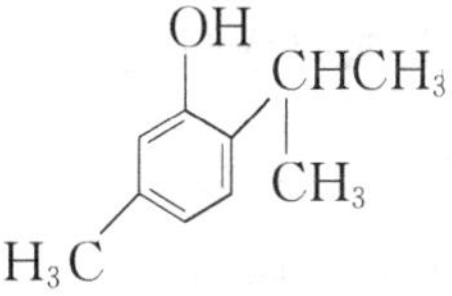

百里酚

酚也可从煤焦油分馏的酚油、萘油馏分中提取苯酚和萘酚等,但产量有限。

8.2.2 工业合成法

1. 异丙苯法

以丙烯和苯为原料,在三氯化铝催化下生成异丙苯,再用空气氧化成过氧化异丙苯。氧化异丙苯在酸催化下分解为苯酚和丙酮。此方法适合大规模连续生产，突出优点是可同时生产两种化工原料——苯酚和丙酮。但不能套用推广制备其他的酚。具体步骤如下：

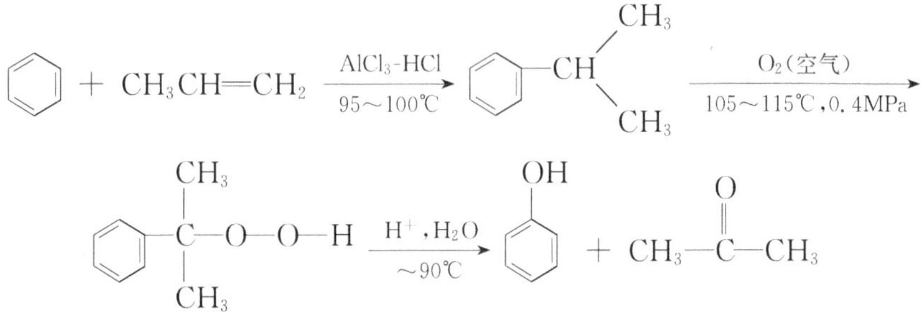

为了减少多异丙苯的生成，在实际生产中采用过量的苯。

2. 磺酸盐碱熔法

芳香族磺酸盐与氢氧化钠共熔，生成酚的钠盐，再以酸处理即得酚。例如：

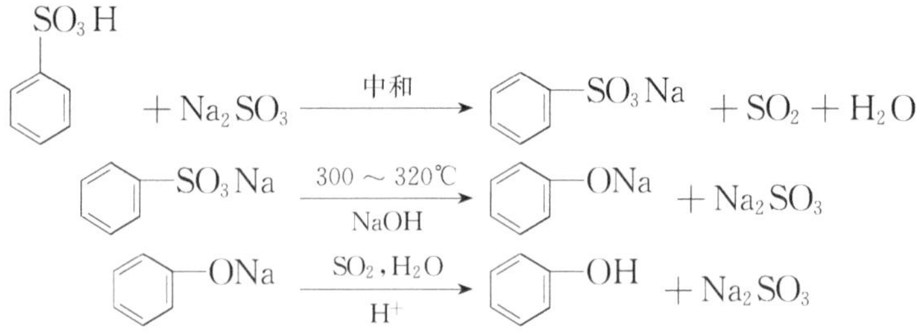

这是最早生产苯酚的方法，腐蚀性大，不能连续化生产，但产率和产品纯度高，适合于小规模生产，且各步反应中的副产物可重复利用。对甲苯酚、间苯二酚、萘酚等也可用此法。

8.2.3 卤代芳烃水解法

卤代芳烃的卤原子很不活泼，一般需在高温、高压和催化剂的存在下与稀碱作用才能反应生成酚。

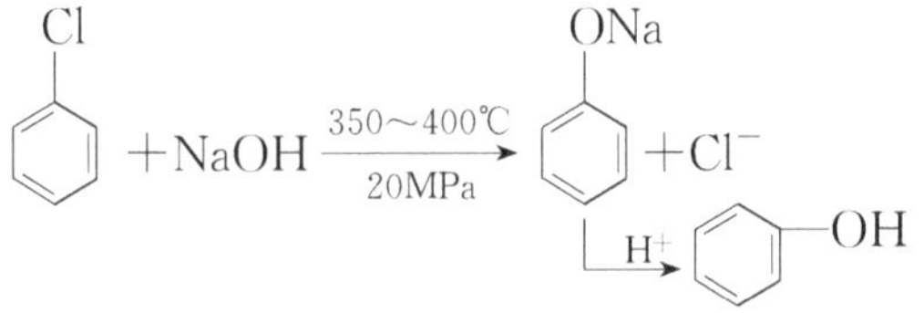

若在芳环的邻、对位上有一个或一个以上的强吸电子基团(如硝基)，卤素原子变得活泼，反应很容易进行。例如：

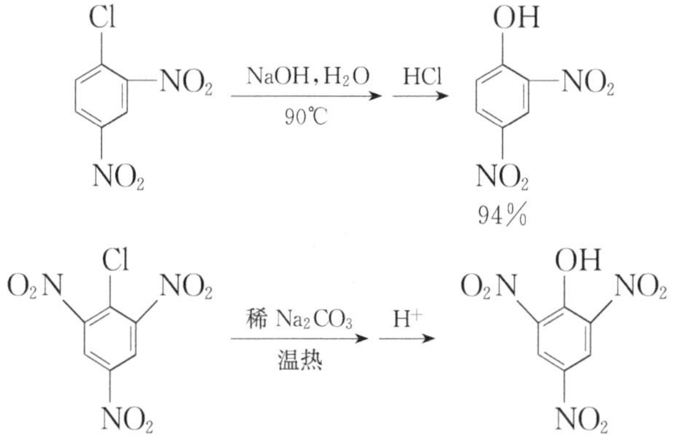

上述反应中，卤代芳烃在芳环上发生的亲核取代反应活性主要取决于卤素的电负性强弱和吸电子基团的位置与数量。氯代芳烃活性最高，碘代芳烃活性最低，与脂肪族卤代烃亲核取代反应活性顺序相反，因为在卤代芳烃中反应机理不同。卤代芳烃在芳环上发生的亲核取代反应是加成-消除机理，分两步进行。

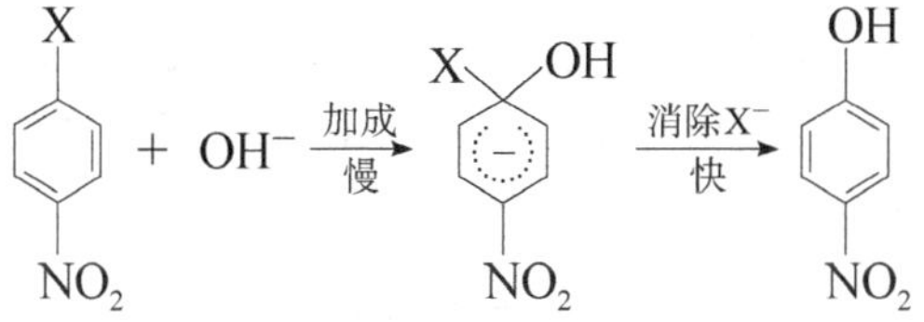

σ配合物

第一步是决定反应速率的步骤，亲核试剂进攻苯环，生成碳负离子中间体 σ 配合物。

与卤原子相连的碳原子的电子云密度越低，对亲核试剂的进攻越有利。同时卤素的电负性越强、苯环上吸电子基团越多，对中间体负电荷的分散越有利，可提高中间体的稳定性，加快反应速率。

第二步是中间体离去一个卤素离子恢复苯环的共轭稳定结构。反应速率较快，C—X 键断裂的难易对整个反应速率的影响不大。

8.2.4 重氮盐水解法

芳香族伯胺化合物经重氮化，再水解便可得到酚，是实验室制取苯酚的主要方法。例如：

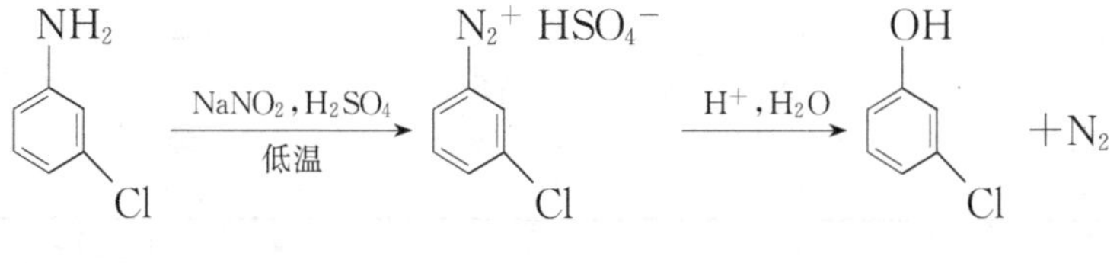

8.3　酚的物理性质

由于酚分子中含有羟基，酚分子之间或酚与水分子之间，可发生氢键缔合，沸点、熔点比相应的烃都高。常温下，除少数烷基酚为高沸点液体外，绝大多数酚为结晶固体，具有特殊气味，苯酚及其同系物在水中有一定的溶解度，羟基越多，酚在水中的溶解度也越大。酚能溶于乙醇、乙醚等有机溶剂 。

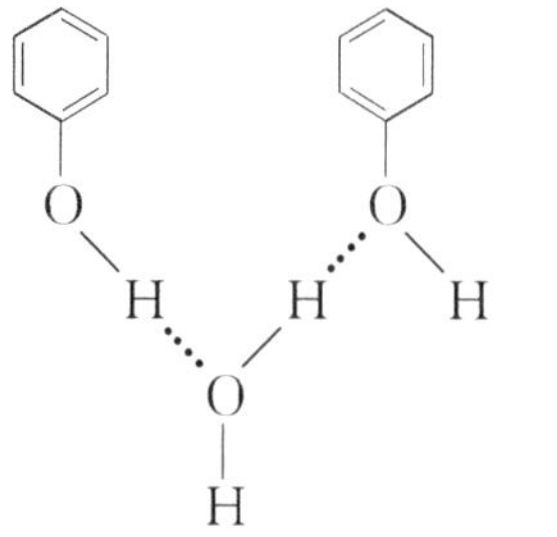

酚与水分子之间形成的氢键

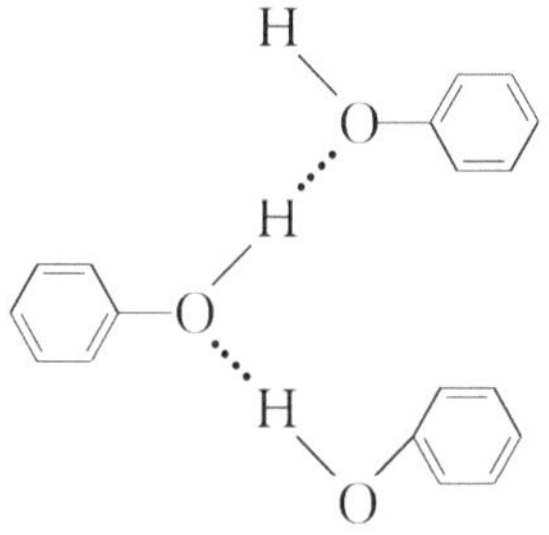

酚与酚分子之间形成的氢键

纯净的酚无色，但酚可被空气氧化而产生有色杂质，所以酚一般常带有不同程度的黄色或红色。酚有腐蚀性且毒性很大，杀菌和防腐作用是酚类化合物的重要特性之一，常见酚的物理性质如表 8-1 所示。

表 8-1　一些酚的物理常数

名　称	熔点/℃	沸点/℃	溶解度/[g·(100g)$^{-1}$水]	pK_a
苯酚	43	181	9.3	9.98
邻甲苯酚	30	191	2.5	10.28
间甲苯酚	11	201	2.6	10.08
对甲苯酚	35.5	202	2.3	10.14
邻苯二酚	105	245	45.1	9.48
间苯二酚	110	281	111	9.44
对苯二酚	170	286	8	9.96
邻氯苯酚	8	176	2.8	8.48
间氯苯酚	33	214	2.6	9.02
对氯苯酚	43	220	2.7	9.38
邻硝基苯酚	45	217	0.2	7.23
间硝基苯酚	96	分解	1.4	8.40
对硝基苯酚	114	分解	1.7	7.15
1,2,3-苯三酚	133	309	62	7.0
1,2,4-苯三酚	140	—	易	—
1,3,5-苯三酚	218	升华	1	—
α-萘酚	94	279	难	9.31
β-萘酚	123	286	0.1	9.55

8.4 酚的化学性质

酚羟基中的氧原子上未共用电子对与苯环的大 π 键发生 p-π 共轭，与羟基相连的碳上电子云密度增大，不利于亲核试剂的进攻，所以酚不易进行亲核取代反应。但是由于共轭体系的存在，羟基氧上未共用电子对向苯环转移，使酚的苯环上亲电取代反应比苯容易。同时羟基中氢氧键之间的结合减弱，使氢容易以 H^+ 形式离解而显弱酸性。酚的亲核性比醇弱。

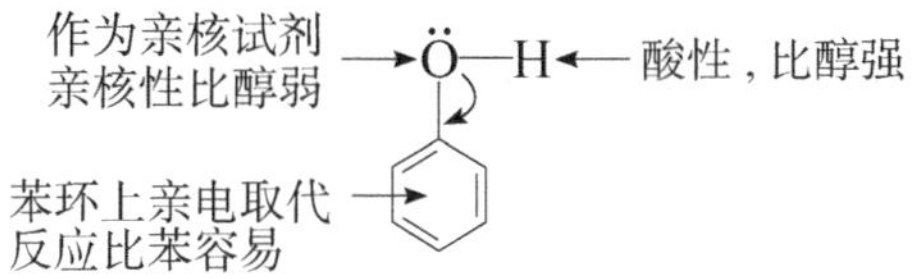

8.4.1 酚羟基的反应

1. 酸性

苯酚和氢氧化钠的水溶液作用，生成可溶于水的酚钠。通常酚的酸性比碳酸弱，如苯酚的 pK_a 约为 10，碳酸的 pK_a 为 6.38。利用酚的这一性质可进行分离提纯：

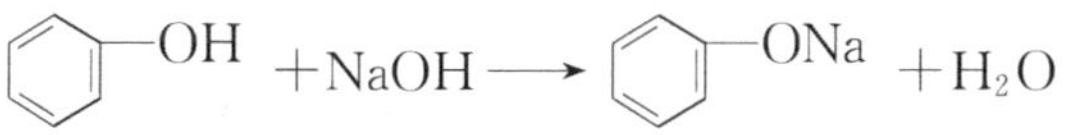

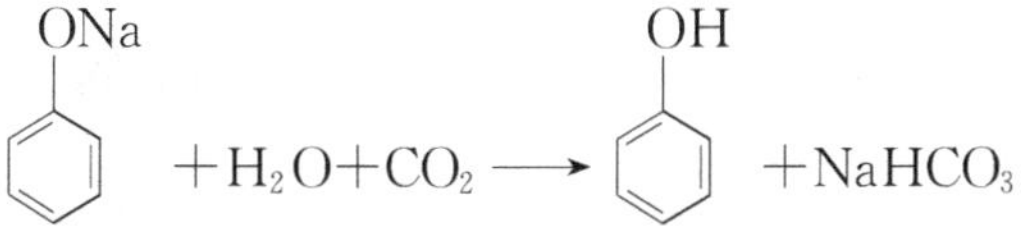

苯环上连有吸电子基时，ArO^- 的稳定性增强，使酚的酸性增强；连有给电子基时，可使酚酸性减弱。硝基对酚羟基的影响与两者的相对位置有关，当硝基在羟基的邻或对位时，生成的硝基苯氧负离子更稳定，酸性比间硝基苯酚强。

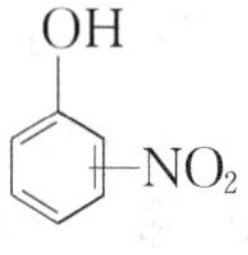

NO_2 的位置	*m*-	*o*-	*p*-
pK_a	8.36	7.21	7.16

2. 酚醚的生成

p-π 共轭体系的存在，使酚中的 C—O 键难以断裂，酚醚不能由酚羟基间直接失水制备，须用间接的方法，如由酚钠作为亲核试剂与卤代烃或硫酸二烷基酯作用可制备酚醚。例如：

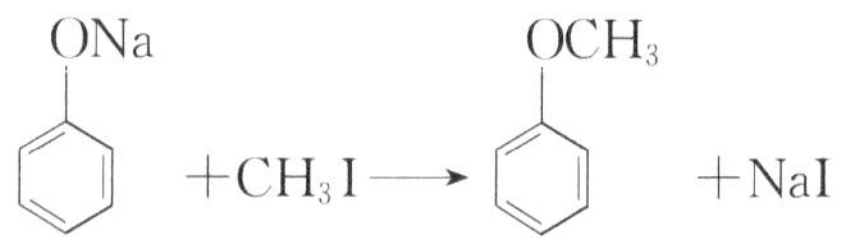

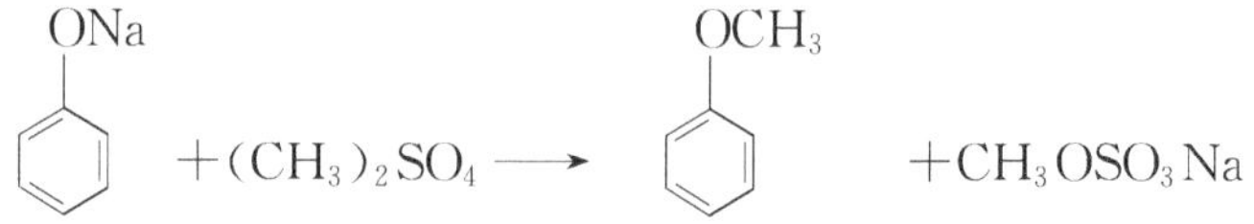

72%～75%

苯甲醚(茴香醚)

由于 ArO^- 是强碱，所用的卤代烃应为伯卤代烃，否则易发生消除反应。

3. 酚酯的生成

酚的亲核性比醇弱，成酯反应比较难，与羧酸或其他无机酸均不能成酯，须和活性较大的酰氯或酸酐才能形成酯。例如：

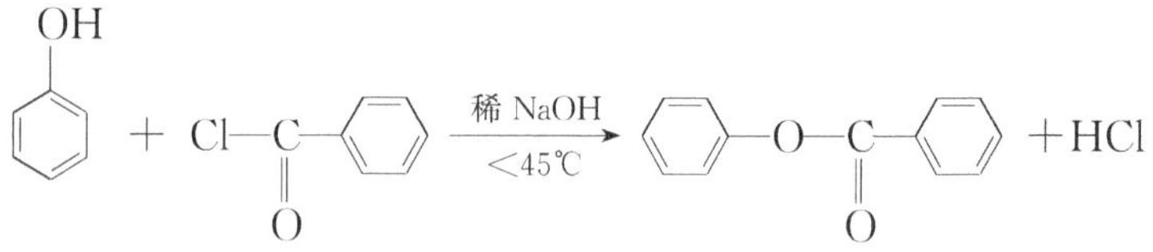

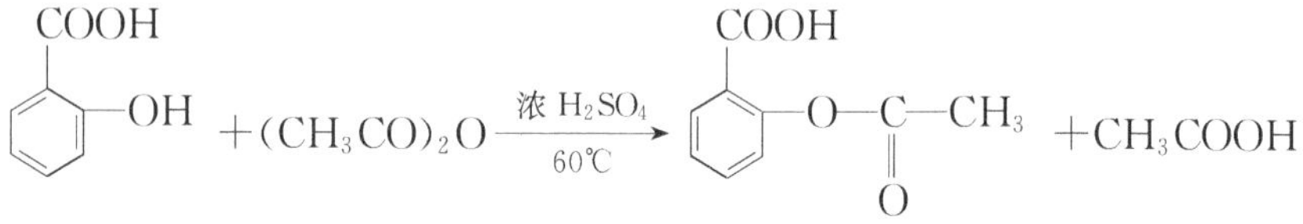

酚酯在 $AlCl_3$ 作用下，酰基可从氧原子转移到苯环的邻位或对位，该反应称为傅瑞斯(Fries)重排。

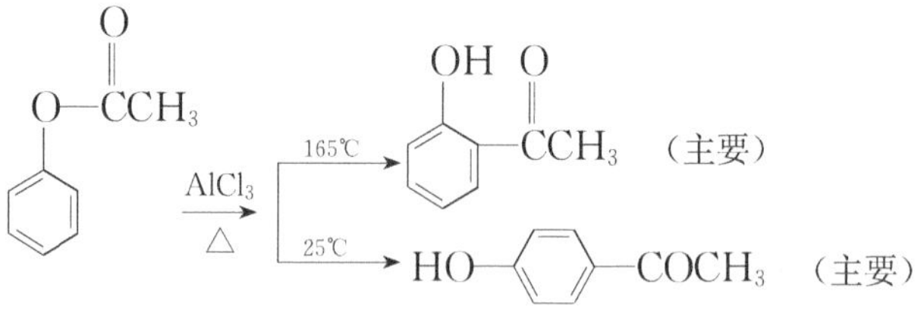

一般在低温下，主要生成对位异构体，较高温度下主要生成邻位异构体。对位异构体可形成分子间氢键，邻位异构体形成分子内氢键，沸点较低。可随水蒸气蒸出，从而对两者加以分离。

8.4.2　与三氯化铁的反应

具有羟基与 sp^2 杂化碳原子相连(烯醇式)结构的化合物大多能与三氯化铁的

水溶液发生显色反应。酚即属于此类物质。

$$6C_6H_5OH + FeCl_3 \longrightarrow H_3[Fe(C_6H_5O)_6] + 3HCl$$

此反应常用来鉴别酚类或烯醇式结构的化合物。但有少数酚不与三氯化铁呈显色反应。所以得到负结果时,不能说明不存在酚,则需要用其他方法加以验证。不同酚与三氯化铁溶液产生的颜色如表8-2所示。

表8-2 不同的酚与三氯化铁的水溶液产生不同的颜色

酚	苯酚	对甲苯酚	间甲苯酚	对苯二酚	邻苯二酚	间苯二酚	连苯三酚	α-萘酚	β-萘酚
显色	蓝紫色	蓝色	蓝紫色	暗绿色结晶	深绿色	蓝紫色	淡棕红色	紫红色沉淀	绿色沉淀

8.4.3 芳环上的反应

1. 卤代反应

酚的苯环上易发生卤代反应。苯酚只要用溴水处理,就立即生成不溶于水的2,4,6-三溴苯酚白色沉淀,反应非常灵敏。极稀的苯酚溶液($10\mu g \cdot g^{-1}$)也能与溴水生成沉淀,此反应常可用作苯酚的定性和定量分析。

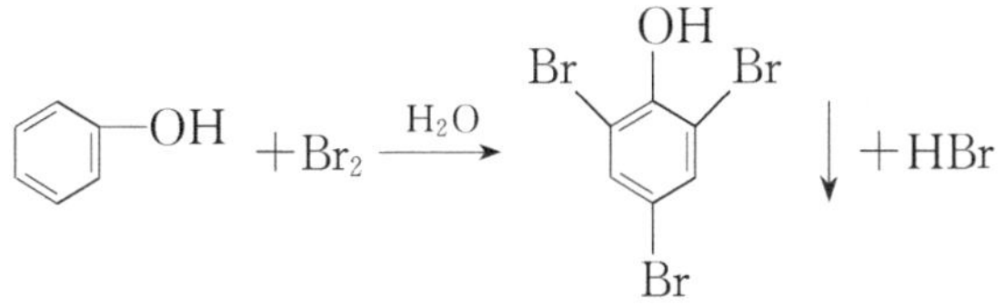

上述反应中,加入HBr,可使溴代反应停留在生成二溴代物的阶段。如果需要制备一溴代苯酚,则反应要在CS_2、CCl_4等非极性溶剂中,低温条件下进行。

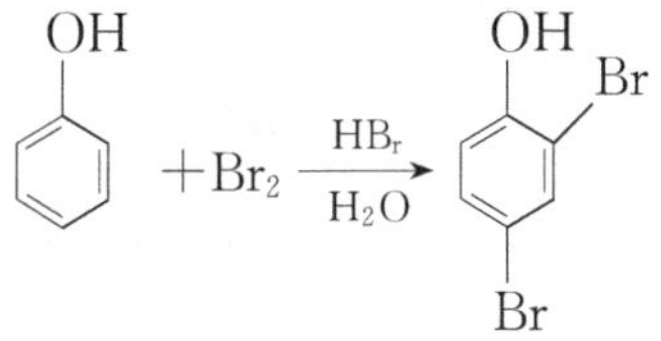

87%

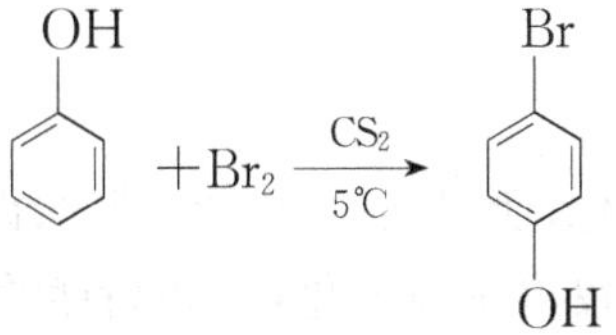

80%~84%

2. 硝化反应

苯酚在常温下用稀硝酸处理就可得到邻硝基苯酚和对硝基苯酚。

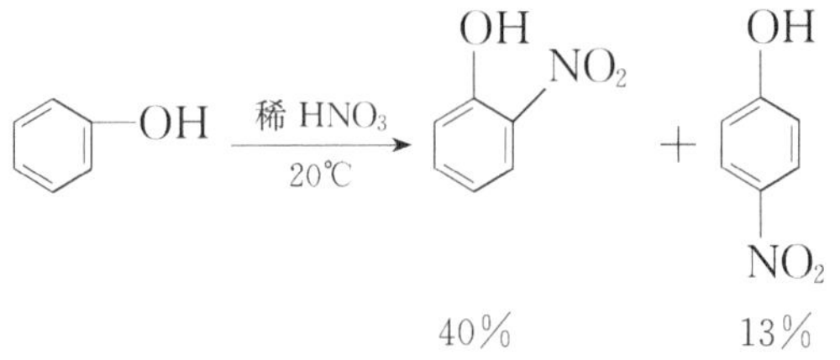

邻硝基苯酚和对硝基苯酚可用水蒸气蒸馏法分开。这是因为邻硝基苯酚通过分子内氢键形成环状化合物，不再与水缔合，也不易生成分子间氢键，故水溶性小、挥发性大，可随水蒸气蒸出；而对硝基苯酚可生成分子间氢键而相互缔合，挥发性小，不随水蒸气蒸出。

苯酚和浓硝酸反应，因氧化作用，制备 2，4，6-三硝基苯酚不宜用浓硝酸直接硝化，而是用先磺化后硝化的方法制得。

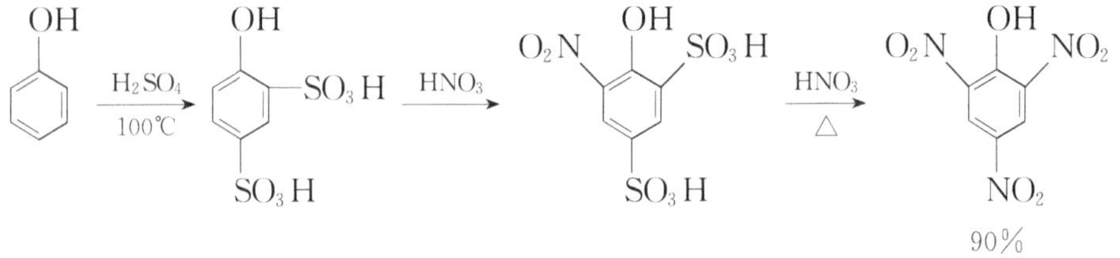

3. 磺化反应

苯酚磺化的产物与温度有关，室温时为动力学控制，主要是邻位产物。100℃时为热力学控制，主要得到对位产物。

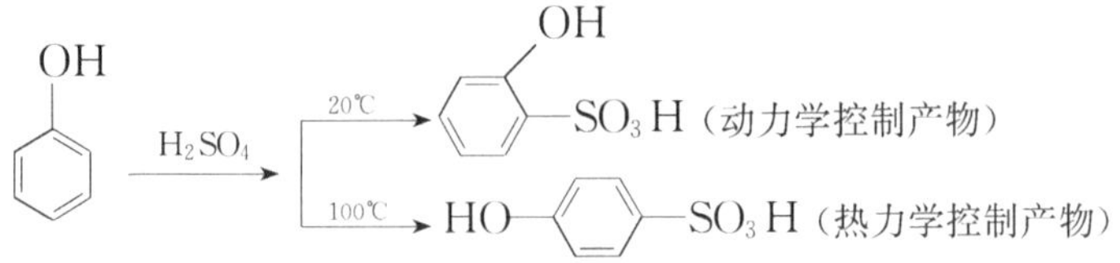

8.4.4 氧化反应

酚类化合物很容易被氧化，所以，进行磺化、硝化、卤化时，必须控制反应条件，尽量避免酚被氧化。酚类不仅可用强氧化剂(如高锰酸钾等)氧化，甚至较长时间与空气接触，也可被空气氧化，使颜色加深，苯酚被氧化成对苯醌。

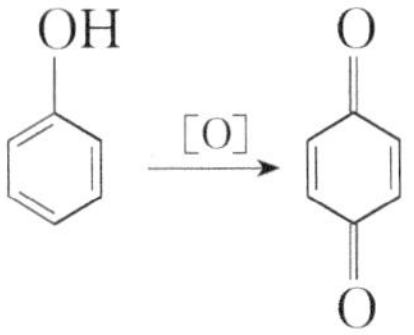

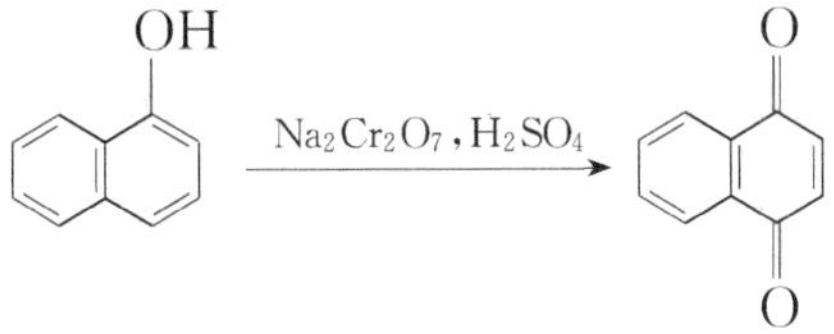

多元酚更易被氧化，例如，邻苯二酚和对苯二酚可被弱的氧化剂（如氧化银、溴化银等）氧化成邻苯醌和对苯醌。

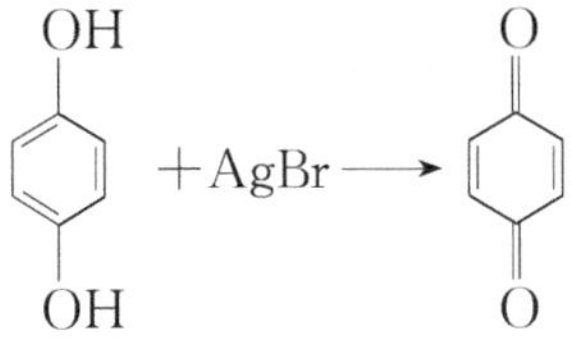

8.4.5　还原反应

苯酚通过催化加氢，被还原生成环己醇。这是工业上制取环己醇的方法之一。

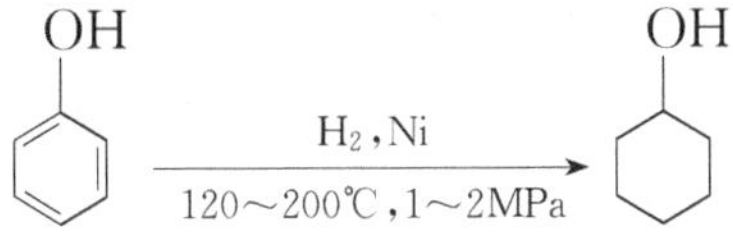

8.4.6　酚的其他反应

1. 与甲醛的缩合反应

酚的邻、对上的氢原子比较活泼，在酸或碱的作用下，易与羰基化合物（醛或酮）发生缩合，其中以苯酚和甲醛制备的酚醛树脂为主，首先在苯酚的邻位或对位上引入羟甲基，所得产物与苄醇相似，能与酚进行烷基化反应。

酸催化下，甲醛被质子化为更强的亲电试剂，易对苯环发生亲电取代反应。

$$CH_2=O+H^+ \rightleftharpoons \overset{+}{C}H_2OH$$

碱催化时，苯酚可生成具有更强亲核性的苯氧负离子。

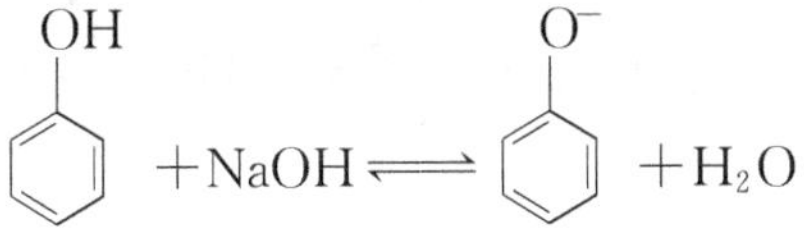

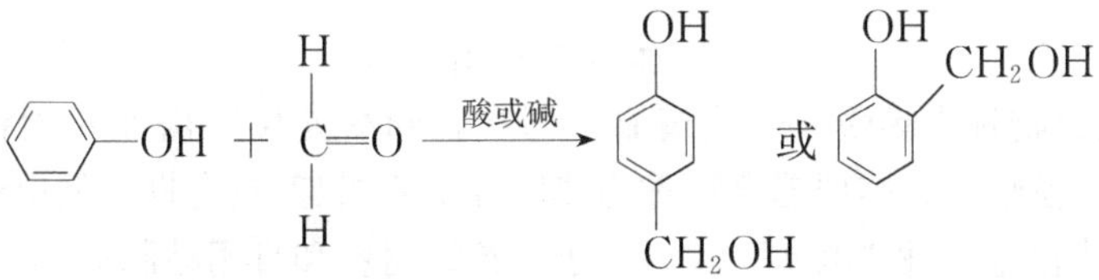

生成的羟基苯甲醇可与苯酚缩合。

当醛过量时,生成含羟甲基较多的酚。

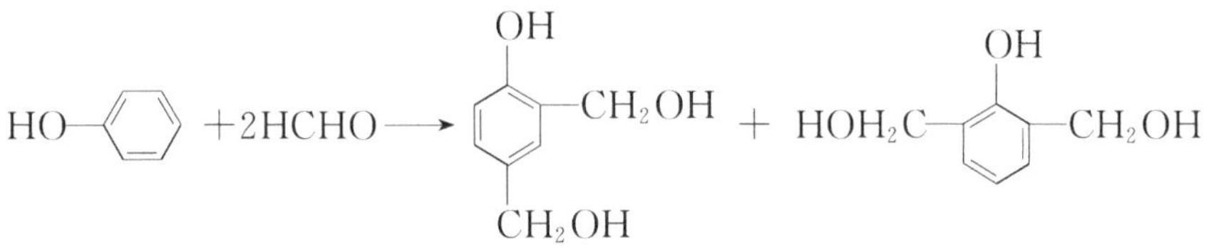

当酚过量时,可生成不含羟甲基的 4,4′-二羟基二苯甲烷和 2,2′-二羟基二苯甲烷。

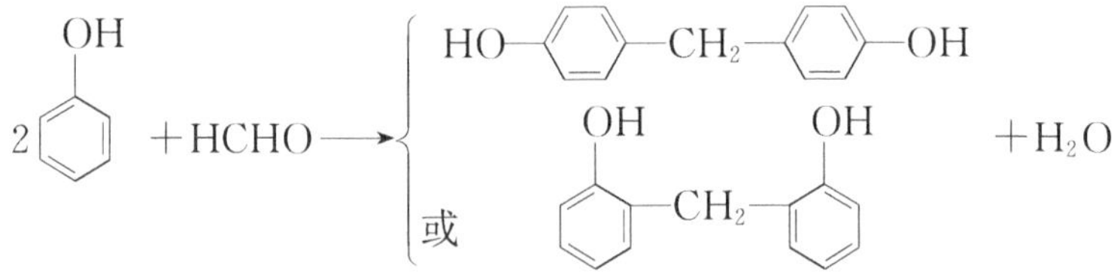

这些中间体相互缩合并与甲醛、苯酚继续反应,可得到线型或体型的树脂状的高分子缩聚物——酚醛树脂(phenol formaldehyde resin)。

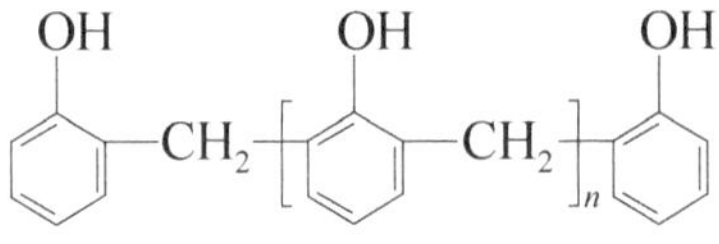

(线型酚醛树脂)

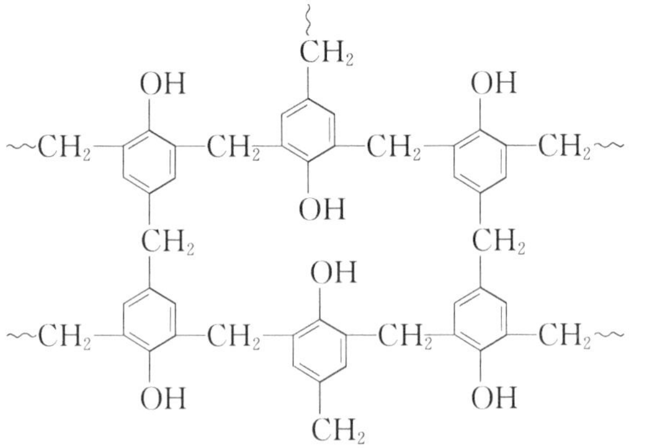

(体型酚醛树脂)

线型缩合物称为热塑性酚醛树脂,受热可熔化,使用时需加入固化剂使其固化,主要用作模塑粉。体型缩合物称为热固性酚醛树脂,具有良好的电绝缘性和耐酸性,耐碱性较差,俗称"电木",主要用于电绝缘材料和日用品制造。

2. 与丙酮的缩合反应

苯酚与丙酮在酸的催化作用下，两分子苯酚可在羟基的对位与丙酮缩合，生成2,2-二对羟苯基丙烷，俗称双酚A。

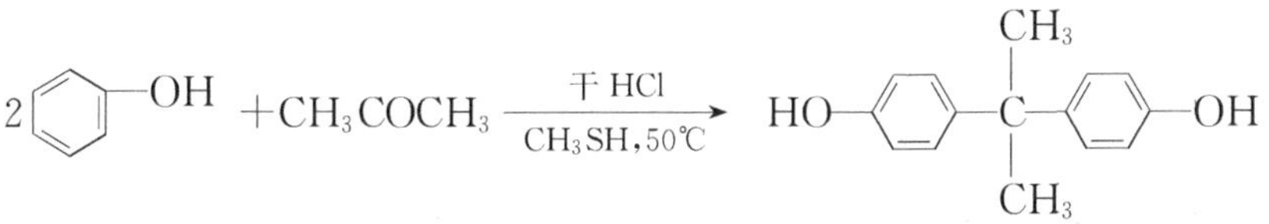

双酚A是制造环氧树脂、聚碳酸酯、聚砜和阻燃剂等的重要原料。

8.5 醌的结构和命名

在分子中包含有 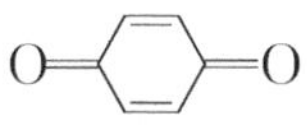 或 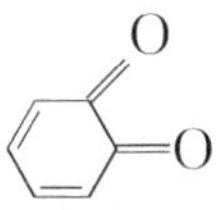 结构的共轭环状化合物称为醌(quinone)。具有醌式结构的化合物都有颜色，一般邻位醌为红色，对位醌为黄色。许多醌的衍生物是重要的颜料中间体，自然界也存在一些醌类色素。

醌是作为相应芳烃的衍生物来命名的。由苯得到的醌称为苯醌(benzoquinone)，由萘得到的醌称为萘醌(naphthoquinone)等。一些醌的结构及其名称如下：

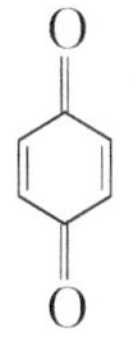

对苯醌或1,4-苯醌

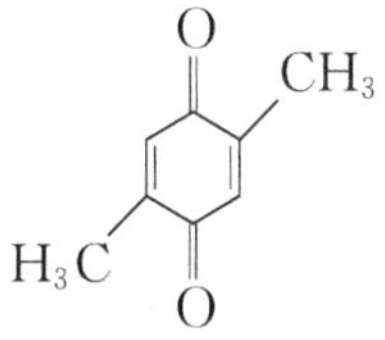

2,5-二甲基-1,4-苯醌

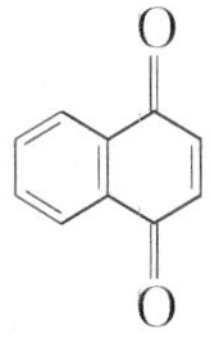

1,4-萘醌

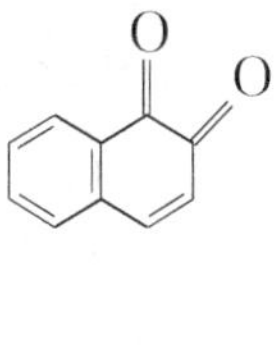

1,2-萘醌

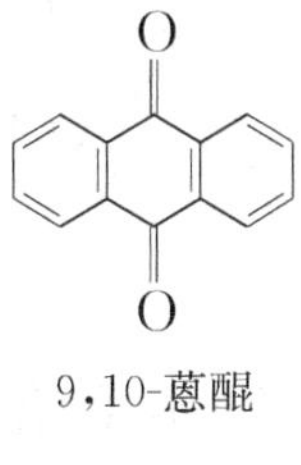

9,10-蒽醌

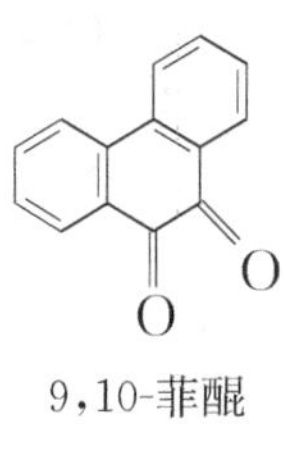

9,10-菲醌

8.6 醌的制法

8.6.1 酚或芳胺氧化

酚或芳胺氧化法是制备醌的简单方法，其中对苯醌较易制得。

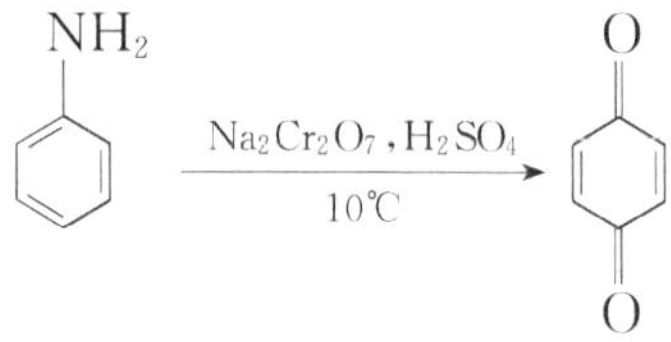

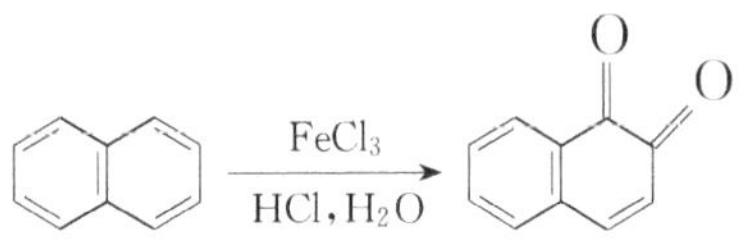

8.6.2 芳烃氧化

芳烃氧化法是工业上制备蒽醌的方法之一。

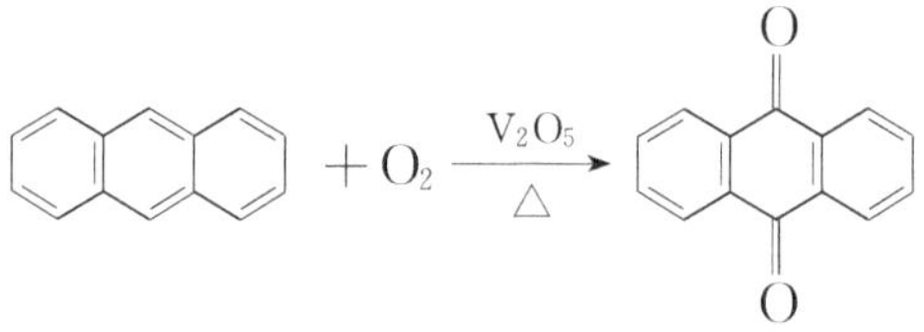

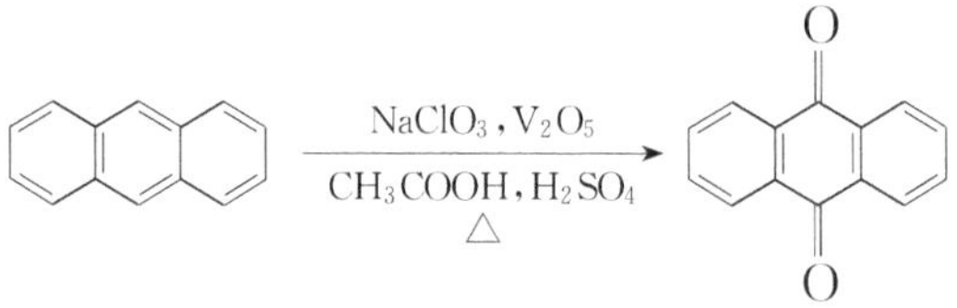

88%～91%

8.6.3 其他方法合成

目前,工业上制备蒽醌及其衍生物的主要方法是由苯和邻苯二甲酸酐经酰基化反应及闭环脱水反应制备。

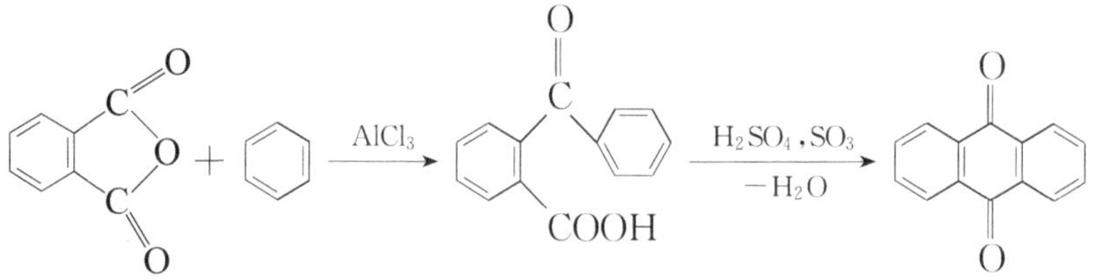

90%～95%

8.7 醌的化学性质

醌型结构可以看做是环状不饱和二酮,醌分子具有 α,β-不饱和羰基化合物的结构,两个羰基和两个或两个以上碳碳双键共轭,但不同于芳香环的闭环共轭系统,它们具有烯烃和羰基化合物的典型反应性能,可进行亲核和亲电加成反应。

8.7.1 加成反应

1. 碳碳双键的加成

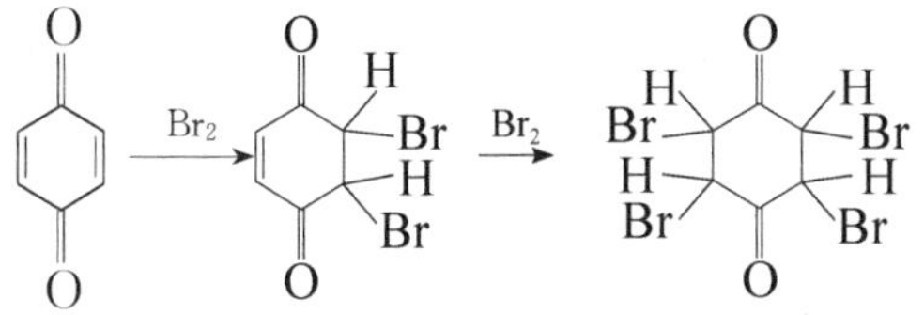

2. 羰基的加成

对苯醌可与一分子羟胺或两分子羟胺生成单肟或双肟。这是羰基化合物的典型反应。

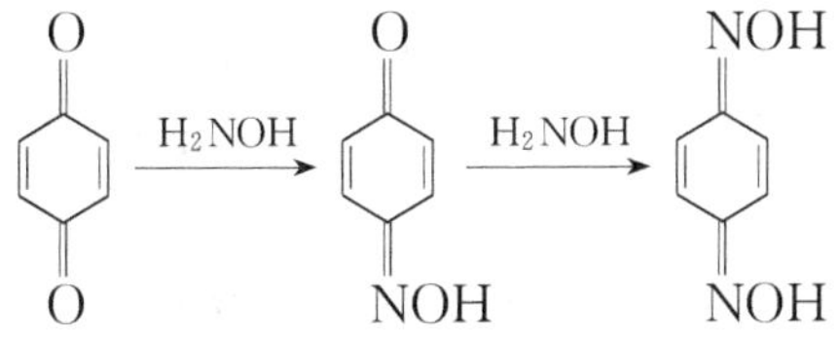

3. 羰基和碳碳双键的1,4-加成

苯醌具有碳碳双键和羰基组成的共轭系统,因此可发生1,4-加成反应。DDQ(2,3-二氯-5,6-二氰基对苯醌)的合成就是例证。

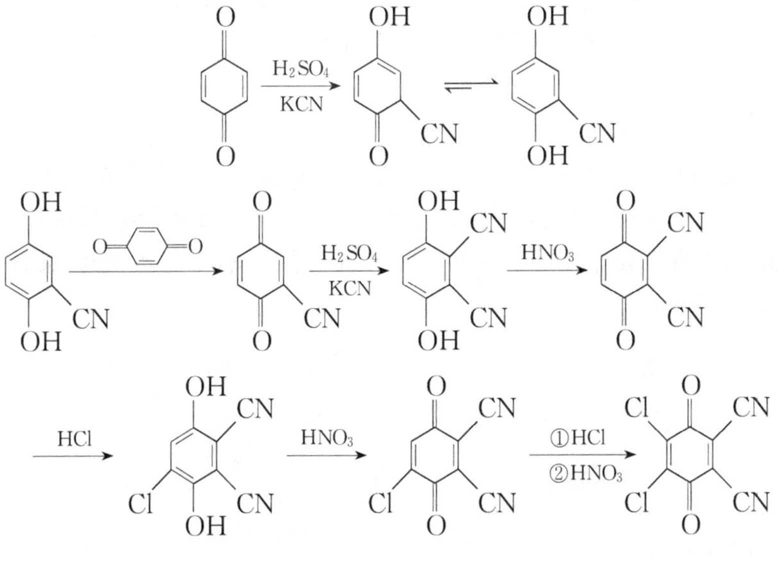

8.7.2 还原反应

对苯醌和对苯二酚(氢醌)可以通过还原与氧化反应而互相转变。对苯醌的醇溶液和对苯二酚的醇溶液混合,得到棕色溶液,并有暗绿色结晶析出,此晶体是对苯醌和对苯二酚的结合物醌氢醌。若在对苯二酚的水溶液中加入三氯化铁溶液也会析出暗绿色的醌氢醌晶体。

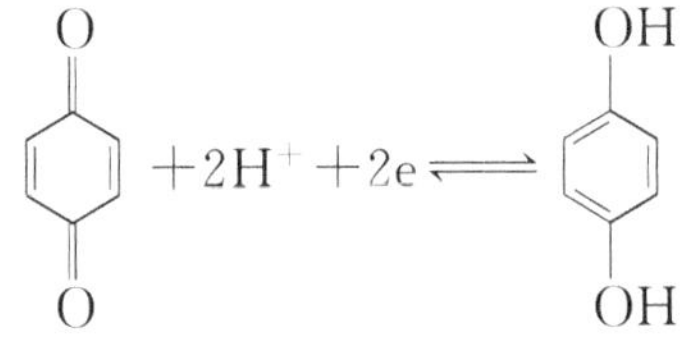

醌氢醌不稳定,在光、热或适当氧化剂作用下,很容易被重新氧化成对苯醌类。很多醌类化合物,正是通过这种可逆的氧化还原过程,在生物体内起着重要的电子传递媒介作用,参与生物体内许多重要的氧化还原过程。

8.8 重要的酚和醌

8.8.1 苯酚

苯酚俗名石炭酸,为无色结晶体,在水中有一定的溶解度,在 20℃时每 100g 水中约溶解 8.3g 苯酚。苯酚易溶于乙醚及乙醇等有机溶剂,有毒,具有一定的杀菌能力,可用作防腐剂和消毒剂。苯酚为重要的工业原料,用途很广,可用来合成酚醛树脂及其他高分子材料、炸药、药物和染料等。

8.8.2 甲酚

甲酚有邻、间、对三种异构体。它们的混合物称为煤酚。都存在于煤焦油中。煤酚的杀菌力比苯酚强,因难溶于水,常配成 47%～53%的肥皂溶液,称为煤酚皂溶液,俗称"来苏尔",是常用的消毒剂。甲酚的用途广泛,是制备农药、染料炸药、树脂及抗氧剂的原料。

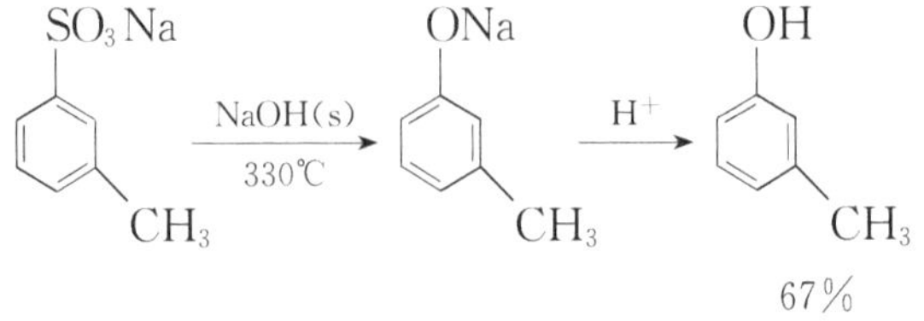

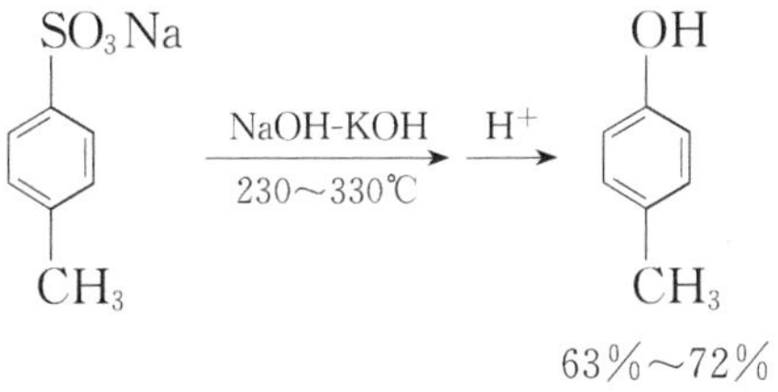

8.8.3　苯二酚

有邻、间、对三种异构体。邻苯二酚又称儿茶酚(catechol)，间苯二酚又称雷锁辛。

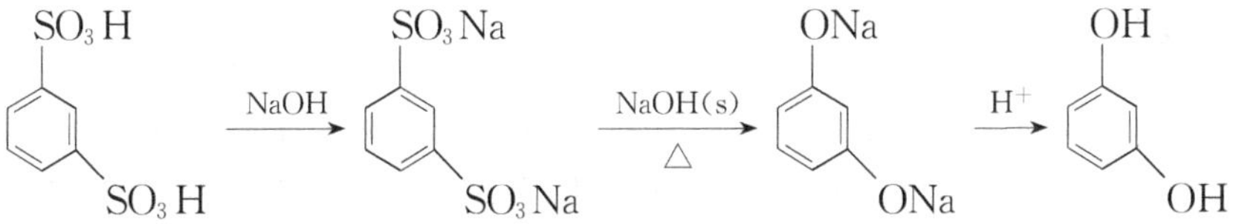

对苯二酚(hydroquinone)又名氢醌。无色固体，熔点为170℃，溶于水、乙醇、乙醚。对苯二酚本身是还原剂，能把感光后的溴化银还原为金属银，是照相的显影剂，常用作抗氧化剂，以保护其他物质不被自动氧化。如苯甲醛易于自动氧化，它可与氧生成过氧酸，加入千分之一的对苯二酚就可抑制其自动氧化。它也是一个高效的烯类单体阻聚剂。

8.8.4　萘酚

萘酚(naphthol)有 α-萘酚和 β-萘酚两种异构体，可由相应的萘磺酸钠碱熔制取。其中，α-萘酚为针状晶体，β-萘酚为片状结晶。萘酚可溶于醚等有机溶剂，和苯酚具有相似的化学性质，是重要的染料中间体。β-萘酚还用作杀菌剂、抗氧剂。

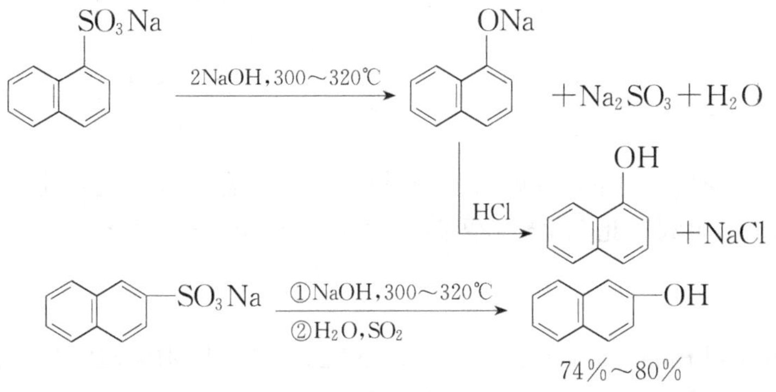

8.8.5　苯醌

苯醌是醌类中简单而重要的一类化合物。从结构上分为邻苯醌和对苯醌两大类。

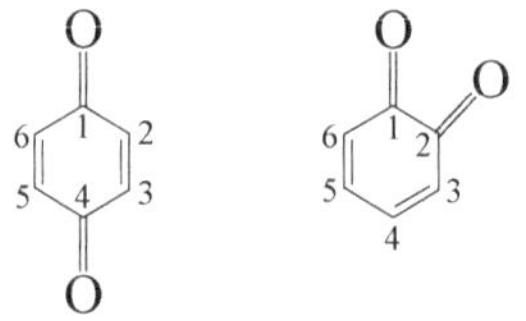

对苯醌　　邻苯醌

邻苯醌是红色结晶固体，很不稳定，因此自然界存在的大多为对苯醌。对苯醌是金黄色结晶体，易升华，有刺激性臭味，熔点为 170℃，能随水蒸气挥发，易溶于热水，溶于乙醇和乙醚等有机溶剂。

8.8.6　蒽醌

最重要的是 9,10-蒽醌，常简称蒽醌(anthraquinone)，为淡黄色结晶固体，熔点为 285℃，沸点为 382℃，不溶于水，微溶于乙醇和乙醚，易溶于浓硫酸，将溶有蒽醌的浓硫酸溶液用水稀释，蒽醌析出，利用此性质可分离提纯蒽醌。

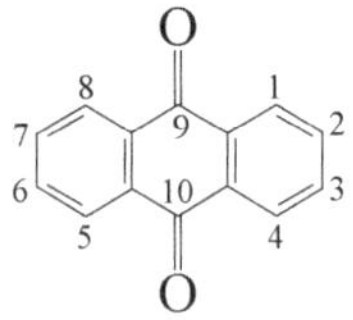

9,10-蒽醌

蒽氧化或邻苯二甲酸酐与苯反应均可制得 9,10-蒽醌，见 8.6.2 节。

蒽醌分子中的两个羰基使相邻的苯环钝化，因此蒽醌性质稳定，不易发生亲电取代反应，也很难被氧化，在碱液中用 $Na_2S_2O_4$ 可使其还原，生成 9,10-二羟基蒽的钠盐。

9,10-二羟基蒽的钠盐在碱溶液中呈血红色，但容易被空气氧化而褪色，并析出蒽醌固体。可利用此变化检验蒽醌的存在，也可用来提纯蒽醌。

8.8.7　萘醌

萘醌(naphthoquinones)有 1,4-、1,2-和 2,6-三种异构体，从自然界得到的几乎均为 1,4-萘醌衍生物。1,4-萘醌是挥发性黄色固体，熔点为 125℃，有显著气味，天然产物中，如维生素 K_1、维生素 K_2 都是萘醌的衍生物，1,4-萘醌也可由萘在乙酸溶液中用氧化铬氧化得到，但产率低，工业上常用空气催化氧化制取。

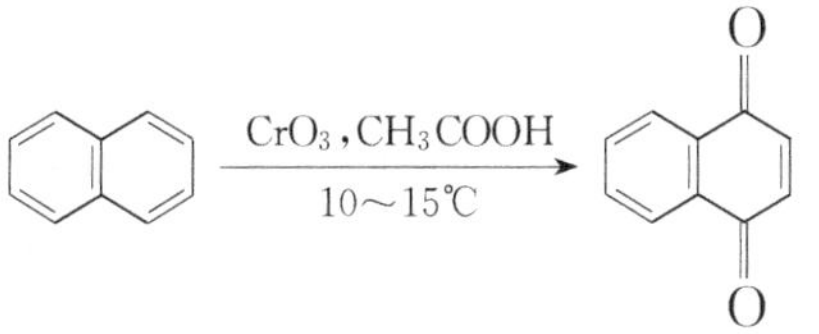

从 1，4-苯醌与 1，3-丁二烯双烯合成得到二羟基二氢萘，再氧化即可得到 1，4-萘醌。

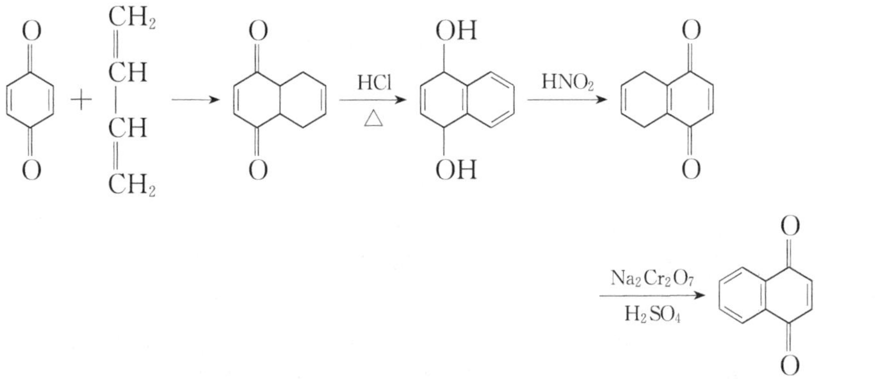

萘醌-2-磺酸盐可由 1，4-萘酚或 1，4-萘醌磺化制取，工业上可用来脱除多种气体中的硫化氢气体，它本身无毒且可再生反复使用。

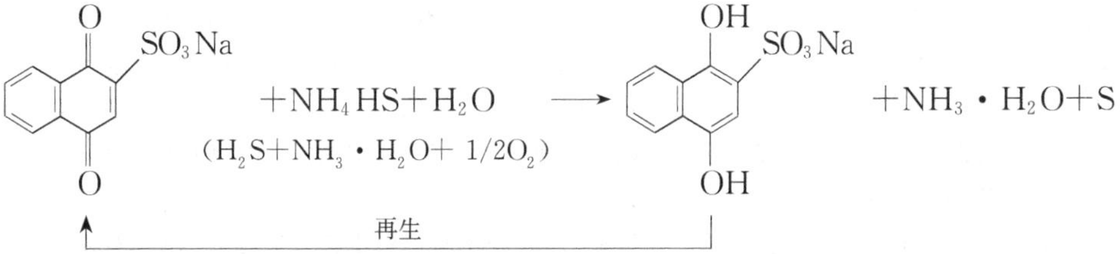

【阅读材料】

超分子化学第三代主体——杯芳烃

超分子化学（supramolecular chemistry）就是超越分子的化学，其中的键不是共价键，主要有氢键、π-π 堆积、范德华力。其中氢键被喻为超分子化学中的万能键。对以非共价键弱相互作用力键合起来的复杂有序且具有特定功能的分子集合体，即是超分子化学的研究对象，可以说是共价键分子化学的一次升华、一次质的超越，被称为是“超越分子概念的化学”，它不仅在材料科学和信息科学中，而且在生命科学中也具有重要的理论意义和潜在的广阔应用前景。

杯芳烃（calixarene）是苯酚类化合物与甲醛或其他醛在一定条件下（如酸或碱催化等）发生缩合反应，由苯酚单元通过亚甲基在酚羟基邻位连接而构成的一类环状低聚物，通过改变反应物、溶剂、温度等可得到由不同数目酚分子单元组成的环状寡聚物。因其分子形状与希腊圣杯

(calixcrater)相似且由多个苯环构成芳香族分子，故得名杯芳烃。近年来，杯芳烃这一类“新型”的具有独特空穴结构的大环化合物，在超分子化学研究方面取得的成果受到科学工作者的广泛重视，被誉为继冠醚和环糊精(淀粉经过某种特殊酶水解得到的环状低聚糖)之后的第三代主体超分子化合物。

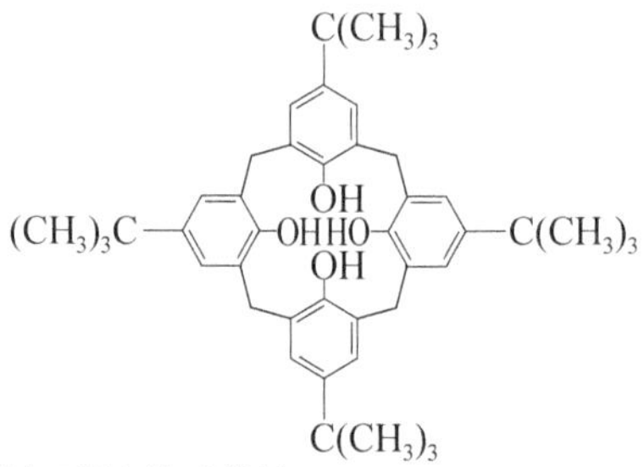

对叔丁基杯［4］芳烃 (*p*-tetra-butyl-calix［4］arene)

作为第三代主体超分子化合物，杯芳烃具有独特的空腔结构，具有许多优点：①易于一步合成，且原材料价廉易得；②它是一类合成的低聚物，可制得一系列空腔大小不同的环状低聚体，满足不同体积客体的要求，它的空穴结构大小的调节性具有较大的自由度；其上部是具有疏水性的空腔，能与中性分子形成配合物，分子的底部是羟基，能螯合阳离子(如锂、钾、银等)。所以杯芳烃既能与中性分子又能和离子型分子形成稳定的配合物；③易于化学改性，利用母体杯芳烃可制备大量具有独特性能的杯芳环烃衍生物，不仅在杯芳烃下缘的酚羟基、上缘的苯环对位，而且连接苯环单元的亚甲基都能进行各种选择性功能化，如将羟基转变为醚或酯等，使羟基间的氢键不再存在，扩大了分子的空腔，增强包结能力。这不仅能改善杯芳烃自身水溶性差的不足，而且还可以改善其分子配合能力和模拟酶活力，通过控制不同反应条件及引入适当的取代基，可固定所有需要的构象。④具有熔点高且热稳定性和化学稳定性好的特点，在绝大多数溶剂中溶解度低、毒性低、柔性好。⑤杯芳烃的合成较为简单，可望获得较为廉价的产品，现在已有多种杯芳烃商品化。

基于杯芳烃上述的一些特点，近20年来，杯芳烃化学得到迅速发展，到现在许多杯芳烃都可以识别多种多样的有机小分子，形成固态配合物。杯芳烃的超分子包合物还可用于分离、提纯、分子探针等各个方面。将颜料分散在磺化杯芳烃的水溶液里形成二者的包合物，利用此种颜料制成的墨水具有很好的光牢度和抗氧化性能；而经杯芳烃包合的橡胶和树脂可燃性明显降低，可用于防火材料。总之，随着研究的日趋成熟，杯芳烃包合物将有更为广泛的应用。

杯芳烃主体还可以识别较大的有机分子，如与多种醌、二茂铁、甾体、氯化铁血红素、核黄素、维生素 B_{12} 等均能形成稳定的配合物。杯芳烃还可以识别有机阳离子，杯芳烃及其衍生物几乎能与所有的金属形成配合物，因此杯芳烃类主体化合物被广泛用于对主族金属、镧系、锕系以及过渡金属元素的识别研究。另外，杯芳烃对阴离子也有选择性识别能力。此外，杯芳烃还被用来作为离子交换剂相转移催化剂以及涂料和黏合剂的组分等使用。

杯芳烃作为新的环番受体，其包结配位能力具有许多独到之处，在已有研究成果的基础上，众多的研究者积极开展了杯芳烃在应用性能方面的研究，在核废料处理、分子开关及化学传感器等方面取得了显著的成果，而在仿酶催化方面的应用也逐渐引起了人们的关注。近年来国际上有关杯芳烃的应用研究异常活跃，杯芳烃的应用已经在各个领域展开，其中包括杯芳烃在铀、铯离子、镧系元素和其他金属离子的选择性萃取、中性有机分子分离、水污染控制、相转移试剂、酶模型催化反应、Langmuir-Blodgett 膜、离子选择电极和场效应晶体管、黏合剂、涂料及陶瓷制造等领域。此外，在其他方面如电子设备用离子消除剂、除臭剂、静电印刷着色剂、偶氮甲烷型液晶、细胞融合试剂、卤化银摄影材料的添加剂及 C_{60} 和 C_{70} 的纯化等都有重要的应用。

随着杯芳烃受体化学的深入研究和拓展，杯芳烃将显示出其特有的不可取代的作用。

习 题

1. 命名下列化合物。

(1) 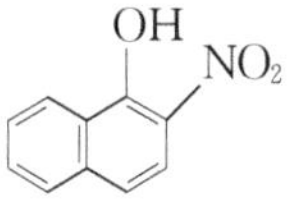

(2) 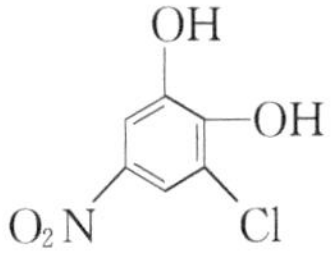

(3) 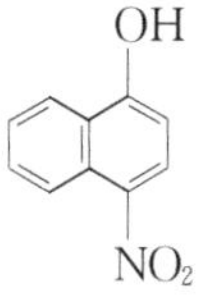

(4) 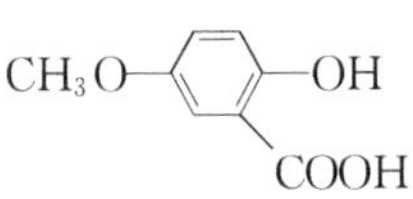

(5) 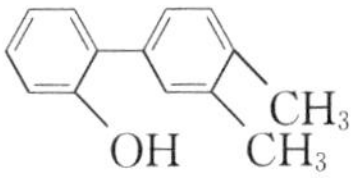

(6) 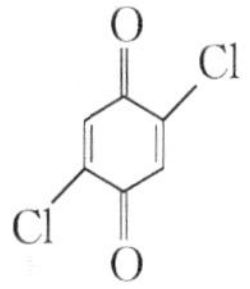

(7) 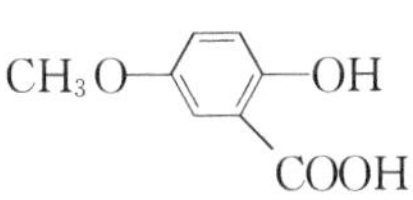

(8) 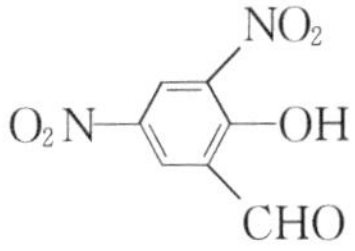

(9) 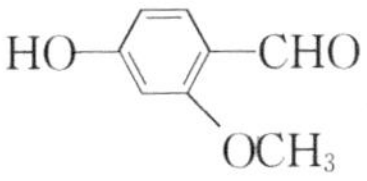

2. 完成下列方程式。

(1) 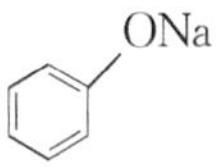 $+CO_2+H_2O \longrightarrow$ (　　　　)

(2) 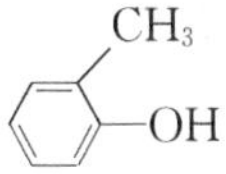 $\xrightarrow{NaOH}$ $\xrightarrow[\triangle]{CH_3CH=CHCH_2Br}$ (　　　　)

(3) 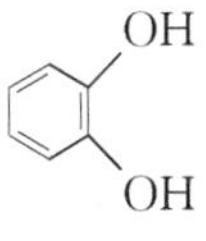 $\xrightarrow[②ClCH_2CH_2Cl]{①NaOH}$ (　　　　)

(4) 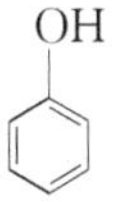 $\xrightarrow[H_2SO_4]{(CH_3)_2C=CH_2}$ (　　　　)

(5) 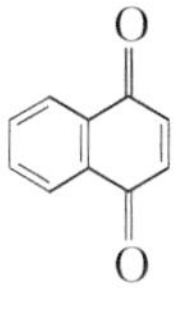 + 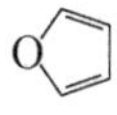 $\xrightarrow{\triangle}$ (　　　　)

(6) 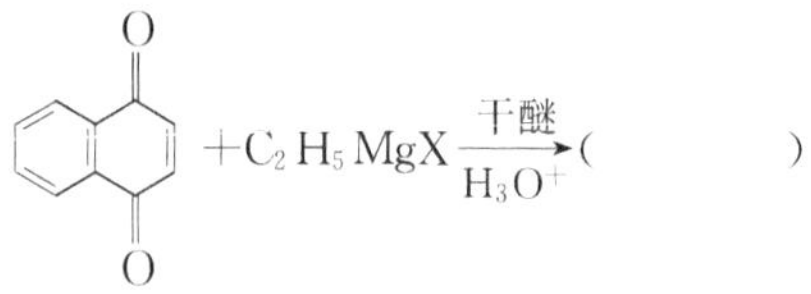

(7) 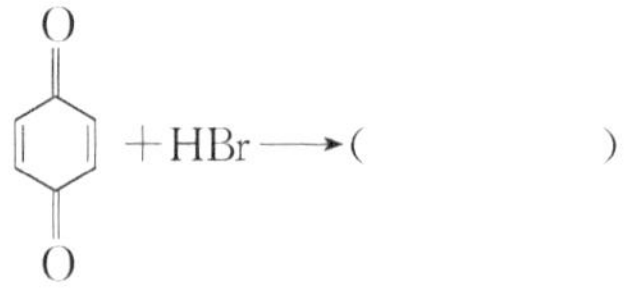

(8) 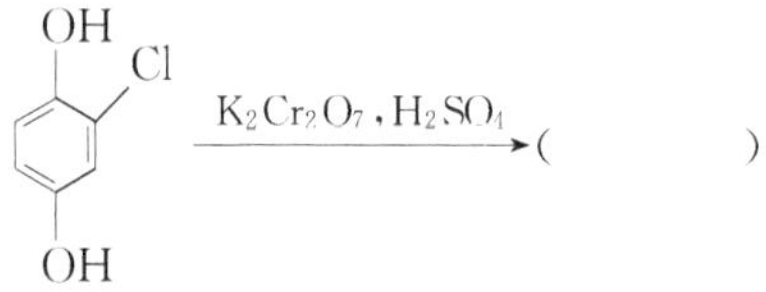

(9) 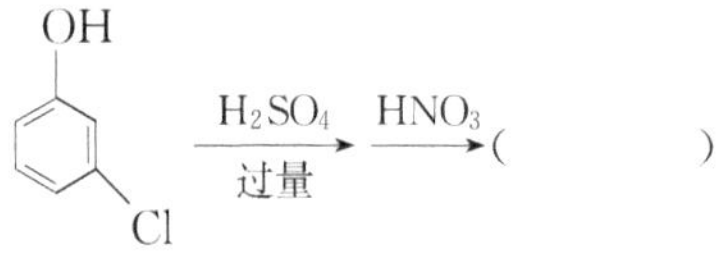

3. 用简便的化学方法分离下列化合物。

(1) α-萘酚和 α-甲基萘的混合物　　(2) 苯酚和环己醇的混合物

4. 比较下列化合物的酸性大小。

(1) 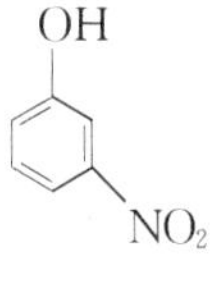

(2) 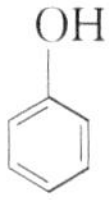

(3) 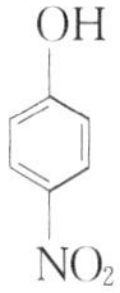

(4) 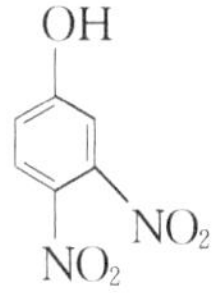

5. 指出下列合成过程的错误,并提出改进方法。

(1) 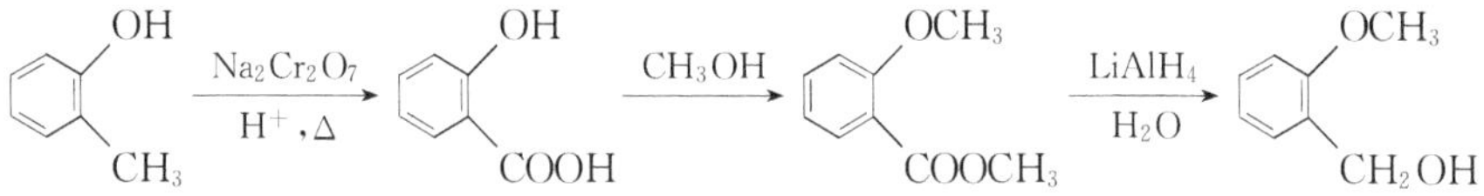

(2) 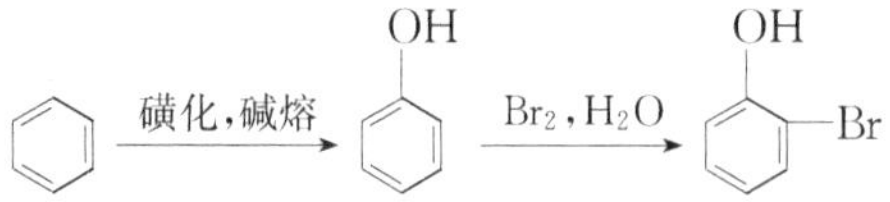

6. 用简单的化学方法鉴别下列化合物。

(1) 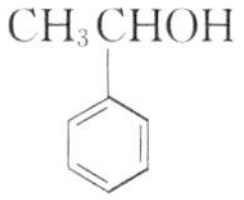

(2) 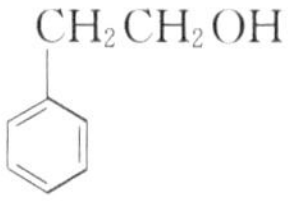

(3) 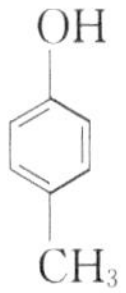

(4) 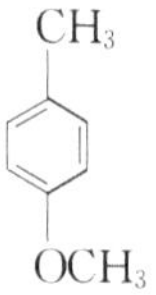

7. 用苯、甲苯以及 C_4 以下的烯烃为基本原料合成下列化合物。

(1) 1,3,5-苯三酚　　(2) 2,6-二溴-4-硝基苯酚

(3) 4-乙基间苯二酚　　(4) 从对苯二酚制备四氯苯醌

8. 化合物 A 的组成为 $C_5H_{10}O$，用 $KMnO_4$ 小心氧化 A 得到组成为 C_5H_8O 的化合物 B。A 与无水 $ZnCl_2$ 的浓盐酸溶液作用时，生成化合物 C(C_5H_9Cl)；C 在 KOH 的乙醇溶液中加热得到唯一的产物 D(C_5H_8)；D 再用 $KMnO_4$ 的硫酸溶液氧化，得到一个直链二羧酸。试写出 A～D 的结构式，并写出各步反应式。

9. 分子式为 C_8H_9OBr 的三个化合物 A、B、C，它们都不溶于水，但都溶于冷的浓 H_2SO_4，当用 $AgNO_3$ 处理时，B 是三个化合物中唯一能产生沉淀的，这三个化合物都不与稀 $KMnO_4$ 和 Br_2 的 CCl_4 溶液作用，进一步研究它们的化学性质则得到下列结果：

(1) 用热的碱性 $KMnO_4$ 溶液氧化时 A→D($C_8H_7O_3Br$)，是一个酸。B→G(C_7H_7OBr)，C→无反应；

(2) 用热的浓 HBr 处理时 A→F(C_7H_7OBr)。B→G(C_7H_7OBr)，一个酸，C→H(C_6H_5OBr)，经鉴定为邻溴苯酚。E→I($C_7H_6O_3$)，经鉴定为水杨酸(邻羟基苯甲酸)；

(3) 对羟基苯甲酸 $\xrightarrow{(CH_3)_2SO_4,NaOH}$ $\xrightarrow[H_2O]{HCl}$ J($C_8H_8O_3$)，J＋Br_2＋Fe→D

试问 A～C 可能有什么结构？化合物 D～J 的结构呢？写出有关的反应方程式。

10. 某化合物 A($C_8H_8O_3$)，A 微溶于水，易溶于 NaOH。如果把 A 与含有吡啶的无水酸酐一起加热，得到化台物 B($C_9H_8O_4$)，B 不溶于水、稀酸、稀碱溶液，但与过量的 NaOH 溶液一起加热，可以慢慢溶解。再酸化得到化台物 C($C_7H_8O_2$)。另外 A、B 和 C 的芳环上的单取代分别得到三种、两种和两种异构体，试推测 A～C 的结构式。

第9章 醛 和 酮

醛和酮是分子中含有羰基$\left(>C{=}O\right)$的化合物，称为羰基化合物（carbonyl compounds）。羰基至少和一个氢原子结合的化合物叫醛（aldehyde），可表示为 $R-\overset{O}{\overset{\|}{C}}-H$ 其中 $-\overset{O}{\overset{\|}{C}}-H$ 称为醛基。羰基和两个烃基结合的化合物叫酮（ketone），可表示为 $R-\overset{O}{\overset{\|}{C}}-R'$。

9.1 醛、酮的结构

羰基是醛、酮的官能团，其中碳原子 sp^2 杂化，形成的三个 σ 键在同一平面，键角 120°，未杂化的 p 轨道和氧的 p 轨道相互交盖形成 π 键。因此碳氧双键和碳碳双键相似，由一个 σ 键和一个 π 键组成，羰基碳具有平面三角形结构，成键原子的不同导致夹角偏离 120°。由于氧原子的电负性比碳的大，π 电子云偏向氧原子，氧原子带部分负电荷，碳原子带部分正电荷，羰基具有极性，羰基化合物是极性分子，有一定的偶极矩。

图 9-1 羰基的示意结构

9.2 醛、酮的分类和命名

9.2.1 醛、酮的分类

根据与羰基相连烃基的不同可分为脂肪族醛、酮、脂环族醛、酮和芳香族醛、酮；根据烃基的饱和性与否可分为饱和醛、酮、不饱和醛、酮。酮分子中的两个烃基可以相同也可以不同，烃基相同的称为均酮，不相同的称为混酮。

9.2.2 醛、酮的命名

1. 普通命名法

醛类按分子中碳原子数称某醛。包含支链的醛，支链的位次用希腊字母 α、β、

γ等表明。

CH_3CHO　　$CH_2{=}CH{-}CHO$　　$CH_3CH(Cl)CHO$

乙醛　　丙烯醛　　α-氯丙醛

酮类以羰基所连的两个烃基来命名，按次序规则，简单的烃基在前，复杂的烃基在后，然后加“甲酮”。一般名称中的“基”和“甲”可以省去，复杂基团的“基”字不能省去。芳酮是芳基在前，脂肪烃基在后。羰基与苯环相连时，可称为某酰(基)苯。

$CH_3{-}\overset{O}{\overset{\|}{C}}{-}CH_2CH_3$　　$CH_3{-}\overset{O}{\overset{\|}{C}}{-}CH{=}CH_2$

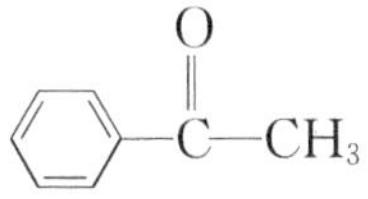

甲(基) 乙(基)(甲) 酮　　甲基乙烯基(甲) 酮　　乙酰(基) 苯(习惯称苯乙酮)

2. 系统命名法

选择含羰基的最长碳链为主链，从靠近羰基一端给主链编号。醛基因处在链端，编号总为1，此编号省略不写。酮羰基的位置要标出。不饱和醛、酮中编号从靠近羰基一端开始。

$CH_3CH_2CH_2\overset{CH_3}{\overset{|}{C}}HCH_2\overset{C_2H_5}{\overset{|}{C}}HCH_2\overset{O}{\overset{\|}{C}}{-}H$　　$CH_3\overset{CH_3}{\overset{|}{C}}HCH_2\overset{O}{\overset{\|}{C}}CH_3$　　$CH_3CH{=}CH\overset{O}{\overset{\|}{C}}{-}H$

5-甲基-3-乙基辛醛　　4-甲基-2-戊酮　　2-丁烯醛(巴豆醛)

羰基在环上的脂环酮，称为环某酮；若羰基在环外，则将环作为取代基，含羰基的脂链作母体，按脂肪族醛、酮命名。

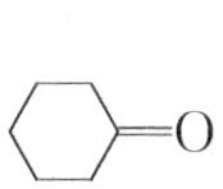

环己酮

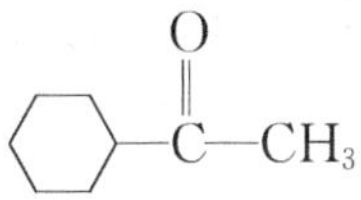

1-环己基-1-乙酮

命名含有芳基的醛、酮，总是把芳基看成取代基。醛作取代基时，称甲酰基或氧代，酮作取代基时，称氧代。

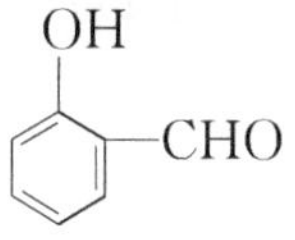

邻羟基苯甲醛(水杨醛)

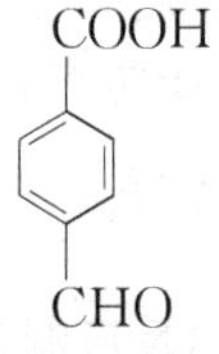

4-甲酰基苯甲酸

二元醛、酮的命名时经常用希腊字母标记羰基的相对位置，α 表示羰基相邻，β 表示羰基相隔一个碳原子，γ 表示羰基相隔两个碳原子。

α-戊二酮(2,3-戊二酮)　　γ-氧代戊醛(4-氧代戊醛或4-戊酮醛)

9.3　醛、酮的制法

9.3.1　由烯烃和炔烃制备

烯烃臭氧化水解可制醛或酮。

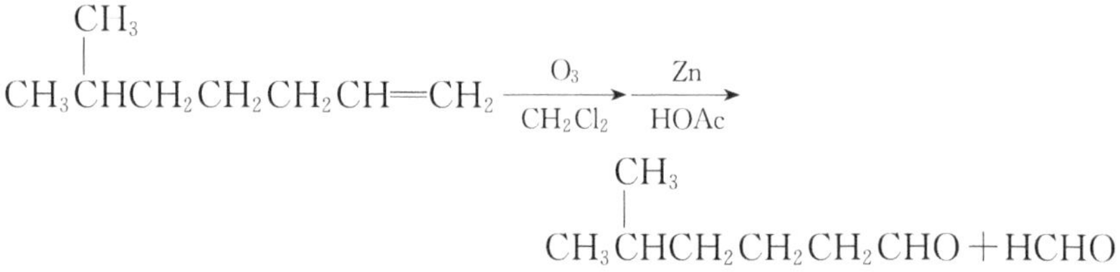

烯烃通过羰基合成(氢甲醛化法)可生成比原烯烃多一个碳原子的醛,不对称烯烃的产物以直链醛为主。

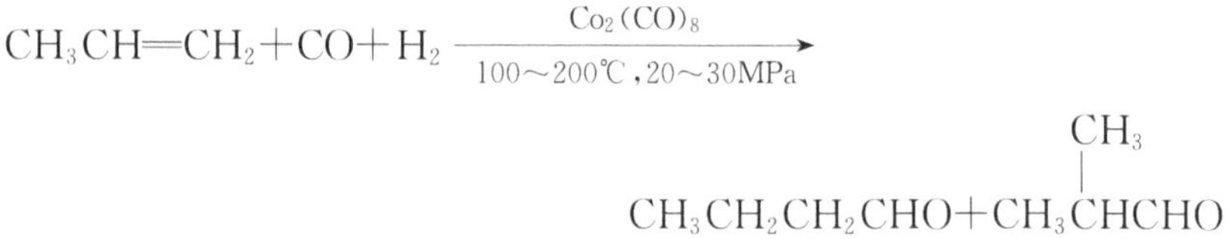

炔烃酸性条件下与水化合生成醛或酮。

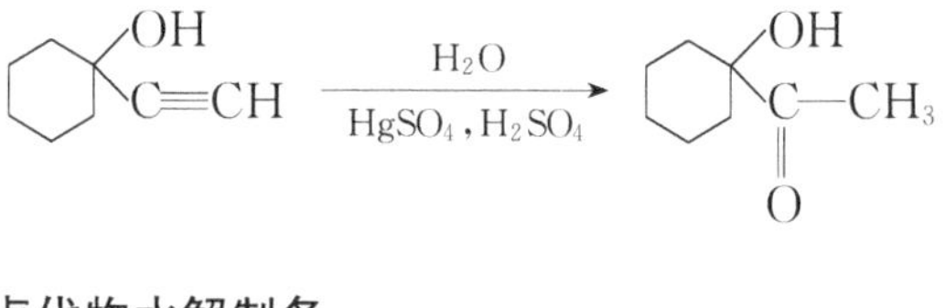

9.3.2　由同碳二卤代物水解制备

在酸或碱的催化下,同碳二卤烷水解生成醛或酮,可用来制备芳醛或芳酮。由于醛对碱敏感,一般不使用碱性催化剂。另外,脂肪族同碳二卤化合物较难得到,一般不用这种方法制备脂肪族醛和酮。

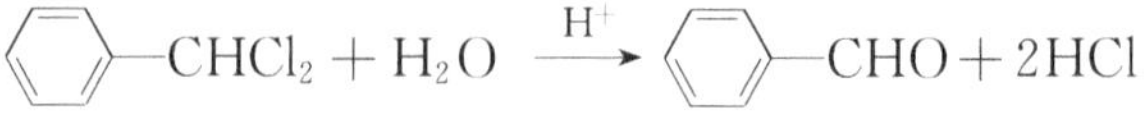

9.3.3　由醇氧化或脱氢反应制备

伯醇氧化可制得醛,但醛容易继续被氧化成羧酸,需要控制条件(如将醛蒸出)或用选择性氧化剂(CrO_3-吡啶等);仲醇氧化可制备酮。

$$CH_3(CH_2)_6CH_2OH \xrightarrow[CH_2Cl_2,25℃]{CrO_3\text{-吡啶}} CH_3(CH_2)_6CHO$$

欧芬脑尔氧化法可以把不饱和醇氧化成不饱和醛或酮。

$$CH_3\overset{\overset{OH}{|}}{C}HCH{=}CHCH{=}CHCH{=}CH_2 \xrightarrow[[(CH_3)_2CHO]_3Al]{CH_3COCH_3} CH_3\overset{\overset{O}{\|}}{C}CH{=}CHCH{=}CHCH{=}CH_2$$

80%

伯醇或仲醇在活性铜(或银、镍等)催化剂存在时发生脱氢反应,分别生成醛或酮。

$$CH_3\overset{\overset{OH}{|}}{C}HCH_3 \xrightarrow[250\sim350℃,0.3MPa]{Cu} CH_3\overset{\overset{O}{\|}}{C}CH_3 + H_2$$

9.3.4 由芳烃制备

1. 芳烃侧链 α-氢的氧化

与芳环直接相连的 α-氢容易被氧化,氧化剂用二氧化锰和硫酸或 CrO_3-乙酸酐,可以使反应停留在芳醛的阶段。

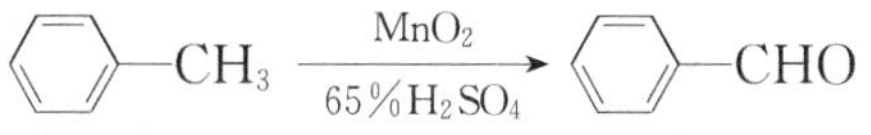

40%

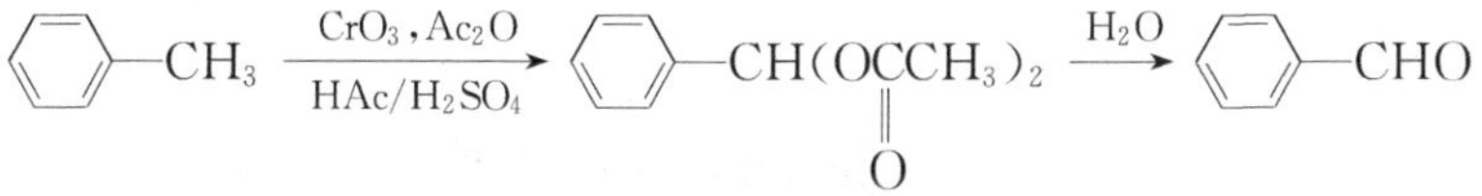

2. 傅瑞德-克莱福特酰基化反应

芳烃进行傅瑞德-克莱福特酰基化反应是合成芳酮的重要方法。

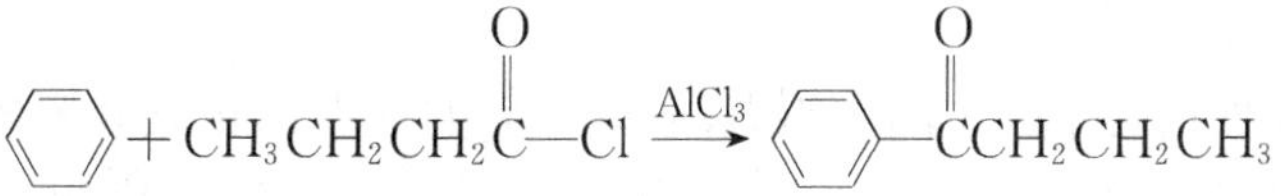

3. 加特曼-柯赫反应

芳烃在催化剂(无水三氯化铝和氯化亚铜)存在下,和 HCl、CO 混合物作用生成芳醛,如果芳环上带有甲基或甲氧基时,醛基主要进入其对位。

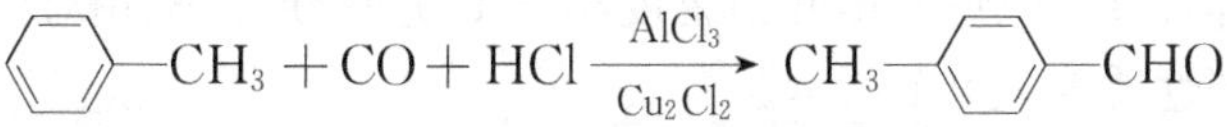

4. 瑞默-梯曼反应

苯酚在 NaOH 存在下和 $CHCl_3$ 作用，可在芳环上引入一个醛基，一般进入羟基的邻位生成酚醛。

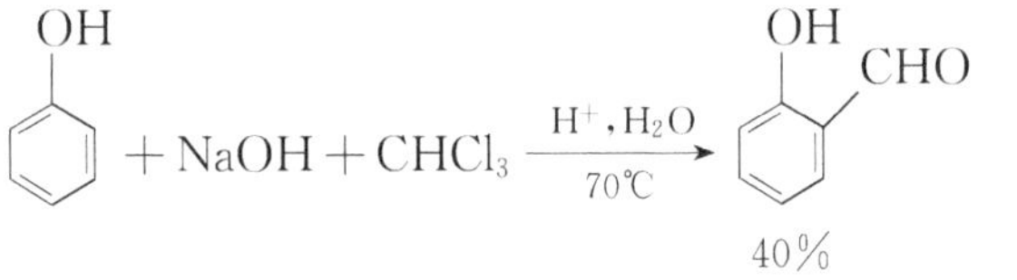

9.3.5 由酰氯制备

酰氯在受过部分毒化的钯催化剂下催化氢化，生成相应的醛，此反应又称罗森孟德(Rosenmund)反应，醛不会进一步还原成醇。

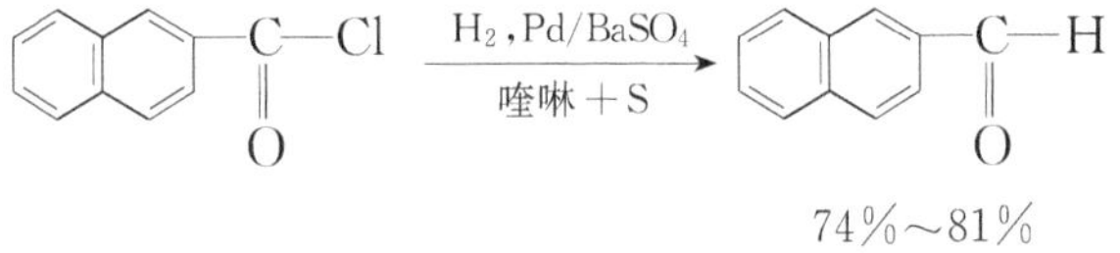

9.3.6 由腈制备

腈与格氏试剂反应生成的亚胺盐经水解可得到纯度很好的酮，对制备二芳酮有积极意义。

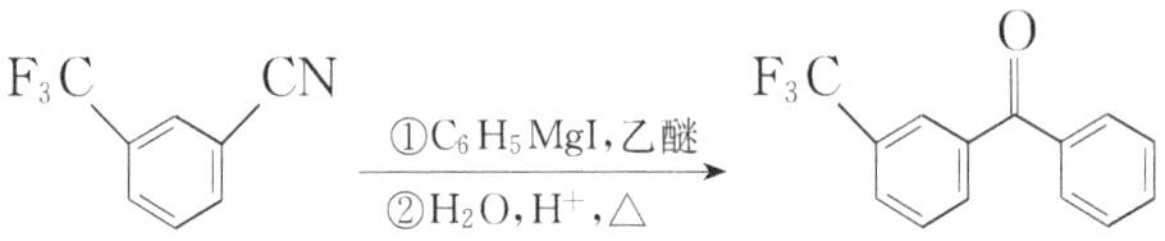

9.4 醛、酮的物理性质

除甲醛是气体外，十二个碳原子以下的醛、酮都是液体，高级的醛、酮是固体。低级醛常有刺鼻的气味，中级醛有花果香味，低级酮有清爽味道，中级酮也有香味，常用于香料工业。

羰基的极性增大了分子间作用力，所以它们的沸点比相对分子质量相近的烷烃高了 50℃以上。因为醛、酮分子间不能形成氢键，其沸点比相同碳数醇的沸点低。

羰基中的氧原子能和水分子形成氢键，使低级醛、酮溶于水，随着分子中烃基部分增大，在水中溶解度迅速减小至微溶或不溶。醛、酮都易溶于有机溶剂(如苯、醚、四氯化碳等)。脂肪族醛、酮相对密度小于 1，芳香族醛、酮相对密度大于 1。常见醛、酮的物理性质如表 9-1 所示。

表 9-1　一些醛、酮的物理常数

名　称	熔点/℃	沸点/℃	相对密度(d_4^{20})	折射率(n_D^{20})
甲醛	−92	−21	0.815(−20℃)	—
乙醛	−121	21	0.7951(10℃)	1.3316
丙烯醛	−87	52	0.8410	1.4017
丁醛	−99	76	0.8170	1.3843
2-丁烯醛	−74	104	0.8495	1.4366
丙酮	−95	56	0.7899	1.3588
丁酮	−86	80	0.8054	1.3788
环己酮	−45	155	0.9478	1.4507
苯甲醛	−56	170	1.046	1.5456
苯乙酮	21	202	1.024	1.5339

9.5　醛、酮的化学性质

羰基是醛、酮化学反应的中心。羰基中氧原子形成的氧负离子比碳原子形成的碳正离子稳定得多，因此与烯烃 π 键的亲电加成反应不同，羰基中带部分正电荷的碳原子更容易被亲核试剂进攻发生亲核加成反应。能与羰基进行亲核加成反应的试剂很多，可以是含 C、S、O 或 N 原子的一些试剂。

此外受羰基影响，α-氢较活泼，能发生一系列反应。醛、酮处于氧化还原的中间价态，它们既可以被氧化，又可以被还原，氧化还原是醛、酮的一类重要反应。

醛、酮的反应与结构关系可描述如下：

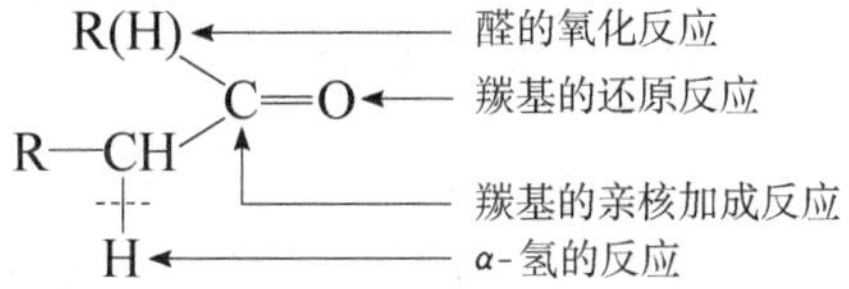

9.5.1　亲核加成反应

1. 羰基与碳为中心原子的亲核试剂的加成反应

(1) 与 HCN 的加成。氢氰酸与醛、酮反应，生成 α-羟基腈(α-氰醇)。

$$CH_3\overset{\overset{O}{\|}}{C}CH_3 + HCN \xrightleftharpoons{NaOH} CH_3-\underset{\underset{CH_3}{|}}{\overset{\overset{OH}{|}}{C}}-CN$$

碱对醛、酮与氢氰酸的反应有极大的影响。将丙酮与氢氰酸反应，没有碱存在时 3～4h 内只有一半原料起反应；加入一滴 KOH 溶液，反应在 2min 内就能完成；酸存在时反应速率会减慢，大量酸存在时放置几星期也不发生反应。这表明在氢氰酸与羰基化合物的加成反应中，进攻试剂是 CN^-。氢氰酸是弱酸，不易解离成 CN^-。碱的存在增加了 CN^- 的浓度，酸的存在则降低了 CN^- 的浓度。

$$HCN \rightleftharpoons H^+ + CN^-$$

一般认为，碱存在下氢氰酸对羰基的加成反应机理是

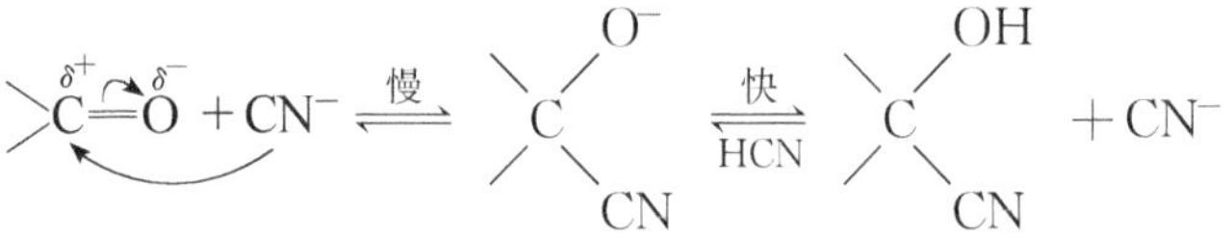

反应分两步进行，首先是亲核试剂 CN^- 对羰基碳进攻，然后是负离子中间体的质子化，第一步反应是速率的控制步骤。反应需要微量的碱来提高 CN^- 的浓度，控制溶液的 pH 为 8，有利于亲核加成反应。

不同结构的醛、酮对氢氰酸亲核加成反应的活性有明显差异。活性受到电子效应和空间效应两种因素影响，并与反应机理有密切联系。当羰基碳上连有给电子的烷基时，羰基碳原子的正电性降低，不利于亲核试剂的进攻，反应的速率减慢。当羰基与芳环直接相连时，羰基与芳环共轭，羰基的正电荷产生离域现象而分散到芳环中，也不利于亲核试剂的进攻。另一方面，与羰基相连的烃基对亲核试剂的进攻产生空间阻碍，酮的羰基碳原子连有两个烃基，如果两个烃基的体积都大，亲核试剂不易靠近羰基，加成反应难于进行。综合电子效应和空间效应，醛、酮进行加成反应的难、易顺序可排列如下：

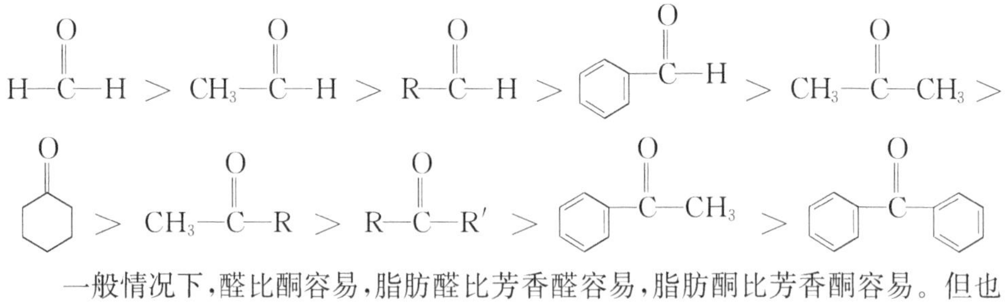

一般情况下，醛比酮容易，脂肪醛比芳香醛容易，脂肪酮比芳香酮容易。但也有例外，两个烃基很大的脂肪酮比某种芳香酮活性还低。例如：

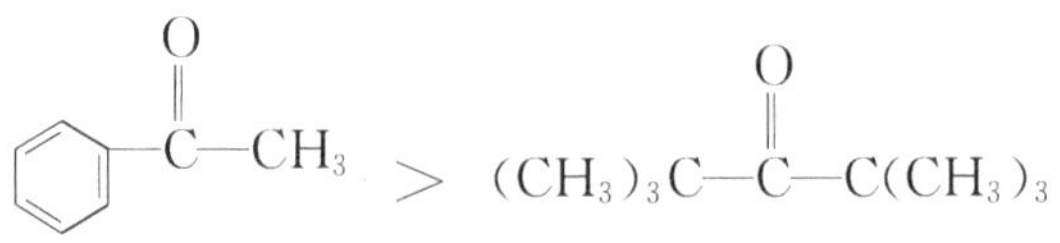

对于芳香醛、酮，主要考虑环上取代基的电子效应。例如：

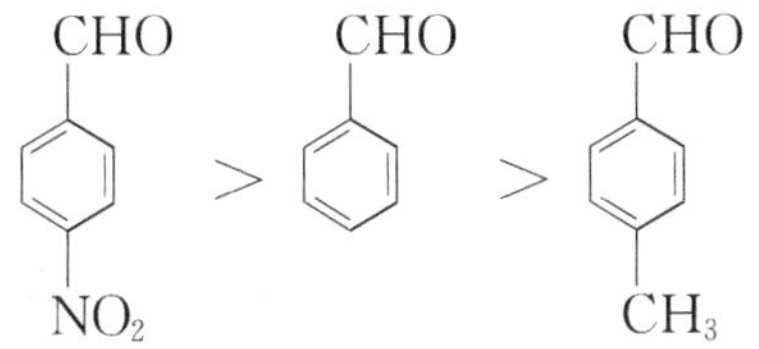

氢氰酸与醛、酮的加成是可逆反应，平衡常数小于1的反应可认为不发生。因此所有醛、脂肪族甲基酮和八个碳以下的环酮都可以与氢氰酸反应。正常情况下，上述醛、酮与HCN反应的活性规律，也适合于醛、酮的其他亲核加成反应。

该反应有众多的实用价值。羰基与氢氰酸加成，是增长碳链的方法之一，反应生成的氰醇是有机合成的重要中间体，它可以转变为多种化合物。例如，丙酮氰醇在H_2SO_4作用下发生脱水、酯化反应制备有机玻璃单体：

$$(CH_3)_2\underset{}{\overset{OH}{\overset{|}{C}}}CN \xrightarrow{-H_2O} CH_2{=}\overset{CH_3}{\overset{|}{C}}{-}CN \xrightarrow[H^+]{CH_3OH} CH_2{=}\overset{CH_3}{\overset{|}{C}}{-}COOCH_3 \quad 90\%$$

(2) 与格氏试剂的加成。格氏试剂中带部分负电荷的碳原子是很强的亲核试剂，非常容易与醛、酮进行加成反应，产物不必分离就可以直接水解生成相应的醇，是制备结构复杂醇的最重要的方法之一。例如：

$$(CH_3)_2CH\overset{O}{\overset{\|}{C}}CH(CH_3)_2 + CH_3CH_2MgX \xrightarrow{\text{无水乙醚}}$$

$$(CH_3)_2CH\underset{CH_2CH_3}{\underset{|}{\overset{OMgX}{\overset{|}{C}}}}CH(CH_3)_2 \xrightarrow{H_2O} (CH_3)_2CH\underset{CH_2CH_3}{\underset{|}{\overset{OH}{\overset{|}{C}}}}CH(CH_3)_2$$

格氏试剂与甲醛作用，可得到比格氏试剂多一个碳原子的伯醇；与其他醛作用，可得到仲醇；与酮作用，可得到叔醇。同一种醇也可以用不同的格氏试剂与不同的羰基化合物反应生成。例如：

$$CH_3MgBr + CH_3CH_2\overset{O}{\overset{\|}{C}}CH_2CH_2CH_3 \xrightarrow[\text{②}H^+,H_2O]{\text{① 无水乙醚}}$$

$$CH_3CH_2MgBr + CH_3\overset{O}{\overset{\|}{C}}CH_2CH_2CH_3 \xrightarrow[\text{②}H^+,H_2O]{\text{① 无水乙醚}} CH_3CH_2\underset{CH_3}{\underset{|}{\overset{OH}{\overset{|}{C}}}}CH_2CH_2CH_3$$

$$CH_3CH_2CH_2MgBr + CH_3\overset{O}{\overset{\|}{C}}CH_2CH_3 \xrightarrow[\text{②}H^+,H_2O]{\text{① 无水乙醚}}$$

亲核加成反应可在分子内发生，生成环状醇。

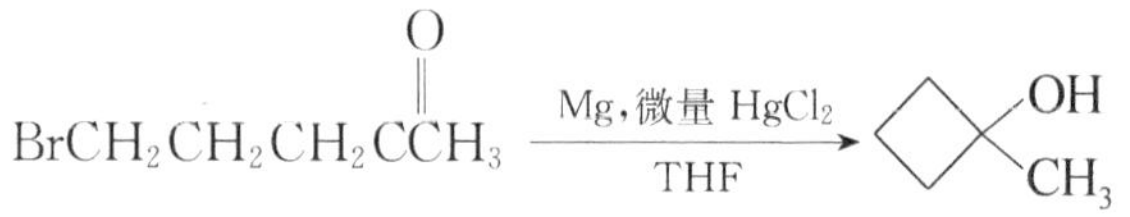

格氏试剂的亲核性很强，绝大多数醛、酮都可以与之发生反应。但酮基上两个烃基的体积很大时，反应也比较困难，这时可以用有机锂试剂代替。例如：

$$(CH_3)_2CH\overset{O}{\overset{\|}{C}}CH(CH_3)_2 + (CH_3)_2CHLi \xrightarrow{THF}$$

$$[(CH_3)_2CH]_3C—OLi \xrightarrow{H_2O} [(CH_3)_2CH]_3C—OH$$

(3) 与金属炔化物的加成。金属炔化物（炔化钠、炔化钾等）与醛、酮反应，在有机分子中引入叁键，经水解生成炔醇，可用于合成共轭二烯烃。例如：

$$CH_3COCH_3 + NaC{\equiv}CCH_3 \longrightarrow (CH_3)_2\underset{OH}{\underset{|}{C}}—C{\equiv}CCH_3 \xrightarrow[\triangle]{H^+} CH_2{=}\underset{CH_3}{\underset{|}{C}}—C{\equiv}CCH_3$$

$$\xrightarrow[\text{Lindlar 催化剂}]{H_2} CH_2{=}\underset{CH_3}{\underset{|}{C}}—CH{=}CHCH_3$$

2. 羰基与氧为中心原子的亲核试剂的加成反应

(1) 与水的加成。水可以和醛、酮进行加成反应生成同碳二羟基化合物，称为胞二醇。

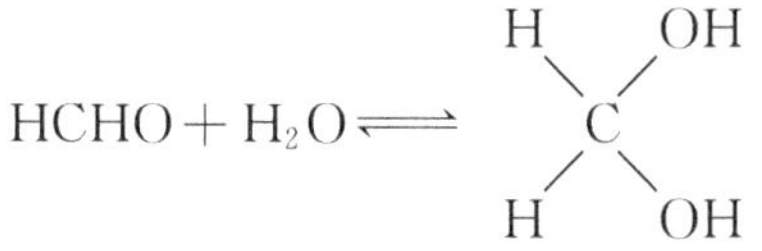

但由于水是相当弱的亲核试剂，大多数情况下该可逆反应的平衡远远偏向左边。

只有极少数活泼的羰基化合物才能与水生成稳定的水合物。甲醛溶液中有99.9%都是水合物，乙醛水合物仅占58%，丙醛水合物含量很低，丁醛的水合物可忽略不计。这些醛的水合物都不能分离出来。

三氯乙醛分子中，三个氯原子的吸电子诱导效应使羰基有较大的反应活性，容易与水加成生成水合三氯乙醛，称水合氯醛，是稳定的白色晶体，可作为安眠药和麻醉药。

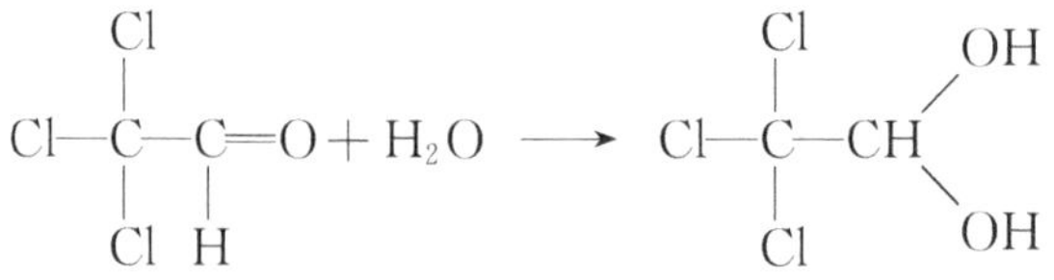

茚三酮分子中，由于羰基的吸电子诱导效应，它也容易和水分子形成稳定的水合茚三酮，在 α-氨基酸的色谱分析中常用作显色剂。

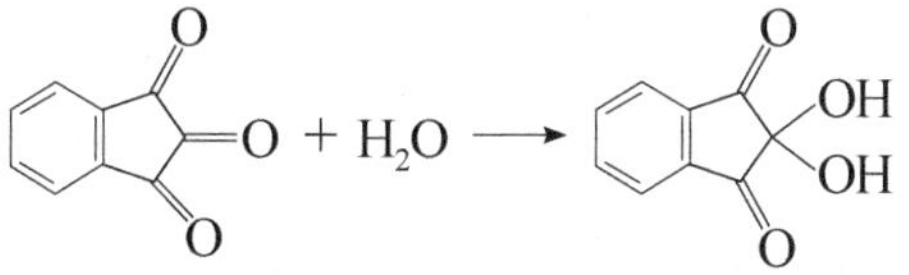

(2) 与醇的加成。醛与醇在干燥的氯化氢的催化下发生加成反应，生成半缩醛(semiacetal)。一般的醛生成的半缩醛不稳定，不能分离出来。在同样反应条件下，半缩醛继续与醇反应生成稳定的缩醛(acetal)。反应是可逆的，为了使平衡向生成缩醛的方向移动，必须使用过量的醇或从反应体系中把水分离出来。

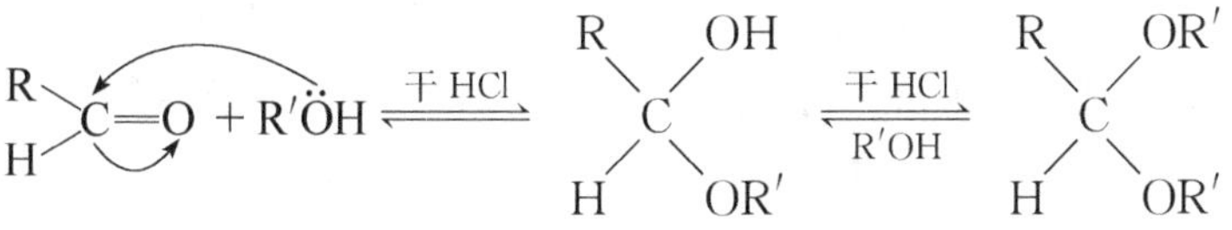

半缩醛　　　　缩醛

酮也可以在干燥的氯化氢气体或无水强酸催化下与醇反应形成半缩酮(semiketal)，但反应速度要慢得多，而且平衡大大偏向左方。如果在反应时采用特殊仪器(如分水器)将生成的水不断除去，酮和一元醇作用可以得到一定产率的缩酮。例如：

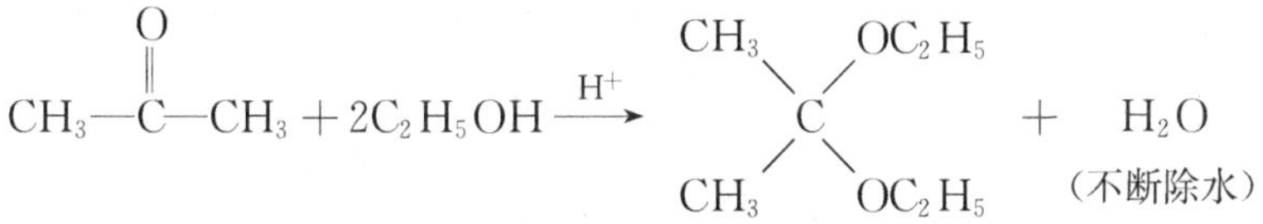

酮能与某些二元醇(1,2-二醇或 1,3-二醇等)反应顺利地形成环状缩酮：

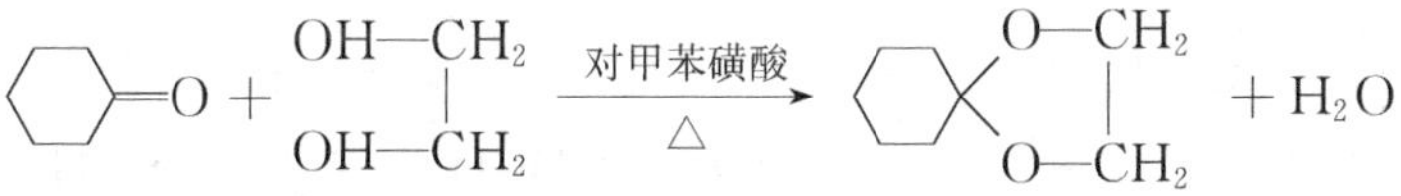

如果在同一分子中既有羰基又有羟基，只要两者位置适当(能形成五元或六元环)，常常自动在分子内形成环状的半缩醛或半缩酮，并能稳定存在。半缩醛和缩醛的结构在糖化学上具有重要的意义。

醛与醇的加成反应机理如下：

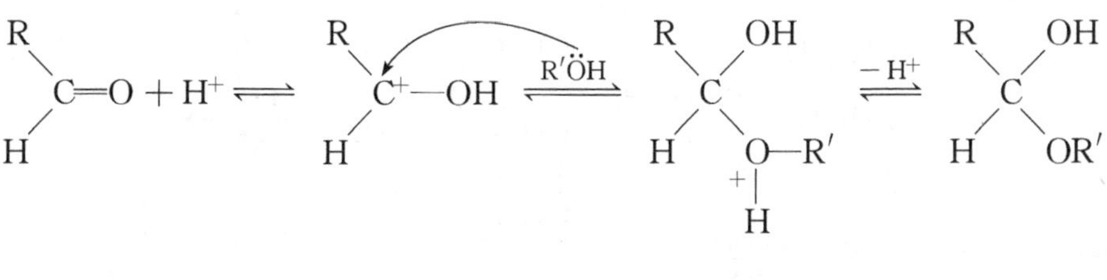

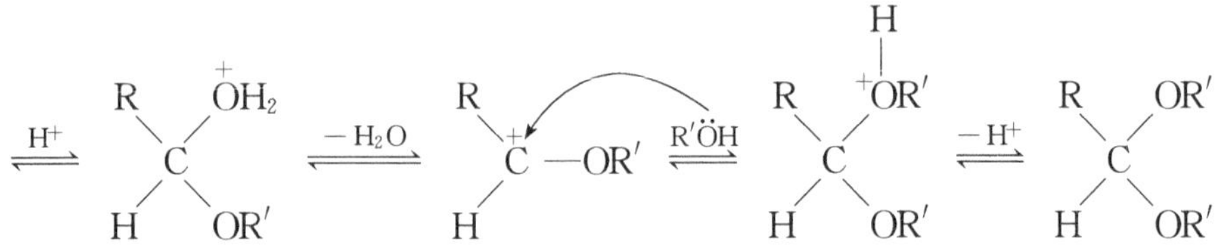

醇是弱的亲核试剂，与羰基的加成活性很低，不利于反应的进行。但在无水氯化氢的催化下，羰基中氧原子与质子结合生成质子化的醛，增大了羰基的极性，有利于弱亲核性醇对羰基加成生成半缩醛。半缩醛在酸的作用下，又可以继续与质子结合成为质子化的醇，经脱水后成为反应活性很高的碳正离子，这也有利于弱亲核性的醇与其作用生成缩醛。

缩醛具有胞二醚的结构，对碱、氧化剂、还原剂都比较稳定，但若用稀酸处理，室温下就水解生成原来的醛和醇（逆向反应）。因此，在羰基化合物与醇的加成反应中要使用干燥的 HCl 为催化剂。

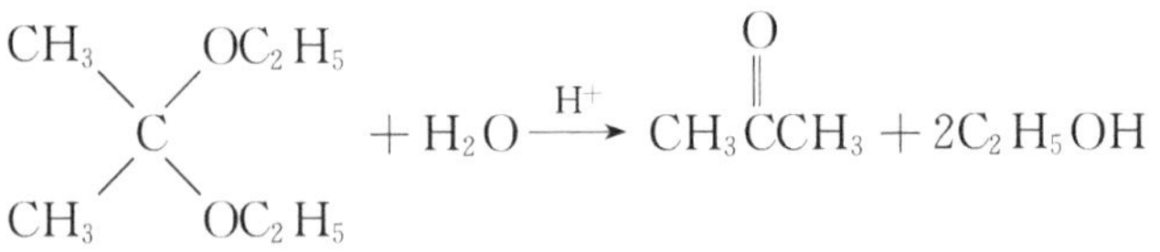

有机合成中常利用生成缩醛、缩酮的方法来保护羰基，使活泼的羰基在反应中不被破坏，一旦反应完成后，再用稀酸水解脱掉保护基。例如，丙烯醛转化为2,3-二羟基丙醛，直接用氧化的方法，醛基都将被破坏，如果先把醛转化为缩醛，然后再进行氧化，待反应完成后用酸水解，就能达到保护醛基的目的。

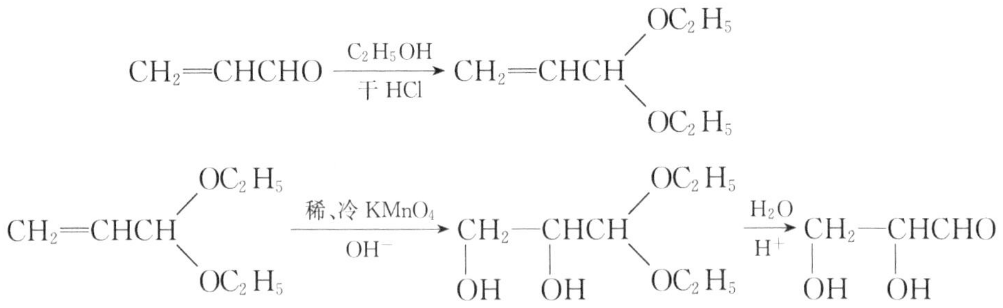

缩醛或缩酮在合成上除了主要用于保护羰基外，还可以保护羟基化合物。例如，以甘油为原料制备甘油单酸酯时，就需要将原料中原有的两个羟基加以保护，待甘油单酸酯生成后，再使原羟基复原。

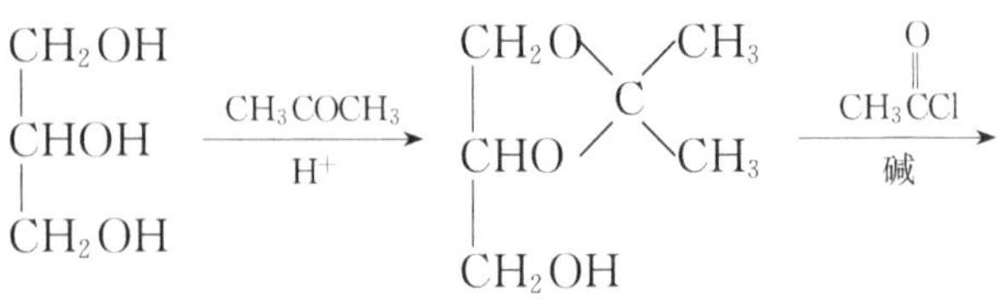

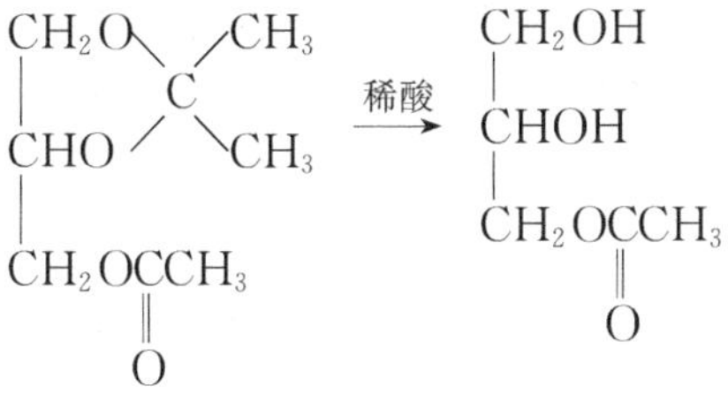

3. 羰基与硫为中心原子的亲核试剂的加成反应

(1) 与亚硫酸氢钠 $NaHSO_3$ 饱和溶液的加成。亚硫酸氢钠的饱和溶液(40%)和醛、酮作用,亚硫酸氢钠分子中带未共用电子对的硫原子作为亲核中心进攻羰基碳原子,很快生成不溶于饱和亚硫酸氢钠溶液的 α-羟基磺酸钠白色沉淀。

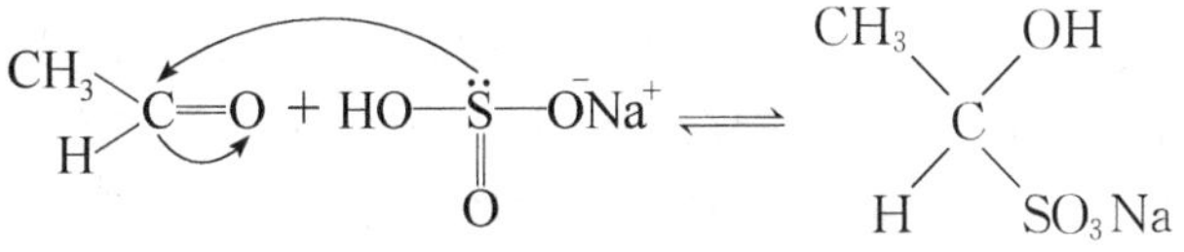

89%

反应是可逆的,需要加入过量的饱和亚硫酸氢钠溶液,以促使平衡向右移动。与醛、酮和氢氰酸的反应相同,只有醛、脂肪族甲基酮、八个碳原子以下的环酮才能与饱和亚硫酸氢钠溶液反应,此反应可用来鉴别不同活性的醛、酮。酸和碱能从平衡中除去亚硫酸氢钠,加成产物与酸或碱共热后分解析出原来的醛、酮,此反应也可以用于分离、提纯某些醛、酮。

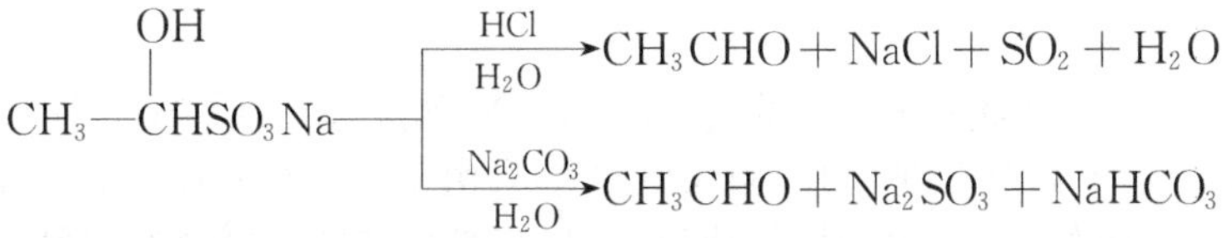

这个反应也用来制备 α-羟基腈,将 α-羟基磺酸钠与 NaCN 作用,磺酸基被氰基取代而成,这是避免使用挥发性的剧毒物 HCN 而合成羟基腈的好方法。例如:

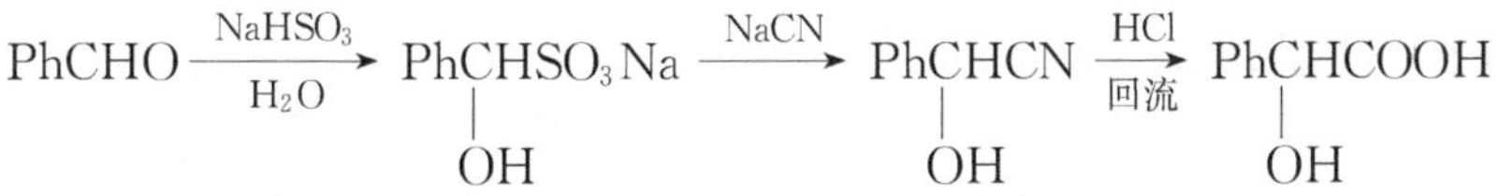

67%

(2) 与硫醇的加成。硫醇与醛、酮作用生成硫代缩醛和硫代缩酮。

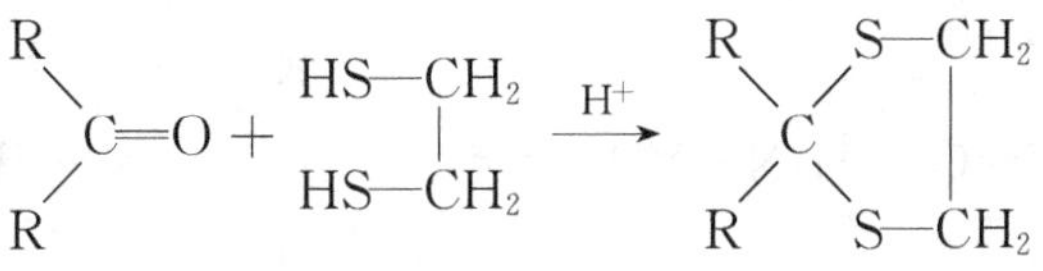

硫代缩醛和硫代缩酮在酸、碱条件下都很稳定,不易被酸水解,难以还原成醛、

酮，可以用氯化汞的水溶液水解或在氧化汞存在下水解，一般不用来保护醛、酮中的羰基。硫代缩醛和硫代缩酮可以被催化氢解，使羰基间接还原成亚甲基，常用于有机合成。

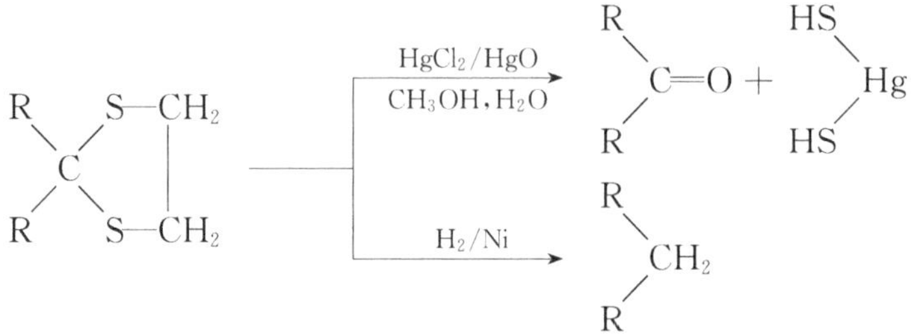

4. 羰基与氮为中心原子的亲核试剂的加成反应

（1）与氨和胺的加成。氨与醛、酮加成反应后随即失去一分子的水生成亚胺。亚胺不稳定，极容易水解成原来的醛、酮和氨。伯胺（NH_2R）与醛、酮加成得到的亚胺，又称西弗碱（Schiff base）。西弗碱一般是不稳定的，当芳胺与醛、酮反应，生成的西佛碱中碳氮双键与苯环共轭，产物是稳定的。西弗碱易被稀酸水解，重新生成醛、酮及一级胺，所以可以用来保护醛基。西弗碱是一个有用的中间体，将西弗碱还原，可以得到仲胺。仲胺与有 α-氢的醛、酮反应生成烯胺，烯胺在有机合成上是个重要的中间体。

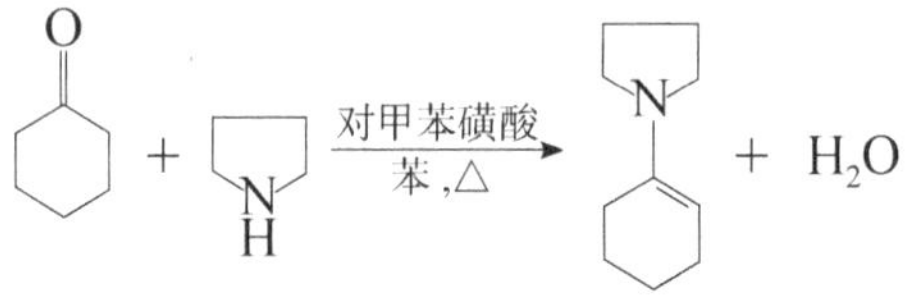

（2）与氨的衍生物加成。氨的衍生物（NH_2Y）如羟氨（NH_2OH）、肼（NH_2NH_2）、苯肼（$PhNHNH_2$）、氨基脲（$NH_2NHCONH_2$）等由于氮上有孤对电子，都能作为亲核试剂和醛、酮的羰基发生亲核加成反应，反应是可逆的。醛、酮与羟胺（hydroxylamine）、肼（hydrazine）、苯肼（phenyl hydrazine）、氨基脲（aminourea）反应产物分别称为肟（oxime）、腙（hydrazone）、苯腙（phenylhydrazone）、缩氨脲（semicarbazone，又称半卡巴腙）。

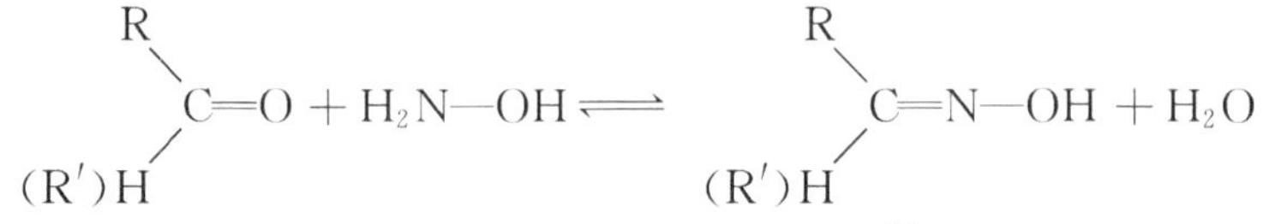

肟

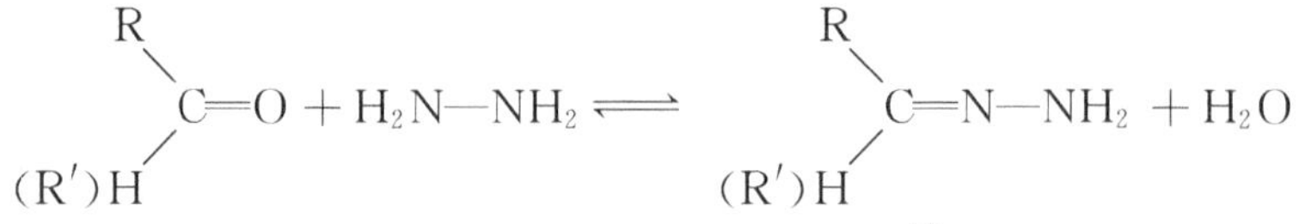

腙

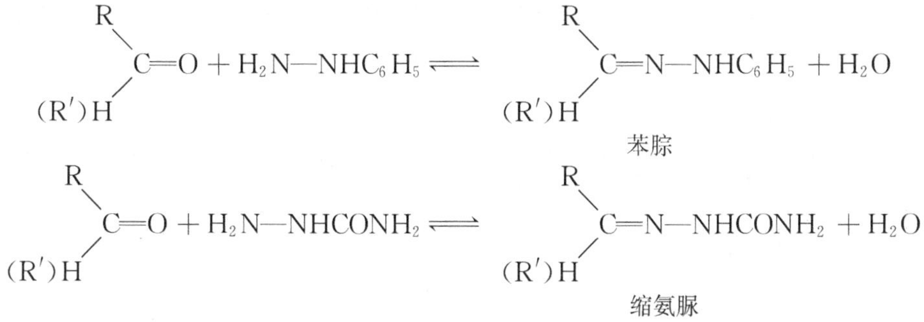

反应机理：

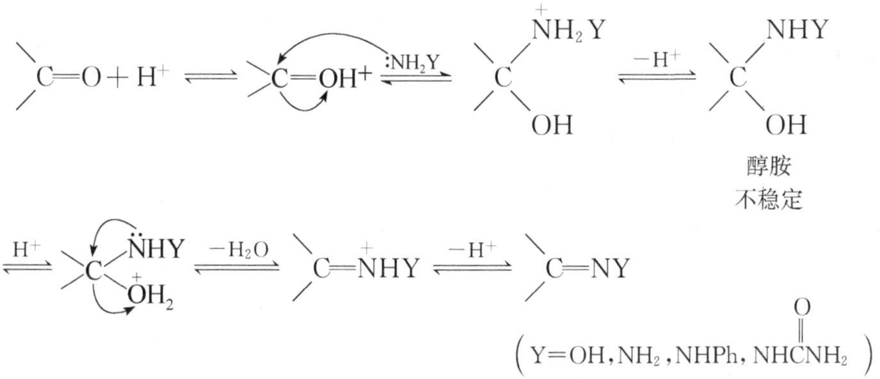

反应使用弱酸催化剂，若使用强酸，会把亲核的氨基变为不活泼的铵离子，不利于反应的进行。一般 pH 为 5～6，此时反应溶液的酸度既能使一部分羰基化合物质子化，又不致于使氨衍生物全部成盐而失去亲核能力。从总的结果看，相当于在醛、酮和氨的衍生物之间脱掉一分子水，所以也称为缩合反应(condensation reaction)。

几乎所有的醛、酮都可以与氨的衍生物加成，醛、酮与氨的衍生物反应所生成的产物肟、腙、苯腙、缩氨脲等都是很好的结晶体，有固定的熔点，常用来鉴别醛、酮。尤其是相对分子质量较大的 2,4-二硝基苯肼与醛、酮生成的产物易结晶、熔点高，效果明显，常作为鉴别醛、酮羰基的试剂。

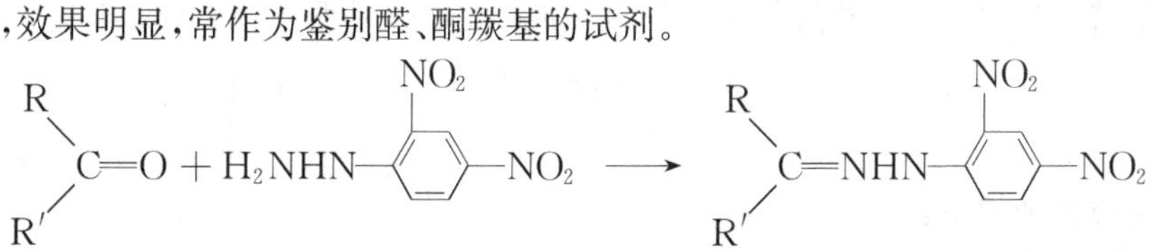

黄色结晶

醛、酮与氨衍生物的反应是可逆的，所得的产物在稀酸作用下水解为原来的醛、酮，可用来分离和提纯醛、酮。

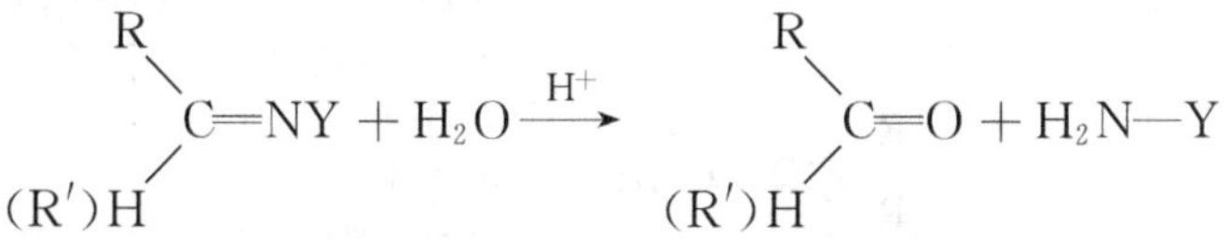

酮与羟胺作用生成的酮肟在酸性催化剂的作用下重排成取代的酰胺，这种由肟变为酰胺的重排叫贝克曼(Backmann)重排。反应机理如下：

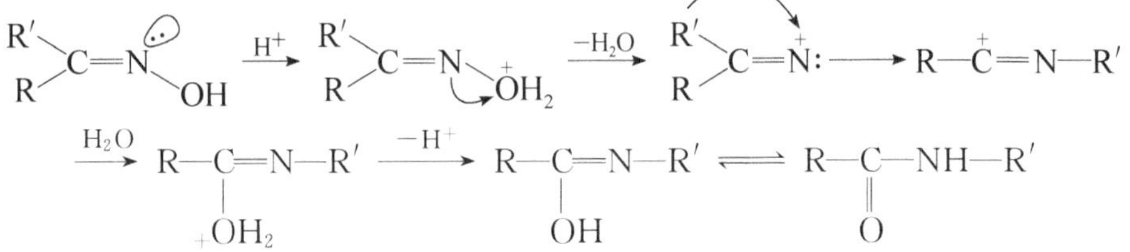

碳-氮双键和碳碳双键相似，在有些化合物中可以产生顺反异构体。不对称酮肟的两种顺反异构体发生贝克曼重排反应后，可以得到不同的产物，处于羟基反位的基团重排到氮原子上，手性碳原子的构型保持不变。因此认为重排反应中基团的迁移和羟基离去是同步进行的。

贝克曼重排的一个应用实例：

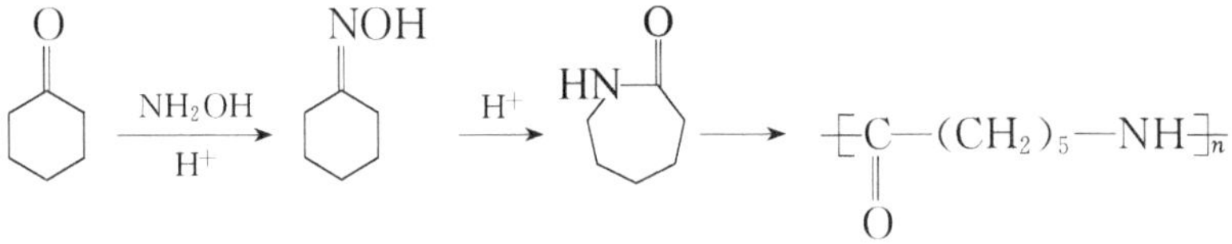

5. 与维悌希(Wittig)试剂加成反应

用三苯基膦与卤代烷作用生成季鏻盐，再把季鏻盐用强碱处理生成维悌希试剂。维悌希试剂也叫磷叶立德，是一种磷的内鎓盐。

$$(C_6H_5)_3P + CH_3CH_2Br \xrightarrow{C_6H_6} (C_6H_5)_3\overset{+}{P}CH_2CH_3 \cdot \overset{-}{Br}$$

$$(C_6H_5)_3\overset{+}{P}CH_2CH_3 \cdot \overset{-}{Br} + C_6H_5Li \longrightarrow$$

$$(C_6H_5)_3\overset{+}{P}-\overset{-}{C}HCH_3 \longleftrightarrow (C_6H_5)_3P=CHCH_3$$

维悌希试剂与羰基化合物进行亲核加成生成烯烃的反应称为维悌希反应。

86%

反应机理如下：

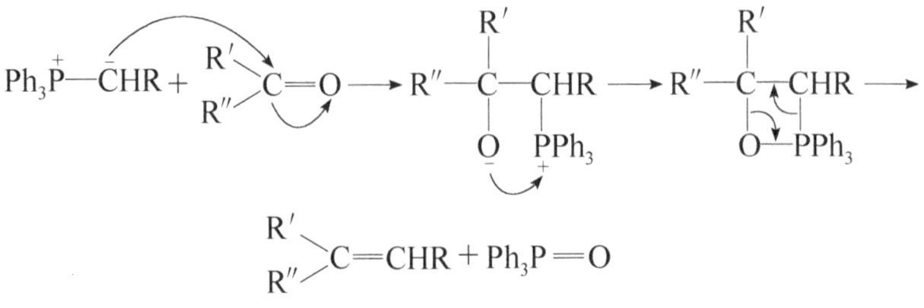

总的结果是维悌希试剂的碳原子与羰基的氧原子进行了交换，顺利得到烯烃。维悌希反应条件温和，产率高，生成的双键位置确定，没有重排，是合成烯烃和共轭烯烃的好方法。醛、酮分子中的双键、叁键、羧基对反应无影响，而维悌希试剂也可以包括双键、叁键和某些官能团，能合成指定位置的双键化合物。因此，醛、酮与维悌希试剂反应在有机合成上有广泛用途，特别是在维生素类化合物的合成中具有重要的意义。

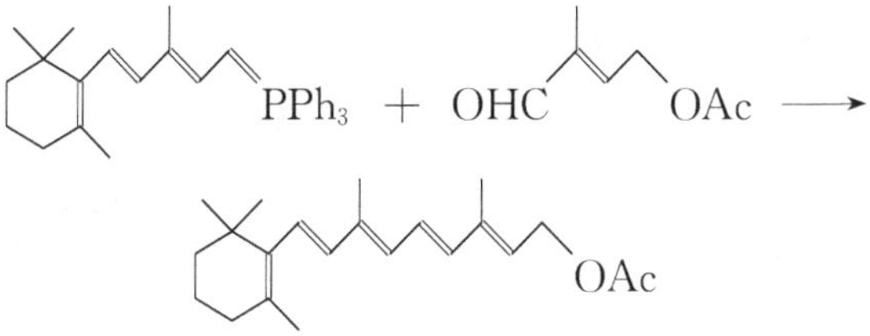

V_A中间体　　98%

9.5.2　羰基 α-氢的反应

醛、酮 α-氢受羰基的 π 电子云与 α-碳氢键产生 σ-π 超共轭效应的影响，活性增大。溶液中有 α-氢的醛、酮是以酮式和烯醇式互变平衡而存在的。简单脂肪醛在平衡体系中的烯醇式含量极少，但在很多情况下，醛、酮都是以烯醇式参与反应。当烯醇式与试剂作用时，平衡右移，酮式不断转变为烯醇式，直至酮式作用完为止。

酸可以促进羰基化合物的烯醇化。这是由于 H^+ 与氧结合后更增加了羰基的诱导效应，从而使 α-氢容易解离。

$$CH_3\overset{O}{\overset{\|}{C}}CH_3 \xrightarrow{H^+} CH_3\overset{\overset{+}{O}H}{\overset{\|}{C}}-CH_2-H \longrightarrow CH_3\overset{OH}{\overset{|}{C}}=CH_2 + H^+$$

碱也可以夺取 α-氢产生碳负离子，继而形成烯醇负离子：

$$:\bar{B} + H-CH_2-\overset{O}{\overset{\|}{C}}-CH_3 \longrightarrow HB + \bar{C}H_2-\overset{O}{\overset{\|}{C}}-CH_3$$

$$\bar{C}H_2-\overset{O}{\overset{\|}{C}}-CH_3 \rightleftharpoons CH_2=\overset{O^-}{\overset{|}{C}}-CH_3$$

烯醇负离子中存在 p-π 共轭效应，负电荷得到分散，烯醇负离子比较稳定。α-碳负离子可以作为一个良好的亲核试剂和另一个分子的羰基发生加成反应，也可以同卤素反应。

1. 羟醛缩合反应

在稀碱或酸的催化下，有 α-氢的醛或酮形成的碳负离子作为亲核试剂进攻另一分子醛、酮的羰基，缩合生成 β-羟基醛、酮的反应称为羟醛缩合（aldol condensation）（也叫醇醛缩合）反应。形成的 β-羟基醛、酮在加热或用稀酸处理时，很容易脱水生成 α,β-不饱和醛、酮。例如：

乙醛在稀碱催化下的反应机理如下：

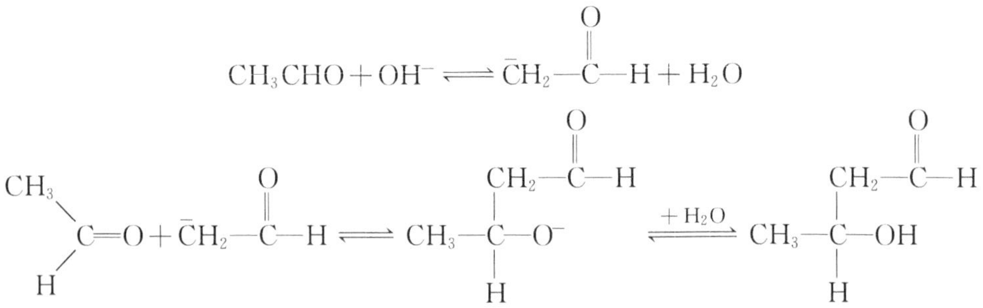

醛缩合反应也可用 $AlCl_3$、HF、HCl、H_3PO_4、磺酸等酸催化剂催化。在酸性溶液中，生成的羟醛易发生脱水，脱水反应是不可逆的，从而使反应进行到底。

反应机理如下：

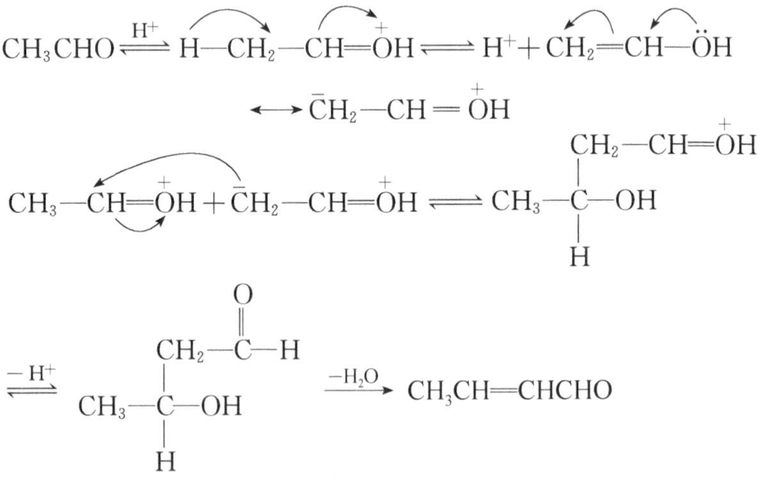

羟醛缩合是使碳链加长的一种重要的方法，生成的羟醛可以转化成多种产物。

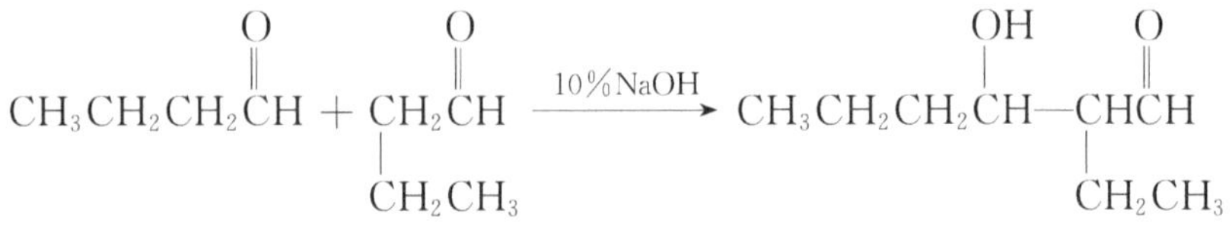

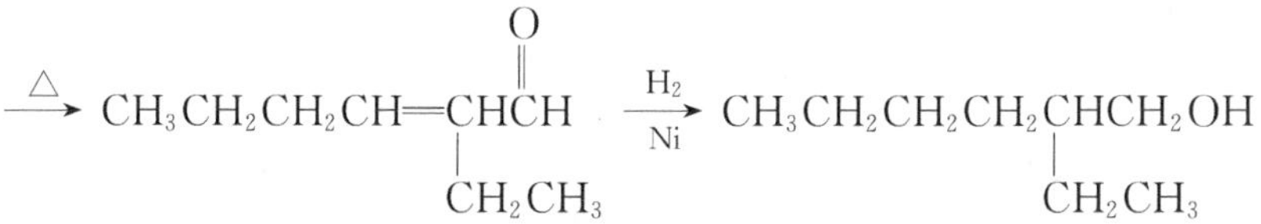

2-乙基己醇是制备塑料增塑剂邻苯二甲酸二辛酯的主要原料。

酮在同样的条件下，也可以发生缩合反应形成 β-羟基酮。在电子效应和空间效应的影响下只能得到少量缩合产物，反应的平衡大大偏向于反应物一方。

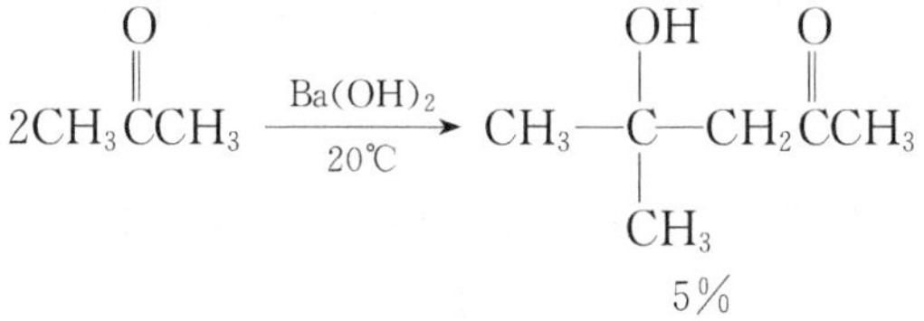

设法使平衡不断向右移动，能得到较高产率的缩合产物。例如，使用索氏提取器将生成的缩合产物 β-羟基酮不断由平衡体系中移去，可以使丙酮大部分转化为 β-羟基酮(产率 70%)；也可将 β-羟基酮在少量碘催化下，蒸馏、脱水生成 α,β-不饱和酮，脱水反应不可逆，因此能使平衡向右移动。

二羰基化合物可以进行分子内羟醛缩合，用于 5～7 元环化合物的合成。它比分子间缩合反应容易，且产率较高，是目前合成环状化合物的一种方法。例如：

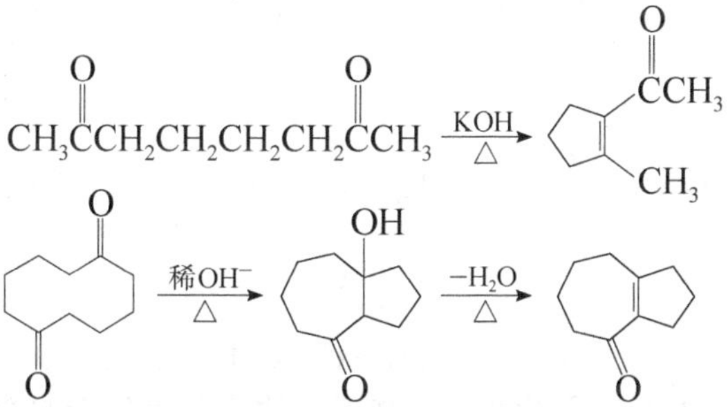

没有 α-氢的醛或酮如甲醛、三甲基乙醛、苯甲醛及其他芳醛、二苯甲酮等都不发生羟醛缩合反应。但它们的羰基可以与别的有 α-氢的醛或酮作用，生成相应的 β-羟基醛、酮。例如：

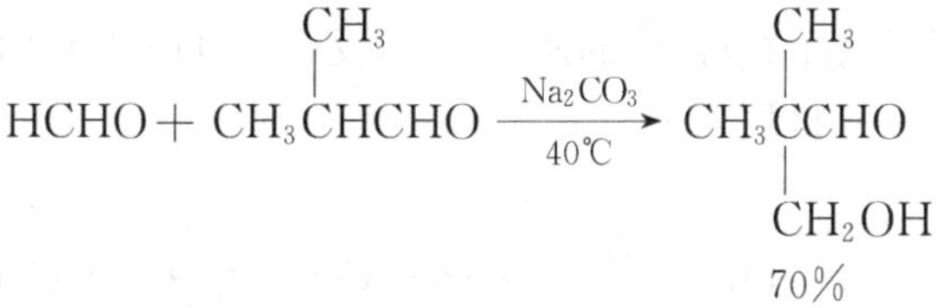

两种不同的醛、酮之间发生的羟醛缩合反应称为交叉羟醛缩合反应(crossed reaction of aldol condensation)。如果两个不同的醛或酮都有 α-氢，得到四种缩合产物的混合物，没有制备价值。如果有一个反应物含 α-氢，而另一个反应物不含

α-氢，这时可得到产率较高的单一产物。例如：

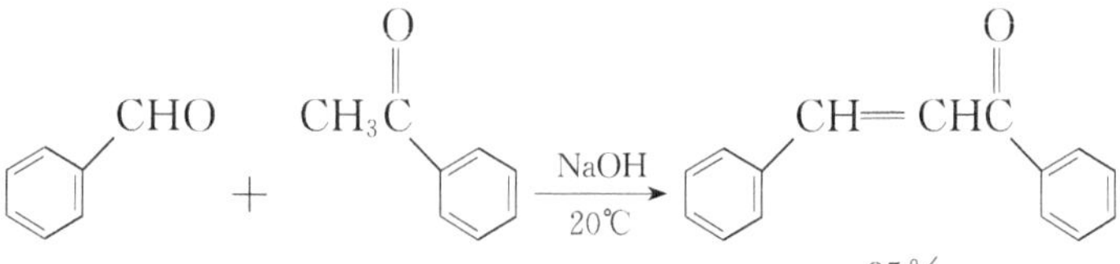

85%

由芳醛与含有 α-氢的醛、酮在碱性条件下进行羟醛缩合反应，脱水后得到 α,β-不饱和醛、酮的反应称为克莱森-施密特(Claisen-Schmidt)反应。

2. 卤代反应及卤仿反应

在酸或碱的催化作用下，醛、酮的 α-氢容易被卤素取代，生成 α-卤代醛、酮。

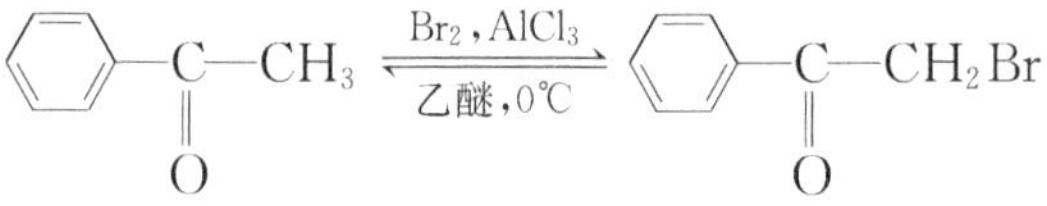

88%～96%

酸催化下进行氯代、溴代、碘代，可以得到一卤代物。酸催化下的卤代反应机理如下：

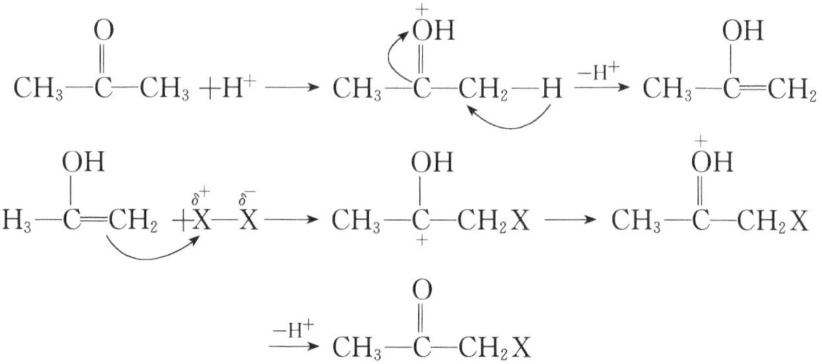

在上列各步骤中，从质子化酮生成烯醇是决定整个反应的速度控制步骤，在此步骤中，只与醛、酮及酸的浓度有关，与卤素浓度无关。

当 α-碳导入一个卤原子后，由于卤原子的吸电子作用降低了羰基氧原子上的电子云密度，减弱了接受质子的能力，反应使酮式转化为烯醇式比未卤代的醛、酮困难。因此，α-卤代醛、酮继续卤代的速度变慢，反应可以控制在一卤代物生成阶段。

碱催化的卤代反应机理如下：

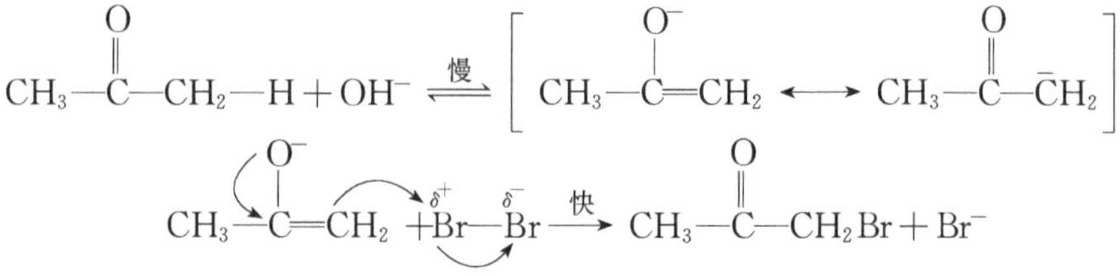

碱用量必须超过 1mol，因为除了催化作用外，还必须不断中和反应中产生的酸。

由于卤原子的吸电子性，卤代醛、酮上的 α-氢原子比未取代的醛、酮的 α-氢更加偏酸性，第二个 H 容易被 OH^- 夺取后卤代。同理，第三个 H 比第二个 H 更容易被 OH^- 夺取而被卤代。所得的 α-三卤代醛、酮的羰基容易被 OH^- 进攻从而导致使 C—C 键断裂，生成三卤甲烷（又称卤仿）和羧酸盐，称为卤仿反应。生成的碘仿（CHI_3）是不溶于水的黄色固体，有特殊的气味，称碘仿反应（iodoform reaction），可用于鉴别含有甲基的醛、酮。例如：

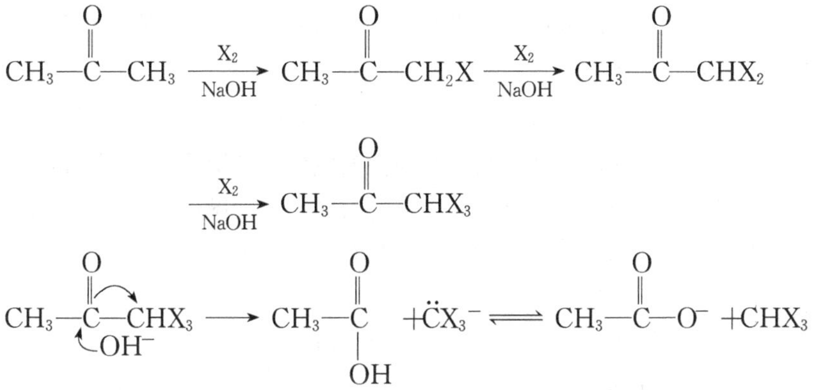

卤素的碱溶液具有一定的氧化性，乙醇和其他甲基醇可以先被氧化为相应的甲基醛、酮，发生卤仿反应。工业生产上就是用乙醇代替乙醛或丙酮来制取氯仿或碘仿。

$$CH_3CH_2OH \xrightarrow[NaOH]{I_2} CH_3CHO \xrightarrow[NaOH]{I_2} CHI_3\downarrow + HCOONa$$

$$CH_3CH(OH)CH_3 \xrightarrow[NaOH]{I_2} CH_3COCH_3 \xrightarrow[NaOH]{I_2} CHI_3\downarrow + CH_3COONa$$

卤仿反应也常用来由甲基酮合成少一个碳原子的羧酸，用于制备一些用其他方法难以得到的羧酸。例如：

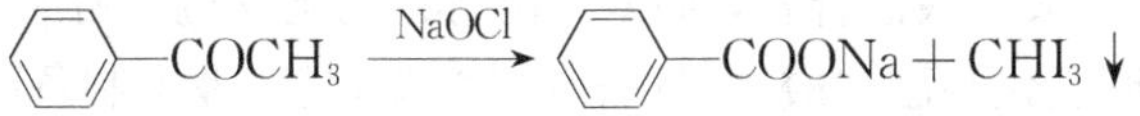

不对称的酮与卤素在碱性条件下反应，酸性较强的 α-氢优先反应。

$$CH_3COCH_2C(CH_3)_3 + Br_2 \xrightarrow{OH^-} \xrightarrow{H^+} HOOCCH_2C(CH_3)_3 + CHBr_3$$

89%

9.5.3 醛、酮的氧化和还原

1. 氧化反应

醛很容易被氧化，空气中的氧都可将醛氧化。酮一般不被氧化，在强氧化剂作用下，碳碳键会发生断裂。若使用弱氧化剂，醛能被氧化而酮不被氧化，这是实验室区别醛、酮的方法。常用的弱氧化剂是土伦(Tollens)试剂、费林(Felhing)试剂或本尼迪特(Benedict)试剂。

土伦试剂是硝酸银的氨溶液。将醛和土伦试剂共热，醛被氧化为羧酸，银离子被还原为金属银附着在试管壁上形成明亮的银镜，所以这个反应又称为银镜反应(silver mirror reaction)。

$$RCHO + 2Ag(NH_3)_2{}^+ + 2OH^- \longrightarrow RCOO^- NH_4{}^+ + 2Ag\downarrow + H_2O + 3NH_3$$

费林试剂是由硫酸铜溶液和酒石酸钾钠的氢氧化钠溶液混合而成的深蓝色溶液。酒石酸钾钠的作用是使铜离子形成配合物而不致在碱性溶液中生成氢氧化铜沉淀。脂肪醛与费林试剂反应，生成氧化亚铜砖红色沉淀。芳香醛不与费林试剂反应。

$$RCHO + Cu^{2+} \xrightarrow{OH^-} RCOO^- + Cu_2O\downarrow$$

甲醛可以使费林试剂中的 Cu^{2+} 还原成单质的铜，称为铜镜反应。

本尼迪特试剂是由硫酸铜、碳酸钠和柠檬酸钠组成的混合液。本尼迪特试剂应用范围基本上与费林试剂相同，起氧化作用的是二价铜离子。

上述三种弱氧化剂只氧化醛基，不氧化双键，可以用于不饱和醛合成不饱和酸。例如：

$$RCH{=}CHCHO \xrightarrow[②H^+]{①Ag(NH_3)_2OH} RCH{=}CHCOOH$$

芳香醛在室温下能被空气中的氧所氧化。例如，将几滴苯甲醛放在玻璃板上，在空气中暴露几小时后，就会变成苯甲酸晶体。光或微量重金属离子(Fe、Co、Ni、Mn 等)对自动氧化有催化作用。

酮一般不被弱氧化剂氧化，使用强氧化剂(如重铬酸钾和浓硫酸)氧化酮，则发生碳链的断裂而生成羧酸混合物，所以一般酮的氧化反应没有合成价值。只有个别例外(如环己酮氧化制己二酸等)具有合成意义，是工业上制备己二酸的方法。

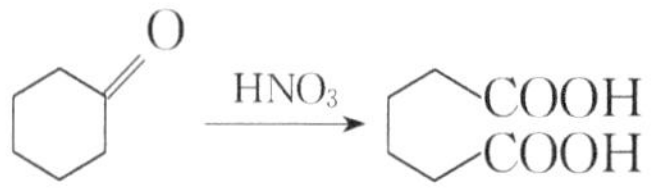

80%～85%

酮类化合物可被过氧酸氧化，与羰基直接相连的碳链断裂，插入一个氧形成酯的反应称为拜尔-维立格(Baeyer-Villiger)氧化反应。用过氧酸使酮氧化不影响其碳架,有合成价值。

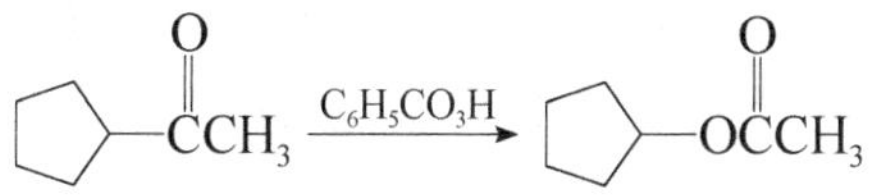

2. 还原反应

醛、酮能够被还原生成醇或烃。还原剂不同,羰基化合物的结构不同,所生成的产物也不同。

(1) 还原成醇。用催化氢化的方法,醛、酮可分别被还原为伯醇或仲醇。常用的催化剂是镍、钯、铂。反应一般在较高温度和压力下进行,产率较高,后处理简单,但是催化剂较贵,并且分子中的其他不饱和基团(如 $>C=C<$、—C≡C—、—NO_2、—C≡N 等)也同时被还原。例如:

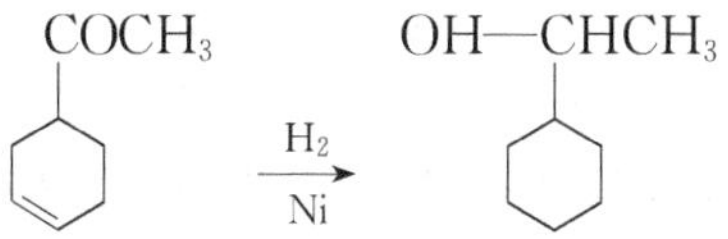

醛、酮也很容易被化学还原剂还原。金属氢化物如硼氢化钠($NaBH_4$)、氢化铝锂($LiAlH_4$)、异丙醇铝($Al[OCH(CH_3)_2]_3$)等是还原羰基的常用试剂。

硼氢化钠在水溶液或醇溶液中是一种温和的还原剂,其选择性高、效果好。它只还原醛、酮的羰基,而不还原分子中其他不饱和基团。例如:

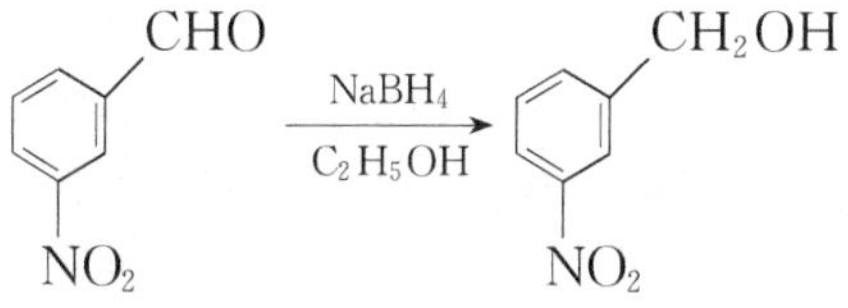

氢化铝锂的还原性比硼氢化钠强,但不稳定,遇水剧烈反应,通常只能在无水醚中使用。氢化铝锂的选择性差,除不还原碳碳双键、碳碳叁键外,其他不饱和键都可被还原。

$$CH_3CH{=}CHCH_2CHO \xrightarrow[\text{②}H_3O^+]{\text{①}LiAlH_4,\text{干乙醚}} CH_3CH{=}CHCH_2CH_2OH$$

异丙醇铝-异丙醇将醛、酮还原为醇的反应称为米尔文-庞道夫(Meerwein-Ponndorf)还原法,反应的选择性高,只还原羰基而不影响碳碳双键等。例如:

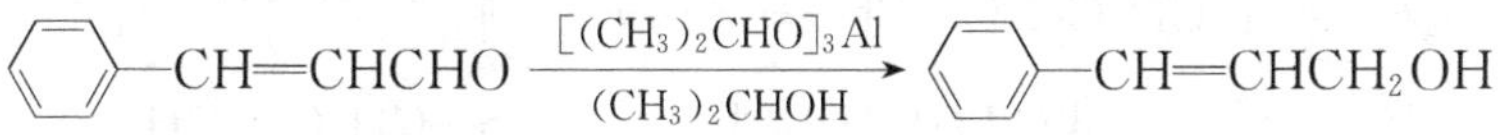

该反应是可逆平衡反应,一般可以通过多加异丙醇或不断蒸出低沸点丙酮的

方法，使平衡向右移动，从而达到还原醛、酮的目的。

醛、酮可以被金属钠、铝、镁、铝汞齐或低价钛试剂等还原剂还原。醛被还原成伯醇，酮与某些还原剂作用时，除生成仲醇外，大量生成双分子还原产物。例如，丙酮用镁汞齐作还原剂在苯溶液中加热还原，生成四甲基乙二醇，又称频哪醇(pinacol)。

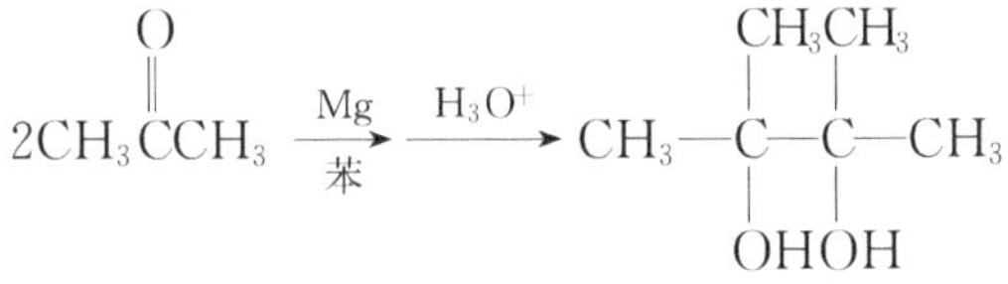

(2) 还原成烃。用锌汞齐与浓盐酸将羰基直接还原为亚甲基称为克莱门森(Clemmenson)还原法。反应在浓盐酸介质中进行，要求反应物不能含有对酸或还原剂敏感基团(卤原子、羟基、硝基、碳碳双键及叁键等)，羧基不受影响。

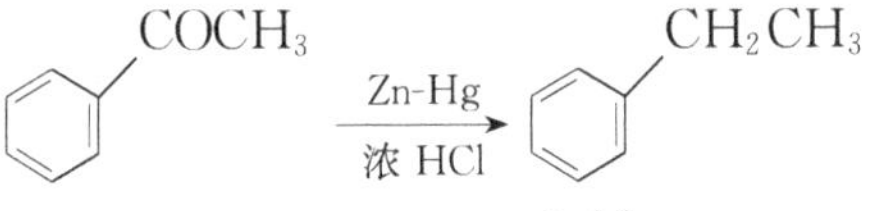

80%

醛、酮在碱性及高温、高压条件下与无水肼作用，羰基被还原成亚甲基的反应叫沃尔夫-凯惜纳(Wolff-Kishner)还原。1946 年，我国化学家黄鸣龙对反应条件进行了改进。使用肼的水溶液和一个高沸点水溶性溶剂(如二甘醇、三甘醇)一起加热，反应可在常压下进行，提高了产率，应用更加广泛，因此改进的方法称为黄鸣龙改进法。例如：

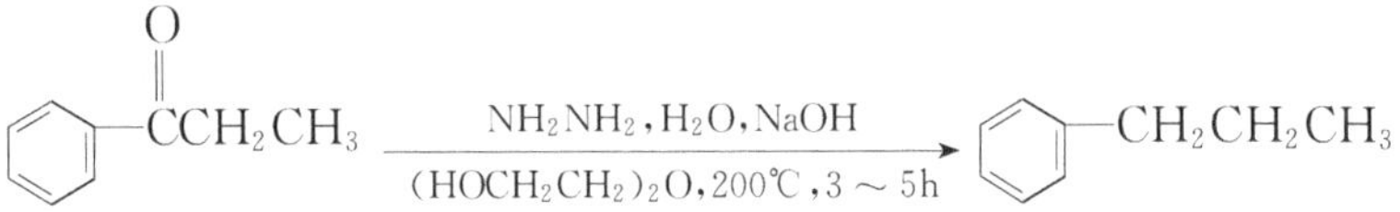

82%

克莱门森还原法和黄鸣龙改进法可以互相补充，克莱门森还原法适于对碱敏感的醛、酮；黄鸣龙改进法要求反应物不能含有对碱敏感基团(羟基、碳碳双键及叁键等不受影响)，适用于对酸敏感的醛、酮。通过芳烃酰基化反应制得芳香酮，经克莱门森还原法或黄鸣龙改进法将羰基还原为亚甲基，是在芳环上引入直链烷基的一种间接方法。例如：

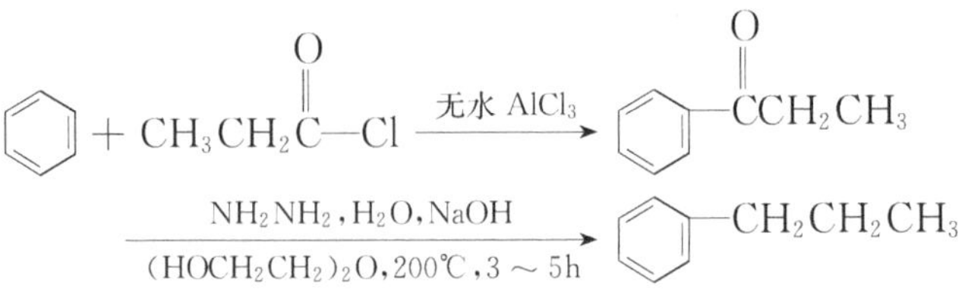

3. 康尼查罗反应

没有 α-H 的醛，在浓碱作用下，发生自身的氧化和还原反应，一分子醛被氧化成羧酸，另一分子醛被还原成醇，称为歧化反应，也叫做康尼查罗(Cannizzaro)反应。例如：

$$2HCHO \xrightarrow{\text{浓 NaOH}} HCOONa + CH_3OH$$

$$C_6H_5CHO \xrightarrow{\text{浓 NaOH}} C_6H_5COONa + C_6H_5CH_2OH$$

两种没有 α-氢的醛进行交叉歧化反应的产物复杂，不易分离，没有实际意义。如果有甲醛参与反应，甲醛更容易被氧化，总是得到甲酸和另一种醛还原的醇。例如：

$$C_6H_5CHO + HCHO \xrightarrow{\text{浓 NaOH}} HCOONa + C_6H_5CH_2OH$$

这种产物单一，产率较高的交叉歧化反应，在合成上有重要用途。例如，工业生产季戊四醇(pentaerythritol)，就利用了羟醛缩合和歧化反应。

$$HCHO + CH_3CHO \xrightarrow[\text{羟醛缩合}]{Ca(OH)_2} (HOCH_2)_3CCHO$$

$$(HOCH_2)_3CCHO + HCHO \xrightarrow[\text{歧化反应}]{40\%NaOH} (OHCH_2)_3CCH_2OH + HCOO^-$$

季戊四醇是重要的化工原料，它常用来制备血管扩张剂(季戊四醇四硝酸酯)、工程塑料聚氯醚和油漆用的醇酸树脂等。

9.6 重要的醛、酮

9.6.1 甲醛

甲醛又名蚁醛，在常温下是无色有特殊刺激气味的气体，沸点 -21℃，易溶于水。含甲醛 37%～40%、甲醇 8%的水溶液叫做“福尔马林”(formalin)，在医药和农业上广泛用作杀菌剂和防腐剂。

工业上主要采用催化氧化法，由甲醇和空气的混合物制取甲醛。

$$CH_3OH + O_2 \xrightarrow[250 \sim 300℃]{Cu} HCHO + H_2O$$

甲醛容易氧化，极易聚合，其浓溶液(60%左右)在室温下长期放置就自动聚合成环状聚合物——三聚甲醛。

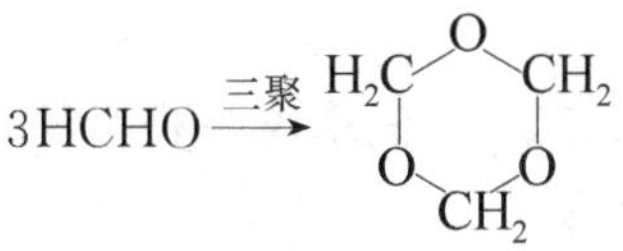

三聚甲醛为白色晶体,熔点 62℃,沸点 112℃,在酸性介质中加热,可以解聚再生成甲醛。可以应用聚合、分解反应来保存或精制甲醛。由于在水中与水加成,生成甲醛的水合物甲二醇,所以久置的甲醛水溶液会生成白色固体——多聚甲醛,它是甲二醇分子间脱水生成的链状聚合物。

$$n\mathrm{HOCH_2OH} \longrightarrow \mathrm{HO\!+\!CH_2O\!+_{n}H} + (n-1)\mathrm{H_2O}$$

多聚甲醛的聚合度 n 为 80～100,加热到 180～200℃时,重新分解出甲醛。因此常将甲醛以这种方式进行储存和运输,也作为气态甲醛的方便来源,可以用作仓库熏蒸剂,进行消毒杀菌。在一定的催化剂存在下,高纯度的甲醛可以聚合成聚合度很大的(n 为 500～5000)高聚物——聚甲醛。它是一种具有一定优异性能的工程塑料,可用于制造轴承、齿轮和滑轮等。

甲醛与氨作用,可得六亚甲基四胺,俗称乌洛托品。

$$6\mathrm{HCHO} + 4\mathrm{NH_3} \longrightarrow$$

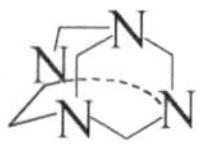

六亚甲基四胺为无色晶体,熔点 263℃,易溶于水,有甜味,医药上用作利尿剂和尿道消毒剂,工业上可用作橡胶促进剂等,在有机合成中用以引入氨基。

甲醛大量用于制造酚醛树脂、脲醛树脂、合成纤维(维尼纶)、季戊四醇等。

9.6.2　乙醛

乙醛(acetaldehyde)是无色、有刺激气味、易挥发的液体,沸点 20.8℃,可溶于水、乙醇和乙醚中,易燃烧。

工业上由乙炔加水或由乙烯、乙醇氧化制备。

$$\mathrm{CH_2{=}CH_2} + \mathrm{O_2} \xrightarrow{\mathrm{CuCl_2\text{-}PdCl_2}} \mathrm{CH_3CHO}$$

$$\mathrm{CH_3CH_2OH} + \mathrm{O_2} \xrightarrow{\mathrm{Ag}} \mathrm{CH_3CHO} + \mathrm{H_2O}$$

乙醛易聚合,此反应是可逆反应,平衡时约有 95%乙醛转化为三聚乙醛。

$$3\mathrm{CH_3CHO} \underset{}{\overset{\text{浓}\ \mathrm{H_2SO_4}}{\rightleftharpoons}}$$

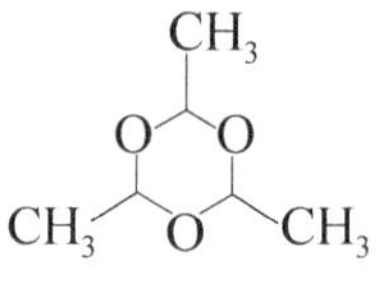

三聚乙醛是无色液体,沸点 124℃,微溶于水,三聚乙醛是环醚,不具有醛的性质。加入少量的硫酸,蒸馏三聚乙醛可以解聚成乙醛,是乙醛的保存形式,便于保存和运输。

乙醛是合成乙酸、乙酐、三氯乙醛、季戊四醇等多种化合物的重要原料。

【阅读材料】

羰基的不对称还原

酮类化合物加氢还原得到的仲醇类化合物是重要的有机反应中间体，在有机合成中有着很重要的用途。酮羰基被还原时，还原剂(H^-)可以从羰基平面两侧加到羰基上得到互为对映的醇，因此羰基的碳原子被称为前手性中心，该羰基化合物称前手性物质。将前手性物质选择性转化成手性产物的氢化反应称为不对称还原反应。在酮的不对称还原中，往往对不同的底物具有不同的最适宜的还原试剂及还原方法。除使用手性试剂如硼烷试剂和金属手性试剂直接还原外，通过催化不对称还原，无论在学术上还是在工业应用上都有很重要的地位。关键是选择合适的不对称催化剂，催化剂是由中心离子和手性配体络合而成。手性配体的选择与设计成为不对称催化的主题。最具代表性的配体是 R. Noyori 开发的 BINAP5，该配体在一系列的具有官能团的链烯和酮化合物的氢化还原过程中显示了极高的手性识别能力。选择合适的催化剂的对映体，产物的 2 个对映体均能有效的合成。这种过渡金属催化操作起来是清洁、简单且经济的，它能催化很多反应，因此 R. Noyori2001 年被授予了诺贝尔化学奖。此种 BINAP-Ru 型催化剂已经工业应用在手性合成生物消炎药萘普生、异喹啉碱类劳丹素和左氟沙星等。

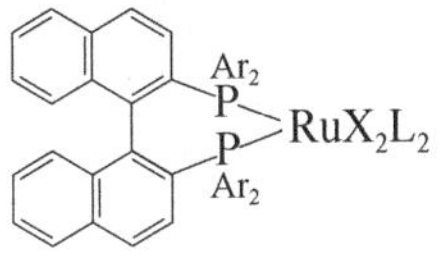

$$\underset{\text{OH}}{\text{CH}_2}\overset{\text{O}}{\overset{\|}{\text{C}}}\text{CH}_3 + \text{H}_2 \xrightarrow[\text{Ar=aryt, L=Ligand; X=Cl, Br 或 I}]{(R)\text{-BINAP-Ru(II)}} \underset{\text{OH}}{\text{CH}_2}\underset{\text{OH}}{\text{CH}}\text{CH}_3$$

乙酰甲醇在(R)-BINAP-Ru(Ⅱ)催化下氢化还原得到(R)-1,2-丙二醇

该反应用于抗菌素左氟沙星的工业合成

随着新型手性催化剂的研制成功和不对称催化反应的发展，对于不对称催化还原羰基的反应机理，有了较深入的认识，有望在大多数前手性酮的不对称还原反应中，获得高光学纯度和高收率的手性仲醇，用于手性药物、农药、香料等的合成领域中。

习 题

1. 命名下列化合物

(1) $\text{CH}_3\text{CH}_2\underset{}{\overset{\text{CH}_3}{\overset{|}{\text{C}}}}\text{HCHO}$

(2) $\text{CH}_3\overset{\text{O}}{\overset{\|}{\text{C}}}\text{CH}_2\overset{\text{CH}_3}{\overset{|}{\text{C}}}\text{HCH}_3$

(3) 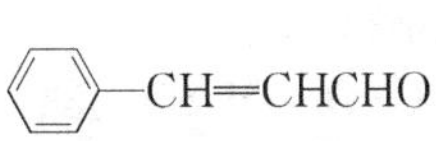

(4) $\text{CH}_3\text{CH}_2\overset{\text{O}}{\overset{\|}{\text{C}}}\text{CH}_2\text{CH}_2\text{CHO}$

(5) 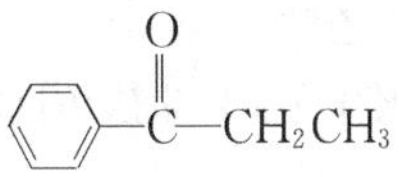

(6) 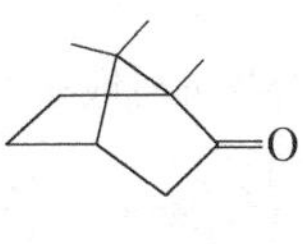

(7) 

(8) 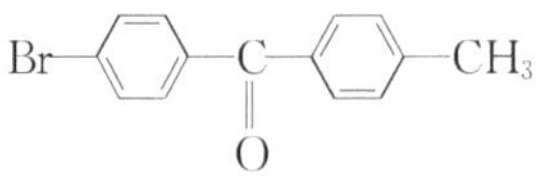

(9) 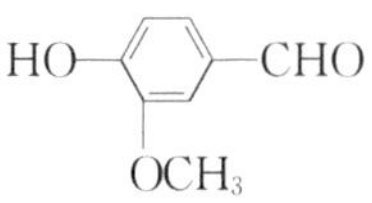

(10) 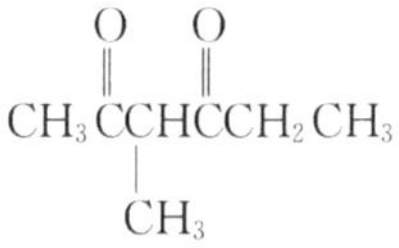

(11) 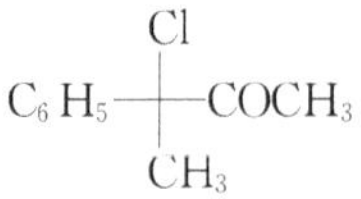

(12) 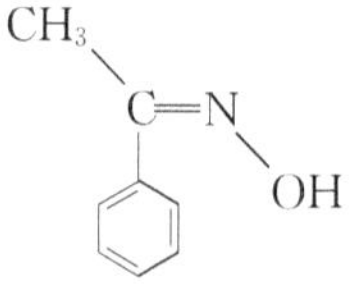

(13) 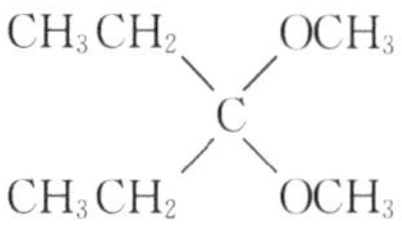

(14) 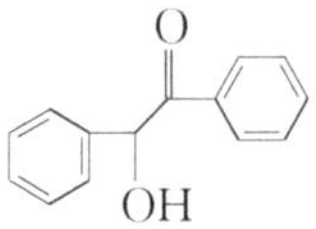

(15) 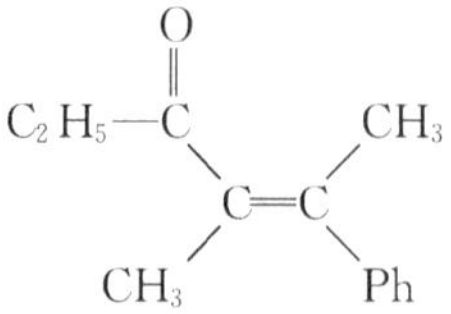

2. 写出下列化合物结构简式。

(1) 苯乙醛　(2) 环己酮缩乙二醇　(3) 邻甲基苯甲醛缩乙二醇

(4) 2-甲基丙醛　(5) (*E*)-3-苯基丙烯醛　(6) 4-甲氧基-3-溴苯甲醛

(7) 三聚甲醛　(8) 1-苯基-2-丙酮　(9) 螺[4.5]-2-癸酮

(10) 苯甲醛肟　(11) 丙酮苯腙　(12) 4-甲基-3-甲氧基苯甲醛

(13) 2,4-戊二酮　(14) 丙酮缩氨脲　(15) (*Z*)-4-苯基-3-丁烯-2-酮

(16) 2-甲基-3-戊酮　(17) 4-戊烯-2-酮　(18) 二环[4.3.0]-7-壬酮

3. 写出正丁醛和苯乙酮与下列各试剂反应所生成的主要产物,若不反应请注明。

(1) NH_2NH_2 + NaOH,二缩乙二醇,200℃　(2) $LiAlH_4$,然后水解

(3) $NaBH_4$,在 NaOH 水溶液中　(4) Zn-Hg + HCl

(5) $Ag(NH_3)_2OH$　(6) $(C_6H_5)_3P{=}CHCH_3$

(7) 饱和 $NaHSO_3$　(8) NH_2—OH

(9) HNO_3,H_2SO_4　(10) I_2 + NaOH

(11) $HOCH_2CH_2OH$ 和无水 HCl　(12) 2,4-二硝基苯肼

(13) 10%NaOH,△　(14) 氨基脲

(15) CH_3MgBr+乙醚,然后水解　(16) $K_2Cr_2O_7$ + H_2SO_4,△

(17) 费林试剂　(18) Br_2 + 乙酸

4. 下列化合物中,哪些化合物可与饱和 $NaHSO_3$ 加成?哪些化合物能发生碘仿反应?哪些化合物两种反应均能发生?

(1) $CH_3COCH_2CH_3$　　(2) CH_3CH_2OH　　(3) $CH_3CH_2CH_2CHO$

(4) $CH_3CH_2COCH_2CH_3$　　(5) $(CH_3)_3CCHO$　　(6) $CH_3\overset{OH}{\overset{|}{C}}HCH_2CH_3$

(7) 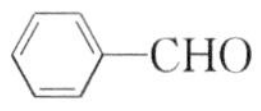　　(8) 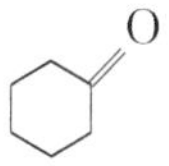　　(9) 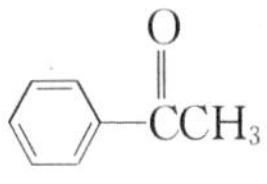

5. 按亲核加成反应活性次序排列下列化合物。

(1) A. CF_3CHO　　B. $CH_3COCH{=}CH_2$　　C. CH_3CHO

D. $CH_3CH{=}CHCHO$　　E. CH_3COCH_3

(2) A. CH_3CH_2CHO　　B. CH_3COCH_3　　C. C_6H_5CHO

D. $CH_3CHClCHO$　　E. $C_6H_5COC_6H_5$　　F. $C_6H_5COCH_3$

6. 将下列化合物与饱和 $NaHSO_3$ 溶液反应的平衡常数按从大到小的顺序排列。

(1) CCl_3CHO　　(2) $C_6H_5COC_6H_5$　　(3) $CH_3COCH_2CH_3$

(4) p-$CH_3C_6H_5CHO$　　(5) C_6H_5CHO　　(6) CCl_3COCH_3

7. 用化学方法区别下列各组化合物。

(1) 2-戊酮,3-戊酮,戊醛　　(2) 1-丙醇,丙醛,丙酮

(3) 苯甲醛,乙醛,丙酮,3-戊酮　　(4) 3-戊醇,苯乙酮,1-苯基乙醇

8. 用化学方法分离混合物。

(1) 3-己酮,正己醛　　(2) 苯酚,环己醇,环己酮

9. 完成下列反应式。

(1) 

(2) 

(3) 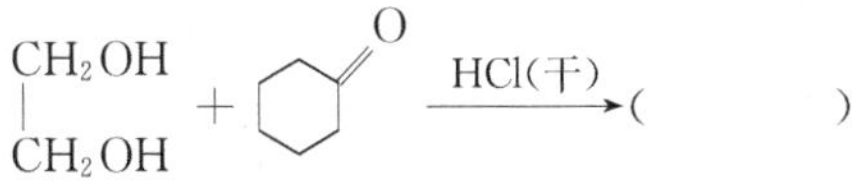

(4) 

(5) $2CH_3{-}CHO \xrightarrow{10\%NaOH} (\quad\quad) \xrightarrow{\triangle} (\quad\quad) \xrightarrow[CH_3OH]{NaBH_4} (\quad\quad)$

(6) $(CH_3)_2CHCHO \xrightarrow[CH_3COOH]{Br_2} (\quad\quad) \xrightarrow[干\ HCl]{2C_2H_5OH} (\quad\quad)$

$\xrightarrow[干(C_2H_5)_2O]{Mg} (\quad\quad) \xrightarrow[②H_3O^+]{①(CH_3)_2CHCHO} (\quad\quad)$

(7) 

(8) $CH_3\overset{O}{\overset{\|}{C}}CH_3 + HCN \longrightarrow (\quad\quad)$

(9) 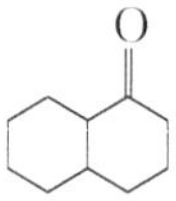 $\xrightarrow[\text{干醚}]{CH_3MgI}$ (　　　　) $\xrightarrow[H^+]{H_2O}$ (　　　　)

(10) $(CH_3)_2CHCHO + HCHO \xrightarrow[\text{过量}]{K_2CO_3}$ (　　　　)

(11) 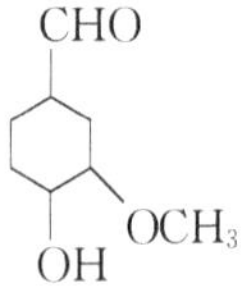 $\xrightarrow[HCl]{Zn\text{-}Hg}$ (　　　　)

(12) $CH_3CHO + 3NaOBr \longrightarrow$ (　　　　) $\xrightarrow[\triangle]{NaOH}$ (　　　　)

(13) 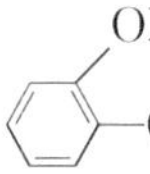 —CHO + $NaHSO_3$(饱和) $\longrightarrow$ (　　　　)

(14) $CH_3\overset{O}{\overset{\|}{C}}CH_2CH_3 + HSCH_2CH_2CH_2SH \longrightarrow$ (　　　　)

(15) $CH_3CH_2CHO + NH_2—OH \longrightarrow$ (　　　　) $\xrightarrow{\text{稀 }HCl}$ (　　　　)

(16)  —CHO + $H_2NNH_2 \longrightarrow$ (　　　　)

(17)  $—\overset{O}{\overset{\|}{C}}CH_2CH_3 \xrightarrow[(HOCH_2CH_2)_2O,\triangle]{H_2NNH_2,NaOH}$ (　　　　)

(18) $CH_3CH{=}CHCH_2\overset{O}{\overset{\|}{C}}CH_3 \xrightarrow[(CH_3)_2CHOH]{[(CH_3)_2CHO]_3Al}$ (　　　　)

(19) 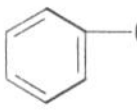 —$CH{=}PPh_3$ + 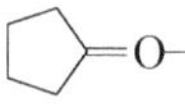 $\longrightarrow$ (　　　　)

(20) $CH_3CH_2CHO + H_2O \rightleftharpoons$ (　　　　)

10. 用所选原料合成下列各化合物(无机试剂任选)。

(1) 以乙炔、丙烯为主要原料合成正戊醛

(2) 以乙炔、丙烯为主要原料合成 4-辛酮

(3) 以乙炔为主要原料合成 3-丁酮酸

(4) 以丙酮为主要原料合成 2,3-二甲基-2-丁醇

(5) 以丙烯醛为主要原料合成 $\underset{OH}{\underset{|}{CH_2}}—\underset{OH}{\underset{|}{CH}}CHO$

(6) 以乙醛为主要原料合成 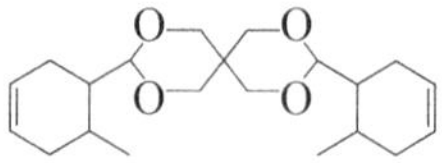

11. 加入少量 NaCN,可使 HCN 与 $R\overset{O}{\overset{\|}{C}}R$ 加成,生成 $R_2\overset{OH}{\overset{|}{C}}—CN$ 的速率增加,请给出解释。

12. 写下列反应的反应机理。

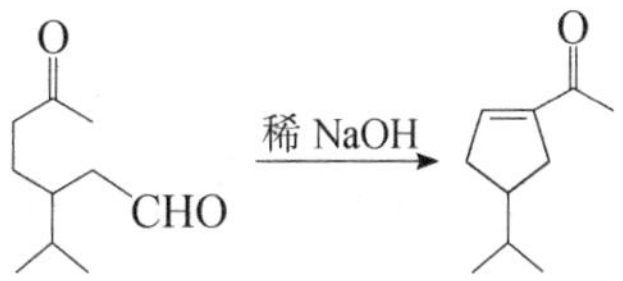

13. 化合物 A($C_5H_{12}O$)有旋光性,它在碱性高锰酸钾溶液作用下生成 B($C_5H_{10}O$),无旋光性。化合物 B 与正丙基溴化镁反应,水解后得到 C,C 经拆分可得到互为镜像的两个异构体,试推测化合物 A,B,C 的结构。

14. 有一烃 A(C_9H_{12}),能吸收 3mol 溴;与 $Cu(NH_3)_2Cl$ 溶液能生成红色沉淀;A 在 $HgSO_4$-H_2SO_4 存在下能水合生成 B($C_9H_{14}O$);B 与过量的饱和 $NaHSO_3$ 溶液反应生成白色结晶;B 与 NaOI 作用生成一个黄色沉淀和一个酸 C($C_8H_{12}O_2$),C 能使 Br_2-CCl_4 溶液褪色,C 用臭氧氧化然后还原水解,生成 D($C_7H_{10}O_3$)。D 能与羰基试剂反应,还能与 $Ag(NH_3)_2OH$ 溶液发生银镜反应,生成一个无 α-氢的二元酸。确定 A～D 的构造,并写出有关的主要反应式。

15. 有一化合物 A 分子式为 $C_8H_{14}O$,A 可使溴水迅速褪色,可以与苯肼反应,A 氧化后生成一分子丙酮及另一化合物 B,B 具有酸性,与 NaOCl 反应生成一分子氯仿和一分子丁二酸,试写出 A,B 可能的结构。

16. 分子式为 C_3H_6O 的化合物 A,可以还原生成 B(C_3H_8O),B 和 $SOCl_2$ 反应得到 C(C_3H_7Cl);从 C 制备格氏试剂与 A 反应再水解得 D($C_6H_{14}O$),D 可以氧化成酮 E($C_6H_{12}O$)。试写出 A～E 的构造式。

17. 化合物 A($C_6H_{12}O$)能与羟胺作用生成肟,但不起银镜反应;在铂催化下进行加氢则得到醇 B,此醇经去水、臭氧化,水解等反应后,得到两种液体 C 和 D。C 能进行银镜反应但不能起碘仿反应,而 D 能起碘仿反应却不能使费林试剂还原。试推断 A 的构造并写出相关反应式。

第 10 章　羧酸及其衍生物

羧酸(carboxylic acids)及羧酸衍生物(carboxylic acid derivatives)广泛存在于自然界中。羧酸和它的衍生物——酯(ester)、酰胺(amide)、酰卤(carbonyl halide)和酸酐(acid anhydride)与醛、酮一样,分子中都含有 C=O。但因羰基所连的基团不同,性质各异。

10.1　羧酸的结构、分类和命名

10.1.1　羧酸的结构

含有羧基 $-\overset{\overset{\displaystyle O}{\|}}{C}-OH$ 的化合物叫做羧酸。可以用通式 R—COOH 和 Ar—COOH 表示。羧酸是许多有机化合物氧化的产物,广泛地存在于自然界中。

羧基中的碳原子是 sp^2 杂化,它用三个 sp^2 杂化轨道分别与羟基(—OH)的氧原子、羰基$\left(\gt C=O\right)$的氧原子和一个烃基的碳原子(也可以是一个氢原子)以 σ 键相结合,且这三个 σ 键在同一个平面上。剩余的一个碳原子 p 轨道与羰基中氧原子的 p 轨道互相侧面重叠而形成一个 π 键。C=O 和 C—O 的键长不同。例如,甲酸结构参数见图 10-1 和表 10-1 所示。

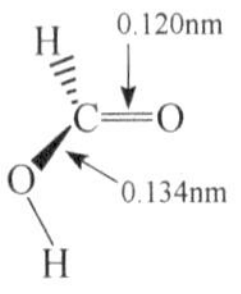

图 10-1　甲酸的分子结构

表 10-1　甲酸的结构参数

键长/nm		键　角	
C=O	0.120	H—C=O	124.1°
C—O	0.134	O—C=O	124.9°
C—H	0.110	H—C—O	110.0°
O—H	0.097	H—O—C	106.3°

从表 10-1 数据可以看出,围绕羧基碳原子的键角,只是近似于 sp^2 杂化。

10.1.2　羧酸的分类和命名

1. 羧酸的分类

除甲酸外,羧酸可以看作是烃分子中的氢原子被羧基取代所生成的化合物。

(1) 按照与羧基所连的烃基不同，羧酸可分为脂肪羧酸、芳香羧酸、饱和羧酸、不饱和羧酸。

(2) 按照分子中所含羧基的数目可分为一元羧酸、二元羧酸和多元羧酸。

(3) 芳香羧酸有羧基连在芳烃侧链上和羧基连在芳环上两类。

2. 羧酸的命名

自然界存在的脂肪主要成分是高级一元羧酸的甘油酯，因此开链的一元羧酸又称脂肪酸(fatty acid)。

常见的羧酸是根据其天然来源而命名。例如，蚁酸(甲酸，formic acid，最初取自蚂蚁)、乙酸(acetic acid，取自食醋)。又如：

$CH_3CH_2CH_2COOH$　C_6H_5COOH　$C_6H_5CH{=}CHCOOH$　　

酪酸　安息香酸　肉桂酸　乙二酸　琥珀酸

简单的羧酸常用普通命名法命名，选择含有羧基的最长碳链为主链，取代基的位置从羧基相邻的碳原子开始，用 α、β、γ、δ、…希腊字母来标明取代基的位次。例如：

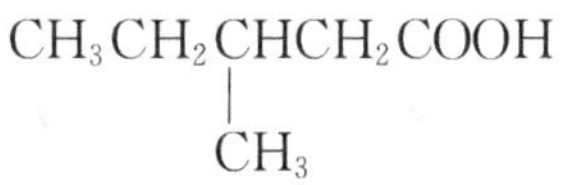

β-甲基戊酸

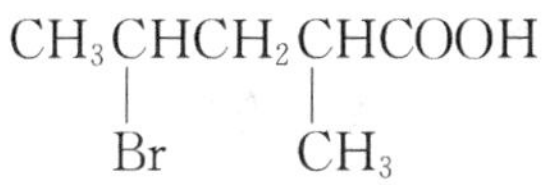

α-甲基-γ-溴戊酸

β-苯基丙酸

羧酸也可看成乙酸的衍生物来命名。例如：

$(CH_3)_2CHCOOH$

二甲基乙酸

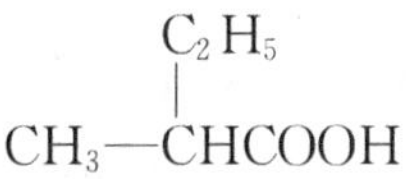

甲基乙基乙酸

对于比较复杂的羧酸，常用系统命名法命名，选择分子中含羧基的碳原子在内的最长碳链为主链，根据主链上碳原子的数目称为某酸。从羧基碳原子开始用阿拉伯数字编号标明取代基的位次，取代基的位次、数目、名称写于酸名称之前。例如：

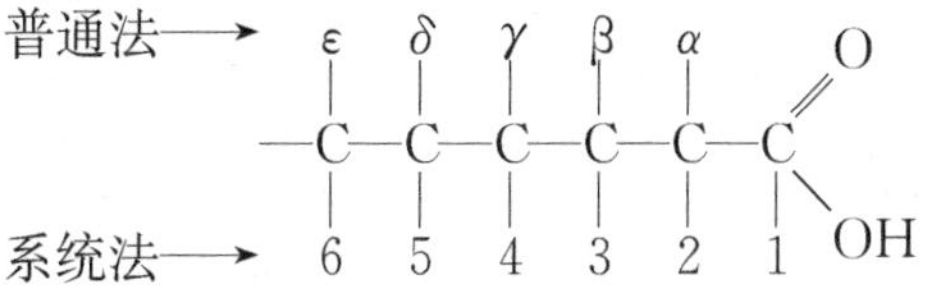

$CH_3CH_2CH_2COOH$

丁酸

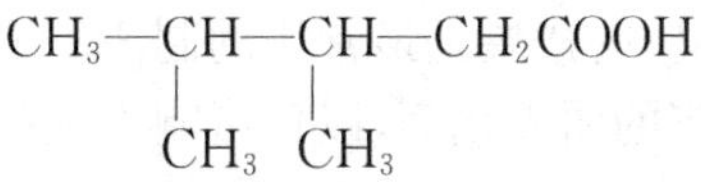

系统名称：3,4-二甲基戊酸
普通名称：β,γ-二甲基戊酸

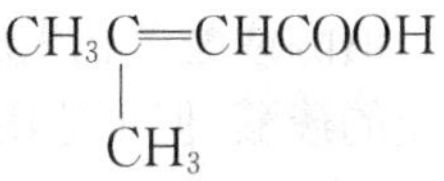

3-甲基-2-丁烯酸

脂肪族二元羧酸的命名，是取分子中包括两个羧基的最长碳链作为主链。根据主链上碳原子的数目，称为某二酸，再加上取代基的名称和位次。对于不饱和酸，则选取含有不饱和键和羧基的最长碳链称某烯酸或某炔酸，并标明不饱和键的位次。例如：

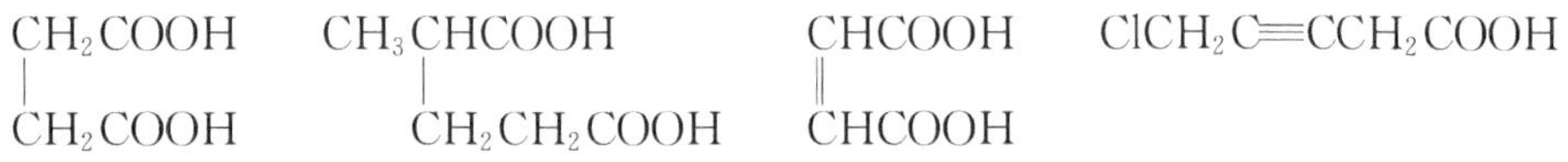

1,4-丁二酸　　2-甲基-1,5-戊二酸　　顺-丁烯二酸　　5-氯-3-戊炔酸

俗名：琥珀酸　　俗名：马来酸　　或 δ-氯-β-戊炔酸

芳香酸命名时，如羧基连在侧链上，以脂肪酸为母体。芳基作为取代基来命名，如羧基连在芳环上，则以芳甲酸为母体，环上的其他基团作为取代基来命名。例如：

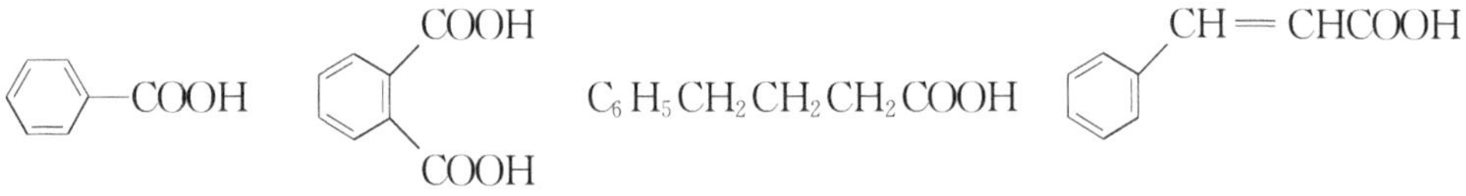

苯甲酸　　邻苯二甲酸　　4-苯基丁酸　　3-苯基丙烯酸

或 1,2-苯二甲酸　　俗名：肉桂酸

羧酸分子中羧基除去羟基后的基团按原来酸的名称称为某酰基(acyl)。羧酸分子去掉羟基上的氢余下的基团称为某酰氧基(acyloxy)，去掉羟基质子所剩基团称为羧酸负离子(carboxylate anion)。例如：

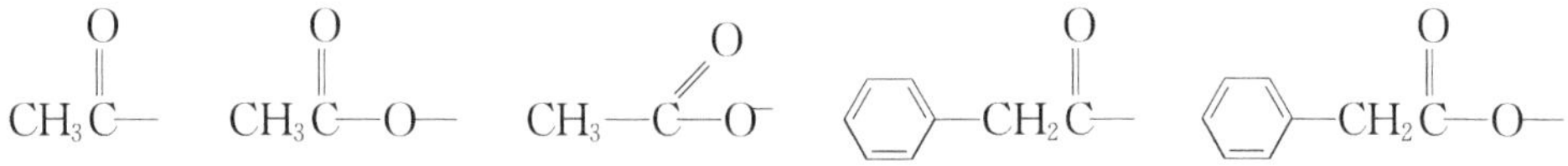

乙酰基　　乙酰氧基　　乙酸负离子　　苯乙酰基　　苯乙酰氧基

10.2　羧酸的制法

羧酸早期是由油脂水解、淀粉发酵等方法而得。

10.2.1　氧化法

1. 从伯醇或醛制备

伯醇或醛氧化生成相应的羧酸是最常用的制法。不饱和醇或醛也可氧化生成相应的羧酸，但须选用适当的弱氧化剂，以免影响不饱和键。

$$CH_3CH_2CH_2OH \xrightarrow[H_2SO_4]{Na_2Cr_2O_7} CH_3CH_2COOH$$

$$CH_3CH{=}CHCHO \xrightarrow{AgNO_3,NH_3} CH_3CH{=}CHCOOH$$

2. 高级脂肪烃氧化

以高级烷烃的混合物，如石蜡（约 $C_{20}\sim C_{30}$）为原料，在催化剂（脂肪酸的锰盐）存在下，用空气或氧气进行氧化可以制得以 $C_{12}\sim C_{18}$ 羧酸为主的高级脂肪酸，用来代替油脂水解制取的高级脂肪酸，作为制皂原料。

$$\underset{\text{(高级烷烃混合物)}}{RCH_2{-}CH_2{-}R'} \xrightarrow[120℃,1.5\sim3MPa]{锰盐,O_2} \underset{\text{(高级脂肪酸混合物)}}{RCOOH+R'COOH}$$

采用低级烷烃（如丁烷）为原料，直接氧化以制取低级羧酸，但往往得到各种羧酸的混合物。例如：

$$C_4H_{10} \xrightarrow[O_2,150\sim250℃,6MPa]{乙酸盐(或环烷酸钴)} CH_3COOH+HCOOH+CH_3CH_2COOH$$

3. 烯烃、炔烃氧化

烯烃也可以作为原料来制取羧酸，反应中烯烃碳链在双键处断裂而得到两种羧酸产物。

$$RCH{=}CHR' \xrightarrow{K_2Cr_2O_7,H_2SO_4} RCOOH+R'COOH$$

对称烯烃或环烯烃，则可得到单纯的氧化产物——一元羧酸或二元羧酸。

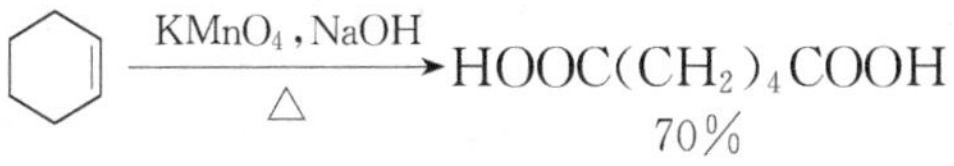

工业上利用丙烯催化氧化可得到丙烯酸。

$$CH_2=CH{-}CH_3+O_2 \xrightarrow[550\sim750℃,0.7\sim1.4MPa]{磷钼酸铋} CH_2{=}CH{-}COOH$$

4. 芳烃侧链的氧化

芳烃的侧链烷基含有 α-氢，不管烷基大小，用强氧化剂氧化，均可制得苯甲酸。

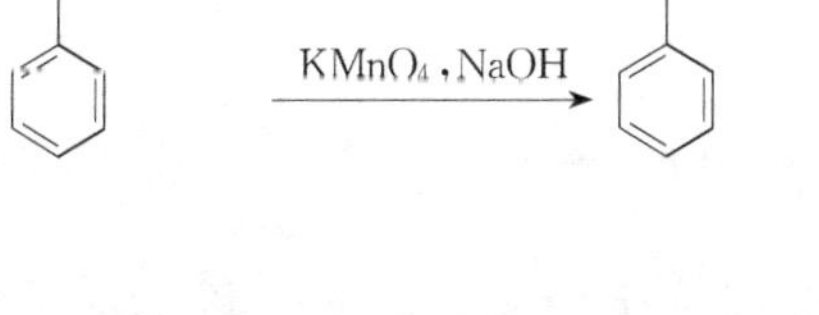

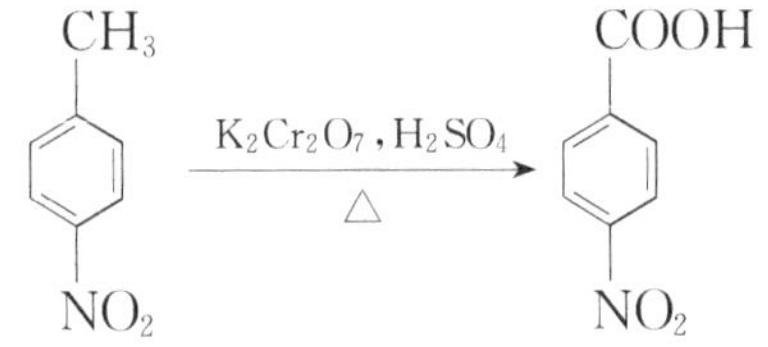

5. 甲基酮氧化——卤仿反应

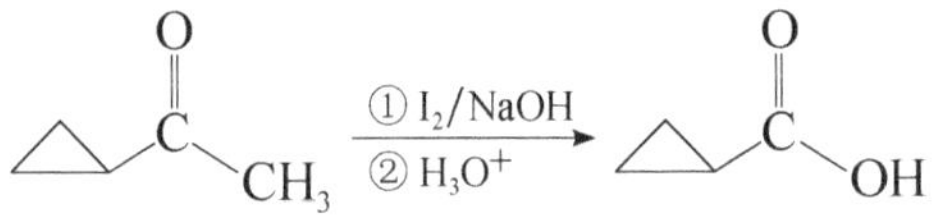

此法主要用于其他方法难于制备的结构特殊的羧酸。

10.2.2 水解法

1. 从腈水解

腈水解可得到羧酸，但在中性溶液中水解很慢，通常加酸或碱催化以加速水解反应的进行，产量一般较高。

$$R{-}CN + 2H_2O + HCl \xrightarrow{\triangle} R{-}COOH + NH_4Cl$$

$$R{-}CN + H_2O + NaOH \xrightarrow{\triangle} R{-}COONa + NH_3$$

腈可用卤烃与 NaCN 或 KCN 反应制备。此法制得的羧酸可比原来卤烃增加一个碳原子，但此法仅限于由伯卤代烃、苄型和烯丙型卤代烃制备的腈，不适用于仲卤烃和叔卤烃。卤代芳烃一般不与氰化钠反应。例如：

$$CH_3CH_2Cl + NaCN \xrightarrow{NaOH} CH_3CH_2CN \xrightarrow{HCl,\triangle} CH_3CH_2COOH$$

2. 从油酯水解

油酯(oil and fat)是高级脂肪酸的甘油酯，油脂水解得高级脂肪酸。油脂水解所得的高级脂肪酸都是偶数碳原子，所以油脂水解是制取偶数高级脂肪酸的常用方法。

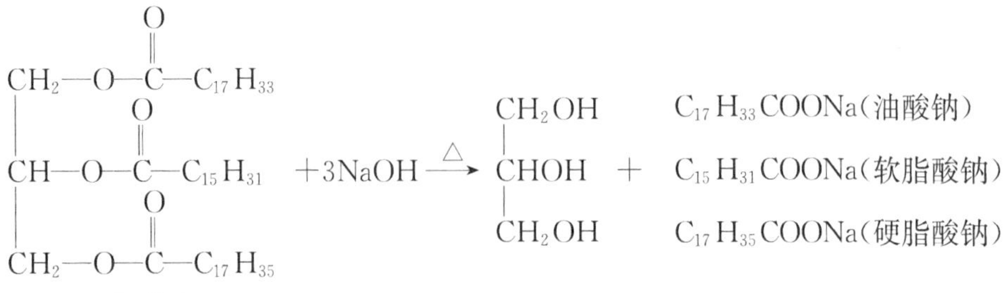

油脂（猪油）

3. 苯三氯甲烷的水解

工业上用甲苯氯化得苯三氯甲烷，再水解可得苯甲酸。

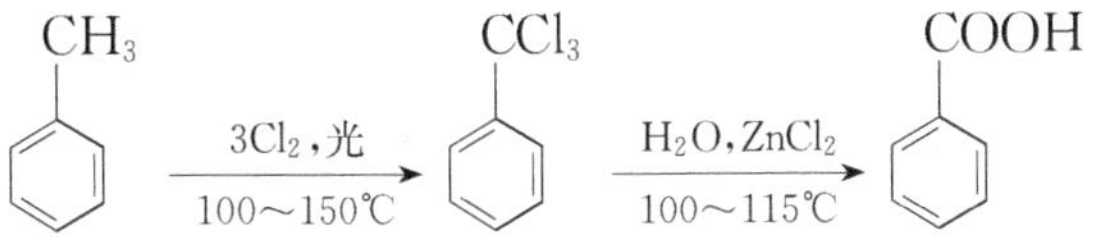

10.2.3　格氏试剂与 CO_2 作用

将格氏试剂倒在干冰上，或将 CO_2 在低温下通入格氏试剂的干醚溶液中，待 CO_2 不再被吸收后，把所得的混合物水解，便得到羧酸。干冰不仅是反应试剂也是冷却剂，低温可避免羧酸盐继续与 RMgX 反应生成叔醇。

$$CH_3\underset{\displaystyle MgCl}{\underset{|}{C}H}CH_2CH_3 + CO_2 \longrightarrow CH_3\underset{\displaystyle CO_2MgCl}{\underset{|}{C}H}CH_2CH_3 \xrightarrow[H_2SO_4]{H_2O} CH_3\underset{\displaystyle COOH}{\underset{|}{C}H}CH_2CH_3$$

$$(CH_3)_3CBr \xrightarrow[\text{干醚}]{Mg} (CH_3)_3CMgBr \xrightarrow{CO_2} (CH_3)_3CCOOMgBr \xrightarrow{H_3O^+} (CH_3)_3CCOOH$$

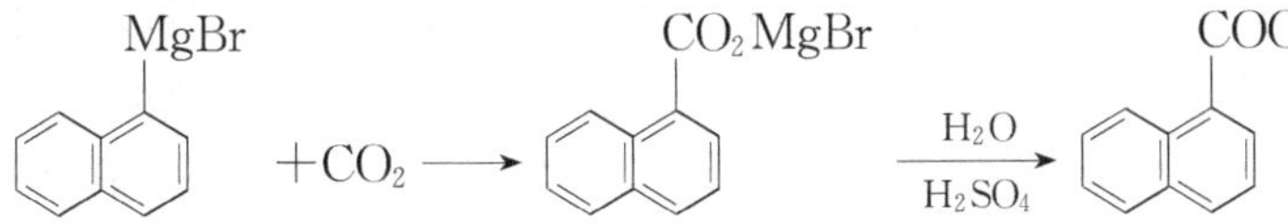

此法合成的羧酸比原来所用的格氏试剂中的烃基增加一个碳原子。

10.3　羧酸的物理性质

脂肪族饱和一元羧酸中，甲酸、乙酸、丙酸是具有刺激性气味的液体，直链的正丁酸至正壬酸是具有腐败气味的油状液体，癸酸以上的正构羧酸是固体。脂肪族二元羧酸和芳香族羧酸都是结晶固体。

饱和一元羧酸的沸点比相对分子质量相近的醇高，例如，甲酸和乙醇相对分子质量都是46，甲酸沸点为100.7℃，乙醇的沸点为78.5℃，乙酸和丙醇相对分子质量都是60，沸点分别为117.2℃和97.2℃。在羧酸蒸气中，羧酸分子之间可以形成两个氢键而缔合成二聚体。

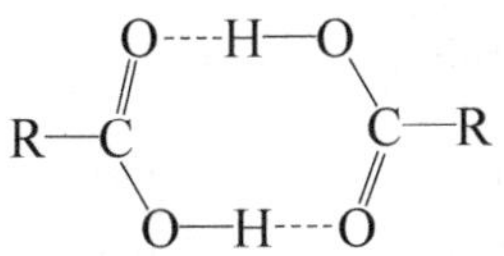

有支链的一元羧酸的沸点比含同数碳原子的直链羧酸低。

直链饱和一元羧酸的熔点随着碳原子数的增加而呈锯齿状上升，含偶数碳原子羧酸的熔点比邻近两个奇数碳原子的酸的熔点高。每个羧酸的熔点大体上与含两倍碳原子的直链烷烃相接近，如图 10-2 所示。

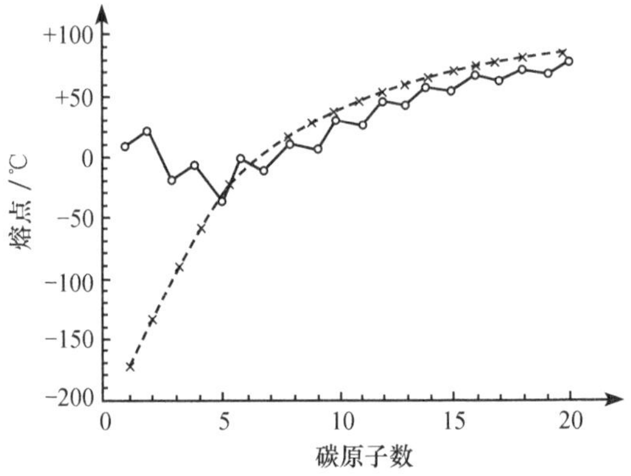

图 10-2　直链饱和一元羧酸的熔点

o—o—o 羧酸的熔点

×- -×- -× 直链烷烃（C_nH_{2n+2}）的熔点

羧基能与水形成较强的氢键，低级羧酸（$C_1 \sim C_4$）能与水互溶，从戊酸开始，随着相对分子质量的增加，水溶性迅速降低，C_{10} 以上的羧酸不溶于水。芳香族羧酸在水中的溶解度不大，有许多羧酸可以用水重结晶。一元羧酸一般能溶于有机溶剂。

甲酸和乙酸相对密度大于 1，其他一元饱和羧酸相对密度小于 1。常见羧酸的物理常数如表 10-2 所示。

表 10-2　一些羧酸的物理常数

名称（俗名）	熔点/℃	沸点/℃	溶解度/[g·(100g 水)$^{-1}$]	相对密度(d_4^{20})	pK_a(25℃)
甲酸（蚁酸）	8.4	100.7	∞	1.220	3.77
乙酸（醋酸）	16.6	118	∞	1.049	4.76
丙酸（初油酸）	−21	141	∞	0.992	4.88
丁酸（酪酸）	−4.5	165.5	∞	0.959	4.82
戊酸（缬草酸）	−34.5	186	4.97	0.939	4.86
己酸（羊油酸）	−3	205	0.968	0.929	4.85
三甲基乙酸	35.3	163.7	—	0.905	5.03
氟乙酸	33	165	—	—	2.66
氯乙酸	63(α 型)	187.85	—	1.4040	2.81
溴乙酸	50	208	—	1.93	2.87
碘乙酸	82～83	沸点分解	—	—	3.13
羟基乙酸	80	100	—	1.49	3.87
十二酸（月桂酸）	44	225(13.3kPa)	不溶	0.8679(50℃)	—
十四酸（肉豆蔻酸）	54	326.2	不溶	0.8439(60℃)	—
十六酸（软脂酸）	63	351.5	不溶	0.853(62℃)	—

续表

名称(俗名)	熔点/℃	沸点/℃	溶解度/[g·(100g水)$^{-1}$]	相对密度(d_4^{20})	pK_a(25℃)
十八酸(硬脂酸)	70	383	不溶	0.9408	
苯甲酸(安息香酸)	122.4	249	0.34	1.2659(15℃)	4.19
苯乙酸	76.5	265.5	—	1.091	4.31
对甲基苯甲酸	182	275	—		4.38
对硝基苯甲酸	239~241	—	—	1.610	3.42
乙二酸(草酸)	189.5	157(升华)	10	1.650	pK_{a1} 1.23 pK_{a2} 4.19
丙二酸(胡萝卜酸)	135.6	140(分解)	140	1.619(16℃)	pK_{a1} 2.83 pK_{a2} 5.69
丁二酸(琥珀酸)	185	235 (失水分解)	微溶 6.8	1.572(25℃)	pK_{a1} 4.21 pK_{a2} 5.61
邻苯二甲酸	200(分解)	—	微溶 0.57	1.593	pK_{a1} 2.9 pK_{a2} 5.4
间苯二甲酸	348	—	极微溶 0.013	—	pK_{a1} 3.5 pK_{a2} 4.6
对苯二甲酸	425	—	极微溶 0.0016	1.51	pK_{a1} 3.5 pK_{a2} 4.8
顺-丁烯二酸 (马来酸)	131	160(脱水成酐)	78.8	1.590	pK_{a1} 1.83 pK_{a2} 6.07
反-丁烯二酸 (富马酸)	287	200(升华)	0.70	1.635	pK_{a1} 3.03 pK_{a2} 4.44
己二酸(肥酸)	153	330.5(分解)	微溶 2	1.360(25℃)	pK_{a1} 4.43 pK_{a2} 5.41
3-苯基丙烯酸 (肉桂酸)	135~136	300	溶于热水	1.2475(4℃)	4.43
丙烯酸	13	141.6	混溶	1.052	4.25

注:“—”表示无相关数据。

饱和二元羧酸都是结晶固体。脂肪族二元羧酸的熔点比相对分子质量相近的一元羧酸高得多。由于分子中碳链两端都有羧基,分子间的吸引力大为增加,熔点也相应升高。

在直链饱和二元羧酸的同系列中,含偶数碳原子羧酸的熔点,高于相邻两个含奇数碳原子的羧酸。含偶数碳原子羧酸的熔点在一条曲线上,含奇数碳原子的羧酸的熔点则在另一条曲线上,随着碳原子数目的增加,这两条曲线逐渐接近,乙二酸的熔点最高(图 10-3)。

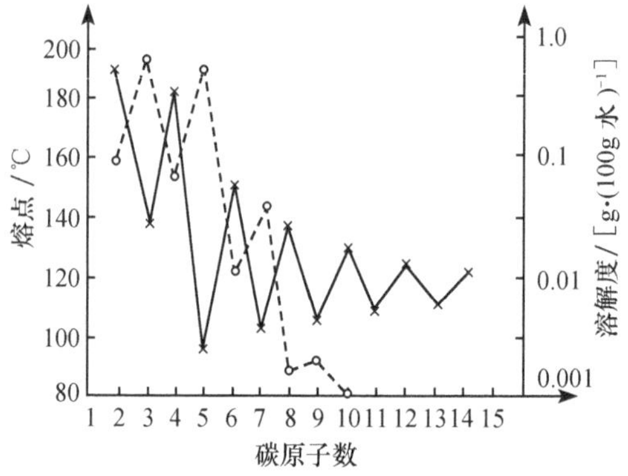

图 10-3　脂肪族饱和二元羧酸的熔点和溶解度

×—×—× 熔点

○—○—○ 溶解度

脂肪族饱和二元羧酸除高级同系物外，都易溶于水和乙醇，难溶于其他的有机溶剂。在水中的溶解度也和熔点一样，都随着相对分子质量的增加而呈锯齿状降低(图 10-3)。

不饱和羧酸有顺、反异构体时，Z-异构体的熔点比 E-异构体低，而溶解度则较大。一些不饱和羧酸的物理性质见表 10-2。

10.4　羧酸的化学性质

由于羧酸的官能团羧基是由羰基和羟基组成，它在一定程度上反映了羰基、羟基的某些性质，但它们相互影响的结果，使羧酸分子具有独特的化学性质，而不是这两个基团性质的简单加合。

根据羧酸的结构特点和羧酸分子中化学键断裂方式的不同，羧酸的反应可在分子的四个部位发生：①反应涉及 O—H 键断裂，主要是酸的解离作用；②反应发生在羰基上，如羰基的还原和羰基与亲核试剂的加成-消除反应；③脱羧反应，R—C 键断裂失去 CO_2，生成 R—H；④α-氢原子的取代反应。羧酸发生的主要反应可表示为

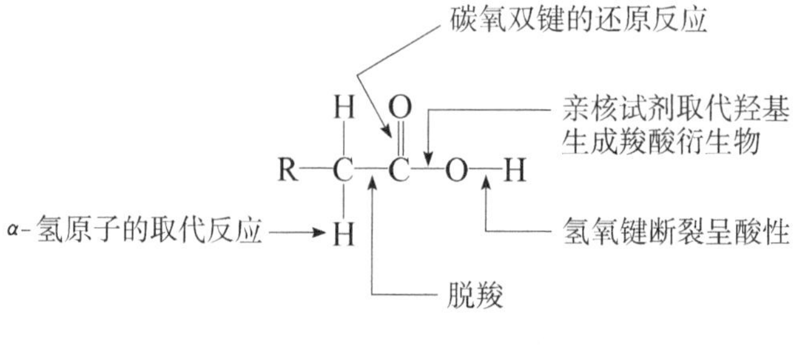

10.4.1 羧酸的酸性和电子效应

1. 羧酸的酸性及其盐

羧酸在水溶液中可解离出质子而呈弱酸性，其 pK_a 在 3.5～5，酸性比无机酸弱，但比碳酸(pK_{a1}=6.38)和苯酚(pK_a=10)强，能使蓝色石蕊试纸变红。羧酸盐中加入其他无机酸又可以使盐重新变为羧酸。芳香族羧酸的酸性比一般的脂肪酸大。羧酸能使碳酸氢钠分解而苯酚不能，利用这个性质可以区别或分离酚和羧酸。一些羧酸的 pK_a 见表 10-2。

$$RCOOH + NaHCO_3 \longrightarrow RCOONa + CO_2 + H_2O$$

羧酸的碱金属盐在水中溶解度比相应羧酸大。含十个碳原子以下的一元饱和羧酸碱金属盐能溶于水，含十个到十八个碳原子的羧酸盐在水中能形成胶状溶液。利用羧酸的酸性和羧酸盐的性质，可以把它们与中性或碱性化合物分离。

某些羧酸盐有抑制细菌生长的作用，往往应用于食品加工中作为防腐剂，常用的食品防腐剂有苯甲酸钠、乙酸钙和山梨酸钾等。

2. 羧酸的结构与酸性的关系

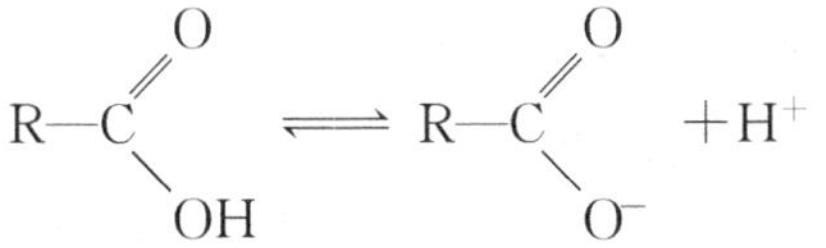

羧酸解离生成的负离子($RCOO^-$)中氧原子上的负电荷所在的 p 轨道可与羰基的 π 轨道形成 p-π 共轭体系，负电荷不是集中在某一个氧原子上，而是分散在共轭体系中，即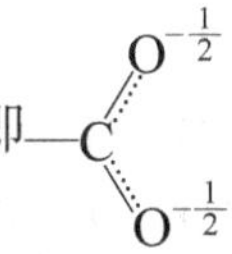。在甲酸分子中两个碳氧键的长度是不一样的(图 10-1)，而甲酸根离子中两个碳氧的键长是一样的，都等于 0.127nm，即羧酸根离子中碳氧键键长完全平均化。说明在羧酸根离子中已经没有普通的碳氧双键和碳氧单键。电子云的离域，使羧酸根离子的稳定性明显增加。

从表 10-2 中数据可以看出，乙酸的酸性比甲酸弱，三甲基乙酸的酸性比乙酸弱，这是由于甲基的供电子诱导效应沿分子链依次诱导传递，使羧酸根的负电荷更加集中。负电荷越集中，负离子越不稳定，故其酸性越弱。

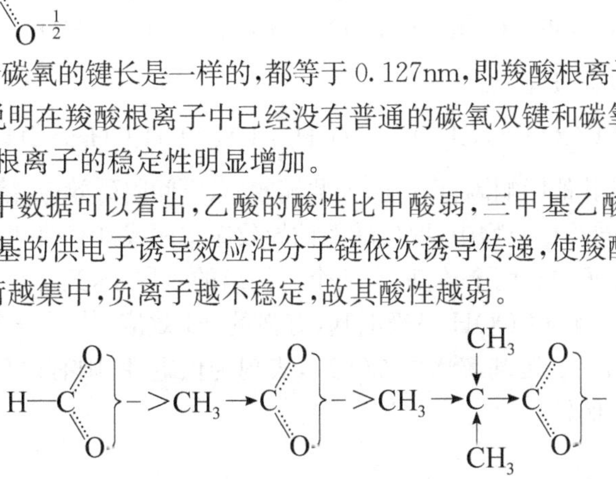

乙酸的 α-氢原子被氯原子取代后，酸性增强。由于氯原子是强吸电子基，吸电子诱导效应也沿分子链依次诱导传递，分散了羧酸根负离子的负电荷，使其更稳定。显然，氯原子越多，羧酸根负离子的负电荷分散得越好，酸性也应越强。几种羧酸根负离子稳定性是

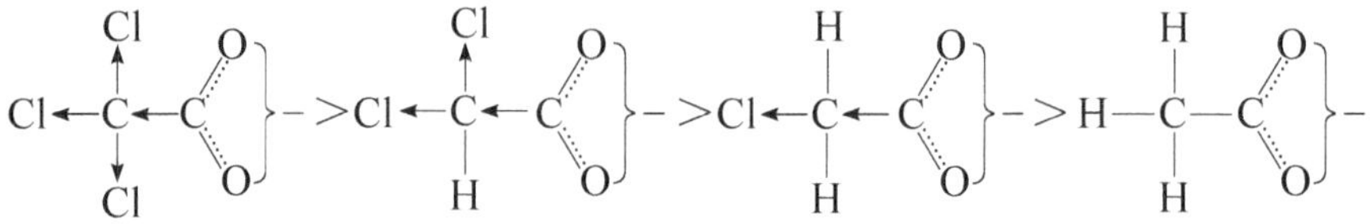

它们对应的羧酸的酸性是

$$CCl_3COOH > CHCl_2COOH > CH_2ClCOOH > CH_3COOH$$

pK_a　　0.70　　1.29　　2.81　　4.75

取代酸的诱导效应随距离的增加而减弱，一般不超过三个碳原子。不同位次取代的氯代丁酸和丁酸的 pK_a 值如下：

$$CH_3CH_2CHClCOOH > CH_3CHClCH_2COOH >$$

pK_a　　2.86　　4.0

$$CH_2ClCH_2CH_2COOH > CH_3CH_2CH_2COOH$$

4.52　　4.82

诱导效应的这一特征与共轭效应不同，共轭效应是电子在共轭体系中离域的结果，不因共轭体系的增长而减弱。

由于某些原子或基团吸电子或供电子能力能影响羧酸的酸性，故可通过测定各种羧酸的解离常数来推断各种取代基的吸电子能力或供电子能力。如以乙酸为母体化合物，测定取代乙酸的解离常数，得知各取代基诱导效应强弱的次序为

吸电子诱导效应(－I)：

$$^{+}NR_3 > NO_2 > SO_3R > CN > SO_2Ar > COOH > F > Cl > Br > I > OAr >$$
$$COOR > OR > COR > SH > OH > CCr > C_6H_5 > CH{=}CH_2 > H$$

供电子诱导效应(＋I)：

$$O^- > COO^- > (CH_3)_3C > (CH_3)_2CH > CH_3CH_2 > CH_3 > H$$

有时由于有其他影响因素存在，如共轭效应、空间阻碍效应、溶剂效应、分子内的氢键等，在不同的化合物中，取代酸的诱导效应次序或许有些变化。

二元羧酸分子中有两个羧基，有两个可解离的氢原子，其解离常数 $K_{a1} > K_{a2}$，即 $pK_{a1} < pK_{a2}$。因为 COOH 是吸电基，有强的－I 效应，使另一个羧基中的氢原子较易解离。当一个羧基解离成 COO^-，表现为供电性，则有＋I 效应，使第二个羧基解离困难。例如：

$$\mathrm{HOOCCH_2COOH} \xrightleftharpoons{pK_{a1}=2.9} \mathrm{HOOCCH_2COO^-} + \mathrm{H^+}$$

$$\Big\Updownarrow pK_{a2}=5.7$$

$$^{-}\mathrm{OOCCH_2COO^-} + \mathrm{H^+}$$

取代基的吸电子诱导效应越强，羧基的酸性越强。二元羧酸分子中两个羧基相距越近，酸性增强的程度越大。诱导效应起了重要的作用。

苯甲酸的羧基，同时有共轭效应和诱导效应两种效应的影响，但以苯环的吸电子诱导为主，其酸性比一般的脂肪酸稍强。

芳环上若有取代基时，取代基处于羧基的邻位，除氨基外，其他基团都使羧基的酸性增强，而且比苯甲酸的酸性增强 1～2 个数量级。因为两个基团距离太近相互排斥，使—COO^-离开了苯环的平面，减弱了共轭效应，同时因空间的拥挤，易将 H^+ 质子挤离羧基增加其解离度，同样由于空间阻碍使 H^+ 质子不易与—COO^-相结合。取代基处于羧基的间位，其酸性除供电基和氨基之外，也都比苯甲酸强。取代基处于羧基的对位，其酸性接近于苯甲酸，见表 10-2。

10.4.2　羰基的还原反应

羧基中的羰基与羟基氧形成共轭，降低了羰基碳原子的亲电能力，因而不易被还原。实验室中常用强还原剂 $LiAlH_4$ 还原羧酸为伯醇。在醛、酮还原的条件下羧基不受影响。

$LiAlH_4$ 还原羧酸不仅可获得高产率的伯醇，而且分子中的碳碳不饱和键不受影响，但由于它价格昂贵，仅限于实验室使用。

$$\mathrm{(CH_3)_3CCOOH} \xrightarrow[\text{②}H_2O,H^+]{\text{①}LiAlH_4,\text{乙醚}} \mathrm{(CH_3)_3CCH_2OH}\quad 92\%$$

羧酸酯化后再将羧酸酯还原成醇要容易得多。

10.4.3　脱羧反应

羧酸或其盐脱去羧基(失去二氧化碳)的反应称为脱羧反应(decarboxylation reaction)。饱和一元羧酸在加热下较难脱羧。羧酸的碱金属盐与碱石灰共熔，可脱羧生成烃。由于副反应多，实际上只适用于低级羧酸盐。例如：

$$\mathrm{CH_3COONa} + \mathrm{NaOH(CaO)} \xrightarrow{\triangle} \mathrm{CH_4} + \mathrm{Na_2CO_3}$$

此反应可用在实验室制备少量较纯的甲烷。

α-碳原子上连有强吸电子基的羧酸或羧酸盐，当加热至 100～200℃时可脱羧。芳基作为吸电子基，使芳羧酸的脱羧比脂肪酸容易。

$$Cl_3CCOOH \xrightarrow{\triangle} CHCl_3 + CO_2$$

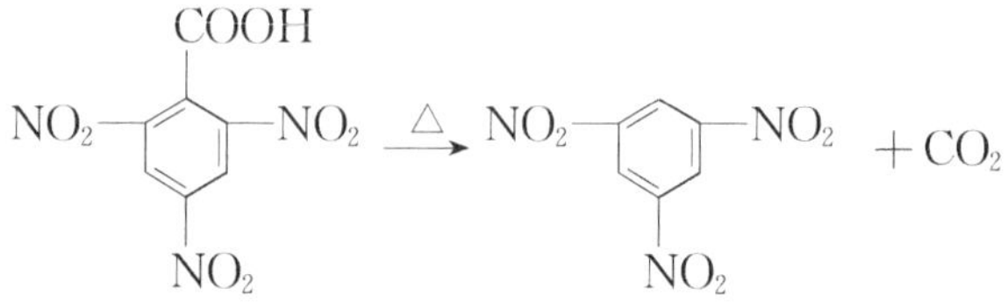

β-碳原子为羰基的羧酸也容易脱羧。

$$CH_3-\overset{O}{\overset{\|}{C}}-CH_2-COOH \xrightarrow{\triangle} CH_3-\overset{O}{\overset{\|}{C}}-CH_3 + CO_2$$

羧酸盐溶液经电解可发生脱羧反应，在阳极发生烷基的偶联，生成烃。反应可在水或甲醇中进行。

$$2CH_3(CH_2)_{12}COONa \xrightarrow{电解} \underset{60\%}{CH_3(CH_2)_{24}CH_3}$$

此法称为 Kolbe 合成法，是应用电解法制备烷烃的一个例子。

二元羧酸受热时，两个羧基位次的不同，脱羧反应的产物不尽相同。当反应有可能形成环状化合物时，一般容易形成五元或六元环。例如：

$$HOOC-COOH \xrightarrow{150℃} HCOOH + CO_2$$

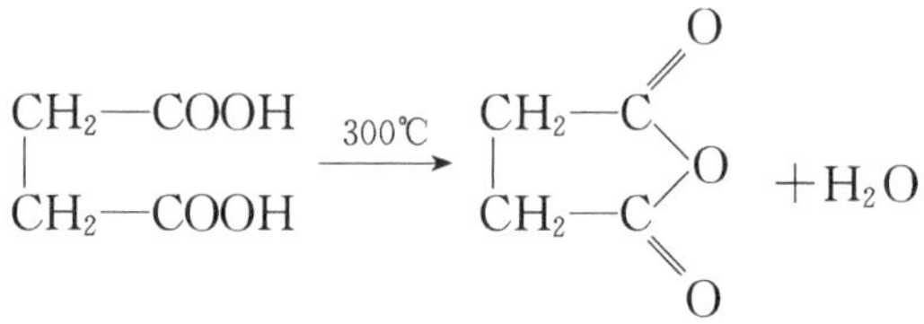

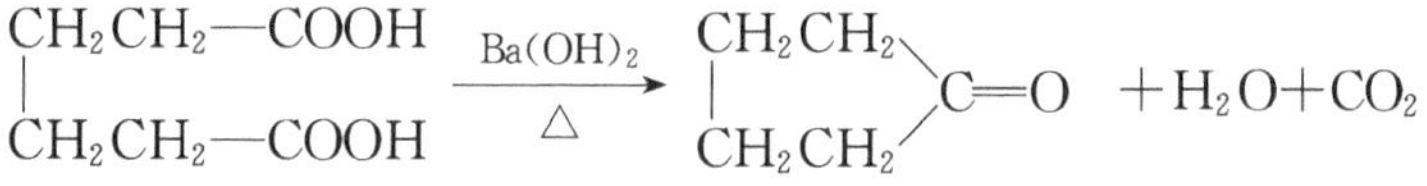

10.4.4 羧酸衍生物的生成

羟基被卤素、羧酸根、烷氧基及氨基取代而生成酰卤、酸酐、酯和酰胺等羧酸衍生物。

1. 酰卤的生成

羧酸与无机酸的酰氯（亚磷酸的酰氯 PCl_3、磷酸的酰氯 PCl_5 或亚硫酸的酰氯 $SOCl_2$）作用时，羧基中的羟基被氯原子取代生成羧酸的酰氯。例如：

$$3CH_3COOH + PCl_3 \xrightarrow{\triangle} 3CH_3COCl + H_3PO_3$$

70%

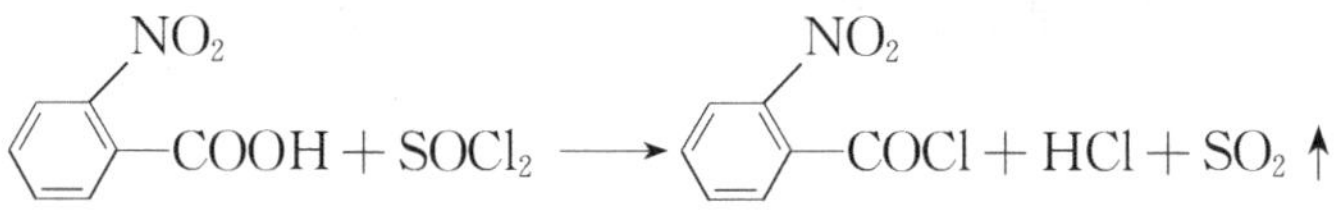

90%～98%

亚硫酰氯是实验室制备酰氯最方便的试剂。因为亚硫酰氯与羧酸作用生成酰氯时的副产物是氯化氢和二氧化硫，都是气体，有利于分离，且酰氯的产率较高。

2. 酸酐的生成

除甲酸在脱水时生成 CO 和水外，其他一元羧酸在脱水剂（如 P_2O_5）作用下，加热脱水生成酸酐。

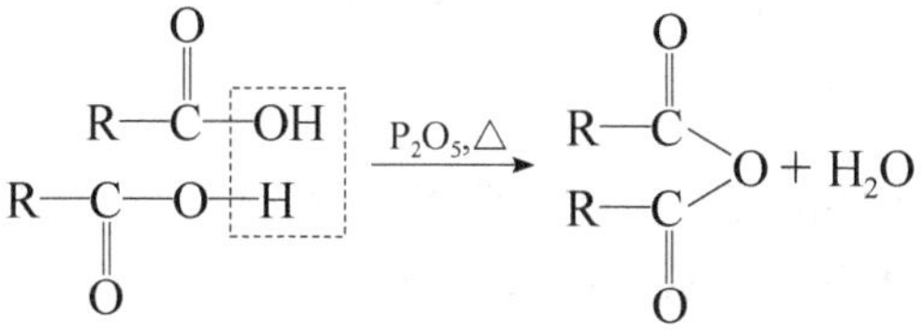

由于乙酐便宜，且易吸水生成乙酸，所以常用乙酐为脱水剂制取较高级的酸酐。

两个羧基相隔 2～3 个碳原子的二元酸（如丁二酸、邻苯二甲酸等），只需加热便可生成稳定的五元环或六元环酸酐。

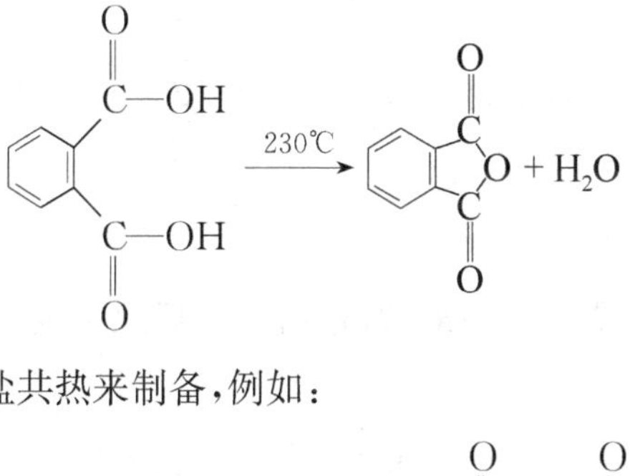

混酐可用酰卤和羧酸盐共热来制备，例如：

$$CH_3CH_2COONa + CH_3COCl \xrightarrow{\triangle} CH_3\overset{\overset{\displaystyle O}{\|}}{C}-O-\overset{\overset{\displaystyle O}{\|}}{C}CH_2CH_3$$

3. 酯的生成和酯化反应机理

羧酸与醇在强酸性催化剂作用下生成酯的反应称为酯化（esterification）反应。

$$RCOOH + HOR' \xrightleftharpoons{H^+} RCOOR' + H_2O$$

酯化是可逆反应。为提高酯的产率,可使某一原料过量,或从反应系统中除去一种产物(如水),使平衡右移。

在酸催化下,伯醇、仲醇与羧酸酯化反应的机理如下:

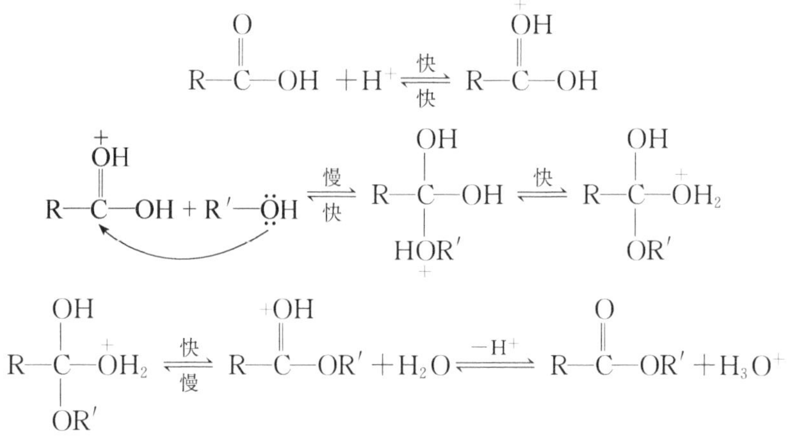

这是一个亲核加成-消除的反应过程。采用同位素标记醇的方法可以证实羧酸的酰氧键断裂(生成的水分子中不含 O^{18})。例如:

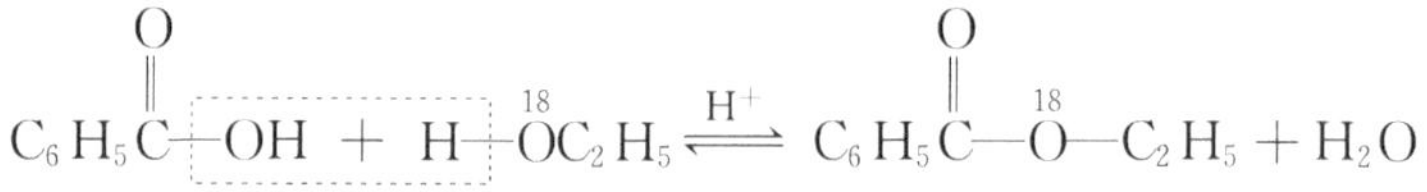

羧酸与叔醇的酯化反应则是醇发生烷氧键断裂。例如:

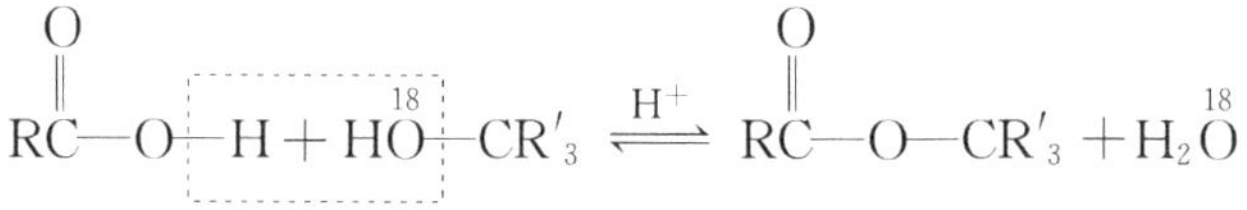

4. 酰胺的生成

羧酸与氨或胺反应生成羧酸铵,铵盐受热后脱水生成酰胺或 N-取代酰胺。例如:

$$R{-}\overset{O}{\overset{\|}{C}}{-}OH + NH_3 \longrightarrow R{-}\overset{O}{\overset{\|}{C}}{-}ONH_4 \xrightarrow{\triangle} R{-}\overset{O}{\overset{\|}{C}}{-}NH_2 + H_2O$$

$$C_6H_5COOH + H_2NC_6H_5 \longrightarrow C_6H_5COO^- \overset{+}{N}H_3C_6H_5 \xrightarrow{190℃} C_6H_5\overset{O}{\overset{\|}{C}}NHC_6H_5 + H_2O$$

这类反应在工业上用于聚酰胺(polyamide)的制备。例如,聚己二酰己二胺树脂经熔融抽丝制成聚酰胺-66 纤维或称尼龙-66。

10.4.5　α-氢原子的反应

羧酸的 α-氢原子受羧基的影响有一定反应活性，但比醛、酮的 α-氢原子活性低，所以该反应需要在红磷等催化剂存在下才能顺利进行。例如：

$$CH_3COOH \xrightarrow[P]{Cl_2} ClCH_2COOH \xrightarrow[P]{Cl_2} Cl_2CHCOOH \xrightarrow[P]{Cl_2} Cl_3CCOOH$$

控制反应条件和卤素用量，可得到产率较高的一元 α-卤代酸。该反应的机理如下：

$$2P + 3X_2 \longrightarrow 2PX_3$$

$$3RCH_2COOH + PX_3 \longrightarrow 3RCH_2COX + H_3PO_3$$

$$RCH_2COX + X_2 \longrightarrow R\underset{\underset{X}{|}}{C}HCOX + HX$$

$$R\underset{\underset{X}{|}}{C}HCOX + RCH_2COOH \longrightarrow R\underset{\underset{X}{|}}{C}HCOOH + RCH_2COX$$

这些卤代酸中的卤原子与卤代烃中的相似，可以进行亲核取代反应和消除反应。因此经羧酸的卤化反应可以制备其他取代的酸。例如：

$$BrCH_2COOH + 2NH_3(\text{过量}) \longrightarrow \underset{60\%\sim64\%}{H_2NCH_2COOH} + NH_4Br$$

$$\begin{array}{l} CH_2-\overset{\overset{Br}{|}}{C}HCOOH \\ | \\ CH_2-\underset{\underset{Br}{|}}{C}HCOOH \end{array} \xrightarrow{KOH,CH_3OH} \underset{37\%\sim43\%}{\begin{array}{l} CH{=}CHCOOH \\ | \\ CH{=}CHCOOH \end{array}}$$

10.5　取　代　酸

羧酸碳链或碳环上的氢被其他原子或原子团取代所生成的化合物叫做取代酸(substituted acid)。取代酸按取代基的种类分为卤代酸(halogenated acid)、羟基酸(hydroxy acid)、氧代酸、氨基酸(amino acid)等。取代酸中，取代基的位置可以用阿拉伯数字或希腊字母表示，取代基在羧酸碳链上另一端可以用 ω 表示。例如：

$$CH_3-\underset{\underset{Br}{|}}{C}H-\underset{\underset{Br}{|}}{C}H-COOH \qquad HOOCCH_2\underset{\underset{OH}{|}}{C}HCOOH \qquad BrCH_2CH_2CH_2CH_2COOH$$

2,3-二溴丁酸	2-羟基丁二酸	ω-溴戊酸
α,β-二溴丁酸	α-羟基丁二酸	

在脂肪族取代二元羧酸中，碳链的编号可以从两端开始，同时进行，直到相遇为止。例如：

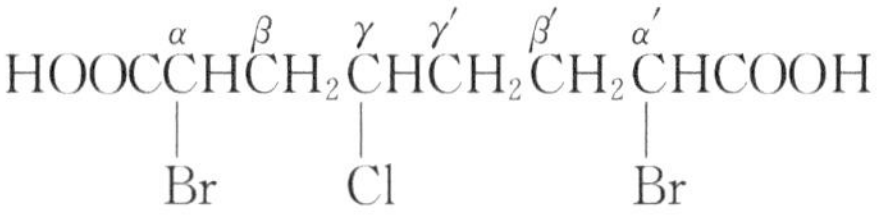

γ-氯-α，α′-二溴辛二酸

10.5.1 卤代酸

1. 卤代酸的性质

氟乙酸是一个毒性很强的化合物，它的钾盐存在于南非洲的一种灌木中。含有 FCH_2CO—原子团的化合物或在生物体内能氧化成氟乙酸的化合物都有剧毒。

卤代酸具有卤代烃和羧酸的性质。如 α-碳上卤原子的积累使羧基容易失去，三氯乙酸在加热时失去二氧化碳而生成氯仿。

(1) 酸性。卤原子的存在使羧酸的酸性加强。卤原子在羧基的 α 位对酸性的影响最大。卤原子与羧基的距离增大，它对酸性的影响也随着减弱。各种卤原子影响酸性的大小次序为 F>Cl>Br>I。羧基 α 位上卤原子的数目增加，酸性也显著地增强。这可以从表 10-2 中看出。

(2) 与碱的反应。卤代酸与碱的反应与卤素所在的相对位置有关。α-卤代酸与水或稀碱溶液一起煮沸、水解成羟基酸。

$$ClCH_2COOH + H_2O \longrightarrow HOCH_2COOH$$

在同样的条件下卤代酸也可以失去卤化氢，生成 α，β-不饱和酸：

$$BrCH_2CH_2COOH + NaOH \longrightarrow CH_2{=}CHCOOH + NaBr + H_2O$$

γ-及 δ-卤代酸与水或碳酸钠溶液一起煮沸，生成内酯。

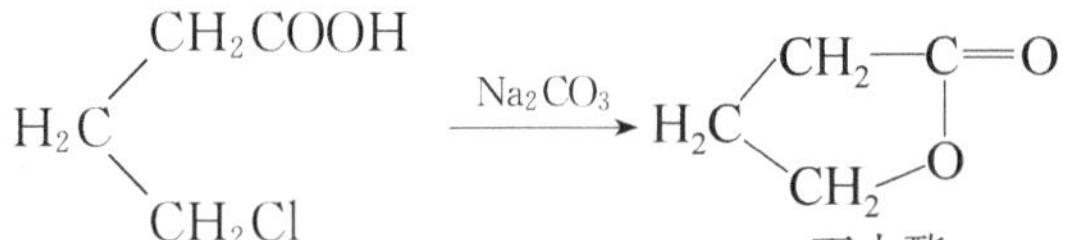

γ-丁内酯

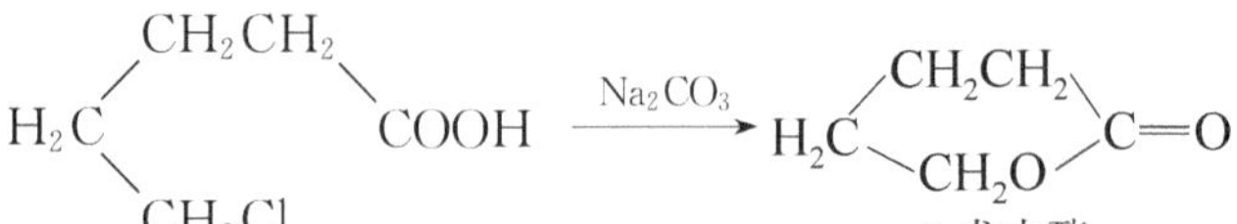

δ-戊内酯

2. 卤代酸的制法

脂肪族羧酸在少量三氯化磷或三溴化磷存在下可以直接氯化或溴化，生成 α-卤代酸(Hell Volhard Zelinski 反应)。例如，己酸溴化生成 α-溴己酸。

$$CH_3(CH_2)_3CH_2COOH + Br_2 \xrightarrow{PBr_3} CH_3(CH_2)_3\underset{\underset{Br}{|}}{C}HCOOH + HBr$$

89%

若继续溴化，则生成 α,α'-二溴己酸。没有 α-氢原子的羧酸，如三甲基乙酸，不起溴化反应。

10.5.2　羟基酸

羟基酸一般为结晶固体或黏稠液体。羟基和羧基都能与水形成氢键，所以羟基酸在水中的溶解度都比相应的醇和羧酸大，低级羟基酸可与水混溶。羟基酸的熔点也比相应的羧酸高。

1. 醇酸

羟基酸中羟基在饱和碳原子上的叫做醇酸。许多醇酸作为生化过程的中间产物而存于自然界中，因此往往按照它们的来源命名。例如：

$CH_3\underset{\underset{OH}{|}}{C}HCOOH$	$C_6H_5\underset{\underset{OH}{|}}{C}HCOOH$	$HOOCCH_2\underset{\underset{OH}{|}}{C}HCOOH$	$HOOC\underset{\underset{OH}{|}}{C}H\underset{\underset{OH}{|}}{C}HCOOH$
乳酸	杏仁酸	苹果酸	酒石酸

（1）醇酸的反应。

醇酸具有醇和酸的性质。醇酸的酸性比未取代的羧酸强，但羟基对酸性的影响没有卤原子强，并且随着和羧基间距离的增加而迅速减弱。醇酸的其他反应也与羟基及羧基的相对位置有关。

① 脱水反应。醇酸失水时随着醇羟基和羧基相对位置的不同而生成不同的产物。α-醇酸用脱水剂处理或单独加热，两分子间失去两分子水生成交酯。

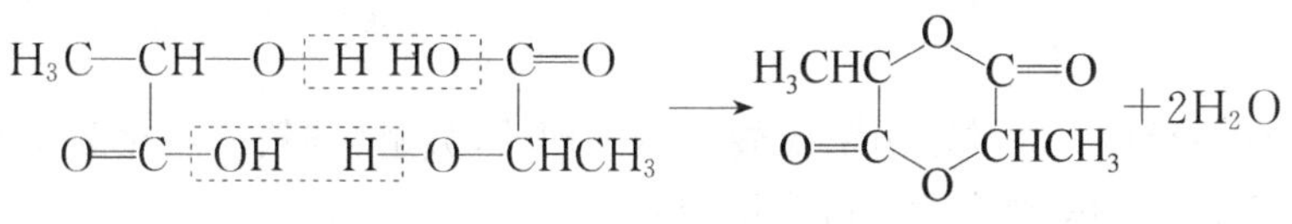

α-羟基酸　　　　交酯

这是 α-醇酸的特性反应。交酯水解又变成原来的醇酸：

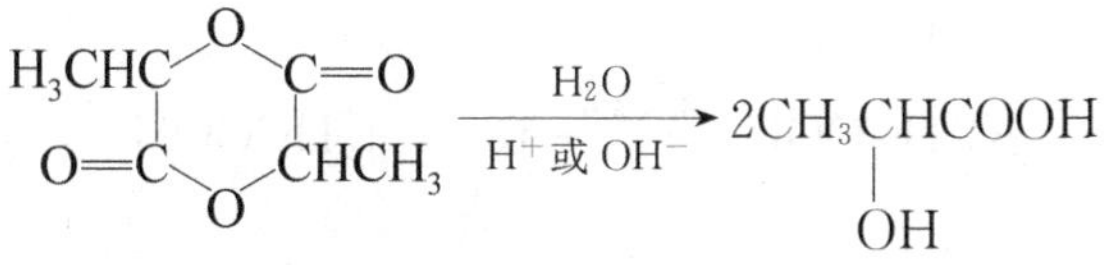

β-醇酸受热容易失水生成不饱和酸：

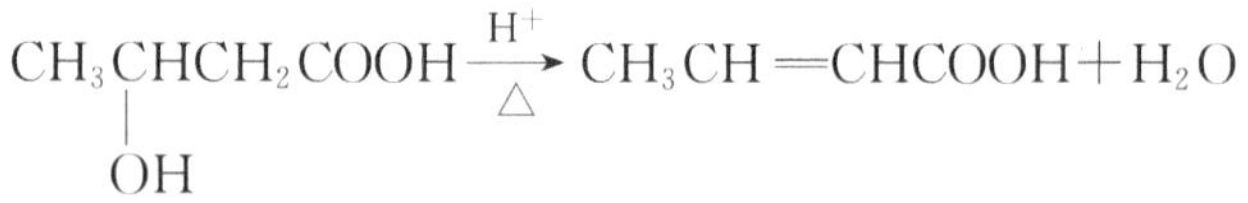

除了生成 α,β-不饱和酸以外，往往还生成一定量的 β,γ-不饱和酸。

γ-醇酸极易失水变成环状的内酯：

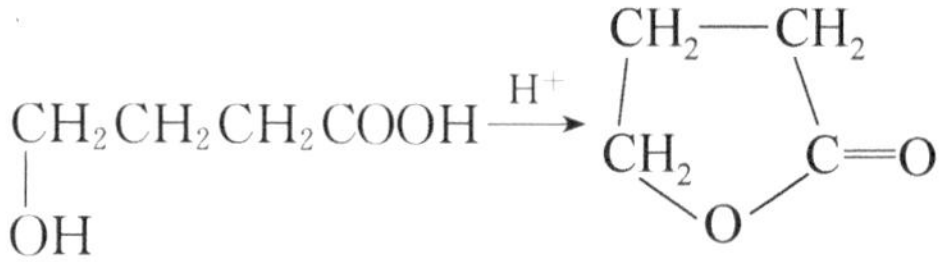

因此，γ-醇酸只有变成盐后才是稳定的。有一些 γ-醇酸不能得到，因为游离出来的酸立即失水生成内酯。γ-内酯为稳定的中性化合物，但与热的碱液相遇会变成 γ-醇酸盐。

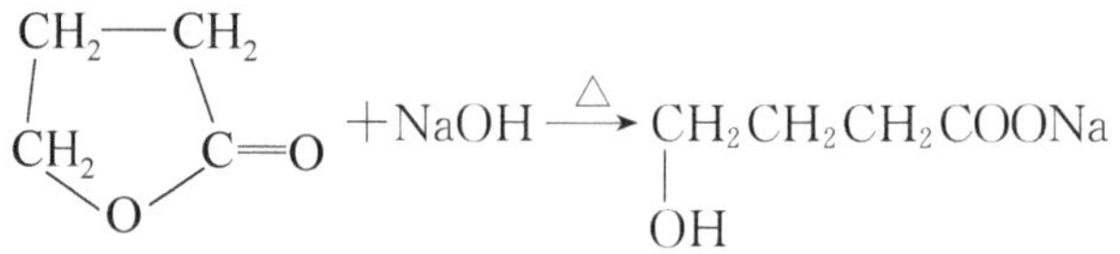

δ-醇酸也可以生成 δ-内酯，不过比 γ-内酯较难生成。高级醇酸受热后在分子间进行酯化，生成长链的酯，叫做聚酯。

$$HOCH_2(CH_2)_nCOOH \longrightarrow H\!\left[OCH_2(CH_2)_nCO\right]_xOH$$

② 氧化反应。醇酸可以氧化生成酮酸或末端醇酸可氧化成醛酸。α-及 β-酮酸不稳定，容易脱羧变成醛、酮。

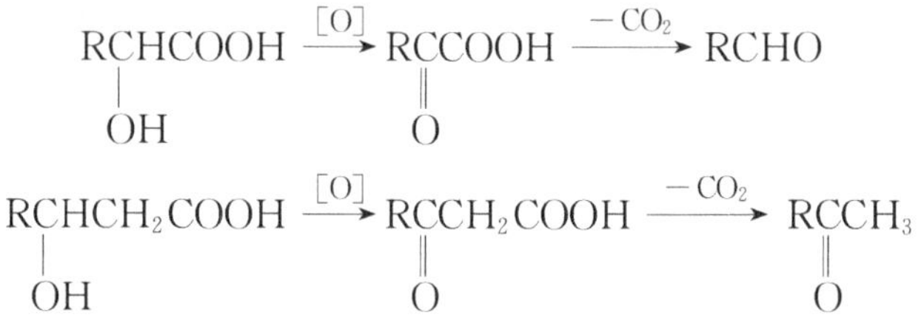

③ 分解反应。α-醇酸用浓硫酸加热处理后，分解为醛、一氧化碳及水。若用稀硫酸或盐酸加热，则分解为醛和甲酸。

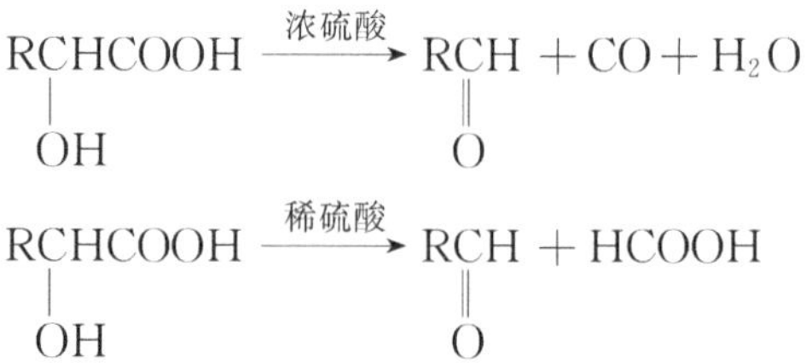

这是 α-醇酸特有的反应。可用来区别 α-醇酸和别的醇酸。利用这个反应可以从

羧酸经过溴代酸合成高级醛。

(2) 醇酸的制法。

醇酸可以用在羧酸中导入羟基或在羟基化合物中导入羧基或在化合物中同时导入羟基及羧基的方法制取。

① 卤代酸的水解。卤代酸水解得到相应的醇酸。例如

$$ClCH_2COOK + H_2O \longrightarrow \underset{80\%}{HOCH_2COOH}$$

② 氰醇的水解。氰醇水解可以得到醇酸。例如

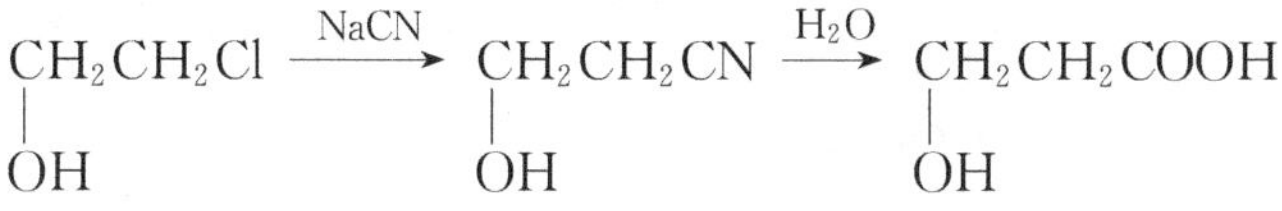

70%～80%　　28%～31%

③ 雷福尔马斯基(Reformasaky)反应。使 α-卤代酸酯与醛、酮的混合物在惰性溶剂中与锌粉作用,反应产物水解后生成 β-醇酸酯。反应可能是通过有机锌化合物进行的。例如:

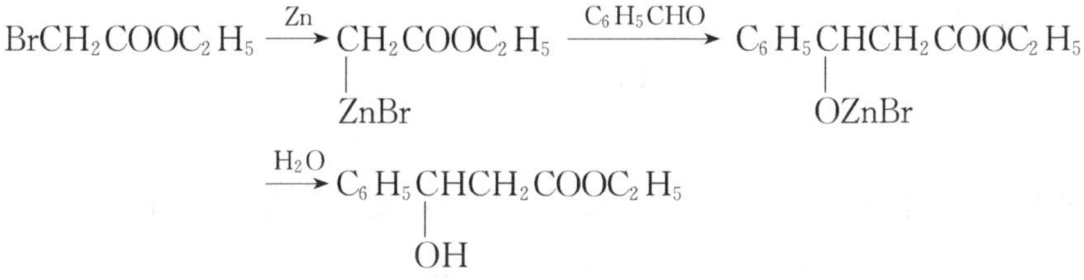

61%～64%

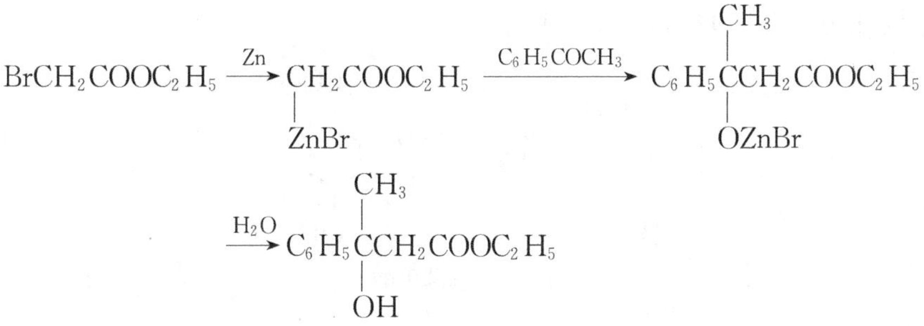

92%

通常使用 α-溴代酸酯作原料,乙醚、苯、甲苯等作溶剂。

2. 酚酸

酚酸和醇酸一样,大量存在于自然界中,但它们在生物化学上的重要性没有醇酸那样大,只不过是代谢作用的副产物。

(1) 酚酸的性质。

酚酸为结晶固体,具有酚和羧酸的一般性质,例如,加入三氯化铁溶液时能显色。酚酸的羟基在羧基邻、对位上时加热容易脱羧。例如:

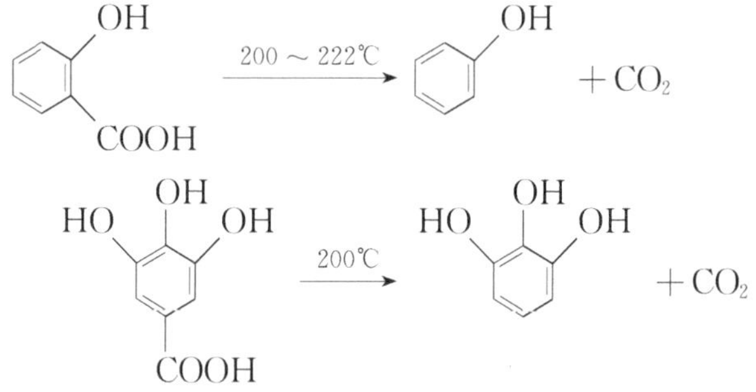

(2) 酚酸的制法。

许多酚酸是从天然产物中提取的,合成酚酸的一般方法是 Kolbe-Schmidt 反应。

Kolbe 将苯酚钠在二氧化碳气流中加热至 180～200℃,得到了水杨酸钠。

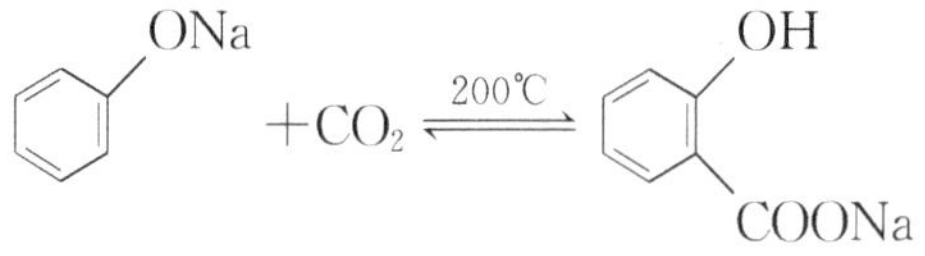

后来 Schmidt 改良了这个方法,反应可以在较低的温度下进行,并且产量显著提高。在反应中羧基一般是进入酚羟基的邻位。这个反应是可逆的。

多元酚比一元酚容易起反应。例如,在间苯二酚和碳酸氢钠的沸腾水溶液中通入二氧化碳,就可以得到相应的酚酸:

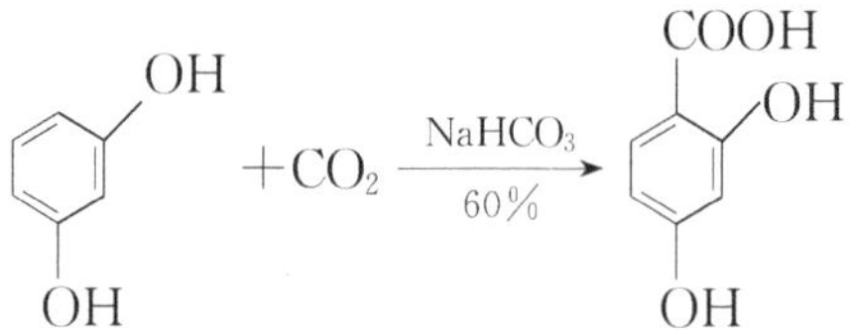

2,4-二羟基苯甲酸

10.6 重要的羧酸

10.6.1 甲酸

甲酸(methanoic acid)俗称蚁酸,为无色液体,刺激性很强,其物理性质见表 10-2。它最初是从蚂蚁和荨麻中取得。受蚁蜇或荨麻刺伤而皮肤肿痛,就是由于蚁酸具有强烈的刺激性和毒性所引起。

甲酸的工业制法是使粉末状氢氧化钠与一氧化碳作用：

$$NaOH(s)+CO\xrightarrow{120\sim130℃,0.6\sim0.8MPa}HCOONa(s)$$

将干燥的甲酸钠加入含有硫酸的甲酸中，再在减压下蒸馏就可以得到100%的甲酸。

也可将CO和水蒸气在高温高压下与适量的催化剂共热而得。

$$H_2O(g)+CO\xrightarrow[200\sim300℃]{20MPa,H_2SO_4}HCOOH$$

甲酸的酸性比其他羧酸强。甲酸既有羧酸的性质，也有醛的某些性质(图10-4)。例如，甲酸有显著的酸性($pK_a=3.77$)，又具有还原性，能与费林试剂作用生成铜镜；与土伦试剂作用生成银镜，也易被一般氧化剂氧化生成CO_2和水，如能使高锰酸钾溶液褪色。这些反应可以用于甲酸的检验。

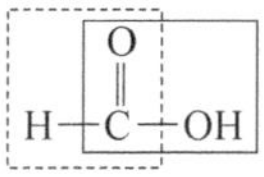

图10-4　甲酸的结构

甲酸与浓硫酸等脱水剂共热。分解生成一氧化碳和水：

$$HCOOH\xrightarrow[60\sim80℃]{浓H_2SO_4}H_2O+CO$$

这是实验室制备高纯一氧化碳的方法。

甲酸在工业上用作还原剂、橡胶的凝聚剂、缩合剂、甲酰化剂，也可作消毒剂和防腐剂。

10.6.2　乙酸

乙酸(acetic acid)俗名醋酸，是具有强烈刺激味的无色液体。纯乙酸(无水乙酸)在低温(16.6℃以下)时凝结成冰状，故称冰醋酸。乙酸的爆炸极限为4%。物理性质见表10-1。从酒发酵所得的食醋中含乙酸6%～10%，经蒸馏浓缩后，可得60%～80%乙酸。

工业上乙酸大多采用氧化的合成方法。甲醇、乙醇、乙炔、乙烯或轻油等均是合成原料。例如，甲醇在铑的催化作用下，可在常温和一氧化碳直接化合生成乙酸。

$$CH_3OH+CO\xrightarrow[\triangle]{Rh催化剂}CH_3COOH$$

目前大部分乙酸均直接采用乙醛在乙酸锰催化剂存在下，用空气氧化制得：

$$CH_3CHO\xrightarrow[60\sim80℃]{(CH_3COO)_2Mn,O_2}CH_3COOH$$

在不同的反应条件下，产物可以是乙酸或乙酸和乙酐的混合物。

乙酸为重要的化工原料，可以合成许多有机物，例如，醋酸纤维、乙酐、乙酸酯等。乙酸的酸性弱，对物质的损伤力小，工业上常用以代替腐蚀性强的无机酸。

10.6.3 乙二酸

乙二酸俗称草酸（oxalic acid），它是最简单的二元羧酸。工业上用甲酸钠迅速加热至 360℃ 得乙二酸钠，然后用稀硫酸酸化制得乙二酸。

乙二酸除了具有羧酸的通性外还有一些特殊性质：

(1) 乙二酸易脱羧，加热到 150℃ 以上即分解脱羧生成甲酸和二氧化碳。

$$HOOC—COOH \xrightarrow{150℃} HCOOH + CO_2$$

(2) 乙二酸具有还原性，易被高锰酸钾溶液氧化生成 CO_2 和 H_2O。这一氧化还原反应是定量进行，所以纯乙二酸在定量分析中可用来标定高锰酸钾溶液的浓度。

$$5(COOH)_2 + 2KMnO_4 + 3H_2SO_4 \longrightarrow K_2SO_4 + 2MnSO_4 + 10CO_2 + 8H_2O$$

(3) 乙二酸能与多种金属离子形成水溶性配合物。如乙二酸能与 Fe^{3+} 生成易溶于水的三乙二酸合高铁负离子，可用于除铁迹。亦可用于稀土元素的提取。

10.6.4 苯二甲酸

邻苯二甲酸（phthalic acid）为白色结晶固体，迅速加热至 231℃ 就熔融分解，失去一分子水而生成邻苯二甲酸酐（白色针状晶体，熔点 131℃，易升华）。

邻苯二甲酸可由邻二甲苯（或邻二烷基苯）氧化或由萘氧化制备。

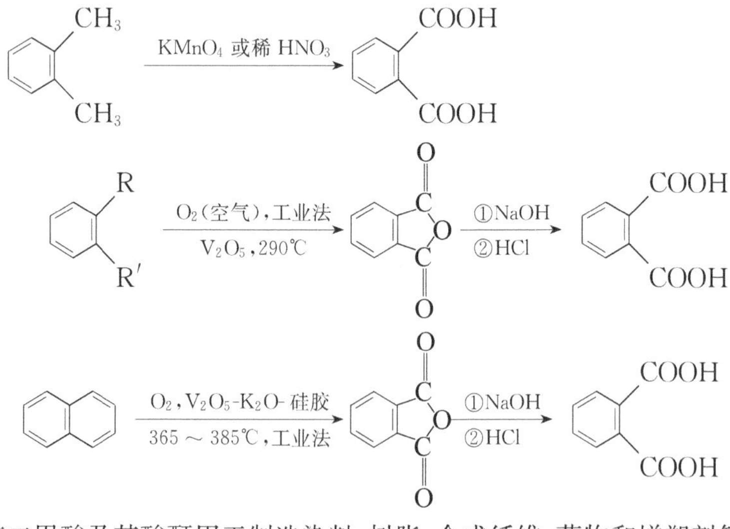

邻苯二甲酸及其酸酐用于制造染料、树脂、合成纤维、药物和增塑剂等。例如，邻苯二甲酸和邻苯二甲酸二甲酯可作驱蚊剂，邻苯二甲酸二丁酯和邻苯二甲酸二

辛酯都是塑料工业上应用较广的增塑剂。

邻苯二甲酸(或酐)与氨在加压加热下,可生成邻苯二甲酰亚胺(phthalimide):

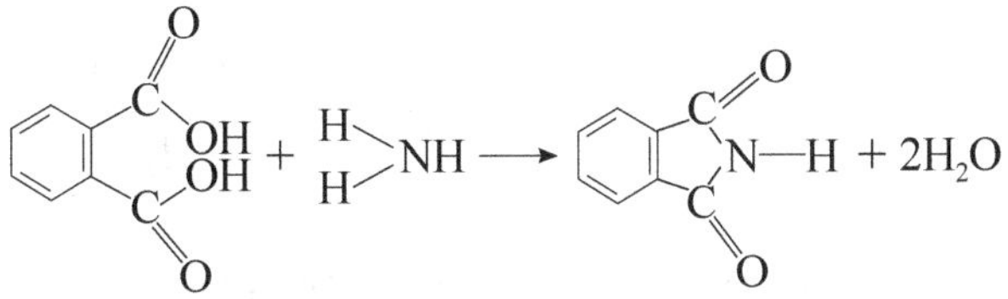

邻苯二甲酰亚胺为无色固体,熔点 238℃。它具有弱酸性,分子中氮上的氢原子可被碱金属取代生成盐。所得的盐可与卤烷作用,生成 *N*-烷基邻苯二甲酰亚胺,再经水解可得伯胺。

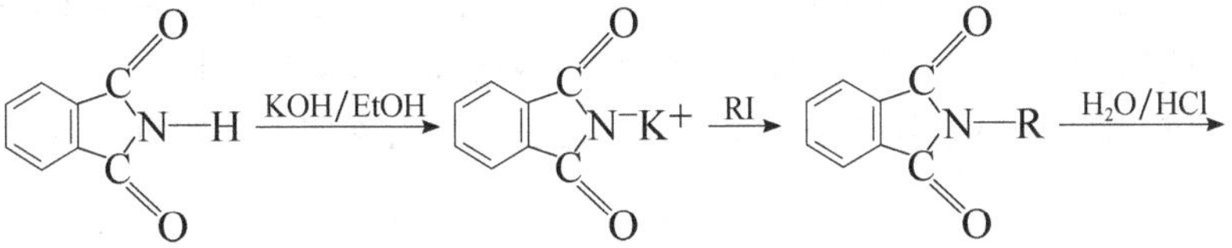

邻苯二甲酰亚胺钾盐　*N*-烷基邻苯二甲酰亚胺

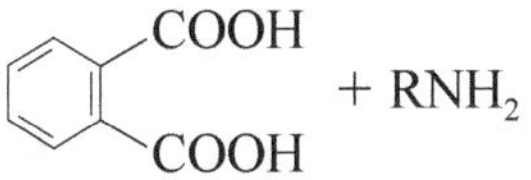

它是制备纯伯胺的一个方法,叫加布里埃尔(Cabriel)合成法。

对苯二甲酸为白色晶体,加热不熔而升华,不能生成酸酐,主要用于制造合成树脂、增塑剂,是合成纤维涤纶的原料。工业上的生产方法很多,按原料的来源而选用。

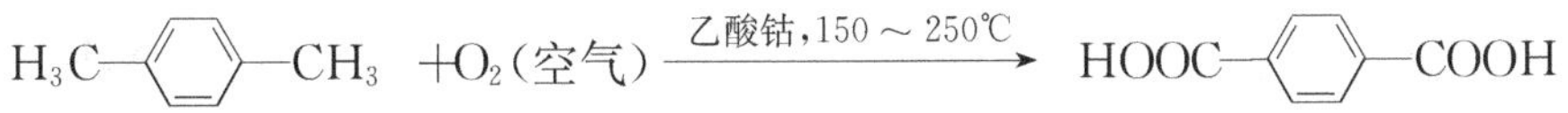

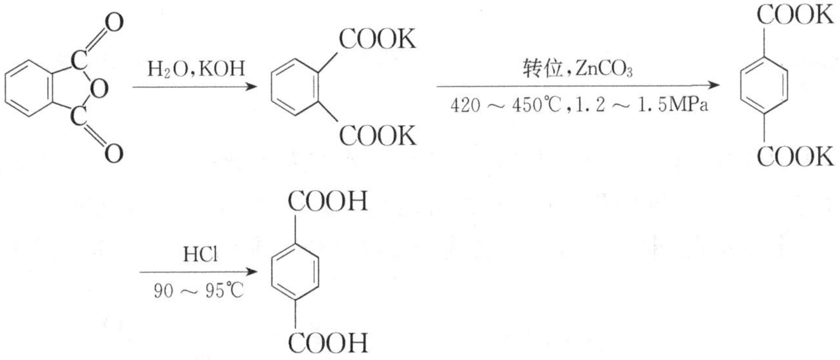

高纯度的对苯二甲酸可直接与乙二醇作用制得对苯二甲酸二乙二醇酯,再经缩聚释放出小分子化合物乙二醇而得聚对苯二甲酸二乙二醇酯,经抽丝制成聚酯纤维"涤纶"(polyester)。

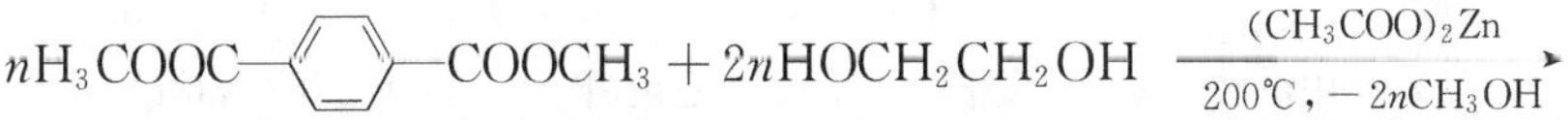

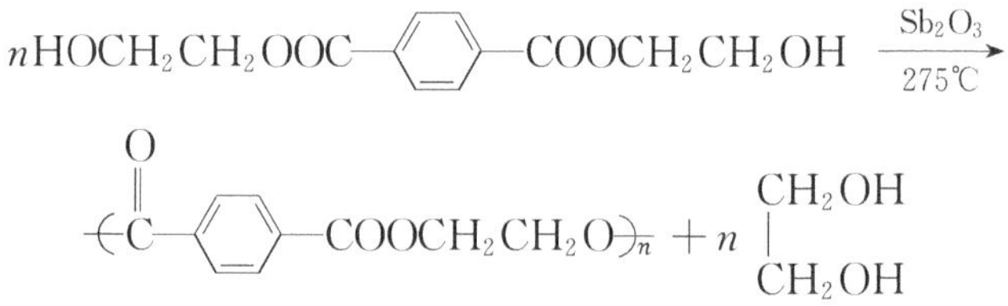

10.7 羧酸衍生物及其命名

羧酸衍生物一般是指羧基中羟基被其他原子或基团取代后的生成物，主要有酰卤、酸酐、酯、酰胺和腈(nitrile)。它们都含有酰基，因此统称为酰基化合物。它们均可由羧酸制得，经水解都可以得到羧酸，因而称为羧酸衍生物。

酰卤与酰胺是根据分子中所含的酰基命名。酰卤常用的是酰氯。

CH_3COCl	$CH_2=CHCOCl$	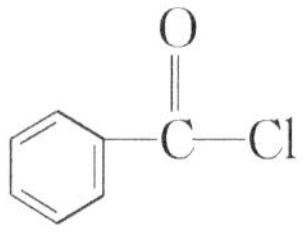	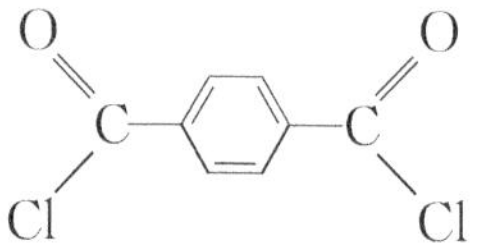
乙酰氯	丙烯酰氯	苯甲酰氯	对苯二甲酰氯
CH_3CONH_2	$CH_2=CHCONH_2$	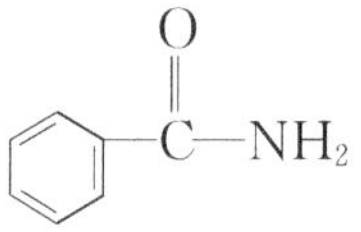	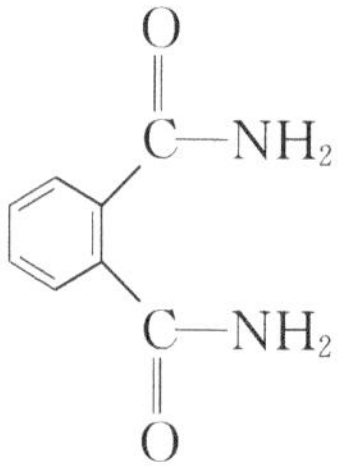
乙酰胺	丙烯酰胺	苯甲酰胺	邻苯二甲酰胺

分子中含有 $-\overset{O}{\overset{\|}{C}}-NH-$ 结构的环状化合物称为内酰胺(lactam)。腈是指分子中含有氰基$-C\equiv N$ 的化合物。酸酐和腈是根据它们水解所得的酸命名。酸酐中含有两个相同或不同的酰基分别称为均酐或混酐。混酐的命名与混合醚相似。

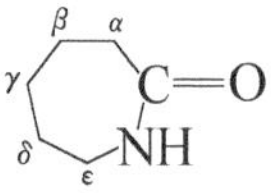	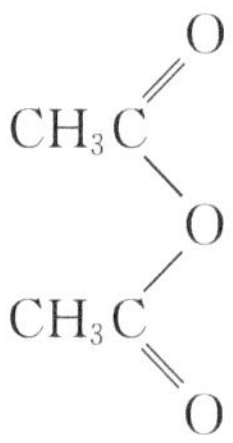	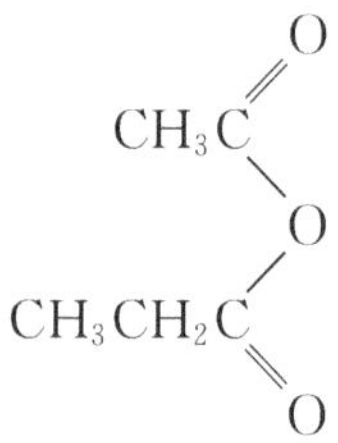	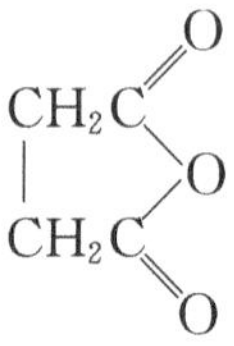
ε-已内酰胺	乙酐	乙丙酐	丁二酐(琥珀酐)

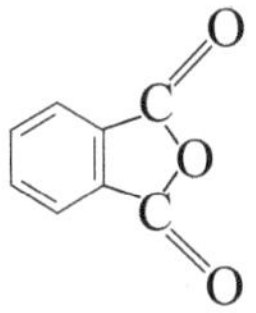

邻苯二甲酐

CH_3CN　　$CH_2=CHCN$　　$NC(CH_2)_4CN$

乙腈　　丙烯腈　　己二腈

酯是根据水解所得的酸和醇命名。一元醇与羧酸构成的酯称为某酸某酯；多元醇的酯，一般把“酸”名放在后面，称为“某醇某酸酯”。分子中含有—CO—O—结构的环状化合物称为内酯。例如：

$HCOOCH_3$　　$C_6H_5COOC_2H_5$　　$CH_2=C(CH_3)COOCH_3$

甲酸乙酯　　苯甲酸乙酯　　甲基丙烯酸甲酯

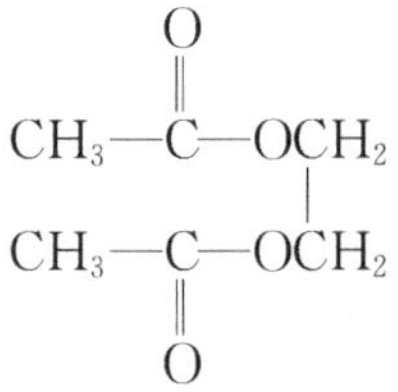

乙二醇二乙酸酯

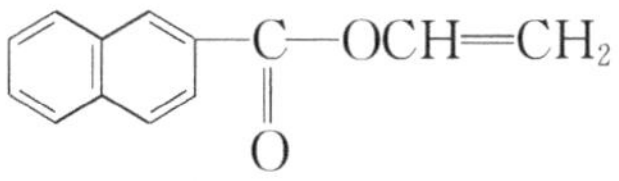

β-萘甲酸乙烯酯

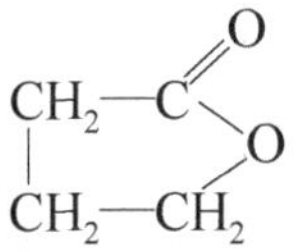

γ-丁内酯

10.8　羧酸衍生物的制法

10.8.1　酰氯的制法

酰氯可以由羧酸与无机酸的酰氯如三氯化磷、五氯化磷、亚硫酰氯等作用得到：

$$3RCOOH + PCl_3 \longrightarrow 3RCOCl + H_3PO_3$$

$$RCOOH + PCl_5 \longrightarrow RCOCl + HCl + POCl_3$$

$$RCOOH + SOCl_2 \longrightarrow RCOCl + HCl + SO_2$$

酰氯容易水解或与其他的化合物作用，通常只能用蒸馏方法分离。因此试剂的选择主要决定于原料、产物及副产物的沸点。例如，乙酰氯（沸点 52℃）可以由乙酸与三氯化磷（沸点 75℃）作用制备，因为乙酰氯的沸点比副产物亚磷酸的分解温度（200℃左右）要低得多，容易分离提纯。

$$CH_3COOH + PCl_3 \longrightarrow \underset{70\%}{CH_3COCl} + H_3PO_3$$

制高沸点的酰氯用亚硫酰氯来制备则很方便，将过量试剂抽去后，粗产物往往可直接使用。

10.8.2 酸酐的制法

酸酐可以由酰氯与羧酸盐作用得到：

$$RCOCl + RCOONa \longrightarrow (RCO)_2O + NaCl$$

这个方法与醚的 Williamson 合成法相似，它既可以用来合成均酐，又可以用来合成混酐。例如：

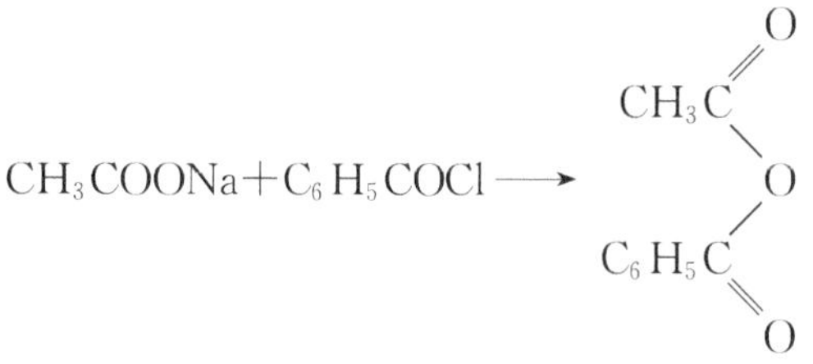

60%

制备较高级的酸酐常用游离羧酸来代替羧酸盐，加吡啶吸收氯化氢。

$$RCOCl + RCOOH \xrightarrow{\text{吡啶}} (RCO)_2O + HCl$$

$$CH_3(CH_2)_5COCl + CH_3(CH_2)_5COOH \xrightarrow{\text{吡啶}} [CH_3(CH_2)_5CO]_2O + HCl$$

83%

含五元环和六元环的环酐容易由相应的二元酸加热，或与脱水剂如乙酐、乙酰氯、磷酰氯等一起加热得到。

马来酸加热时容易失水生成马来酐，马来酐在冷水中水解生成马来酸。富马酸加热到 275℃，一部分变成马来酐。这说明马来酸分子中两个羧基在双键的同一边，因此，容易脱水成酐，富马酸分子中两个羧基各在双键的一边，要加热至较高温度，一部分转化成马来酸后才能失水生成马来酐。

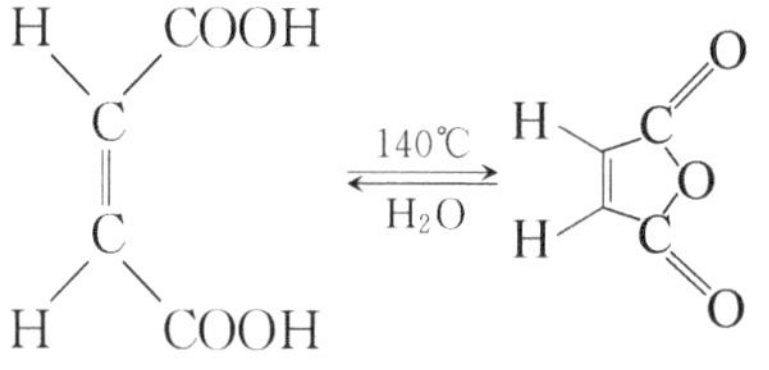

马来酸　　马来酐

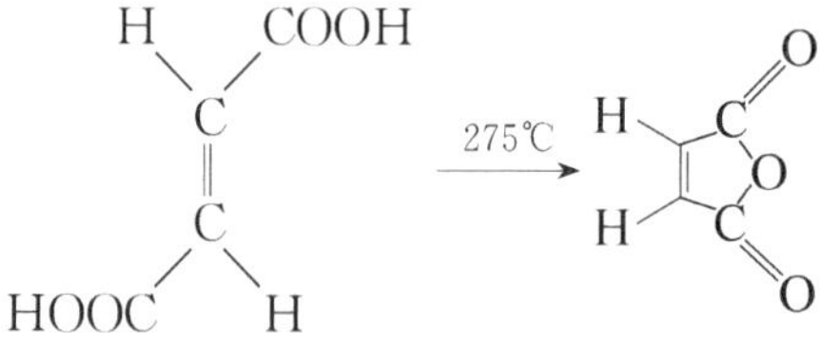

富马酸　　马来酐

10.8.3　羧酸酯的制法

羧酸酯可以由羧酸和醇直接作用得到。酯化一般在酸性催化剂如硫酸、盐酸、氟化硼、强酸型离子交换树脂等存在下进行。

酯化是一个可逆反应，为了使平衡向酯的方向移动，可以用过量的醇或酸。这要根据原料是否容易得到和是否容易回收来选择。也可以把反应中生成的水或酯连续蒸出，使平衡向右移动。例如，在工业上制备乙酸乙酯，是用分馏柱将乙酸乙酯(83.2%)、乙醇(9%)和水(7.8%)的三元恒沸混合物蒸出。

羧酸酯还可以利用酰氯或酸酐的醇解制备，这些反应是不可逆的，产量较好。通常用来制备不能或难于直接从羧酸得到的化合物。例如：

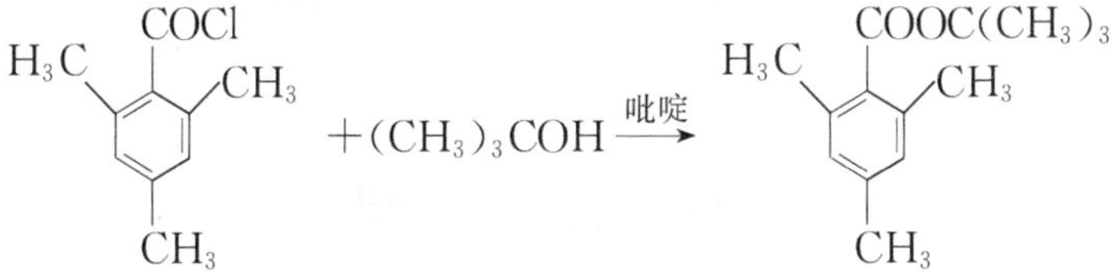

79%

10.8.4　酰胺的制法

酰胺可以由羧酸或羧酸衍生物与氨作用制备。羧酸与氨作用时先生成铵盐，铵盐加热时脱水生成酰胺。

$$2CH_3COOH + (NH_4)_2CO_3 \longrightarrow 2CH_3COONH_4 + CO_2 + H_2O$$

$$CH_3COONH_4 \xrightarrow{\text{蒸馏}} CH_3CONH_2 + H_2O$$

87%～90%

酰氯、酸酐和酯氨解时都生成酰胺。例如：

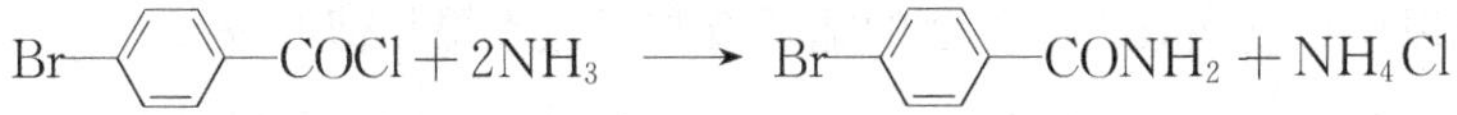

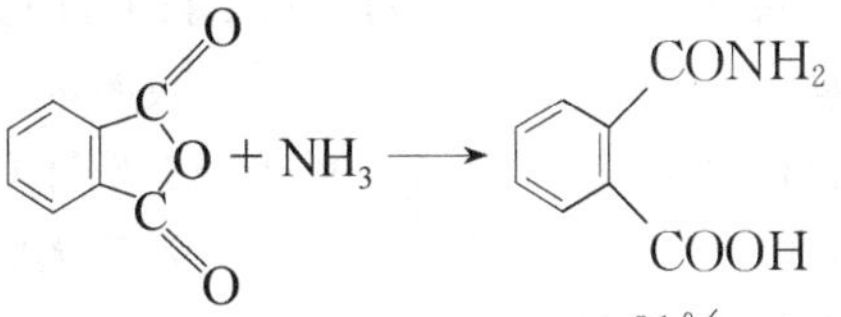

81%

$$ClCH_2COOC_2H_5 + NH_3 \xrightarrow{0 \sim 5℃} ClCH_2CONH_2 + C_2H_5OH$$

62%～87%

腈的部分水解也得到酰胺。例如：

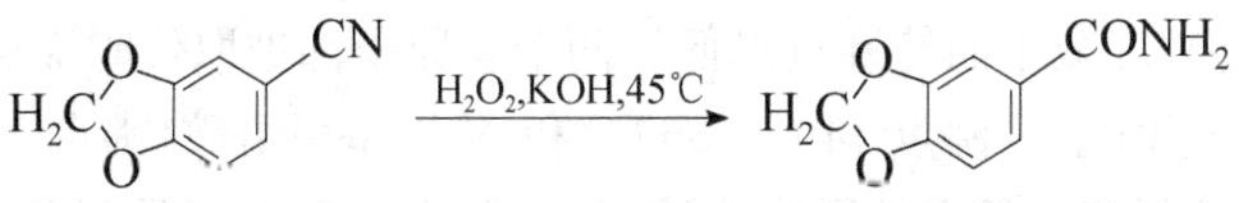

87%~92%

10.8.5 腈的制法

腈可以由酰胺脱水得到。例如：

$$(CH_3)_2CHCONH_2 \xrightarrow{P_2O_5} \underset{69\%\sim86\%}{(CH_3)_2CHCN}$$

卤代烃与氰化钠或氰化钾作用生成腈。

$$NaCN + RCH_2X \longrightarrow RCH_2CN + NaX$$

同时生成少量异腈。

$$NaCN + RCH_2X \longrightarrow \underset{\text{异腈}}{RCH_2NC} + NaX$$

10.9 羧酸衍生物的物理性质

十四个碳以下的酰氯在室温时均为液体。酰氯的沸点较相应的羧酸低。酰氯不溶于水。低级的酰氯遇水强烈水解，水解产物能溶于水。酰氯的相对密度都大于1。

低级的酸酐为无色液体，有使人不愉快的刺激性气味。壬酸酐以上的均酐在室温下是固体，没有气味。酸酐的沸点比相应的羧酸高。

十四个碳以下羧酸的甲酯和乙酯在室温时均为液体。酯的沸点比相应的酸和醇都要低，而与含同数碳原子的醛、酮差不多。酯在水中的溶解度较小，但能溶于一般的有机溶剂。挥发的酯具有芬芳的气味，许多花果的香气就是由酯所引起的，有的酯可以用作食用香料。下面的酯具有与天然水果相似的香气。

$CH_3COOCH_2CH(CH_3)_2$
乙酸异丁酯(香蕉)

$CH_3CH_2CH_2CH_2COOCH_2CH(CH_3)_2$
戊酸异丁酯(苹果)

$CH_3CH_2CH_2COOCH_2CH_3$
丁酸乙酯(菠萝-玫瑰)

$CH_3COOCH_2CH_2CH(CH_3)_2$
乙酸异戊酯(梨子)

$CH_3CH_2CH_2COOCH_2CH_2CH_2CH_3$
丁酸丁酯(菠萝)

酰胺中氨基上的氢原子可以生成氢键，高度的缔合作用使酰胺的沸点比相应的酸为高。除甲酰胺外，其他酰胺在室温下都是结晶固体。氨基上的氢被烃基取代时，由于缔合程度减小而使沸点降低。两个氢原子都被取代时沸点降低更多，例如，*N*,*N*-二甲基甲酰胺(沸点149～156℃)和*N*-甲基甲酰胺(沸点180～185℃)的沸点比甲酰胺低得多。低级的酰胺能溶于水，随着相对分子质量的增大溶解度逐渐减小。液体的酰胺是有机物及无机物的优良溶剂，*N*,*N*-二甲基甲酰胺、*N*,*N*-二乙基甲酰胺、*N*,*N*-二甲基乙酰胺和甲酰胺都能与水混溶。

腈一般为液体。乙腈能与水混溶，是一种良好的溶剂。腈分子中的氰基是高度极化的，因此腈具有较高的偶极矩。表 10-3 给出一些羧酸衍生物的物理常数。

表 10-3　一些羧酸衍生物的物理常数

化合物	熔点/℃	沸点/℃	化合物	熔点/℃	沸点/℃
乙酰氯	−112	51	乙酸乙酯	−83	77
丙酰氯	−94	80	乙酸丁酯	−77	126
正丁酰氯	−89	102	乙酸异戊酯	−78	142
苯甲酰氯	−1	197	苯甲酸乙酯	−32.7	213
乙酸酐	−73	140	丙二酸二乙酯	−50	199
丙酸酐	−45	169	乙酰乙酸乙酯	−45	180.4
丁二酸酐	−119.6	261	甲酰胺	3	200(分解)
顺-丁烯二酸酐	60	202	乙酰胺	82	221
苯甲酸酐	42	360	丙酰胺	79	213
邻苯二甲酸酐	131	284	正丁酰胺	116	216
甲酸甲酯	−100	30	苯甲酰胺	130	290
甲酸乙酯	−80	54	*N*,*N*-二甲基甲酰胺	−61	153
乙酸甲酯	−98	57.5	邻苯二甲酰亚胺	238	升华

10.10　羧酸衍生物的化学性质

10.10.1　酰基碳上的亲核取代(加成-消除)反应

羧酸衍生物的羰基碳受亲核试剂(Nu^-)的进攻，发生亲核加成反应，生成一个具有四面体结构的中间体(Ⅰ)，然后离去一个负性基团(L^-)，生成含碳氧双键较稳定的取代产物。这种反应的机理与卤代烷的亲核取代反应机理不同，所以羧酸衍生物的亲核取代反应通常称为亲核加成-消除反应(nucleophilic addition-elimination reaction)。总的反应速率与加成、消除两步反应速率有关，但第一步更重要。羰基碳的正电性越大，立体障碍越小，越有利于加成；离去基团碱性越弱，离去能力越强，越有利于消除。

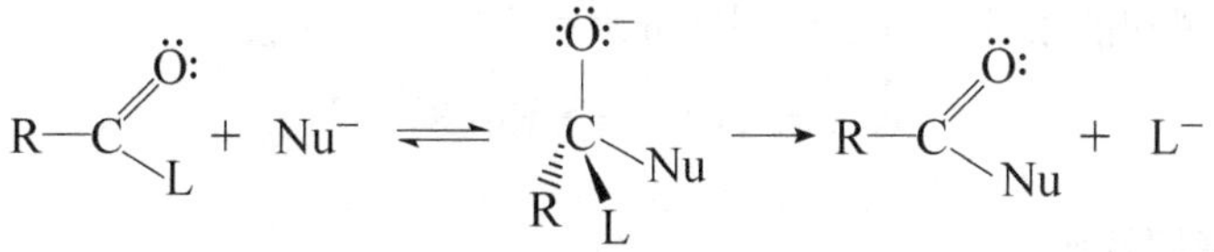

(Ⅰ)

L 代表—X、—OCOR、—OR、—NH_2，L^-碱性越弱，越易离去，反应越易进行。

离去基团的离去能力是 $Cl^- > RCOO^- > RO^- > NH_2^-$。

酰氯中氯原子的强吸电子诱导效应和较弱的 p-π 供电子共轭效应，使羰基碳上的正电性最高。酰胺中，氮原子较弱的吸电子诱导效应和较强的 p-π 供电子共轭效应，使羰基碳上的正电性最低。酸酐和酯介于两者之间。因此，羧酸衍生物的反应活性有以下次序：

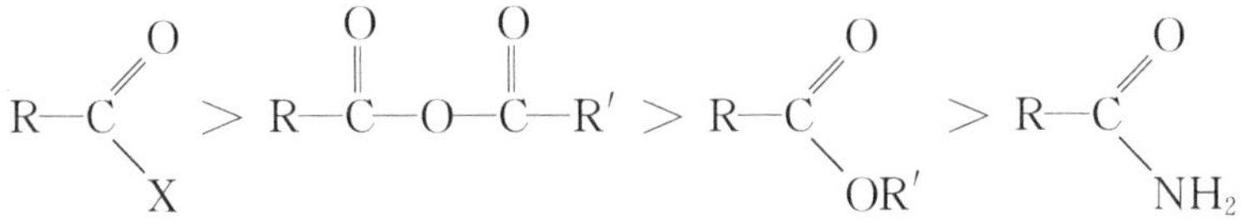

羧酸衍生物可通过亲核取代反应而相互转化，活性低的酰基化合物可从活性较高的酰基化合物合成，而逆方向常常是困难的。

10.10.2　水解反应

乙酰氯与水反应激烈且放热，乙酐则与热水较易作用，酯的水解在没有催化剂存在时进行得很慢，而酰胺的水解常常要在酸或碱的催化下，经长时间的回流才能完成。

酯的水解是酯化的逆反应。在酸性或中性的溶液中生成平衡混合物。在碱溶液中水解，反应中生成的酸立即和碱生成盐，从平衡系统中除去，使水解进行到底。

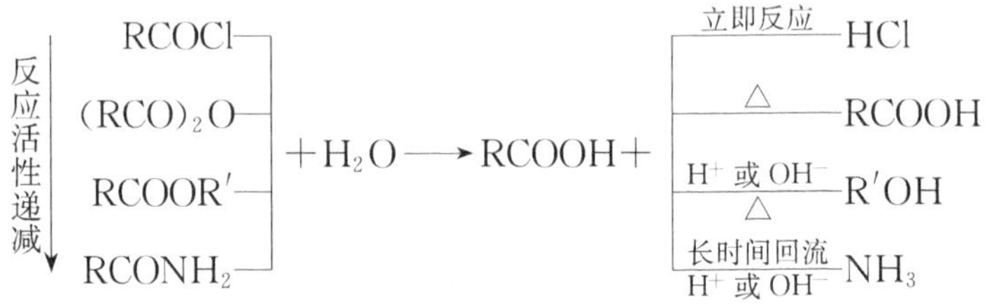

酸氯、酸酐、酯与酰胺都可以与水作用生成相应的酸，水解反应的难易次序为

酰氯＞酸酐＞酯＞酰胺

腈在酸性或碱性溶液中水解最后生成羧酸或羧酸盐。

$$RCN + 2H_2O + HCl \longrightarrow RCOOH + NH_4Cl$$

$$RCN + H_2O + NaOH \longrightarrow RCOONa + NH_3$$

在比较缓和的条件下可以得到部分水解产物——酰胺。

$$RCN + H_2O \longrightarrow RCOONH_2$$

10.10.3　醇解反应

酰氯、酸酐及酯与醇反应生成酯：

$$\left.\begin{array}{l}RCOCl\\(RCO)_2O\\RCOOR''\end{array}\right\} + R'OH \longrightarrow RCOOR' + \left\{\begin{array}{l}HCl\\RCOOH\\R''OH \text{（酯交换反应）}\end{array}\right.$$

酰氯和酸酐可以直接与醇作用，酯与另一种醇作用生成两种酯的平衡混合物，称做酯交换反应。酯交换反应在有酸性或碱性催化剂存在时才能进行。

通过羧酸与醇反应难以制备的酯，可用活性较大的酰氯或酸酐与醇反应来制取。例如：

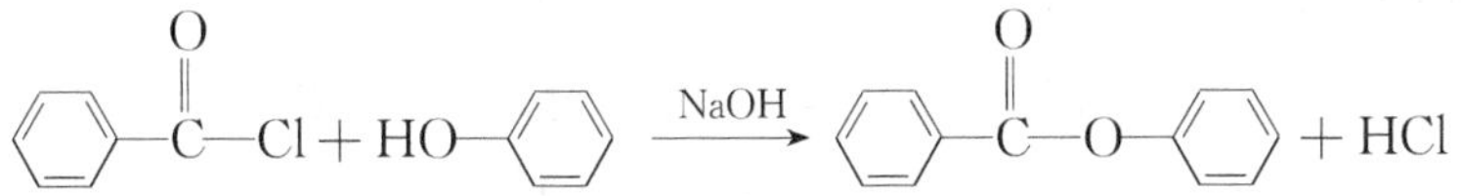

$$(CH_3CO)_2O + (CH_3)_3COH \xrightarrow{ZnCl_2} CH_3COOC(CH_3)_3 + CH_3COOH$$

腈在氯化氢存在下与无水乙醇作用生成亚氨基酯的盐：

$$CH_3C{\equiv}N + C_2H_5OH + HCl \longrightarrow [CH_3\underset{\displaystyle OC_2H_5}{\underset{|}{C}}{=}NH_2]^+ Cl^-$$

进一步与过量的无水乙醇作用生成原酸酯，$RC(OH)_3$称为原酸。

$$[CH_3\underset{\displaystyle OC_2H_5}{\underset{|}{C}}{=}NH_2]^+ Cl^- + 2C_2H_5OH \longrightarrow CH_3C(OC_2H_5)_3 + H_2O + HCl$$

如果所用的乙醇中有水，则得到酯：

$$[CH_3\underset{\displaystyle OC_2H_5}{\underset{|}{C}}{=}NH_2]^+ Cl^- + H_2O \longrightarrow CH_3\underset{\displaystyle OC_2H_5}{\underset{|}{C}}{=}O + NH_4Cl$$

10.10.4　氨解反应

酰氯、酸酐及酯与氨作用都生成酰胺。酯的氨解要比酰氯和酸酐慢得多。

$$\left.\begin{array}{l}RCOCl\\(RCO)_2O\\RCOOR'\end{array}\right\} + NH_3 \longrightarrow RCONH_2 + \left\{\begin{array}{l}HCl\\RCOOH\\R'OH\end{array}\right.$$

$$RCONH_2 + H_2NR'\text{（过量）} \longrightarrow RCONHR' + NH_3$$

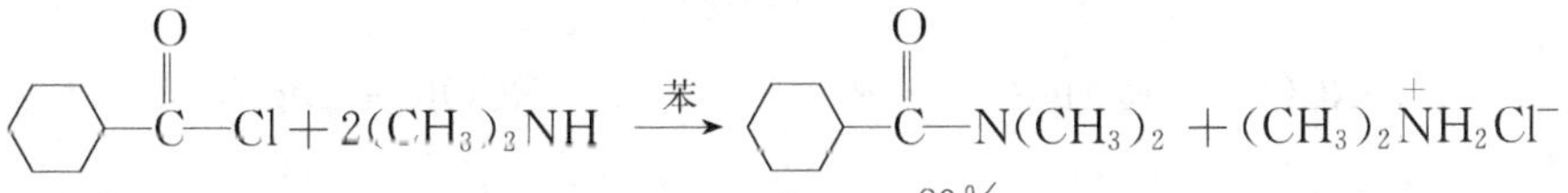

89%

腈与氨和氯化铵一起在高压釜中加热生成脒盐：

$$CH_3C\equiv N + NH_3 + NH_4Cl \xrightarrow{125\sim150℃}$$

$$[CH_3\underset{\displaystyle NH_2}{\underset{|}{C}}=NH_2]^+\ Cl^- \quad 或 \quad [CH_3\underset{\displaystyle NH_2}{\underset{\vdots}{C}}\overset{\cdots}{=}NH_2]^+\ Cl^-$$

10.10.5　酸解反应

酰氯、酸酐、酯、酰胺与另一羧酸共热都得到平衡混合物：

$$RCOCl + R'COOH \rightleftharpoons RCOOH + R'COCl$$

$$(RCO)_2O + 2R'COOH \rightleftharpoons 2RCOOH + (R'CO)_2O$$

$$RCOR'' + R'COOH \rightleftharpoons RCOOH + R'COOR''$$

$$RCONH_2 + R'COOH \rightleftharpoons RCOOH + R'CONH_2$$

酸解(acidolysis)反应可以用来合成酰氯和酸酐。例如：

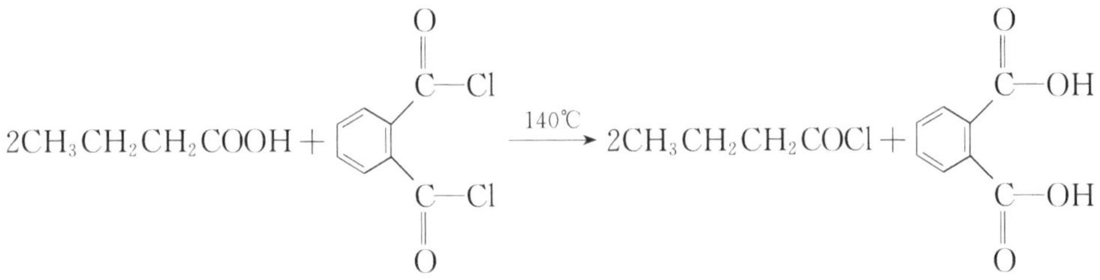

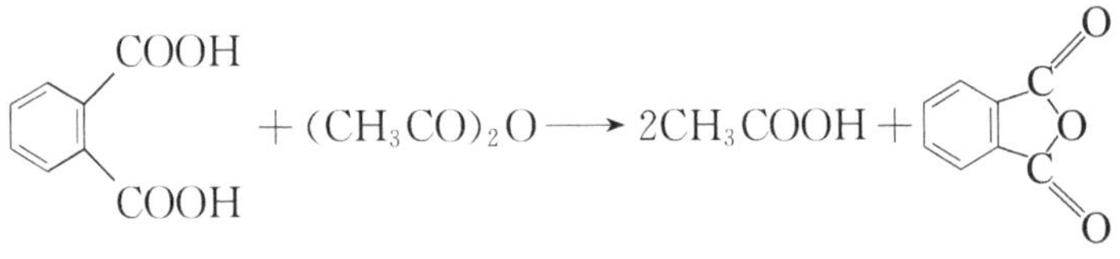

酰氯和酸酐的酰化能力最强，是常用的酰化剂。

10.10.6　与格氏试剂的反应

酰氯与格氏试剂作用可以得到酮或叔醇。由于酰氯与格氏试剂的作用比酮与格氏试剂的作用要快一些，因此，用 1mol 的格氏试剂，慢慢滴入含有 1mol 酰氯的溶液中，可以使反应停留在酮的一步：

$$RCOCl + R'MgX \longrightarrow R-\overset{\displaystyle OMgX}{\overset{|}{\underset{\displaystyle R'}{\underset{|}{C}}}}-Cl \longrightarrow RCOR' + MgXCl$$

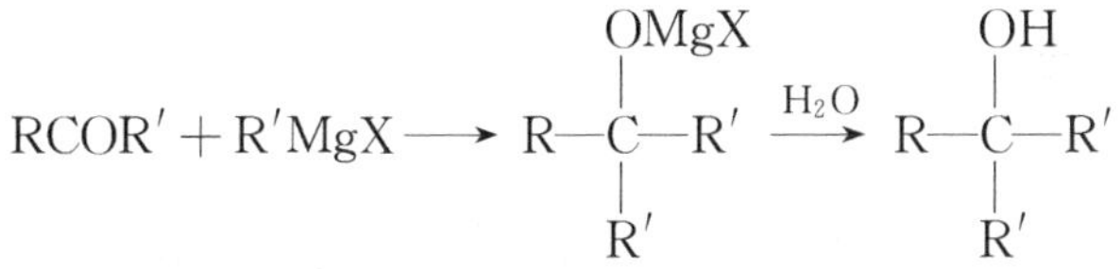

例如：

$$(CH_3)_3COCl + (CH_3)_3CMgCl \longrightarrow (CH_3)_3COC(CH_3)_3$$

84%

酸酐与格氏试剂在低温下作用也可以得到酮。例如：

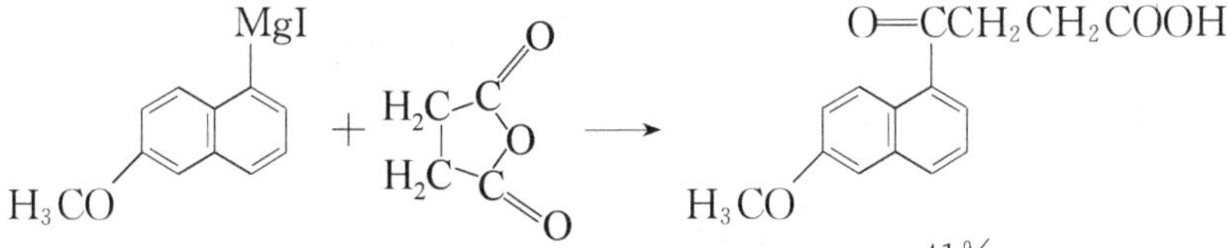

41%

酯与格氏试剂作用生成叔醇：

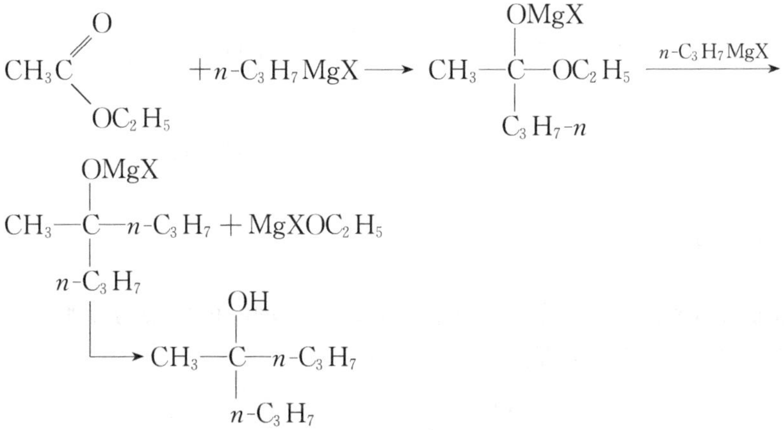

酰胺中含有活性氢，能使格氏试剂分解。若用 3～4mol 格氏试剂与 1mol 酰胺长时间共热，也可以得到酮。例如：

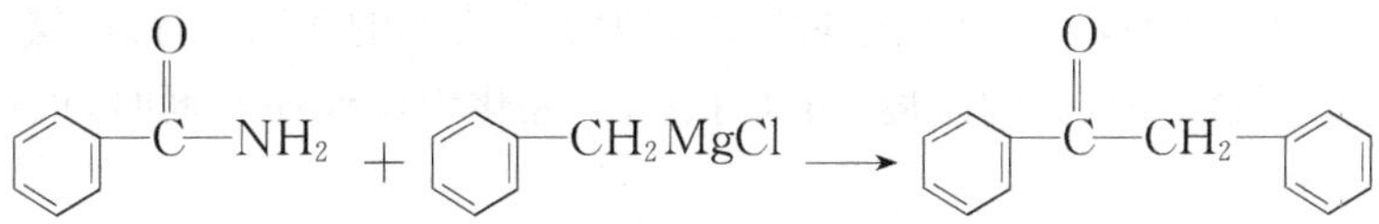

腈与格氏试剂发生加成反应，产物水解后得到酮。

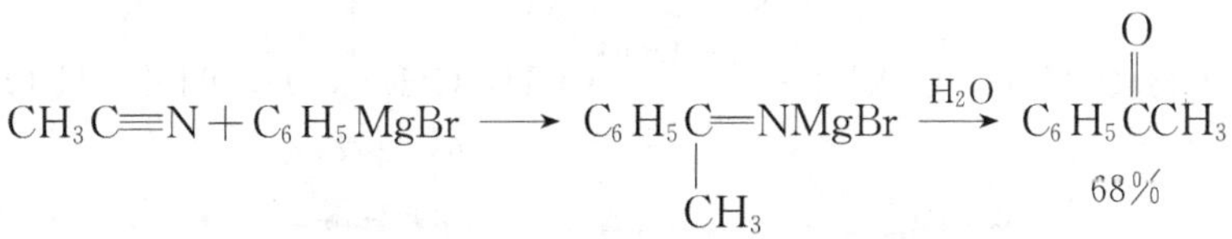

10.10.7 还原反应

1. 酰氯的还原

羧酸衍生物比羧酸容易还原。酰氯可以被还原为醛或伯醇。在特殊的活性较低的钯催化剂(如 $Pd/BaSO_4$)存在下可以选择性还原,反应中止在醛阶段(Rosenmund 还原法)。

$$2RCOCl + H_2 \begin{cases} \xrightarrow{Pd} RCH_2OH \\ \xrightarrow{Pd/BaSO_4} RCHO \end{cases}$$

酰氯用氢化铝锂还原生成伯醇:

$$RCOCl \xrightarrow[\text{②}H_2O]{\text{①}LiAlH_4,\text{乙醚}} RCH_2OH$$

2. 酸酐的还原

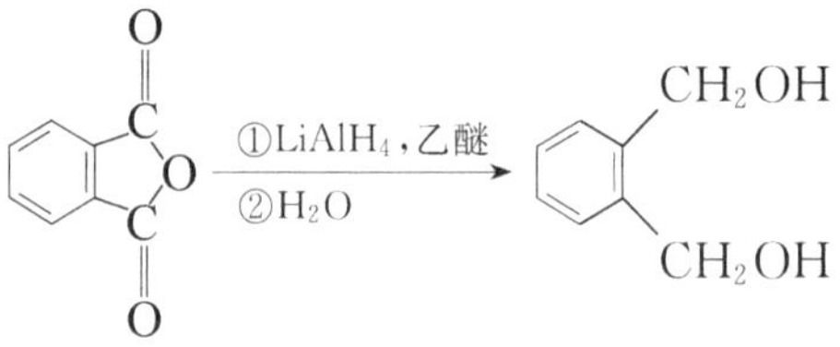

3. 酯的还原

酯可以用多种方法还原,其产物为两种醇,一种醇的碳架与原来酯中的酸相同。另一种来自酯中醇的部分。

$$RC(=O)OR' \xrightarrow{[H]} RCH_2OH + R'OH$$

由于酯容易还原,羧酸往往通过酯还原为醇。常用的还原剂有氢、氢化铝锂和钠-乙醇(如回流需要较高的温度,可用丁醇)。氢化铝锂作还原剂时,可保留碳链中的不饱和键。例如:

$$CH_3CH{=}CHCH_2COOCH_3 \xrightarrow[\text{②}H_2O]{\text{①}LiAlH_4,\text{乙醚}} CH_3CH{=}CHCH_2CH_2OH + CH_3OH$$

$$\underset{\text{月桂酸甲酯}}{CH_3(CH_2)_{10}COOCH_3} \xrightarrow{Na+EtOH} \underset{\substack{65\%\sim75\% \\ \text{月桂醇}}}{CH_3(CH_2)_{10}CH_2OH} + CH_3OH$$

4. 酰胺的还原

酰胺还原生成伯胺。*N*-烷基或 *N*,*N*-二烷基酰胺还原生成仲胺或叔胺。例如：

$$RCONH_2 + LiAlH_4 \longrightarrow RCH_2NH_2$$

$$RCO—NHR' + LiAlH_4 \longrightarrow RCH_2NHR'$$

$$RCO—NR_2 + LiAlH_4 \longrightarrow RCH_2NR_2$$

88%

5. 腈的还原

腈用氢化铝锂还原生成伯胺。

$$RC\equiv N \xrightarrow[②H_2O]{①LiAlH_4} RCH_2NH_2$$

10.10.8　氧化反应

酰氯与过氧化钠、过氧化氢作用，可生成相应的过氧化二酰。例如：

$$2CH_3COCl + Na_2O_2 \longrightarrow CH_3—\overset{O}{\overset{\|}{C}}—O—O—\overset{O}{\overset{\|}{C}}—CH_3 + 2NaCl$$

过氧化二乙酰（沸点63℃）

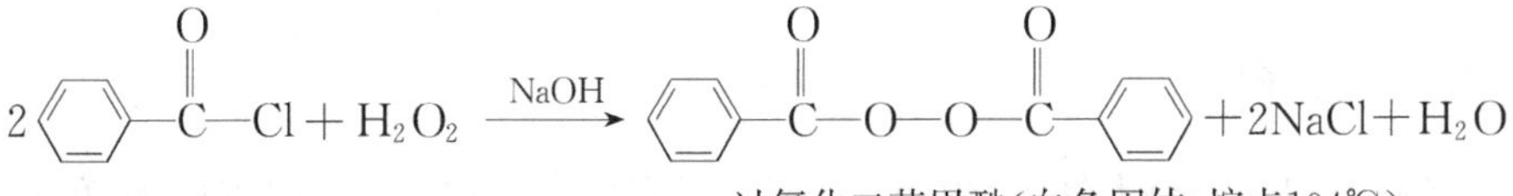

过氧化二苯甲酰（白色固体，熔点104℃）

过氧化乙酰和过氧化苯甲酰都是有机过氧化物，受热易爆炸。在控制条件下可分解生成自由基而常用作自由基聚合反应的引发剂。

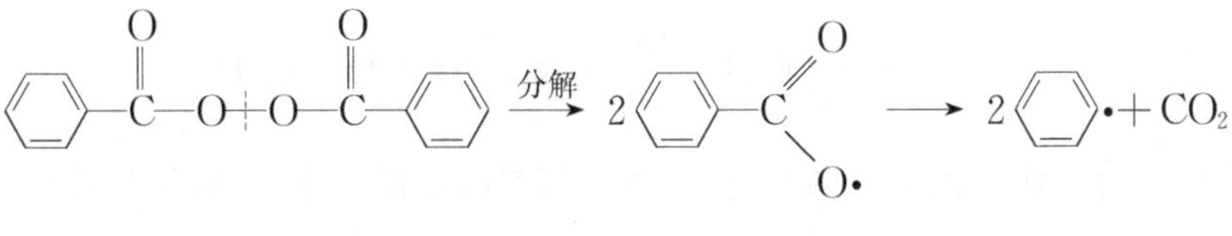

10.10.9　霍夫曼降解反应

酰胺与次氯酸钠或次溴酸钠的碱溶液作用时脱去羰基生成伯胺。在反应中碳链减少一个碳原子，这是霍夫曼（A. W. Hofmann）发现的制胺的一个方法，通常称为霍夫曼酰胺降级反应。含八个碳以下的酰胺，采用此法，反应过程复杂，但产率较高，产物较纯。

$$RCONH_2 + NaOX + 2NaOH \longrightarrow RNH_2 + Na_2CO_3 + NaX + H_2O$$

10.11 重要的羧酸衍生物

10.11.1 乙酸酐

乙酸酐(acetic anhydride)简称乙酐，又名醋酐，是刺激气味的无色液体，沸点139.6℃，微溶于水，易溶于有机溶剂。工业上用乙酸钴-乙酸铜作催化剂，在2.5～5MPa、45～50℃时用氧气将乙醛氧化生成过氧乙酸，后者与乙醛作用则生成乙酐。

$$CH_3COOH + O_2 \xrightarrow{\text{催化剂}} CH_3C(=O)—O—O—H$$

过氧乙酸

$$CH_3C(=O)—O—O—H + CH_3CHO \longrightarrow (CH_3CO)_2O + H_2O$$

在生产乙酐同时会生成乙酸，为防止乙酐水解，生产过程中应保持较低的温度。由乙酸与乙烯酮加成也是乙酐的工业生产方法之一。乙酐主要用于制造醋酸纤维、染料、医药和香料等。

10.11.2 乙烯酮

乙烯酮(ketene)为气体，沸点－56℃，有剧毒。乙烯酮是简单的不饱和酮，在工业上由乙酸或丙酮的热解制备：

$$CH_3COCH_3 \xrightarrow{700\sim750℃} CH_2=C=O + CH_4$$

$$CH_3COOH \xrightarrow[700℃]{AlPO_4} CH_2=C=O + H_2O$$

乙烯酮可看作是乙酸的内酐，性质也有与酸酐相似的地方，容易与各种试剂起加成反应。

1. 与含活性氢的化合物作用

在酸性或碱性催化剂存在下，乙烯酮与含活性氢的化合物起加成反应，生成羧酸衍生物，例如：

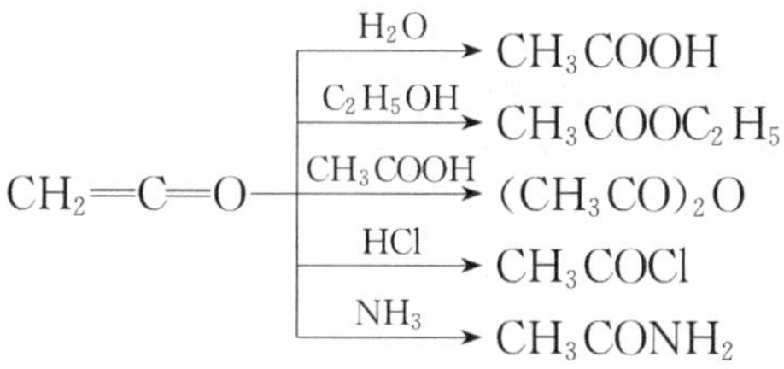

因此，乙烯酮是强烈的乙酰化剂。工业上用乙烯酮与乙酸作用生产乙酐。

乙烯酮在酸性催化剂存在下与酮作用，生成乙酸的烯醇酯。例如：

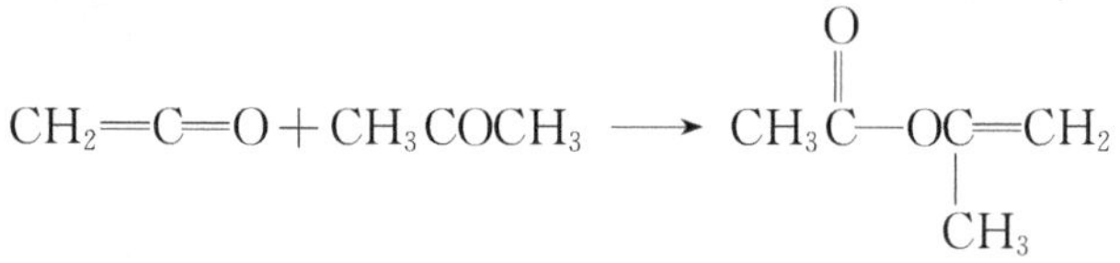

2. 与含双键的化合物作用

乙烯酮与含 C═C、C═O 等双键的化合物作用生成含四元环的化合物。例如：

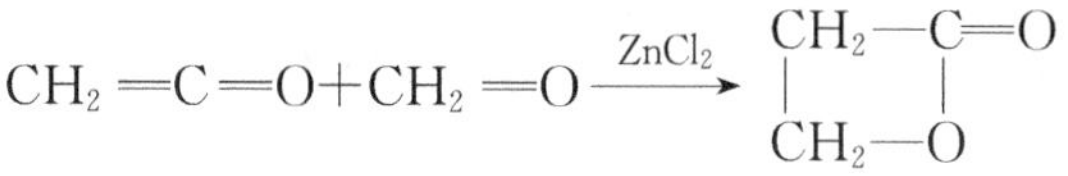

3. 聚合

乙烯酮的溶液在－30℃下也能慢慢聚合生成二聚体，在室温下聚合反应进行得很快。

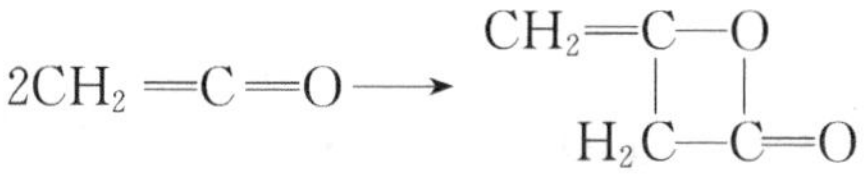

因此，使用乙烯酮进行反应，一般是将生成的乙烯酮立即通入要与它起反应的化合物中。

二聚乙烯酮（双烯酮）与乙醇作用，生成乙酰乙酸乙酯：

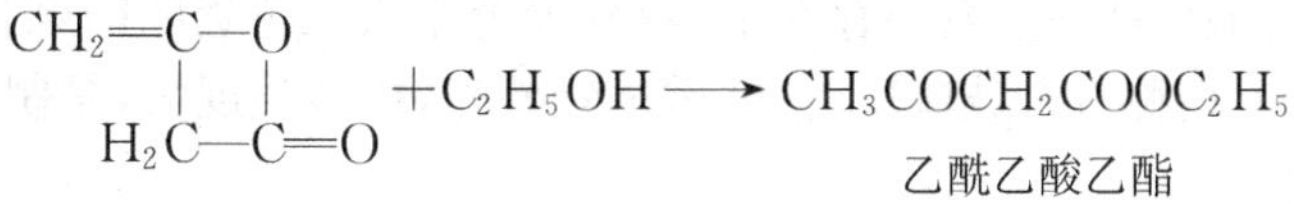

乙酰乙酸乙酯

10.11.3　乙酸乙烯酯

乙酸乙烯酯（vinyl acetate）在工业上可由乙炔与乙酸在乙酸锌催化下制得。

$$HC\equiv CH + CH_3COOH \xrightarrow[210\sim250^\circ C]{(CH_3COO)_2Zn} CH_3COOCH{=}CH_2$$

由于石油工业的迅速发展，以乙烯为原料与乙酸蒸气在 160～200℃、0.5～1MPa 下，通过以钯为主体的催化剂进行氧化，可直接合成乙酸乙烯酯。这种合成方法比乙炔法耗电量少，成本低，较为优越。

$$CH_2{=\!=}CH_2 + CH_3COOH + \frac{1}{2}O_2 \xrightarrow[05\sim 1MPa]{Pd,160\sim 200℃} CH_3COOCH{=\!=}CH_2 + H_2O$$

乙酸乙烯酯为无色液体，沸点 73℃，在引发剂过氧化苯甲酰或偶氮二异丁腈的引发下，能聚合成高分子的聚乙酸乙烯酯。

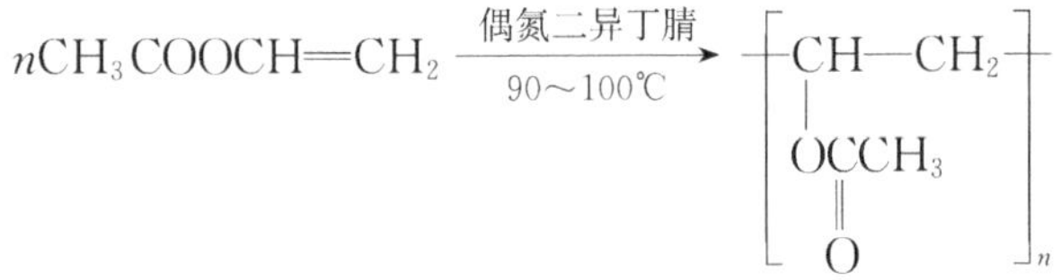

聚乙酸乙烯酯

聚乙酸乙烯酯常用于制造涂料及胶粘剂。它在酸或碱的存在下，可以水解生成聚乙烯醇(PVA)。

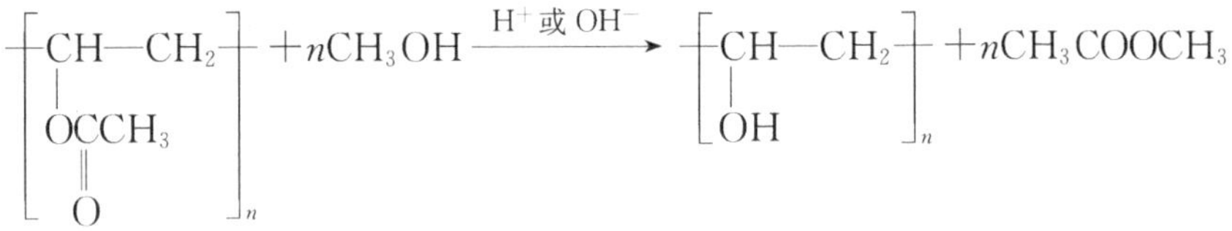

10.11.4　甲基丙烯酸甲酯

甲基丙烯酸甲酯(methyl methacrylate，MMA)是以丙酮为原料，先与氢氰酸发生亲核加成生成丙酮氰醇，然后再和浓硫酸及甲醇共热，同时进行水解、脱水及酯化而得。

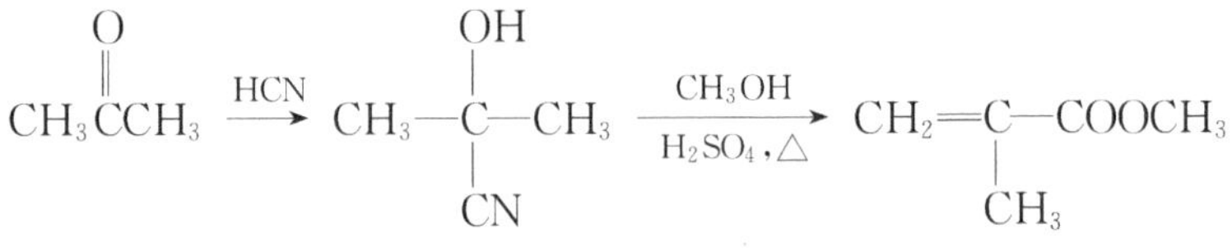

甲基丙烯酸甲酯在引发剂存在下，容易聚合生成无色透明的聚合物——聚甲基丙烯酸甲酯(俗称有机玻璃)。它可透过紫外光，机械强度大，是制造仪表、仪器等的很好材料。

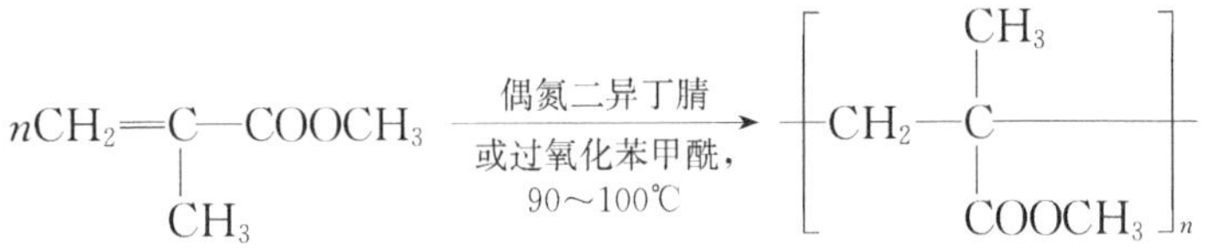

聚甲基丙烯酸甲酯

10.11.5　ε-己内酰胺

ε-己内酰胺(Caprolactam)是内酰胺中一个有重要工业用途的化合物,简称己内酰胺。它为白色结晶或粉末,熔点 68～70℃,沸点 262.3℃,溶于水和乙醇、乙醚等有机溶剂,是制造尼龙-6(耐纶-6 或锦纶)的原料。工业上可以由环己酮肟重排制得。

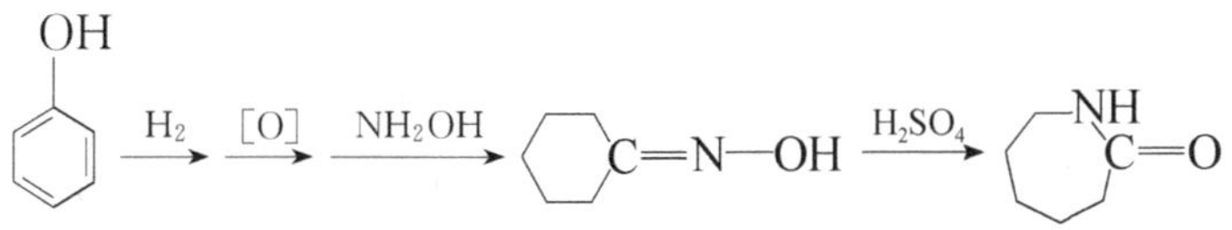

己内酰胺在 200～300℃及微量水(活化剂)或钠、有机酸、碱催化引发下发生开环聚合反应而生成聚己内酰胺。

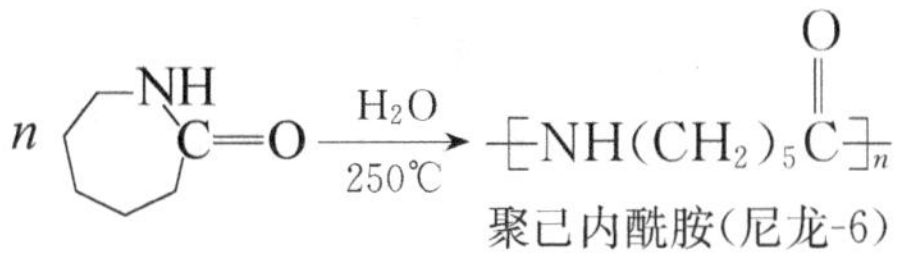

聚己内酰胺(尼龙-6)

10.12　油 脂 和 蜡

10.12.1　油脂的组成和结构

油脂存在于动植物组织中,油脂碳水化合物和蛋白质都是营养中不可缺少的组成部分。油脂包括脂肪和油,习惯上把常温下为固体或半固体的叫做脂肪(fat)。为液体的叫做油(oil)。但是这两个名词在实际使用上并未严格区分。例如,在常温下鱼脂为液体,而牛油则为固体。

油脂是甘油与脂肪酸所生成的酯。甘油与一种脂肪酸所生成的酯叫做甘油同酸酯,与两种或三种脂肪酸所生成的酯叫做甘油混酸酯,天然油脂多为甘油混酸酯。

$$\begin{array}{l} CH_2-O-CO(CH_2)_{14}CH_3 \\ | \\ CH-O-CO(CH_2)_{14}CH_3 \\ | \\ CH_2-O-CO(CH_2)_{14}CH_3 \end{array}$$

甘油同酸酯
甘油三软脂酸酯

$$\begin{array}{ll} \alpha & CH_2-O-CO(CH_2)_{16}CH_3 \\ & | \\ \beta & CH-O-CO(CH_2)_{14}CH_3 \\ & | \\ \alpha' & CH_2-O-CO(CH_2)_7CH=CH(CH_2)_7CH_3 \end{array}$$

甘油混酸酯
甘油-α-硬脂酸-β-软脂酸-α′-油酸酯

从油脂得到的脂肪酸主要是含偶数碳原子的直链羧酸,常见的饱和酸为

月桂酸	$CH_3(CH_2)_{10}COOH$	肉豆蔻酸	$CH_3(CH_2)_{14}COOH$
软脂酸	$CH_3(CH_2)_{12}COOH$	硬脂酸	$CH_3(CH_2)_{16}COOH$

常见的不饱和酸为

油酸

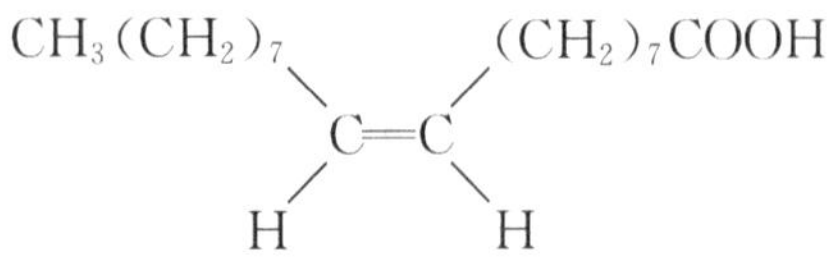

亚油酸

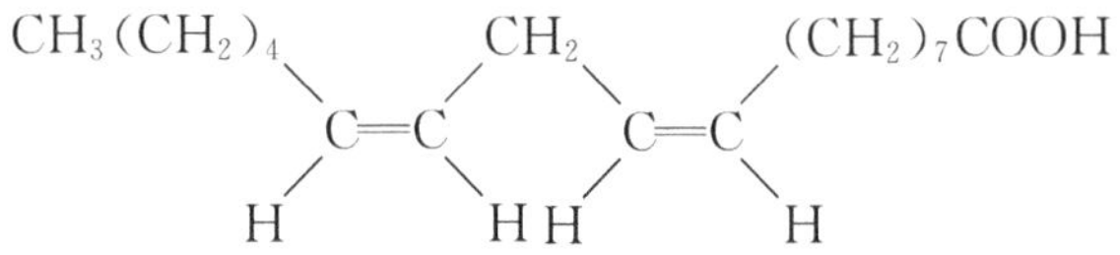

亚麻酸

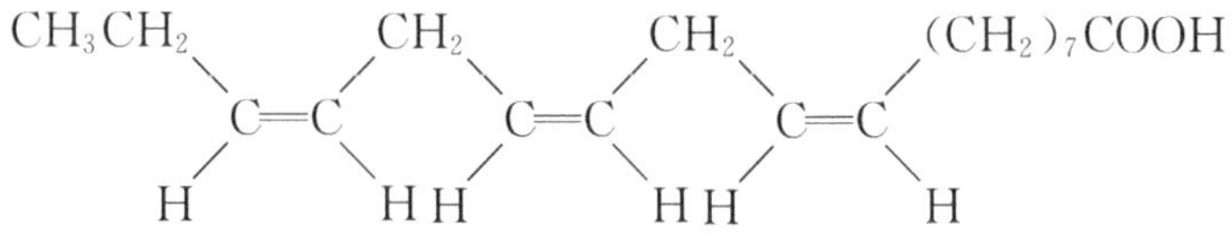

它们是含有 18 个碳原子的碳链。油酸中的双键正好在碳链的中央。亚油酸和亚麻酸分别含两个和三个双键。双键和双键之间都间隔一个亚甲基。双键的构型都是(Z)型。

10.12.2　油脂的性质

油脂属于酯,除具有酯的性质外,有些还具有双键的性质。

1. 皂化

油脂在酸的存在下与水共沸,则水解生成高级脂肪酸和甘油。工业上以此制取高级脂肪酸和甘油。

油脂与氢氧化钠(或钾)共热也可发生水解生成高级脂肪酸钠盐或钾盐(肥皂)和甘油。由于油脂的碱性水解生成的高级脂肪酸钠盐就是肥皂,因此酯的碱性水解叫做皂化(saponification)。例如:

$$\underset{\text{油脂(猪油)}}{\begin{array}{l} CH_2-O-CO(CH_2)_{16}CH_3 \\ | \\ CH-O-CO(CH_2)_{14}CH_3 \\ | \\ CH_2-O-CO(CH_2)_7CH=CH(CH_2)_7CH_3 \end{array}} + 3NaOH \xrightarrow{\triangle}$$

$$\underset{\text{甘油}}{\begin{array}{l} CH_2-O-H \\ | \\ CH-O-H \\ | \\ CH_2-O-H \end{array}} + \begin{array}{ll} CH_3(CH_2)_{16}COONa & \text{硬脂酸钠} \\ CH_3(CH_2)_{14}COONa & \text{软脂酸钠} \\ CH_3(CH_2)_7CH=CH(CH_2)_7COONa & \text{油酸钠} \end{array}$$

由于各种油脂含有不同的甘油酯，所以各种油脂的平均相对分子质量是不同的，平均相对分子质量越大，单位质量油脂中含甘油酯的物质的量越小，皂化时所需碱量也越小。工业上将 1g 油脂完全皂化时所需 KOH 的毫克数称皂化值(saponification value)。由皂化值可估计油脂的平均相对分子质量，皂化值越大，油脂的平均相对分子质量越小。

2. 加成反应

油(含有较多不饱和酸)的催化加氢(一般在 200℃、0.1～0.3MPa、Ni 催化下进行)叫做“油的氢化”或“油的硬化”，因为所得产品是固体的较硬的酯，所以叫“硬化油”。油脂的不饱和度常用“碘值”来表示。100g 油脂与碘加成所需碘的质量(单位：g)称“碘值”(iodinc value)。碘值越大，油脂的不饱和程度越大。

碘一般不与碳碳双键发生加成，所以实际测定“碘值”，采用氯化碘或溴化碘的乙酸溶液，再换算成碘的加成质量。

3. 氧化和聚合反应

油脂在空气及细菌作用下易氧化或水解而释放出具有强烈难闻气味的低相对分子质量的羧酸以及中等相对分子质量的醛，使油脂酸败变质。含有共轭双键的油类，易发生聚合反应，生成复杂的聚合物。例如，桐油在空气中可干化成膜，可能是一系列氧化聚合的结果。

4. 酸值

油脂中的游离脂肪酸含量，可用 KOH 中和来测定。中和 1g 油脂所需的 KOH 的质量称为酸值(acid value)。酸值反映了油脂中游离脂肪酸的多少。

油脂的用途广泛，为食物中的三大营养物(油脂、蛋白质、碳水化合物)之一，也是工业重要原料。

10.12.3　蜡

蜡是直链高级羧酸所成的酯，其主要成分一般是含有偶数碳原子的高级脂肪酸和高级一元醇所组成的酯。此外，还含有游离的高级羧酸、醇及烃类。例如，蜂蜡(蜜蜡)的主要成分是十六酸三十醇酯(棕榈酸峰花酯)$C_{15}H_{31}COOC_{30}H_{61}$；鲸蜡的主要成分是十六酸十六醇酯(棕榈酸鲸蜡酯)$C_{15}H_{31}COOC_{16}H_{33}$；白蜡(虫蜡)又名中国蜡，为我国四川特产，主要成分是二十六酸二十六醇酯(蜡酸蜡酯)$C_{25}H_{51}COOC_{26}H_{53}$。蜡水解可得到相应的醇和酸。工业上蜡用于制造蜡烛、香脂、软膏等。

10.13　碳酸衍生物

碳酸可看作是羟基甲酸或共用一个羰基的二元羧酸。

碳酸分子中的一个或二个羟基被其他基团取代后的生成物叫碳酸衍生物。酸性的碳酸衍生物(HOCOY，Y＝X、OR、NH_2)都不稳定，重要的碳酸衍生物如光气(ClCOCl)和脲(H_2NCONH_2)都是碳酸的二元取代物。由于碳酸不稳定，不以游离状态存在，所以碳酸衍生物不由碳酸直接制备。

10.13.1　碳酰氯

碳酰氯(carbonyl chloride)俗称光气(phosgene)，最初是由一氧化碳和氯在日光照射下得到的。目前工业上是用活性炭作催化剂，在200℃时使等体积的一氧化碳和氯作用而得。

$$CO + Cl_2 \xrightarrow[200℃]{\text{活性炭}} Cl-\overset{\overset{\displaystyle O}{\|}}{C}-Cl$$

光气是一种极毒带甜味的无色气体，有腐草臭，熔点－118℃，沸点8.2℃，微量吸入也危险，有累积中毒作用，第一次世界大战时曾被用作军用毒气。它具有酰氯的一般特性，可水解生成 CO_2 和 HCl，醇解生成碳酸酯，氨解生成尿素。它是有机合成上的一种重要原料，可用来生产染料、安眠药、泡沫塑料和聚碳酸酯塑料等。

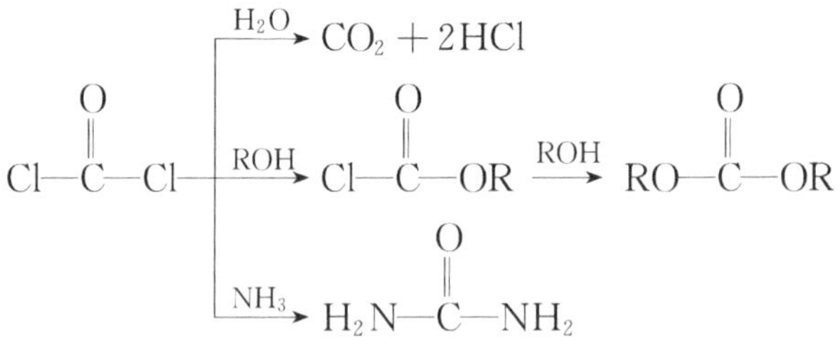

10.13.2　碳酰胺

碳酰胺(carbamide)俗称尿素(urea)或脲。尿是人或哺乳动物体内蛋白质分解代谢的排泄物。尿素存在于尿中，成人每天排出约30g。工业上以 CO_2 和过量氨在加压加热下生产尿素。反应式如下：

$$2NH_3 + CO_2 \xrightleftharpoons{12\sim22MPa,180\sim200℃} H_2N-\overset{\overset{\displaystyle O}{\|}}{C}-ONH_4$$

$$H_2N-\overset{\overset{\displaystyle O}{\|}}{C}-ONH_4 \xrightleftharpoons{12\sim22MPa,180\sim200^\circ C} H_2N-\overset{\overset{\displaystyle O}{\|}}{C}-NH_2+H_2O$$

脲为菱形或针状晶体，熔点 132.4℃，易溶于水及醇，不溶于醚。脲具有酰胺的一般化学性质，但由于两个氨基同时连接在同一个羰基上，因此具有其特有的性质。

脲具有很弱的碱性，它的水溶液不使石蕊试纸变色，与强酸作用可生成盐。例如：

$$H_2NCONH_2+HNO_3 \longrightarrow CO(NH_2)_2 \cdot HNO_3$$

生成的硝酸脲不溶于浓硝酸，只微溶于水。利用此性质可以从尿中分离出脲。脲与乙二酸作用生成难溶的乙二酸脲。

$$2\,H_2NCONH_2+(COOH)_2 \longrightarrow CO(NH_2)_2 \cdot (COOH)_2$$

脲与酸或碱共热或在尿素酶作用下都能水解。

$$H_2N-\overset{\overset{\displaystyle O}{\|}}{C}-NH_2 \xrightarrow{H_2O} \begin{cases} \xrightarrow{H^+} NH_4^+ + CO_2 \\ \xrightarrow{OH^-} NH_3 + CO_3^{2-} \\ \xrightarrow{\text{尿素酶}} NH_3 + CO_2 \end{cases}$$

在乙醇钠存在下，脲与丙二酸酯反应，生成环状的丙二酰脲。例如：

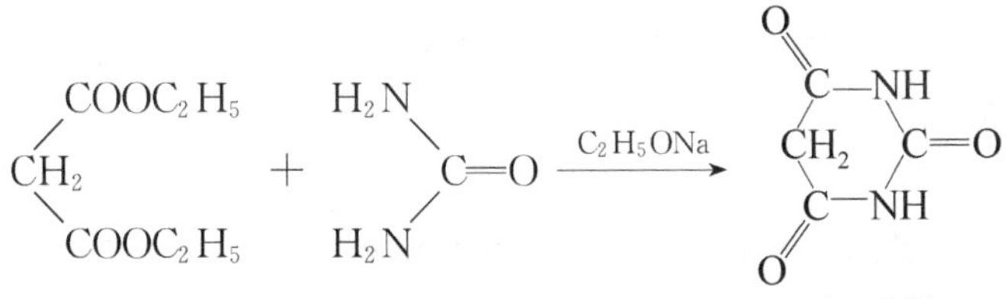

丙二酰脲

因为丙二酰脲具有酸性，故又称巴比土酸(barbituric acid)。它的衍生物曾用作安眠药。脲分子中有氨基，与亚硝酸作用能放出氮气。

$$H_2NCONH_2+2HNO_2 \longrightarrow CO_2+2N_2+3H_2O$$

利用这个反应，可用脲来除去亚硝酸。

脲的用途很广，它是高效固体氮肥，含氮量达 46.6%，适用于各种土壤和作物。脲与甲醛作用可生成脲甲醛树脂。脲还是有机合成的原料。由于脲能与多种具有一定链长的直链化合物如烷烃、醇、酸、酯等形成桶状结晶体，而一般不容易把带支链的或环状化合物包合起来，因此可以把某些直链化合物同其含支链的异构体分开。对于每一类化合物在形成包合物时有一个相应的最小链长，例如，六个碳的烷烃、七个碳的醇、五个碳的酸等。

10.13.3 胍

胍可看成是脲分子中的氧原子被亚氨基(═NH)取代而生成的化合物。由氨基氰与氯化铵作用可制得胍的盐酸盐。

$$H_2NC{\equiv}N + NH_4Cl \longrightarrow (H_2N)_2C{=}NH \cdot HCl$$

工业上胍是由双氰胺(由氰氨化钙与水作用而得)和过量的氨加热来制备的。

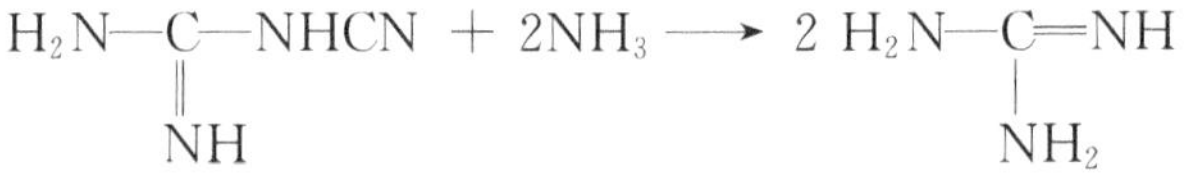

胍为吸湿性很强的无色结晶,熔点 50℃,易溶于水。胍是很强的一元碱,碱性与氢氧化钠相近。它能吸收空气中的二氧化碳而生成碳酸盐。

用氢氧化钡溶液使胍缓和水解则生成脲。

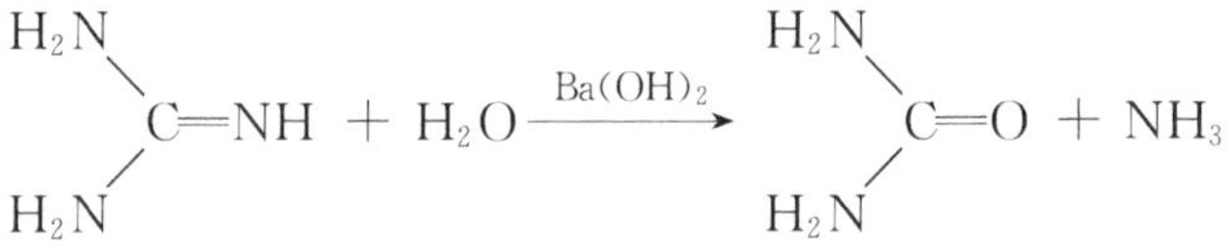

胍的许多衍生物在生理上具有重要作用。例如,对氨基苯磺酰胍,俗称磺胺胍(SG),亦称磺胺脒,是一种肠道消炎药,用于治疗菌痢、肠炎等。对于多种病毒有抑制作用,可用于预防流感等病的药品吗啉胍(morpholinobiguanidine,ABOB)分子中也有胍基。

对氨基苯磺酰胍

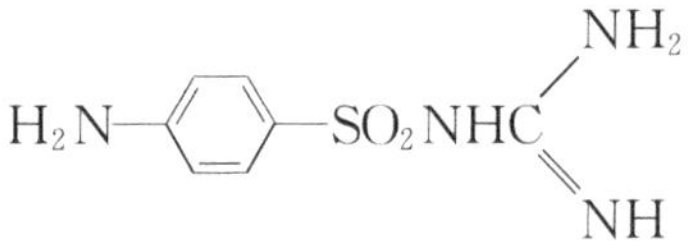

吗啉胍

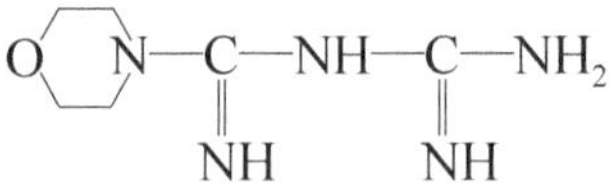

10.14 腈

腈可以看作是氢氰酸(H—C≡N)分子中的氢原子被烃基取代后的生成物。它的通式为 RCN(或 ArCN)。

1. 腈的命名

腈的命名常按照腈分子中所含碳原子数目而称为某腈;或以烷烃为母体,氰基作为取代基，称为氰基某烷。

CH_3CN　　乙腈或氰基甲烷

CH_3CH_2CN　　丙腈或氰基乙烷

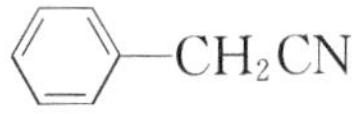

苯基乙腈或苄腈

2. 腈的结构

氰基的碳原子和氮原子都是 sp 杂化。碳原子的两个 sp 杂化轨道，一个同另一碳原子形成 C—C σ 键，另一个同氮原子形成 C—N σ 键。氮原子的另一个 sp 杂化轨道中，则有一对未共用电子。碳原子和氮原子还各有两个 p 轨道，它们两两侧面交盖，形成两个 π 键。在氮碳叁键中，氮原子的电负性比碳大，因此氰基有极大的极性。

3. 腈的性质

低级腈是无色液体，高级腈是固体。腈分子中的碳氮键有较大的极性，具有较大的介电常数(38.8)。乙腈不仅可以与水混溶，而且可以溶解许多无机盐类。它也可以溶于一般有机溶剂，如乙醚、氯仿、苯等，所以乙腈是很好的有机溶剂。随着相对分子质量的增加，丙腈、丁腈在水中的溶解度迅速降低，丁腈以上的腈类难溶于水。纯的腈没有毒性，但腈中常混有毒性较大的异腈(R—N≡C)。

氰基上的碳原子可以接受水、醇等的亲核进攻，发生水解和醇解反应。

腈在酸或碱催化下，在较高温度(约 100～200℃)和较长时间加热下，水解生成羧酸(第 10 章 10.2.2 节)。

腈的醇解反应在酸催化下进行，产物是酯。

$$R{-}C{\equiv}N + R'OH \longrightarrow R{-}COOR' + NH_3$$

腈加氢或还原而生成伯胺，这是伯胺的制备方法之一。

$$R{-}C{\equiv}N + 2H_2 \longrightarrow RCH_2NH_2$$

10.15　异 氰 酸 酯

异氰酸酯(isocyanate)是难闻的催泪液体。常把具有 R—N═C═O 结构的化合物称为异氰酸酯，相应的异氰酸是不存在的。一般认为氰酸和异氰酸是互变异构体，在平衡时以生成异氰酸为主。

$$\underset{\text{氰酸}}{HO{-}C{\equiv}N} \rightleftharpoons \underset{\text{异氰酸}}{O{=}C{=}N{-}H}$$

异氰酸酯的命名与羧酸酯的命名相似，称为异氰酸某酯。例如：

$O=C=N-CH_2CH_2CH_2CH_3$

异氰酸丁酯

异氰酸苯酯

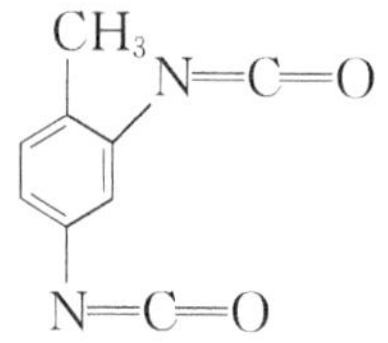

甲苯-2,4-二异氰酸酯
或 2,4-二异氰酸甲苯酯

异氰酸酯一般由光气与伯胺作用，先生成氨基甲酰氯，后者受热即分解而得异氰酸酯。例如：

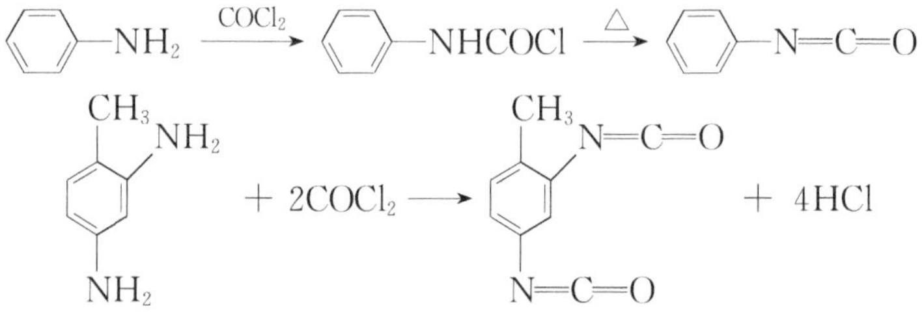

异氰酸酯分子中的$-N=C=O$部分与乙烯酮$CH_2=C=O$的结构相似，具有较高的反应活性。异氰酸酯可以与水、醇、胺等发生反应：

$$R-N=C=O+H_2O \longrightarrow [R-NHCOOH] \longrightarrow RNH_2+CO_2$$

N-苯基氨基甲酸酯

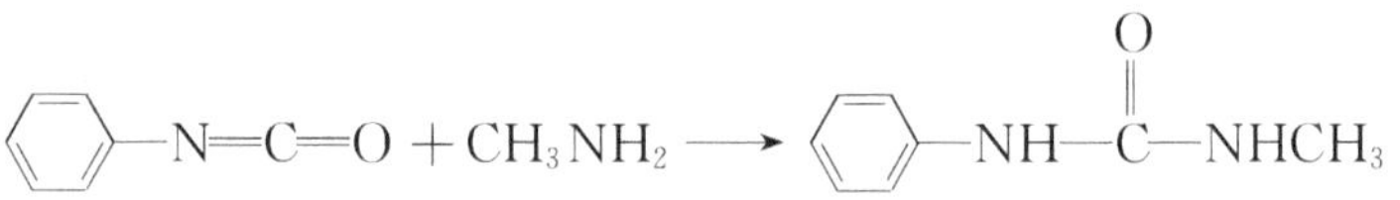

N-甲基-*N'*-苯基脲

异氰酸苯酯生成的 *N*-苯基氨基甲酸酯和 *N*,*N'*-二取代脲都具有一定的熔点，可用来鉴定醇类、酚类和伯、仲胺。

二异氰酸酯与二元醇反应生成聚氨基甲酸酯类高分子化合物（聚氨酯类）。例如：

$$nHOOC(CH_2)_4COOH+(n+1)HOCH_2CH_2OH \longrightarrow$$

$$HO-CH_2CH_2O\left[\overset{\overset{O}{\|}}{C}-(CH_2)_4-\overset{\overset{O}{\|}}{C}-O-CH_2CH_2O\right]_n H+2nH_2O$$

这种相对分子质量较低的聚酯的两端带有两个羟基，可以把它作为二元醇，再和甲苯-2,4-二异氰酸酯作用,制得聚氨基甲酸酯树脂。这种高聚物是很好的弹性体,可作为橡胶材料使用,具有耐磨和抗油的优良性能。

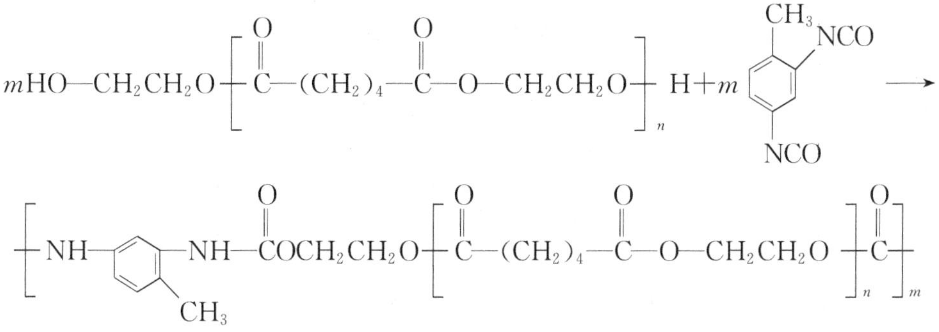

如果要生成泡沫塑料,可在制备过程中加入少量水于二元醇中,则在聚合时少量二异氰酸苯酯也可与水作用,生成二元胺和二氧化碳。

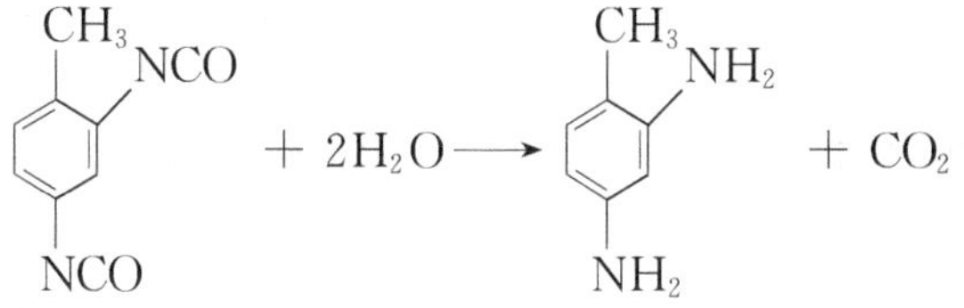

当产品聚合固化时,CO_2 形成的小气泡留在高分子聚合体,即形成海绵状的泡沫塑料。

【阅读材料】

共轭二油酸

共轭二油酸(conjugated linoleic acids,CLA)是亚油酸一系列位置和几何异构体的混合物,是存在于食物中的天然成分。它主要有 8、10-,9、11-,10、12-,11、13-四种位置异构体,而每种位置异构体又有四种几何异构体。除了自由脂肪酸(FCLA)形式之外,CLA 还有多种有价值的衍生物,如甲基酯(CLAMe)、油脂(如甘油酯 ClATG、红花油脂 CLA-SO、蛋黄脂 CLA-EYL 和卵磷脂 CLA-PL)等。目前对 CLA 的生理功能已有许多研究报道。

1983 年人们在烤牛肉中发现有一种抗癌物质,1987 年 Ha 等确认这种抗癌物质就是共轭亚油酸 CLA。进一步研究表明,CLA 还具有抗动脉硬化、抗血栓、降血脂、减肥、提高免疫力等一系列惊人的生理活性。CLA 倍受药理学家、营养学家和油脂化学家们的关注。1998 年举行的为期三天的美国油脂化学家协会(AOCS)年会专门用一天时间讨论了有关 CLA 的问题,欧洲也成立了有关 CLA 研究的专门委员会,负责 CLA 研究的交流和协调工作。

随着 CLA 对人体健康影响的生理机制被逐渐阐释,CLA 作为一种新发现的营养素,无论是作为药品、保健食品、功能食品、食品防腐剂,还是在肉类工业、饲料工业中,它的研究都有重要意义。CLA的钠盐、钾盐可抑制霉菌的生长，且性质相对稳定，无毒副作用，在食品、化妆品等行业可代替苯甲酸钠作为防腐剂。CLA作为饲料添加剂可提高饲料的转化率，在减少牲畜采食量的同时显著降低胴体脂肪含量，提高蛋白质含量以及牲畜的免疫力，因而在肉类工业和饲料工业上都有广泛的用途。由于CLA易氧化，所以需要对CLA产品的加工条件，如热处理、发酵、熟化、贮藏等作进一步研究。随着人们对CLA研究的不断深入，相信CLA作为"21世纪的新型营养素"，必将为人类的健康和生活带来更大的福音。

习　题

1. 命名下列化合物。

(1) 

(2) 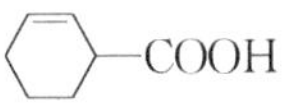

(3) CH_3OCH_2COOH

(4) 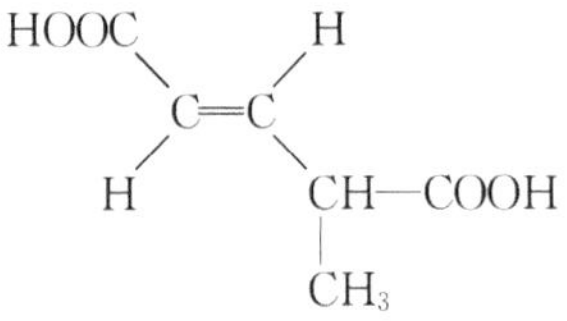

(5) $(CH_3)_2CHCOOH$

(6) 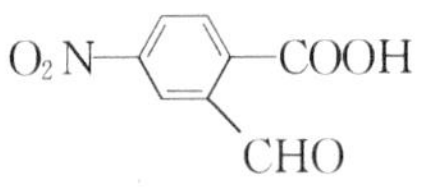

(7) 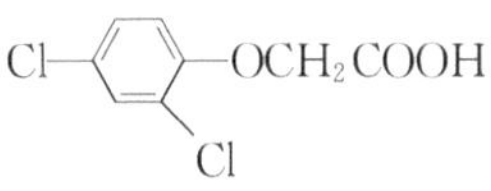

(8) 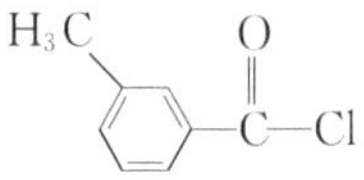

(9) 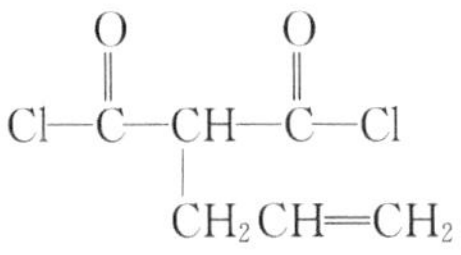

(10) 

(11) 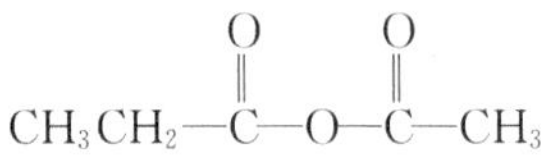

(12) 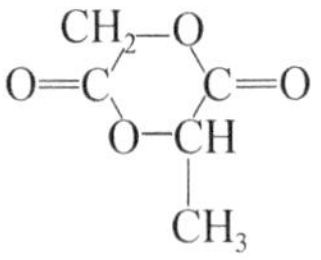

(13) 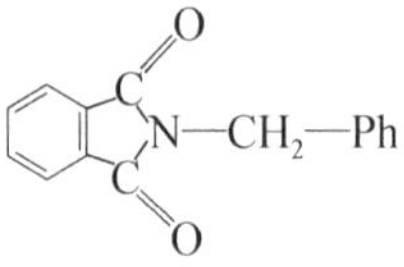

(14) 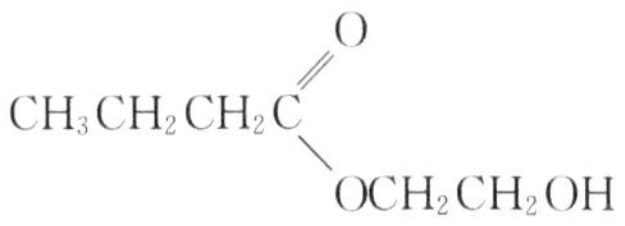

(15) 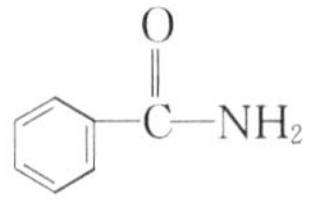

2. 写出下列化合物结构简式。

(1) 2,2-二甲基丁酸　(2) 1-甲基环己基甲酸　(3) 软脂酸

(4) 2-己烯-4-炔-1,6-二酸　(5) 乙二酸二丙酯　(6) 9,10-蒽醌-2-甲酸

(7) 甲基丙二酸单酰氯　(8) 异丁腈　(9) 3-甲基邻苯二甲酸酐

(10) 乙二酰脲　(11) 3-苯基-2-羟基苯甲酸　(12) δ-戊内酯

(13) N,N-二乙基丙酰胺　(14) 对硝基苯甲酰氯　(15) β-羟基丙酸

3. 选择题。

(1) 比较下列酯类水解的活性大小________

A. 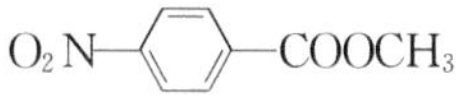　B. 

C. 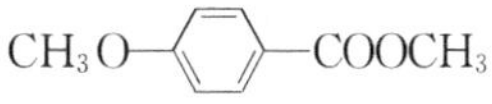　D. 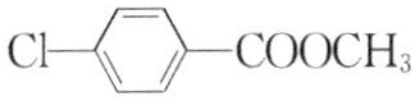

(2) 比较下列酯类水解的活性大小________

A. 　B. 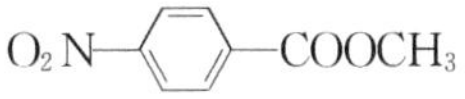

C. 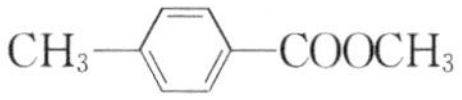　D. 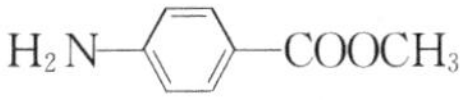

(3) 把下列化合物按碱性强弱排列成序________

A. 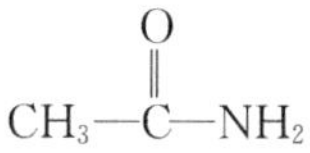　B. NH_3　C. 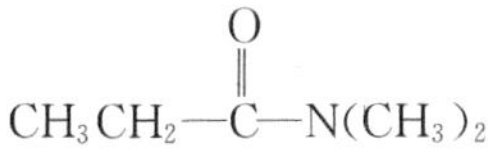

D. 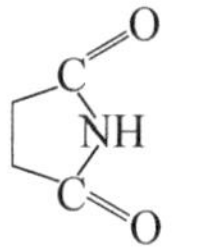　E. 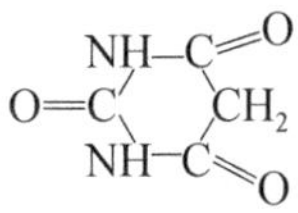

(4) 比较下列化合物酸性的大小________

A. 乙醇　B. 乙酸　C. 丙二酸　D. 乙二酸

(5) 比较下列化合物酸性的大小________

A. 三氯乙酸　B. 氯乙酸　C. 乙酸　D. 羟基乙酸

(6) 比较下列化合物酸性的大小________

A. 苯酚　B. 乙酸　C. 丙二酸　D. 乙二酸　E. 甲酸

(7) 比较下列化合物酸性的大小________

A. 苯酚　B. 乙酸　C. 三氟乙酸　D. 氯乙酸　E. 乙醇

(8) 比较下列化合物酸性的大小________

A. 对硝基苯甲酸　B. 间硝基苯甲酸　C. 苯甲酸　D. 苯酚　E. 环已醇

(9) 下列化合物在碱性条件下水解反应的速率大小为________

A. CH_3COOCH_3　B. $CH_3COOCH_2CH_3$

C. $CH_3COOC(CH_3)_3$　D. $HCOOCH_3$

(10) 试比较下列化合物的酸性大小________

A. C_2H_5OH　B. C_6H_5OH　C. CH_3COOH　D. NH_3　E. $CH\equiv CH$

F. H_2O

4. 用化学方法区别下列各组化合物。

(1) A. 丁酰氯　B. 1-氯丁烷

(2) A. 乙酐　B. 乙酸乙酯

(3) A. 乙酸　B. 乙酰胺　C. 乙酰氯　D. 乙酸乙酯　E. 丁醚

(4) A. 甲酸　B. 乙酸　C. 乙醛　D. 丙酮　E. 乙醇

(5) A. 苄醇　B. 苯甲醛　C. 苯甲酸　D. 对甲酚

(6) A. 乙醇　B. 乙酸　C. 丙二酸　D. 乙二酸

(7) A. 三氯乙酸　B. 氯乙酸　C. 乙酸　D. 羟基乙酸

(8) 乙醇,乙醛,乙酸

(9) 甲酸,乙酸,丙二酸

(10) 乙二酸,马来酸,丁二酸

(11) 邻羟基苯甲酸,苯甲酸,苯甲醇

(12) 乙酰氯,乙酸酐,氯乙烷

5. 分离下列各组化合物。

(1) 除去苯甲醇中少量苯甲醛和苯甲酸;

(2) 分离苯酚、4-乙基环己醇、苯甲酸;

(3) $CH_3CH_2COCH_2CH_3$,$CH_3CH_2CH_2CHO$,$CH_3CH_2CH_2CH_2OH$,$CH_3CH_2CH_2COOH$。

6. 完成下列反应式。

(1) $\begin{matrix} CH_2COOC_2H_5 \\ | \\ CH_2COOH \end{matrix} \xrightarrow[②H_2O]{①AlLiH_4,乙醚} (\qquad)$

(2) $CH_3CH_2CH_2CONH_2 \xrightarrow{NaOBr} (\qquad)$

(3) $H_2NOCCH_2CH_2COOH \xrightarrow{P_2O_5} (\qquad)$

(4) 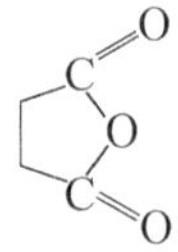 $\xrightarrow{RMgX} (\qquad) \xrightarrow[\triangle]{H_3O^+} (\qquad)$

(5) $\begin{matrix} CH_2CHO \\ | \\ CH_2COOH \end{matrix} \xrightarrow[H_2O]{KMnO_4} (\qquad) \xrightarrow{300℃} (\qquad)$

(6) 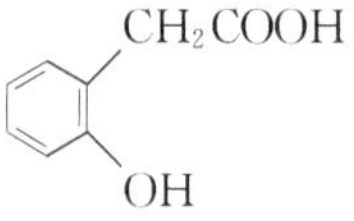

$\xrightarrow{\triangle} (\qquad)$

(7) 

$\xrightarrow[H^+,\triangle]{2CH_3OH} (\qquad)$

(8) $(CH_3)_2CH\underset{}{\overset{OH}{\overset{|}{C}}}HCOOH \xrightarrow{稀\ H_2SO_4} (\qquad) + (\qquad)$

(9) $CH_3CH_2COOH + Cl_2 \xrightarrow{P} (\qquad) \xrightarrow[②H^+]{①NaOH,H_2O,\triangle} (\qquad) \xrightarrow{\triangle} (\qquad)$

(10) $CH_3-\overset{\overset{O}{\|}}{C}-CH_3 \xrightarrow{?} (\qquad) \xrightarrow[H^+]{H_2O} CH_3-\overset{\overset{OH}{|}}{\underset{\underset{CH_3}{|}}{C}}-CH_2COOC_2H_5$

(11) 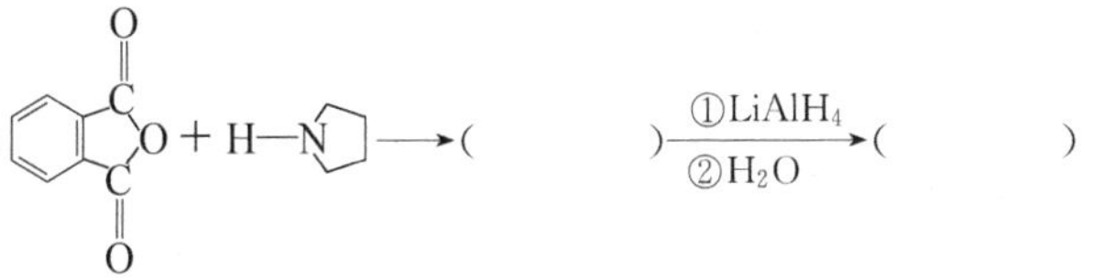

(12) 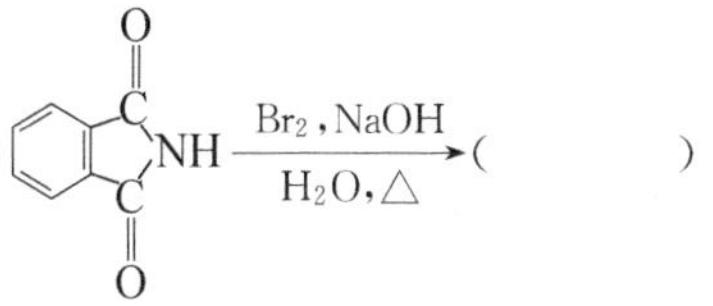

(13) $HOCH_2CH_2CH_2COOH \xrightarrow{\triangle}$ (　　　) $\xrightarrow{Na, C_2H_5OH}$ (　　　)

(14) $CH_2{=}C(CH_3){-}COOH \xrightarrow{PCl_3}$ (　　　) $\xrightarrow[\text{吡啶}]{CF_3CH_2OH}$ (　　　)

(15) 

(16) 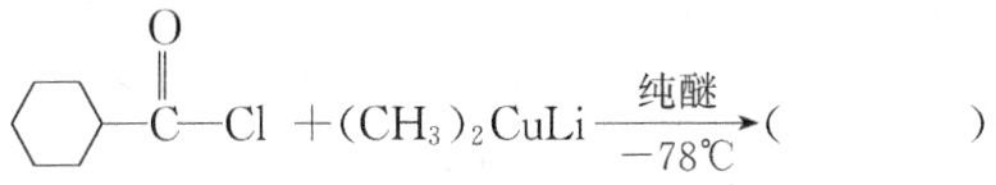

(17) $I(CH_2)_{10}{-}\overset{O}{\overset{\|}{C}}{-}Cl + (CH_3)_2CuLi \xrightarrow[-78℃]{\text{纯醚}}$ (　　　)

(18) 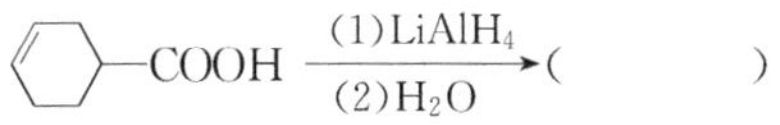

(19) 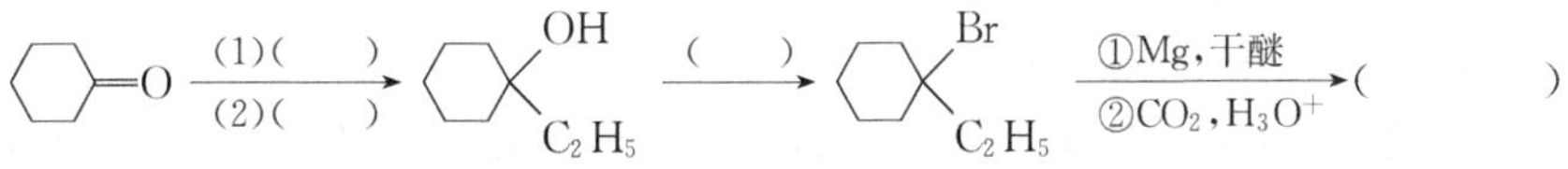

(20) $Cl{-}\overset{O}{\overset{\|}{C}}{-}Cl \xrightarrow{(\quad)} H_2NCONH_2 \xrightarrow[\triangle]{NH_2CONH_2}$ (　　　)

(21) 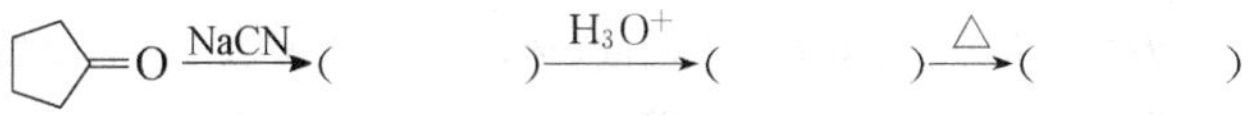

(22) 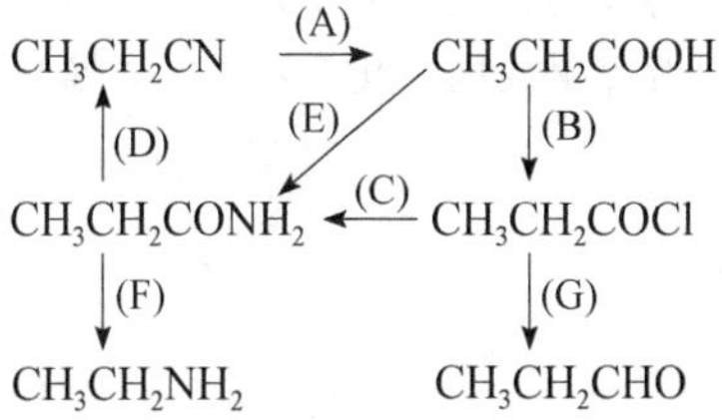

7. 由指定原料合成下列化合物(无机试剂任选)。

(1) 由环氧乙烷合成 $CH_3CH_2CH_2CON(CH_3)_2$；

(2) $HO(CH_2)_4OH \longrightarrow H_3COOCCH_2CH_2COCl$；

(3) 乙烯⟶丙二酸二乙酯；

(4) 由 1-丁烯合成 $CH_3CH_2CH(CH_3)—CH(NH_2)COOH$；

(5) 由不超过三个碳的有机物合成 $CH_3CH_2CH═C(CH_3)COOH$；

(6) 由乙烯合成丙烯酸；

(7) 由萘为原料合成邻氨基苯甲酸；

(8) 由 C_3 以下的羧基衍生物为原料合成乙丙酸酐；

(9) 由 C_3 以下的有机物为原料合成 $CH_3CH_2CH(CH_3)—C(═O)—NHCH_2CH_2CH_2CH_3$；

(10) 由 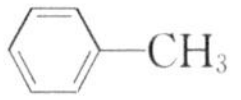 合成 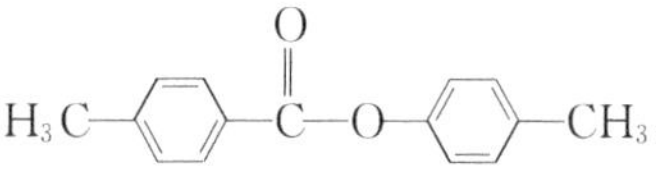。

8. 写出丁二酸酐与下列化合物的反应产物。

(1) NH_3　(2) H_2O　(3) $CH_3CH_2CH_2OH$　(4) $C_6H_6+AlCl_3$

9. 化合物 A 的分子式是 $C_9H_{10}O_2$，能溶于 NaOH 溶液，可与羟氨，氨基脲等反应，又能与 $FeCl_3$ 溶液发生显色反应，但不与土伦试剂反应。A 经 $LiAlH_4$ 还原则生成化合物 B，B 的分子式为 $C_9H_{12}O_2$。A 和 B 均能起卤仿反应。将 A 用锌汞齐在浓 HCl 中还原，可以生成化合物 C，C 的分子式为 $C_9H_{12}O$，将 C 与 NaOH 溶液作用，然后与碘甲烷煮沸，得到化合物 D，D 的分子式为 $C_{10}H_{14}O$。D 用 $KMnO_4$ 溶液氧化，最后得到对甲氧基苯甲酸。试写出 A～D 的结构式及有关的反应式。

10. 化合物 A($C_7H_{12}O_4$)为羧酸，依次与下列试剂反应：(1)$SOCl_2$；(2)C_2H_5OH；(3)催化加氢；(4)与浓硫酸加热；(5)用 $KMnO_4$ 氧化后得到一种二元羧酸 B。将 B 单独加热，则生成丁酸。试写出 A、B 的结构式及各步反应式。

11. 化合物 B 和 C 的分子式均为 $C_4H_6O_4$，它们均可溶于氢氧化钠溶液，与碳酸钠作用放出 CO_2，B 加热失水成酸酐 $C_4H_4O_3$；C 加热放出 CO_2 生成三个碳的酸。试写出 B 和 C 的构造式。

12. 某两个酯类化合物 A 和 B，分子式均为 $C_4H_6O_2$。A 在酸性条件下水解成甲醇和另一个化合物 C，C 的分子式为 $C_3H_4O_2$，C 可使溴的四氯化碳溶褪色。B 在酸性条件下水解生成一分子羧酸和化合物 D；D 可发生碘仿反应，也可与土伦试剂作用。试推测 A～D 的构造。

13. 化合物 A 的分子式为 $C_5H_6O_3$。它能与乙醇作用得到两个互为异构体的化合物 B 和 C。B 和 C 分别与亚硫酰氯作用后再加入乙醇，两者都生成同一化合物 D。试推测 A～D 的结构。

第 11 章　β-二羰基化合物

分子中含有两个羰基的化合物，统称为二羰基化合物（dicarbonyl Compounds）。羰基含义较广，可以是醛或酮或酯。凡两个羰基相隔一个亚甲基的化合物，称为 β-二羰基化合物。例如：

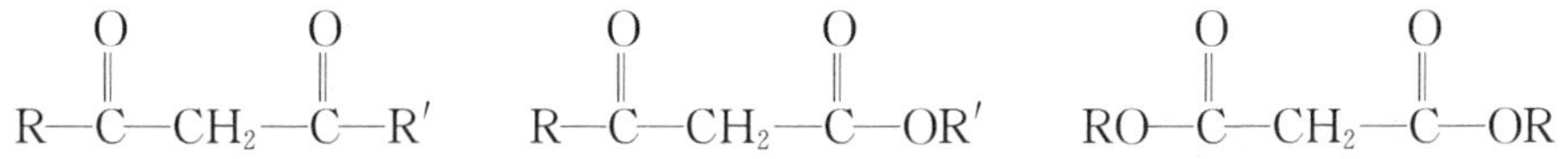

β-二酮　　　　β-酮酸酯　　　　丙二酸二酯

β-二羰基化合物也称为含有活泼亚甲基化合物，亚甲基氢称 α-氢，受二个羰基的影响，具有较强的活性，在有机合成上有多方面的应用。

11.1　烯醇式和酮式的互变异构

通常情况下，单羰基化合物在平衡状态下，其烯醇式异构体的含量很少。β-二羰基化合物，在平衡状态下其烯醇式的含量较高，如表 11-1 所示，通常以酮式和烯醇式两种异构体的混合物形式存在的。

表 11-1　一些羰基化合物中烯醇式的含量

酮　式	烯醇式	烯醇式含量/%	pK_a
$CH_3C(=O)—OC_2H_5$	$CH_2=C(OH)—OC_2H_5$	0	25
$CH_3C(=O)—H$	$CH_2=CH(OH)$	0	—
$CH_3—C(=O)—CH_3$	$CH_2=C(OH)—CH_3$	0.00015	20
$C_2H_5O—C(=O)—CH_2—C(=O)—OC_2H_5$	$C_2H_5O—C(=O)—CH=C(OH)—OC_2H_5$	0.1	13
$CH_3—C(=O)—CH_2—C(=O)—OC_2H_5$	$CH_3—C(OH)=CH—C(=O)—OC_2H_5$	7.5	11
$CH_3—C(=O)—CH_2—C(=O)—CH_3$	$CH_3—C(OH)=CH—C(=O)—CH_3$	76.0	9

续表

酮　式	烯醇式	烯醇式含量/%	pK_a
$C_6H_5—C(=O)—CH_2—C(=O)—CH_3$	$C_6H_5—C(OH)=CH—C(=O)—CH_3$	90.0	—

乙酰乙酸乙酯(ethyl acetoacetate)能与羟氨、苯肼等反应生成肟、苯腙等，也能与亚硫酸氢钠等发生加成反应，这说明乙酰乙酸乙酯具有如下的酮式结构：

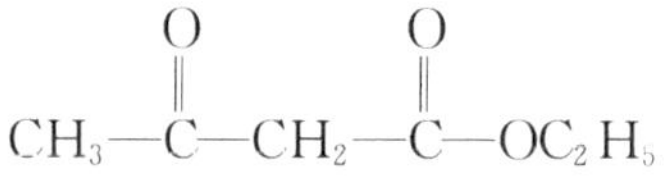

另一方面，乙酰乙酸乙酯与金属钠作用放出氢气而得到钠盐；与五氯化磷作用生成 3-氯-2-丁烯酸乙酯；与乙酰氯作用生成酯。这些反应都说明乙酰乙酸乙酯分子中有羟基存在。此外乙酰乙酸乙酯能使溴的四氯化碳溶液迅速褪色，这说明分子中具有碳碳双键。与三氯化铁溶液作用呈紫红色，这个显色反应是具有烯醇式结构化合物的特征反应，因此说明分子中具有烯醇式结构。上述反应又说明乙酰乙酸乙酯应具有如下的烯醇式结构：

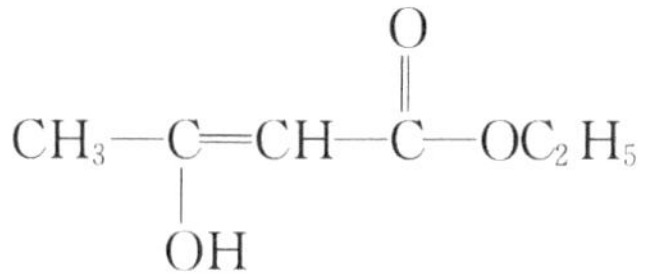

实际上，乙酰乙酸乙酯的上述两种异构体之间存在下列平衡：

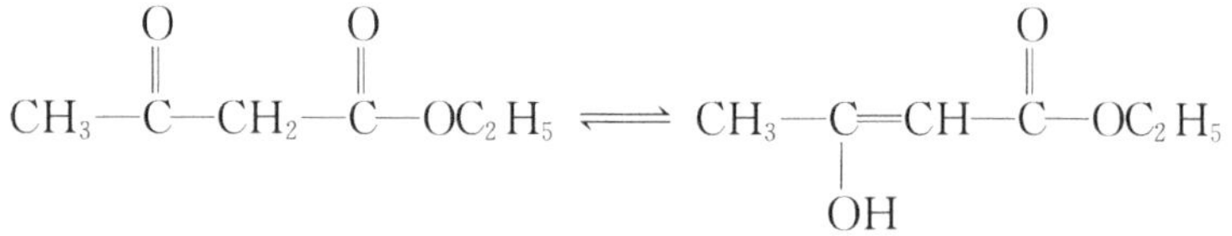

乙酰乙酸乙酯的两种异构体，可在较低的温度下，用石英容器精馏分离。其中酮式的沸点为 41℃(267Pa)，烯醇式的沸点为 33℃(267Pa)。在室温条件下，液态乙酰乙酸乙酯平衡混合物中约含 7.5%的烯醇式异构体和 92.5%的酮式异构体。

β-二羰基化合物的烯醇式异构体具有较大稳定性的原因是：①通过烯醇羟基氢原子构成分子内氢键，形成一个稳定的六元环状化合物；②烯醇式羟基氧原子上的未共用电子对与碳碳双键和碳氧双键是共轭体系，发生了电子的离域，降低了分子的能量。

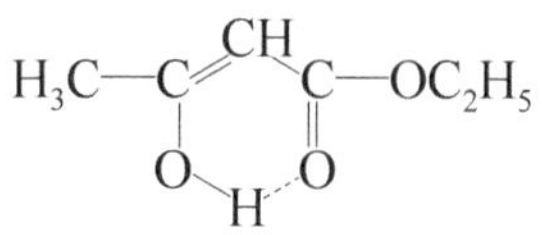

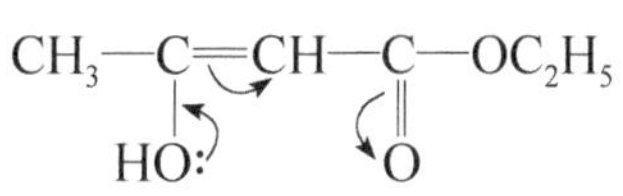

β-二羰基化合物中的亚甲基同时受到两个羰基的影响，使 α-氢原子有较强的酸性。一些 β-二羰基化合物的 pK_a 见表 11-1，它们的酸性比醇和水的酸性强。这是由于它们能发生互变异构，烯醇式具有更稳定的内在结构，如 2，4-戊二酮在碱的作用下生成的负离子。

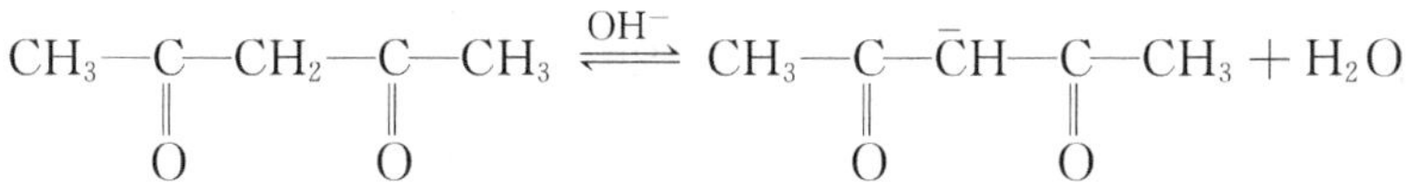

这种负离子并不是单纯的如上式所示的酮式结构，负电荷实际上在两个羰基间离域，这种离域作用比单羰基的离域作用强得多。可用下列共振式的叠加来表示：

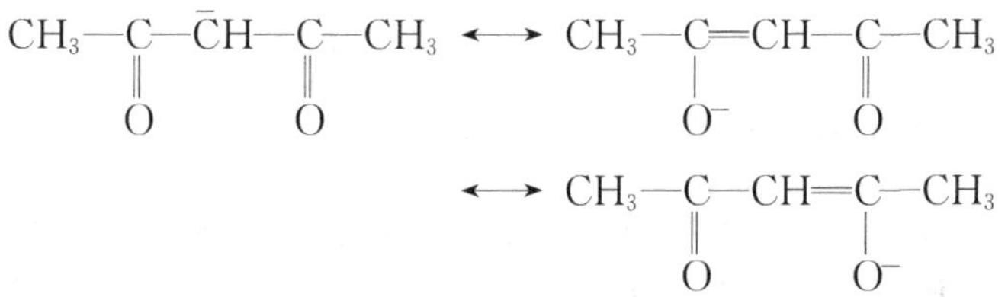

β-二羰基化合物的负离子一般以烯醇式结构存在，所以称为烯醇负离子（enolate anion）。但由于亚甲基碳原子上也带负电荷，且反应往往发生在此碳原子上，所以这种负离子也常称之为碳负离子。

11.2 乙酰乙酸乙酯的合成及其应用

11.2.1 克莱森(酯)缩合反应

两分子乙酸乙酯在乙醇钠的作用下，发生缩合反应，脱去一分子乙醇，生成乙酰乙酸乙酯，又称为 β-丁酮酸乙酯。凡是 α-碳上有氢原子的酯，在乙醇钠或其他碱性催化剂存在下，都能进行克莱森(酯)缩合(Claisen condensation)反应。

乙氧负离子与乙酸乙酯的 α-氢原子作用，夺取酯分子中一个 α-氢原子，生成碳负离子。

$$CH_3CH_2ONa \longrightarrow CH_3CH_2O^- + Na^+$$

$$RCH_2COOCH_3 \xrightleftharpoons{C_2H_5O^-}$$

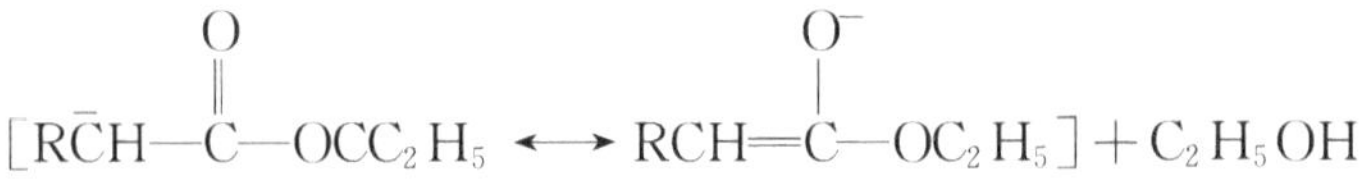

碳负离子再和另外一分子乙酸乙酯的羰基发生亲核加成，生成中间产物。

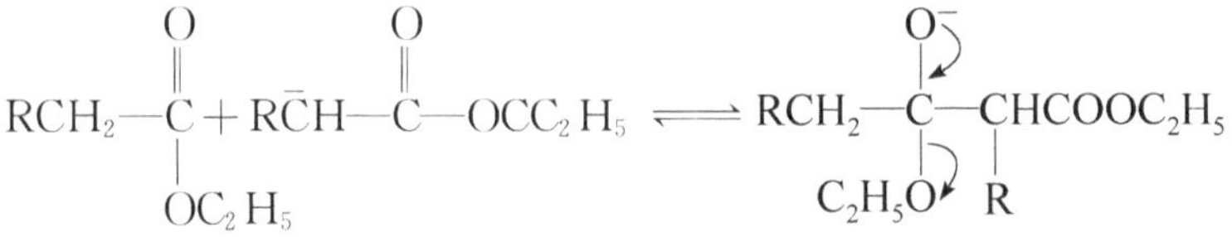

中间产物再消除一个乙氧基负离子而生成取代产物 β-丁酮酸乙酯。

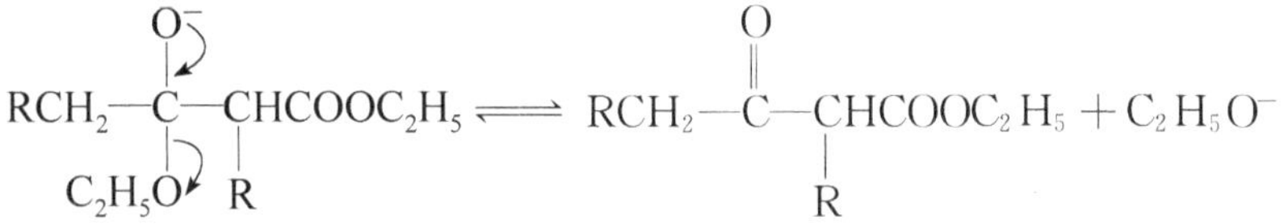

11.2.2 乙酰乙酸乙酯在有机合成上的应用

乙酰乙酸乙酯分子中亚甲基上的氢原子比较活泼，与醇钠等强碱作用，生成钠盐，后者可与卤代烷发生取代反应，生成烷基取代的乙酰乙酸乙酯，也可以进一步生成二烷基取代的乙酰乙酸乙酯。

$$CH_3COCH_2COOC_2H_5 \xrightarrow{C_2H_5ONa} [CH_3CO\bar{C}HCOOC_2H_5]Na^+ \xrightarrow{RX} CH_3COCH(R)COOC_2H_5$$

$$CH_3COCH(R)COOC_2H_5 \xrightarrow{(CH_3)_3COK} [CH_3CO\bar{C}(R)COOC_2H_5]K^+ \xrightarrow{R'X} CH_3COC(R)(R')COOC_2H_5$$

卤代烷常用伯卤代烷或仲卤代烷，叔卤代烷在此条件下易脱去卤化氢生成烯烃而不能使用。卤代乙烯及芳基卤化物不发生此反应。

乙酰乙酸乙酯进行烷基化反应后，再进行酮式分解或酸式分解，在有机合成上有广泛的应用，主要用来合成甲基酮或烷基取代的乙酸。

$$CH_3COCH_2COOC_2H_5 \xrightarrow[②CH_3CH_2CH_2Br]{①C_2H_5ONa} CH_3COCH(CH_2CH_2CH_3)COOC_2H_5 \xrightarrow[②CH_3I]{①(CH_3)_3COK}$$

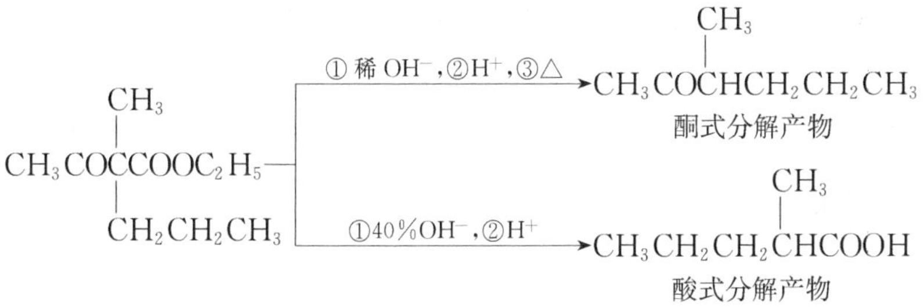

当乙酰乙酸乙酯的钠盐与二卤代烷作用，然后进行酮式分解，可得二元酮或甲基环烷基酮。例如：

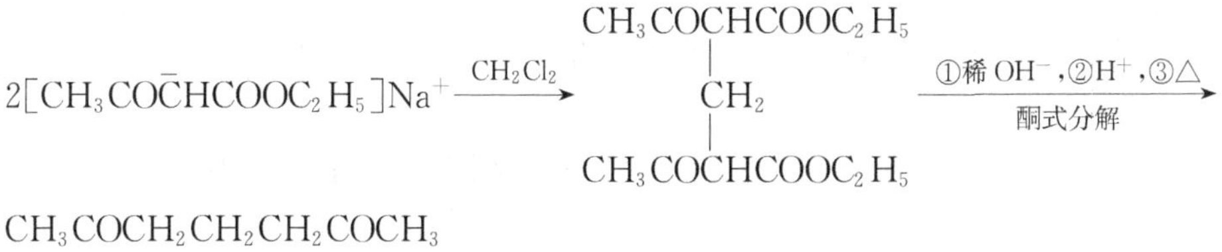

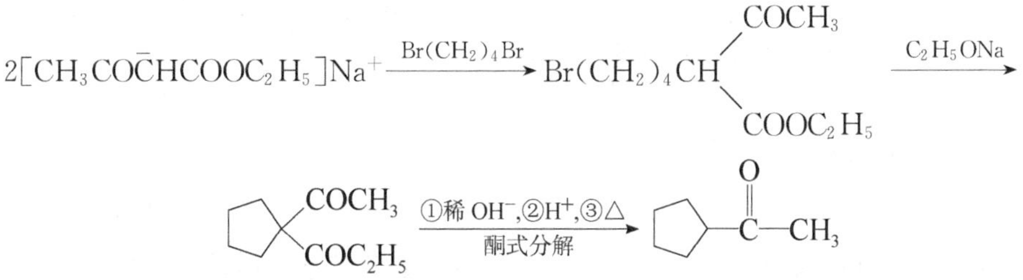

乙酰乙酸乙酯的钠盐与 I_2 反应，再水解可得到 2,5-己二酮。

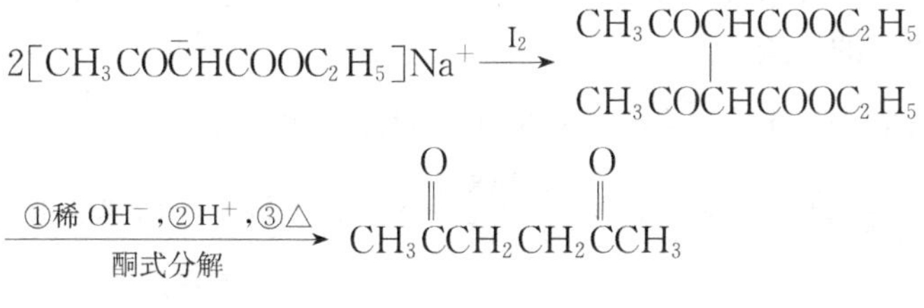

乙酰乙酸乙酯的钠盐与卤代酸酯作用，然后进行酮式分解可得高级酮酸；进行酸式分解可得二元酸。例如：

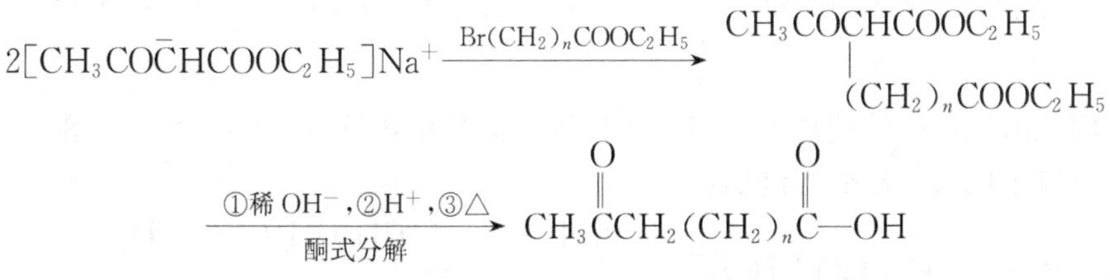

乙酰乙酸乙酯的钠盐也可与酰氯作用，形成二羰基化合物。该反应宜用氢化

钠(NaH)代替醇钠进行有关反应，以免反应中生成的醇与酰氯作用。可利用该法合成 β-二酮。例如：

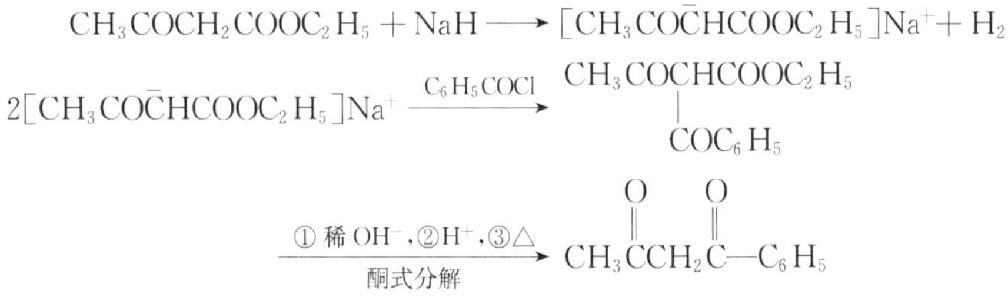

在合成取代酸时，通常不采用乙酰乙酸乙酯合成法，而采用丙二酸酯法，因为前者在进行酸式分解的同时，常伴有酮式分解的副反应，导致产率降低。

11.3 丙二酸酯的合成及在有机合成中的应用

丙二酸二乙酯(diethyl malonate)为无色有香味的液体，沸点 199℃，微溶于水。丙二酸酯从氯乙酸钠经下列反应制备：

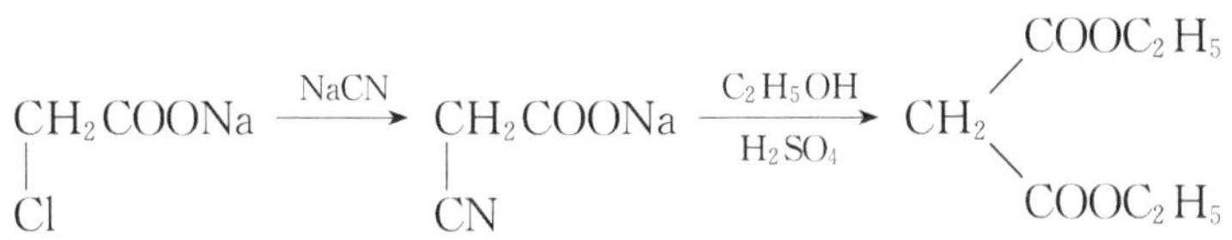

丙二酸酯具有弱的酸性($pK_a=13$)，与强碱诸如乙醇钠作用，可生成相应的钠盐，后者与卤代烷作用，可生成一烷基取代丙二酸酯，进一步反应，可得到二烷基取代丙二酸酯。一烷基或二烷基取代丙二酸酯经水解生成取代的丙二酸，受热脱羧即可得到取代的乙酸。

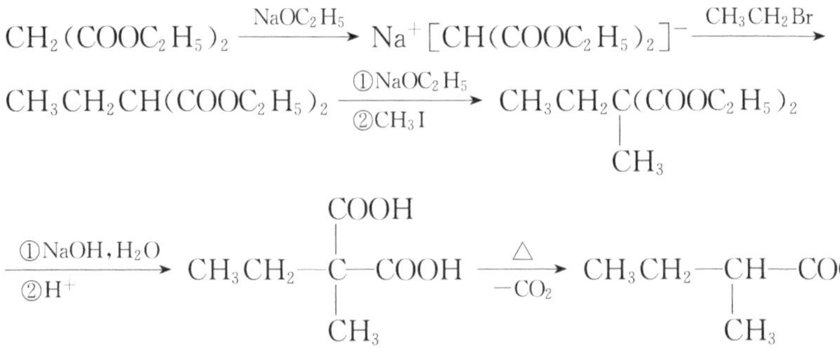

丙二酸二乙酯的钠盐也可与二卤代烷或卤代酸酯作用，然后经水解、酸化、脱羧等反应生成二元羧酸。例如：

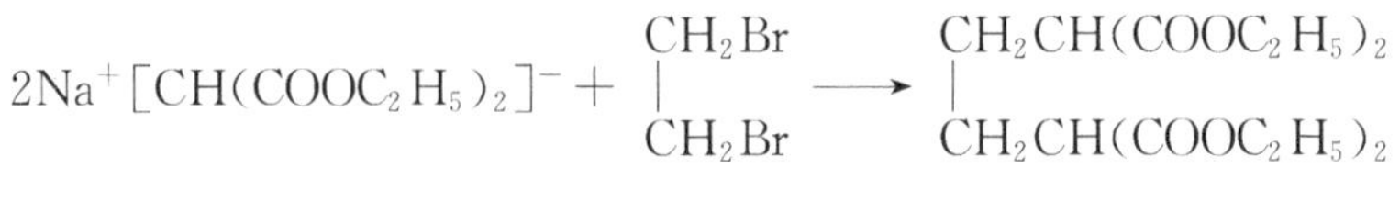

$$\xrightarrow[\text{②}H^+,\text{③}\triangle]{\text{①}NaOH,H_2O} \begin{array}{l}CH_2CH_2COOH\\|\\CH_2CH_2COOH\end{array}$$

$$Na^+[CH(COOC_2H_5)_2]^- + \underset{\displaystyle Cl}{\underset{|}{C}}H_2COOC_2H_5 \longrightarrow \begin{array}{l}CH_2CH(COOC_2H_5)_2\\|\\CH_2COOC_2H_5\end{array}$$

$$\xrightarrow[\text{②}H^+,\text{③}\triangle]{\text{①}NaOH,H_2O} \begin{array}{l}CH_2CH_2COOH\\|\\CH_2COOH\end{array}$$

丙二酸二乙酯也可用来合成 3～6 元环的环烷酸。例如：

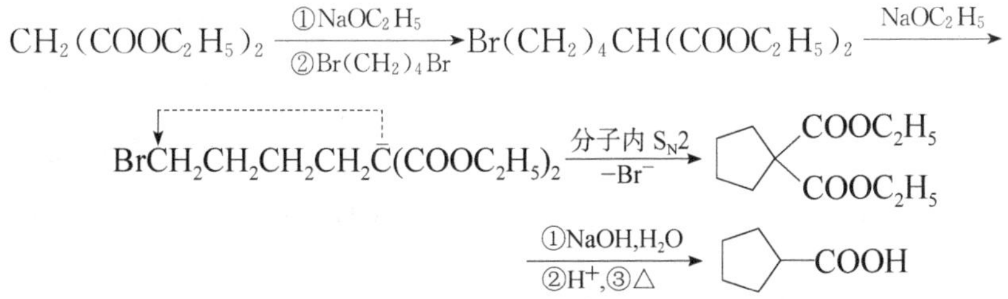

烷基化试剂通常采用卤代烃，甲基卤代物和伯卤代烃、烯丙基卤代烃、苄基卤代烃等可获得较好的产率。大多数仲卤代烃只能得较低的产率，用叔卤代烷则主要是消除产物，故仲、叔卤代烷不能作为丙二酸二乙酯合成法的原料。

丙二酸二乙酯碳负离子的形成和烷基化反应是在同一溶液中发生的。如果引入的两个烃基不相同，应先引进体积较大的烷基。

取代丙二酸二乙酯通常是在碱性溶液中水解，在酸性条件下水解常伴随有脱羧反应。

11.4　碳负离子的亲核加成反应及在有机合成上的应用

11.4.1　迈克尔反应

β-二羰基化合物的碳负离子，可以和 *α*,*β*-不饱和羰基化合物发生加成反应，碳负离子加到 *α*,*β*-不饱和羰基化合物的 *β*-碳原子上，而 *α* 碳原子上则加上一个 H 原子，这就是迈克尔反应(Michael reaction)。例如：

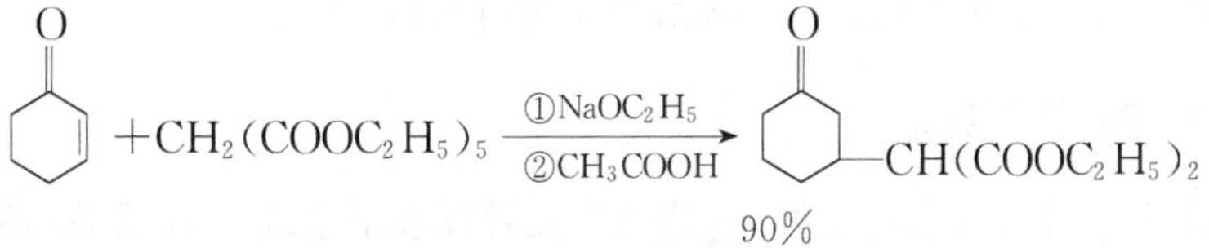

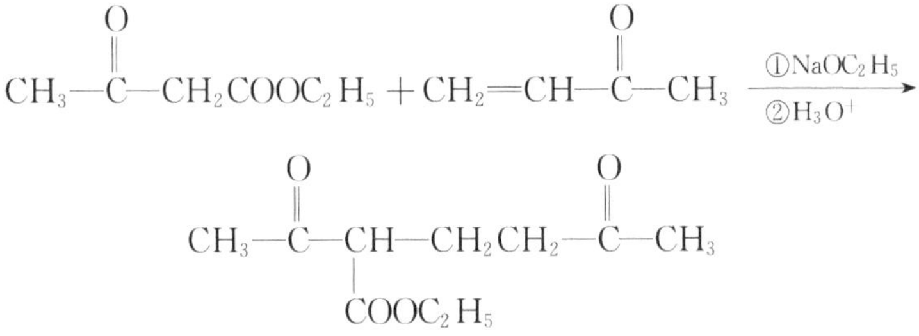

94%

这种反应又叫共轭加成或1,4-加成。反应历程可表示如下：

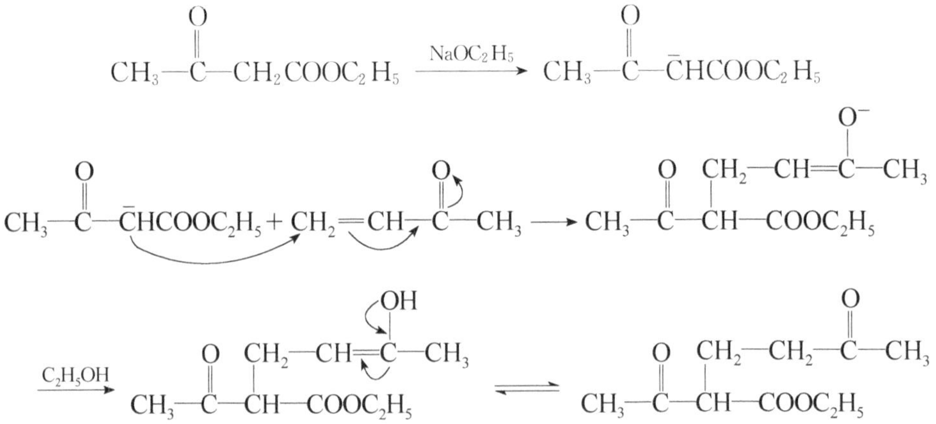

活泼亚甲基化合物和α,β-不饱和羰基化合物的共轭加成是由迈克尔(A. Michael)首先发现的，在有机合成上应用很广，迈克尔加成产物经水解、脱羧，可得到1,5-二羰基化合物。

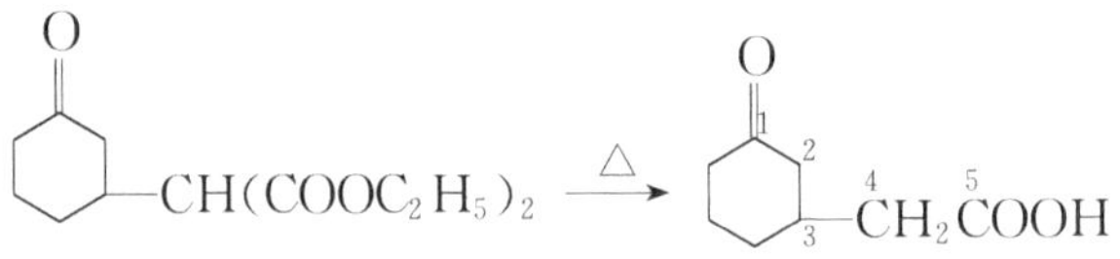

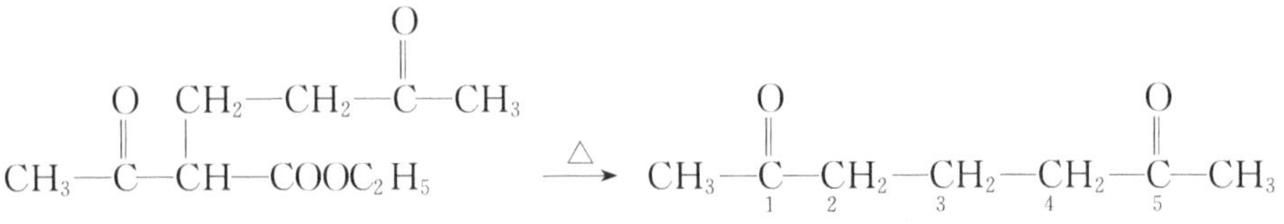

各种不同的α,β-不饱和羰基化合物（醛、酮、酯、腈、酰胺，甚至α,β-不饱和硝基化合物）都可与β-二羰基化合物的烯醇离子进行共轭加成。

11.4.2 瑞佛马斯基反应

在惰性溶剂中，α-溴代乙酸酯与醛或酮在锌存在下生成β-羟基酸酯的反应称为瑞佛马斯基(Reformataky)反应。

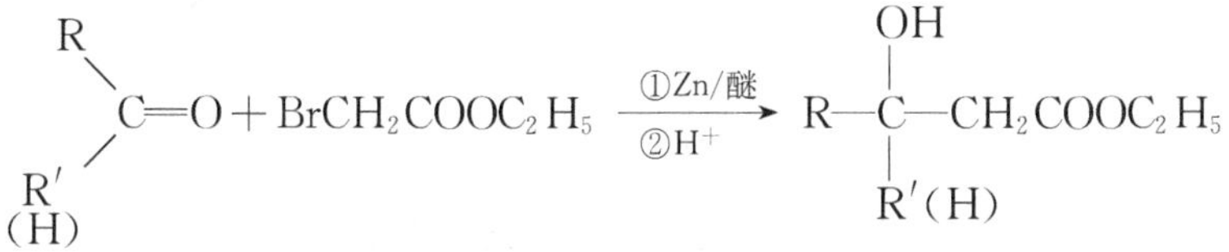

反应中，首先生成有机锌化合物，然后对醛、酮羰基进行亲核加成。反应机理类似格氏试剂对羰基化合物的加成，但有机锌化合物活泼性较差，在反应条件下不与酯羰基加成，因此可以得到 β-羟基酸酯。

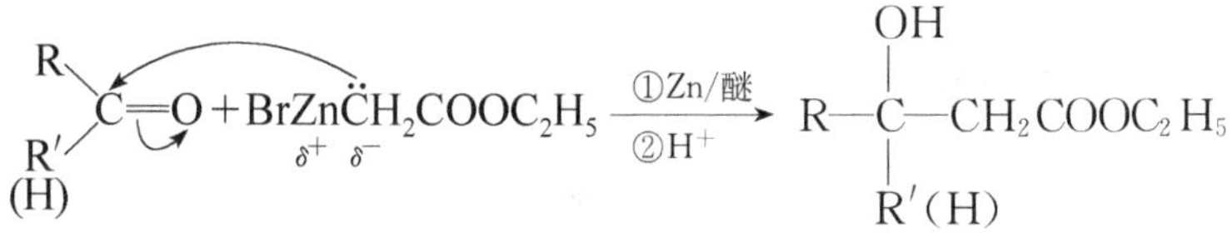

通过 β-羟基酸酯可以制备 α,β-不饱和酸。

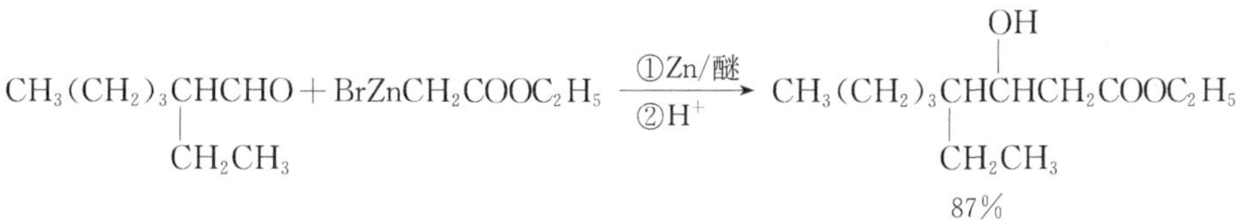

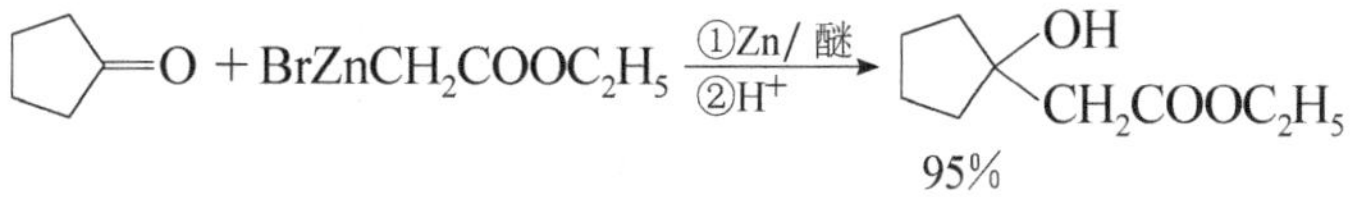

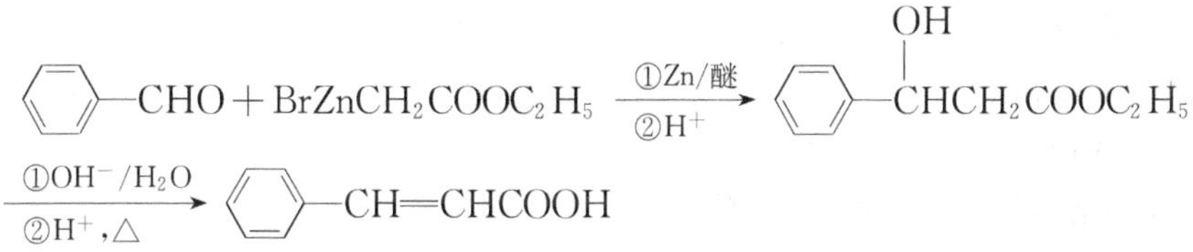

11.4.3　诺文葛尔反应

醛、酮在弱碱(胺、吡啶等)催化下与具有活泼亚甲基的化合物缩合的反应叫做诺文葛尔(Knoevenagel)反应，反应机理类似于羟醛缩合反应。

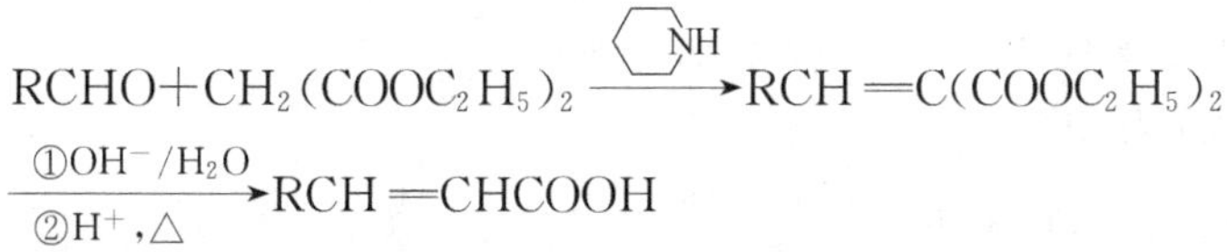

加成产物非常容易脱水生成 α,β-不饱和化合物。丙二酸二乙酯与羰基化合物缩合产物水解后脱羧可用来制备 α,β-不饱和酸。

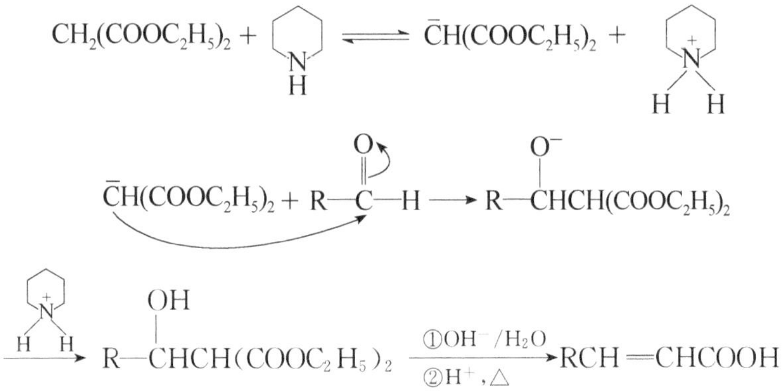

具有活泼亚甲基的化合物进行该反应均有较好的收率。

习　题

1. 命名下列化合物。

(1) 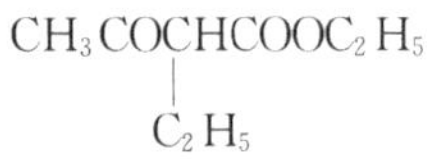　　(2) 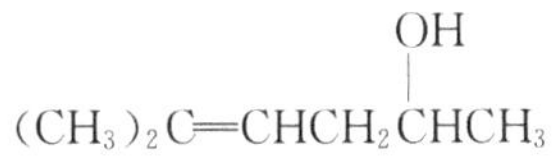

(3) 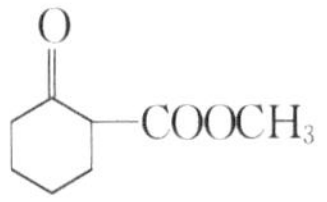　　(4) 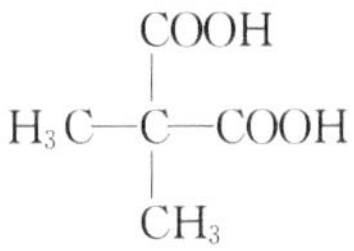

(5) 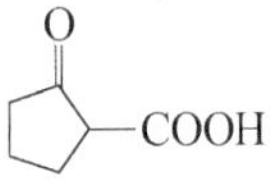　　(6) 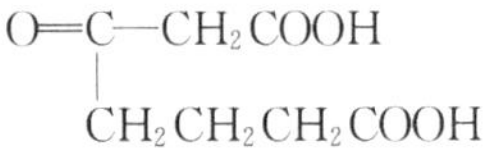

(7) CH_3COCH_2CHO　　(8) $C_2H_5CH(COOH)_2$

(9) $ClCOCH_2COOH$

2. 写出下列化合物加热生成的主要产物。

(1) 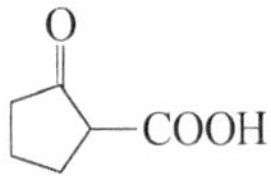　　(2) 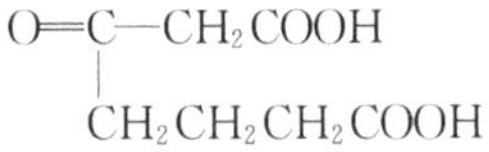

(3) $C_2H_5CH(COOH)_2$

3. 试用化学方法区别下列各组化合物。

(1) $CH_3COCH(CH_3)COOC_2H_5$ 和 $CH_3COC(CH_3)_2COOC_2H_5$；

(2) CH_3COCH_2COOH 和 $HOOCCH_2COOH$。

4. 完成下列反应。

(1) $2CH_3CH_2COOC_2H_5 \xrightarrow[②H_3O^+]{①NaOC_2H_5}$ (　　　　) + (　　　　)

(2) 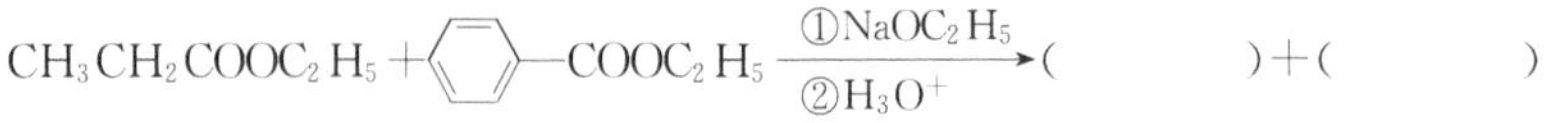

(3) 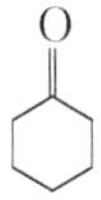 $+ \mathrm{H{-}\overset{\overset{\large O}{\|}}{C}{-}OC_2H_5} \xrightarrow[\text{②}H_3O^+]{\text{①NaH}}$ (　　　　) + (　　　　)

(4) 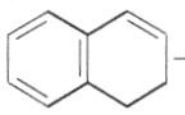 $\xrightarrow[\text{②Zn},H_3O^+]{\text{①}O_3}$ (　　　　) $\xrightarrow[\triangle]{\text{稀 }OH^-}$ (　　　　)

(5) $\mathrm{CH_3COCH_2COOC_2H_5} \xrightarrow{(\quad)} [\mathrm{CH_3CO\bar{C}HCOOC_2H_5}]Na^+ \xrightarrow{?}$

$\mathrm{CH_3COCHCOOC_2H_5}$ (with $\mathrm{H_3C{-}CHCOOC_2H_5}$ attached at CH) $\xrightarrow{5\%\mathrm{NaOH}}$ (　　　　)

(6) $\mathrm{CH_3COCH_2COOC_2H_5} \xrightarrow{(\quad)}$ 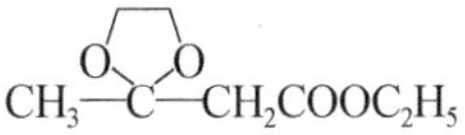 $\xrightarrow[\text{②}H_3O^+]{\text{①}2C_6H_5MgBr}$ (　　　　)

(7) $\mathrm{CH_3\overset{\overset{\large O}{\|}}{C}(CH_2)_4COOC_2H_5} \xrightarrow[\text{②}H_3O^+]{\text{①}NaOC_2H_5}$ (　　　　) + (　　　　)

(8) $\mathrm{CH_3CH_2\overset{\overset{\large O}{\|}}{C}OC_2H_5} + \begin{matrix}\mathrm{COOC_2H_5}\\ |\\ \mathrm{COOC_2H_5}\end{matrix} \xrightarrow[\text{②}H_3O^+]{\text{①}NaOC_2H_5}$ (　　　　) + (　　　　)

(9) $\mathrm{H{-}\overset{\overset{\large O}{\|}}{C}{-}OC_2H_5} + \mathrm{CH_3{-}\overset{\overset{\large O}{\|}}{C}{-}OC_2H_5} \xrightarrow[\text{②}H_3O^+]{\text{①NaH}}$ (　　　　) + (　　　　)

5. 写出下列反应过程。

(1) $\mathrm{C_6H_5CH_2\overset{\overset{\large O}{\|}}{C}CH_2C_6H_5} + \mathrm{CH_2{=}CH\overset{\overset{\large O}{\|}}{C}CH_3} \xrightarrow[CH_3OH]{NaOCH_3}$ 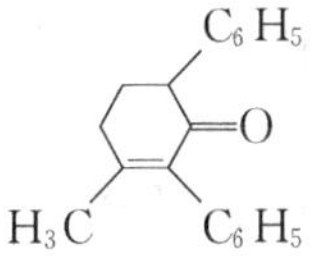

(2) 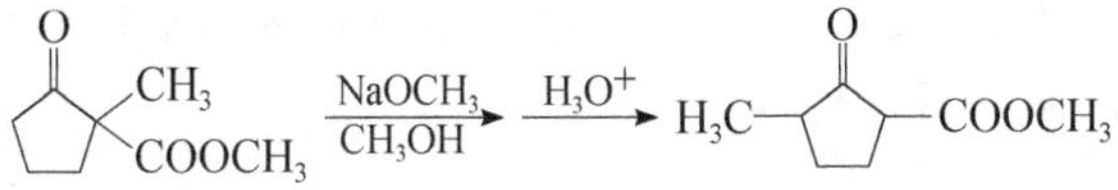

6. 以甲醇、乙醇为主要原料，用丙二酸二乙酯法合成下列化合物。

(1) α-甲基丁酸　　(2) 正己酸　　(3) 1,4-环己烷二甲酸　　(4) 环丙烷甲酸

7. 以甲醇、乙醇及无机试剂为原料，经乙酰乙酸乙酯合成下列化合物。

(1) 3-乙基-2-戊酮　　(2) α-甲基丙酸　　(3) 2,7-辛二酮　　(4) 甲基环丁基甲酮

8. 某酮酸经 $NaBH_4$ 还原后，依次用 HBr、Na_2CO_3 和 KCN 处理后生成腈，腈水解得到 α-甲基戊二酸。试推测此酮酸的结构，并写出各步反应式。

9. 某酯类化合物 A($C_5H_{10}O_2$)，用乙醇钠的乙醇溶液处理，得到另一个酯 B($C_8H_{14}O_3$)。B 能使溴水褪色，将 B 用乙醇钠的乙醇溶液处理后再与碘乙烷反应，又得到另一个酯 C($C_{10}H_{18}O_3$)。C 和溴水在室温下不发生反应，把 C 用稀碱水解后再酸化，加热，即得到一个酮 D($C_7H_{14}O$)。D 不发生碘仿反应，用锌汞齐还原则生成 3-甲基己烷。试推测 A～D 的结构并写出各步反应式。

第 12 章　含氮化合物

含氮化合物(nitrogen compounds)就是含有氮元素的有机化合物。前面各章简单介绍了常见的含氮有机化合物:硝酸酯($—ONO_2$)、亚硝酸酯(—ONO)、酰胺、肼、腙、肟、腈(—C≡N)、异腈(—N≡C)、异氰酸酯(—N═C═O)等。本章将介绍硝基($—NO_2$)化合物、亚硝基(—NO)化合物、胺($—NH_2$、—NHR、$—NR_2$)、重氮化合物($—\overset{+}{N}_2Y^-$)、偶氮化合物(—N═N—)等含氮化合物。此外,生命的基础物质——氨基酸和蛋白质,甚至含氮的杂环化合物也可认为是属于含氮化合物的范畴,由于它们在天然化合物中占有重要地位,将另作讨论。

通常所说的含氮化合物是指含有碳氮键的化合物。它们可以看作是烃分子中的氢原子被含氮官能团取代的产物。含氮化合物的种类比含氧化合物还要多。

12.1　硝基化合物的分类、结构和命名

硝基化合物(nitro-compounds)是指分子中含有硝基($—NO_2$)的化合物,可以看做是烃分子中的氢原子被硝基取代后得到的化合物,它与亚硝酸酯(—ONO)是同分异构体。

硝基化合物可根据烃基不同分为脂肪族硝基化合物 $R—NO_2$ 和芳香族硝基化合物 $Ar—NO_2$;也可根据硝基的数目分为一硝基化合物和多硝基化合物;还可根据碳原子不同分为伯、仲、叔硝基化合物。

$CH_3—CH_2—NO_2$　　　$CH_3—CH(CH_3)—NO_2$　　　$CH_3—C(CH_3)_2—NO_2$

根据杂化轨道理论,硝基中的氮原子是 sp^2 杂化的,它以三个 sp^2 杂化轨道与两个氧原子和一个碳原子形成三个共平面的 σ 键,未参与杂化的一对 p 电子所在的 p 轨道与每个氧原子的一个 p 轨道平行并相互交盖,形成一个共轭 π 键体系,π 电子的离域导致氮氧键键长平均化以及两个氧原子负电荷的平均分配。物理测试表明,硝基中两个氮氧键的键长相等,都是 0.121nm,因此,硝基的结构应用共振式表示。

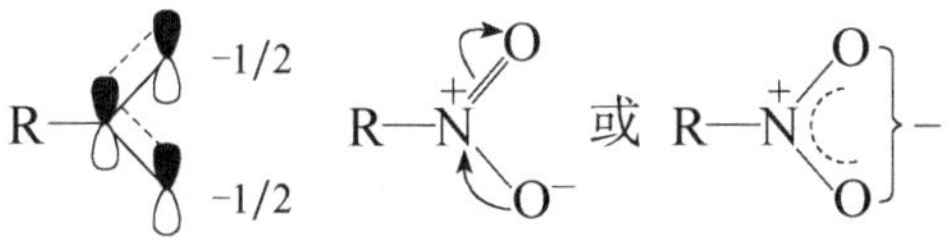

硝基化合物的命名与卤代烃相似，通常把烃基部分作为母体，硝基作为取代基。

CH_3NO_2	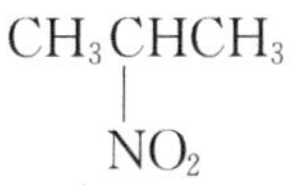	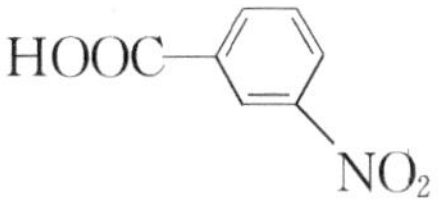
硝基甲烷	2-硝基丙烷	间硝基苯甲酸
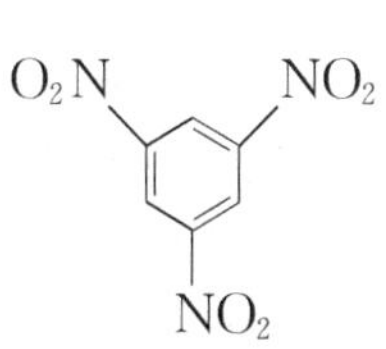	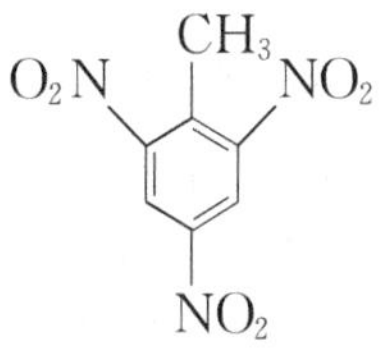	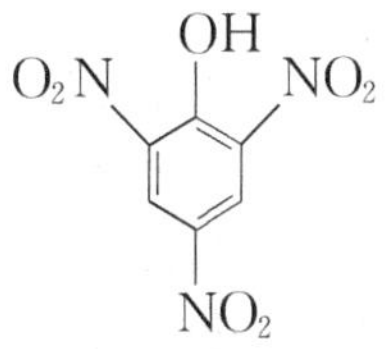
1,3,5-三硝基苯(TNB)	2,4,6-三硝基甲苯(TNT)	2,4,6-三硝基苯酚(苦味酸)

12.2　硝基化合物的制法

12.2.1　烃类直接硝化

1. 芳烃的硝化

芳香族硝基化合物的制备采用混酸(硝酸-硫酸)硝化的方法合成。

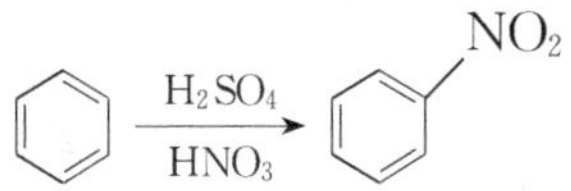

2. 脂肪烃的硝化

烷烃可与硝酸进行气相或液相硝化，经自由基历程，生成硝基烷烃，产物为碳链长短不等的混合物，其中以气相硝化更具有工业生产价值。

$$CH_3CH_2CH_3 \xrightarrow[400℃]{HNO_3} \begin{cases} CH_3CH_2CH_2NO_2 \\ CH_3\underset{\displaystyle NO_2}{\underset{|}{C}H}CH_3 \\ CH_3CH_2NO_2 \\ CH_3NO_2 \end{cases}$$

12.2.2 卤代烷硝基化

利用伯卤代烷或仲卤代烷在 DMF 或 DMSO 溶剂中与亚硝酸钠发生 S_N2 反应，生成硝基化合物。反应的副产物为亚硝酸酯，其沸点较低，并能水解，容易从硝基化合物中除去。所以，这一反应是制备脂肪和脂环族硝基化合物的简单有效方法。

$$R—X \xrightarrow[\text{或 } NaNO_2]{AgNO_2} R—NO_2 + R—ONO$$

12.3 硝基化合物的物理性质

脂肪族硝基化合物为无色且具有香气的油状液体，相对密度都大于 1，在水中的溶解度很小，易溶于醇和醚等有机溶剂和浓硫酸。芳香族硝基化合物为无色或淡黄色高沸点液体或低熔点固体，有苦杏仁气味。芳香族硝基化合物不溶于水，常有剧毒。多硝基化合物为固体，易爆炸，三硝基甲苯(TNT)是烈性炸药。硝基是强极性基团，所以硝基化合物的偶极矩较大，有较高的沸点。常见硝基化合物的物理常数见表 12-1。

表 12-1 常见硝基化合物的物理常数

名称	熔点/℃	沸点/℃	相对密度(d_4^{20})
硝基甲烷	−29	101.2	1.1371
硝基乙烷	−89.5	114.0	1.05
硝基苯	5.8	210.8	1.203
邻硝基甲苯	−9.5	222	1.168
间硝基甲苯	16.1	231.9	1.16
对硝基甲苯	54.5	238.3	1.1038
邻二硝基苯	118	319(103.6 kPa)	1.3119
间二硝基苯	90	302.8	1.575
对二硝基苯	175	229(103.6kPa)	1.625
2,4-二硝基甲苯	71	300	1.3208/71℃
2,4,6-三硝基甲苯	80.9	分解	1.64
1-硝基萘(α-硝基萘)	59	304	1.332

12.4 硝基化合物的化学性质

12.4.1 酸性

硝基是强吸电子基团，由于吸电子的诱导效应和共轭效应，脂肪族硝基化合物

α-位上的氢有明显的酸性。硝基甲烷、硝基乙烷、硝基丙烷的 pK_a 值分别为 10.2、8.5、7.8。一般认为存在着如下硝基式和假酸式的互变异构现象。

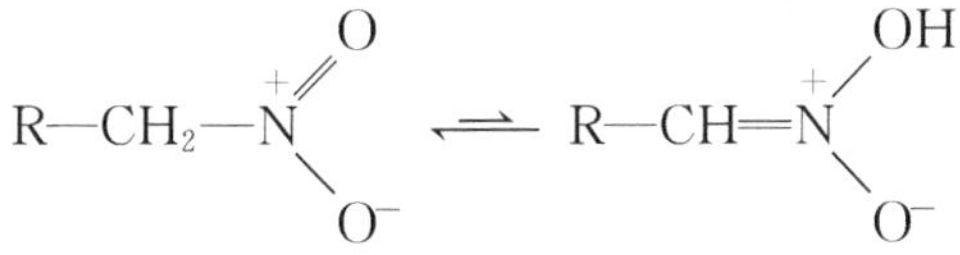

硝基式　　　　假酸式

假酸式含量较低，平衡主要偏向硝基式一方。加碱可使平衡向右移动，将全部转变为酸式的盐而溶解。所以含有 α-氢的硝基化合物可溶于氢氧化钠溶液，无 α-氢的硝基化合物则不溶于其中。利用这个性质，可用于鉴定硝基化合物是否含有 α-氢。

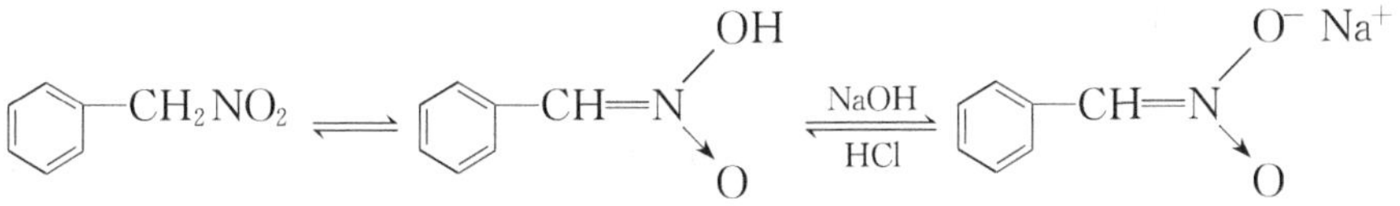

12.4.2　缩合反应

在硝基甲烷的共轭碱中，碳原子带部分负电荷而具有亲核性，能与芳香醛、酮中的羰基加成，生成的 β-羟基化合物容易脱水，产物为 α,β-不饱和硝基化合物，这与羟醛缩合有相似之处，称为亨利(Henry)反应。

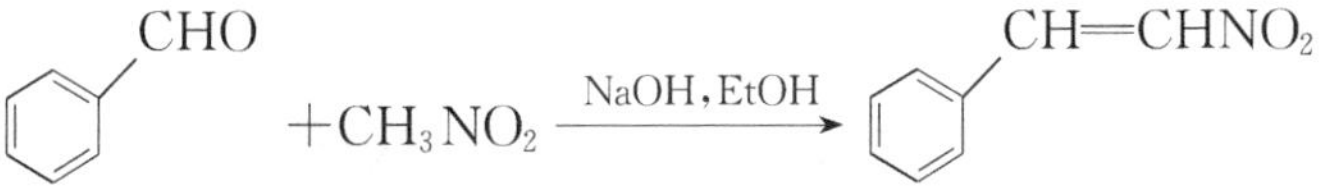

12.4.3　还原反应

硝基化合物易被还原，尤其是芳香族硝基化合物。选用适当的还原剂，在不同的条件下可以生成各种不同的还原产物，依次为亚硝基苯、*N*-羟基苯和苯胺等，而且这些产物间又能在一定的条件下相互转变。

$$RNO_2 \xrightarrow{[H]} RNO \xrightarrow{[H]} RNHOH \xrightarrow{[H]} RNH_2$$

硝基化合物　亚硝基化合物　*N*-烃基羟胺　　胺

硝基化合物常在酸性介质中用锡、铁或锌等金属还原，生成相应的胺。

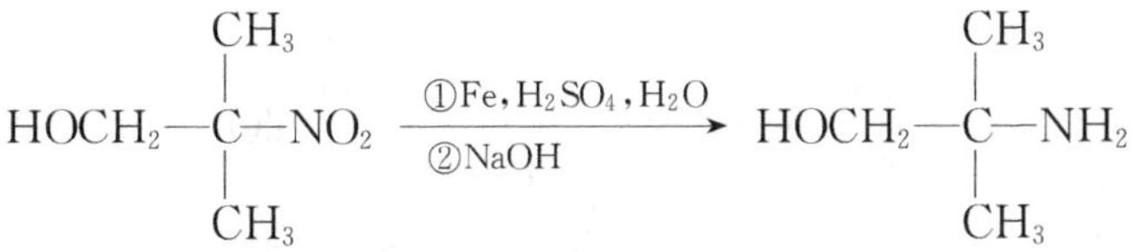

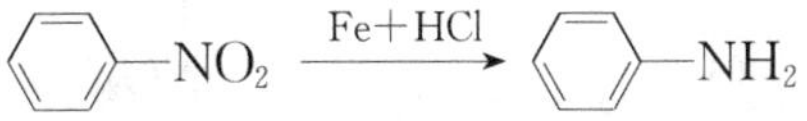

用 Fe 和 HCl 法还原，选择性强，产率高，但因环境污染问题，现已被淘汰。

在碱性溶液中，亚硝基苯和 N-羟基苯胺继续还原的速率缓慢，可分别得到氧化偶氮苯、偶氮苯或氢化偶氮苯等不同产物。

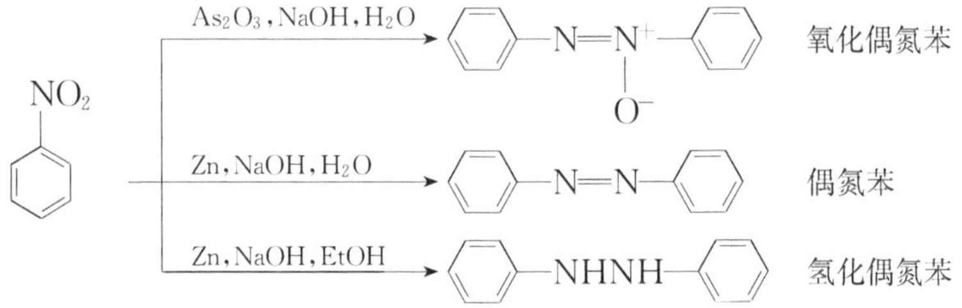

以镍、铂或钯作催化剂催化氢化是使硝基化合物转变为伯胺的一种既干净又方便的方法，产率高，产品质量好。

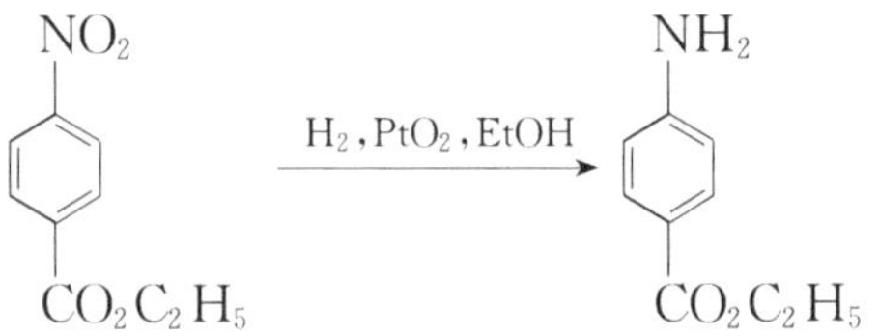

用硫化铵、硫氢化铵、多硫化铵、硫化钠等硫化物为还原剂，可以使二硝基化合物分子中只有一个硝基被还原，这是选择性还原多硝基化合物的好方法。

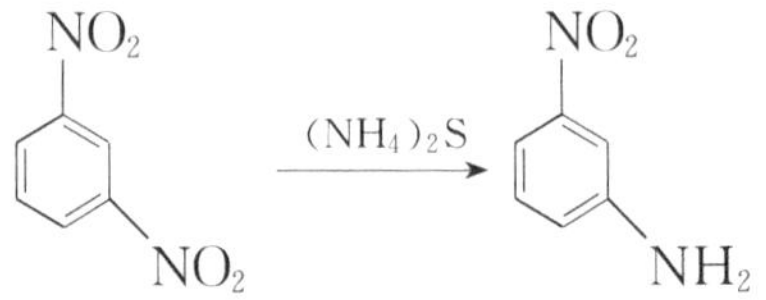

12.4.4　硝基对苯环邻、对位基团的影响

苯环上硝基强的吸电子诱导效应和吸电子共轭效应，使苯环上的电子云密度大大降低，亲电取代反应变得困难。但硝基可使邻位或对位上的基团（如氯原子）显示出特殊的活性，易被亲核试剂取代。以氯苯为例，氯苯与浓的氢氧化钠溶液在常压下回流几天也不起反应，要在加压下加热到 300℃ 以上才能转变成酚钠。而邻硝基氯苯和对硝基氯苯与氢氧化钠溶液一起加热即可水解成硝基苯酚。

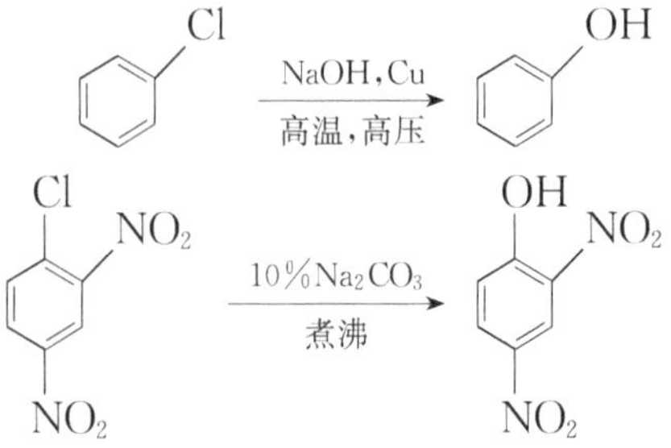

基于同样原因，硝基也使苯环上的羟基或羧基，特别是处于邻位或对位的羟基或羧基上的氢原子质子化倾向增强，即酸性增强。

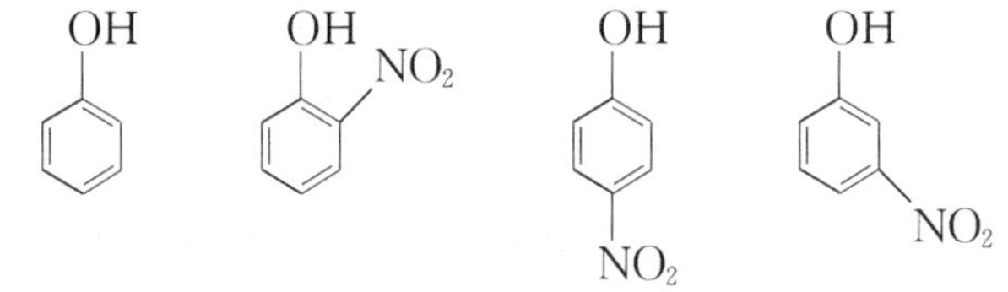

pK_a	10.00	7.21	7.16	8.30

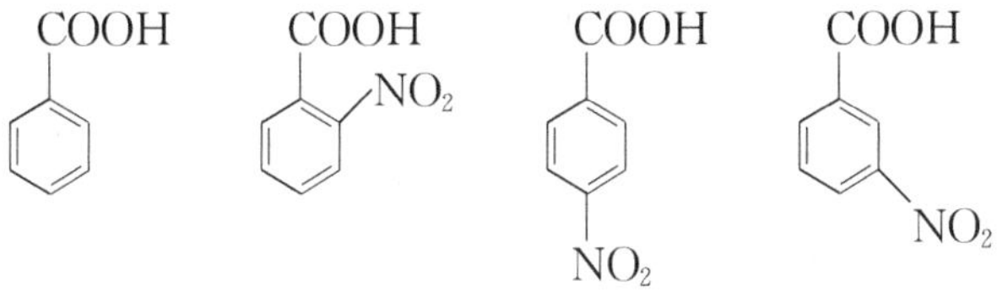

pK_a	4.17	2.21	3.40	3.49

12.5　胺的分类和命名

胺(amine)可以看做氨中的氢被烃基取代的产物。胺类化合物广泛存在于自然界中，并和生命活动关系密切，许多生物碱、抗生素、激素及所有的蛋白质、核酸都是胺的复杂衍生物。

12.5.1　胺的分类

胺类化合物可以根据胺分子中氮上连接的烃基不同，分为脂肪胺($R—NH_2$)与芳香胺($Ar—NH_2$)；根据胺分子中与氮相连的烃基的数目，可分为伯胺(第一胺或 1°胺)、仲胺(第二胺或 2°胺)或叔胺(第三胺或 3°胺)；根据胺分子中所含氨基的数目，可以有一元、二元或多元胺。铵盐中的四个氢被烃基取代而生成的化合物称为季铵盐(quaternary ammonium salt)或季铵碱(quaternary ammonium base)。

NH_3	RNH_2	R_2NH	R_3N	$R_4N^+X^-$	$R_4N^+OH^-$
氨	伯胺(1°)	仲胺(2°)	叔胺(3°)	季铵盐	季铵碱

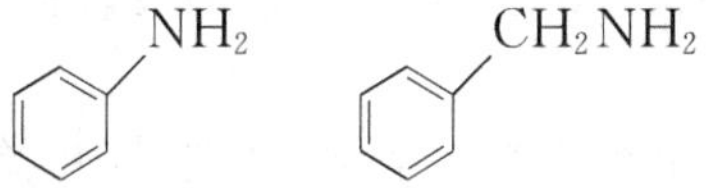

$H_2NCH_2CH_2NH_2$

苯胺　　苄胺　　乙二胺

12.5.2　胺的命名

结构简单的胺可以根据烃基的名称命名，即在烃基的名称后缀“胺”字。若氮原子上所连烃基相同，用二或三表明烃基的数目；若氮原子上所连烃基不同，则按基团的次序规则由小到大写出其名称。

CH_3NH_2　甲胺

CH_3NHCH_3　二甲胺

$(CH_3)_2NCH_2CH_3$　二甲基乙基胺

$H_2NCH_2CH_2NH_2$　1,2-乙二胺

$H_2NCH_2CH_2CH_2CH_2CH_2CH_2NH_2$　1,6-己二胺

$H_2NCH_2CH_2CH_2CH_2NH_2$　1,4-丁二胺(腐胺)

芳香胺在命名时，一般把芳香胺定为母体，其他烃基为取代基。

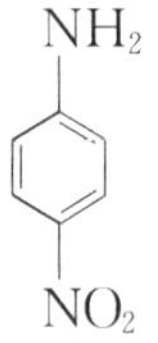

4-硝基苯胺

N-甲基苯胺

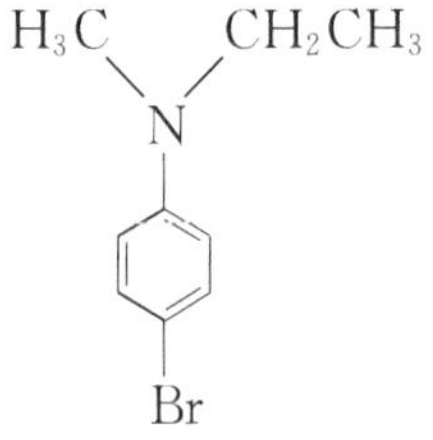

N-甲基-*N*-乙基-4-溴苯胺

复杂的胺则以烃基为母体，氨基作为取代基来命名。例如：

$$\begin{array}{l} CH_3CHCH_2CHCH_3 \\ \quad\ |\qquad\quad\ | \\ \quad CH_3\quad\ \ NH_2 \end{array}$$

2-甲基-4-氨基戊烷

$$\begin{array}{l} CH_3CH_2{-}CH{-}CH{-}N(CH_3)_2 \\ \qquad\qquad\ \ |\qquad | \\ \qquad\qquad CH_3\ \ CH_3 \end{array}$$

3-甲基-2-(*N*,*N*-二甲基)氨基戊烷

季铵盐或季铵碱可以看作铵的衍生物来命名。例如：

$(CH_3)_4N^+Cl^-$　氯化四甲铵

$[C_6H_5CH_2N^+(CH_3)_2C_{12}H_{25}]Br^-$　溴化二甲基十二烷基苄基铵

$[HOCH_2CH_2N^+(CH_3)_3]OH^-$　氢氧化三甲基-2-羟乙基铵(胆碱)

$[(CH_3)_3N^+CH_2CH_3]OH^-$　氢氧化三甲基乙基铵

12.6 胺的制法

12.6.1 氨或胺的烃基化反应

氨或胺作为亲核试剂可与烃基化试剂(卤代烃、醇、磺酸酯、硫酸二甲酯、环氧乙烷等)起 S_N2 反应，最终得到的是伯、仲、叔胺和季铵盐的混合物，且分离提纯有一定的困难。

因为原料来源方便，在工业上常用醇的氨解来制备脂肪族胺类，如甲胺、二甲胺、三甲胺即用此法生产。但缺点是反应条件较高，且产生仲胺、叔胺等副产物。仲、叔卤代烷或醇容易发生消除反应，故此法不适于制备仲胺或叔胺。

$$C_2H_5OH + NH_3 \xrightarrow[350℃,5MPa]{Al_2O_3} C_2H_5NH_2 + H_2O$$

芳香族伯胺因亲核性弱，且生成的仲胺反应活性更低，因此容易停留在生成仲

胺的阶段。

卤代芳烃一般不与氨或胺发生取代反应，但在液氨中氯苯和溴苯能与强碱 KNH_2 或 $NaNH_2$ 作用，卤素被氨基取代生成苯胺。

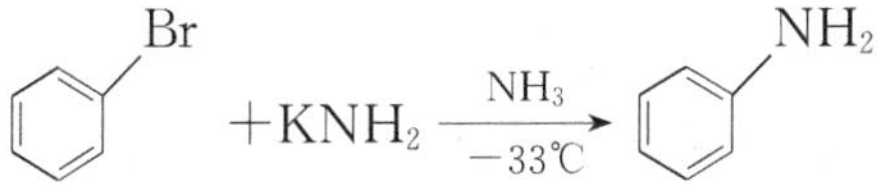

在芳香族卤代物的卤素的邻位或对位有一个或几个强吸电子基团时，容易发生亲核取代反应生成芳胺。

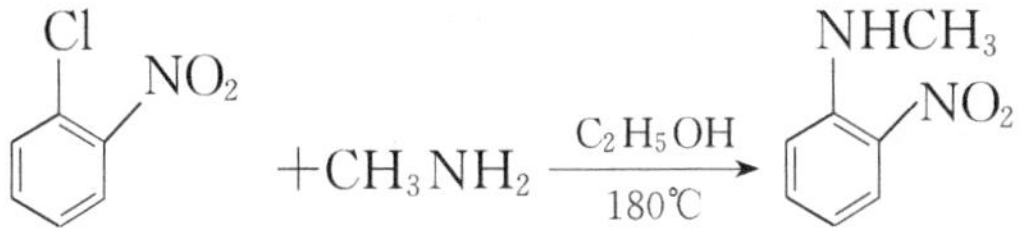

使用高温、高压及催化剂时卤代芳烃也能直接转变成胺。

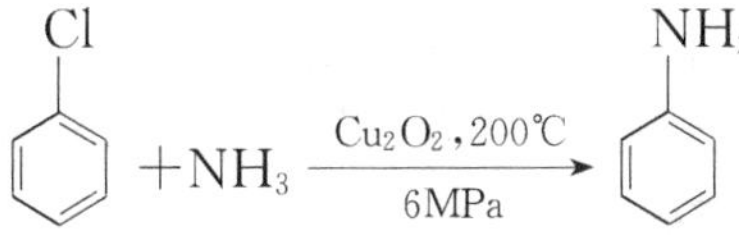

12.6.2　硝基化合物的还原反应

芳香化合物先硝化再还原是制备芳香胺的重要方法。当芳香胺分子中同时存在其他易被还原的基团(如—CHO 等)时，可选用氯化亚锡和盐酸为还原剂，此时硝基被还原而不影响醛基。

用于选择性还原的还原剂还可以是碱金属的硫化物或多硫化物、硫氢化铵、硫化铵等。

12.6.3　腈和酰胺的还原反应

腈、酰胺都可催化氢化或用化学还原剂 $LiAlH_4$ 还原为相应的胺。

苄基氯　　苯基乙腈(苄腈)　　β-苯基乙胺

工业上由高级脂肪酸转变为腈，再用催化氢化的方法制备具有重要用途的高级脂肪胺，由此合成的十八胺是一种表面活性剂。

$$C_{17}H_{35}COOH \xrightarrow[\triangle]{NH_3} C_{17}H_{35}CONH_2 \xrightarrow{\triangle} C_{17}H_{35}CN \xrightarrow{H_2, Ni} C_{17}H_{35}CH_2NH_2$$

12.6.4 霍夫曼降解反应

伯酰胺 $RCONH_2$ 用卤素(溴或氯)在碱性条件下反应,失去一分子二氧化碳,转变为少一个碳原子的伯胺,称霍夫曼(Hofmann)降解反应,是制备伯胺独特而又可靠的方法。

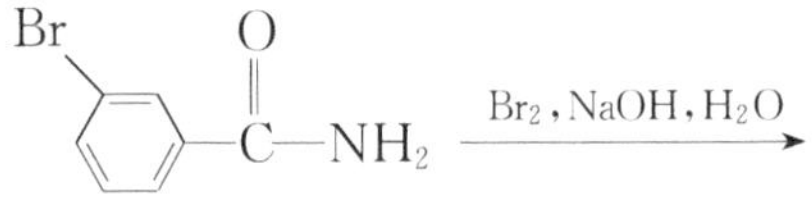

$$RCONH_2 + NaOX + 2NaOH \longrightarrow RNH_2 + Na_2CO_3 + NaX + H_2O$$

12.6.5 盖伯瑞尔合成法

邻苯二甲酰亚胺钾与卤代烷发生 S_N2 反应,生成 *N*-烃基邻苯二甲酰亚胺,后者在酸或碱存在下水解得到伯胺,称为盖伯瑞尔(Gabriel)合成法,它是合成纯净伯胺的方法,产率较高,不含仲胺、叔胺等杂质。

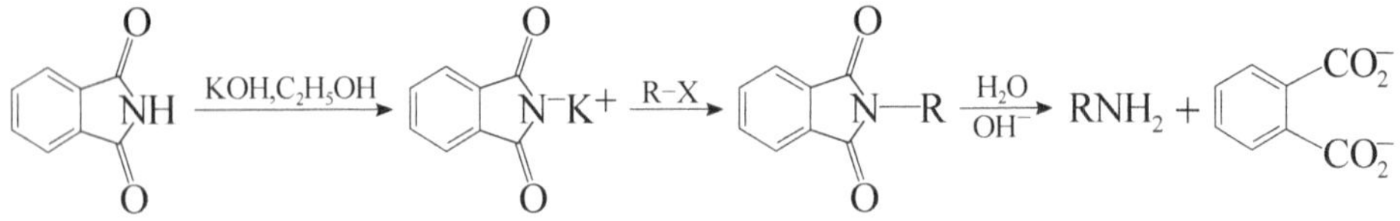

12.6.6 醛或酮的胺化还原反应

醛或酮可以和氨或胺缩合生成亚胺,通过催化加氢或化学还原得到相应的胺。反应包括胺化和还原两个过程,因此称为胺化还原。很多脂肪族和芳香族醛、酮都可以用此法来合成胺。

$$CH_3(CH_2)_5CHO + NH_3 \xrightarrow{H^+} \xrightarrow[Ni]{H_2} CH_3(CH_2)_5CH_2NH_2$$

$$C_6H_5CHO + NH_3 \xrightarrow{H^+} \xrightarrow[Ni]{H_2} C_6H_5CH_2NH_2$$

醛、酮与伯胺一起进行催化加氢则得到仲胺,中间产物为席夫碱。

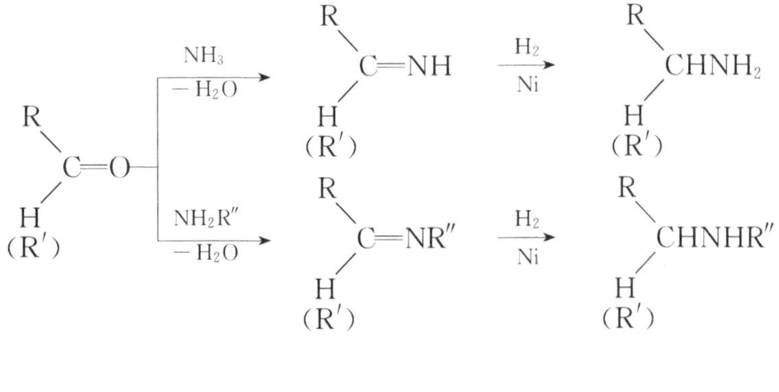

醛或酮与甲酸铵或甲酰胺在高温下反应生成相应的伯胺、仲胺或叔胺，称为列卡特(Leuckart)反应。

$$C_6H_5COCH_3 + HCOONH_4 \xrightarrow{185℃} C_6H_5\underset{\displaystyle NH_2}{\underset{|}{CH}}—CH_3$$

体系中的甲酸铵遇热分解，产生甲酸及氨，氨和羰基进行缩合反应，甲酸作为还原剂，将亚胺还原为胺。

12.7　胺的物理性质

常温下，低级和中级脂肪胺为无色气体或液体，高级脂肪胺为固体。低级胺具有氨的刺激性气味或鱼腥味，高级胺没有气味。芳香胺为高沸点的液体或低熔点的固体。芳香胺有特殊气味，并有较大的毒性。

由于胺是极性化合物，除叔胺外，其他胺分子间可通过氢键缔合，因此胺的熔点和沸点比相对分子质量相近的非极性化合物高。但由于氮的电负性比氧小，所以胺形成的氢键弱于醇或羧酸形成的氢键，因而胺的熔点和沸点比相对分子质量相近的醇和羧酸低。

氢键的形成对胺的熔、沸点和水溶性等影响较大。同分异构体的伯、仲、叔胺，其沸点依次降低。这是因为伯、仲胺分子之间可形成氢键，叔胺则不能。例如，丙胺、甲乙胺和三甲胺的沸点分别为 48.7℃、36.5℃和 2.5℃。伯胺、仲胺、叔胺都能与水形成氢键，低级脂肪胺可溶于水。随着烃基在分子中的比例增大，溶解度迅速下降，所以中级胺、高级胺及芳香胺微溶或难溶于水。胺大都可溶于有机溶剂。此外，邻硝基苯胺的熔点和沸点(71.5℃，284℃)都比它的间位异构体(114℃，306℃)和对位异构体(148℃，332℃)低，这是因为邻位异构体能生成分子内的氢键，而间位和对位异构体则生成分子间的氢键。分子间的氢键在晶体熔化时部分断裂，而在气相中差不多完全断裂，间位和对位异构体在相变过程中需要的能量高于邻位异构体。一些胺的物理性质见表 12-2。

表 12-2　某些胺的物理常数

名　称	结构式	熔点/℃	沸点/℃	溶解性(25℃)	pK_a(共轭酸)
甲胺	CH_3NH_2	−94	−6	易溶	10.64
乙胺	$CH_3CH_2NH_2$	−81	17	易溶	10.75
正丙胺	$CH_3CH_2CH_2NH_2$	−83	49	易溶	10.67
异丙胺	$(CH_3)_2CHNH_2$	−101	33	易溶	10.73
正丁胺	$CH_3CH_2CH_2CH_2NH_2$	−51	78	易溶	10.61

续表

名　称	结构式	熔点/℃	沸点/℃	溶解性(25℃)	pK_a(共轭酸)
异丁胺	$(CH_3)_2CHCH_2NH_2$	−86	68	易溶	10.49
仲丁胺	$CH_3CH_2CH(CH_3)NH_2$	−104	63	易溶	10.56
叔丁胺	$(CH_3)_3CNH_2$	−68	45	易溶	10.45
环己胺	*cyclo*-$C_6H_{11}NH_2$	−18	134	微溶	10.64
苯甲胺	$C_6H_5CH_2NH_2$	10	185	微溶	9.30
苯胺	$C_6H_5NH_2$	−6	184	微溶	4.58
对甲苯胺	*p*-$CH_3C_6H_4NH_2$	44	200	微溶	5.08
对甲氧基苯胺	*p*-$CH_3OC_6H_4NH_2$	57	244	极微溶	5.30
对氯苯胺	*p*-$ClC_6H_4NH_2$	73	232	不溶	4.00
对硝基苯胺	*p*-$O_2NC_6H_4NH_2$	148	332	不溶	1.00
二甲胺	$(CH_3)_2NH$	−92	7	易溶	10.72
二乙胺	$(CH_3CH_2)_2NH$	−48	56	易溶	10.98
二丙胺	$(CH_3CH_2CH_2)_2NH$	−40	110	易溶	10.98
N-甲基苯胺	$C_6H_5NHCH_3$	−57	196	微溶	4.70
二苯胺	$(C_6H_5)_2NH$	53	302	不溶	0.80
三甲胺	$(CH_3)_3N$	−117	2.9	易溶	9.70
三乙胺	$(CH_3CH_2)_3N$	−115	90	微溶	1076
三丙胺	$(CH_3CH_2CH_2)_3N$	−93	156	微溶	10.64
N,*N*-二甲基苯胺	$C_6H_5N(CH_3)_2$	3	194	微溶	5.06

12.8 胺的结构

胺分子中,N原子以不等性 sp^3 杂化成键,四个杂化轨道中,有一个为电子对所占据,其他三个轨道则与氢或碳原子生成 σ 键,其构型为角锥形。

甲胺　　　　苯胺

甲胺分子中 C—N 键与—NH_2 三个原子所在平面之间的夹角为 125°,而苯环平面与—NH_2 所在平面之间的夹角为 142.5°。由此表明,在苯胺分子中,氮原子更接近于平面构型,氮原子的杂化状态在 sp^3 及 sp^2 之间,比甲胺更接近于 sp^2。由于苯胺中氮孤对电子所在的轨道具有更多的 p 轨道成分,可以与苯环中 π 轨道重叠,使 C—N 键具有部分双键的性质,因此,苯胺中 C—N 键的键长(0.140nm)比甲胺中的 C—N 键(0.147 nm)短。

12.9　胺的化学性质

胺的大部分化学性质与氮原子上的未共用电子对有关。当它提供未共用电子对与质子或路易斯酸结合时，显碱性；它作为亲核试剂进攻缺电子中心时，能与卤代烃发生烃基化反应，能与酰卤、酸酐等酰基化试剂发生酰化反应，还能和亚硝酸反应；当它和氧化剂作用，氮原子提供未共用电子对表现出还原性。芳胺中氮原子上的孤对电子与苯环中的 π 电子共轭，使芳环高度活化，环上的亲电取代反应更容易进行。

12.9.1　胺的碱性

胺同氨相似，显碱性，其碱性比水强。胺与酸反应生成烃基取代的铵盐，铵盐用碱处理又释放出胺。

$$R—NH_2 + HCl \longrightarrow R—\overset{+}{N}H_3\overset{-}{Cl}$$

$$R—\overset{+}{N}H_3\overset{-}{Cl} + NaOH \longrightarrow R—NH_2 + NaCl + H_2O$$

利用这一性质可对胺进行分离、提纯，将不溶于水的胺溶于稀酸形成盐，分离后，再用强碱将胺由铵盐中释放出来。

脂肪族胺中仲胺碱性最强，伯胺次之，叔胺最弱，但碱性都比氨强，其碱性按大小顺序排列如下：

$$(CH_3)_2NH > CH_3NH_2 > (CH_3)_3N > NH_3$$

胺的碱性强弱取决于氮原子上未共用电子对和质子结合的难易，而氮原子接受质子的能力，又与氮原子上电子云密度大小以及氮原子上所连基团的空间阻碍有关。从供电子诱导效应看，氮原子上烃基数目增多，则氮原子上电子云密度增大，碱性增强。因此脂肪族仲胺碱性比伯胺强，它们碱性都比氨强，但从烃基的空间效应看，烃基数目增多，空间阻碍也相应增大，三甲胺中三个甲基的空间效应比供电子作用更显著，所以三甲胺的碱性比甲胺还要弱。

芳香胺分子中氮原子上的孤对电子与苯环中的 π 电子共轭，使部分电子云分布到苯环上，孤对电子接受质子的能力显著降低，因此，苯胺的碱性比氨弱得多，二苯胺的碱性更弱，三苯胺在一般条件下不显碱性。此外，随着氮原子上所连接的苯环数目增加，阻碍氮原子接受质子的空间效应也同时增大。这两种作用的共同结果导致芳香胺的碱性有如下顺序：

$$NH_3 > \text{苯胺} > \text{二苯胺} > \text{三苯胺}$$

苯胺能与稀盐酸、硫酸等成盐，但不能和乙酸成盐；二苯胺只能与浓的盐酸、硫酸成盐,但形成的盐遇水立即水解;三苯胺则接近中性,不能和浓盐酸、硫酸等成盐。

苯环上吸引电子的取代基使芳胺的碱性减弱。例如:

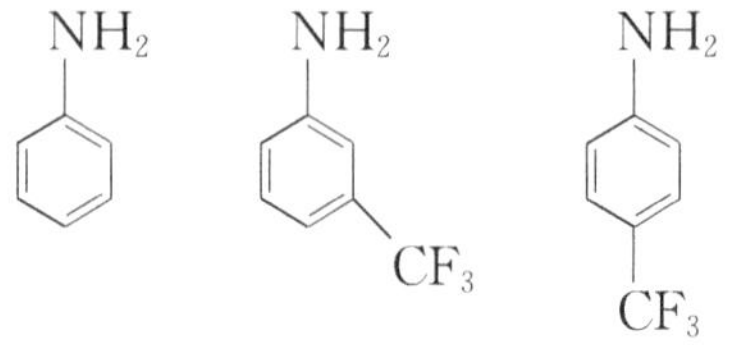

pK_a　　4.58　　3.20　　2.75

对硝基苯胺分子中,硝基、苯环和氨基形成共轭体系;在邻硝基苯胺分子中,硝基除了通过苯环与氨基共轭外,由于与氨基靠近,硝基强烈的诱导效应使碱性进一步降低。在间硝基苯胺分子中,硝基只通过诱导效应使胺的碱性降低。

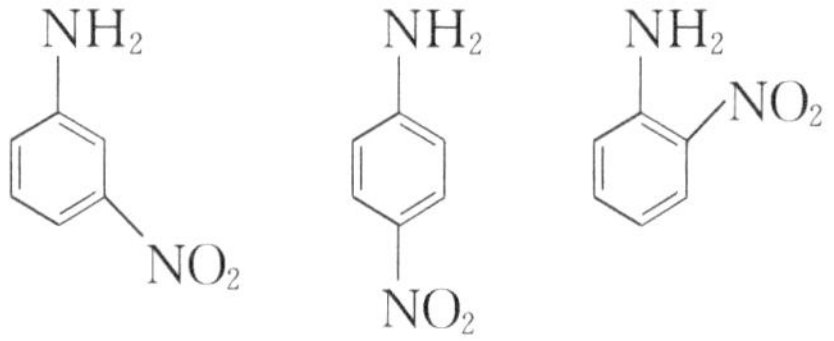

pK_a　　2.47　　1.00　　−0.26

胺的碱性强弱除与烃基的诱导效应和共轭效应、空间位阻效应等因素有关外,还受到水的溶剂化效应的影响。胺分子中,氮上连接的氢越多(体积也越小),溶剂化程度越大,铵正离子就越稳定,胺的碱性也越强。

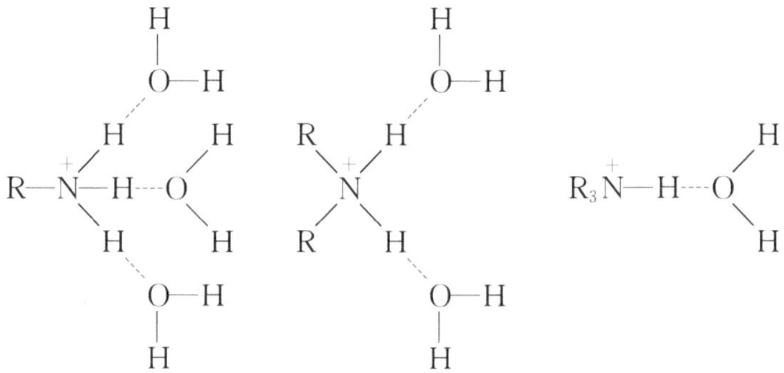

12.9.2　烷基化反应

卤代烃可以与氨作用生成胺,胺作为亲核试剂又可以继续与卤代烃发生亲核取代反应,结果得到仲胺、叔胺,直至生成季铵盐。

$$NH_3 + RX \longrightarrow RNH_2 + HX$$

$$RNH_2 + RX \longrightarrow R_2NH + HX$$

$$R_2NH + RX \longrightarrow R_3N + HX$$

$$R_3N + RX \longrightarrow R_4N^+X^-$$

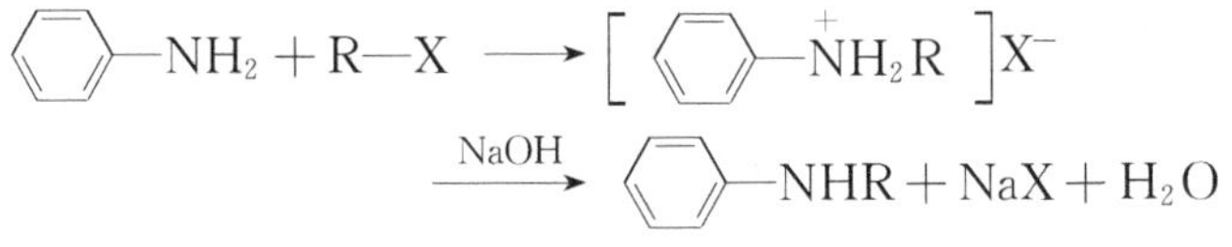

在硫酸存在时，在高温高压下，用过量的甲醇和苯胺作用，则生成 *N*,*N*-二甲基苯胺。

12.9.3　酰基化反应

伯胺和仲胺作为亲核试剂，可以与酰卤、酸酐和酯发生氨解，生成 *N*-烃基酰胺或 *N*,*N*-二烃基酰胺。

$$CH_3CH_2CH_2NH_2 + C_6H_5—\overset{\overset{\displaystyle O}{\|}}{C}—Cl \longrightarrow CH_3CH_2CH_2NH—\overset{\overset{\displaystyle O}{\|}}{C}—C_6H_5$$

$$C_6H_5NH_2 + (CH_3CO)_2O \longrightarrow C_6H_5NHCOCH_3 + CH_3COOH$$

叔胺的氮原子上没有氢原子，不能进行酰基化反应。

由于芳香族胺的碱性比脂肪胺弱得多，所以酰化反应缓慢，而且芳胺只能被酰卤、酸酐所酰化，不能和酯类发生反应。

除甲酰胺外，其他酰胺在常温下大多是结晶固体，它们在酸或碱的水溶液中加热易水解生成原来的胺。因此，利用酰基化反应，可以分离、提纯胺，通过测定酰胺的熔点来鉴定胺，还可利用酰基化反应来保护氨基。例如，苯胺进行硝化时，为防止苯胺的氧化，可先对苯胺进行酰基化，把氨基“保护”起来再硝化，待苯环上导入硝基后，再水解除去酰基，得到对硝基苯胺，这样既可避免苯胺被硝酸氧化，又可适当降低苯环的反应活性，以制备一硝化产物。

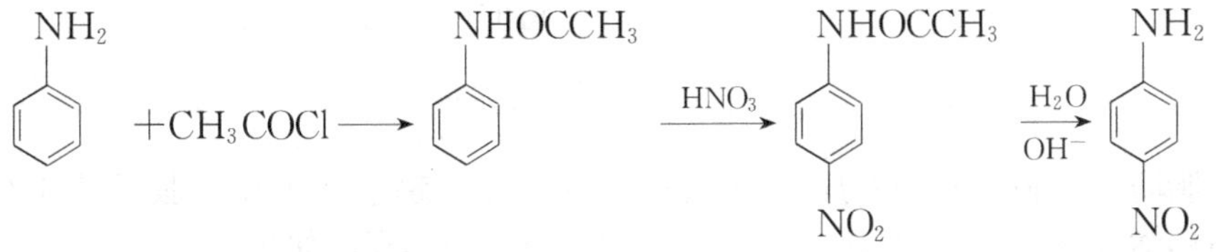

12.9.4　磺酰化反应

磺酰氯与胺的反应与酰氯相似，在氢氧化钠或氢氧化钾存在下，伯、仲胺能与磺酰化剂（如苯磺酰氯或对甲苯磺酰氯）反应生成磺酰胺，称为磺酰化反应，又称兴斯堡（Hinsberg）反应。叔胺氮原子上无氢原子，不能发生磺酰化反应。

伯胺生成的磺酰胺中，氮原子上还有一个氢原子，由于受到磺酰基强吸电子诱导效应的影响而显酸性，可溶于氢氧化钠溶液生成盐；仲胺生成的磺酰胺中，氮原子上没有氢原子，不能溶于氢氧化钠溶液而呈固体析出。叔胺不发生磺酰化反应，也不溶于氢氧化钠溶液而出现分层现象。因此，利用兴斯堡反应可以鉴别或分离伯、仲、叔胺。

12.9.5　与亚硝酸反应

不同的胺与亚硝酸(HNO_2)反应，产物各不相同。亚硝酸不稳定，反应时实际使用的是亚硝酸钠与盐酸或硫酸的混合物。

脂肪族伯胺与亚硝酸的反应生成重氮盐(diazo salt)，烷基重氮盐很不稳定，重氮盐中的—N≡N：是一个离去倾向非常大的基团，在低温下也会放出氮气，生成碳正离子，产物为烯烃、醇和卤代烃等混合物，在合成上没有价值。由于放出的氮气是定量的，可用于氨基的定量分析。

$$RCH_2CH_2NH_2 \xrightarrow[\text{低温}]{NaNO_2+HCl} \underset{\text{重氮盐}}{RCH_2CH_2\overset{+}{N_2}Cl^-} \xrightarrow{\text{分解}} RCH_2\overset{+}{C}H_2 + N_2 + Cl^-$$

$$RCH_2\overset{+}{C}H_2 — \begin{cases} \xrightarrow{H_2O} RCH_2CH_2OH \\ \xrightarrow{X^-} RCH_2CH_2X \\ \xrightarrow{-H^+} RCH{=}CH_2 \\ \xrightarrow{\text{重排}} R\underset{+}{C}HCH_3 \end{cases}$$

脂肪族仲胺与 HNO_2 反应，生成黄色油状或固态的 *N*-亚硝基胺。*N*-亚硝基胺与稀酸共热，可分解为原来的胺，可用来鉴别或分离提纯仲胺。

$$\underset{\displaystyle R}{R—\overset{}{N}H} \xrightarrow{NaNO_2+HCl} \underset{N\text{-亚硝基胺}}{\underset{\displaystyle R}{R—N}—N{=}O} + H_2O$$

脂肪族叔胺在同样条件下，生成不稳定的水溶性亚硝酸盐。此盐用碱处理后，又重新得到游离的脂肪族叔胺。

芳香族伯胺与亚硝酸在低温下反应，生成芳基重氮盐，芳基重氮盐比烷基重氮盐更稳定，在水溶液中，5℃以下可以保存一段时间，用于多种芳香族化合物的合成。升高温度则分解成酚和氮气。

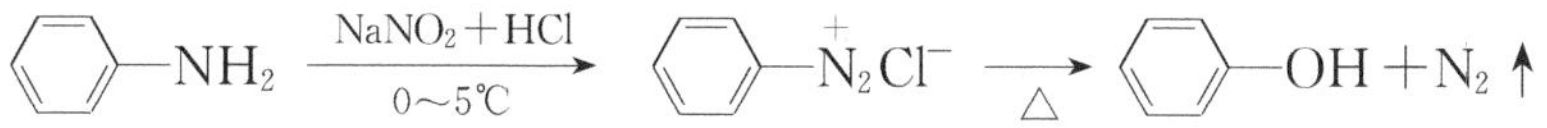

氯化重氮苯(重氮盐)

芳香族仲胺与亚硝酸反应，也生成棕色油状和黄色固态的 *N*-亚硝基胺。芳香族叔胺与亚硝酸反应，在芳环上发生亲电取代反应导入亚硝基。

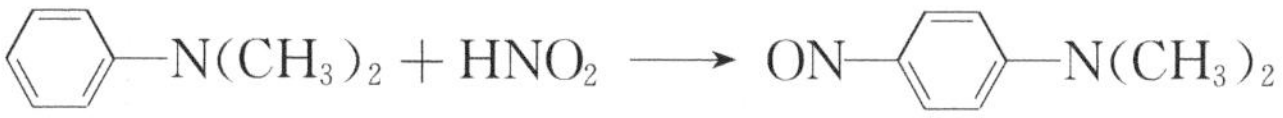

对亚硝基-*N*,*N*-二甲基苯胺

芳胺与亚硝酸的反应也可用来区别芳香族伯、仲、叔胺。

12.9.6　氧化反应

胺容易氧化，用不同的氧化剂可以得到不同的氧化产物。叔胺的氧化最有意义，用过氧化氢或过酸氧化生成 *N*-氧化叔胺。

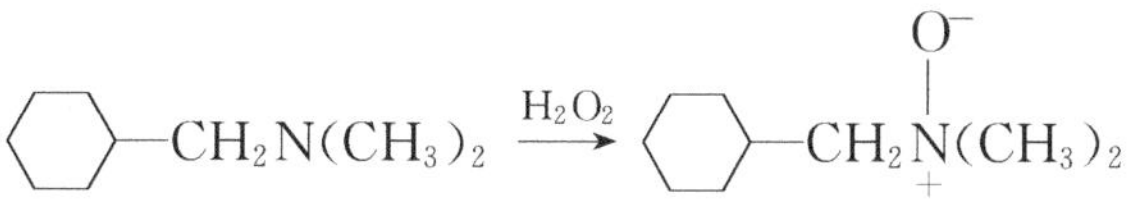

芳胺很容易氧化，新的纯苯胺是无色的，但暴露在空气中很快就变成黄色然后变成红棕色。在一定的条件下，苯胺的氧化产物主要是对苯醌。

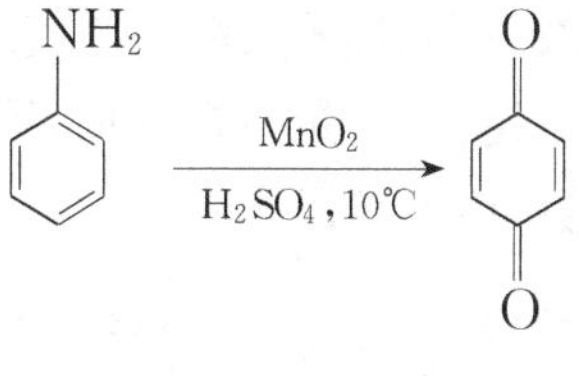

芳胺的盐较难氧化，所以有时将芳胺以盐的形式储存。

12.9.7　芳胺芳环上的反应

苯环上的氨基(或—NHR、—NR_2)是活化苯环的强的邻、对位定位基团，使芳胺易发生亲电取代反应。

1. 卤代反应

苯胺与卤素的反应很迅速，难以使反应停留在一卤代阶段。例如，苯胺与溴水作用，在室温下立即生成 2,4,6-三溴苯胺。因其碱性很弱，不能与反应中生成的氢溴酸成盐，所以难溶于水而以白色沉淀析出，此反应能定量完成，可用于苯胺的定性或定量分析。

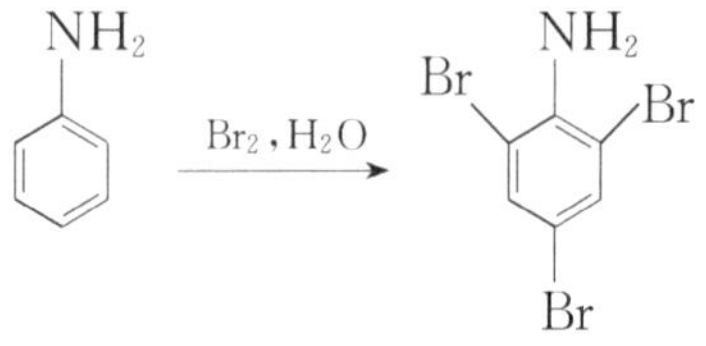

如欲制备一溴苯胺，可先将氨基酰化转变为酰氨基，降低氨基的活性，然后再溴化，最后水解除去酰基，得到以对位为主的 -溴苯胺。

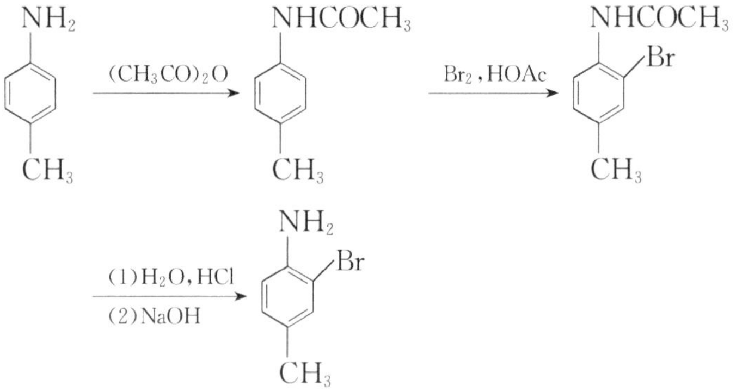

2. 硝化反应

苯胺分子中的氨基易被硝酸氧化，芳香族胺应先“保护氨基”后再发生硝化反应。根据产物的要求，可采用乙酰化或成盐等不同的氨基保护方法。

如果要求得到间硝基苯胺，可先将苯胺溶于浓硫酸中，使之形成苯胺硫酸盐以保护氨基。因铵正离子是间位定位基，进行硝化时，产物必然是间位产物，最后再用碱液处理，又把产物间硝基苯胺游离出来。

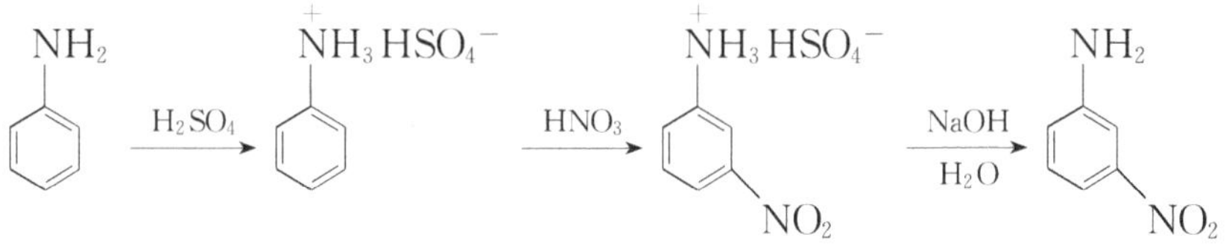

3. 磺化反应

苯胺的磺化是将苯胺溶于浓硫酸中，首先生成苯胺硫酸盐，在高温（200℃）加热脱水并重排，生成对氨基苯磺酸。对氨基苯磺酸以内盐形式存在，具有高熔点和低的溶解度。

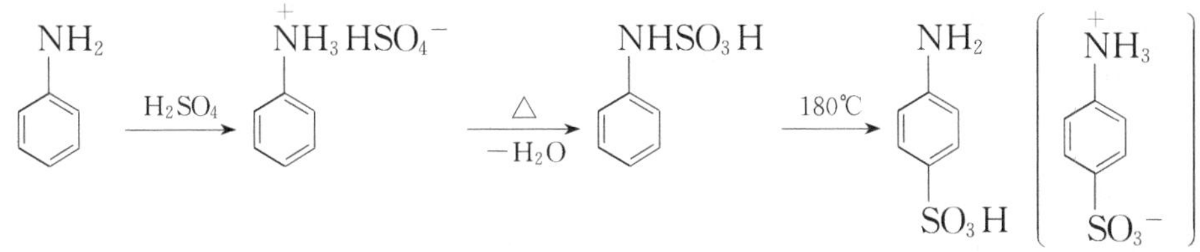

12.10　季铵盐与季铵碱

12.10.1　季铵盐

叔胺与烃基化试剂(如卤代烃、硫酸酯、磺酸酯等)发生 S_N2 反应生成季铵盐(quaternary ammonium salt)。

$$R_3N + RX \rightleftharpoons R_4N^+X^-$$

季铵盐是白色结晶固体,属于离子型化合物,具有盐的性质,熔点高,在加热时可分解为叔胺和卤代烃。

季铵盐是一类重要的化合物,主要用途是作为表面活性剂。季铵盐分子中含有亲水基团(正离子)和亲油基团(烃基),由于其亲水基团是正离子,因此属于阳离子型表面活性剂,而肥皂、烷基磺酸钠等属于阴离子表面活性剂。季铵盐型阳离子表面活性剂水溶性较好,既耐酸又耐碱,且具有杀菌、柔软、乳化等功能,根据其作用可分为洗涤剂、润湿剂、乳化剂、悬浮剂、起泡剂、分散剂等。

季铵盐的另一个重要用途是作为相转移催化剂(PTC),许多有机反应在季铵盐如氯化四正丁基铵、氯化三乙基苄基铵等存在下反应温度低,反应时间短,产率明显提高,无论在实验室或工业上都有很高的实用价值。环己烯与氢氧化钠溶液和氯仿互不相溶,加入溴化四正丁基铵后,反应即可顺利进行。

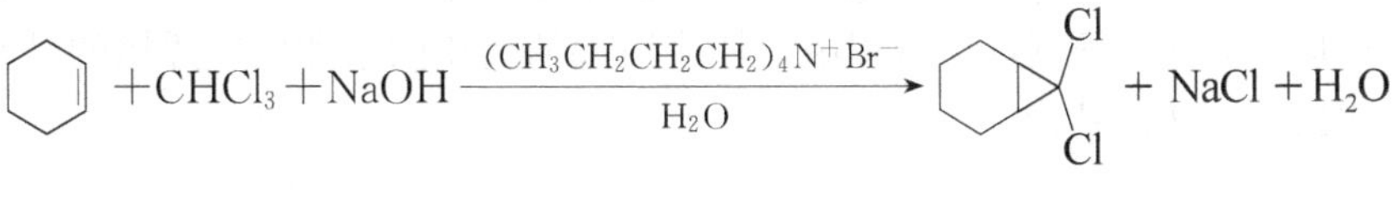

12.10.2　季铵碱

季铵盐与强碱作用得到含季铵碱(quaternary ammonium base)的平衡混合物。

$$R_4N^+X^- + KOH \rightleftharpoons R_4N^+OH^- + KX$$

季铵盐与强碱的醇溶液反应,由于碱金属的卤化物不溶于醇,可使反应进行到底,制得季铵碱。如果用湿的氢氧化银代替氢氧化钾,反应亦可顺利完成。

$$(CH_3)_4N^+I^- + AgOH \longrightarrow (CH_3)_4N^+OH^- + AgI$$

季铵碱是强碱,其碱强度与氢氧化钠或氢氧化钾相当,具有碱的一般性质,如能吸收空气中的二氧化碳,易潮解,易溶于水等。

季铵碱加热时很容易分解，其分解产物为叔胺。当季铵碱分子中没有 β-氢，如氢氧化四甲基铵受热分解时，发生 S_N2 反应，生成三甲胺和甲醇。

$$(CH_3)_4N^+OH^- \xrightarrow{\triangle} (CH_3)_3N + CH_3OH$$

当季铵碱的烃基上含有 β-氢时，加热则分解生成叔胺和烯烃，该反应称为霍夫曼消除反应。例如：

$$(CH_3CH_2)_4N^+OH^- \xrightarrow{\triangle} (CH_3CH_2)_3N + CH_2=CH_2 + H_2O$$

发生霍夫曼消除反应时，β-氢消除的难易次序是—CH_3>RCH_2—>R_2CH—，形成碳负离子的稳定性为 $\bar{C}H_3 > R\bar{C}H_2 > R_2\bar{C}H$，所以得到的主要产物是双键碳上烷基较少的烯烃，这个定向作用称为霍夫曼规则，正好与查依采夫(Zaitsev)规则相反。

$$CH_3CH_2\underset{\underset{+}{N}H(CH_3)_2}{\underset{|}{C}}HCH_3\,OH^- \longrightarrow \underset{\text{主要产物}}{CH_3CH_2CH=CH_2} + \underset{\text{次要产物}}{CH_3CH=CHCH_3} + (CH_3)_3N$$

消除反应方向是由 β-氢的酸性和 β-碳上的基团位阻作用所决定。当二者不一致时，则通常 β-氢原子的酸性起主导作用。

如果 β-碳原子上有吸电子共轭基团，如苯基、乙烯基、羰基等存在时，β-氢的酸性增大，容易接受碱的进攻，生成不符合霍夫曼规则的消除产物。

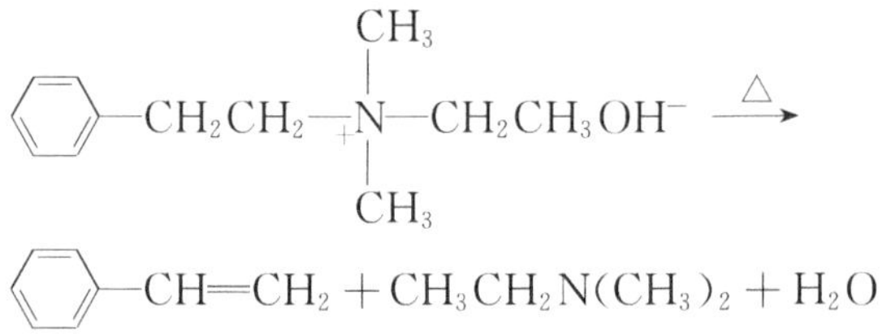

由于季铵碱的消除反应生成的烯烃具有一定的取向，通过测定烯烃结构可以推测胺的结构。方法是先由过量的碘甲烷与胺作用生成季铵盐，称为彻底甲基化反应(exhaustive methylation reaction)。继而用湿的氧化银处理转变为季铵碱，再进行加热分解。根据反应过程中消耗碘甲烷的物质的量和生成烯烃的结构，便可推测出原来胺的结构。

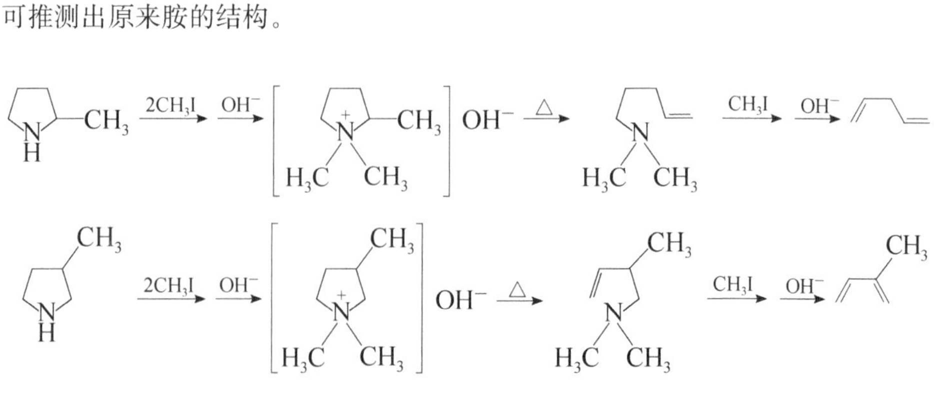

12.11　重氮化合物和偶氮化合物

重氮化合物(diazo compound)和偶氮化合物(azo compound)均含有—N_2—官能团。该原子团两端均与烃基相连的化合物称为偶氮化合物，可用通式 R—N＝N—R 来表示，其中 R 可以是脂肪族烃基或芳香族烃基。

偶氮苯　　　　对氨基偶氮苯

$CH_3—N=N—CH_3$

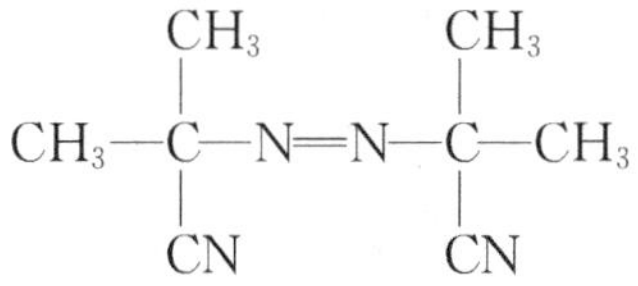

偶氮甲烷　　　　偶氮二异丁腈

若该官能团的一端与烃基相连，另一端与除碳以外的其他原子或原子团相连，则称为重氮化合物。

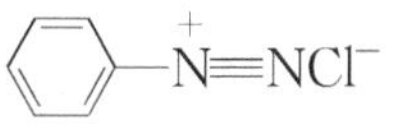

氯化重氮苯(或重氮苯盐酸盐)

脂肪族重氮和偶氮化合物为数不多，远不及芳香族重氮和偶氮化合物重要，这里着重讨论芳香族重氮和偶氮化合物。

12.11.1　重氮盐的制备及其结构

在低温和强酸水溶液中，伯芳胺与亚硝酸作用生成重氮盐(diazonium salt)的反应称为重氮化反应。例如，苯胺在盐酸溶液中与亚硝酸钠在低温下反应生成氯化重氮苯(又叫重氮苯盐酸盐)。

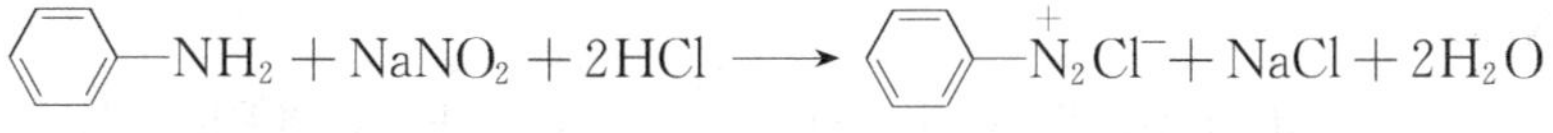

若以硫酸代替盐酸，则得到重氮苯硫酸盐 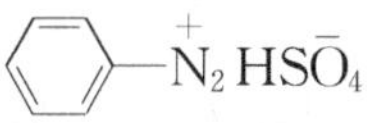 。

重氮盐的结构可表示为$[Ar—\overset{+}{N}\equiv N]X^-$或简写为 $Ar\overset{+}{N_2}X^-$。重氮正离子的两个氮原子和苯环上直接相连的碳原子是线形结构，而且两个氮原子的 π 轨道和苯环的 π 轨道形成离域的共轭体系，其结构如图 12-1 所示。

重氮盐的性质与铵盐相似，溶于水而不溶于有机溶剂，其水溶液能导电。重氮盐在水溶液中离解成 ArN_2^+ 和 X^-。干燥状态的重氮盐极不稳定，当受热或震动

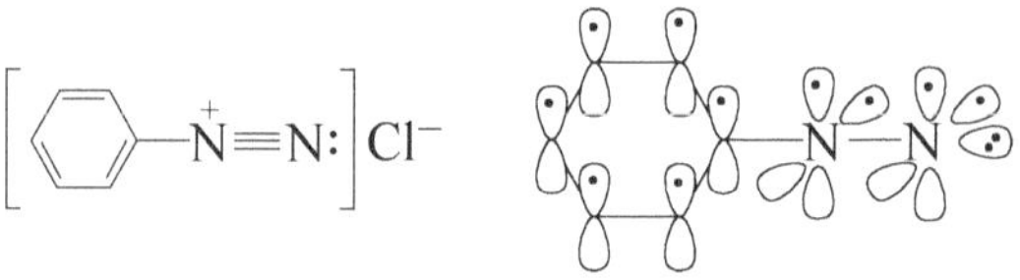

图 12-1　苯重氮正离子的轨道结构

时易发生爆炸。在水溶液中低温时重氮盐较为稳定,温度升高时,则容易分解,因此,重氮化反应通常都在低温下(0～5℃)进行。重氮化反应生成的重氮盐不需要分离,直接以混合溶液的形式用于下一步的反应。

12.11.2　重氮盐的反应及其应用

重氮盐的化学性质非常活泼,能够发生多种反应,其反应主要有两大类:一类是放氮反应,放氮后形成芳环碳正离子或自由基,进一步反应得各种取代产物,是制备芳香族化合物的一个重要方法;二是留氮反应,重氮基作为亲电试剂进行反应或被还原。

1. 放氮反应

重氮盐中的重氮基可被氢、羟基、卤素、氰基等原子或原子团取代,同时放出氮气。通过该反应可以把氨基经重氮化而转变为其他基团。

1) 重氮基被氢原子取代

重氮盐与还原剂次磷酸(H_3PO_2)、乙醇或氢氧化钠-甲醛溶液作用,重氮基即被氢原子取代而生成芳烃。为避免或减少副产物的产生,可在乙醇反应体系中加入锌粉或其他还原剂。

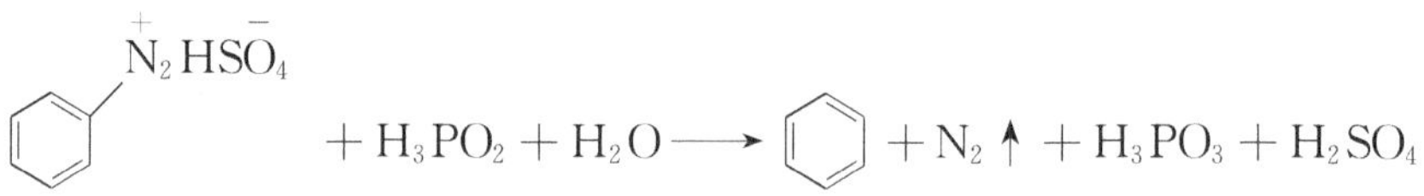

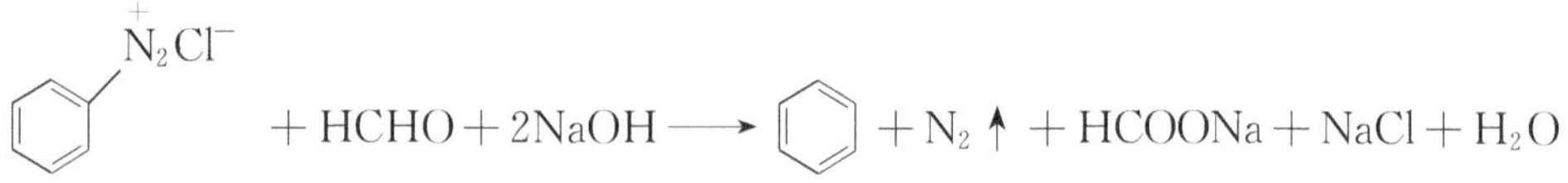

该反应在合成上可作为将氨基或硝基除去的方法。利用这一性质,可先在苯环上引入氨基,借助氨基的定位效应,引入其他基团进入苯环的邻位或对位,最后将氨基去除,从而可得到用其他方法不能或不易直接取代得到的某些化合物。例如,由苯合成 1,3,5-三溴苯。由于溴是邻、对位定位基,通过苯环的直接溴代反应,无法得到预期产物。采用先将氨基引入,溴代后再去除氨基的方法,可获得预期产物。

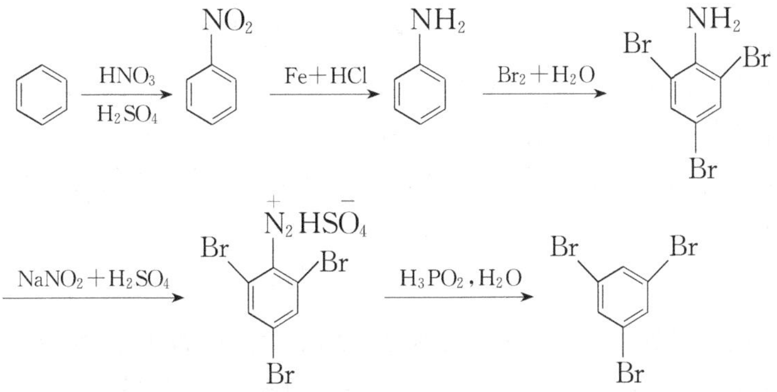

又如，由硝基苯制备 2,6-二溴苯甲酸：

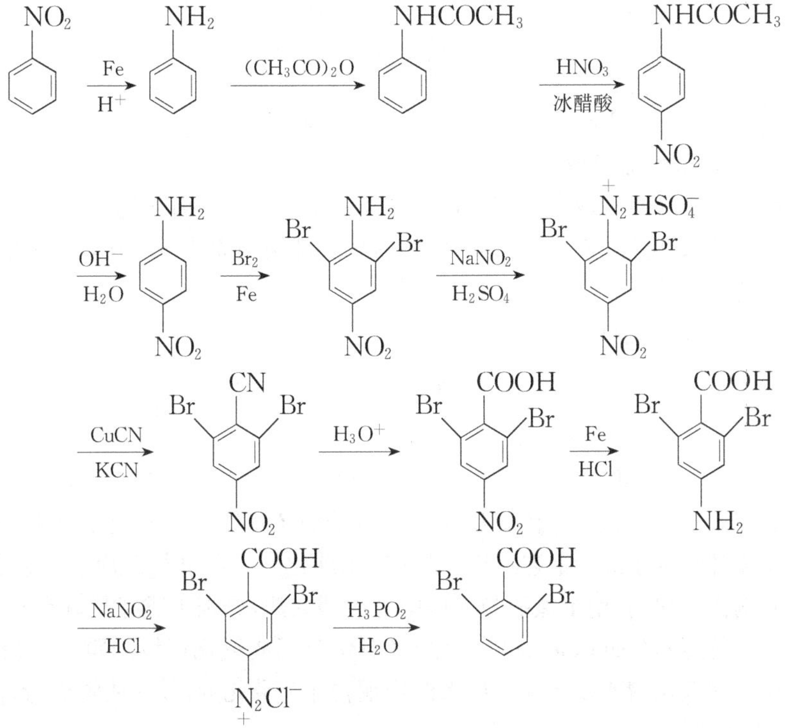

2）重氮基被羟基取代

重氮盐的酸性水溶液一般不稳定，即使在低温下也会转变成酚，并慢慢放出氮气，温度升高则分解更为迅速。

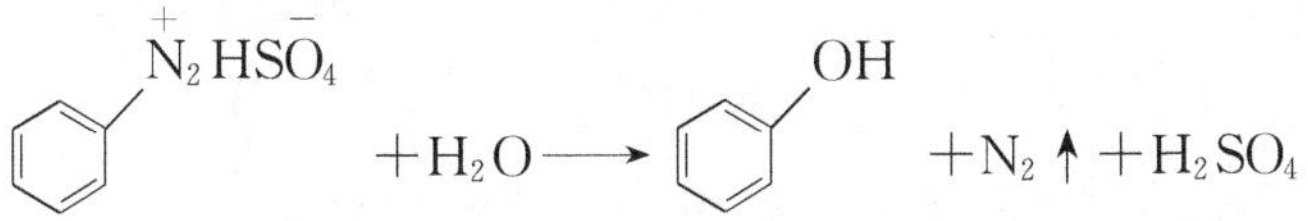

重氮盐被羟基取代的反应是按 S_N1 机理进行。重氮正离子首先失去 N_2，生成苯基正离子。

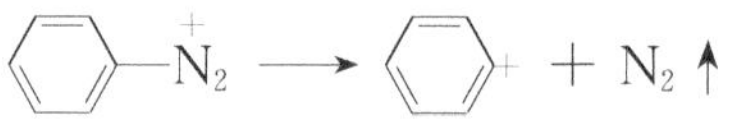

苯基正离子很活泼，一旦生成即与水反应生成酚，同时也与溶液中的其他亲核试剂结合生成其他产物。如用芳香族重氮盐酸盐分解则生成氯苯，用芳香族重氮硝酸盐分解则得硝酸苯酯。因此，常用具有带弱亲核性负离子的芳香族重氮硫酸盐分解以制备酚。

该法可用来制备一些其他方法较难制备的酚类。例如，间溴苯酚就不宜用间溴苯磺酸钠碱熔法制取，用间溴苯胺经重氮化、水解可方便制得。

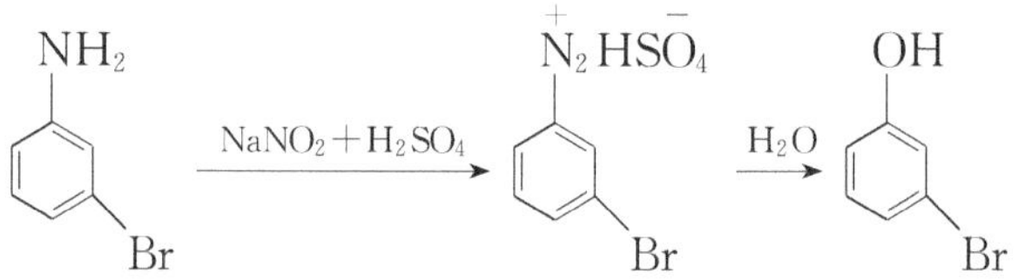

3）重氮基被卤原子取代

利用重氮基被卤素取代的反应可制备某些不易得到的卤代物。

重氮盐的水溶液和碘化钾一起加热，重氮基即被碘原子所取代，这是在苯环引入碘原子的好方法。

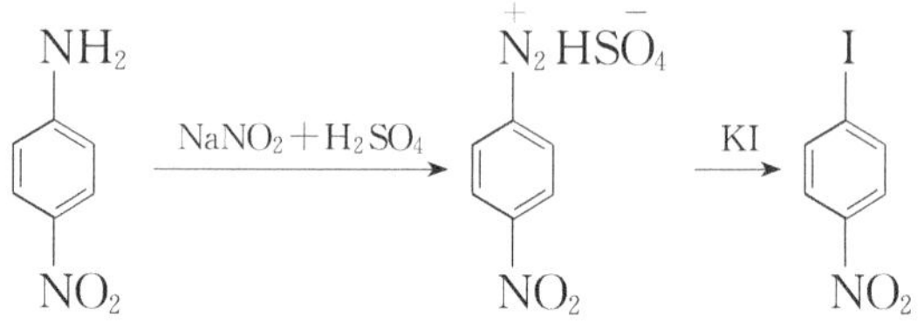

该反应属于 S_N1 机理。因氯离子和溴离子的亲核能力比碘离子要弱，因此氯化钾和溴化钾就难于进行上述反应，必须使用催化剂才可进行反应。用氯化亚铜或溴化亚铜作催化剂，使重氮盐与相应的氢卤酸共热，分别生成芳基氯或芳基溴的反应称为桑德迈尔（Sandmeyer）反应。将碘化亚铜或氟化亚铜与重氮盐反应，不能得到相应的碘化物或氟化物。如果改用铜粉作为催化剂，反应能够进行，但产率较低，称为加特曼（Gttermann）反应。

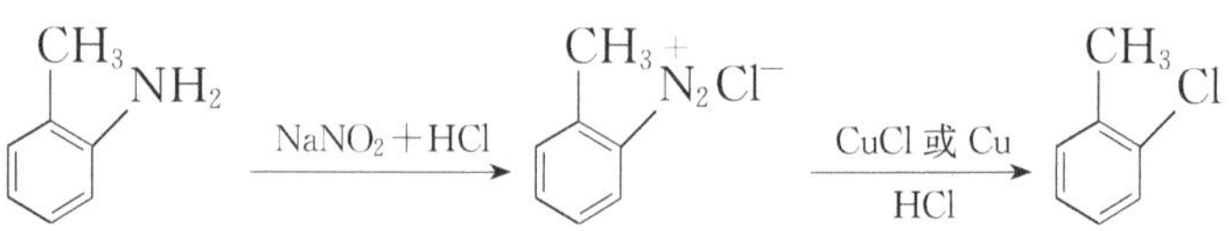

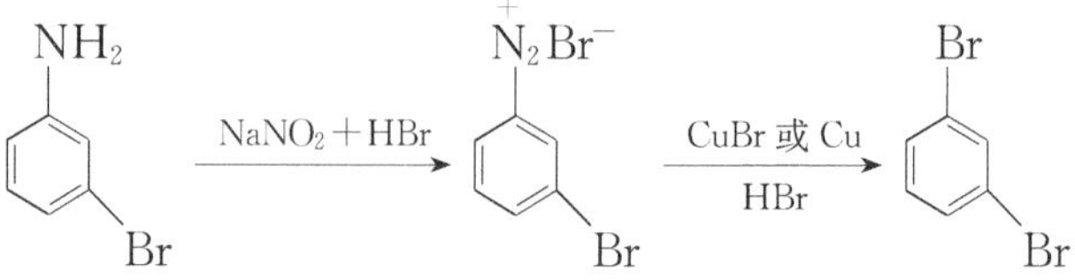

芳香族氟化物也可由此法制备。首先将芳香重氮盐和冷的氟硼酸反应，生成溶解度较小、稳定性较高的氟硼酸盐沉淀，经过滤、焙烧，分解而得到相应的芳香族氟化物。该反应称为希曼(Schiemann)反应。

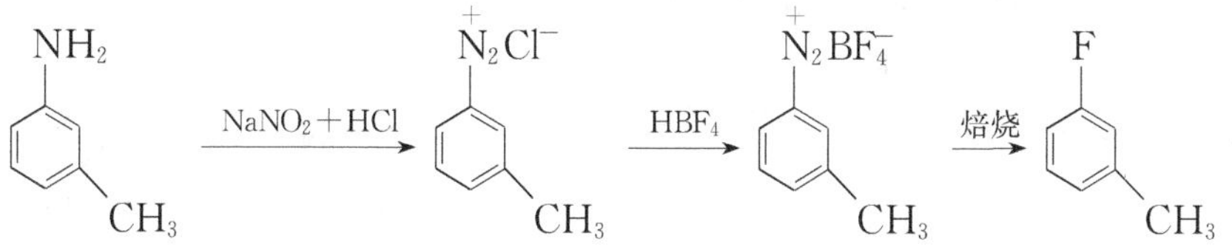

4) 被氰基取代

重氮盐与氰化亚铜的氰化钾水溶液作用(桑德迈尔反应)或在铜粉存在下与氰化钾水溶液作用(加特曼反应)，则重氮基可被氰基取代，生成芳氰。

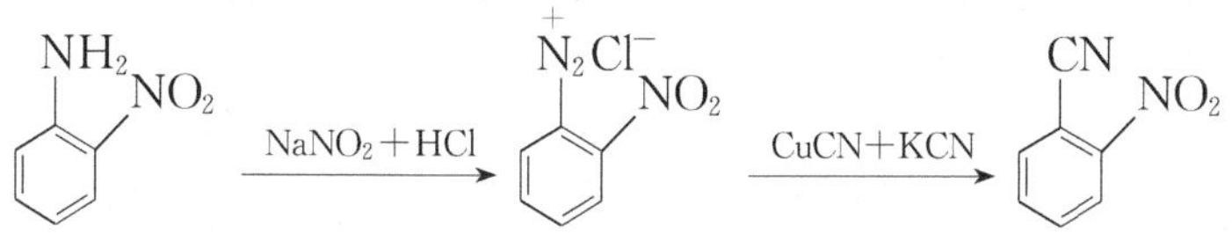

氰基可以水解成羧基，因此该反应也是通过重氮盐在苯环上引入一个羧基的较好方法。例如：

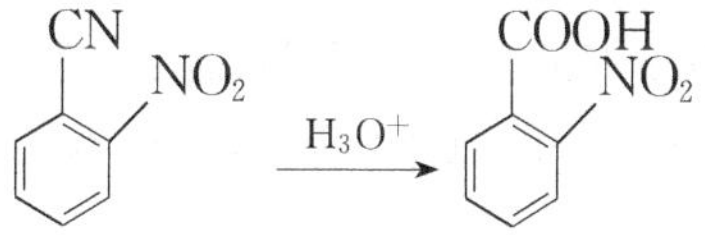

2. 留氮反应

1) 还原反应

重氮盐可被氯化亚锡和盐酸、亚硫酸钠、亚硫酸氢钠等还原剂还原，也可进行电解还原，保留氮而生成芳肼。例如：

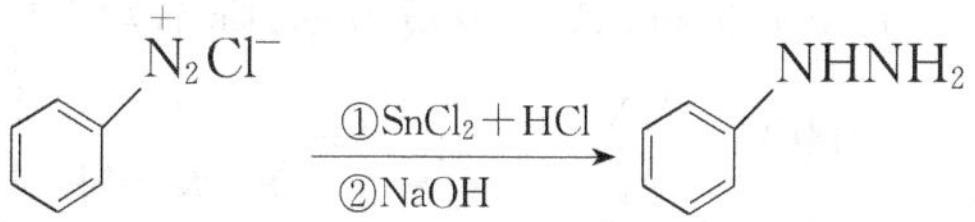

苯肼是无色油状液体，微溶于水，熔点 19.5℃，毒性大，是常用来鉴别羰基的试剂，也是合成药物和染料的原料。

如果用较强的还原剂(如锌和盐酸)，则生成苯胺和氨：

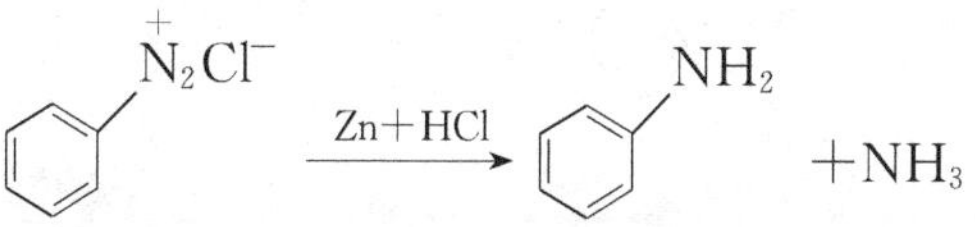

2）偶联反应

重氮盐正离子为弱的亲电试剂，可与酚或芳胺等活泼的芳基化合物进行芳环上的亲电取代反应，生成偶氮化合物，该反应称为偶联反应（coupling reaction）或偶合反应，是制备偶氮染料（azo dyes）的基本反应。

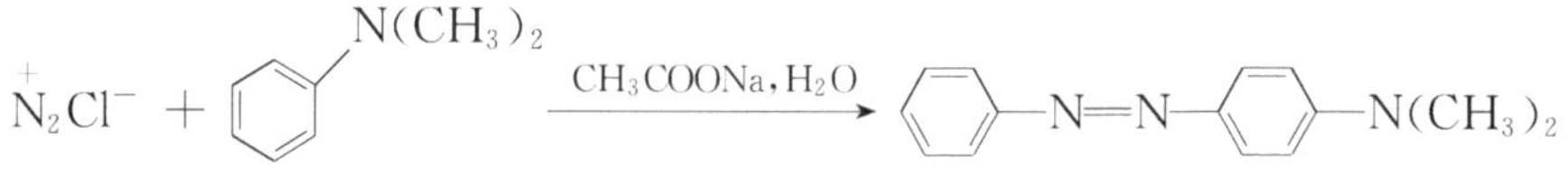

4-(*N*,*N*-二甲胺基)偶氮苯（黄色）

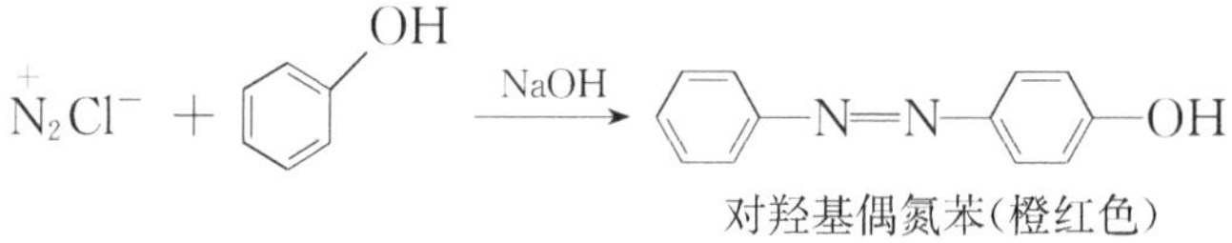

对羟基偶氮苯（橙红色）

偶联反应符合定位规律，一般发生在羟基或氨（胺）的对位，当对位被占时才发生在邻位。例如：

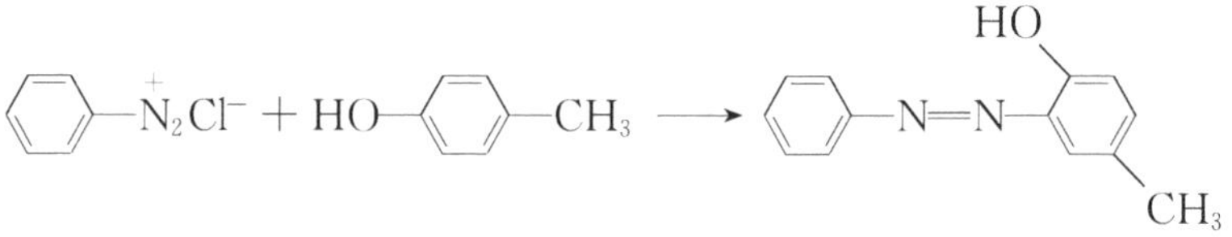

重氮盐与伯芳胺、仲芳胺偶联时，反应首先发生在氨基或亚胺基上（氮上有活泼氢原子）生成取代的苯重氮氨基苯。后者与盐酸或苯胺盐酸盐一起加热到 30～40 ℃，则经分子重排生成对氨基偶氮苯。若对位已有取代基，则重排生成邻氨基偶氮苯。

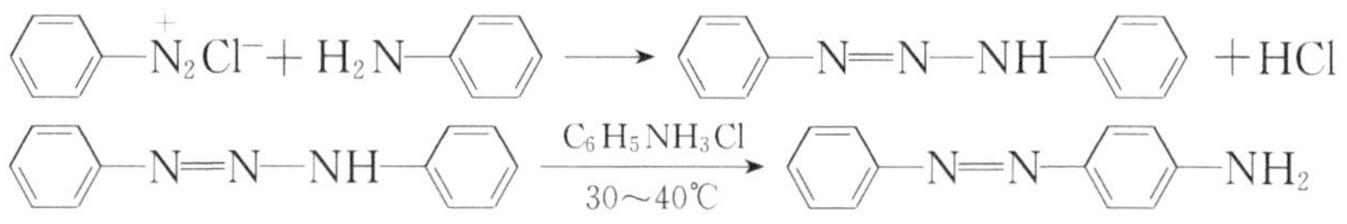

重氮盐与萘酚或萘胺偶联时，反应发生在烃基或氨基的同环。对于 α-萘酚或 α-萘胺，偶联反应在 4-位上进行。若 4-位有取代基，则在 2-位上进行；对于 β-萘酚或 β-萘胺，偶联反应在 1-位上进行，若 1-位被占据，则不发生反应：

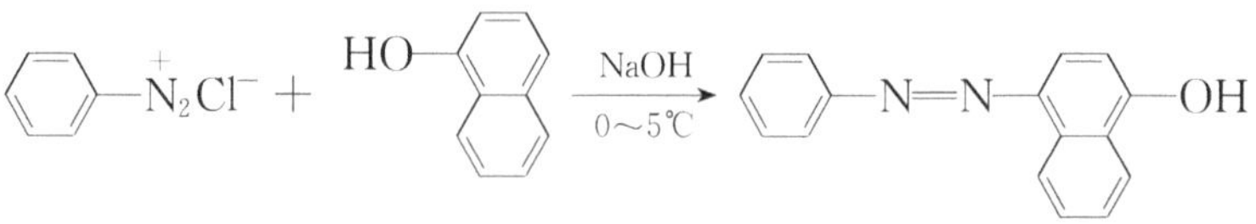

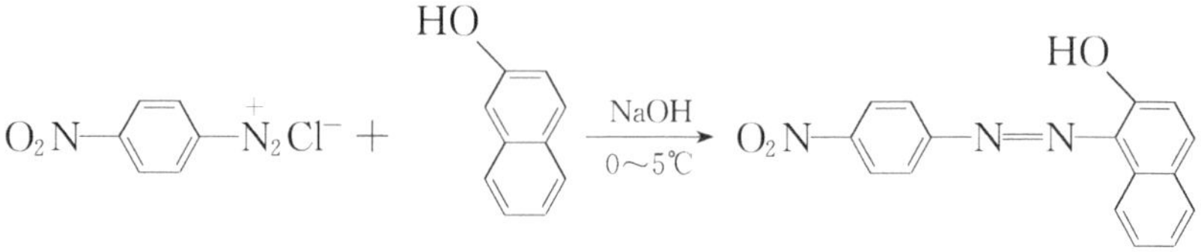

对位红

反应介质的酸碱性对于不同的偶合反应非常重要。重氮盐与酚的偶联反应一般是在弱碱性溶液中进行(pH＝8～10)，因为在碱性溶液中酚成为苯氧负离子，更易于发生亲电取代反应，有利于偶合反应的进行。如果溶液酸性太强(pH＞10)，则对反应不利。因为在强碱性条件下重氮盐会与碱作用，生成不能进行偶联反应的重氮酸或重氮酸根负离子。如果溶液酸性太强，则酚质子化，钝化芳环不发生偶合。

重氮盐与芳胺的偶联反应是在弱酸性或中性(pH＝5～7)中进行的。因为反应体系酸性太强，氨(胺)基将转变为铵正离子，它们是强的吸电子基团，使苯环电子云密度降低，不利于偶联反应的发生。

12.11.3　偶氮化合物和偶氮染料

染料是一种可以较牢固地吸附在纤维上耐光和耐洗性的有色物质。根据化学结构一般分为偶氮染料、靛系染料、蒽醌染料、芳甲烷染料、醌亚胺染料、喹啉染料、酞菁染料和黄酮染料等。偶氮染料是合成染料中品种最多的一种，颜色齐全，广泛用于棉、毛、丝、麻织品等，以及塑料、印刷、皮革、橡胶、化妆品等产品的着色。例如：

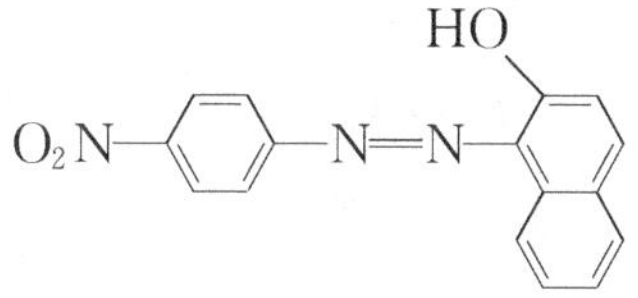

对位红(染料)

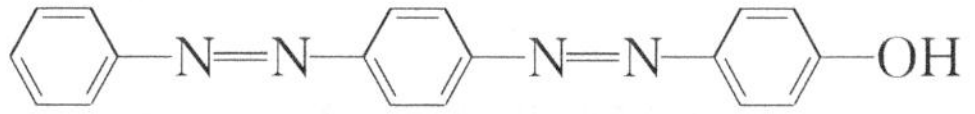

分散黄(染料)

指示剂的颜色变化是由于不同 pH 使其结构不同而引起的。常用的偶氮指示剂有甲基橙、刚果红。甲基橙是酸碱滴定的常用指示剂，在中性或碱性中呈黄色，在酸性中(pH＜3)显红色，在 pH＝3～4.4 显橙色。刚果红在弱酸性、中性或碱性介质中均以磺酸钠形式存在，呈红色，在强酸性(pH＜3)时显蓝色。

12.12　重氮甲烷

最简单而又最重要的脂肪族重氮化合物为重氮甲烷(diazomethane)。重氮甲烷的结构为 CH_2N_2，可用下列共振式表示：

$$:\overset{-}{C}H_2—\overset{+}{N}≡N: \longleftrightarrow CH_2=\overset{+}{N}=\overset{-}{\underset{..}{N}}: \longleftrightarrow \overset{+}{C}H_2—\ddot{N}=\overset{-}{N}$$

重氮甲烷的轨道示意图为

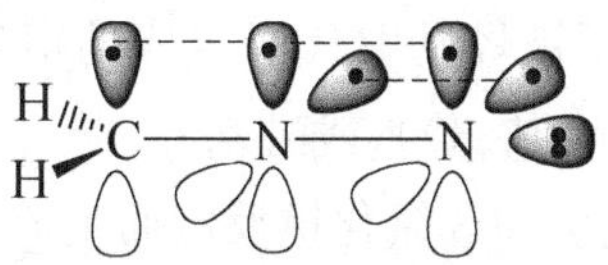

重氮甲烷很难用甲胺和亚硝酸直接作用制得，常用而又方便的制备方法是使 *N*-亚硝基-*N*-甲基-对甲苯磺酰胺在碱作用下分解：

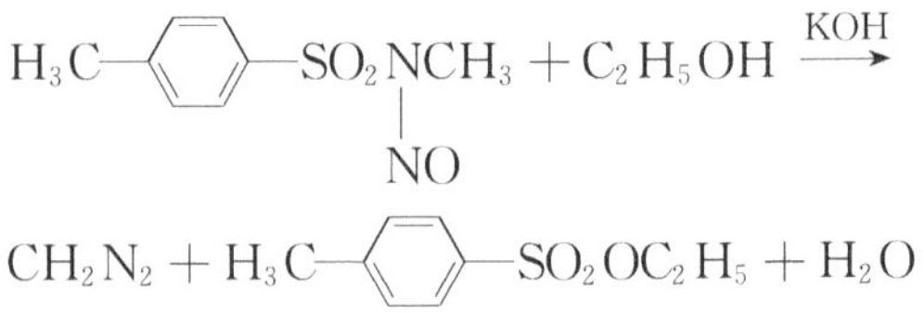

得到的重氮甲烷用乙醚吸收，其醚溶液可以直接用于各种反应。

重氮甲烷为黄色有毒气体，沸点 -24℃，在纯粹状态下容易爆炸，通常在乙醚稀溶液中使用。重氮甲烷的化学性质非常活泼，其碳原子既有亲核性质又有亲电性质，能发生许多类型的反应，在有机合成上占有重要的地位。

重氮甲烷是一个重要的甲基化试剂，它能与酸性化合物反应而放出氮气。与羧酸反应生成羧酸甲酯。

$$RCOOH + CH_2N_2 \longrightarrow RCOOCH_3 + N_2\uparrow$$

该反应操作简便，产率高(约 100%)，副产物为气体，是将特殊羧酸转变为甲酯的好方法。

其他的酸，如氢卤酸、磺酸、酚和烯醇都可以用重氮甲烷分别转变为卤代甲烷、磺酸甲酯、酚的甲基醚和烯醇甲醚：

$$HX + CH_2N_2 \longrightarrow CH_3X + N_2$$

$$RSO_3H + CH_2N_2 \longrightarrow RSO_3CH_3 + N_2$$

$$ArOH + CH_2N_2 \longrightarrow ArOCH_3 + N_2$$

重氮甲烷与醛、酮的羰基进行亲核加成，然后重排，得到增加一个碳原子的化合物：

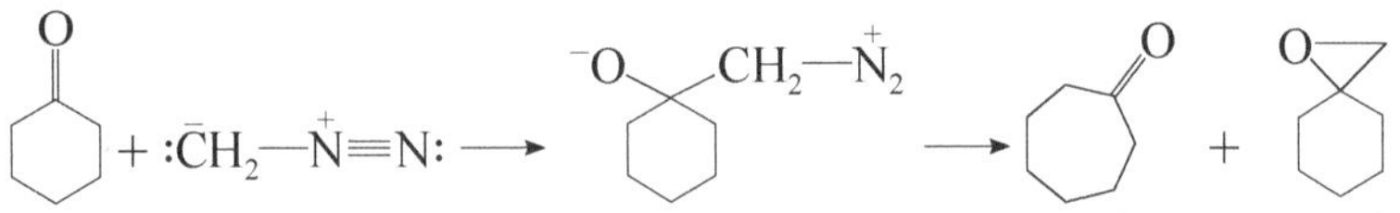

63%　　15%

12.13　叠氮化合物

叠氮酸 HN_3 中的氢原子被烃基取代所生成的衍生物是有机叠氮化合物(azide)，通式是 RN_3，R 可以是烷基、芳基或酰基等。

烷基叠氮化合物由卤代烷和叠氮化钠反应而生成。例如：

$$CH_3CH_2CH_2CH_2Br + NaN_3 \xrightarrow[H_2O]{CH_3OH} CH_3CH_2CH_2CH_2N_3 + NaBr$$

酰基叠氮化合物由酰氯和叠氮化钠反应而生成。

$$RCOCl + NaN_3 \longrightarrow RCON_3 + NaCl$$

叠氮羧酸酯可由卤代羧酸酯与叠氮化钠作用而制得。例如：

$$C_2H_5O—\overset{\overset{\displaystyle O}{\|}}{C}—Cl + NaN_3 \longrightarrow C_2H_5O—\overset{\overset{\displaystyle O}{\|}}{C}—N_3 + NaCl$$

叠氮化合物对热不稳定，加热时生成氮原子价电子层只有六个电子的氮烯(nitrene，又叫乃春)。

【阅读材料】

磺 胺 药 物

磺胺药物(sulfonamides，SN)简称磺胺，是一类具有对氨基苯磺酰胺基结构的药物，是人工合成的第一类可有效防治全身性细菌感染的化学治疗药物。直到 20 世纪初，人类对细菌性疾病一直束手无策。1932 年德国药物学家、病理学家、细菌学家格哈德·多马克(Gerhard Domagk，1895—1964)对所合成的 1000 多种偶氮化合物进行千百次筛选试验之后，终于攻破这一难关。他发现名为"百浪多息"(Prontosil)的橘红色化合物 2′,4′-二氨基偶氮苯-4-磺酰胺的盐酸盐，对感染链球菌的小白鼠疗效极佳。当时多马克的女儿因手指被刺破，感染上了链球菌，生命垂危之际多马克以自己的小女儿作人体实验对象，给女儿注射了"百浪多息"，挽救了她的生命。此后这种新药还因挽救美国罗斯福总统的儿子 F. D. 罗斯福和英国首相丘吉尔的细菌感染而名声大振。1935 年法国巴斯特研究所特雷埃夫妇及其同事破解了"百浪多息"在活体中的作用之谜，"百浪多息"在体内能分解出磺胺基因——对氨基苯磺酰胺。对氨基苯磺酰胺和细菌生长繁殖所必需的物质——对氨基苯甲酸在化学结构上十分相似，这样就被细菌不辨真假地吸收，而又起不到养料作用，细菌就不得不死去。药物的机理弄清后，"百浪多息"逐渐被更廉价的磺胺类药物所取代，并延用至今。

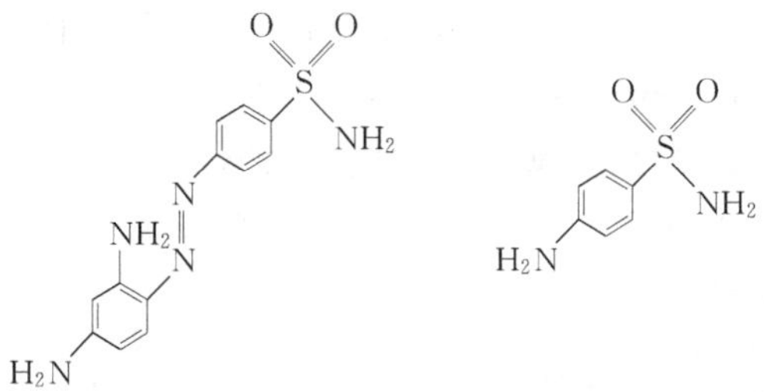

"百浪多息"(Prontosil)与对氨基苯磺酰胺(SN)的结构

对氨基苯磺酰胺及有关的磺胺类化合物的应用标志着人类在化学疗法方面的一大突破。磺胺类药具有强烈的抑菌作用，在控制感染性疾病中疗效很好。它对许多有致命危险的急性疾病提供了有效的治疗手段，它使不少慢性疾病也得以早愈，许多传染性疾病特别是某些肺炎类疾病得以有效治疗和控制，此外磺胺药是二次世界大战前唯一有效的抗菌药物，因而拯救了千百万人的生命。1939 年，由美、法、英等国医学家提名，多马克被授予诺贝尔生理学和医学奖。当多马克回信表示愿意受奖时，希特勒的盖世太保却逮捕了他，被纳粹软禁 8 年。直到 1947 年 12 月，诺贝尔基金会在斯德哥尔摩专门为多马克补行授奖仪式。

此后化学家合成、筛选了大量的磺胺类化合物，其中应用于临床的有磺胺噻唑(ST)、磺胺嘧啶(SD)、磺胺甲基嘧啶(SM1)、磺胺甲噁唑(SMZ)等。磺胺药物抗菌谱较广，临床上应用于治疗流行性脑脊髓膜炎、上呼吸道感染(如咽喉炎、扁桃体炎、中耳炎、肺炎等)、泌尿道感染(如急性或慢性尿道感染、轻症肾盂肾炎)、肠道感染(如细菌性痢疾、肠炎等)、鼠疫、局部软组织或创面感染、眼部感染(如结膜炎、沙眼等)、疟疾等。

习　　题

1. 用系统命名法命名下列化合物。

(1) 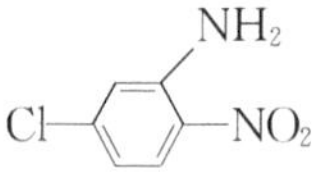

(2) 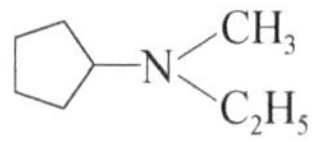

(3) 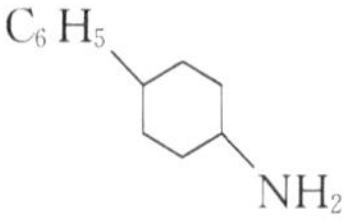

(4) $[(CH_3)_2\overset{+}{N}(CH_2C_6H_5)—C_{12}H_{25}]Br^-$

(5) $C_6H_5N(CH_3)_2$

(6) 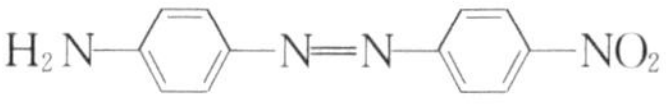

(7) $CH_3CH_2N(CH_3)_2$

(8) 

(9) $CH_3CH_2CH(CH_3)N(CH_3)_2$

(10) 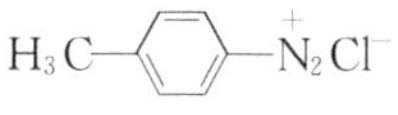

(11) $[(CH_3)_3\overset{+}{N}C_2H_5]OH^-$

(12) 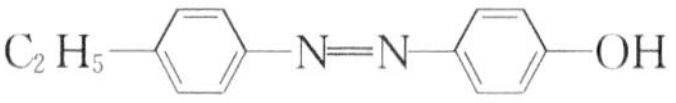

2. 下列各组化合物按碱性强弱排列成序。

(1) A. 苄胺　B. 苯胺　C. 环己胺　D. 苯甲酰胺

(2) A. 苯胺　B. 乙酰苯胺　C. *N*-甲基苯胺　D. 邻苯二甲酰亚胺

(3) A. 乙胺　B. 2-氨基乙醇　C. 3-氨基-1-丙醇

(4) A. 甲胺　B. 苯胺　C. 对硝基苯胺　D. 2,4-二硝基苯胺

3. 完成下列反应方程式。

(1) 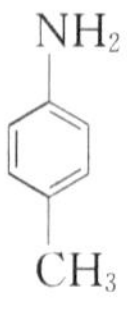

$+2CH_3OH \xrightarrow{\triangle} (\qquad\qquad)$

(2) 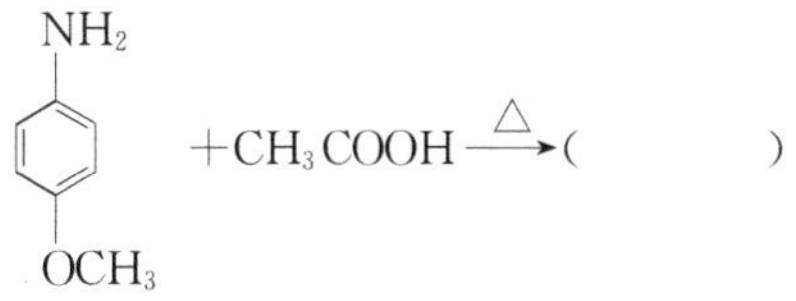

(3) 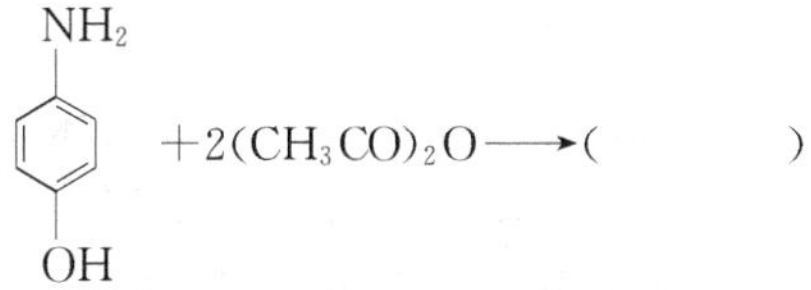

(4) 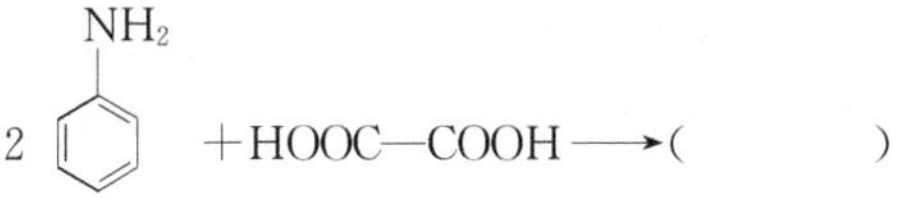

(5) 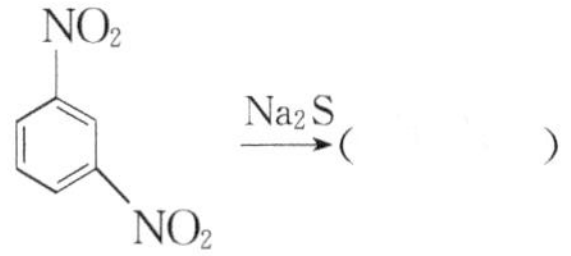

(6) 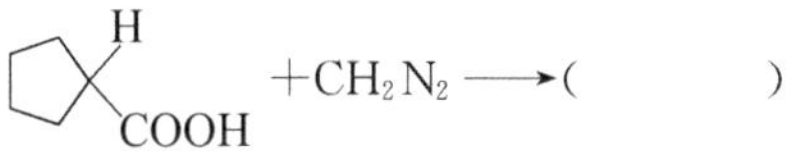

(7) 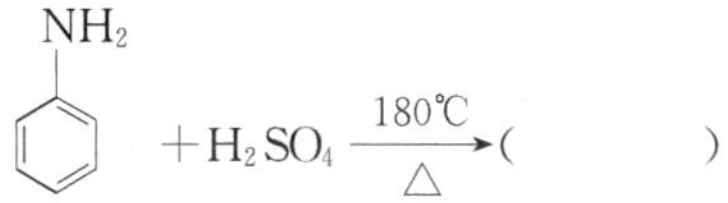

(8) 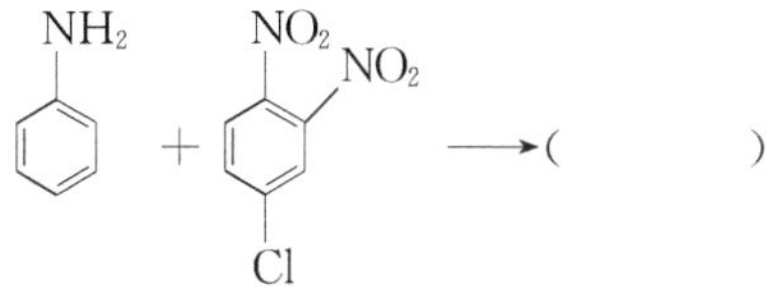

(9) 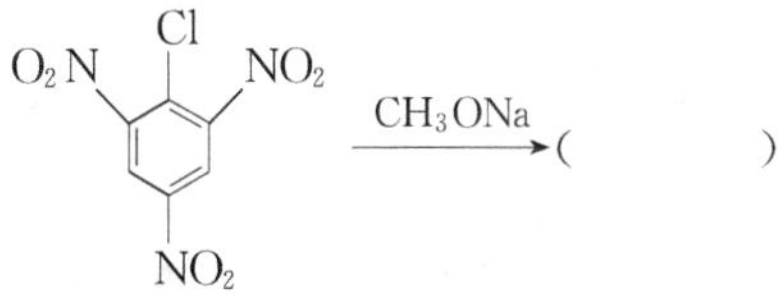

(10) 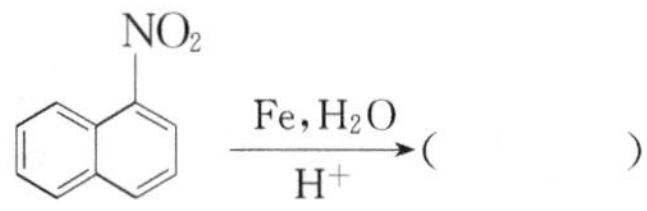

(11) 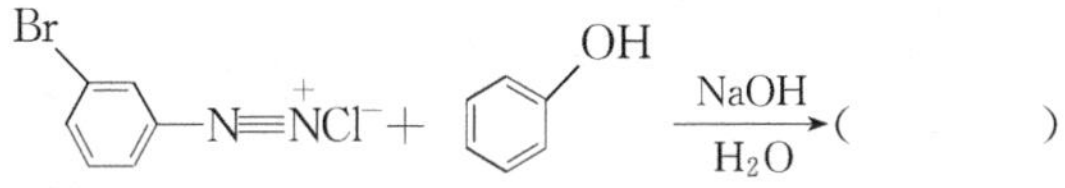

(12) 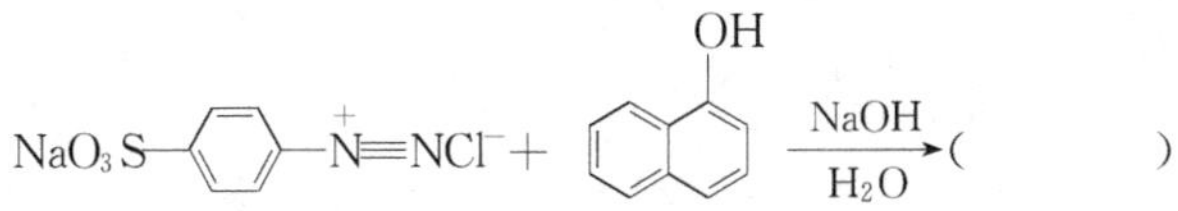

4. 用简单的化学方法鉴别下列化合物。

(1) A. 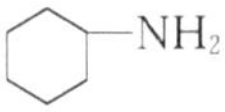　B. 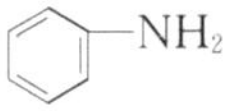　C. 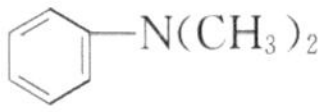　D. 

(2) A. 苯胺　　B. *N*-甲基苯胺　　C. *N*,*N*-二甲基苯胺

5. 分离下列化合物的混合物。

A. 对甲苯胺　　B. 对甲苯酚　　C. 萘

6. 化合物 A 的化学组成为 $C_7H_{15}N$,不能使溴水褪色;与 HNO_2 作用放出气体,得到化合物 B,化学式为 $C_7H_{14}O$,B 能使 $KMnO_4$ 溶液褪色;B 与浓硫酸在加热下作用得到化合物 C,C 的化学式为 C_7H_{12};C 与酸性 $KMnO_4$ 溶液作用得到 6-羰基庚酸。试写出 A~C 的结构式。

7. 某化合物 A 其分子式为 $C_8H_{18}N_2$,A 与 HNO_2 作用后经分析 1mol A 可收集 2mol N_2。A 与过量的 CH_3I 反应后再与 AgOH 作用的产物经加热分解得到环辛二烯,经测定它不是共轭二烯烃。试写出化合物 A 的构造式。

8. 以不超过 4 个碳的有机物为原料制备环己基甲胺。

9. 用苯,甲苯及四个碳以下的有机化合物为原料合成下列各种胺。

(1) 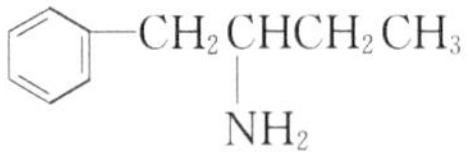　(2) 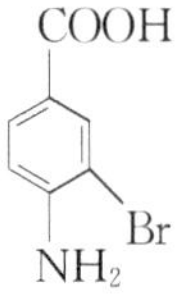

10. 以苯胺及两个碳的有机物为原料合成 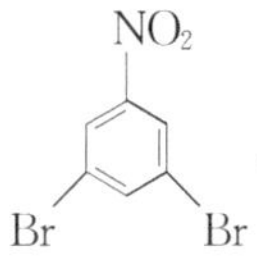 。

第 13 章　杂环化合物

在环状有机化合物中，成环原子除碳原子外还含有其他原子，如 O、S、N 等，并具有芳香性的化合物称为杂环化合物(heterocyclic compound)。

前面学习过的酸酐、环醚、内酯和内酰胺等都含有杂原子，但它们容易开环，性质上与开链化合物相似，没有芳香性，所以不把它们放在杂环化合物中讨论。

杂环化合物种类繁多，约占已知有机化合物的三分之一。杂环化合物在自然界分布很广、功用很多。具有生物活性的天然杂环化合物对生物体的生长、发育、遗传和衰亡过程都起着关键性的作用。例如，中草药的有效成分生物碱(alkaloids)大多是杂环化合物；动植物体内起重要生理作用的血红素、叶绿素、核酸等的碱基都含氮杂环；一部分维生素、抗菌素、植物色素、许多人工合成的药物及合成染料也含有杂环。杂环化合物通常是酶和辅酶中催化生化反应的活性部位。

杂环化合物的应用范围极其广泛，涉及医药、农药、染料、生物膜材料、超导材料、分子器件、贮能材料等。

13.1　杂环化合物的分类和命名

杂环化合物与碳环一样，最常见和最稳定的也是五元杂环和六元杂环两大类(表 13-1)。按杂原子数目分为一个杂原子的杂环和两个及多个杂原子的杂环。按杂环母体中所含环的数目也可分为单杂环和稠杂环，稠杂环有芳环并杂环和杂环并杂环两种。

表 13-1　杂环化合物的分类和名称

分类		含一个杂原子	含两个杂原子
五元杂环	单杂环	 呋喃  噻吩  吡咯	 噻唑 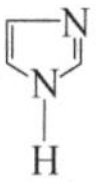 咪唑  吡唑  噁唑
	稠杂环	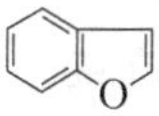 苯并呋喃 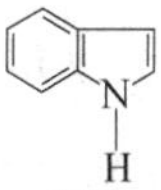 吲哚	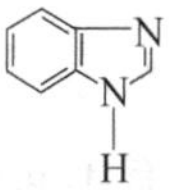 苯并咪唑

续表

分类		含一个杂原子	含两个杂原子
六元杂环	单杂环	 吡啶 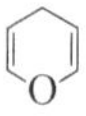 吡喃	 哒嗪  嘧啶 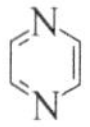 吡嗪
	稠杂环	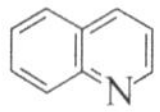 喹啉 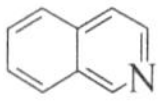 异喹啉	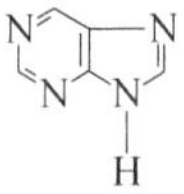 嘌呤 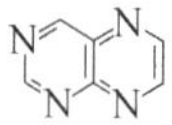 蝶啶

杂环化合物的命名主要是音译命名法；还有一种是系统命名法。

音译法是根据英文名称的译音，选用带“口”旁的同音汉字来命名。例如：

呋喃 furan

吡咯 pyrrole

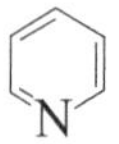
吡啶 pyridine

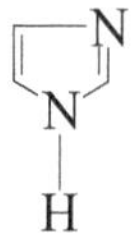
咪唑 imidazole

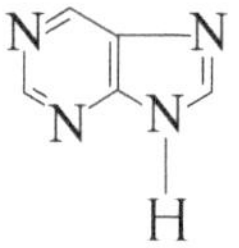
嘌呤 purine

杂环上有取代基时，以杂环为母体，将杂环上原子编号以注明取代基的位次，编号从杂原子开始。含有两个或两个以上相同杂原子的单杂环编号时，应使其余杂原子的位次尽可能小。对含两个氮原子的杂环而言，带有氢原子的氮的编号为1。如果环上有多个不同杂原子时，按氧、硫、氮的顺序编号。

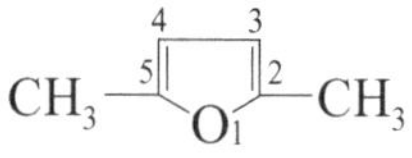
2,5-二甲基呋喃

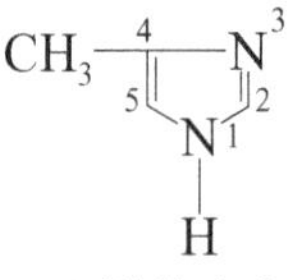
4-甲基咪唑

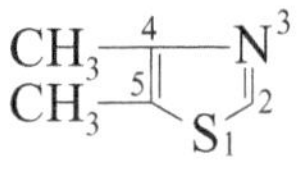
4,5-二甲基噻唑

当只有一个杂原子时，也可用希腊字母编号，靠近杂原子的第一个位置是 α-位，其次为 β-位、γ-位等。例如：

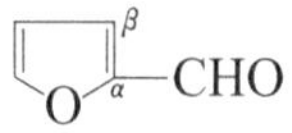
α-呋喃甲醛

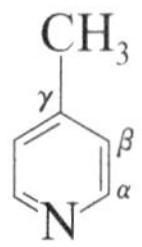
γ-甲基吡啶

当环上连有不同取代基时，编号根据次序规则及最低系列原则。结构复杂的杂环化合物可将杂环当作取代基来命名。例如：

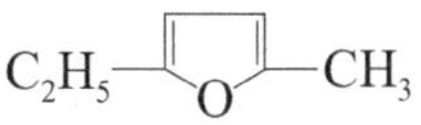

2-甲基-5-乙基呋喃

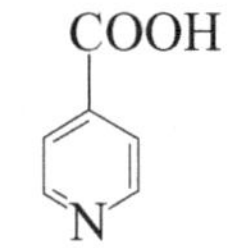

4-吡啶甲酸

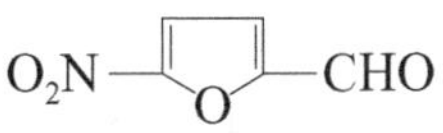

5-硝基-2-呋喃甲醛

稠杂环的编号一般和稠环芳烃相同，但少数稠杂环有特殊的编号顺序。例如：

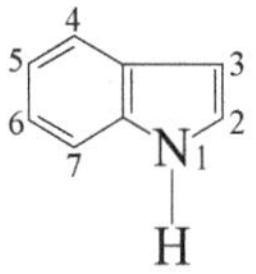

吲哚

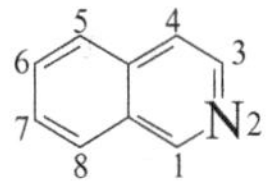

异喹啉

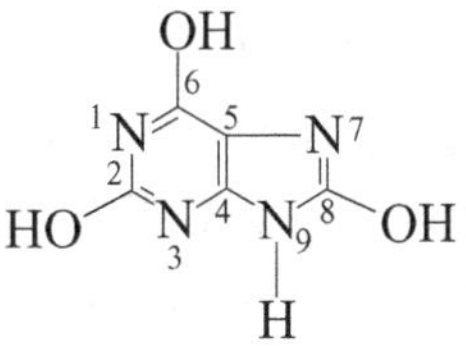

2,6,8-三羟基嘌呤

系统命名法是根据相应的碳环为母体而命名，把杂环化合物看作相应碳环中的碳原子被杂原子取代后的产物，命名时称为“某杂某”。例如，五元杂环相应的碳环为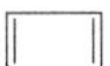，定名为“茂”，则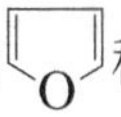称为氧杂茂；茂中的“戊”表示五元环，草头表示具有芳香性。这种命名法已不常用。

13.2　五元杂环化合物

五元杂环化合物中最重要的有呋喃、噻吩、吡咯、咪唑和吲哚。

13.2.1　含有一个杂原子的五元杂环体系

含一个杂原子的典型五元杂环化合物是呋喃、噻吩和吡咯。

1. 呋喃、噻吩、吡咯的结构特点和芳香性

在呋喃、噻吩和吡咯这三种杂环化合物中，碳原子和杂原子均以 sp^2 杂化轨道互相连接成 σ 键，并且在一个平面上，每个碳原子及杂原子上均有一个 p 轨道互相平行，在碳原子的 p 轨道中有一个 p 电子，在杂原子的 p 轨道中有一对 p 电子，形成一个环形封闭的共轭体系（π_5^6）。这与休克尔的 $4n+2$ 规则相符，因此这些杂环具有芳香性。

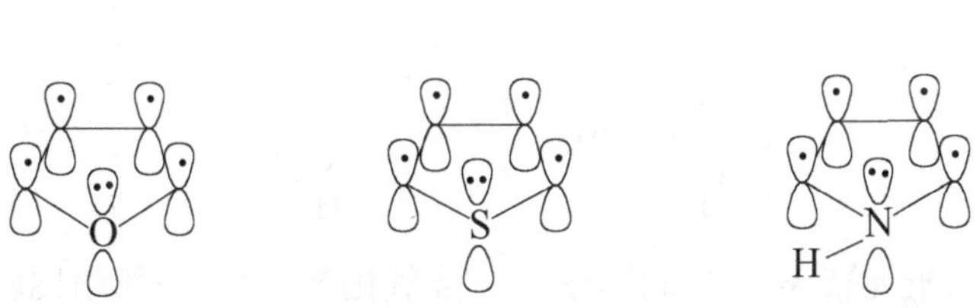

杂原子氧、硫、氮的电负性比碳原子大，使环上电子云分布不像苯环那样均匀，

所以呋喃、噻吩、吡咯分子中各原子间的键长并不完全相等，芳香性比苯差。其芳香性强弱顺序是：苯＞噻吩＞吡咯＞呋喃。从离域能的数据也可得到以上结果，噻吩：121.3 $kJ \cdot mol^{-1}$，吡咯：87.8 $kJ \cdot mol^{-1}$，呋喃：66.9 $kJ \cdot mol^{-1}$。

2. 呋喃、噻吩、吡咯的物理与化学性质

呋喃存在于松木焦油中，是无色液体，沸点 31.4℃，有类似氯仿的气味，难溶于水，易溶于有机溶剂。它遇盐酸浸湿过的松木片则显绿色，称为松木片反应。

噻吩存在于煤焦油的粗苯中，含量约为粗苯的 0.5%。噻吩是无色而有特殊气味的液体，难溶于水，易溶于有机溶剂。沸点 84.2℃，与苯的沸点相近，不易用蒸馏法分离出来。噻吩在硫酸存在下和靛红一同加热显蓝色，可以用来检验苯中残存的噻吩。

吡咯存在于煤焦油和骨焦油中，为无色液体，沸点 130～131℃，有弱的苯胺气味，微溶于水，易溶于有机溶剂。吡咯环不如苯环稳定，在空气中逐渐被氧化成褐色，其蒸气遇盐酸浸湿的松木片显红色，借此可以检验吡咯。

1) 亲电取代反应

五元杂环为 π_5^6 体系，环上的 π 电子云密度比苯环大，且分布不均匀，它们的亲电取代反应的活性比苯都大。p-π 共轭导致邻位电子云密度最大，α 位比 β 位活泼，亲电取代主要在 α 位进行，亲电取代反应的活性为：吡咯＞呋喃＞噻吩＞苯。

吡咯、呋喃、噻吩的亲电取代反应活性高，而且呋喃和吡咯对于无机强酸非常敏感，所以亲电取代反应需要比较温和的条件，否则会发生开环、聚合等副反应，产物复杂。

卤代反应：一般采用低温、溶剂稀释等温和条件直接卤代。

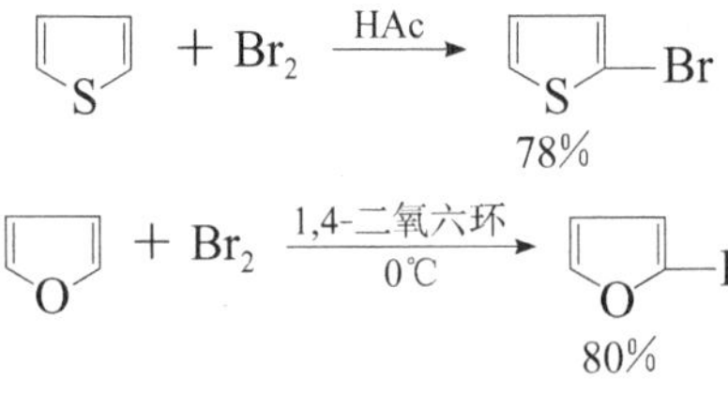

吡咯极易卤代，例如，与碘-碘化钾溶液作用，生成的不是一元取代产物，而是四碘吡咯。

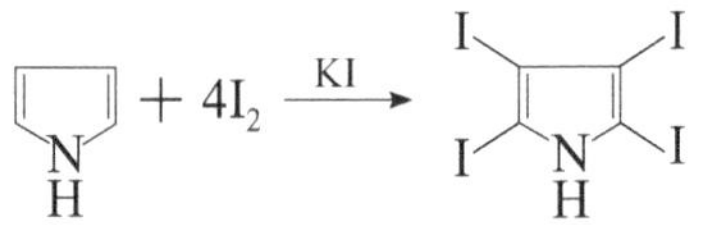

硝化反应：五元杂环易被氧化，硝酸是强氧化剂，因此一般用比较温和的非质子硝化剂——乙酰基硝酸酯（CH_3COONO_2）在低温度下进行，硝基主要进入 α-位。

$$CH_3\overset{O}{\overset{\|}{C}}-O-\overset{O}{\overset{\|}{C}}CH_3 + HNO_3 \longrightarrow CH_3\overset{O}{\overset{\|}{C}}ONO_2 + CH_3COOH$$

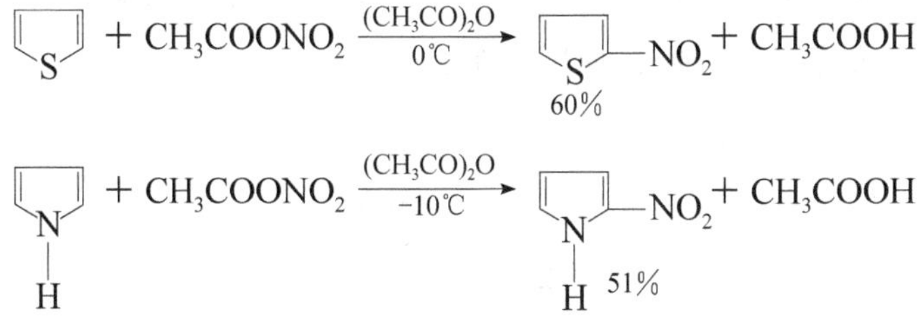

磺化反应：一般常用温和的非质子磺化试剂，如用吡啶与三氧化硫的加合物作为磺化剂进行反应。

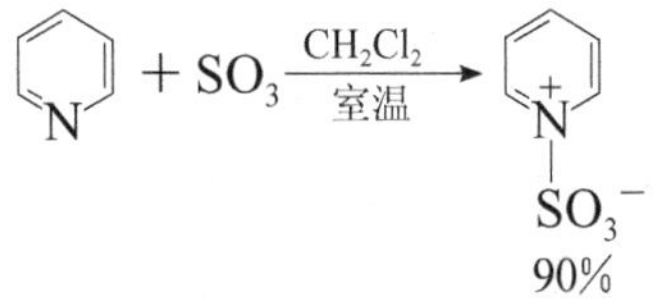

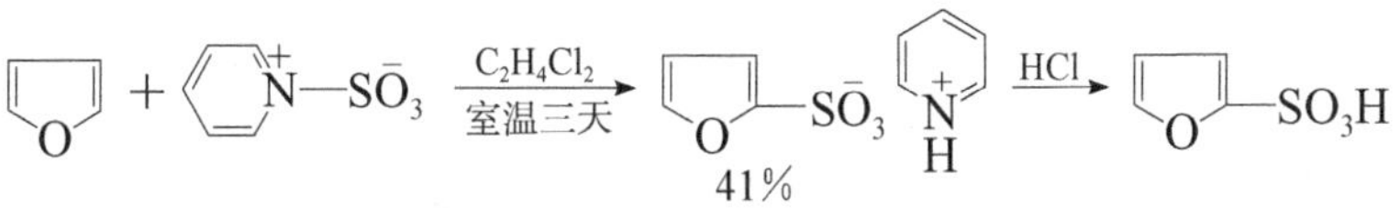

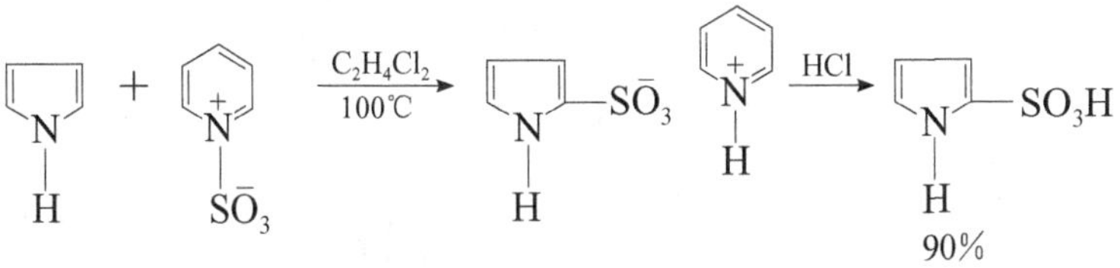

噻吩对酸比较稳定，室温下可与浓硫酸发生磺化反应，也可以用温和的磺化试剂反应。

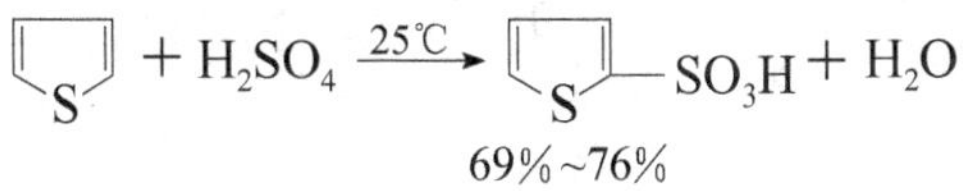

傅-克酰基化反应：采用较温和的催化剂如 $SnCl_4$、BF_3 等，对活性较大的吡咯可不用催化剂，直接用酸酐酰化。

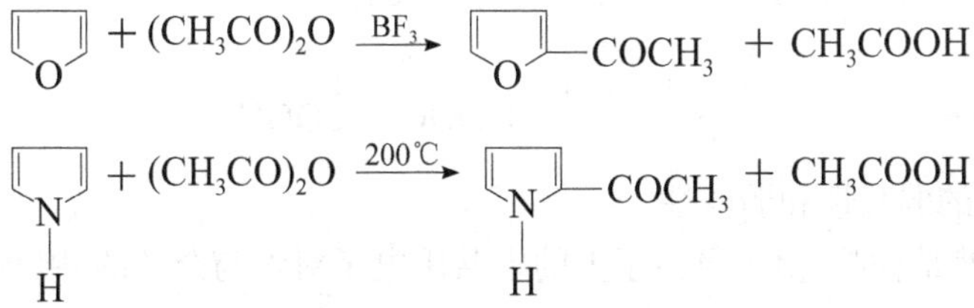

2）加成反应

催化加氢反应：呋喃、噻吩、吡咯均可进行催化加氢反应，产物是失去芳香性的饱和杂环化合物。呋喃、吡咯可用一般催化剂还原。噻吩中的硫能使催化剂中毒，不能用催化加氢的方法还原，需使用特殊催化剂。

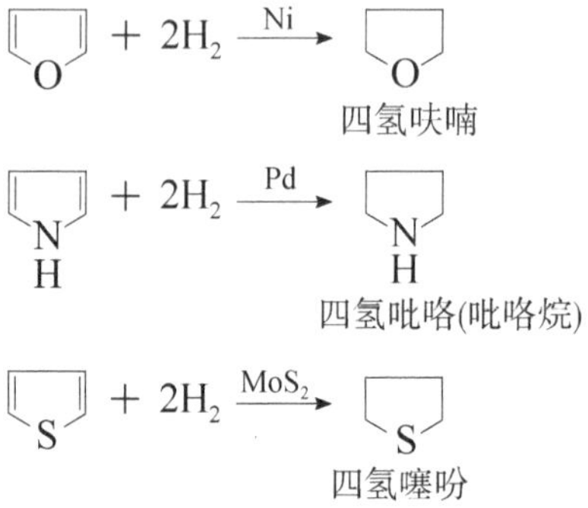

第尔斯-阿尔德反应：呋喃的芳香性最弱，显示出共轭双烯的性质，与顺-丁烯二酸酐能发生加成反应，产率较高。吡咯、噻吩要在特定条件下才能发生第尔斯-阿尔德反应。

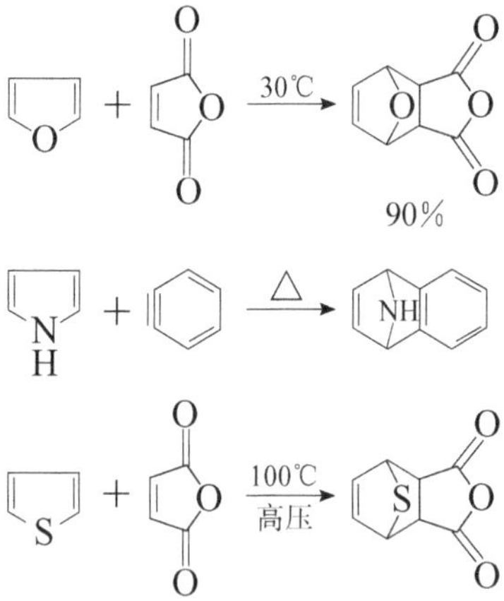

3）氧化反应

呋喃和吡咯对氧化剂很敏感，在空气中就能被氧化，噻吩相对要稳定些。与苯比较，环的稳定性顺序为：苯＞噻吩＞吡咯＞呋喃。

4）吡咯的弱酸性和弱碱性

吡咯虽然是仲胺，由于氮原子上的未共用电子对参与杂环的共轭体系，导致碱性极弱（$pK_b=13.6$）。而与氮原子相连的氢原子变得较活泼，具有弱酸性（其酸性介于乙醇和苯酚之间)，能与碱金属、氢氧化钾或氢氧化钠作用生成盐，以此合成吡咯衍生物。

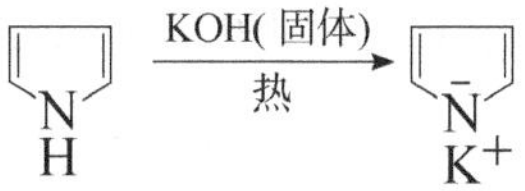

3. 重要的呋喃衍生物——糠醛

糠醛(furfural)(α-呋喃甲醛)是呋喃的重要衍生物，最初从米糠与稀酸共热制得。工业上除米糠外，其他农副产品如甘蔗杂渣、花生壳、高粱秆、棉子壳、……都可用来制取糠醛。糠醛是良好的溶剂，常用作精炼石油的溶剂，以溶解含硫物质及环烷烃等；可用于精制松香，脱出色素，溶解硝酸纤维素等。糠醛是有机合成的重要原料，广泛用于油漆及树脂工业。

纯糠醛为无色液体，沸点 162℃，熔点－36.5℃，相对密度 1.160。溶于水，与醇、醚可混溶。在酸性或铁离子催化下易被空气氧化颜色变深。糠醛具有芳香醛的一般性质，可发生银镜反应。其在乙酸存在下与苯胺作用显红色，以此检验糠醛。

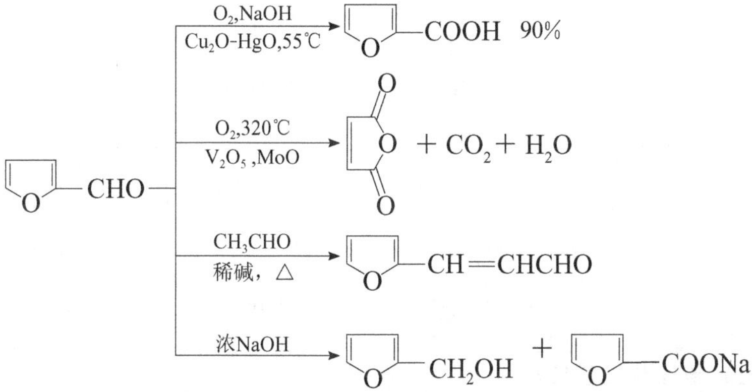

13.2.2　含有两个杂原子的五元杂环体系

含两个杂原子的五元杂环，其中至少有一个杂原子是氮原子的体系叫做唑。比较重要的有噻唑、咪唑和吡唑。

1. 唑的结构特点和芳香性

唑可根据两个杂原子的位置分为 1,2-唑和 1,3-唑两类。例如：

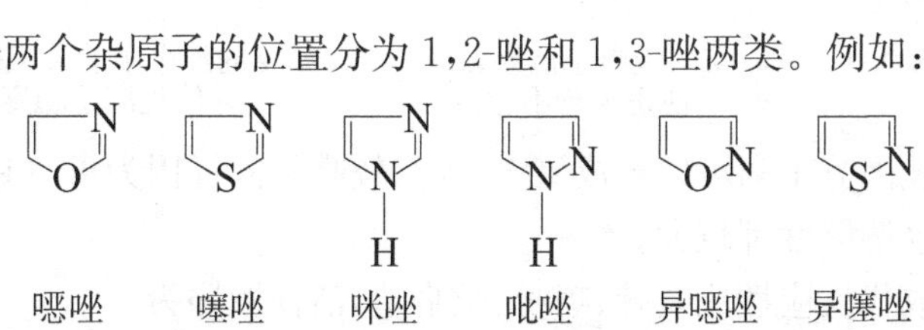

以咪唑为例来看唑的结构。两个 N 均为 sp^2 杂化，连有 H 的 N 原子的孤对电子处于 p 轨道。而另一个 N 的孤对电子处于 sp^2 杂化轨道，有一个 p 轨道上的单电子参与形成环形闭合的六电子大 π 键共轭体系 π_5^6，有芳香性，而且稳定性增大。

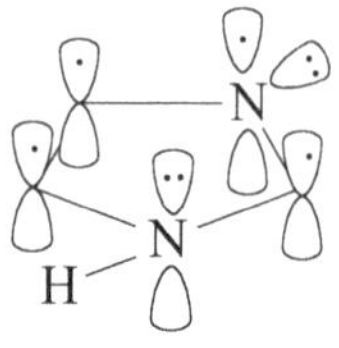

2. 咪唑和吡唑的互变异构现象

吡唑和咪唑都存在环互变异构的平衡体系，如果连有取代基就存在互变异构体，如 4-甲基咪唑和 5-甲基咪唑，这对互变异构体不能分离，称为 4(5)-甲基咪唑。对吡唑而言，则存在 3(5)-甲基吡唑。

4(5)-甲基咪唑：

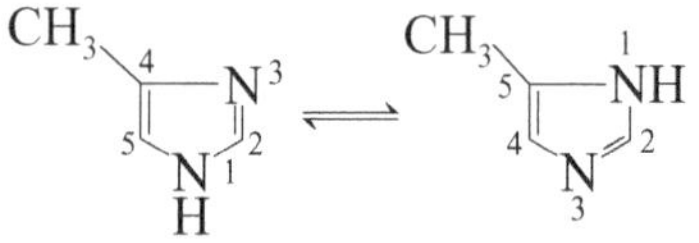

4-甲基咪唑　　5-甲基咪唑

3(5)-甲基吡唑：

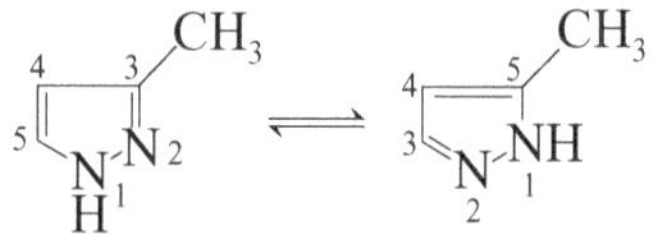

3-甲基吡唑　　5-甲基吡唑

3. 唑的物理与化学性质

唑中氮原子有一个 sp^2 杂化轨道被孤对电子占据，没参加成键，可以与质子结合表现碱性，其碱性比吡咯强。1,3-唑中，咪唑碱性最强，噁唑最弱，这是由综合电子效应决定的。

Z=O,S ,NH　　Z的吸电子诱导效应使正离子不稳定　　Z的给电子的共轭效应使正离子稳定

吡唑和咪唑因分子间可以形成氢键，沸点较高。同样因为可以和水形成氢键，唑类化合物的水溶解度都较大。

唑的亲电取代反应性比呋喃、噻吩、吡咯差，活性顺序为

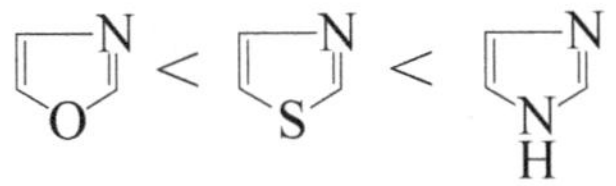

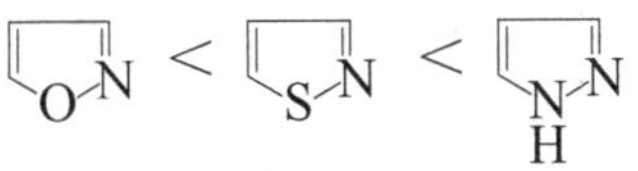

噻唑不易发生亲电取代反应，需要在较强烈的条件或连有给电子基团才能进行。

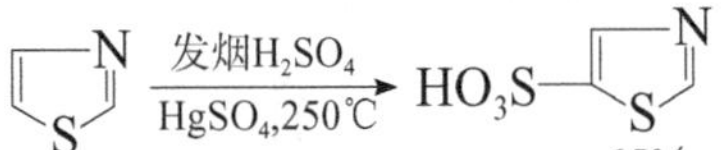

65%

唑的氮原子上可以烷基化，经常得到一烷基化和二烷基化的混合物。

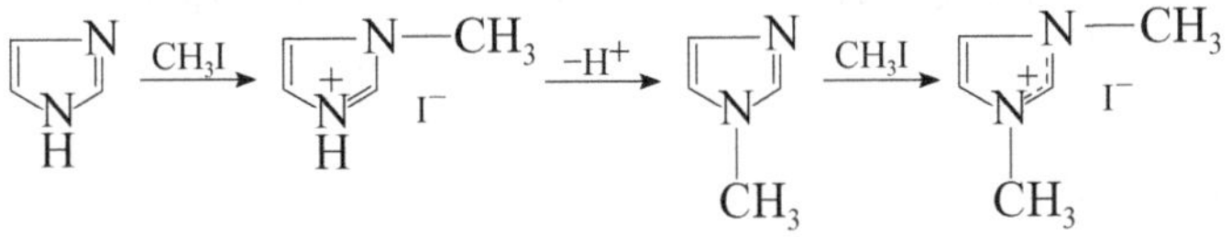

酰基化可以控制在一元酰基化阶段，咪唑得到的 *N*-酰基咪唑易水解生成咪唑，可以用作吡咯的酰基化试剂。

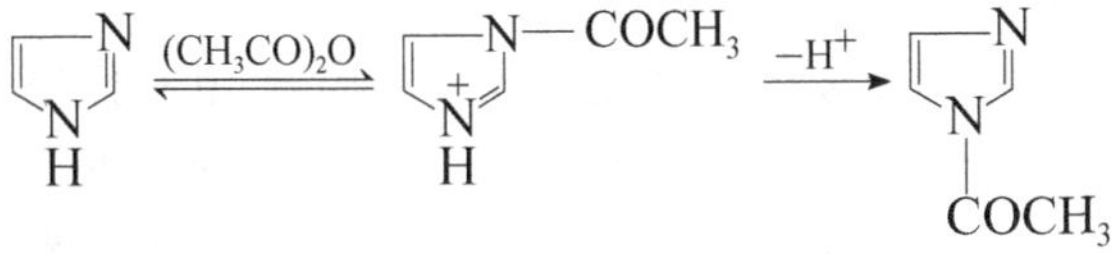

13.2.3　五元稠杂环体系

稠杂环化合物是指苯环与杂环稠合或杂环与杂环稠合在一起的化合物。五元杂环与苯的稠合物有苯并呋喃、苯并噻吩和吲哚，其中以吲哚环系最重要。

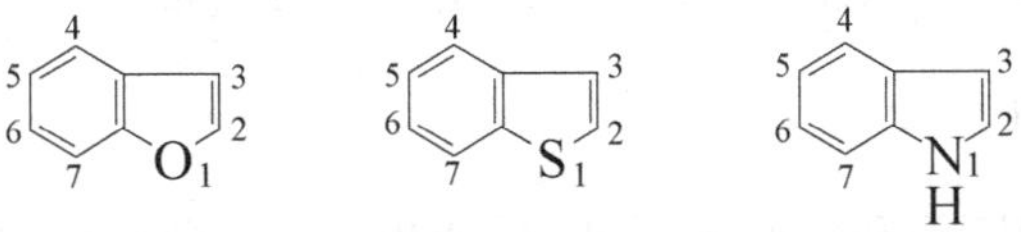

苯并呋喃　　苯并噻吩　　吲哚

吲哚是白色结晶，熔点 52.5℃，极稀溶液有香味，可用作香料，浓的吲哚溶液有粪臭味。素馨花、柑桔花中含有吲哚。吲哚的性质与吡咯相似，也可发生亲电取代反应，取代基进入 *β*-位。

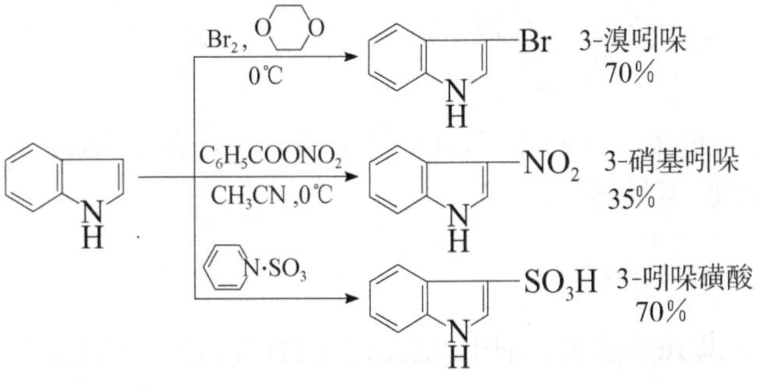

吲哚环的衍生物广泛存在于动植物体内，如色氨酸是构成蛋白质的重要成分；5-羟基色氨是动物激素、参与神经思维的物质；褪黑素是脑白金的成分；β-吲哚乙酸是植物生长激素，少量能调节植物生长，量太大会杀伤植物。

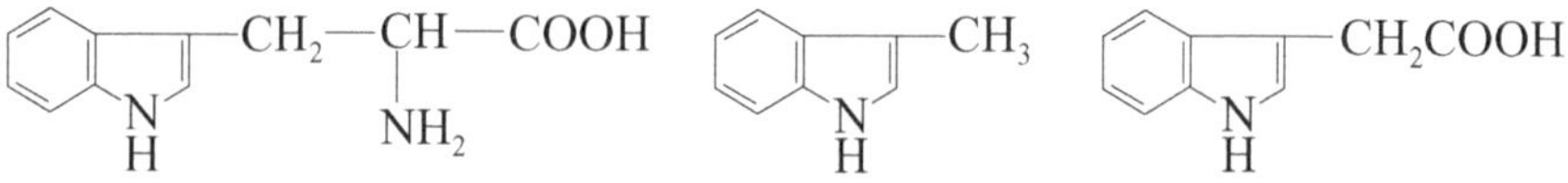

色氨酸　β-甲基吲哚(粪臭素)　β-吲哚乙酸

5-羟基色氨　褪黑素

13.3 六元杂环化合物

六元杂环化合物中最重要的有吡啶、吡喃、嘧啶、喹啉和异喹啉等。

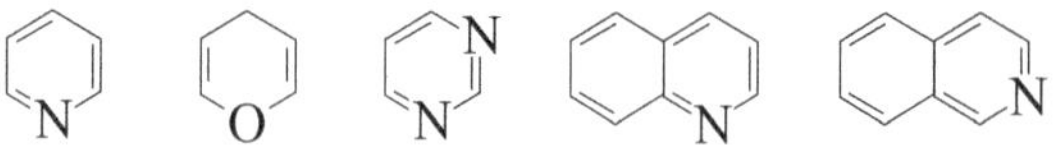

吡啶　吡喃　嘧啶　喹啉　异喹啉

13.3.1 含有一个杂原子的六元杂环体系

含有一个杂原子的六元杂环体系中最重点的是吡啶。

1. 吡啶的结构

吡啶分子中碳原子和氮原子都是 sp^2 杂化，垂直于分子平面的 p 轨道形成闭合 π_6^6 键。具有一定芳香性，可发生取代反应。N 的一对未成键电子在 sp^2 杂化轨道上，未参与形成环上共轭体系，可接受 H^+ 成盐而表现出碱性。

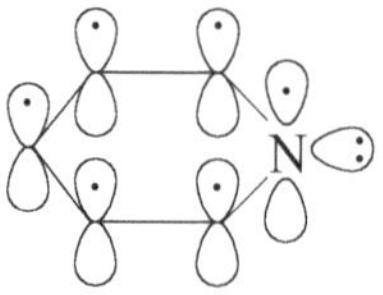

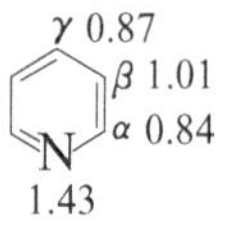

吡啶环的 N 的电负性高于 C，吡啶环上的电荷分布不均，环上电子云密度比苯低，比苯难氧化，但易还原。

2. 吡啶的来源和物理性质

吡啶存在于煤焦油和页岩油中，吡啶衍生物广泛存在于自然界，例如，植物所含的生物碱不少都具有吡啶环结构，维生素 PP、维生素 B_6、辅酶Ⅰ及辅酶Ⅱ也含有吡啶环。吡啶是重要的有机合成原料、良好的有机溶剂和有机合成催化剂。

吡啶是有特殊臭味的无色液体，沸点 115.5℃，熔点 42℃，相对密度 0.982，可与水、乙醇、乙醚等任意混合，也可以溶解大部分有机化合物和无机化合物。

3. 吡啶的化学性质

1）碱性与成盐

吡啶是叔胺，具有碱性，其碱性小于氨大于苯胺（$pK_b=8.80$）。吡啶易与酸及活泼的卤代物成盐，与三氧化硫生成的配合物是常用的缓和磺化剂。

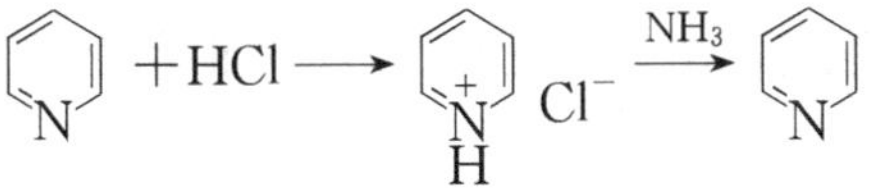

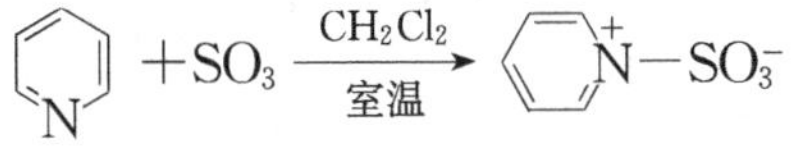

2）取代反应

吡啶和硝基苯相似，其亲电取代反应很不活泼，硝化、磺化等反应需要较高的反应条件，不发生傅-克烷基化和酰基化反应。亲电取代反应主要在 β 位上。

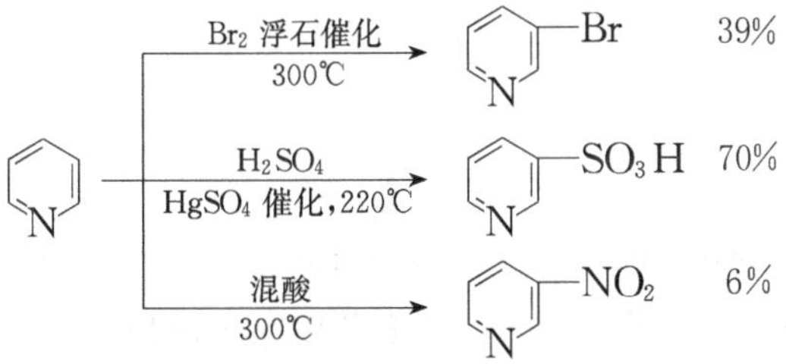

吡啶也可发生亲核取代反应。常见的是烷基化、芳基化和氨基化反应，主要得邻位产物，邻位有取代基则得对位产物。例如：

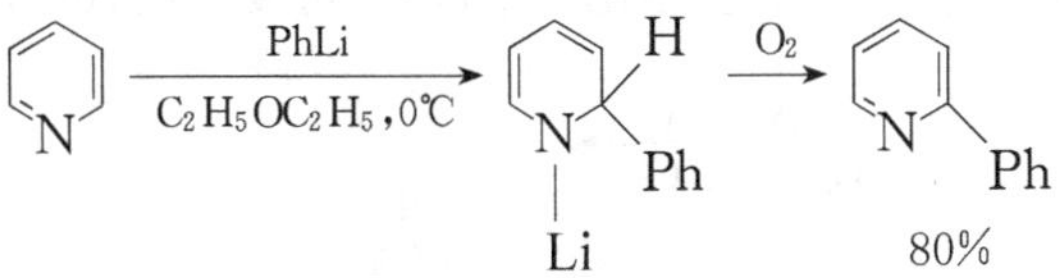

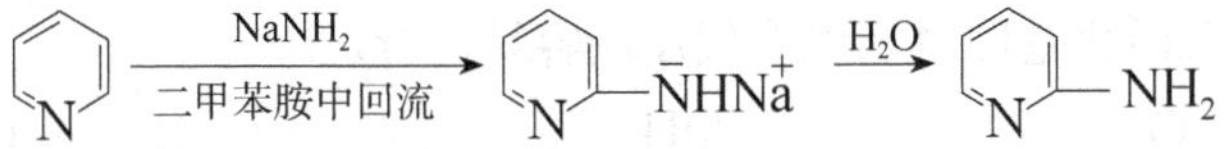

吡啶环上邻对位有易离去基时可以被氨（或胺）、烷氧化物、水等亲核试剂取代。

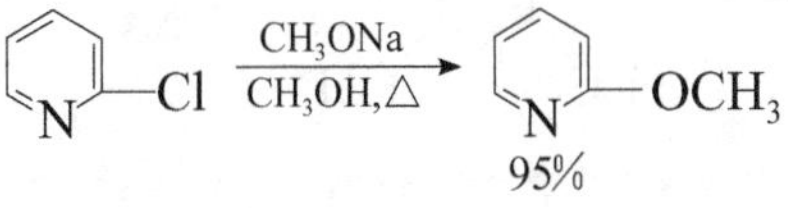

3）氧化还原反应

吡啶环对氧化剂稳定，一般不会被高锰酸钾、重铬酸钾等强氧化剂氧化，氧化反应主要发生在吡啶侧链、异环和氮原子身上。

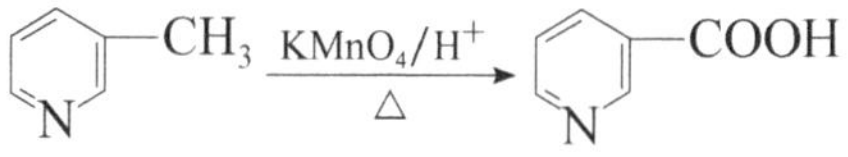

β-吡啶甲酸(烟酸)

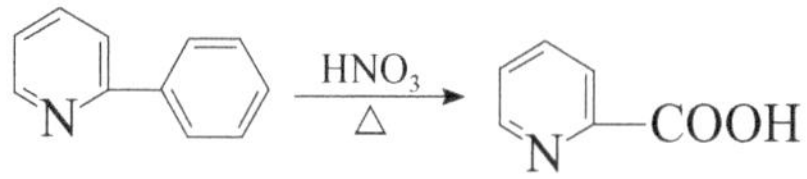

α-吡啶甲酸

吡啶比苯易还原，钠与乙醇、催化加氢均可使吡啶还原为六氢吡啶（也称为胡椒啶或哌啶）。

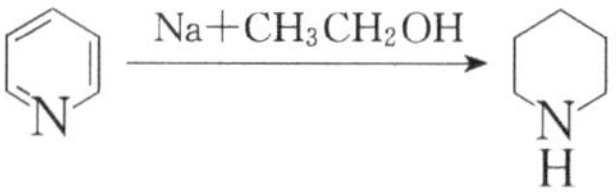

13.3.2　含有两个杂原子的六元杂环体系

含有两个氮原子的六元杂环体系叫二嗪。两个氮原子在环系中可以有三个异构体，以嘧啶最重要。

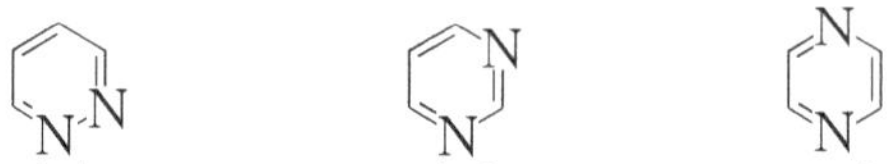

哒嗪　　嘧啶　　吡嗪

pyridazine　　pyrimidine　　pyrazine

二嗪类环上的两个氮原子各有一个未共用电子对位于 sp^2 杂化轨道上。哒嗪与嘧啶因结构的不对称性，分子有一定的极性，可与水混溶，吡嗪因分子极性小而水溶性略小。二嗪类化合物都是一元碱，而且碱性都比吡啶弱。

嘧啶的环比吡啶环更稳定，硝化、磺化难于进行，可发生卤代反应。

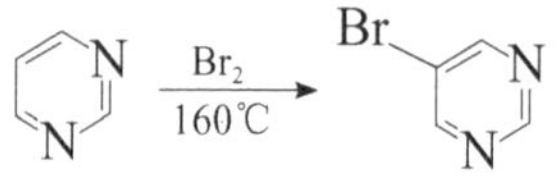

66%

嘧啶环上有活化基团时亲电取代反应容易进行。

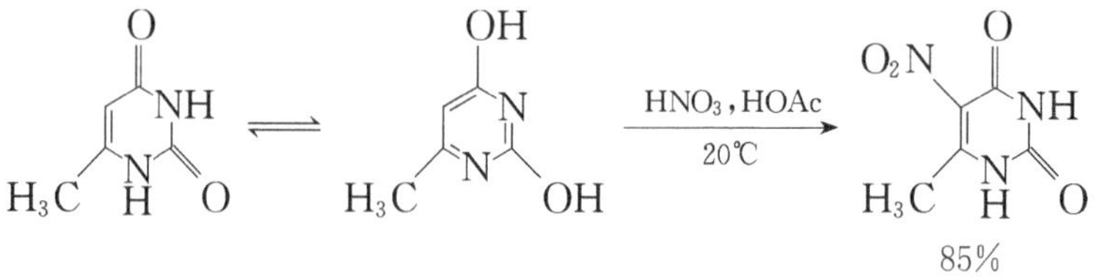

85%

嘧啶可以发生亲核取代反应，最易在 2-位发生，其次是 4-位，6-位。

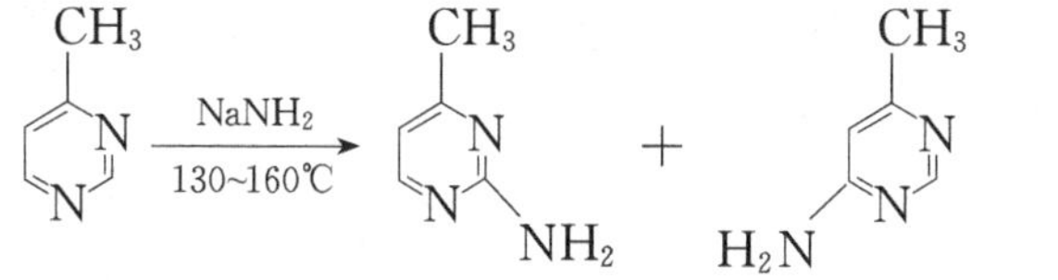

嘧啶本身不存在于自然界，其衍生物在自然界分布很广，如核酸中具有嘧啶结构，脲嘧啶、胞嘧啶、胸腺嘧啶是遗传物质核酸的重要组成部分，微生素 B_1 也含有嘧啶环。合成药物的磺胺嘧啶也含这种结构。

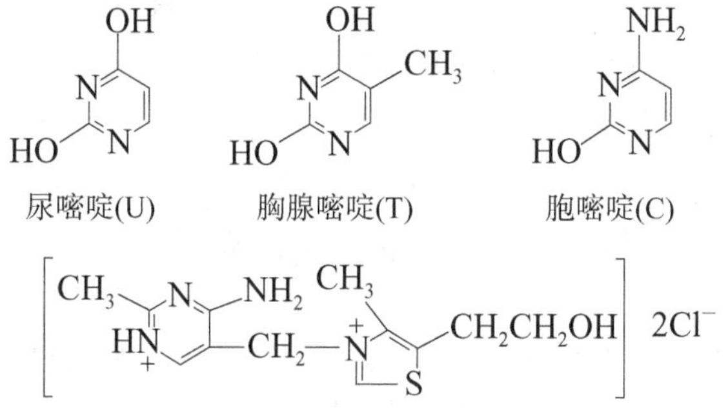

尿嘧啶(U)　胸腺嘧啶(T)　胞嘧啶(C)

维生素(B_1)

13.3.3　六元稠杂环体系

含有一个杂原子的六元杂环苯并体系，重要的是喹啉与异喹啉。嘧啶和咪唑的并环体系中最重要的是嘌呤环系，它在生理和药物方面具有重要作用。

1. 喹啉和异喹啉

喹啉存在于煤焦油中，为无色油状液体，沸点 238℃，有恶臭味，难溶于水，能与大多数有机溶剂混溶，是一种高沸点溶剂。异喹啉是低熔点固体，沸点 243℃，气味类似苯甲醛。

喹啉是由苯和吡啶稠合而成的，在酸性介质中，亲电取代反应主要发生在苯环，喹啉得到 5-位和 8-位取代产物，异喹啉以 5-位取代产物为主。

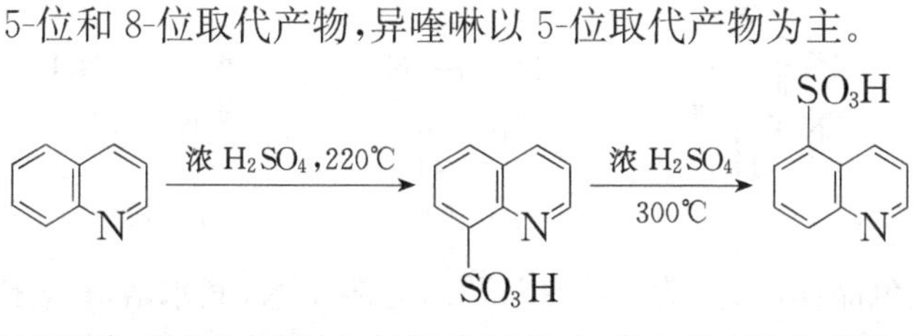

喹啉的亲核取代反应主要发生在吡啶环的 2-或 4-位，异喹啉发生在 1-位。

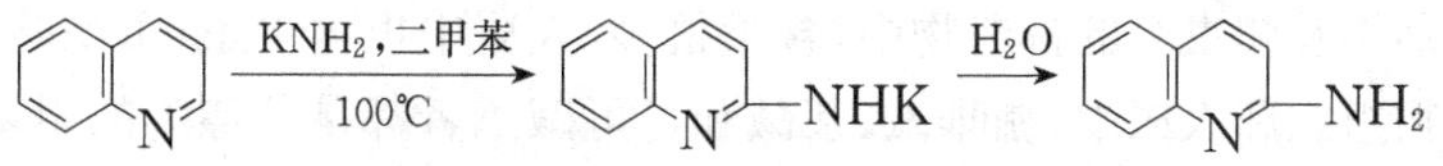

喹啉和异喹啉与绝大多数氧化剂不发生反应，与高锰酸钾能发生反应。喹啉用高锰酸钾氧化时，苯环发生破裂，这说明在喹啉分子中吡啶环比苯环更难氧化。用钠和乙醇还原喹啉时，其吡啶环被还原。

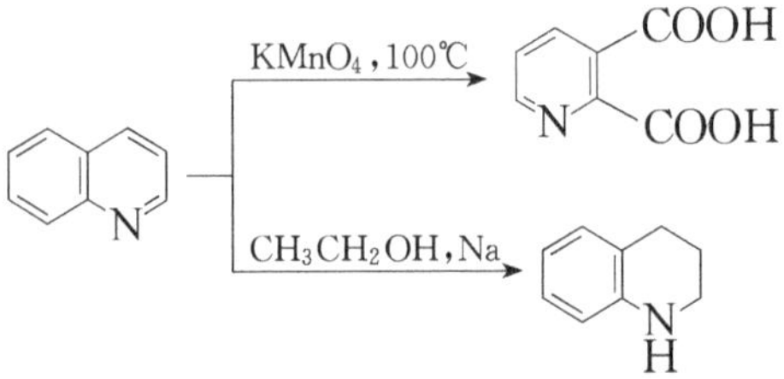

喹啉的合成方法有多种，常用的是斯克洛浦(Skraup)法，用苯胺与甘油、浓硫酸及一种氧化剂如硝基苯共热而生成喹啉。

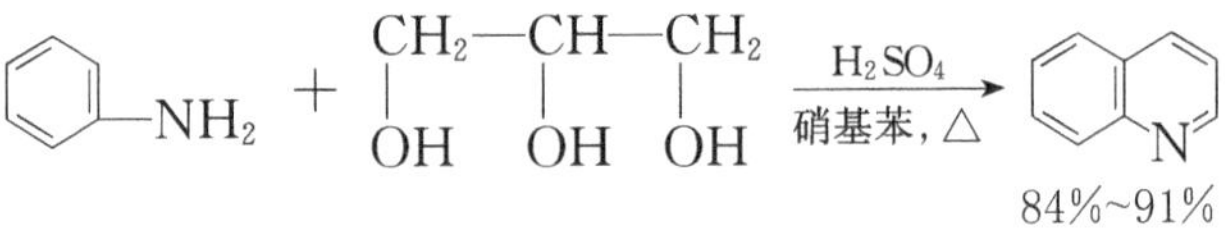

喹啉的衍生物在自然界存在很多，如奎宁存在于金鸡钠树皮中，有抗疟疾疗效；罂粟碱、吗啡等喹啉衍生物可从鸦片中提取出来。

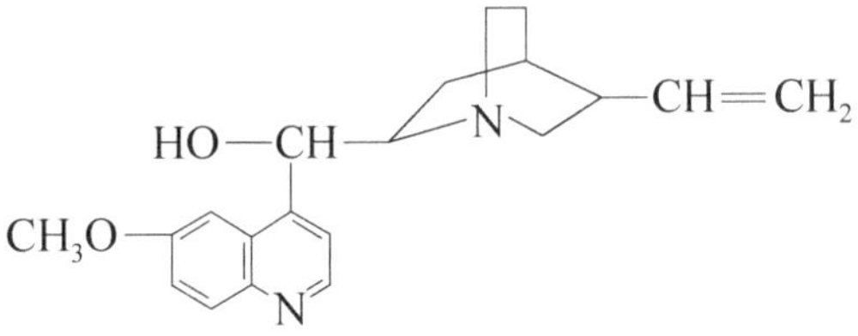

奎宁(金鸡钠碱)

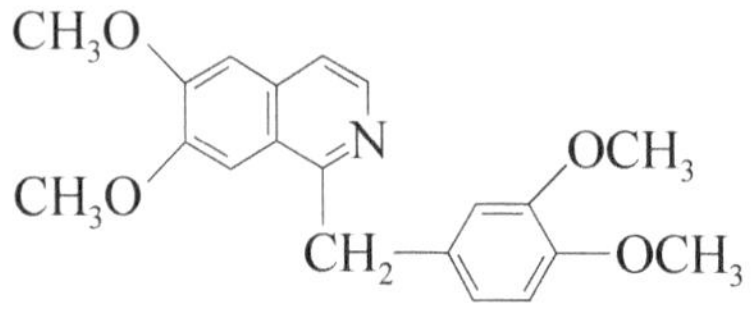

罂粟碱

2. 嘌呤

嘌呤是嘧啶和咪唑稠合形成的稠环体系，由两个互变异构体混合而成。平衡处在 9H-嘌呤一边。

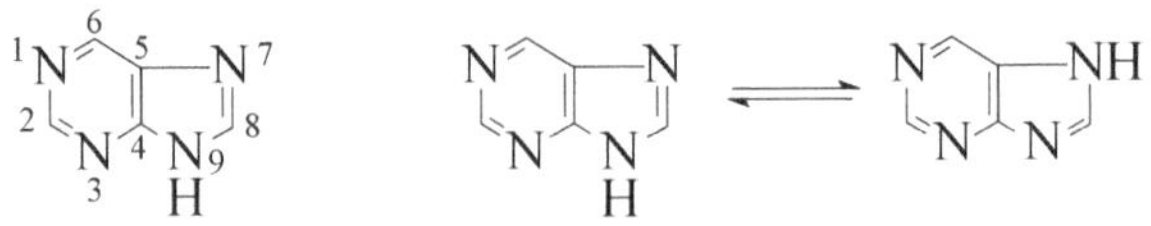

9H-嘌呤　　7H-嘌呤

嘌呤为无色晶体，熔点为 216～217℃，易溶于水，其水溶液呈中性，但能与酸或碱成盐。纯嘌呤环在自然界不存在，嘌呤的衍生物广泛存在于动植物体内，如尿酸存在于鸟类及爬虫类的排泄物中，含量很多，人尿中也含少量；黄嘌呤存在于茶叶及动植物组织和人尿中；咖啡碱、茶碱和可可碱三者都是黄嘌呤的甲基衍生物，存在于茶叶、咖啡和可可中，它们有兴奋中枢作用，其中以咖啡碱的作用最强；腺嘌呤和鸟嘌呤是核蛋白中的两种重要碱基，是嘌呤的重要衍生物。

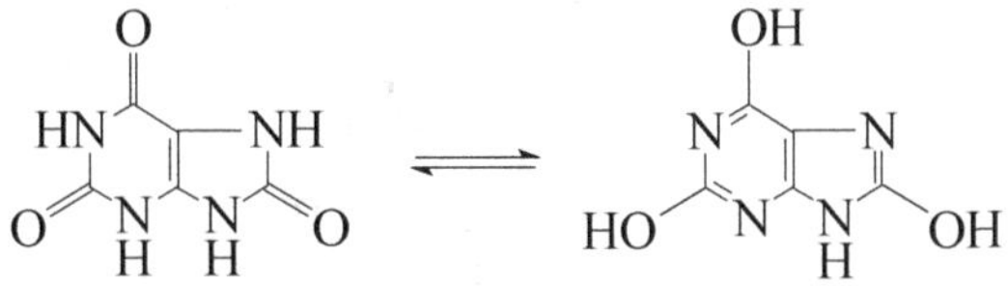

尿酸

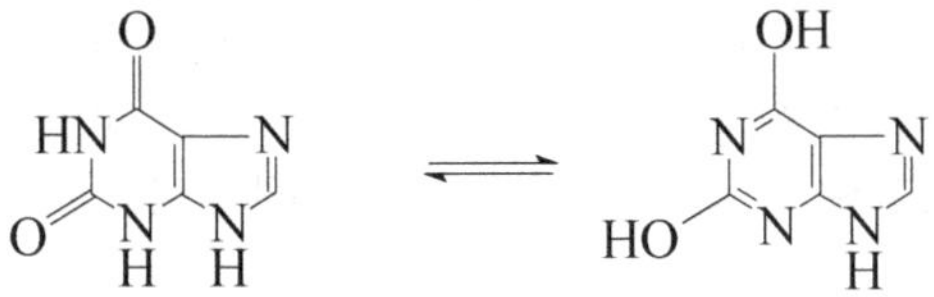

黄嘌呤

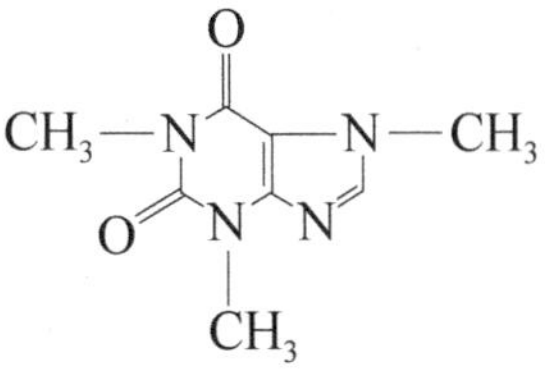

咖啡碱

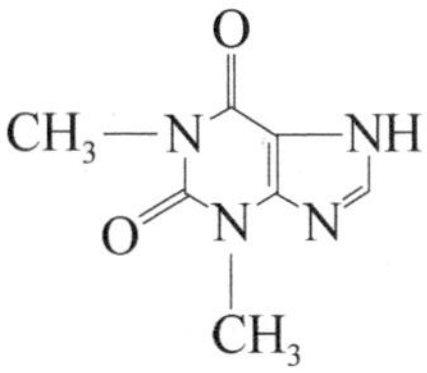

茶碱

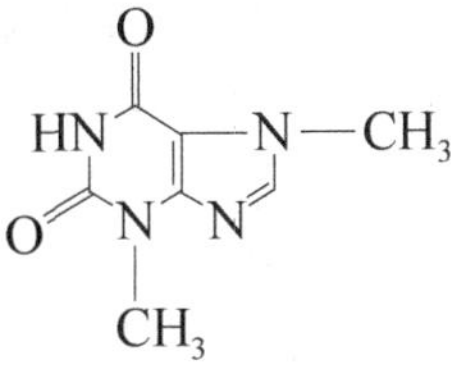

可可碱

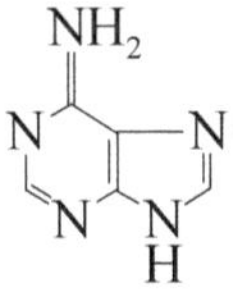

鸟嘌呤 (A)

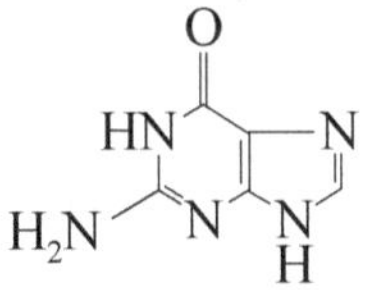

腺嘌呤 (G)

【阅读材料】

生　物　碱

生物碱(alkaloids)一般指存在于生物体内的碱性含氮化合物，多数具有复杂的含氮杂环，有光学活性和显著的生理效应。第一个被发现的生物碱是吗啡(morphine)。吗啡是阿片(旧称鸦片)中最主要的生物碱，阿片含 25 种以上生物碱，还有可待因、蒂巴因、诺司卡品和罂粟碱等异喹啉类化合物，1805 年被法国化学家泽尔蒂纳首次从阿片中分离出来。他用分离得到的白色粉末在狗和自己身上进行实验，结果狗吃下去后很快昏昏睡去，用强刺激法也无法使其兴奋苏醒；他本人吞下这些粉末后也长眠不醒。据此他用希腊神话中的睡眠之神吗啡斯(Morpheus)的名字将这些物质命名为“吗啡”。吗啡具有强大的止痛作用，对各种疼痛都有镇痛效果。并有抑制呼吸作用。如果用量过大可致呼吸麻痹，是吗啡中毒致死的直接原因。吗啡比阿片更易使人上瘾，因而成为毒品，海洛因、杜冷丁、美沙酮等都是吗啡的衍生物。

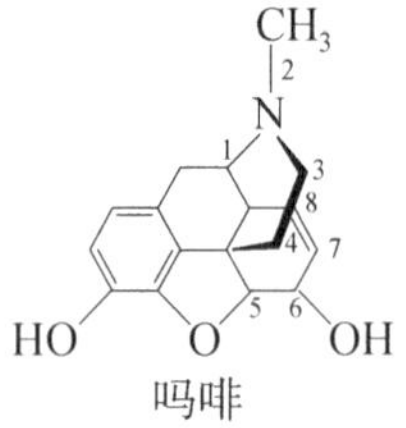

吗啡

目前已发现生物碱约 6000 种，生物碱化学的研究，为合成药物提供了重要的线索，例如，古柯碱化学的研究导致了一些局部麻醉药如普鲁卡因等的合成。此外，在研究生物碱的结构时，往往会发现新的杂环体系，从而促进了杂环化合物化学的发展。正因为如此，生物碱一直是天然有机化学家研究的重要领域，在医药和农药领域有广阔的应用前景。

习　　题

1. 命名下列化合物。

(1) 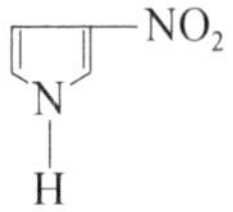

(2) 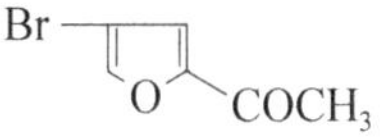

(3) 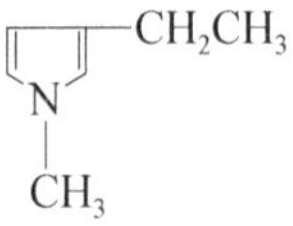

(4) 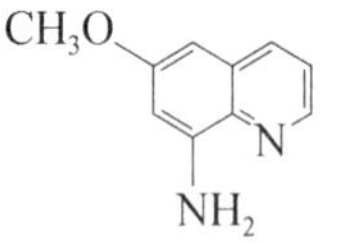

(5) 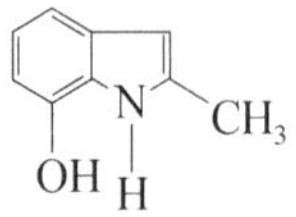

(6) 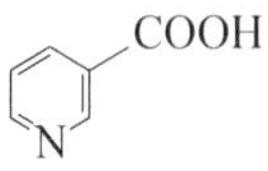

(7) 

(8) 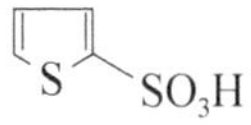

(9) 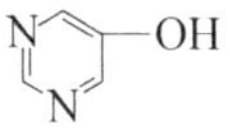

2. 写出下列化合物结构简式。

(1) 5-氯-2-呋喃甲酸　　(2) 2-甲基-5-乙烯基吡啶

(3) 烟碱　　(4) 碘代 *N*,*N*-二甲基四氢吡咯

(5) α,β'-二甲基噻吩　　(6) 3-甲基吲哚

(7) 3-甲基四氢呋喃　　(8) 糠醛

(9) 8-羟基喹啉

3. 完成下列反应，写出主要产物。

(1) 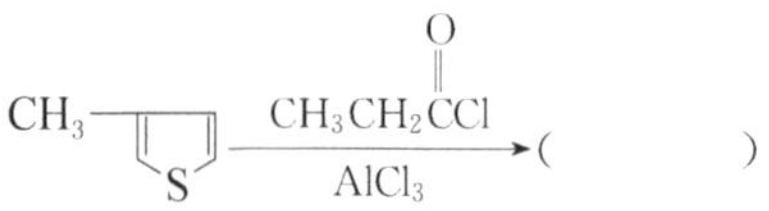

(2) 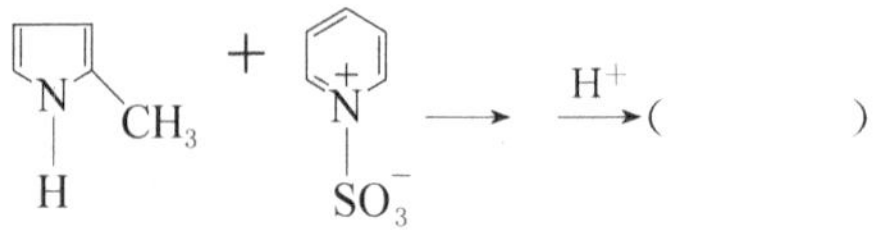

(3)  $+CH_3OOCC{\equiv}CCOOCH_3 \longrightarrow$ (　　　)

(4) 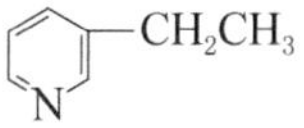 $+H_2SO_4 \xrightarrow{\triangle}$ (　　　)

(5) 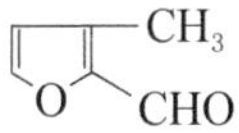 $\xrightarrow{浓\ NaOH}$ (　　　) + (　　　)

(6) 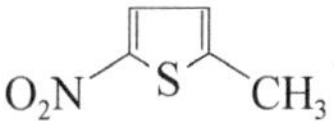 $\xrightarrow[H_2SO_4]{HNO_3}$ (　　　)

(7) 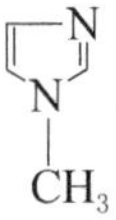 $\xrightarrow[H_2SO_4]{HNO_3}$ (　　　)

(8) 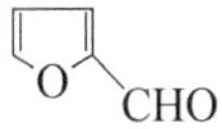 $+CH_3CHO \xrightarrow{OH^-}$ (　　　)

(9)  $\xrightarrow[H_2SO_4,\triangle]{HgSO_4}$ (　　　)

(10) 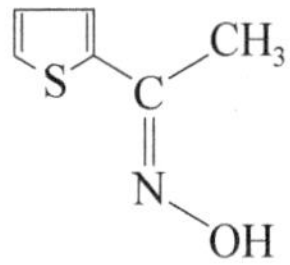 $\xrightarrow[C_2H_5OC_2H_5]{PCl_5}$ (　　　)

(11) 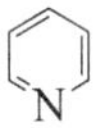 $+CH_3MgI \longrightarrow$ (　　　) $\xrightarrow{\triangle}$ (　　　)

(12) 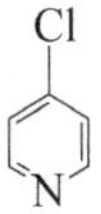 $\xrightarrow[CH_3OH,\triangle]{CH_3COONa}$ (　　　)

4. 用化学方法区别下列各组化合物。

A. 苯、噻吩和苯酚　　　B. 吡咯和四氢吡咯

C. 苯甲醛与糠醛　　　D. 吡啶与 2-甲基吡啶

5. 用适当的化学方法，将化合物中的少量杂质除去。

A. 苯中混有少量噻吩　　　B. 甲苯中混有少量吡啶

C. 吡啶中混有少量六氢吡啶

6. 将下列化合物按亲电取代反应相对活性由强到弱排列成序。

A. 呋喃　　B. 吡咯　　C. 噻吩　　D. 吡啶　　E. 苯

7. 比较下列化合物碱性大小，并给出解释。

(1) A. 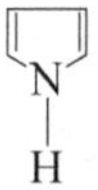　B. 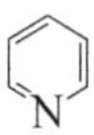　C. 　D. 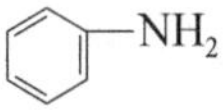　E. 

(2) A. 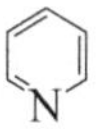　B. 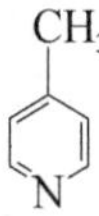　C. 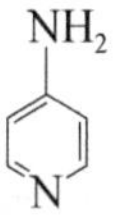　D. 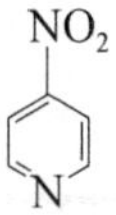

（3）A. 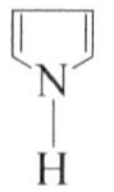　B. 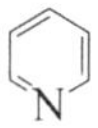　C. CH_3NH_2　D. 　E. NH_3

8. 由指定原料合成下列各化合物。

（1）由吡啶合成 2-羟基吡啶；

（2）由呋喃合成 5-硝基糠酸；

（3）用 Skraup 合成法，以最简单的原料合成 8-羟基喹啉。

第 14 章　天然化合物

14.1　糖

糖(sugar)是一类多羟基醛和多羟基酮及其缩合物，或水解后能产生多羟基醛、酮的一类有机化合物。因这类化合物都是由C、H、O三种元素组成的，且都符合$C_n(H_2O)_m$的通式，故称之为碳水化合物(carbohydrate)。例如，葡萄糖(glucose)的分子式为$C_6H_{12}O_6$，可表示为$C_6(H_2O)_6$，蔗糖(sucrose)的分子式为$C_{12}H_{22}O_{11}$，可表示为$C_{12}(H_2O)_{11}$等。但有的糖不符合碳水化合物的比例，例如，鼠李糖$C_5H_{12}O_5$(甲基糖)、脱氧核糖$C_5H_{10}O_4$。有些化合物的组成符合碳水化合物的比例，但不是糖，例如，甲酸(CH_2O)、乙酸($C_2H_4O_2$)、乳酸($C_3H_6O_3$)等。

碳水化合物是非常重要的一类天然有机化合物，广泛存在于自然界。葡萄糖、蔗糖、淀粉(starch)、纤维素(cellulose)等都是碳水化合物。对于一切生物而言，最重要的是葡萄糖。动物食用的碳水化合物在体内需转化为葡萄糖才可被吸收，对于维持动植物的生命起着重要的作用。

根据糖类化合物的水解情况，将糖分为四类，即单糖(monosaccharide)、双糖(disaccharide)、低聚糖(oligosaccharide)和多糖(polysaccharide)。单糖是不能再水解成更小分子的糖；双糖是水解后能产生两分子单糖的化合物；水解后产生三到十个单糖的化合物称为低聚糖或寡糖；完全水解后产生十个以上单糖的化合物称为多糖。

14.1.1　单糖

单糖可根据分子中所含碳原子的数目分为戊糖、己糖等。自然界中存在最广泛的单糖是葡萄糖(多羟基醛)、果糖(fructose，多羟基酮)和核糖(ribose)。以下主要以葡萄糖和果糖为例来讨论单糖的结构、构型、构象和它们的物理化学性质。

1. 单糖的结构

1) 单糖的构造式

葡萄糖、果糖等的结构是经过被誉为“糖化学之父”的费歇尔(Fischer)及哈沃斯(Haworth)等化学家的不懈努力而确定的。

葡萄糖的分子式$C_6H_{12}O_6$，为2,3,4,5,6-五羟基己醛的基本结构。果糖为1,3,4,5,6-五羟基己酮的基本结构，构造式如下：

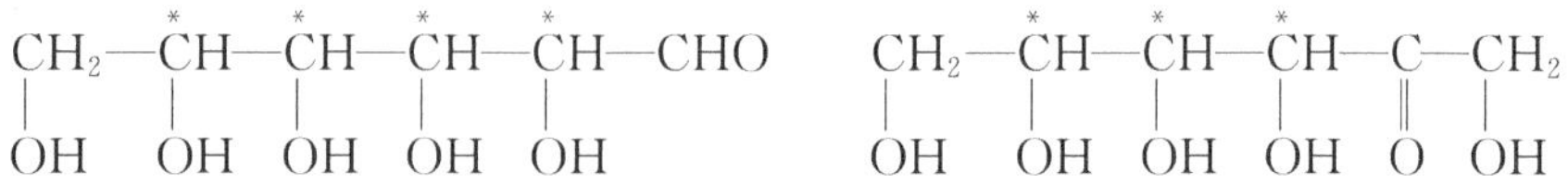

葡萄糖　　　　　　果糖

2）单糖的立体构型

葡萄糖分子中有四个不对称碳原子，有 $2^4=16$ 个对映异构体。因此，只测定糖的构造式是不够的，还必须确定它的构型。

（1）相对构型。糖的相对构型是以甘油醛作为标准，规定醛基—CHO 排在上方，右旋的甘油醛的构型 H 在左边，OH 在右边，用符号"D"标记它的构型，"dextro"即右旋；左旋的甘油醛构型 H 在右边，OH 在左边；用符号"L"标记它的构型，"levo"即左旋。右旋甘油醛称为 D-(＋)-甘油醛，左旋甘油醛称为 L-(－)-甘油醛，在这里＋、－表示旋光方向，D、L 表示构型。注意，构型与旋光性之间没有一一对应关系。

D-(＋)-甘油醛　　　　L-(－)-甘油醛

标准物质的构型规定以后，其他旋光物质的构型可以通过化学转变的方法与标准物质进行联系来确定。由于这样确定的构型是相对于标准物质而言的，所以是相对构型(relative configuration)。把构型相当于右旋甘油醛的物质都用 D 来表示，而相当于左旋甘油醛的都用 L 表示。即由 D-甘油醛转化(转化过程不涉及手性碳化学键的断裂)的物质，构型为 D。这样，通过与标准物质的反应联系，一系列化合物的相对构型也就可确定了。例如，通过一定的方法，把其他糖类化合物和甘油醛联系起来，可确定其相对构型：

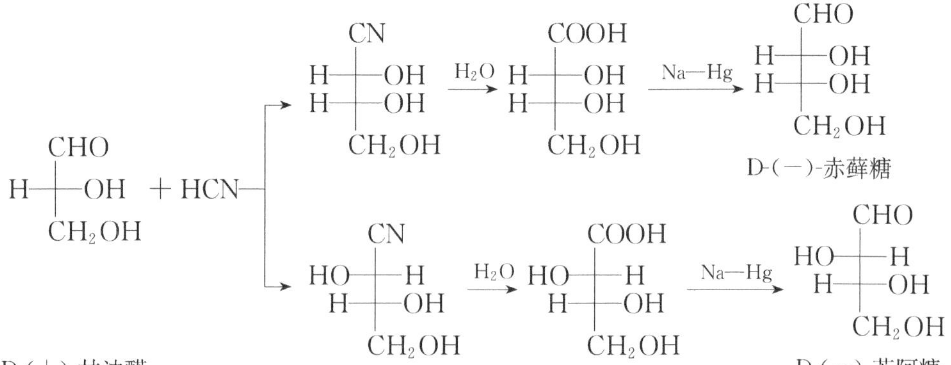

D-(＋)-甘油醛　　D-(－)-赤藓糖　　D-(－)-苏阿糖

从 D-赤藓糖和 D-苏阿糖出发，用与 HCN 加成水解，还原等同样方法，可各衍生出两个戊糖，共四个 D-戊醛糖；从四个 D-戊醛糖出发可各得两个己糖，共八个 D-己醛糖。

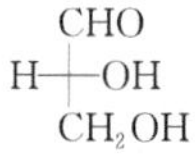

D-(+)-甘油醛 glyceral dehyde

D-erythrose D-threose

D-赤藓糖 D-苏阿糖

D-ribose D-arabinose D-xylose D-lyxose

D-核糖 D-树胶糖 D-木糖 D-异木糖

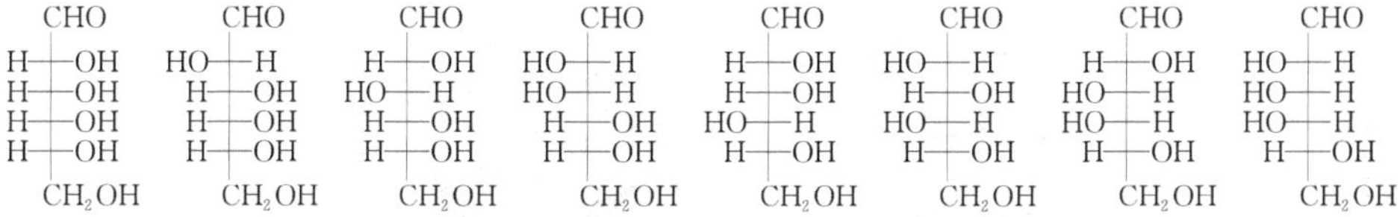

D-allose D-altrose D-glucose D-mannose D-gulose D-idose D-galactose D-talose

D-阿罗糖 D-阿卓糖 D-葡萄糖 D-甘露糖 D-古罗糖 D-艾杜糖 D-半乳糖 D-塔罗糖

含有多个手性碳原子的异构体中相应的手性碳原子只有一个构型不同(如 D-葡萄糖与 D-甘露糖，C2 构型不同)，其余构型都相同，这种异构体称为差向异构体(epimer)。D-葡萄糖与 D-甘露糖是 C2 构型不同，称为 C2 差向异构体。

1951 年通过 X 射线分析法，测得了右旋酒石酸的构型，这种实际测定的构型称为绝对构型(absolute configuration)。人为规定的甘油醛的构型与实际的构型完全符合。这样，与标准物质甘油醛联系而得到的旋光物质的相对构型也都是绝对构型了。

(2) 构型的标记与表示方法。糖类的构型习惯用 D/L 名称进行标记，即编号最大的手性碳原子上 OH 在右边的为 D 型，OH 在左边的为 L 型。

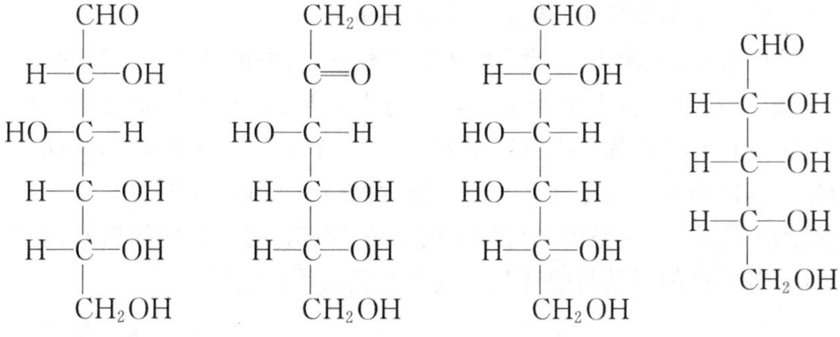

D-葡萄糖 D-果糖 D-半乳糖 D-核糖

糖的构型一般用费歇尔式表示，但为了书写方便，也可以写成简略式，用一短线表示羟基，用一长横线表示羟甲基，用△表示醛基。D-葡萄糖常见的几种表示方法为

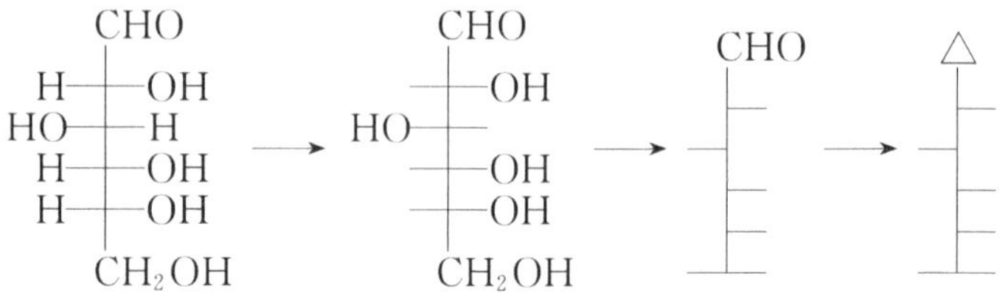

另一种表示方法是用楔形线表示指向纸平面前面的键，虚线表示指向纸平面后面的键，如 D-(＋)-葡萄糖可表示为

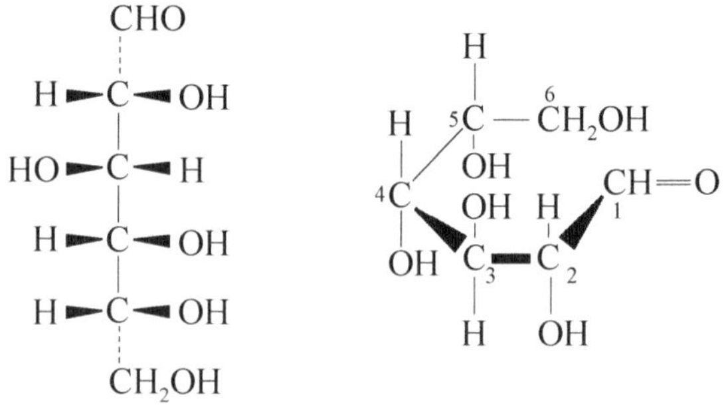

3）单糖的环状结构

葡萄糖具有开链结构是根据它的一些性质推导而知的。但葡萄糖还有一些性质与这种结构不相符。例如：

(1) 葡萄糖的变旋现象。葡萄糖是具有旋光性的化合物，它应该具有一定的比旋光度。但测定新配制的葡萄糖水溶液时，比旋光度为＋112°；将溶液放置一些时间再测，溶液的比旋光度会下降，并且随着放置时间的增长而不断下降，直到降为＋52.7°。这种比旋光度会发生变化的现象，称为变旋光现象(mutarotation)。葡萄糖水溶液的变旋现象用开链式结构无法解释。

(2) 甲基葡萄糖的性质。葡萄糖中含有醛基，有醛的性质。在碱的存在下，葡萄糖与硫酸二甲酯作用，五个羟基均转化为甲氧基，而五甲基葡萄糖没有醛的特性。将五甲基葡萄糖在稀酸中进行水解，只有一个甲氧基容易水解，从而生成四甲基葡萄糖。这四甲基葡萄糖却又有原来葡萄糖所具有的醛的特性。

经过深入研究，并受醛可以与醇作用生成半缩醛这一反应的启发，人们提出：葡萄糖具有分子内的醛基与醇羟基形成半缩醛的环状结构。

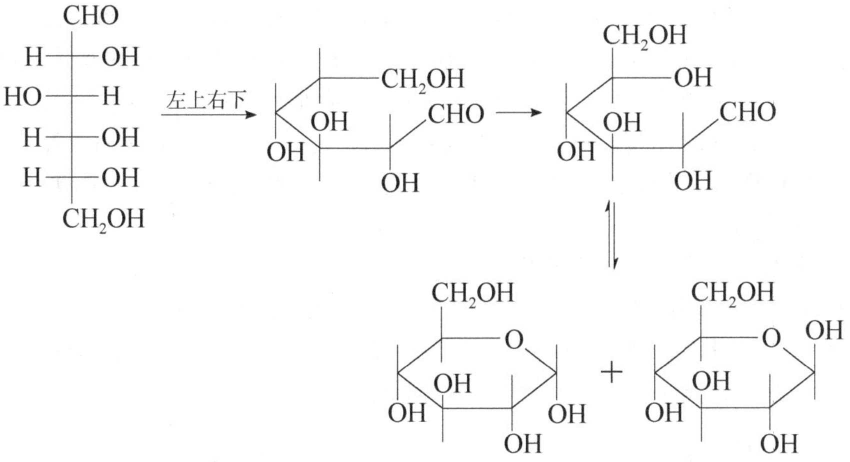

α- 构型　　　　β- 构型

由开链式变成氧环式时，C5 羟基加到 C1 羰基上，形成一个环状半缩醛。羰基是平面结构，羟基可以从平面两边加上去。加成后，C1 变成了手性碳原子，羟基从羰基平面两边加上去的结果是不一样的。半缩醛羟基与—CH_2OH(称为尾基，D-构型尾基向上)在同侧的为 β-型，异侧为 α-型。这两种氧环式除 C1 构型不同外，其余手性碳原子的构型都相同。因此，它们是差向异构体。这种半缩醛碳原子构型不相同的差向异构体又叫做异头物(anomer)。半缩醛的碳叫做异头碳(anomer carbon)，半缩醛羟基称为苷羟基。

糖的六元环与杂环化合物的吡喃环相似，由五个碳原子和一个氧原子组成，因此，常把具有六元环状结构的糖称为吡喃糖(pyranose)，α-和 β-D-葡萄糖的环状结构的全名分别为：α-D-吡喃葡萄糖和 β-D-吡喃葡萄糖。

α-和 β-D-葡萄糖都是晶体。通常于 50℃以下的水溶液中结晶得到的是 α-D-葡萄糖，熔点 146℃，比旋光度＋112°；于 98℃或在温度更高的水溶液中结晶出来的是 β-D-葡萄糖，熔点 150℃，比旋光度＋18.7°。它们在固态时都是稳定的，但是在水溶液中它们都与开链式结构互相转化，达到动态平衡。这就是开链式结构与环状结构的互变异构现象。

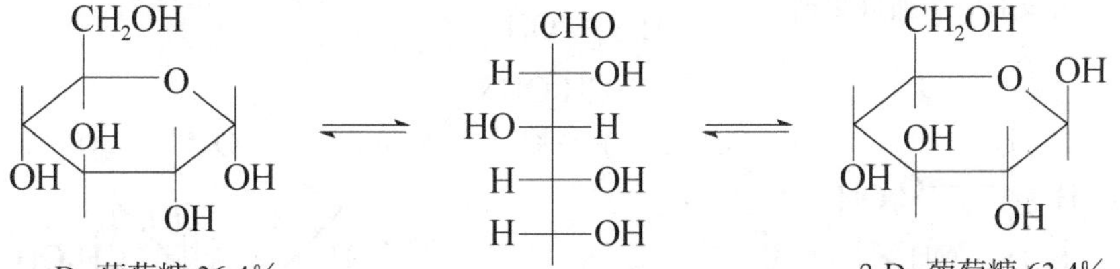

α-D- 葡萄糖 36.4%　$[\alpha]_D=+112°$　　　　<0.01%　　　　β-D- 葡萄糖 63.4%　$[\alpha]_D=+18.7°$

通常得到的葡萄糖结晶是 α-D-葡萄糖，用其新配制溶液测得比旋光度为

+112°。将溶液放置后再测，因为有一部分α-D-葡萄糖通过开链结构转化成了β-D-葡萄糖，比旋光度下降，且随着α-D-葡萄糖和β-D-葡萄糖的继续相互转化，混合物中α型的含量继续减少，比旋光度继续下降，直到互变达到动态平衡，比旋光度才不再改变。此时，混合物的比旋光度是+52.7°。将β-D-葡萄糖晶体配成水溶液，出于同样的原因，也有变旋光现象，由最初比旋光度+18.7°逐渐升高到+52.7°后就不再变化。

在平衡混合物中α-D-葡萄糖约占36%，β-D-葡萄糖约占64%，而开链式含量极少。在β型中，所有的大基团（—OH和—CH_2OH）都处在e键上，而在α型中，有一个苷羟基处在a键上。因此，β-D-(+)-葡萄糖要比α-D-(+)-葡萄糖稳定，从它的水溶液中，α和β两种异构体互变达到平衡时的百分含量也可以看出。

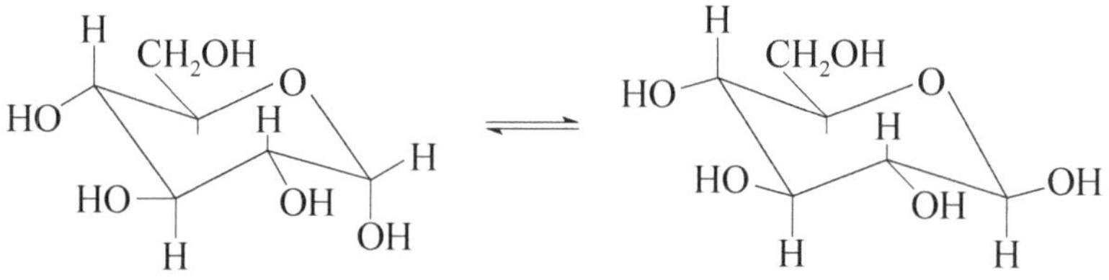

α-D-葡萄糖，36.4%　　β-D-葡萄糖，64%

在葡萄糖的两种环式和开链式的平衡混合物中，开链式的量虽然少，但是当遇到某些羰基试剂时，开链式的醛基还是可以发生反应的。所以葡萄糖的水溶液能显示羰基的特性。

酮糖也有变旋现象，果糖α-型、β型是六元环。但它形成糖苷时常变成五元环衍生物，称为呋喃糖（furanose）。因此果糖在溶液中可能有五种构型：开链酮式、六元环α型和β型、五元环α型和β型：

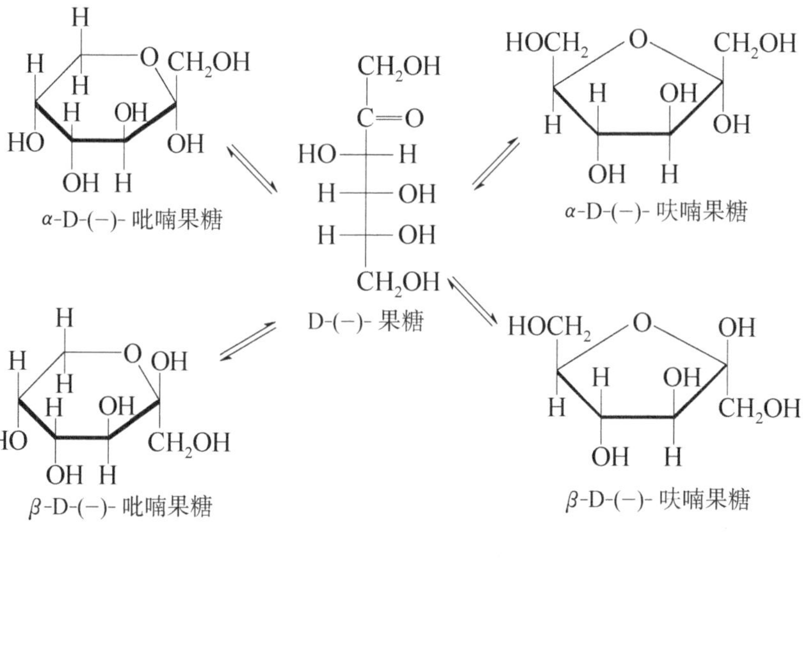

α-D-(−)-吡喃果糖　D-(−)-果糖　α-D-(−)-呋喃果糖　β-D-(−)-吡喃果糖　β-D-(−)-呋喃果糖

2. 单糖的反应

1）成苷

糖分子中的活泼半缩醛羟基与其他含羟基的化合物（如醇、酚）及含氮杂环化合物作用，失水而生成缩醛的反应称为成苷（glycosidation）反应。其缩合产物称为配糖物（glycoside），简称为“苷”，全名为某糖某苷。

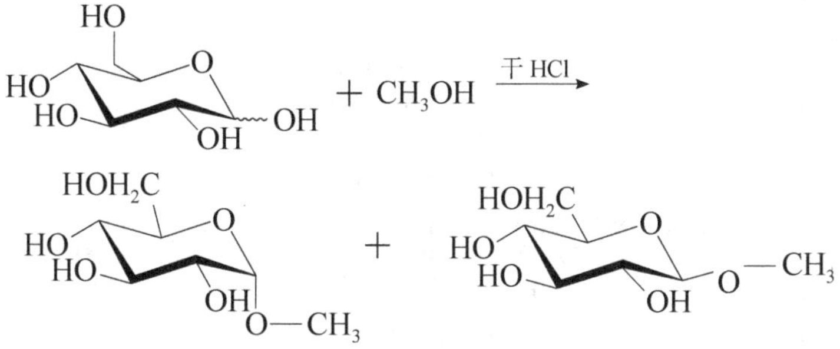

α-D-吡喃葡萄糖甲苷　　β-D-吡喃葡萄糖甲苷

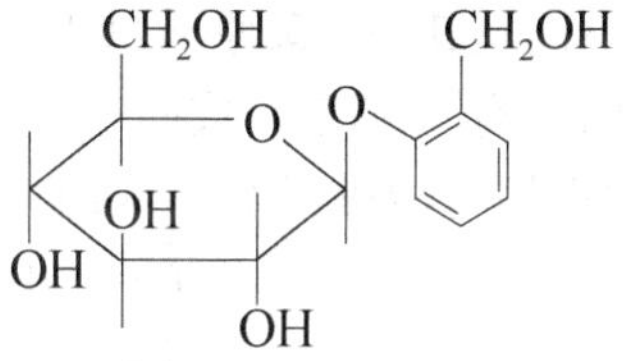

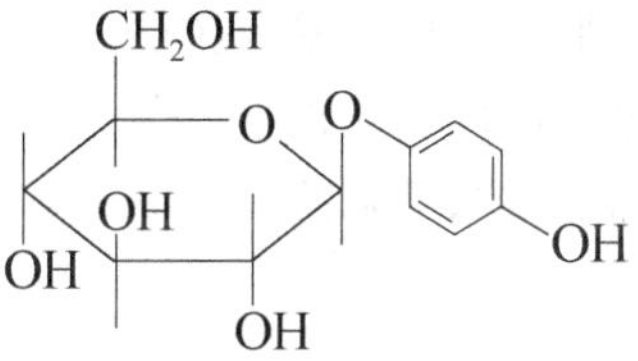

水杨苷　　熊果苷

苷似醚但不是醚，它比一般的醚键易形成，也易水解；糖苷没有变旋光现象，没有还原糖的反应。

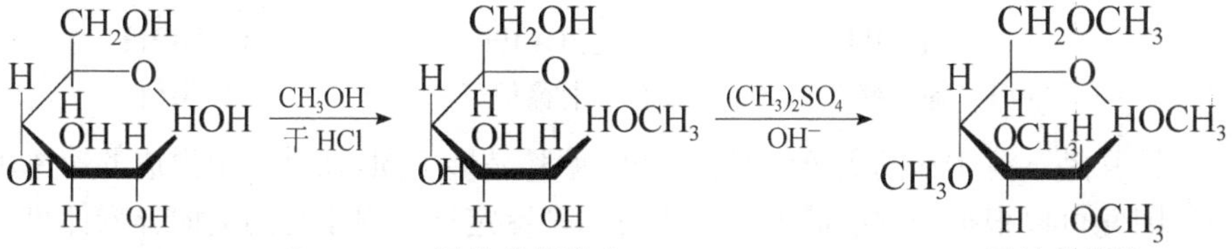

甲基葡萄糖苷　　五甲基葡萄糖

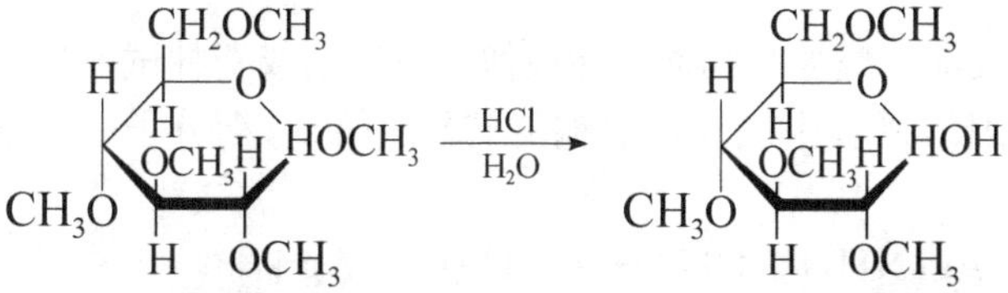

五甲基葡萄糖　　四甲基葡萄糖

2）生成脎

一分子糖和三分子苯肼反应，在糖的 1，2-位形成二苯腙（称为脎）的反应称为成脎反应(osazone reaction)。

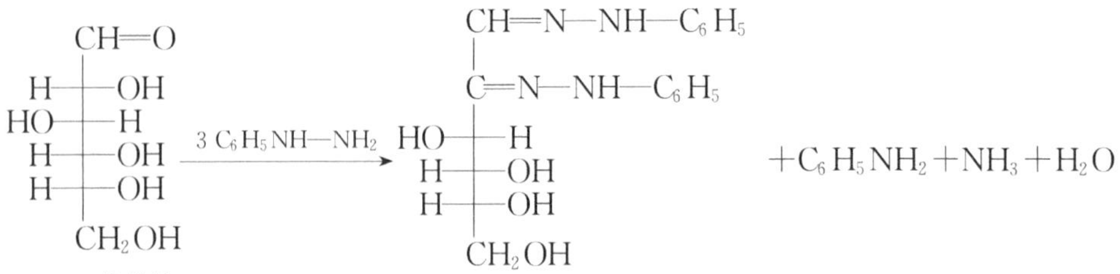

D-(+)-葡萄糖　　D-葡萄糖脎

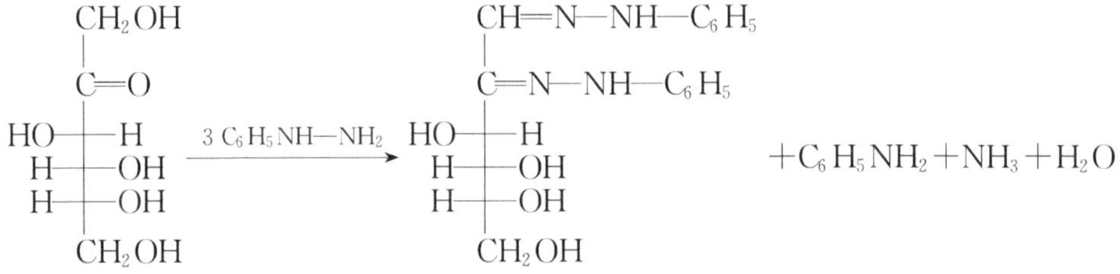

D-(−)-果糖　　D-果糖脎(葡萄糖脎)

生成糖脎的反应是发生在 C_1 和 C_2 上。不涉及其他的碳原子,所以,如果仅在第二碳上构型不同而其他碳原子构型相同的差向异构体,必然生成同一个脎。例如,D-葡萄糖、D-甘露糖、D-果糖的 C_3、C_4、C_5 的构型都相同,因此它们生成同一个糖脎。

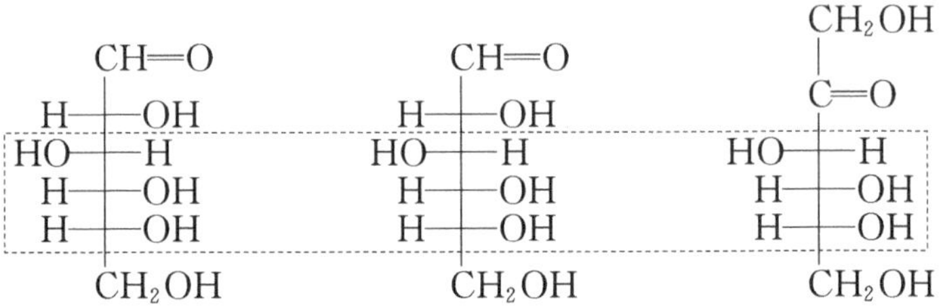

D-(+)- 葡萄糖　　D-(+)- 甘露糖　　D-(−)- 果糖

糖脎是不溶于水的黄色结晶,不同的糖脎晶形不同,在反应中生成的速率也不同。因此可以根据糖脎的晶形及生成时间来鉴定糖。由于糖的差向异构体可生成同一个脎,只要知道其中的一种构型,另一种也就知道了。

3) 氧化反应

(1) 和土伦和费林试剂反应。醛糖与酮糖都能被像土伦试剂或费林试剂这样的弱氧化剂氧化,前者产生银镜,后者生成氧化亚铜的砖红色沉淀,糖分子的醛基被氧化为羧基。

$$\underset{\text{葡萄糖或果糖}}{C_6H_{12}O_6} + Ag(NH_3)_2^+OH^- \longrightarrow \underset{\text{葡萄糖酸}}{C_6H_{12}O_7} + Ag\downarrow$$

$$C_6H_{12}O_6 + Cu(OH)_2 \longrightarrow C_6H_{12}O_7 + \underset{\text{砖红色沉淀}}{Cu_2O\downarrow}$$

凡是能被上述弱氧化剂氧化的糖，都称为还原糖。果糖是还原糖。

果糖是还原糖，其原因是差向异构化作用的结果。土伦和费林试剂都是碱性环境，在稀碱液中醛糖和酮糖能发生一种互变异构——差向异构作用，即发生了酮式-烯醇式的互变异构，他们存在下列平衡：

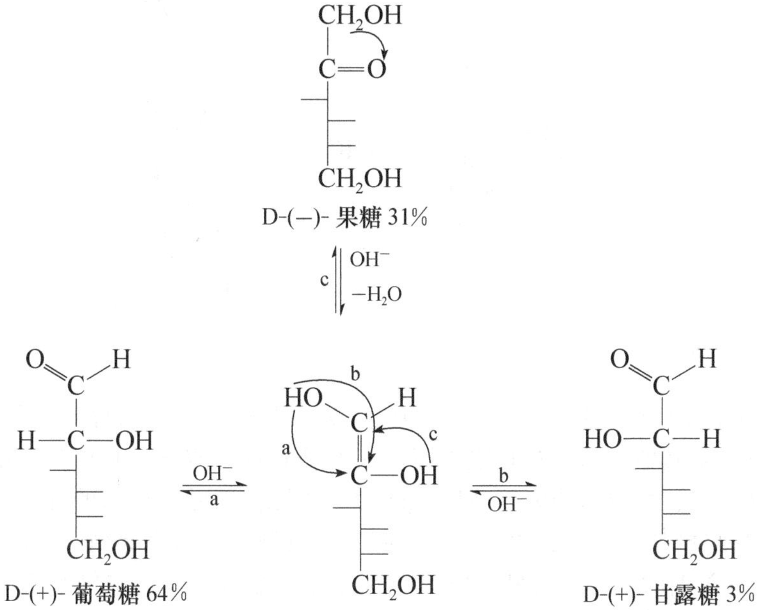

果糖在稀碱溶液因发生酮式-烯醇式互变，酮基可不断地变成醛基。

(2) 和溴水反应：溴水能氧化醛糖，但不能氧化酮糖，因为酸性条件下，不会引起糖分子的异构化作用。可用此反应来区别醛糖和酮糖。

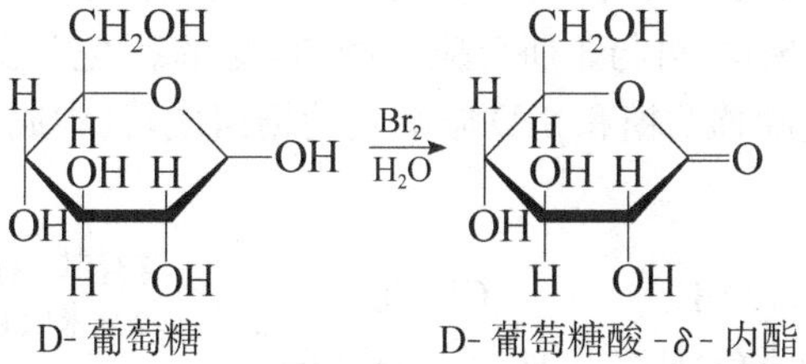

(3) 和 HNO_3 反应：稀 HNO_3 氧化作用比溴水强，能使醛糖氧化成糖二酸。

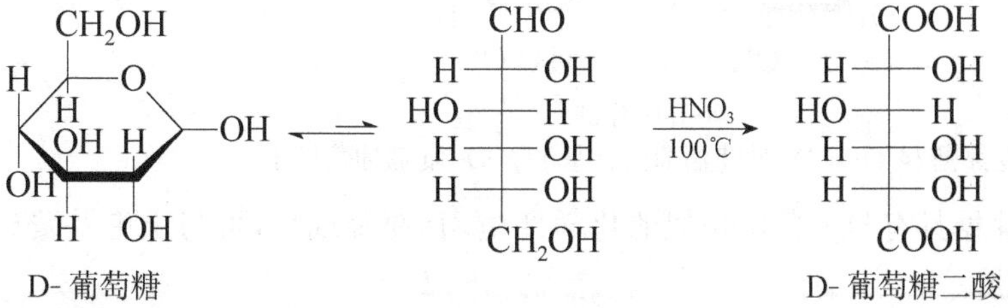

（4）和高碘酸的反应：像其他有两个或更多的在相邻的碳原子上有羟基或羰基的化合物一样，糖类也能被高碘酸所氧化，碳碳键发生断裂。反应是定量的，每破裂一个碳碳键消耗 1mol 高碘酸。因此，此反应是研究糖类结构的重要手段之一。

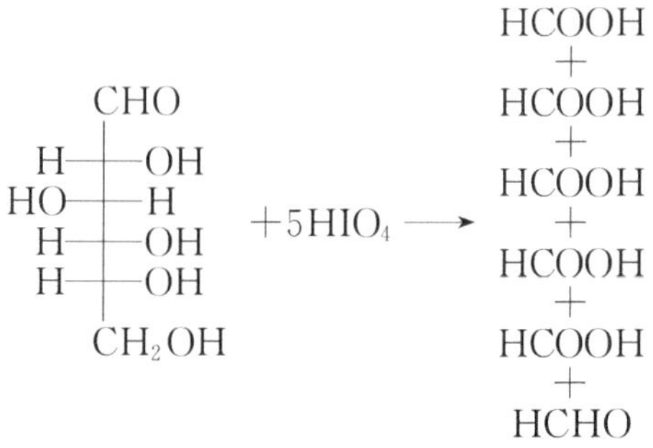

14.1.2　双糖

单糖分子中的半缩醛羟基（苷羟基）与另一分子单糖中的羟基（可以是苷羟基，也可以是其他羟基）作用，脱水而形成的糖苷称为双糖。根据分子中是否存在半缩醛羟基，把双糖分为还原性双糖和非还原性双糖。单糖的苷羟基与另一分子单糖的羟基缩合而成的双糖称为还原性双糖，例如，麦芽糖（maltose），乳糖（lactose）；单糖的苷羟基与另一分子糖的苷羟基缩合而成的二糖称为非还原性二糖，如蔗糖。

1. 还原性双糖

还原性双糖中，由于一个单糖成苷，另一单糖还保留半缩醛羟基，因此，它们具有还原性，也有变旋现象，可与苯肼反应。例如，麦芽糖，它是淀粉在淀粉酶催化下水解而得，由 α-D-吡喃葡萄糖和 β-D-吡喃葡萄糖组成，其中成苷部分为 α 式，结构如下：

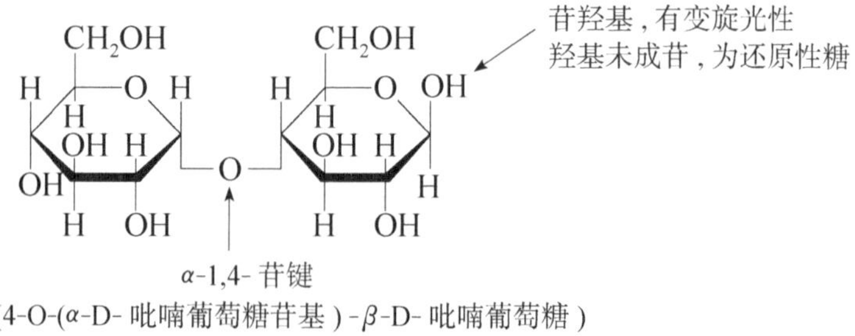

麦芽糖 (4-O-(α-D- 吡喃葡萄糖苷基) -β-D- 吡喃葡萄糖)

麦芽糖具有与葡萄糖相似的化学性质，有变旋现象，可与土伦及费林试剂反应，可成脎：

麦芽糖 $\xrightarrow{Ag(NH_3)_2OH}$ Ag↓＋麦芽糖酸

麦芽糖 $\xrightarrow{Cu(NH_3)_2}$ Cu_2O↓

麦芽糖 $\xrightarrow{3\ C_6H_5NHNH_2}$ 黄色↓(有麦芽糖脎生成)

麦芽糖——有变旋光现象 $\left.\begin{array}{l}\alpha\text{ 型}[\alpha]_D^{20}=+168^\circ\\ \beta\text{ 型}[\alpha]_D^{20}=+112^\circ\end{array}\right\}137^\circ$

纤维二糖(cellobiose)是由两分子 β-D-吡喃葡萄糖组成，纤维二糖也是还原糖，化学性质与麦芽糖相似，它与麦芽糖的唯一区别是苷键的构型不同，麦芽糖为 α-1，4-苷键，而纤维二糖为 β-1，4-苷键。

乳糖，由半乳糖和葡萄糖以 β-1，4-糖苷键相连的双糖，成苷部分为半乳糖。乳糖存在于哺乳动物的乳汁中，人乳中半乳糖 5%～8%，牛乳中半乳糖 4%～6%。乳糖的甜味只有蔗糖的 70%。纤维二糖和乳糖的结构如下：

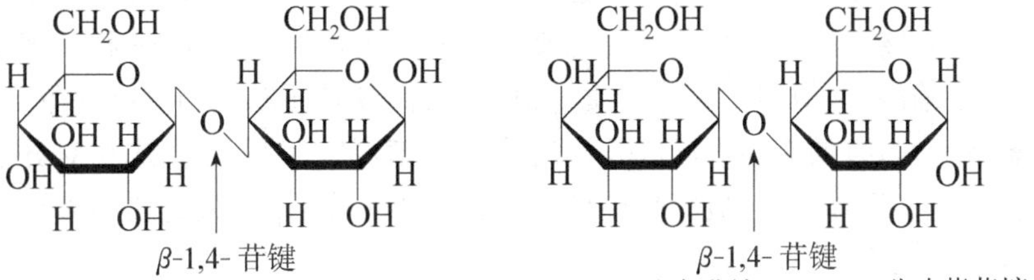

纤维二糖

β-D- 吡喃半乳糖　　α-D- 吡喃葡萄糖

乳糖 (4-O-(β-D- 吡喃半乳糖苷基) - α-D- 吡喃葡萄糖)

2. 非还原性双糖

蔗糖是广泛存在于植物中的非还原性二糖，植物中利用光合作用的各部分都含有蔗糖。例如，甘蔗含蔗糖 14%以上，北方甜菜含蔗糖 16%～20%，蔗糖一般不存在于动物体内。

蔗糖是由 α-D-吡喃葡萄糖的苷羟基和 β-D-呋喃果糖的苷羟基脱水而成，结构如下：

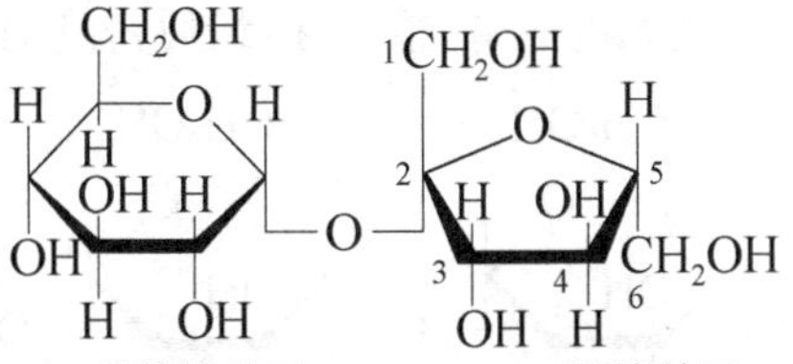

α-D- 葡萄糖单元　　β-D- 果糖单元

蔗糖由于无半缩醛羟基，无变旋光现象，不能与土伦试剂和费林试剂反应，也不能与苯肼进行成脎反应。蔗糖水解后，生成一分子葡萄糖和一分子果糖，产物的旋光度发生改变。

$$\text{蔗糖} \xrightleftharpoons{H_3O^+} \text{葡萄糖} + \text{果糖}$$

$$[\alpha]_D^{20} = 66.5^\circ \qquad \underbrace{+52^\circ \quad -92^\circ}_{[\alpha]_D^{20} = -20^\circ}$$

蔗糖水解前后旋光度由右旋变为左旋，因此将蔗糖的水解产物称为转化糖，转化糖具有还原糖的一切性质。

14.1.3　多糖

多糖广泛存在于自然界。有些多糖是构成动植物体骨干的物质，如纤维素(cellulose)、甲壳质(chitin)等，有些多糖是动植物体内的储备养料，如淀粉、肝糖等。当需要时，它们会在有关酶的作用下分解成单糖。

多糖是由几百甚至几千个单糖分子通过 α-或 β-糖苷羟基与醇羟基脱水缩合起来的高分子化合物。连接单糖的苷键主要有 α-1,4、β-1,4 和 α-1,6 三种。多糖分子中虽然有半缩醛基，但因相对分子质量很大，它们没有还原性和变旋现象，无甜味，大多难溶于水，有的能和水形成胶体溶液。多糖可以水解，先生成相对分子质量较低的多糖，然后是寡糖，最后是单糖。在自然界分布最广、最重要的多糖是淀粉、纤维素和甲壳素。

1. 淀粉

淀粉(starch)大量存在于植物的种子和块茎中，是人类的三大食物之一。淀粉呈白色、无臭、无味的无定形粉末，因来源不同，其颗粒形状和大小各异，但它们都是由直链淀粉(amylose)和支链淀粉(amylopectin)两部分所组成。一般淀粉中含约20%的直链淀粉，约80%的支链淀粉。淀粉用淀粉酶水解得麦芽糖，在酸的作用下，能彻底水解为葡萄糖。

1) 直链淀粉

直链淀粉是由 α-D-(+)-葡萄糖以 α-1,4-苷键结合而成的链状高聚物。淀粉水解时先生成红糊精而后是无色糊精、精麦芽，最后得到葡萄糖。

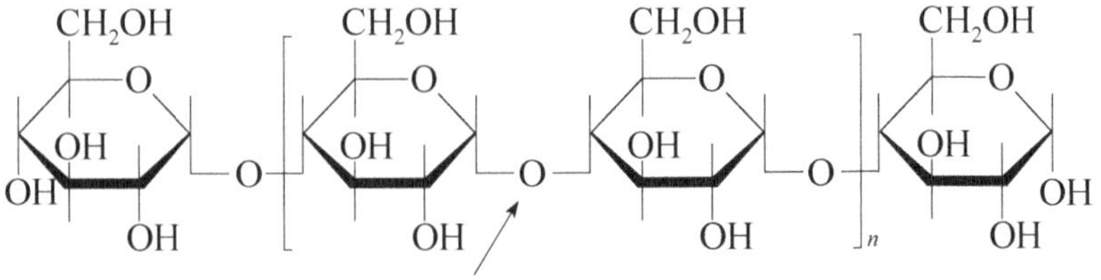

聚 α-1,4- 苷键葡萄糖相对分子质量在
2 万~200 万，即含 120~1200 个葡萄糖单位

直链淀粉不溶于冷水，溶于热水；不能发生还原糖的一些反应，遇碘显深蓝色，可用于鉴定碘的存在。直链淀粉不是伸开的一条直链，而是螺旋状结构。

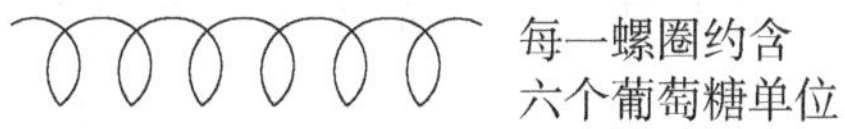

螺旋状空穴正好与碘的直径相匹配，碘分子进入空穴中，形成包合物而显色。淀粉-碘包合物（深蓝色）经加热可解除包合，蓝色褪去。

2）支链淀粉

支链淀粉在结构上除了由葡萄糖分子以 α-1，4-苷键连接成主链外，还有以 α-1，6-苷键相连而形成的支链（每个支链大约 20 个葡萄糖单位），其基本结构如下：

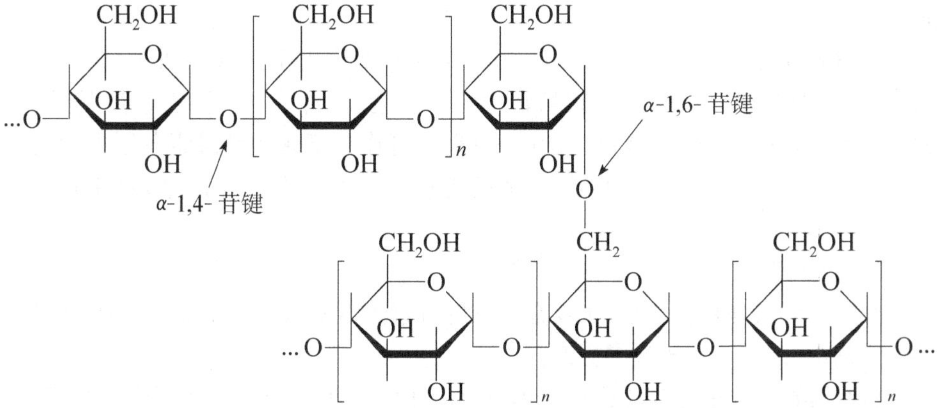

支链淀粉不溶于水。目前，淀粉除了作为生物的食物外，还成为重要的工业用品。例如，将其改性，引入适当基团如羟丙基、羧甲基等，可用于食品添加剂及药物辅料；将其与烯类单体聚合，可制备高性能吸水剂、污水处理剂等。

2. 纤维素

纤维素是自然界分布最广的多糖，它是构成植物细胞膜的主要成分，是构成植物骨骼的物质基础。棉花含纤维素约 90％，亚麻含 80％左右，而木材中含 50％左右。

将纤维素用纤维素酶（β-糖苷酶）水解或在酸性溶液中完全水解，生成 D-（＋）-葡萄糖。由此推断，纤维素是由许多葡萄糖结构单位以 β-1，4-苷键互相连接而成的。

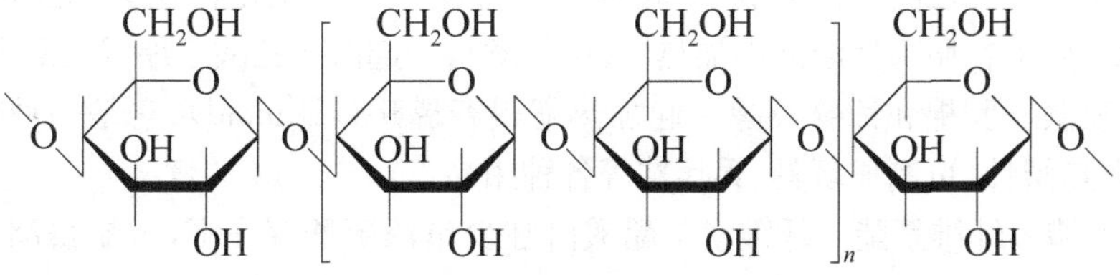

纤维素

纤维素性质稳定，机械强度大，不溶于水、弱酸、弱碱，不易水解，无还原性。纤维素是没有分支的链状分子，通过 X 射线分析和电子显微镜分折，这些长链是并排成束的。木材的强度主要是通过大量邻近链上羟基之间的氢键而聚集在一起的，这些链束缠绕形成像绳索一样的结构，后者再聚集起来，形成我们所能看到的纤维：

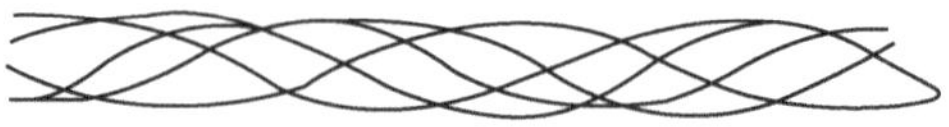

人的消化道系统中没有水解 β-1，4-葡萄糖苷键的纤维素的酶，所以人不能消化纤维素，但纤维素对人又是必不可少的，纤维素可帮助肠胃蠕动，提高消化和排泄能力。

纤维素是重要的工业原料。纤维素本身可直接用于造纸和纺织品。例如，用碱性溶液在 120～160℃下将植物中的木质素、半纤维素（多缩戊糖）等溶去，剩下纯木纤维素，可作滤纸；加入其他填充剂可作为纸张。纤维素分子中含有多个羟基，能发生酯化及醚化等反应，生成具有各种用途的纤维素酯及纤维素醚衍生物。

1）纤维素酯

纤维素和酸作用生成酯，主要是硝酸纤维素酯及醋酸纤维素酯，它们可溶解在各种溶剂中，因而可用于许多方面。

（1）硝酸纤维素酯（cellulose nitrate）。纤维素在硫酸存在下用硝酸处理，可获得酯化程度不同的硝酸纤维素酯。酯化程度不同的产物性质各不相同。例如，纤维素分子每个葡萄糖单元所含的三个羟基全部被酯化，可得三硝酸纤维素，俗称火棉或硝棉（cordine）。火棉具有爆炸性，是制造无烟火药的原料。

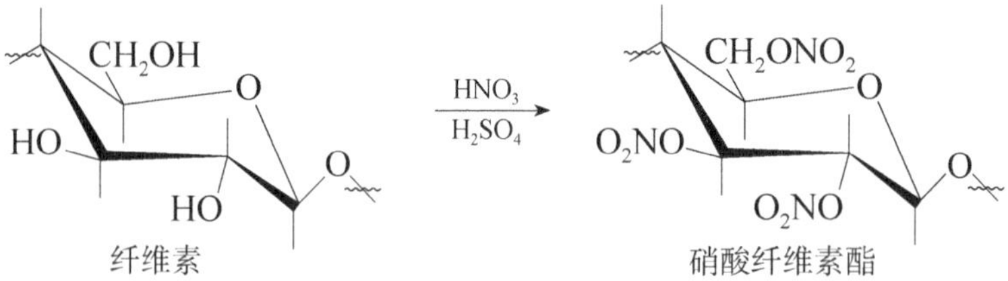

只有两个羟基被硝酸酯化的产物称为胶棉。胶棉容易燃烧，但无爆炸性。将胶棉溶于乙醇和乙醚的混合液中，胶棉含量为 3%～5%的溶液叫火棉胶，可作封瓶口用。胶棉在微碱性溶液中加热后，再加颜料一起溶于乙酸丁酯或乙酸戊酯内，就成为喷漆。胶棉和樟脑及醇一起加热就得赛璐珞（celluloid），它是一种坚韧的塑料，有热塑性，可制成玩具、乒乓球等各种用品。

（2）醋酸纤维素酯。纤维素与醋酸酐在少量浓硫酸存在下，可制得醋酸纤维素酯：

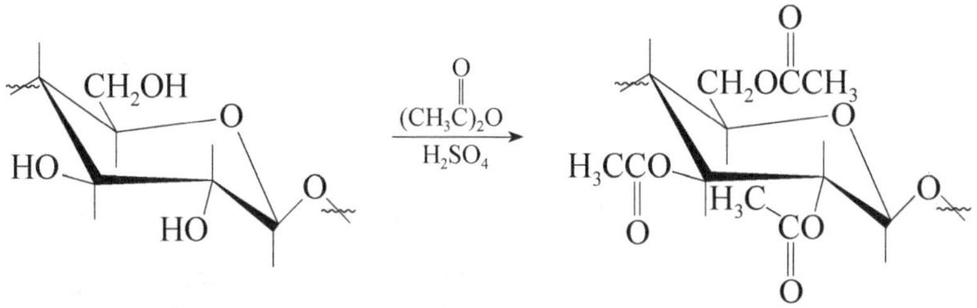

醋酸纤维素酯不溶于丙酮，若将它部分水解成二乙酸酯，则可溶于丙酮。这种溶液经过细孔或狭缝压入热空气中使丙酮挥发，分别得到人造丝和胶片。与硝酸纤维素相比，它具有不易燃烧、不易变色的优点，但制造成本较高。

2)纤维素醚

纤维素用浓氢氧化钠处理后与卤代烷如 C_2H_5Cl 及 $ClCH_2COOH$ 反应，可得到纤维素醚(cellulose ether)。用氯乙烷和纤维素进行醚化得到的乙基纤维素醚能生成坚韧的薄膜，在低温仍保持其曲桡性，用于制塑料、涂料、胶粘剂、橡胶代用品等。纤维素在碱性条件下与 $ClCH_2COONa$ 反应产物为羧甲基纤维素(简称 CMC)。

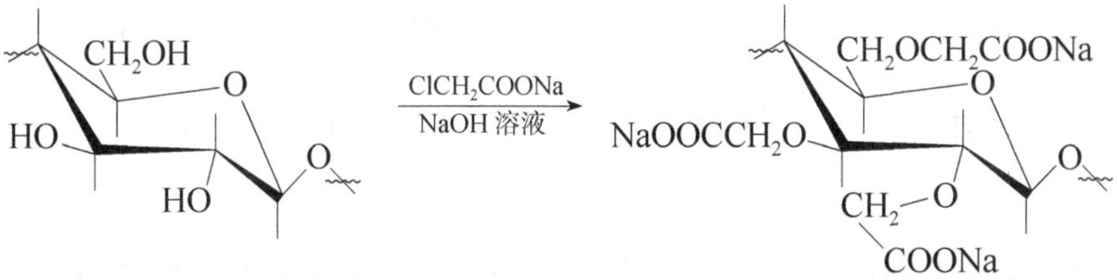

羧甲基纤维素的钠盐是一种水溶性高分子化合物，它可用作增稠剂、纺织工业中的上胶剂、食品工业中的乳化剂及药物辅料等。CMC 也是天然的离子交换剂，可用于蛋白质、核酸等复杂的天然高分子化合物的分离。

纤维素还可以与一些烯类单体进行接枝共聚反应，生成具有特殊性质的天然高分子改性物。纤维素和淀粉的应用还远不止这些，目前，科技工作者的研究热点之一是将其用于代替石油为原料来制造塑料。

3. 甲壳素

甲壳素(chitin)，又称甲壳质、壳多糖等，主要分布于自然界甲壳纲动物的甲壳、昆虫的甲壳和一些低等植物(如真菌、藻类)的细胞壁中，是一种天然高分子多糖。甲壳素经浓碱溶液处理后脱去乙酰基的产物，称为壳聚糖(chitosan)，它是唯一的碱性天然多糖。甲壳质与壳聚糖可分别看作是纤维素的 C2 位 OH 基被

CH_3CONH 和 NH_2 基取代后的产物。

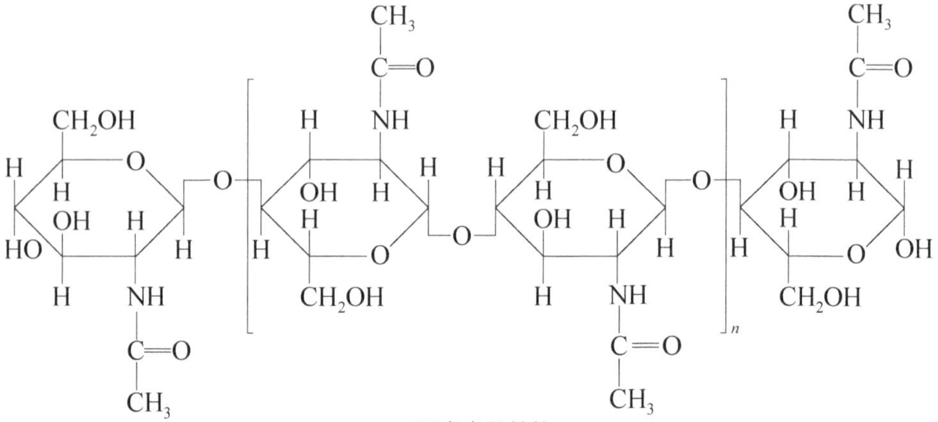

甲壳素的结构

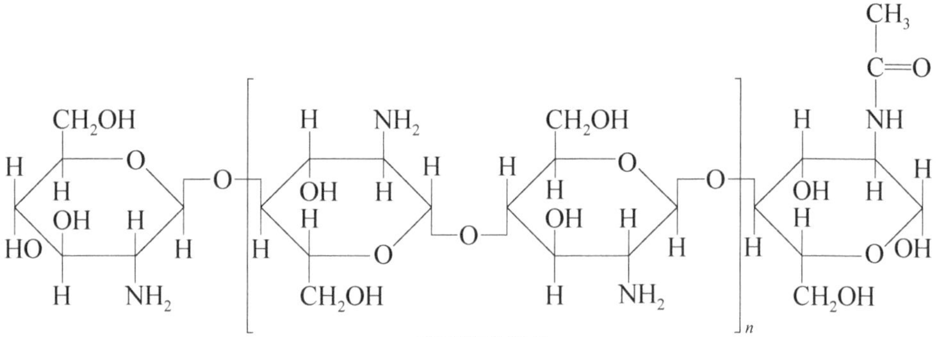

壳聚糖的结构

甲壳素呈灰白色或白色片状，是半透明的无定型固体，相对分子质量因原料的不同而有数十万到数百万不等，它不溶于水、稀碱、稀酸及一般有机溶剂，可溶于浓的盐酸、硫酸、磷酸和无水甲酸。壳聚糖是白色或灰白色片状、粉末状固体，无毒、无味、略带珍珠光泽，因原料不同和制备方法不同，相对分子质量也从数十万至数百万不等。它不溶于水和碱溶液，可溶于大多数稀酸如盐酸、乙酸、环烷酸等中。甲壳素和壳聚糖具有许多天然的优良性质，如吸湿透气性、反应活性、生物相容性、生物可降解性、无抗原性、无致炎性、无有害降解产物、吸附性、黏合性、抗菌性和安全性等，从而被广泛应用于纺织工业、生物医学和日用环保等方面。

由于甲壳素和壳聚糖的分子中含有 OH、NH_2、吡喃环、氧桥等官能团，因此在一定的条件下，能发生生物降解、水解、烷基化、磺化、硝化、卤化、酰基化、氧化还原、缩合、配合等化学反应，从而生成各种具有不同性能的甲壳素和壳聚糖衍生物，扩大了它们的应用范围。

4. 环糊精

环糊精(cyclodextrins)是由环糊精葡萄糖基转移酶作用于淀粉所产生的一组环状低聚糖。它们一般是由六个、七个或八个 α-D-吡喃葡萄糖单位以 α-1,4-糖苷键连接起来的闭环结构,分别称为 α-环糊精、β-环糊精和 γ-环糊精。

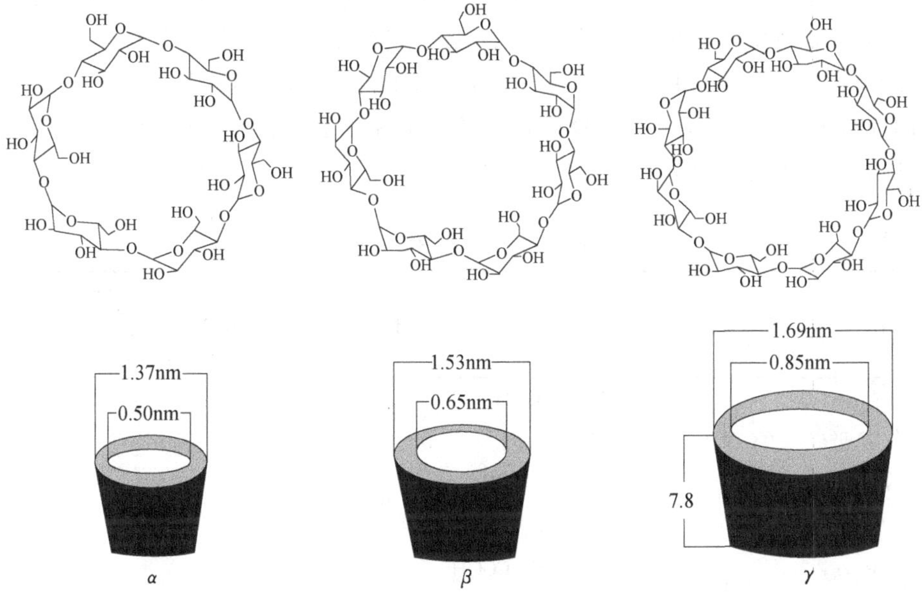

环瑚精的化学结构

环糊精在有机化合物的反应、分离等方面有重要应用。由于环糊精中间有一空穴,具有极性的外侧和非极性的内侧,可选择性地和一些大小适当的有机物形成包合物。环糊精与被包合的化合物之间的关系称为主-客体(host-guest)关系。环糊精可包合非极性分子,所形成的包合物却能溶于极性溶剂,因此它可用作相转移催化剂,催化酯的水解等反应。环糊精具有手性,对包合物起一定手性诱导作用,可使客体分子具备进行反应所应具备的立体选择性,常用于立体选择合成中。它还可使某些 D、L 化合物发生选择性沉淀,达到分离 D、L 异构体的目的。若环糊精只包含客体的一部分,使另一部分暴露于反应环境中,可提供反应中的区域选择性。例如,苯酚的甲酰化反应,用 β-环糊精催化,可只得对位产物:

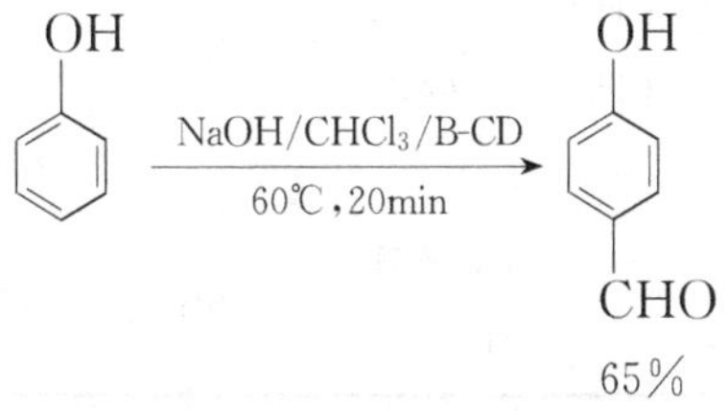

14.2 氨　基　酸

14.2.1 氨基酸的结构、分类和命名

分子中既含有氨基又含有羧基的化合物称为氨基酸(amino acids)。根据氨基和羧基的相对位置不同，可分为 α-、β-、γ-或 δ-氨基酸，以 α-氨基酸为主。由蛋白质水解得到的氨基酸几乎都是 α-氨基酸或其衍生物(脯氨酸)，除甘氨酸以外，它们都有旋光性，且都属于 L 型。D 型 α-氨基酸也存在于自然界，如存在于某些抗生素中。组成蛋白质的 α-氨基酸有二十种，结构见表 14-1。

表 14-1　蛋白质中的氨基酸

名　称	缩写符号	结构式	性　质	等电点(pI)	pK_a	
					pK_{a_1} (COOH⁻)	pK_{a_2} (NH_3^+)
甘氨酸(glyxine)	Gly	$\underset{NH_2}{\underset{\mid}{CH_2}}—COOH$	中性	5.97	2.34	9.60
丙氨酸(alanine)	Ala	$CH_3—\underset{NH_2}{\underset{\mid}{CH}}COOH$	中性	6.02	2.34	9.69
*缬氨酸(valine)	Val	$(CH_3)_2CH\underset{NH_2}{\underset{\mid}{CH}}—COOH$	中性	5.97	2.32	9.62
*亮氨酸(leucine)	Leu	$CH_3\underset{CH_3}{\underset{\mid}{CH}}CH_2\underset{NH_2}{\underset{\mid}{CH}}—COOH$	中性	5.98	2.36	9.60
*异亮氨酸(isoleucine)	Ile	$CH_3CH_2\underset{CH_3}{\underset{\mid}{CH}}—\underset{NH_2}{\underset{\mid}{CH}}—COOH$	中性	6.02	2.36	9.68
丝氨酸(serine)	Ser	$\underset{OH}{\underset{\mid}{CH_2}}—\underset{NH_2}{\underset{\mid}{CH}}—COOH$	中性	5.68	2.21	9.15
*苏氨酸(threonine)	Thr	$CH_3—\underset{OH}{\underset{\mid}{CH}}—\underset{NH_2}{\underset{\mid}{CH}}—COOH$	中性	5.60	2.09	9.10
胱氨酸(cystine)	Cys-Cys	$S—CH_2\overset{NH_2}{\overset{\mid}{CH}}—COOH$ $\mid$ $S—CH_2\underset{NH_2}{\underset{\mid}{CH}}—COOH$	中性	5.06	—	—
半胱氨酸(cysteine)	Cys	$HS—CH_2\underset{NH_2}{\underset{\mid}{CH}}COOH$	中性	5.02	1.96	10.28

续表

名　称	缩写符号	结构式	性　质	等电点(pI)	pK_a	
					pK_{a_1} ($COOH^-$)	pK_{a_2} (NH_3^+)
* 蛋氨酸 (methionine)	Met	$CH_3S-CH_2CH(NH_2)COOH$	中性	5.06	2.28	0.21
* 苯丙氨酸 (phenylalanine)	Phe	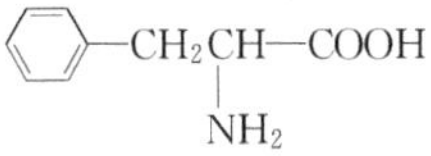	中性	5.18	1.83	9.13
酪氨酸 (tyrosine)	Tyr	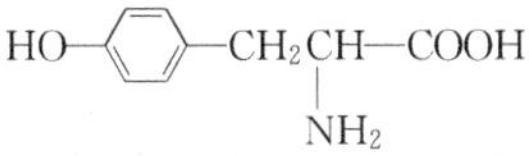	中性	5.67	2.20	9.11
脯氨酸 (proline)	Pro	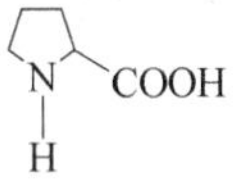	中性	6.30	1.99	10.96
羟基脯氨酸 (hydroxyproline)	Hyd	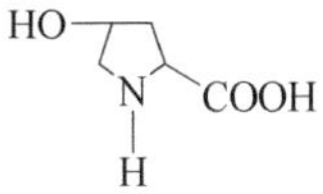	中性	6.33	—	—
* 色氨酸 (tryptophan)	Try	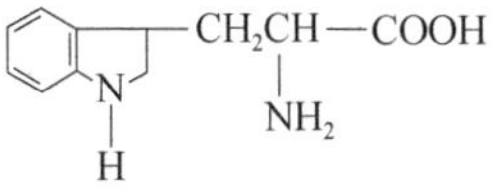	中性	5.88	2.38	9.39
* 天门冬氨酸 (aspartic acid)	Asp	$HOOC-CH_2CH(NH_2)COOH$	酸性	2.98	2.09	9.60
谷氨酸 (glutamic acid)	Glu	$HOOC-CH_2CH_2CH(NH_2)COOH$	酸性	3.22	2.19	9.67
* 精氨酸 (arginine)	Arg	$H_2N-C(=NH)-NH(CH_2)_3CH(NH_2)COOH$	碱性	10.76	2.17	9.04
* 赖氨酸 (lysine)	Ly	$H_2N(CH_2)_4CH(NH_2)COOH$	碱性	9.74	2.18	8.95
组氨酸 (histidine)	His	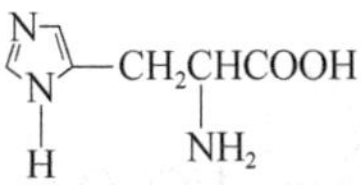	碱性	7.59	1.82	9.17

注:“ * ”氨基酸不能在人体内合成,必须从食物中摄取。

表 14-1 可知,根据各种 α-氨基酸的差别主要是在 R 基团的不同。

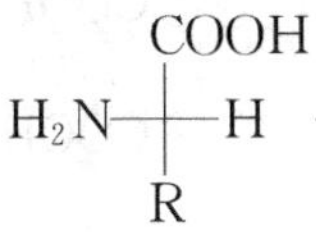

R基团中含有羟基、氨基、巯基、羧基、芳环或杂环。根据分子中氨基和羧基的数目可将氨基酸分为中性氨基酸(氨基和羧基数目相同),酸性氨基酸(羧基数目多于氨基)及碱性氨基酸(氨基数目多于羧基)。

天然氨基酸多用习惯名称,即按其来源或性质命名,如天门冬氨基酸最初是在天门冬的幼苗中发现的;甘氨酸是因具有甜味而得名。天然氨基酸目前知道的已超过一百种。但在生物体内作为合成蛋白质原料的只有二十种,它们都有国际通用的缩写符号,见表14-1。

14.2.2 氨基酸的制法

氨基酸的制备主要有蛋白质的水解、有机合成和发酵法三条途径。氨基酸的化学合成1850年就已实现,发酵法生产的实现是在1957年用糖类(淀粉)发酵生产谷氨酸。以下主要介绍化学合成法。

α-氨基酸合成主要有三种方法。

1. 由醛或酮制备

$$\mathrm{RCHO} \xrightarrow[\mathrm{HCN}]{(\mathrm{NH_4})_2\mathrm{CO_3}} \mathrm{R{-}\underset{\underset{\displaystyle NH_2}{|}}{C}HCN} \xrightarrow[\text{或 } \mathrm{H^+/H_2O}]{\mathrm{HO^-\ H_2O}} \mathrm{R\underset{\underset{\displaystyle NH_2}{|}}{C}HCOOH}$$

2. 由卤代烃制备

1) 由 α-卤代酸的氨解

$$\mathrm{R{-}\underset{\underset{\displaystyle X}{|}}{CH}{-}COOH} + \mathrm{NH_3} \longrightarrow \mathrm{R{-}\underset{\underset{\displaystyle NH_2}{|}}{CH}{-}COOH} + \mathrm{HX}$$

此法可生成副产物仲胺和叔胺,不易纯化。因此,常用盖伯瑞尔(Gabriel)法。

2) 盖伯瑞尔合成法

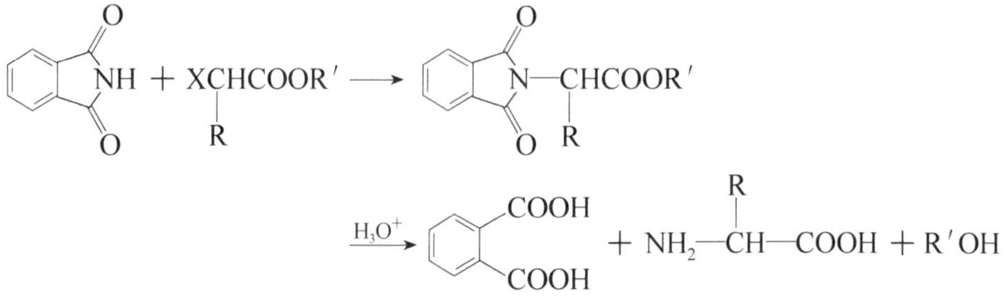

3. 由丙二酸酯合成

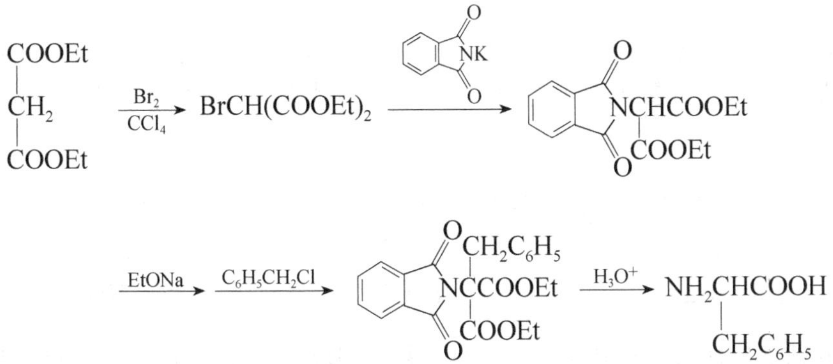

D,L-苯丙氨酸

合成的 α-氨基酸是外消旋体，拆分后才能得到 D-或 L-氨基酸。

14.2.3　氨基酸的性质

1. α-氨基酸的酸碱性

氨基酸分子中既含有碱性的氨基，又有酸性的羧基，但它们的酸碱解离常数比一般的羧基(—COOH)和氨基(—NH_2)都低。例如，甘氨酸的 $K_a=1.6\times10^{-10}$，$K_b=2.5\times10^{-12}$，而大多数的羧酸的 $K_a=10^{-5}$。氨基酸一般在 200℃ 以下不熔化，具有很高的熔点。氨基酸可溶于水而不溶于苯、醚等有机溶剂。这些性质是缘于氨基和羧基存在于同一分子中，分子内发生质子迁移而形成内盐(zwitterion)，又称偶极离子(dipolar ion)。

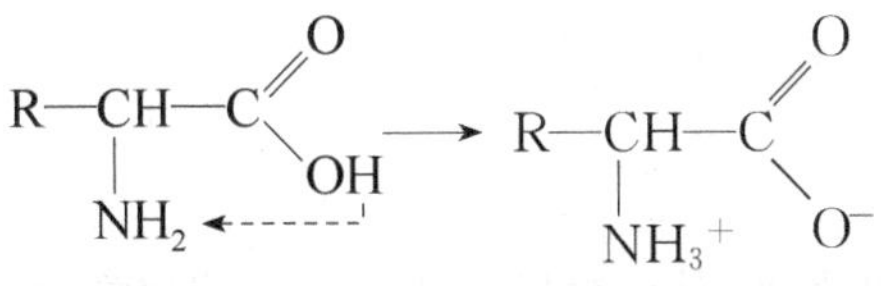

内盐(偶极离子)

偶极离子作为两性物质，既能从强酸中接受一个质子，又可向强碱提供一个质子：

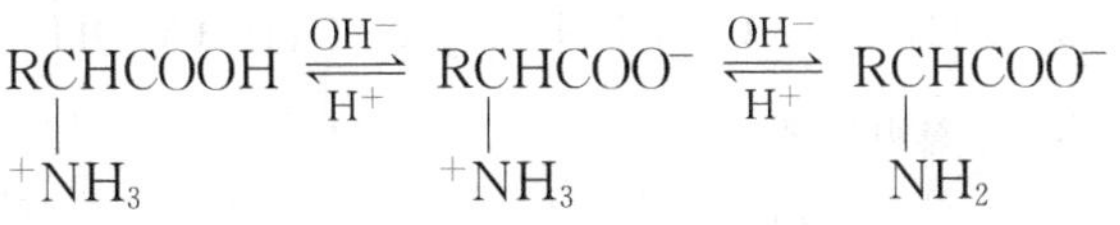

正离子　　偶极离子　　负离子

上式说明，氨基酸偶极离子的酸性不是羧基—COOH 表现出来的供质子能力，而是—$\overset{+}{N}H_3$ 的供质子能力；同样，它的碱性也不是—NH_2 结合质子的能力，而

是 COO^- 接受质子的能力。

2. 氨基酸的等电性

氨基酸在水溶液中所处的状态，除与本身结构有关外，还与溶液的 pH 有关。将氨基酸的水溶液置于电场中时，随着加入酸或碱，会产生相应的阴离子或阳离子：

$$\oplus \quad \underset{\substack{\text{II}\\ \text{pH}>\text{等电点}}}{H_2NCHRCOO^-} \underset{OH^-}{\overset{H^+}{\rightleftharpoons}} \underset{\substack{\text{I}\\ \text{等电点pI}}}{H_3N^+CHRCOO^-} \underset{OH^-}{\overset{H^+}{\rightleftharpoons}} \underset{\substack{\text{III}\\ \text{pH}<\text{等电点}}}{H_3N^+CHRCOOH} \quad \ominus$$

在适当碱性的溶液中，阴离子Ⅱ的量超过阳离子Ⅲ，α-氨基酸会向电场的阳极迁移；在适当酸性的溶液中，阳离子Ⅲ是过量的，此时，氨基酸就向电场的阴极迁移。当Ⅱ和Ⅲ的量完全相等时，则没有净迁移。当一个特定的氨基酸在电场的影响下不发生迁移时，这个氨基酸所在溶液的氢离子浓度称为氨基酸的等电点(isoelectric point)，用 pI 表示。净电荷为零的氨基酸所在的溶液的 pH 为 pI。

α-氨基酸的 pI 主要取决于羧酸和氨基的电离常数，如以 pK_1 代表—COOH 的电离常数，pK_2 代表—$\overset{+}{N}H_3$ 基团电离常数，则 pI 和它们的关系可用下式表示：

$$pI=\frac{pK_1+pK_2}{2}$$

中性氨基酸 pI＝5.5～6.3，酸性氨基酸 pI＝2.8～3.2，碱性氨基酸 pI＝7.6～10.6。一般来说，氨基酸含氨基多则 pI 较高，含羧基多则 pI 较低。在等电点时，氨基酸的溶解度最小，因而可用调节等电点的方法从氨基酸混合物中分离出某些氨基酸。

3. 氨基酸的反应

氨基酸含有氨基和羧基，因而能起氨基和羧基的化学反应。

1) 氨基酰化

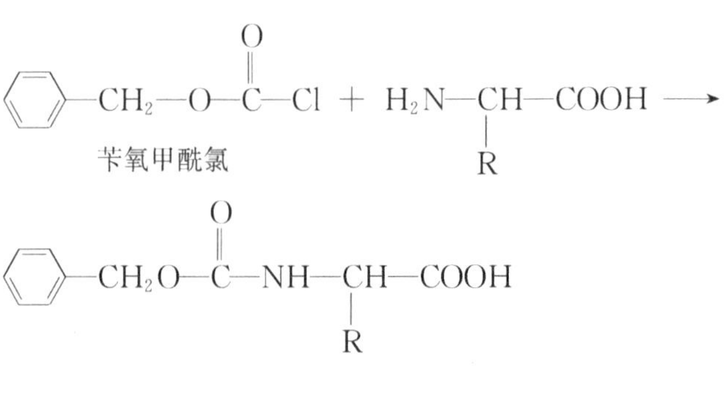

苄氧甲酰氯作为酰化剂，将氨基酰化后，生成的酰胺基团对以后应用的试剂较稳定。这个试剂容易引入，还能用多种方法把它脱下来，在合成蛋白质的过程中，可作为氨基的保护基团。

2）氨基的烃基化

氨基酸与 RX 作用则烃基化成 *N*-烃基衍生氨基酸，如用氟代二硝基苯作为测定 N 端的试剂。

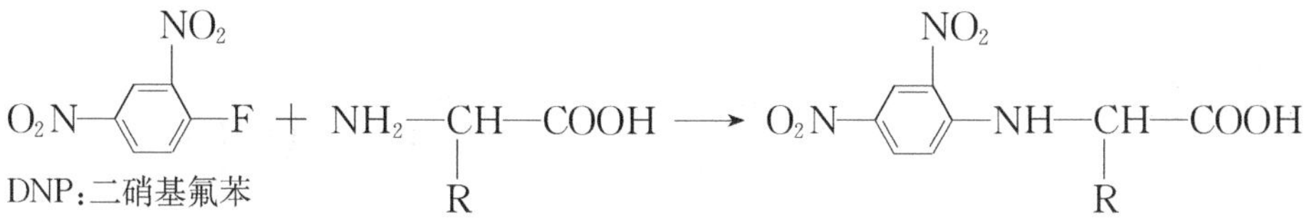

3）与亚硝酸反应

除亚氨基酸（脯氨酸）外，α-氨基酸都能与亚硝酸反应，氨基酸与亚硝酸作用放出氮气，得到羟基酸，放出的氮气一半来自氨基酸的氨基一半来自亚硝酸，反应是定量完成的，测量放出氮气的体积可计算出氨基酸中氨基的含量，称为 Van Slyke 氨基测定法。

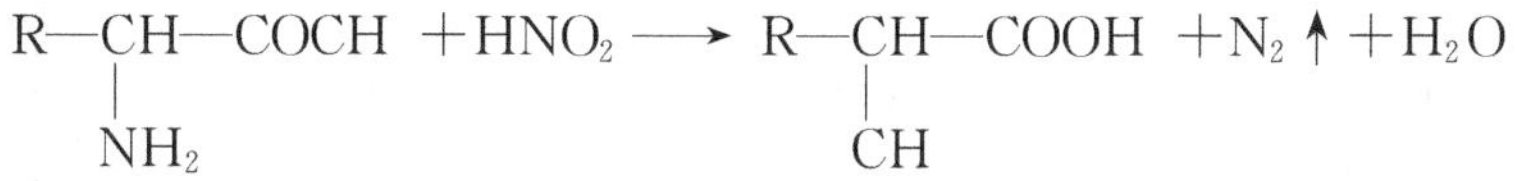

4）与茚三酮反应

α-氨基酸在碱性溶液中与茚三酮作用，能生成显蓝或紫红色的有色物质，这是鉴别 α-氨基酸的灵敏方法，大多数的 α-氨基酸（除脯氨酸外）都有此反应，反应式如下：

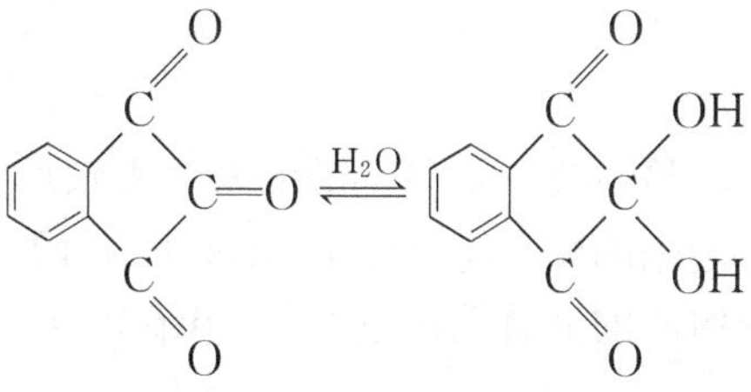

茚三酮　　水合茚三酮

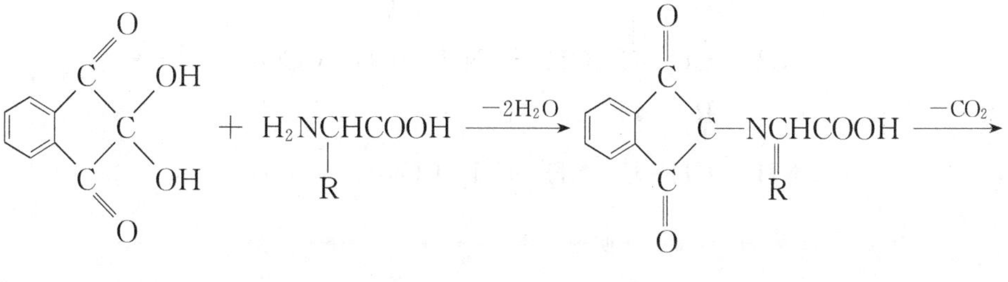

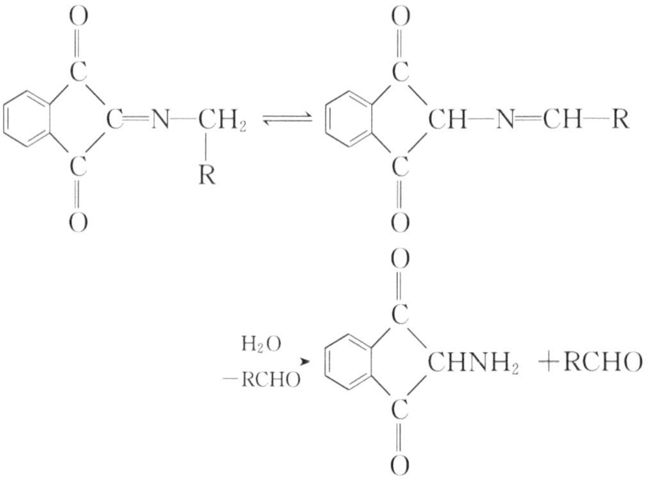

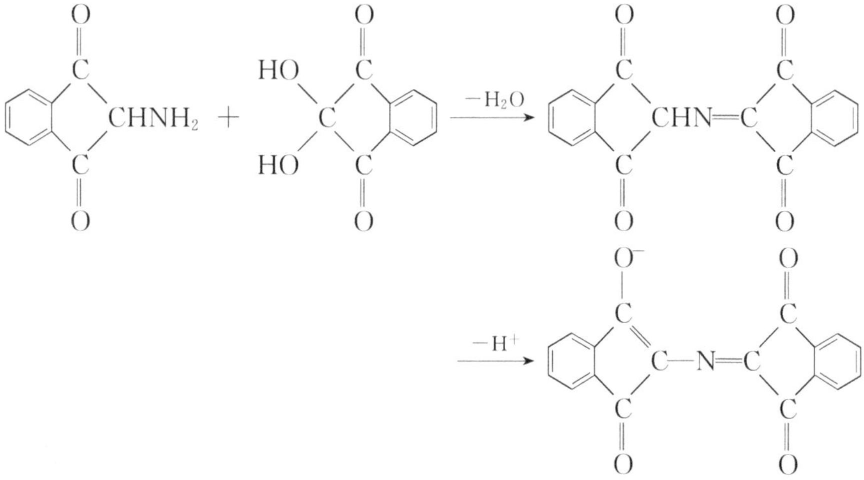

蓝色

5）氨基酸羧基的反应

α-氨基酸中的羧基与另一分子 α-氨基酸的氨基失水形成的酰胺键称为肽键，α-氨基酸通过肽键连接起来的化合物称为肽(peptides)，两个 α-氨基酸形成的肽称为二肽，多个 α-氨基酸构成的肽称为多肽(poly-peptides)，天然多肽是由不同的 α-氨基酸组成的。

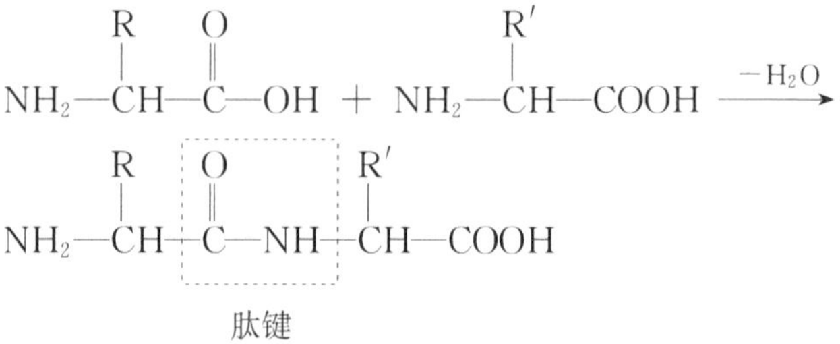

肽键

α-氨基酸酯与肼作用生成酰肼，酰肼与亚硝酸作用则生成叠氮化合物：

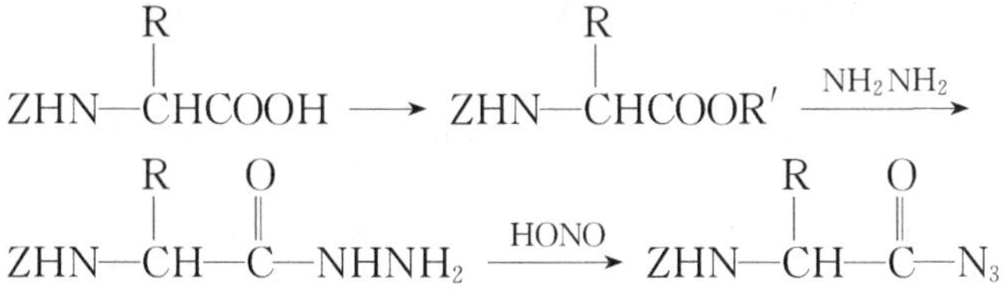

其中，Z 为氨基的保护基

叠氮化合物与另一 α-氨基酸酯作用，可缩合成二肽(dipeptide)，用此法合成的肽能保持光学纯度：

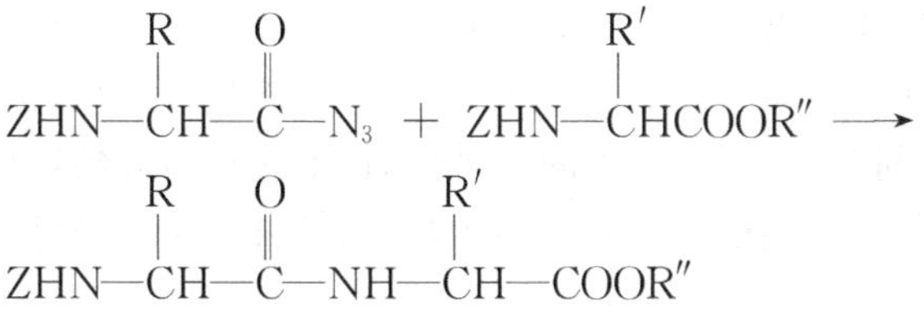

氨基酸受热时可发生与羟基酸类似的脱水或脱氨反应。两分子 α-氨基酸在适当条件下加热，分子中的氨基可以与羧基相互作用失去两分子水生成二酮吡嗪。

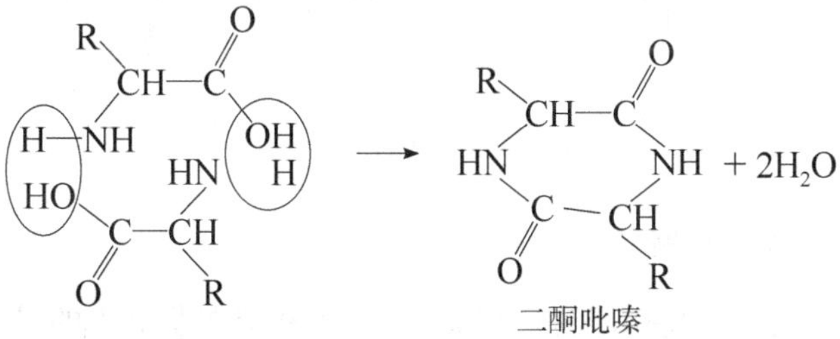

二酮吡嗪

14.2.4　多肽和蛋白质

1. 多肽

一般，由 10 个以内氨基酸相连而成的肽称为寡肽(oligopeptides)；由更多氨基酸构成的肽称为多肽；含 50 个以上氨基酸的多肽称为蛋白质(protein)。组成多肽的氨基酸单元称为氨基酸残基。在多肽链中，氨基酸残基按一定的顺序排列，称为氨基酸顺序。多肽有两端，有 NH_2 一端称为氨基末端或 N-端；有 COOH 的一端称为羧基末端或 C-端。

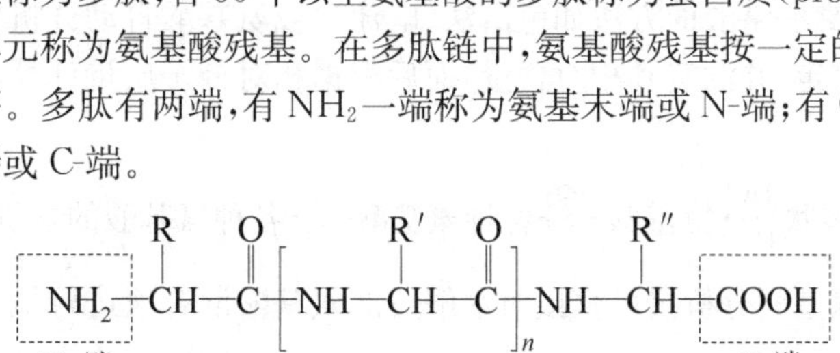

肽的命名是从N-端开始，按顺序直至C-端。除C-端氨基酸残基保留氨基酸原名外，其余每个氨基酸残基都用“酰”代替“酸”，即“某氨酰某氨酰……某氨酸”(简写为某-某-某)。例如：

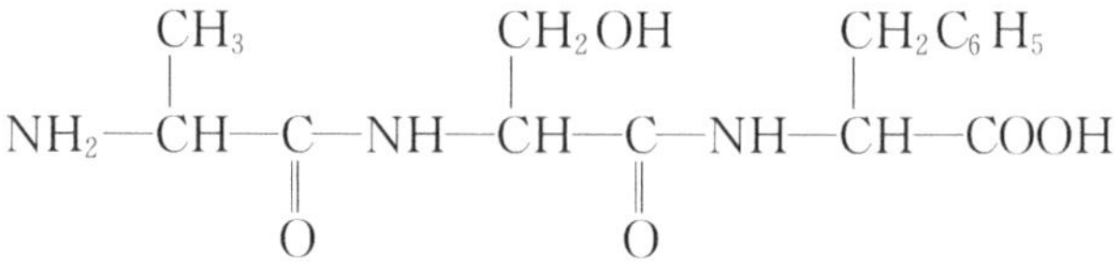

丙氨酰丝氨酰苯丙氨酸(丙-丝-苯丙)

2. 肽键的结构特点

多肽分子中，组成肽键的原子处于同一平面，氮原子上的孤对电子与酰基形成p-π共轭体系，使C—N键[键长0.12nm，介于C—N单键(0.149nm)和C═N双键(0.127nm)之间]具有一定程度的双键性质，不能自由旋转，并导致与其相连的两个基团有顺反异构存在。实际上，与羰基及氨基相连的两个基团处于反式位置，见图14-1。

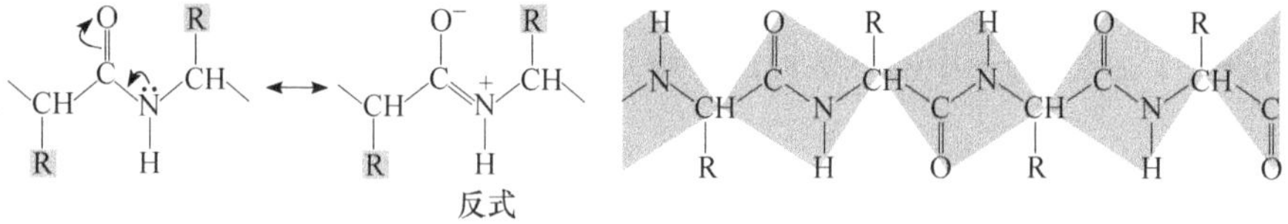

图14-1　肽键的平面特征

3. 多肽的一级结构测定

多肽的结构与其生物功能密切相关，各种氨基酸在肽链中的排列顺序可以决定这个肽的生物功能。因此，确定多肽的结构，不仅需要测定多肽中氨基酸的种类和数目，还要测定这些氨基酸在肽链中的排列顺序。下面简单介绍测定多肽结构的一般步骤和方法。

1) 测定多肽的组成

将多肽在酸性溶液中进行水解(碱性溶液使部分氨基酸受到破坏并容易引起消旋化)，用分离氨基酸的方法如色谱法、电泳法或氨基酸自动分析仪将水解混合物进行分离、鉴定，并测定其相对含量，而后根据相对分子质量计算出各氨基酸可能的分子数目。

$$\text{多肽}\xrightarrow[H_2O]{HCl}\text{氨基酸}\xrightarrow{\text{分离}}\text{各种氨基酸}\longrightarrow\text{各种氨基酸的含量}$$

目前，用氨基酸分析仪可直接对水解后的氨基酸混合液进行氨基酸的分离和含量测定。

2）测定多肽中氨基酸的排列顺序

测定多肽中氨基酸顺序，特别是相对分子质量大的多肽，一般要经过多个部分的合作才能完成。首先要将多肽用不同的蛋白酶进行部分水解生成较小的碎片，使之生成二肽、三肽等，然后用端基分析法对多肽的 N-端和 C-端的氨基酸以及由酶水解得到的碎片分子中的 N-端及 C-端氨基酸进行测定，将各碎片在排列顺序上比较并合并，推出多肽中各种氨基酸的顺序。

（1）多肽的部分水解。

多肽的部分水解是在蛋白酶催化下进行的。每一种蛋白酶只能选择性水解一定类型的多肽键。如，胰蛋白酶只能使羰基属于赖氨酸和精氨酸的肽键水解，糜蛋白酶主要使羰基属于色氨酸、苯丙氨酸及酪氨酸的肽键水解，而胃蛋白酶主要使氨基属于色氨酸、苯丙氨酸或酪氨酸的肽键水解。

（2）端基分析。

① 测定 N-端：2，4-二硝基氟苯法——桑格(Sanger)法。

2，4-二硝基氟苯与氨基酸的 N-端氨基反应后，再水解，分离出 N-(2，4-二硝基苯基)氨基酸，用色谱法分析，即可知道 N-端为何种氨基酸。

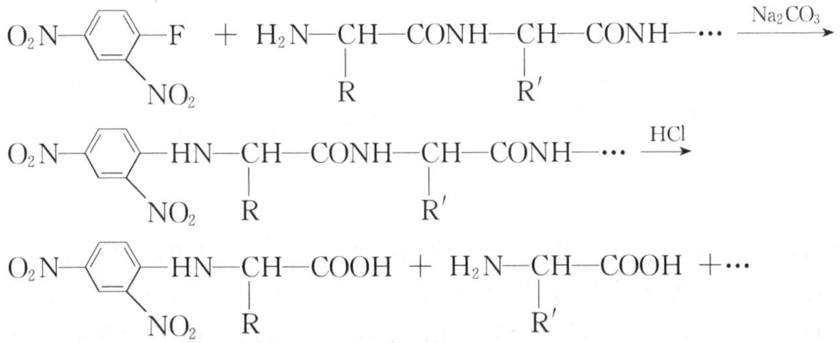

此法的缺点是所有的肽键都会被水解。

异硫氰酸苯酯(Ph—N ═C ═S)法——艾德曼(Edman)降解法。

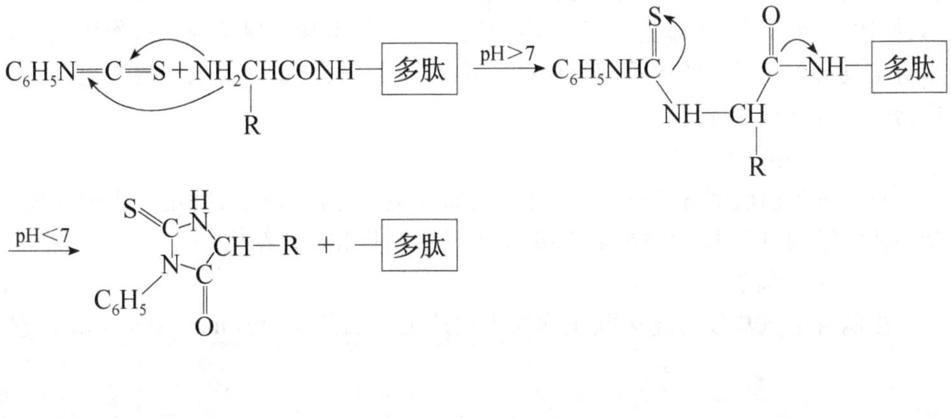

测定咪唑衍生物的 R,即可知是哪种氨基酸。

异硫氰酸苯酯法的特点是,除多肽 N-端的氨基酸外,其余多肽链会保留下来。这样就可以连续不断地测定其 N-端。

② 测定 C-端

C-端测定的有效方法是羧肽酶水解法。羧肽酶有选择地只催化水解多肽链中与游离 α-羧基相邻的肽链。因此,在羧肽酶催化下,多肽链中只有 C-端的氨基酸能断裂下来:

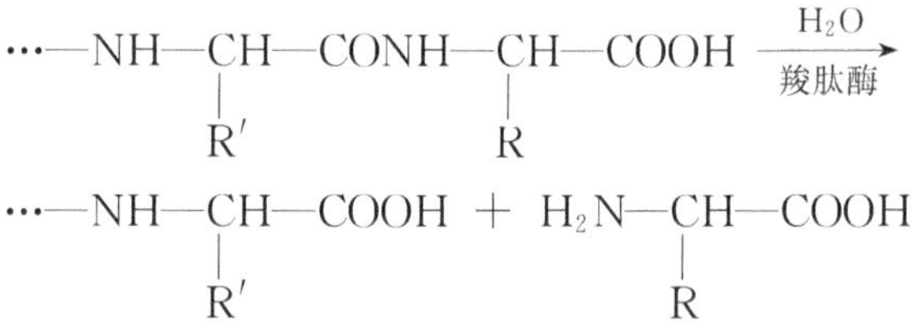

C-端少一个氨基酸的多肽

水解得到的 C-端少一个氨基酸的多肽可以继续水解,这样可以使 C-端的氨基酸逐个断裂下来。该法一般可以测定 5～6 个肽键的氨基酸顺序。

4. 蛋白质简介

蛋白质是由一条或多条多肽(polypeptide)链以特殊方式结合而成的生物大分子,它是生物体内一切组织的基础物质,在生命现象和生命过程中起着决定性的作用。

1) 蛋白质的分类

根据蛋白质的形状分为纤维蛋白质及球状蛋白质,纤维蛋白质如丝蛋白、角蛋白等,球状蛋白质如蛋清蛋白、酪蛋白、血红蛋白、γ-球蛋白(感冒抗体)等。根据蛋白质组成分为单纯蛋白质及结合蛋白质,单纯蛋白质水解最终产物是 α-氨基酸;结合蛋白质水解最终产物是 α-氨基酸和非蛋白质(辅基),其中,辅基为糖时称为糖蛋白,辅基为核酸时称为核蛋白,辅基为血红素时称为血红素蛋白等。根据蛋白质的功能分为活性蛋白和非活性蛋白,活性蛋白按生理作用不同又可分为酶、激素、抗体、收缩蛋白、运输蛋白等;非活性蛋白是担任生物的保护或支持作用的,但本身不具有生物活性的物质,例如,贮存蛋白(清蛋白、酪蛋白等)、结构蛋白(角蛋白、弹性蛋白胶原)等。

2) 蛋白质的结构

每一种蛋白质都有其特定的结构,从而在生物体内发挥其特定的生理功能。蛋白质的结构可分为一级结构、二级结构、三级结构和四级结构。

(1) 蛋白质的一级结构。

多肽链中氨基酸的连接顺序称为蛋白质的一级结构(primary structure),它不仅决定着蛋白质的高级结构，而且对它的生理功能起着决定性作用。对某一蛋白质，若结构顺序发生改变，则可引起疾病或死亡。例如，血红蛋白是由两条 α-肽链(各为 141 肽)、两条 β-肽链(各为 146 肽)、四条肽链(共 574 肽)组成的。在 β-链，N-6 为谷氨酸，若换为缬氨酸，则造成红血球附聚，即由球状变成镰刀状，若得了这种病(镰刀形贫血症)不到十年就会死亡。

(2) 蛋白质的二级结构。

蛋白质分子的二级(secondary structure)结构是指多肽链借助分子内氢键形成有规则的空间构象。它只涉及肽链主链的构象及链内或链间形成的氢键，不涉及侧链的构象及其他肽段的关系。蛋白质多肽链的二级结构主要有两种形式，α-螺旋(右手 α-螺旋)和 β-折叠。

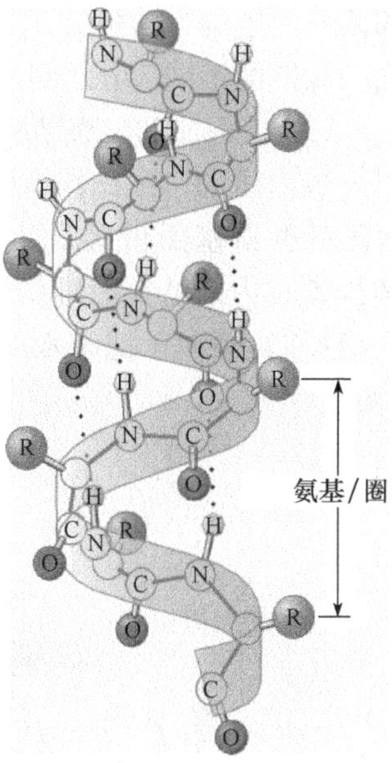

图 14-2　右手 α-螺旋多肽链结构

α-螺旋(图 14-2)是多肽主链围绕同一中心轴以螺旋方式伸展，平均 3.6 个氨基酸残基构成一个螺旋圈(18 个氨基酸残基盘绕 5 圈)，递升 0.54nm，每个残基沿轴上升 0.15nm。每个氨基酸残基的 N—H 与前面相隔三个氨基酸残基的 C═O 形成氢键，这些氢键的方向大致与螺旋轴平行。氢键是维持 α-螺旋稳定结构的作用力。

β-折叠(图 14-3)是两条或多条几乎完全伸展的肽链按同向或反向聚集、相邻多肽主链上的—NH 和 C═O 之间形成氢键而成的一种多肽构象。β-折叠有两种类型。一种为平行式，即所有肽链的 N-端都在同一边，另一种为反平行式，即相

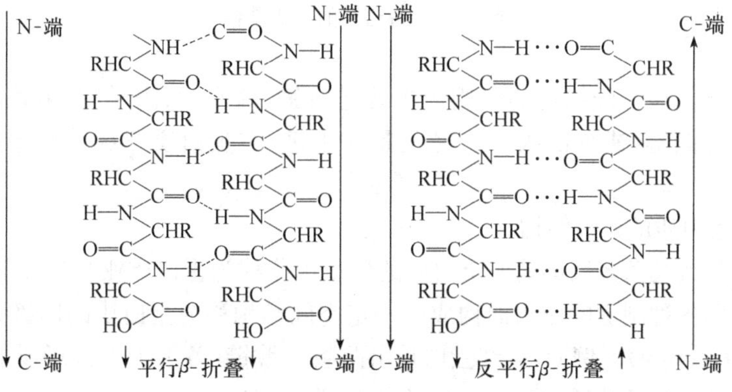

图 14-3　β-折叠多肽链结构

邻两条肽链的方向相反。β-折叠结构的氢键可以是两条肽链之间形成，也可以在同一肽链的不同部分之间形成，氢键与链的长轴接近垂直。

(3) 蛋白质的三级结构。

蛋白质的三级结构(tertiary Structure)是指在二级结构基础上，肽链的不同区段的侧链基团相互作用在空间进一步盘绕、折叠、卷曲而形成的包括主链和侧链构象在内的特征三维结构。蛋白质的三级结构是多肽链的进一步扭曲折叠。在扭折时，倾向于把亲水的极性基团露于表面，而疏水的非极性基团包在中间(图 14-4)。

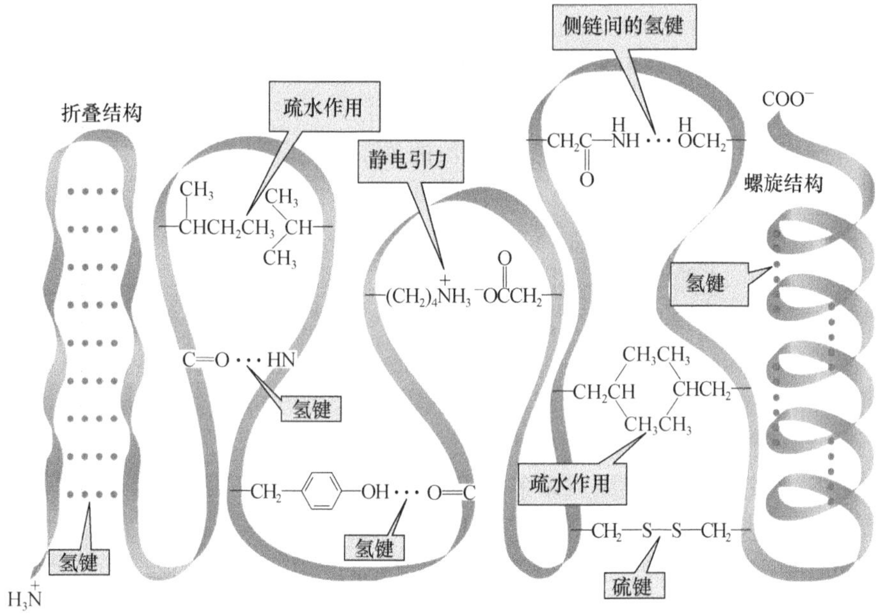

图 14-4　蛋白质的三级结构

维系蛋白质三级结构的作用力主要是氢键、疏水键、离子键、范德华力和二硫键等各种副键(或称次级键)，尤其是疏水键，在蛋白质三级结构中起着重要作用。

(4) 蛋白质的四级结构。

由一条或几条多肽链构成蛋白质的最小单位称为蛋白质亚基(subunit)，由几个亚基借助各种副键的作用而构成的一定空间结构称为蛋白质的四级结构(quaternary structure)。例如，血红蛋白是由两条 α-肽链(各为 141 肽)和两条 β-肽链(各为 146 肽)四条肽链(共 574 肽)组成的(图 14-5)。

氨基酸的各级结构之间关系见图 14-6。

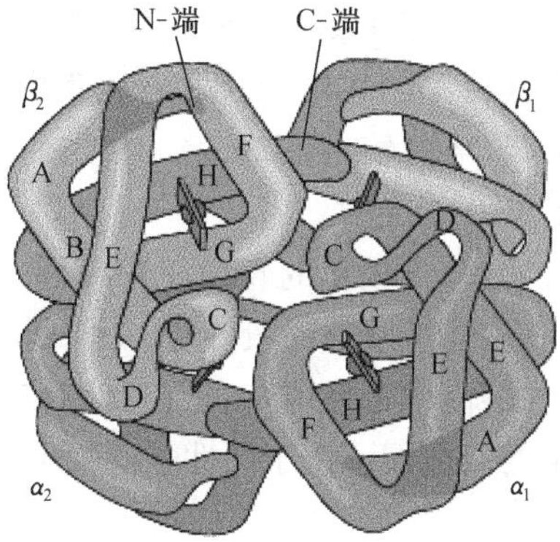

图 14-5　血红蛋白

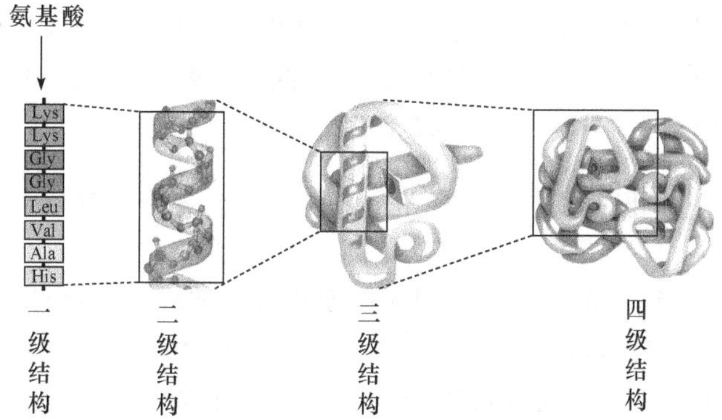

图 14-6　氨基酸的各级结构之间关系

3）蛋白质的性质

蛋白质和多肽一样，是由许多氨基酸残基组成的，因此，蛋白质具有多肽、氨基酸的一些共同性质。如蛋白质也是光学活性分子；蛋白质含有一些酸性和碱性的氨基酸，因而带有负电荷和正电荷；蛋白质像氨基酸一样，也是两性的，可作为生物的缓冲溶液。

(1) 两性及等电点。

多肽链中存在游离的氨基和羧基等酸、碱基团，蛋白质具有两性。

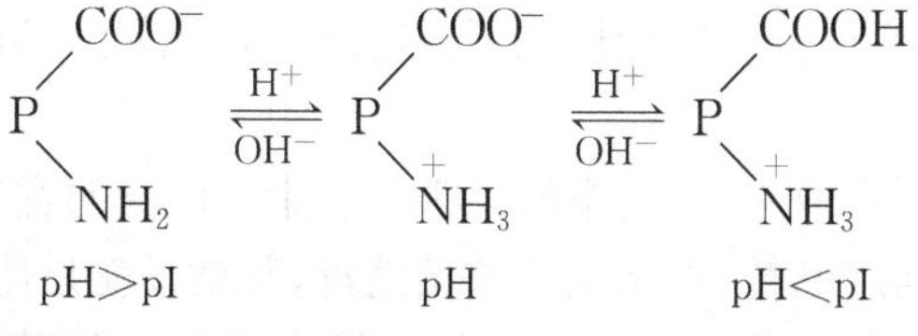

(P=Protin)
蛋白质

与氨基酸类似，蛋白质溶液在某 pH 时，其分子所带的正、负电荷相等，成为净电荷为零的偶极离子，此时溶液的 pH 称为该蛋白质的等电点(pI)。蛋白质在等电点时，溶解度最小，导电性、黏度和渗透压等最低。利用这些性质可以分离、纯化蛋白质。各种蛋白质具有其特定的等电点，例如，胃蛋白酶的等电点是1.1，酪蛋白是3.7；核糖核酸酶是9.5；溶菌酶是11.0。

(2) 胶体性质与沉淀作用。

蛋白质是大分子化合物，分子颗粒的直径在胶粒范围内(1～100nm)，蛋白质分散在水中，其水溶液具有胶体溶液的一般特性。蛋白质颗粒表面都带电荷，在酸性溶液中带正电荷，在碱性溶液中带负电荷；蛋白质颗粒带有同性电荷，与周围电性相反的离子可构成稳定的双电层。由于同性电荷相斥，颗粒互相隔绝不易聚沉，形成胶体体系。

蛋白质与水形成的亲水胶体，和其他胶体一样，不是十分稳定，在各种因素的影响之下，蛋白质容易析出沉淀。

① 可逆沉淀(盐析)：蛋白质分子的内部结构仅发生了微小改变或基本保持不变，仍然保持原有的生理活性。只要消除了沉淀的因素，已沉淀的蛋白质又会重新溶解称为可逆沉淀。如盐析(salt out)作用：

$$\text{蛋白质溶液} \xrightarrow{\text{碱金属盐或铵盐}} \underset{\text{(蛋白质)}}{\text{沉淀}} \xrightarrow{H_2O} \text{溶解}$$

② 不可逆沉淀：空间构象发生很大的变化或被破坏，使蛋白质失去了生物活性，即使消除了沉淀因素也不能重新溶解，称为不可逆沉淀。蛋白质与重金属盐作用，或在蛋白质溶液中加入有机溶剂(如丙酮、乙醇等)则发生不可逆沉淀。如70%～75%的酒精可破坏细菌的水化膜，使细菌发生沉淀和变性，从而起到消毒的作用。强酸或强碱以及加热、紫外线或X-射线照射等物理因素，都可导致蛋白质的某些副键被破坏，引起构象发生很大改变，使疏水基外露，引起蛋白质沉淀，从而失去生物活性。

(3) 蛋白质的变性作用。

蛋白质在一定条件下，共价键不变，但构象发生变化而丧失生物活性的过程称为蛋白质的变性作用(denaturation of protein)。引起蛋白质变性的因素很多，物理因素有加热、高压、剧烈振荡、超声波、紫外线或X-射线照射等；化学因素有强酸、强碱、重金属离子、生物碱试剂和有机溶剂等。蛋白质变性一般产生不可逆沉淀，但蛋白质的沉淀不一定变性；反之，变性也不一定沉淀，但不可逆沉淀一定会使蛋白质变性。

蛋白质的变性作用对工农业生产、科学研究都具有十分广泛的意义。例如，通常采用加热、紫外线照射、利用酒精、杀菌剂等杀菌消毒，其结果就是使细菌体内的蛋白质变性。菌种、生物制剂的失效，种子失去发芽能力等均与蛋白质的变性有关。

(4) 蛋白质的颜色反应。

蛋白质的颜色反应可以用来鉴别蛋白质。蛋白质与新配置的碱性硫酸铜溶液反应，呈紫色，称为缩二脲反应；蛋白质中含有苯环的氨基酸，遇浓硝酸发生硝化反应而生成黄色硝基化合物的反应称为蛋白黄反应；蛋白质中酪氨酸的酚基遇到硝酸汞的硝酸溶液生成红色的反应称为米勒反应；蛋白质与稀的茚三酮溶液共热，即呈现蓝色，称为茚三酮反应。

14.3 萜　　类

14.3.1 萜的涵义和异戊二烯规律

1. 萜的涵义

萜类(terpenoid)亦称萜烯类，是香精油的主要成分。某些植物的叶、花或果实用水蒸气蒸馏，可以得到有香味的油状液体，称为香精油(essehtial oil)。原来把存于香精油中的脂环烃 $C_{10}H_{16}$ 叫做萜，后来又发现了不少与萜具有类似构造的含氧衍生物，以及挥发性不大的含有 15、20、30、40 甚至 50 个碳的化合物。现在把存在于自然界的由异戊二烯骨架构成的一类化合物都称为萜，不论它们是烃类或是含氧衍生物。

2. 异戊二烯规律

对大量萜类分子式及其结构的测定表明，其共同点是分子中的碳原子数是 5 的整数倍。而且是由异戊二烯的碳骨架相连构成的，即萜烯化合物的碳骨架可划分成若干个异戊二烯单位，这就是异戊二烯规律(isoprene rule)。大多数萜烯类分子构造都是由异戊二烯骨架头尾相接而成，少数也有头头相连或尾尾相连的。

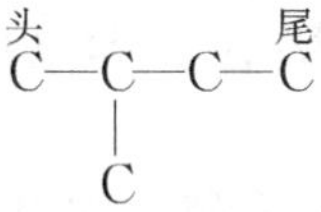

异戊二烯单元

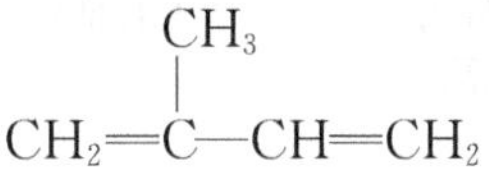

异戊二烯

例如：

月桂烯(两个异戊二烯单元)

对薄荷烯(两个异戊二烯单元)

松节烯(α-蒎烯)(两个异戊二烯单元)

14.3.2　萜的分类和命名

1. 分类

根据萜类的碳架含有几个异戊二烯单位可分为：

单萜　　它含有两个异戊二烯单位(C_{10})
倍半萜　它含有三个异戊二烯单位(C_{15})
双萜　　它含有四个异戊二烯单位(C_{20})
三萜　　它含有六个异戊二烯单位(C_{30})
四萜　　它含有八个异戊二烯单位(C_{40})

根据分子中异戊二烯元互相联结的方式，分为单环萜、双环萜、开链萜等。

2. 命名

我国对萜类的命名规律按英文俗名意译，再接上“烷”，“烯”，“醇”等类名而成。例如，月桂烯(myrcene)，也叫香叶烯(香叶，myrcia)、松节烯(pinene)。

3. 单萜

1) 链状单萜

由两个异戊二烯连接构成的链状化合物称为链状单萜。如月桂烯(香叶烯)，存在于月桂子油中；拢牛儿苗烯(香叶醇)具有显著的玫瑰香气，在香茅中含量为60%，在玫瑰油中约含量为50%；橙花油醇，香气比较温和，在香料制造中更有价值；柠檬酸 a(拢牛儿苗醇或香叶醛)及柠檬酸 b(橙花醛)存在于柠檬草油、桔子油中。

拢牛儿苗烯(香叶醇)　　橙花油醇　　柠檬酸 a(拢牛儿苗醇或香叶醛)　　柠檬酸 b(橙花醛)

2) 单环单萜

由两个异戊二烯连接构成的具有一个六元环化合物称为单环单萜。例如，对薄荷烯存在于柠檬油等中，(±)-薄荷醇，在医药上用作兴奋剂，薄荷醇具有芳香凉爽气味，又有杀菌功效。

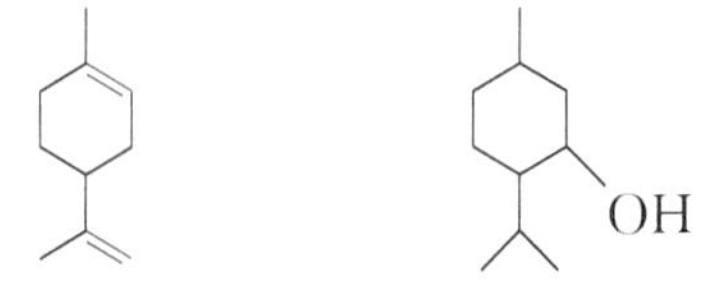

对薄荷烯　　(±)-薄荷醇

3）双环单萜

由两个异戊二烯单位连接构成的具有一个六元环并桥合而成三元环，四元环或者五元环的桥环结构称为双环单萜，例如：

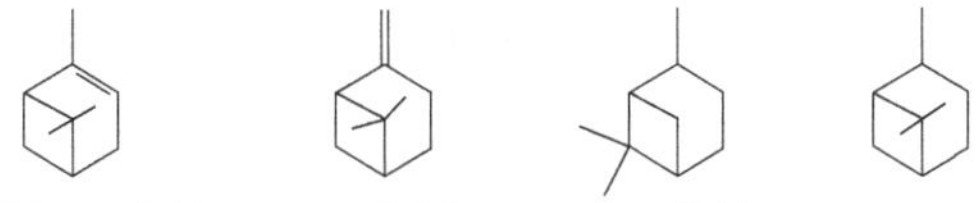

松节烯 (α-蒎烯)　　β-蒎烯　　蒎烷 (pinane)

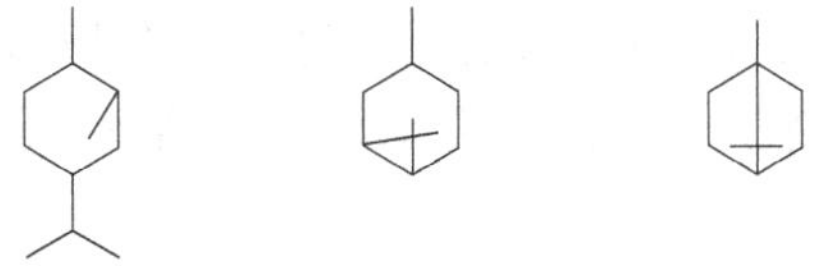

苧烷 (thujane)　　蒈烷 (carane)　　莰烷 (bornane)

α-和 β-蒎烯为松节油的主要组分，蒎烯是工业上用来合成樟脑的原料。

樟脑　　冰片(龙脑)

4. 维生素 A 及胡萝卜素

维生素 A 为单环双萜醇，存在于牛乳，蛋黄及鱼肝油中。

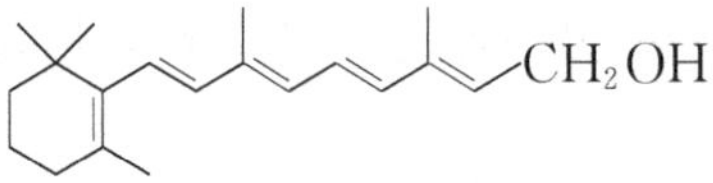

维生素A

胡萝卜素广泛存在于植物和动物的脂肪中，其中大多数化合物为四萜。β-胡萝卜素在动物肝脏中，在酶的作用下可以裂解成两分子维生素 A。

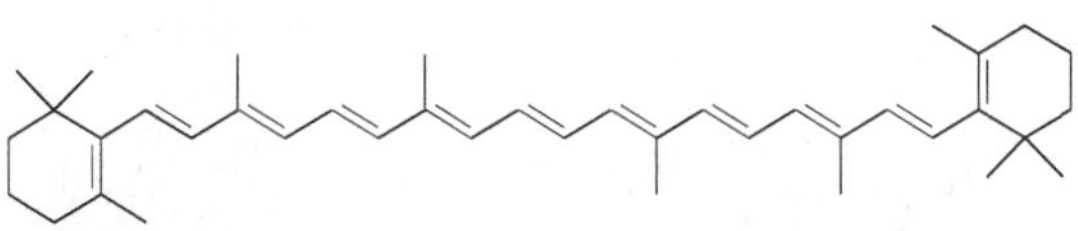

β-胡萝卜素

14.4　甾族化合物

14.4.1　甾的基本结构和命名

甾族化合物(steroid)是广泛存在于动植物中的重要天然产物。在这类化合物

的分子式中，都含有一个环戊烷并多氢菲的基本骨架，并且带有三个侧链，其通式可表示为

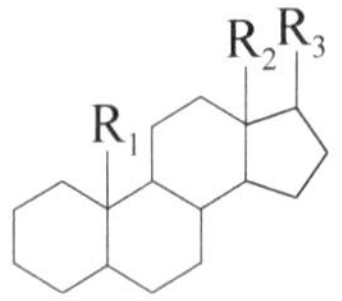

其中 R_1 和 R_2 一般为甲基，通常把这种甲基称为角甲基。R_3 为具有 2，4，5，8，9，10 个碳原子的侧链。甾是个象形字，是根据这个化合物而来，"田"表示四个环，"<<<"则表示为三个侧链。四个环用 A，B，C，D 编号，碳原子也按固定顺序用阿拉数字编号。

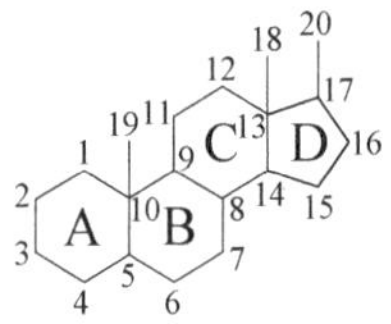

由于甾族化合物的结构比较复杂，一般常用与其来源或生理作用有关的俗名，如胆甾醇，多角甾醇等。

14.4.2　甾族化合物的结构

甾族化合物的结构比较复杂。就 A、B、C 和 D 四个环讲，有六个手性碳原子，因此可能有异构体的数目为 $2^6=64$ 个。但天然甾族化合物现知只有两种构型，一种是 A 和 B 环以反式相并联，另一种是 A 和 B 环以顺式相并联。B 和 C 环，C 和 D 环之间多以反式相并联。

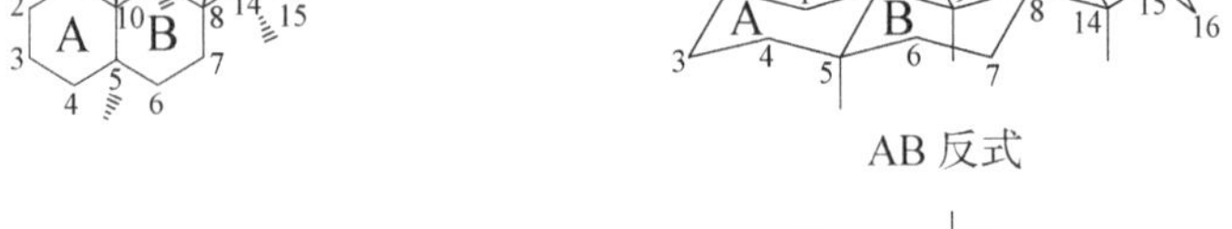

AB 反式

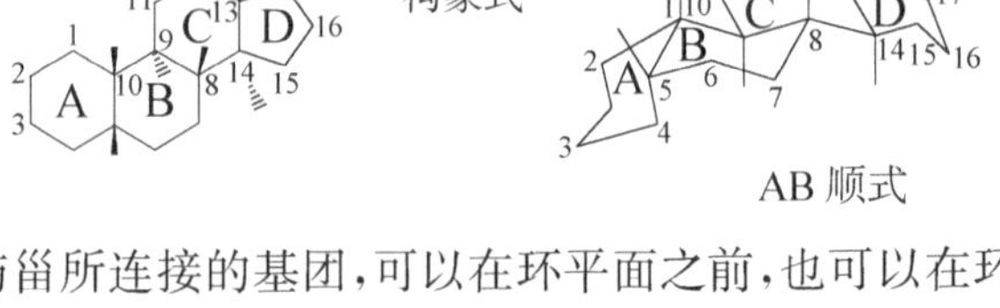

AB 顺式

从构型看与甾所连接的基团，可以在环平面之前，也可以在环平面之后。一般将甾族化合物分子中环平面之上的基团称为 β-构型，用实线表示；把在环平面之下的基团称为 α-构型，用虚线表示；未知构型者，称为 ζ 键，用波纹线（～）表示。

5α-胆甾烷-3-醇的两种异构体如下：

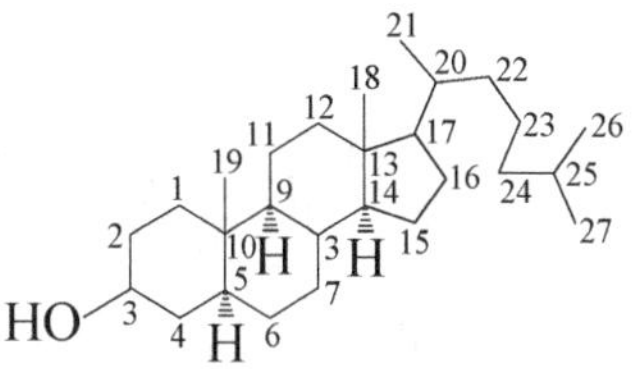

5α-胆甾烷-3β-醇

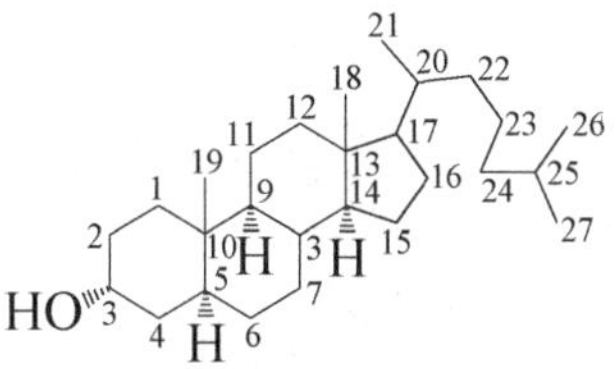

5α-胆甾烷-3α-醇

甾族化合物结构式中所有环接合点，一定要用 H 或 CH_3 表明。

14.4.3　甾族的种类

根据甾族化合物的存在和化学结构可以分为：甾醇（sterol）、胆汁酸（bile acid）、甾族激素（phytohormone）等。

1. 甾醇

甾醇为饱和或不饱和的仲醇，可以从脂肪中不能皂化的部分分离出来。天然甾醇中的醇羟基都在 3-位上，并且与角甲基在环平面的同一边，这样的取代基常用 β 表示。根据甾醇存在的地方分为动物甾醇和植物甾醇两类，胆甾醇和多角甾醇可以作为这两类甾醇的代表，它们的结构如下：

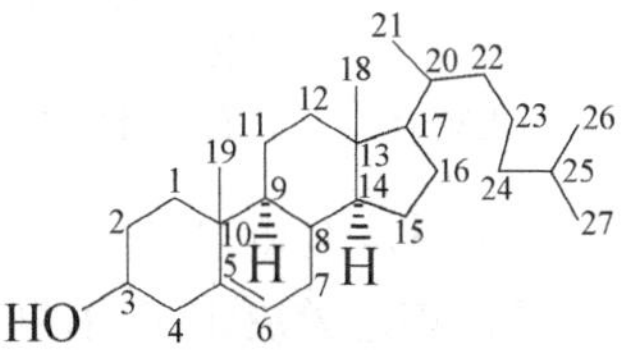

胆甾醇

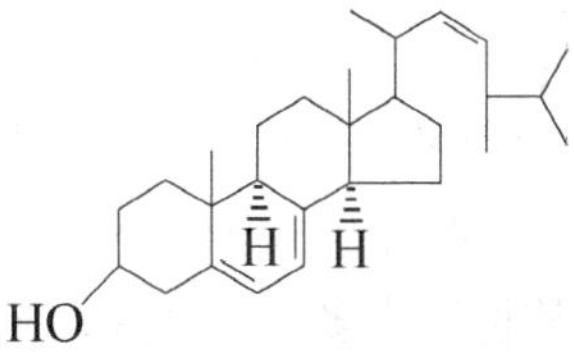

多角甾醇

最初从多角醇得到的多角甾醇在紫外光照射下，通常一系列中间产物最后产物生成维生素 D_2：

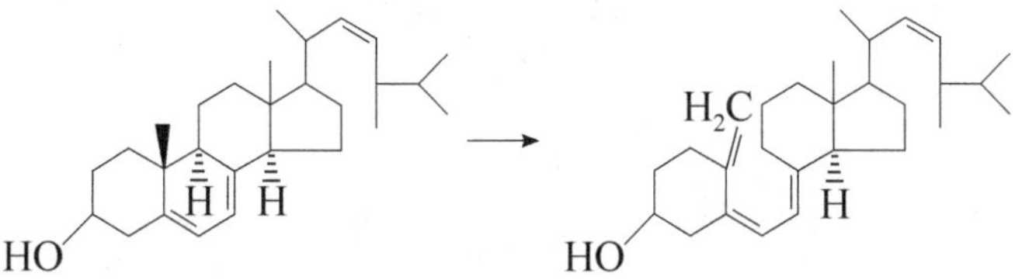

多角甾醇(一种植物甾醇)　　维生素D_2

缺乏维生素 D_2 会引起佝偻病。

2. 胆汁酸

胆汁酸是用水解的方法从胆汁中分离出来的一系列羧酸。从人和牛胆汁中所分离出来的胆汁酸主要为胆酸及去氧胆酸：

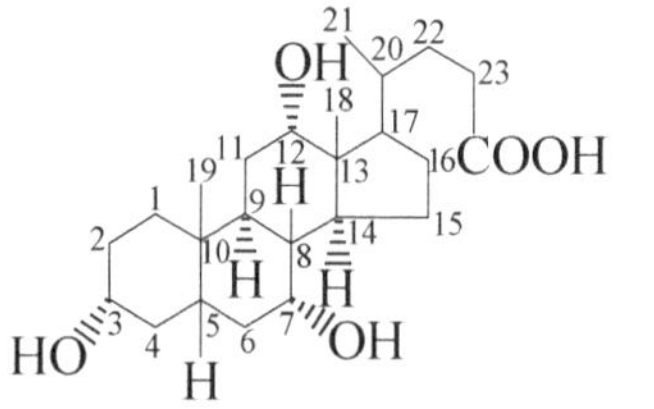

胆酸

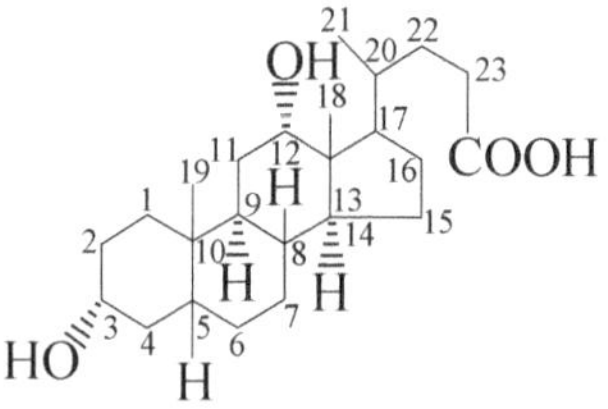

去氧胆酸

在胆汁中胆汁酸是以胆盐的形式存在的，即胆汁酸中的羧基与甘氨酸（H_2NCH_2COOH）或牛黄酸（$H_2NCH_2CH_2SO_3H$）中的氨基形成酰胺键，而以后者的羧基或磺酸形成盐。胆酸盐的作用是脂肪乳化，促进它在肠中的水解和吸收。

3. 甾族激素(phytohormone)

甾族激素包括性激素和肾上腺皮质激素。性激素又分为雌性激素和雄性激素两类。雌性激素及雄性激素是决定性特征的物质，结构如下：

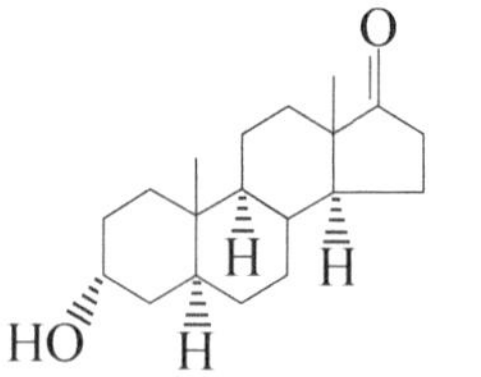

雄酮激素(男性尿液中提取)

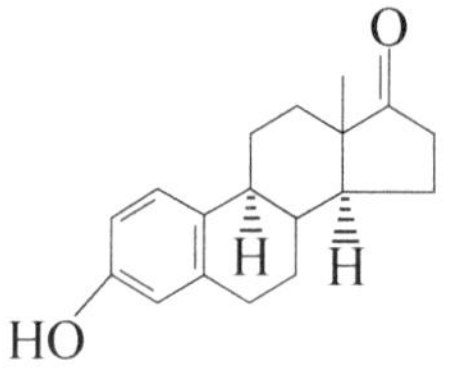

雌酮激素(孕妇尿液中提取)

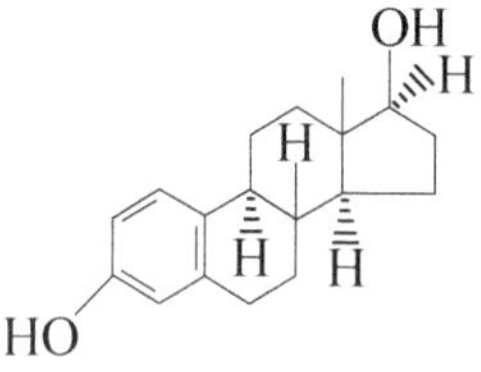

雌二醇(猪卵巢中提取)

雌性激素 A 环是芳环，是一个酚；而雄酮激素 A 环是饱和的，是一个二级醇，此外，它还比雌性激素多一个角基，一个苯环和一个环己烷之差决定了两性的区别。

肾上腺皮质激素是哺乳动物肾上腺皮质所分泌的。可的松是其中的一种。可的松控制糖类的新陈代谢，有治疗风湿性关节炎和促进机体生理机能的作用。

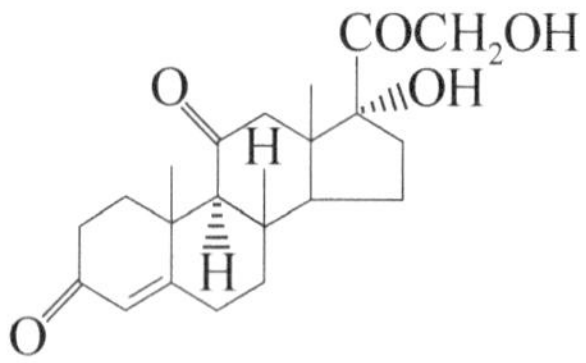

可的松

【阅读材料】

米勒与氨基酸

蛋白质是构成生命的基础。不同数量、性质的氨基酸，像拼积木一般，可以“拼”成许许多多的蛋白质。但当地球还是一个年轻的、没有生命的行星时，氨基酸是怎样形成的呢？

1953 年，美国芝加哥大学博士研究生斯唐来·米勒(Stanley L. Miller)不顾“教授会”的反对，在导师诺贝尔奖获得者尤里(Harold C. Urey)教授指导下，开始在容器里合成氨基酸的实验工作。

实际上，米勒的实验方案并不是凭空想像出来的。早在 1936 年，俄国生物学家奥巴林(A. L. Oparin)就出版了《生命的起源》一书，并且译成了英文。他是第一个详细研究生命起源并在书中阐述了自己的研究成果，认为生命一定起源于这样的大气中：以氢、甲烷、水蒸气为主，同时有一个溶有大量氨的海洋。尤里教授也是研究原始地球大气的学者之一，他很赞同奥巴林的观点。

米勒设计了一种特殊的大玻璃容器。为了保证实验制成的复杂化合物的绝对性，而不是来自生物活细胞，他先把仪器抽成真空，并用 130℃高温连续消毒了 18h。然后，再通入氨、甲烷、氢气，这些气体混合的比例与推测的原始大气基本相同。

接着，他在另一个同样消毒过的玻璃容器中将水煮沸，形成的蒸汽经过一根玻璃管进入第一个玻璃仪器中。在蒸汽的推动下，氨、甲烷和氢气形成的混合气体又经过另一根玻璃管回到沸腾的水中。米勒让第二根玻璃管保持冷却状态，因而蒸汽在尚未回到原来的容器前就转变为水了。这样，在沸水的带动下，氨、甲烷、氢和水蒸气的混合物就在这套特殊的装置中不停地循环。

还需要考虑的一个问题是能量的供应。米勒和尤里推测，有两种可能的能源：一是太阳的紫外线；二是来自闪电的电火花。在地球的早期阶段，存在很多雷电交加的情形，用电火花，实际上是模拟地球在原始时代频繁的闪电现象。

这样，米勒的实验真正开始了。米勒发现，水和空气开始时是无色的，但是到了一天晚上，水变成了粉红色。随着时间的推移，水的颜色越来越深，直到最后成为深红色。

实验进行了 110h 之后，氨的浓度迅速下降，氨基酸的比例则持续上升。实验的第八天，米勒终于得到了期望的结果：在这个容器里面，出现了甘氨酸、丙氨酸、谷氨酸等重要的氨基酸。

就这样，米勒把小小的容器变成浓缩了的原始地球，重演了几十亿年前发生的惊天动地的奇迹，展示了原始地球合成有机物的生动图景。

人工合成氨基酸的成功，震动了整个生物学界。在探索生命起源的征途上，人类又迈出了重要的一大步。

习　题

1. 用简单化学方法鉴别下列各组化合物。

(1) 葡萄糖和蔗糖；

(2) 葡萄糖和果糖；

(3) 麦芽糖、淀粉和纤维素；

(4) D-葡萄糖和 D-葡萄糖苷。

2. 在下列二糖中，哪一部分是成苷的、提出苷键的类型(α-或 β-型)？

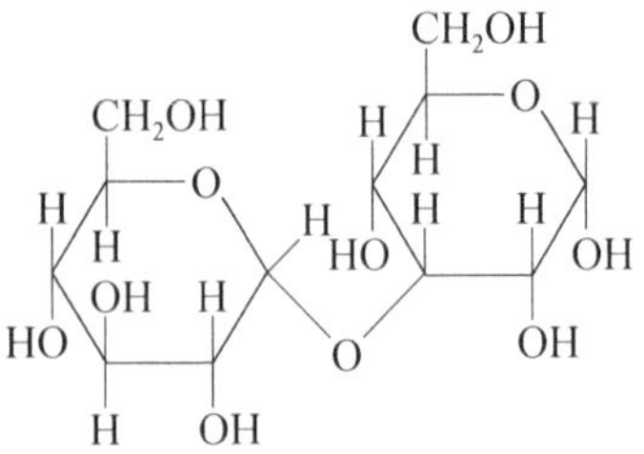
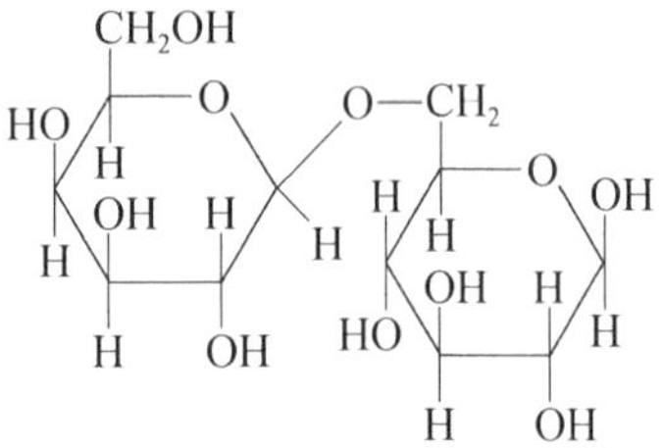

3. 画出D-吡喃半乳糖α-和β-型的构象，说明哪种构象比较稳定。

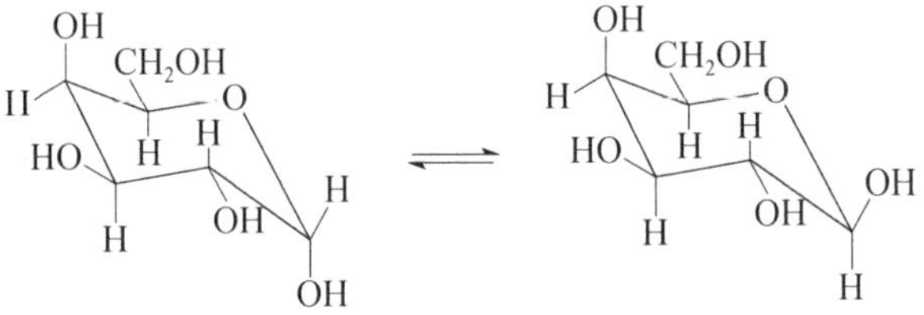

α-D-半乳糖　　β-D-半乳糖

4. 写出甘氨酸与下列试剂反应的产物。

(1) KOH水溶液　(2) HCl水溶液　(3) CH_3COCl

(4) $NaNO_2$ + HCl　(5) C_2H_5OH + HCl　(6) C_5H_6COCl + NaOH

5. 写出下列介质中各氨基酸的主要存在形式。

(1) 缬氨酸在pH=8时　(2) 赖氨酸在pH=10时　(3) 丝氨酸在pH=1时

(4) 谷氨酸在pH=3时　(5) 丙氨酸在pH=12时　(6) 苯丙氨酸在pH=2时

6. 写出下列多肽的构造式。

(1) 赖、甘　(2) 谷、谷、酪　(3) 丙、缬、苯丙、甘、亮

7. 把丙氨酸溶于水中，要使它达到等电点，应加酸还是加碱(丙氨酸的等电点pH=6.02)?

8. 用简单的化学方法鉴别。

(1) $CH_3—CH(NH_2)—COOH$，$H_2NCH_2CH_2COOH$和$C_6H_5NH_2$

(2) 天门冬氨酸和顺-丁烯二酸

(3) 谷氨酸和β-氨基戊二酸

9. 如何分离赖氨酸和丙氨酸的混合物?

10. 解释下列各种可以使蛋白质变性的原因。

(1) Pb^{2+}和Ag^+　(2) 尿素　(3) 紫外线　(4) 强酸、强碱　(5) 加热

参 考 文 献

高鸿宾.2005.有机化学.第4版.北京:高等教育出版社

高占先.2007.有机化学.第2版.北京:高等教育出版社

胡宏纹.1990.有机化学(上册).第2版.北京:高等教育出版社

倪沛洲.2003.有机化学.第5版.北京:人民卫生出版社

钱旭红等.1999.有机化学.北京:化学工业出版社

王积涛等.2003.有机化学.第2版.南京:南开大学出版社

伍越寰等.2002.有机化学.修订版.合肥:中国科学技术大学出版社

邢其毅,裴伟伟等.2000.有机化学.第3版.北京:高等教育出版社

徐寿昌.1993.有机化学.第2版.北京:高等教育出版社